# Praktische Baustatik

## Teil 1

Von Professor Dipl.-Ing. Walter Wagner †
und Professor Dipl.-Ing. Gerhard Erlhof
Fachhochschule Rheinland-Pfalz, Mainz

18., neubearbeitete Auflage
Mit 550 Bildern und 17 Tafeln

B. G. Teubner Stuttgart 1986

CIP-Kurztitelaufnahme der Deutschen Bibliothek

**Wagner, Walter:**
Praktische Baustatik / von Walter Wagner u.
Gerhard Erlhof. – Stuttgart : Teubner
Frühere Aufl. u. d. T.: Ramm, Hermann: Praktische
Baustatik

NE: Erlhof, Gerhard:

Teil 1. – 18., neubearb. Aufl. – 1986.
ISBN 3-519-45201-4



Printed in Germany
Gesamtherstellung: Passavia Druckerei GmbH Passau
Umschlaggestaltung: W. Koch, Sindelfingen

# Vorwort

Die „Praktische Baustatik“ besteht seit nunmehr 45 Jahren. Sie hat in dieser Zeit eine große Zahl von Neubearbeitungen und Überarbeitungen erfahren. Initiator und Autor der Teile 1 und 2 des Werkes war Baurat Dr.-Ing. C. Schreyer, der im Jahre 1945 viel zu früh verstarb. Der von ihm begonnene Teil 3 wurde fertiggestellt von Baurat Hermann Ramm, der zunächst allein und vom Jahre 1957 an mit Walter Wagner die Neubearbeitungen aller drei Teile besorgte. Im Jahre 1964 gaben Hermann Ramm und Walter Wagner den Teil 4 heraus, an dem Dr.-Ing. Hans Müggenburg mitwirkte. Hermann Ramm beendete im Jahre 1972 aus Altersgründen seine Mitarbeit, an seine Stelle trat der Unterzeichnende. In den Jahren 1975 bis 1977 erfuhr die „Praktische Baustatik“ eine gründliche Überarbeitung und Umgestaltung, in deren Verlauf die Teile 1 bis 3 anders gegliedert und zu zwei Teilen zusammengefaßt wurden, während der ursprüngliche Teil 4 zum Teil 3 wurde. Im Jahre 1982 starb Walter Wagner noch vor dem Eintritt in den Ruhestand; wie Hermann Ramm hatte er über 25 Jahre lang die „Praktische Baustatik“ geformt und gestaltet.

Die „Praktische Baustatik“ hat sich von Anfang an zwei Aufgaben gestellt: Sie wollte erstens den Studenten des Bauwesens ein Leitfaden für das Erlernen der Statik sein, und zweitens für die Anwendung der Statik in der Praxis eine wesentliche Hilfe darstellen. Der gesamte Aufbau und die reichhaltige Ausstattung mit Anwendungsbeispielen dienen sowohl einer systematischen Behandlung des Stoffes als auch einem praxisnahen Lernen. Die Stoffauswahl wurde so getroffen, daß Studenten des Bauingenieurwesens durch das Studium der drei Teile die grundlegenden Kenntnisse der Statik in großer Breite und Tiefe erlangen können. Dagegen genügt für Studenten der Architektur in der Regel das Studium der Teile 1 und 2; einige aus der Sicht des Ingenieurs anspruchsvollere Abschnitte brauchen dabei nicht bis in alle Einzelheiten durchgearbeitet zu werden, was das grundsätzliche Verständnis nicht beeinträchtigen muß.

Der vorliegende Teil 1 behandelt ausschließlich statisch bestimmte Tragwerke, also Systeme, die allein mit den Gleichgewichtsbedingungen und ohne Zuhilfenahme der Festigkeitslehre berechnet werden können. Am Anfang steht eine Standortbestimmung, in der die geschichtliche Entwicklung zur Baustatik und der Platz der Baustatik im Rahmen des gesamten Baugeschehens aufgezeigt werden. Normen und Vorschriften werden vorgestellt, insbesondere die Lastannahmen, die im Abschnitt 2 ausführlich an Beispielen erläutert werden. Es schließen sich Abschnitte an, die unter dem Titel „Technische Mechanik für Bauingenieure“ zusammengefaßt werden können und sich mit dem Zusammensetzen und Zerlegen von Kräften und Momenten sowie mit dem Gleichgewicht befassen. Dabei werden Probleme sowohl der Ebene als auch des Raumes behandelt. Neben rechnerischen Verfahren werden zeichnerische geboten, die anschaulich sind und bei vielen Gelegenheiten eine schnelle Kontrolle von Rechenergebnissen ermöglichen. Die Ermittlung von Kipp- und Gleitsicherheit schließt sich an.

Abschnitt 5 ist den Stabwerken oder Vollwandtragwerken gewidmet. Nach der Definition der Schnittgrößen wird ihre Ermittlung und Darstellung an einer Vielzahl von Beispielen vorgeführt. Der letzte Unterabschnitt verläßt die Statik der Ebene und bringt Beispiele für die Berechnung der Schnittgrößen räumlich belasteter ebener Stabwerke, durch die das Verständnis für Torsion und räumliche Biegung geweckt werden soll.

Eine grundlegende Behandlung mit Ausführungen über den Entwurf und die Bildungsgesetze erfahren im Abschnitt 6 die Fachwerke. Für die Bestimmung der Stabkräfte von Fachwerken werden rechnerische Methoden dargeboten sowie das zeichnerische Verfahren des Cremonaplanes, das Anschaulichkeit und Schnelligkeit vereinigt. Bei den Fachwerken wie bei den Stabwerken wird in den Berechnungsbeispielen auch die Frage der ungünstigsten Anordnung von veränderlichen Lasten ausführlich behandelt.

Gemischte Systeme, deren Stäbe teils nur Längskräfte, teils aber Längskräfte und Biegemomente aufnehmen, werden im Abschnitt 7 berechnet. Versteifter Stabbogen oder Langerscher Balken und Hängebrücke, beide durch Mittelgelenke statisch bestimmt gemacht, verlangen bei der Ermittlung der Schnittgrößen einen größeren Aufwand und sind als Vorbereitung für die Berechnung der entsprechenden statisch unbestimmten Systeme gedacht. Auch hier wird auf die Veranschaulichung von Kraftfluß und Tragverhalten Wert gelegt.

Der letzte Abschnitt des Teils 1 bringt die Einflußlinien statisch bestimmter Stabtragwerke. Nach der Erläuterung von Wesen und Zweck der Einflußlinien werden dargeboten die Einflußlinien des einfachen Balken auf zwei Lagern, die Auswertung von Einflußlinien, die Berücksichtigung mittelbarer Belastung und die Grenzlinien der Momente und Querkräfte. Die kinematische Methode der Ermittlung von Einflußlinien schließt sich an, und die Einflußlinien von Fachwerkstäben und Dreigelenkbogen bilden den Abschluß.

In der neuen Auflage werden die in DIN 1080 festgelegten Benennungen verwendet: Gegenüber der vorigen Auflage wurde Normalkraft durch Längskraft ersetzt, Eigengewicht durch Eigenlast, Auflagerkraft durch Lagerkraft und Stützgröße, und aus einem Balken auf zwei Stützen wurde ein Balken auf zwei Lagern. An einer Vielzahl von Stellen wurde außerdem durch kleine Änderungen versucht, Verständlichkeit und Genauigkeit von Formulierungen und Ableitungen zu erhöhen.

Dem Verlag danke ich für die vorzügliche Zusammenarbeit wie für die sorgfältige Herstellung und gute Ausstattung des Buches. Vorschläge aus dem Leserkreis für Verbesserungen der „Praktischen Baustatik“ sind stets willkommen.

Mainz, im Sommer 1986 G. Erlhof

# Inhalt

## 7 Gemischte Systeme



## 8 Einflußlinien



Einschlägige Normen für dieses Buch sind entsprechend dem Entwicklungsstand ausgewertet worden, den sie bei Abschluß des Manuskripts erreicht hatten. Maßgebend sind die jeweils neuesten Ausgaben der Normblätter des DIN Deutsches Institut für Normung e.V., die durch den Beuth-Verlag, Berlin und Köln, zu beziehen sind. – Sinngemäß gilt das gleiche für alle sonstigen angezogenen amtlichen Richtlinien, Bestimmungen, Verordnungen usw.

# 1 Einleitung

## 1.1 Naturgesetze – Wissenschaft – Technik – Mechanik

Die Betrachtung der Menschheitsgeschichte zeigt, daß die Menschen während sehr langer Zeiträume der sie umgebenden Natur mit den Kenntnissen begegneten, die sie aufgrund der Überlieferung, der eigenen Erfahrung und der jeweiligen Eingebung gewonnen hatten. Diese Art der Begegnung hat man deshalb auch als das natürliche Verhalten des Menschen gesehen und beurteilt. Wenn man die Reste alter Kulturen studiert, wird in den Bauwerken und Geräten des täglichen Lebens dieses Verhalten sichtbar. Bei der Betrachtung der europäischen Geschichte, insbesondere der Baugeschichte vom Mittelalter bis zum Beginn der Neuzeit, finden wir bestätigt, daß Tradition, Empirie und Intuition die wesentlichen Elemente für jede verändernde Maßnahme in der naturgegebenen Welt und besonders bei der Lösung jeder technischen Aufgabe waren.

Alles handwerkliche Können, das sich überwiegend auf die genannten Elemente gründete, stand in diesen Jahrhunderten hoch im Kurs und genoß lange Zeit teilweise besondere Rechte.

Sehr deutlich läßt sich das Zusammenwirken der drei genannten Prinzipien beim Übergang von der geschlossenen romanischen zur aufgelösten gotischen Bauweise ablesen, besonders wenn der Übergang stufenweise wie beispielsweise an der Kathedrale von Chartres erfolgte.

Vor dem Beginn der Neuzeit waren wenige Naturgesetze formuliert worden (z. B. durch Archimedes). Diese Formulierungen hatten kaum einen entscheidenden Einfluß auf das praktische Handeln der Menschen. Erst mit den Namen Galilei (1565 bis 1642) und Newton (1643 bis 1727) ist der Anfang der Neuzeit gekennzeichnet: Diese beiden Forscher fanden Naturgesetze durch die Verbindung von logischem Denken mit gezielter experimenteller Arbeit. In der Folge breitet sich ein neues Denken aus: Die Natur wird jetzt als ein Gegenüber mit vielen verborgenen Geheimnissen aufgefaßt, die der Naturforscher zu enthüllen trachtet. Es stellt sich heraus, daß Erkenntnisse über das Wesen der Natur und Formulierungen von Naturgesetzen weder auf dem Weg des reinen logischen Denkens noch dem der mystischen Versenkung gefunden werden können. Es muß vielmehr ein dauernder kritischer Dialog zwischen dem forschenden menschlichen Geist und dem Forschungsobjekt hergestellt werden. Zu Beginn des Dialogs muß eine klare Frage formuliert werden, die sich häufig im Laufe der Zeit noch wesentlich verengen kann. Der Weg der Neuzeit ist also durch ein dauerndes Frage- und Antwortspiel, das immer mehr zum Grundsätzlichen vordringen will, gekennzeichnet.

Aufgrund überlieferten Wissens und neuer Untersuchungen werden mögliche Antworten auf die gestellte Frage entworfen. Hierzu benutzt man Hypothesen[1]), um fundierte Erkenntnisse zu gewinnen. Die Hypothese will erklären und Gründe angeben, die zunächst nur wahrscheinlich sind; sie muß widerspruchslos sein, andernfalls ist sie durch eine neue

---

[1]) grch. = Unterstellung; noch unbewiesene Annahme als Hilfsmittel wissenschaftlicher Erkenntnis

Hypothese zu ersetzen. Es ist möglich, daß für den gleichen Sachverhalt mehrere Hypothesen aufgestellt werden, die miteinander in Konkurrenz treten. Mit Hypothesen wurde in den vergangenen Jahrhunderten in Naturwissenschaft und Technik vielfach gearbeitet, ohne daß ihre Richtigkeit bewiesen werden konnte.

Die Theorie[1]) muß im Gegensatz zur Hypothese eine logisch und empirisch gesicherte Erklärung darstellen; für den gleichen Sachverhalt kann es nur eine richtige Theorie geben. Als abgeschlossene Theorie wird eine Theorie bezeichnet, die durch kleine Änderungen nicht verbessert werden kann.

Wenn Theorien als allgemein gültig bewiesen werden können, so spricht man von Naturgesetzen. Die Kenntnis von Naturgesetzen gibt die Möglichkeit, den Ablauf eines Naturgeschehens vorauszubestimmen.

Aus dem Gesagten wird deutlich, daß die Erkenntnis und die exakte Formulierung der in der Natur vorhandenen Gesetzmäßigkeiten nicht einfach zu gewinnen sind, sie stellen Probleme dar, die in der Regel heute nicht mehr von einem einzelnen gelöst werden können, sondern vielmehr eine Forschergruppe verlangen. Auch muß man die Forschungsaufgabe, um zu Erkenntnissen zu kommen, in einer früher nicht vermuteten Weise zergliedern, abstrahieren und schließlich wieder verbinden.

Diese Methode der Naturerkenntnis und Naturbeschreibung hat in den Werken der Naturwissenschaft ihren Niederschlag gefunden. Sie hat auch über den Bereich der reinen Naturwissenschaft hinaus tiefgreifende Wirkungen auf unsere moderne Welt hervorgerufen.

Die Technik, ursprünglich ein Kind des Handwerks, wird seit Ende des 18. Jahrhunderts wesentlich aus den Quellen naturwissenschaftlicher Erkenntnis gespeist. Dabei ist jedoch zu beachten, daß es hierbei neben den Prinzipien des Wissens und Erkennens auch wesentlich um die Kunst des schöpferischen Tuns (Kreativität) geht. Bei der Lösung einer technischen Aufgabe ist es erforderlich, die zweckmäßigsten und wirtschaftlichsten Mittel unter Beachtung genügender Sicherheit zu beherrschen und anzuwenden, um das jeweils gesetzte Ziel zu erreichen. Mit Hilfe der Technik hat der Mensch die Umwelt in der Neuzeit entscheidend verändert; in der jetzigen Phase wird dem Menschen immer stärker bewußt, daß er früh genug die Folgen seines die Umwelt verändernden Handelns bedenken muß, damit das für das Leben erforderliche Gleichgewicht der Biosphäre erhalten bleibt.

Die Mechanik – ein grundlegender und klassischer Teil der Physik – trug in entscheidender Weise zur raschen technischen Entwicklung bei. Mit Beginn des industriellen Zeitalters entstand die technische Mechanik, die sich besonders mit den in der Technik auftretenden Fragestellungen befaßte. Die Mechanik beschäftigt sich mit den Bewegungen materieller Körper und mit den Kräften und Momenten, die Bewegungen verursachen. Bewegungen und Bewegungsmöglichkeiten allein im Hinblick auf Raum und Zeit werden in der Kinematik behandelt; die Lehre von den Kräften ist die Dynamik. Wenn ein Körper, auf den Kräfte wirken, sich im Zustand der Ruhe oder der gleichförmigen Bewegung befindet, so müssen die am Körper angreifenden Kräfte sich gegenseitig aufheben; man sagt auch: Die Kräfte am Körper stehen miteinander im Gleichgewicht. Mit dem Gleichgewicht an ruhenden Körpern beschäftigt sich die Statik, mit dem Zusammenwirken von Kräften und Bewegungen die Kinetik. So versteht man von der physikalischen Gliederung her die Statik als die Lehre vom Gleichgewicht starrer Körper im Ruhezustand.

---

[1]) grch. = Anschauen, Untersuchung; Erkenntnis von gesetzmäßigen Zusammenhängen, Erklärung von Tatsachen (im naturwissenschaftlichen Bereich)

Eine andere Einteilung der Mechanik ergibt sich aus den Eigenschaften der betrachteten Körper. Wir sprechen von der Mechanik starrer Körper (Stereo-Mechanik), der Mechanik elastischer Körper (Elasto-Mechanik), der Mechanik plastischer Körper (Plasto-Mechanik) und der Mechanik flüssiger und gasförmiger Körper (Hydro- und Aeromechanik; Fluidmechanik).

## 1.2 Entwicklung zur Baustatik

Die Erkenntnisse und Hypothesen auf dem Gebiet des Bauwesens waren sowohl im physikalischen Bereich als auch im Ingenieurwesen während des 17. und 18. Jahrhunderts beim Bau von Kanälen, Festungsanlagen, Hoch- und Brückenbauten wesentlich erweitert und vertieft worden. Besondere Verdienste haben sich hierbei zahlreiche Physiker, Mathematiker und Ingenieure aus dem mitteleuropäischen Raum erworben.

Vor allem die beiden französischen Ingenieure Charles Auguste Coulomb (1736 bis 1806) und Louis Marie Henri Navier (1785 bis 1836) sammelten das verstreute Wissen, ordneten es kritisch, bauten es methodisch auf und gaben der Baustatik eine zukunftsweisende Zielrichtung.

Coulomb hat zahlreiche große Bauwerke entworfen, berechnet und ausgeführt. Er hat als erster Fragen der Statik und Festigkeitslehre nach exakt-wissenschaftlichen Methoden behandelt und ihre Lösungen in der Baupraxis ausgeführt. Bemerkenswert ist auch die von ihm eingeführte, sehr fruchtbare Methode, das in einer Aufgabe vorhandene, unbekannte Element variieren zu lassen, um auf diese Weise den maximalen und minimalen Grenzwert zu finden (z. B. beim Erddruck und beim Bogen). Bei aller wissenschaftlichen Exaktheit war Coulomb stets um Klarheit und Anschaulichkeit der Lösungsmethoden bemüht.

Navier, der bereits in seinen frühen Berufsjahren Brücken über die Seine gebaut hatte, lehrte ab 1821 an der „École des ponts et chaussées". Sein Lehrziel war es, seinen Studenten des Ingenieurfachs das wissenschaftliche Rüstzeug für ein materialgerechtes und ökonomisches Berechnen und Konstruieren der Bauwerke in die Hand zu geben. Sein großes Verdienst ist es, die bis dahin bekannten Gesetzmäßigkeiten, Erkenntnisse und Methoden der angewandten Mechanik und Festigkeitslehre zu einem einzigen Lehrgebäude zusammengefaßt und viele Probleme (z. B. aus den Bereichen Klassische Biegungslehre, Knicken, Berechnen statisch unbestimmter Systeme) in Grundzügen gelöst, weiterentwickelt oder neu formuliert zu haben. Navier gehört der besondere Ruhm, eine Baustatik, die das Tragverhalten einer Konstruktion im Grundsätzlichen erfaßt, in weniger als einem Jahrzehnt geschaffen zu haben.

Vor Coulomb und Navier hatten die Konstrukteure im wesentlichen die Abmessungen der Bauteile nach der Erfahrung bei entsprechenden älteren Bauwerken bestimmt. Dies wurde nun entscheidend geändert: Der Konstrukteur soll die theoretischen Grundlagen der Baustatik und die Erkenntnisse der Bau- und Werkstoffkunde so sicher beherrschen, daß er mit ihrer Hilfe imstande ist, ein standfestes und zugleich wirtschaftliches Tragwerk zu entwerfen und zu berechnen.

Im 19. Jahrhundert entwickelte Karl Culmann (1821 bis 1881) weitere zeichnerische Methoden der Baustatik sowie die Theorie des Fachwerks unter der Voraussetzung gelenkiger Knotenpunkte. Luigi Cremona (1830 bis 1903) schuf Kräftepläne, mit denen die Stabkräfte von Fachwerken zeichnerisch ermittelt werden. Otto Mohr (1835 bis 1918) wendete als erster das Prinzip der virtuellen Verrückungen an, formulierte eine Analogie für die Berechnung der Biegelinie des elastischen Stabes, stellte allgemeine Spannungszustände grafisch dar und beurteilte sie. Wilhelm Ritter (1847 bis 1906) baute die Anwendung der grafischen Statik weiter aus, während Heinrich Müller-Breslau (1851 bis 1925) eine Systematik der rechnerischen Methoden aufstellte [3].

Großen Einfluß auf die praktische Baustatik gewannen die Momentenausgleichsverfahren von Hardy Cross (1930) und Gaspar Kani (1949), die die Elastizitätsgleichungen statisch unbestimmter Systeme durch schrittweise Näherung lösen. Sie erleichtern die Behandlung vielfach statisch unbestimmter Systeme bei Handrechnung, d.h. bei Verwendung von Rechenschieber und Addiator oder einfachen elektronischen Rechnern.

Die Einführung programmgesteuerter elektronischer Rechenanlagen, die mit kleinerer oder größerer Speicherkapazität heute fast jedem Bauingenieur zur Verfügung stehen, führte zu einem grundsätzlichen Wandel in der praktischen Baustatik. Früher war der Ingenieur bestrebt, Konstruktion, statisches System und Berechnungsverfahren auch unter dem Gesichtspunkt zu wählen, daß der Rechenaufwand möglichst gering blieb. Für den Nutzer einer leistungsfähigen Rechenanlage verliert diese Beschränkung an Bedeutung, er ist daran interessiert, sämtliche in seinem Arbeitsbereich vorkommenden Tragwerke mit einem Programm berechnen zu können. Bei der Aufstellung solcher großer Programme erweist es sich als zweckmäßig, die in der Vergangenheit erarbeiteten Berechnungsverfahren in Matrizenform darzustellen und für die Anwendung in den Rechenanlagen weiterzuentwickeln. Hierbei erhielten das Weggrößenverfahren in Matrizendarstellung und die Methode der Finiten Elemente besondere Bedeutung (s. Teil 3, [1]).

Auch das leistungsfähigste Programm einer Großrechenanlage kann dem Bauingenieur nicht die Aufgabe abnehmen, die Konstruktion zu entwerfen und dann aus ihr durch Idealisierung und Abstraktion ein statisches System abzuleiten, das der Berechnung zugrunde gelegt wird. Weiterhin muß der Ingenieur prüfen, ob die zum gewählten statischen System gehörenden Lagerungsbedingungen und Baustoffeigenschaften von dem zur Verfügung stehenden Programm richtig berücksichtigt werden und ob Näherungsannahmen, die in das Programm eingearbeitet sind, auf das vorliegende statische System anwendbar sind. Schließlich müssen die Ergebnisse der elektronischen Berechnung geprüft werden.

Diese Ausführungen sollen andeuten, was die Erfahrungen aus dem Einsatz großer Rechenanlagen zeigen: Es bleibt unumgänglich, dem angehenden Bauingenieur die Grundlagen der Baustatik in anschaulicher Weise zu vermitteln. Die Kenntnis dieser Grundlagen bildet die beste Voraussetzung für ein späteres Einarbeiten in Sondergebiete und Sonderverfahren, z.B. in die abstrakte, auf Rechenanlagen zugeschnittene Matrizenstatik.

Am Schluß des Abschn. 1.1 war die Definition des Wissenschaftsbegriffs „Statik" als eines begrenzten Teiles der Mechanik starrer Körper dargestellt worden. Im folgenden wird erläutert, welche Unterschiede im Verständnis eines Begriffs aus physikalischer und aus ingenieurwissenschaftlicher Sicht vorhanden sind.

In der Statik des Bauwesens, die wir in Zukunft kurz als Baustatik bezeichnen wollen, ist das im Ruhezustand vorhandene Gleichgewicht der gegebene Ausgangspunkt der Untersuchung. Mit Hilfe von Gleichgewichts- und Arbeitsbedingungen werden dann in der Baustatik die Stützgrößen, inneren Kräfte, Spannungen und Formänderungen eines Systems berechnet. Dazu sind Kenntnisse des Verhaltens und der Festigkeiten der Baustoffe sowie der Zusammenhänge zwischen idealisierten Annahmen und den wirklichen Eigenschaften der Bau- und Werkstoffe unerläßlich. Das bedeutet, daß aus der Sicht der Ingenieurwissenschaft Erkenntnisse der Festigkeitslehre, der Stabilitätstheorie und Kenntnisse der verschiedenen Methoden der Berechnung von Tragwerken in dem Wissensgebiet „Baustatik" enthalten sind. Die Baustatik hilft dem entwerfenden Ingenieur, Tragwerke so zu planen und zu bemessen, daß sie funktionsgerecht und wirtschaftlich sind, den vorgeschriebenen Sicherheitsgrad nicht unterschreiten und eine genügende Steifigkeit besitzen. Diese hier dargestellte umfassendere Definition der Baustatik ist – wie wir oben sahen – aus der geschichtlichen Entwicklung und den von diesem Fachgebiet zu erfüllenden Aufgaben entstanden.

## 1.3 Regeln, Normen und Vorschriften

Bereits die Baumeister der Antike haben Regeln und Erfahrungssätze der Baukunst aufgestellt und zum Teil veröffentlicht: Vitruv gab zur Zeit des Augustus 10 Bücher heraus, die Fragen der Baustoffkunde, Bauregeln, Wasserleitungen, Zeitmessung und der allgemeinen Mechanik behandeln, Frontius (40 bis 103 n. Chr.) stellte die römische Wasserwirtschaft dar. Im Mittelalter befleißigte man sich, in den Bauhütten die Berufserfahrungen zusammenzufassen und daraus mathematisch-geometrische Konstruktionsregeln zu gewinnen. Diese Regeln bezogen sich hauptsächlich auf Fragen der Formgebung und der Komposition [2]. Allerdings bewahrte man die Kenntnisse als Berufsgeheimnis meist ängstlich für sich selbst und gab sie nur von Meister zu Meister weiter. Erwähnenswerte Ausnahmen sind das Skizzenbuch des Villard de Honnecourt ([2] S. 51) sowie die „Zehn Bücher über die Baukunst" von Leon Battista Alberti, Florenz 1485. Die aufgrund von Erfahrungen gewonnenen Regeln wären heute als „Faustregeln" zu klassifizieren; gleichwohl sind sie aufgrund ihrer mathematischen Formulierung und ihres direkten Praxisbezugs als Anfänge der Ingenieurwissenschaft und als Vorläufer unserer Normen anzusehen.

In der Mitte des 18. Jh. war die Mechanik von Naturwissenschaftlern und Mathematikern so weit entwickelt worden, daß ihre Methoden erstmals auf praktische Bauaufgaben angewandt werden konnten. In der Folgezeit wurden bei der Gestaltung und Ausführung von Bauwerken anstelle von Erfahrungsregeln und statischem Gefühl zunehmend wissenschaftlich fundierte Erkenntnisse gesetzt, die aus Berechnung und Experiment gewonnen wurden.

Heute sind von jedem Ingenieur, der ein Bauprojekt verantwortlich plant oder ausführt, die „anerkannten Regeln der Baukunst" zu beachten. Auch Strafgesetzbuch § 330 nimmt auf diese Bezug. Es gelten diejenigen Regeln als „anerkannte Regeln der Baukunst", die in der Technik als richtig anerkannt sind[1]). Zu ihnen gehören die in der bautechnischen Praxis angewandten Regeln, vor allem aber die vom Normenausschuß Bauwesen (NABau) im DIN Deutsches Institut für Normung e.V. herausgegebenen Normen. Einen bedeutenden Anteil an der Erarbeitung von Normen haben die im Rahmen des NABau tätigen Arbeitsgruppen „Einheitliche Technische Baubestimmungen" (ETB-Ausschuß), „Beton- und Stahlbeton" (Deutscher Ausschuß für Stahlbeton), „Stahlbau" (Deutscher Ausschuß für Stahlbau), sowie die Länder- und Bundesbaubehörden.

Normung ist ein wichtiges Mittel zur Ordnung. Marksteine der Normung waren in unserer technischen Entwicklung die Einführung des metrischen Maßsystems (in den meisten deutschen Ländern im 18. Jahrhundert begonnen) und die Normierung der gewalzten Stahlprofile im Jahre 1869 durch den Verein Deutscher Ingenieure. Im 19. Jh. hatten die stürmischen Entwicklungen auf den Gebieten des Maschinen- und Schiffsbaus, der Elektrotechnik und des Eisenbahnwesens zu recht unterschiedlichen Ausführungen und mannigfaltigen Formen, auch der Bauelemente, geführt. Im Jahr 1917 wurde deshalb in Berlin der „Normenausschuß der Deutschen Industrie" als e.V. gegründet, der sich als zentrale Organisation das Ziel setzte, alle technischen Dinge, für die ein gemeinsames Interesse bestand, durch Normen festzulegen. So wurde die Deutsche Normung ins Leben gerufen, die für die folgende technische Entwicklung von großer Bedeutung war. Aus den Anfangsbuchstaben der Worte „Deutsche Industrie-Normen" entstand das Kurzzeichen DIN. Durch den Beitritt von Behörden und Verbänden wurde der Normenausschuß erweitert, im Jahre 1926 entstand der Deutsche Normenausschuß (DNA), im Jahre 1975 erfolgte die Umbenennung in DIN Deutsches Institut für Normung e.V.

[1]) S. Entscheidungen des Reichsgerichts in Strafsachen, Band 44, S. 75

Die Arbeit der Normung wird von zahlreichen Normenausschüssen (NA) geleistet[1]). Für enger begrenzte Sachgebiete innerhalb eines NA können Arbeitsausschüsse gebildet werden, z. B. der Ausschuß für Einheitliche Technische Baubestimmungen (ETB) als Arbeitsgruppe des NA Bau im Deutschen Institut für Normung e.V.

Bevor ein neues DIN-Blatt in Kraft gesetzt werden kann, ist ein Norm-Entwurf mit einer Einspruchsfrist zu veröffentlichen. Nach dieser Frist prüft der zuständige Ausschuß die eingegangenen Anregungen und legt, falls nicht ein zweiter Entwurf veröffentlicht werden muß, die endgültige Fassung des Normblattes fest, die alsdann noch von der Normenprüfstelle mit Ausgabedatum zu verabschieden ist. Vielfach führen die Obersten Bauaufsichtsbehörden DIN-Normen in Einführungserlassen als Richtlinien für die Bauaufsicht ein (Nachweisung A), oder sie weisen auf solche DIN-Normen hin (Nachweisung B).

Im Zeichen der über die Grenzen der Staaten hinausgreifenden technischen Verflechtungen besteht eine internationale Normungsgemeinschaft „International Organization for Standardization“ (ISO), der Deutschland seit 1952 als Mitglied angehört. „Zweck ist die Förderung der Normung in der Welt, um den Austausch von Gütern und Dienstleistungen zu unterstützen und die gegenseitige Zusammenarbeit im Bereich des geistigen, wissenschaftlichen, technischen und wirtschaftlichen Schaffens zu entwickeln“ (nach Ziff. 2.1 der Satzung der ISO). Technische Komitees (TC) leisten die Normungsarbeit. Die Ergebnisse der Arbeit werden als ISO-Empfehlungen veröffentlicht.

Zwischen den Ebenen der nationalen und der weltweiten internationalen Normung liegt die Ebene der europäischen Normung, die vom Europäischen Institut für Normung betrieben wird. Dieses Institut gliedert sich in das Europäische Komitee für Normung (CEN) und das Europäische Komitee für Elektrotechnische Normung (CENELEC).

Das Ingenieurwesen ist in der heutigen Zeit so umfangreich und vielschichtig geworden, daß ein einzelner das Wissen über mehrere Fachgebiete nicht ständig präsent haben kann. In den letzten Jahrzehnten wurde deshalb von der Normung neben dem Gesichtspunkt einer einheitlichen Ordnung zunehmend auch der Gesichtspunkt verfolgt, dem Ingenieur mit einem DIN-Blatt zugleich ein geeignetes Hilfsmittel für seine Arbeit in die Hand zu geben.

## 1.4 Die Rolle der Baustatik im Rahmen des Baugeschehens

Die Lehren der Baustatik werden angewendet beim Aufstellen der statischen Berechnung eines Bauwerkes. Eine statische Berechnung wird in „Positionen“ gegliedert; jede Position enthält die Berechnung eines Bauwerksteiles, das herausgelöst und für sich betrachtet werden kann. Oftmals wird eine Position von anderen Positionen belastet.

So können sich z. B. bei einem Wohngebäude mit Holzdachstuhl die folgenden, nacheinander zu berechnenden Positionen ergeben:

- Sparren, Pfetten, Stützen unter den Pfetten, Streben, Windaussteifungen
- Decke über dem obersten Geschoß (u. U. in mehrere Positionen aufgeteilt), Decken über den übrigen Geschossen
- Kellerdecke, Treppen, Tür- und Fensterstürze, Unterzüge, Überzüge, Holz-, Stahlbetonträger
- tragende Wände (Außenwände und mittlere Längswand bei quergespannten Decken; tragende Querwände bei der Schottenbauweise)
- Mauerpfeiler, Holz-, Stahlbeton- und Stahlstützen, Fundamente

[1]) Weiteres s. DIN 820 Bl. 1: Normungsarbeit, Grundbegriffe, Grundsätze, Geschäftsgang

Die statische Berechnung einer Halle weist oftmals die folgenden Positionen auf:

- Dachplatten (Gasbetonplatten, Bimsstegdielen, Trapezbleche, Wellasbestzementplatten)
- Pfetten, Binder, Stützen, Wandriegel, Torträger, Krananlagen, Bremsverbände, Windverbände
- Fundamente

Eine Position der statischen Berechnung kann man i. allg. in die folgenden Abschnitte unterteilen:

1. Beschreibung des Tragwerksteils oder des Tragwerks: Art des statischen Systems, Abmessungen, Abstände, Stützweiten, Höhen
2. Lastaufstellung
3. Stütz- und Schnittgrößen
4. Bemessung

Beim Erstellen der ersten drei Abschnitte bewegt man sich auf dem Gebiet der Baustatik; das Abfassen des 4. Abschnitts setzt zwar ebenfalls viele baustatische Kenntnisse voraus, verlangt aber auch die Beachtung einer großen Zahl von Regeln und Bestimmungen, die jeweils nur für einen Baustoff oder eine Bauweise gelten. Von Ausnahmen abgesehen, können diese Regeln und Bestimmungen nicht in der Baustatik behandelt werden, sie gehören zum Lehrstoff des Grund-, Holz-, Massiv- oder Stahlbaus. Die Grenzen zwischen der Baustatik und den anderen erwähnten Fächern sind dabei weder deutlich ausgeprägt noch allgemeingültig festgelegt, jedoch wird der Bereich einer „praktischen Baustatik" weiter gezogen als der einer abstrakten Statik und Festigkeitslehre.

Der 3. Abschn. „Stütz- und Schnittgrößen" der Positionen einer statischen Berechnung kann in seinem Umfang sehr unterschiedlich ausfallen: Während er im Hochbau bei einfachen Balken auf zwei Stützen vielfach nur aus zwei Zeilen besteht, kann er bei Stockwerkrahmen viele Seiten Berechnung erfordern.

Die statische Berechnung soll vor Baubeginn fertig aufgestellt sowie von Bauaufsicht oder Prüfingenieur geprüft und in Ordnung befunden sein. Sie ist die Grundlage für die Erstellung der Ausführungspläne (Schal- und Bewehrungspläne, Werkpläne), die ebenfalls der Prüfung und Genehmigung durch Bauaufsicht oder Prüfingenieur bedürfen.

Nach dem Schritt von der Baustatik zur statischen Berechnung soll noch der Zusammenhang zwischen der statischen Berechnung und dem gesamten bautechnischen Geschehen ins Auge gefaßt werden, an dessen Ende das fertige Bauwerk steht. Hierbei bietet sich die chronologische Betrachtungsweise an. Wir beschränken uns dabei auf den Fall, daß ein Bauherr einen Architekten mit der Vorbereitung und Durchführung der Baumaßnahme beauftragt.

Am Anfang steht der Bauherr mit seinen Vorstellungen über die Funktionen des geplanten Bauwerks. In manchen Fällen wird er Architekten oder Verfahrensingenieure hinzuziehen, um seinen Vorstellungen mehr Klarheit und Genauigkeit geben zu können. Als nächstes werden diese Vorstellungen in einen Vorentwurf im Maßstab 1 : 200 oder 1 : 100 umgesetzt. Die Aufstellung des Vorentwurfs kann der Bauherr einem Architekten unmittelbar übertragen, er kann aber auch einen öffentlichen oder beschränkten Wettbewerb veranstalten. Der Vorentwurf sollte bereits die Vorschriften der Bauordnung, der Gewerbe- und Feuerpolizei sowie die Unfallverhütungsvorschriften weitgehend erfüllen.

Bestehen beim Bauherrn und seinem Architekten Unklarheiten über die Vorschriften des Bebauungsplanes oder will der Bauherr von diesen Vorschriften abweichen, so reicht er den Vorentwurf als Bauvoranfrage bei der Bauaufsicht ein, die darauf eine verbindliche Antwort erteilt.

Die nächsten Schritte sind das Zeichnen der Entwurfspläne im Maßstab 1:100, in denen gegebenenfalls die Antwort auf die Bauvoranfrage berücksichtigt wurde, und das Einreichen des Bauantrags, der diese Pläne enthält, beim Bauordnungsamt. Zum Bauantrag gehört in der Regel auch die statische Berechnung, deren Aufstellung bei unbekanntem Baugrund die Durchführung einer Baugrunduntersuchung voraussetzt.

Nachdem der Bauantrag genehmigt worden ist – u. U. mit Auflagen –, beginnt die Ausführungsplanung: Die Ausführungszeichnungen (üblicher Maßstab 1:50) werden erarbeitet, Sonderfachleute für Heizung und Lüftung, Elektro, Sanitär sowie für Aufzüge werden herangezogen. In ständiger Zusammenarbeit zwischen Architekt, Bauingenieur (Statiker, Konstrukteur) und Sonderfachleuten werden neben den Ausführungszeichnungen die Detailzeichnungen (Maßstäbe 1:20, 1:10, 1:5, 1:1) fertiggestellt.

Auf der Grundlage der Ausführungsplanung erstellt der Architekt das Leistungsverzeichnis oder eine Baubeschreibung und vergibt die Arbeiten freihändig oder mit Wettbewerb nach einer beschränkten oder öffentlichen Ausschreibung.

Abschließend wollen wir uns noch einen kurzen Überblick über die Arbeiten des Bauunternehmers bis zur Fertigstellung des Rohbaues verschaffen: Bevor dem Bauunternehmer der Zuschlag erteilt wurde, mußte er das Angebot bearbeiten, also Preise ermitteln. Nach Erhalt des Auftrages beginnt die Arbeitsvorbereitung: Der Bauunternehmer wählt die Baustelleneinrichtung, ermittelt den Bedarf an Geräten, Arbeitskräften und Material und führt die Bauablaufplanung durch (Netzplan, Balkendiagramm). Dann beginnt die Bauausführung mit dem Herrichten der Zufahrtswege, dem Einrichten der Baustelle, der Versorgung der Baustelle mit Strom, Wasser und Fernsprecher, der Schaffung von Arbeitsplätzen und Unterkünften.

Als nächstes wird das Baufeld freigemacht, die Baugrube ausgehoben und die Gründung hergestellt, worauf mit den Schalungsarbeiten, dem Bewehren und Betonieren oder dem Mauern der aufgehenden Teile oder der Montage, dem Aufrichten des Bauwerks, begonnen werden kann.

Während des Bauens obliegen dem Konstrukteur, dem Prüfingenieur und der Bauaufsicht Abnahmen z. B. der Bewehrung oder der Verbindungsmittel sowie Kontrollen der Baustoffgüten.

# 2 Kräfte und Lasten

## 2.1 Allgemeines

Wir können eine Kraft nicht unmittelbar, sondern nur mittelbar, an ihrer Wirkung innerhalb von Raum und Zeit erkennen. Während Aristoteles die Größe der einen Körper bewegenden Kraft durch das Produkt des Gewichts mit der Geschwindigkeit ausdrückte – diese Auffassung herrschte von etwa 350 v. Chr. bis in das 17. Jh. –, hat Galileo Galilei (1564 bis 1642) aufgrund seiner Beobachtungen und Experimente erstmals den Kraftbegriff richtig erfaßt, indem er den Zusammenhang zwischen Kraft und Beschleunigung erkannte.

Isaac Newton (1643 bis 1727) hat in seinem 2. Axiom die Definition gegeben: „Die zeitliche Änderung der Bewegungsgröße ist der einwirkenden Kraft proportional und geschieht in Richtung der Kraft."

Unter der Bewegungsgröße ist der Impuls $m \cdot \vec{v}$ zu verstehen, das Produkt von Masse und Geschwindigkeit. Die Änderung der Bewegungsgröße ist die Ableitung des Impulses nach der Zeit $\mathrm{d}(m \cdot \vec{v})/\mathrm{d}t$; die Masse $m$ können wir für unsere Betrachtungen als in der Zeit unveränderlich ansehen: $\mathrm{d}(m \cdot \vec{v})/\mathrm{d}t = m \cdot \mathrm{d}\vec{v}/\mathrm{d}t$; beachten wir dann, daß die Ableitung der Geschwindigkeit nach der Zeit die Beschleunigung $\vec{a}$ und die Beschleunigung $\vec{a}$ die zweite Ableitung des Weges nach der Zeit ist, so erhalten wir die Gleichungskette

$$\vec{F} = \frac{\mathrm{d}(m \cdot \vec{v})}{\mathrm{d}t} = m\,\frac{\mathrm{d}\vec{v}}{\mathrm{d}t} = m \cdot \vec{a} = m\,\frac{\mathrm{d}^2 s}{\mathrm{d}t^2} \tag{17.1}$$

Betrachten wir in dieser Gleichungskette das erste und vierte Glied, so erhalten wir das dynamische Grundgesetz

$$\vec{F} = m \cdot \vec{a} \tag{17.2}$$

in Worten: **„Kraft gleich Masse mal Beschleunigung"** oder nach einer Definition von Westphal [5]: **„Die Kraft ist ein Vektor, der die gleiche Richtung hat wie die von ihm bewirkte Beschleunigung und dessen Betrag der Beschleunigung proportional ist."**

Die Masse oder träge Masse $m$ eines Körpers kann in dieser Gleichung als Proportionalitätskonstante gedeutet werden; sie hängt von der Stoffart und dem Volumen des Körpers ab. Die Masse ist unabhängig von dem Ort, an dem sich der Körper befindet. Diese Unabhängigkeit macht die Masse zu einer in Naturwissenschaft und Technik unentbehrlichen Größe.

Vektoren oder gerichtete Größen, zu denen neben Kräften auch Geschwindigkeiten, Beschleunigungen, Verschiebungen und Drehmomente gehören, können frei, linienflüchtig oder gebunden sein.

Freie Vektoren dürfen beliebig in ihrer Wirkungslinie und parallel zu sich selbst verschoben werden; sie sind bestimmt durch 1. Betrag und 2. Richtung.

Linienflüchtige Vektoren dürfen beliebig in ihrer Wirkungslinie, jedoch nicht parallel zu sich selbst verschoben werden; zu ihnen gehört neben dem Betrag und der Richtung als 3. Bestimmungsstück die Lage der Wirkungslinie, d.h. die Gleichung oder ein beliebiger Punkt der Wirkungslinie.

Gebundene Vektoren dürfen weder in ihrer Wirkungslinie noch parallel zu sich selbst verschoben werden, ihr 3. Bestimmungsstück ist ihr Angriffspunkt.

Der Betrag eines Vektors setzt sich aus Zahlenwert und Maßeinheit zusammen. Die Richtung eines Vektors können wir bei ebenen Problemen auf verschiedene Weise festlegen:

1. Wir geben den Winkel $\alpha$ zwischen der Richtung des Vektors und einer gerichteten Bezugsgeraden, z. B. der $x$-Achse, an, wobei wir mit den Grenzen $0° \leqq \alpha \leqq 360°$ arbeiten. Das ist für Rechenprogramme am zweckmäßigsten (**18**.1).

2. Wir geben den Winkel $\alpha$ zwischen der Wirkungslinie des Vektors und einer Bezugsgeraden sowie den Richtungssinn des Vektors an. Für $\alpha$ gilt dann $0° \leqq \alpha < 180°$ (**18**.2).

3. Wir legen ein Koordinatenkreuz fest und verstehen unter $\alpha$ den Winkel zwischen der Wirkungslinie des Vektors und der $x$-Achse in den Grenzen $0° \leqq \alpha \leqq 90°$; die Richtung des Vektors wird dann durch den Winkel $\alpha$ und den Quadranten eindeutig bestimmt (**18**.3).

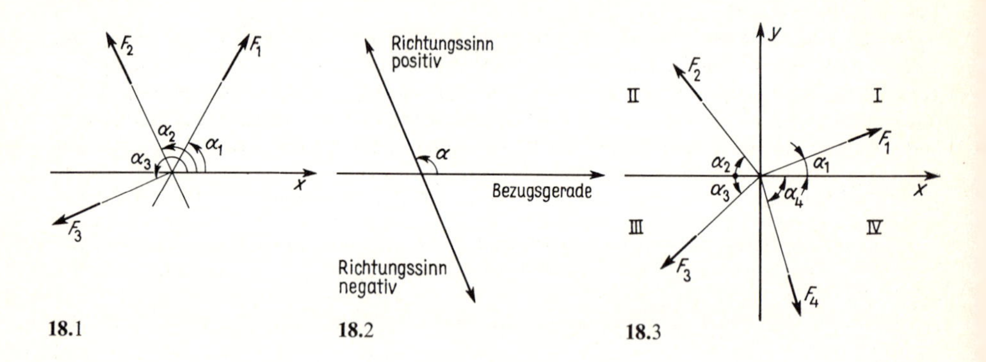


**18**.1 **18**.2 **18**.3

Kräfte sind gebundene Vektoren. Bei allen Aufgaben dieses Teils der Praktischen Baustatik können sie jedoch als linienflüchtige Vektoren behandelt werden. Das Ansetzen einer Kraft als gebundener Vektor wird erforderlich im Teil 2, Abschn. 8.1.2 bei der Lösung eines Stabilitätsproblems.

Drehmomente oder Momente von Kräften bezüglich eines Punktes sind an diesen Bezugspunkt gebunden; der Momentenvektor eines Kräftepaares ist ein freier Vektor.

Als Symbol eines Vektors ist ein Frakturbuchstabe, ein lateinischer Buchstabe mit darüberliegendem Pfeil oder ein lateinischer Buchstabe in Fettdruck üblich (DIN 1303).

Bei der Masse genügt zur eindeutigen Bestimmung die Angabe von Zahlenwert und Maßeinheit; die Masse ist ein Skalar oder eine skalare Größe wie der Winkel, die Länge, die Temperatur, die Dichte, der barometrische Druck, das elektrische Potential, die Zeit und die Arbeit.

Die Lasten unserer irdischen Welt kommen überwiegend infolge der Massenanziehung der Erde zustande. Galilei stellte 1590 fest, daß alle Körper am gleichen Ort gleich schnell fallen, wenn außer der Schwerkraft keine weiteren Kräfte wirken. Alle Körper erfahren am gleichen Ort also die gleiche Erd- oder Fallbeschleunigung $\vec{g}$, die zwischen 9,781 m/s² am Äquator und 9,832 m/s² an den Polen schwankt. In mittleren Breiten ($\varphi \approx 45°$) beträgt sie 9,80665 m/s²; dieser Wert wird als Normalfallbeschleunigung $\vec{g}_n$ bezeichnet. Ein Körper von der schweren Masse $m$ wird also im freien Fall durch die Fallbeschleunigung $\vec{g}$ beschleunigt; wenn der freie Fall gehindert wird, erfährt er die Schwerkraft oder Eigenlast

$$\vec{G} = m \cdot \vec{g} \tag{19.1}$$

Bis zur Einführung des Internationalen Einheitensystems (s. Abschn. 2.2) lautete diese Gleichung in Worten: **Gewicht ist gleich Masse mal Fallbeschleunigung;** das Gewicht war eine Kraft. Nach der z.Z. im Bauwesen gültigen Regelung (DIN 1080 T1 Ausg. Jun 1976) ist das Gewicht eine Masse, so daß Gl. (10.2) zu lesen ist: **Eigenlast ist gleich Masse mal Fallbeschleunigung oder Eigenlast ist gleich Gewicht mal Fallbeschleunigung.**

Die schwere Masse eines Körpers, die bei der Erdanziehung wirksam wird, ist übrigens gleich seiner trägen Masse, die bei einer beliebigen anderen Beschleunigung in die dynamische Grundgleichung eingeht. Aus diesem Grunde darf einfach von der Masse $m$ eines Körpers gesprochen werden.

Zum Schluß dieser Betrachtung sei an den ersten Teil des 1. Newtonschen Axioms (1687) – der Definition des Kraftbegriffs – erinnert: „Wo wir eine Beschleunigung eines Körpers beobachten, betrachten wir als deren unmittelbare Ursache eine Kraft oder mehrere gleichzeitig wirkende Kräfte."

Auf einen frei fallenden Körper, der sich auf die Erde oder einen anderen Himmelskörper mit zunehmender Geschwindigkeit hinbewegt, wirken die Gravitationskräfte des betreffenden Himmelskörpers. Diese Gravitations- oder Schwerkraft wird auch als Fernkraft bezeichnet, weil ihre Wirkung ohne einen direkten Kontakt zwischen den Körpern besteht. Die Raumfahrten, besonders die Fahrten zum Mond, bewiesen die Gültigkeit der über die Fernkräfte gefundenen Gesetze. Im Unterschied zu den Fernkräften bezeichnet man die Kräfte, die durch unmittelbaren Kontakt ihre Wirkung ausüben, als Nahkräfte. Solche Nahkräfte treten bei unmittelbarer Berührung oder bei einem durch ein verbindendes Medium hergestellten Kontakt auf. Als Beispiele seien Zug-, Druck-, Stoß- und Reibungskräfte, Wasser- und Gasdrücke angeführt.

Für den Bereich des Bauwesens ist diese für den Physiker wichtige Unterscheidung zwischen Fern- und Nahkräften nicht wesentlich. Die im Bauwesen auftretenden Eigenlasten und Nutzlasten sind zwar Kräfte, die aus der Gravitation herrühren, bei der Aufstellung einer statischen Berechnung greifen sie jedoch als Nahkräfte am idealisierten, gewichtslos gedachten Tragwerk an.

## 2.2 Maßsystem[1])

Durch das „Gesetz über Einheiten im Meßwesen" vom 2.7.1969 wurde in der Bundesrepublik Deutschland das Internationale Einheitensystem (SI = System International) eingeführt. In diesem System werden als unabhängige Grundgrößen die Masse, der Weg und die Zeit, als abgeleitete Größe wird die Kraft eingeführt.

Die Kraft 1 N (Newton) erteilt der Masse 1 kg die Beschleunigung 1 m/s²

$$1\ \text{N} = 1\ \text{kg} \cdot 1\ \text{m/s}^2$$

[1]) Im folgenden wird darauf verzichtet, bei Kräften, Momenten und Beschleunigungen den Pfeil über dem Buchstaben anzugeben, wenn nicht eine besondere Veranlassung dazu besteht.

Für die Eigenlast gilt nun in unseren Breiten

$$G = m \cdot g_n$$

Eigenlast = Masse × Normalfallbeschleunigung, und die Eigenlast von 1 kg Masse hat die Größe

$$G_{(1\,\text{kg})} = 1\ \text{kg} \cdot 9{,}80665\ \text{m/s}^2 = 9{,}80665\ \text{N}$$

Anstelle dieses Genauwertes kann in der Bautechnik wegen der dafür stets ausreichenden Sicherheiten die Näherung

$$\mathbf{G_{(1\,kg)} = 1\ kg \cdot 10\ m/s^2 = 10\ N = 0{,}01\ kN\ (Kilonewton)} \tag{20.1}$$

verwendet werden. Ferner gilt $10^6$ N = $10^3$ kN = 1 MN (Meganewton).

Die Einheit 1 kN soll im Bauwesen vorwiegend verwandt werden; sie entspricht dem früheren Doppelzentner (dz)

## 2.3 Lastannahmen

### 2.3.1 Allgemeines, Übersicht

Allen statischen Untersuchungen müssen die am Bauwerk später auftretenden Lasten in ungünstigster Anordnung zugrunde gelegt werden. In der Mehrzahl der Fälle kennt man diese Lasten nicht genau. Auch bringt die technische Entwicklung eine gewisse Variationsbreite mit sich. Die Vorschriften geben jedoch dem Bauingenieur für die verschiedenen Gebiete des Bauwesens in der Regel so viele Einzelangaben und Klassifizierungen, daß mit diesen „Lastannahmen“ eine ausreichende Sicherheit der Bauwerke erreicht werden kann.

Die meisten Lasten des Bauwesens sind Volumenkräfte, d.h., Körper haben durch ihre Ausdehnung in drei Dimensionen ein bestimmtes Volumen $V$ m³; multipliziert man dieses Volumen mit der Dichte $\varrho$ kg/m³ des Körpers, so erhält man die Masse des Körpers

$$m = \varrho V.$$

Wenn diese Masse die Wirkung eines Beschleunigungsvektors erfährt, so ist eine Kraft vorhanden, die man auch als Volumenkraft bezeichnet.

Der Sonderfall der Volumenkraft unter der Wirkung der Fallbeschleunigung ist die Eigenlast

$$G = m \cdot g = \varrho \cdot V \cdot g.$$

Die Lasten des Bauwesens können nach zwei Gesichtspunkten eingeteilt werden: einmal nach ihrer räumlichen Verteilung und zum anderen nach ihrem Vorhandensein im Laufe der Zeit.

Wenn eine Last über eine Fläche verteilt angreift, sprechen wir von einer Flächenlast mit der Einheit kN/m²; hat die Flächenlast in jedem Punkt der Fläche dieselbe Größe, so liegt eine gleichmäßig verteilte Flächenlast vor. Eine solche ist z.B. die Eigenlast einer Stahlbetonplatte konstanter Dicke mit gleichbleibendem Belag und Putz. Der Wasserdruck auf eine senkrechte oder geneigte Wand ist demgegenüber eine Flächenlast, die proportional zur Wassertiefe zunimmt.

Bei der Eigenlast eines Stahlträgers kann in der Regel die Breite der Last gegenüber ihrer Länge vernachlässigt werden; wir erhalten dann eine Linienlast mit der Einheit kN/m. Im Falle eines Walzprofils ist die Eigenlast an jeder Stelle des Trägers gleich groß, und wir sprechen von einer gleichmäßig verteilten Linienlast. Als Linienlast idealisiert wird z.B. auch der Auflagerdruck einer Platte auf einem Balken (**21.1**).

Gleichmäßig verteilte Flächen- und Linienlasten werden meistens kurz Gleichlasten genannt. Greift eine Linienlast nicht auf der ganzen Länge des Trägers, sondern nur längs eines Teils der Trägerlänge an, so liegt eine Streckenlast vor; ändert sich ihre Größe nicht, so ist sie eine Gleichstreckenlast. Als Bezeichnung von Flächen- und Linienlasten verwenden wir Kleinbuchstaben.

In der Fläche, mit der ein Stahl-, Stahlbeton- oder Holzträger auf einer Wand oder Stütze aufliegt, tritt die Lagerkraft des Trägers als eine Flächenlast auf. Wenn Länge und Breite der Auflagerfläche klein sind gegenüber der Länge des Trägers, fassen wir die Flächenlast zu einer punktförmig angreifenden Einzellast oder Punktlast zusammen. Als Bezeichnung von Einzellasten verwenden wir Großbuchstaben.

In Bild **21.**1 sind Flächenlast und Einzellast an einem auseinandergeschnittenen Bauwerk schematisch dargestellt; wie bereits bemerkt, entstehen dabei Linienlasten und Einzellasten durch Zusammenfassen oder Idealisieren der Flächenlasten in den Lagerflächen.

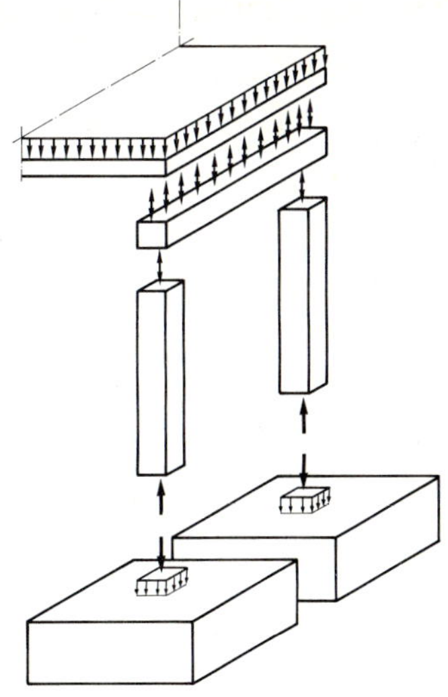

**21.**1 Flächen-, Linien- und Einzellast

Bei der Berücksichtigung der zeitlichen Dauer einer Lasteinwirkung können wir unterscheiden zwischen Lasten, die ständig und solchen, die nicht ständig vorhanden sind. Ständige Lasten sind u.a. die Eigenlasten der Bauwerke und ihrer Teile. Bei einer Stahlbetondecke z. B. gehören zur ständigen Last nicht nur die Eigenlast der tragenden Stahlbetonplatte, sondern auch die Eigenlasten von Fußbodenbelag, Estrich, Dämmschicht und Putz. Ständige Lasten sind aber auch die Erdüberschüttung eines Trinkwasserbehälters und der Erddruck aus der Erdhinterfüllung einer Stützmauer.

Bei den nicht ständig vorhandenen Lasten begegnet uns eine große Vielfalt; zu nennen sind hier lotrechte und waagerechte Verkehrslasten, Erddruck auf Stützmauern infolge von Verkehrslast auf der Hinterfüllung, Windlast, Schneelast und Eislast, Bremslasten, Lasten infolge Fahrzeuganprall, von Maschinen hervorgerufene dynamische Lasten, Glockenlasten, Erdbebenlasten.

Es ist im Rahmen dieses Buches nicht möglich, auf alle diese Lasten einzugehen. Wir beschränken uns hier auf die Erläuterung der bei üblichen Hochbauten auftretenden Lasten und verweisen im übrigen auf die einschlägigen Normblätter.

Das wichtigste Normblatt für die Aufstellung von Belastungen ist DIN 1055 Lastannahmen für Bauten. Es ist z.Z. in 7 Teile gegliedert, von denen im folgenden 6 kurz besprochen werden.

Teil 1 Lagerstoffe, Baustoffe und Bauteile ist maßgebend für die ständigen Lasten (Eigenlasten) der Bauwerke und für die nicht ständig vorhandenen Lasten in Lagerräumen und Lagerhäusern. Die in DIN 1055 Teil 1 aufgeführten Stoffe umfassen das ganze Alphabet von Äther bis Ziegelsplitt.

Teil 2 Bodenkenngrößen gibt die Grundlagen für die Berechnung der Standsicherheit und der Abmessungen baulicher Anlagen, die durch die Eigenlast des Bodens oder durch Erddruck belastet werden. Dieser Teil ist eine grundlegende Vorschrift für die Bodenmechanik und den Grundbau.

Teil 3 Verkehrslasten: In diesem Teil ist am wichtigsten die Tabelle 1 Gleichmäßig verteilte lotrechte Verkehrslasten für Dächer, Decken und Treppen. Die hierin angegebenen Flächenlasten reichen von 1 kN/m$^2$ für bedingt begehbare Spitzböden bis zu 30 kN/m$^2$ für Werkstätten, Fabriken und Lagerräume mit schwerem Betrieb. Hervorheben wollen wir die Verkehrslasten 1,5 kN/m$^2$ für Decken mit ausreichender Querverteilung der Lasten (z.B. mit Stahlbetondecken nach DIN 1045) unter Wohnräumen; 2,0 kN/m$^2$ für Flure und Dachbodenräume in Wohn- und Bürogebäuden; 3,5 kN/m$^2$ für Hörsäle und Klassenzimmer und für Treppen in Wohngebäuden; 5,0 kN/m$^2$ für Balkone bis 10 m$^2$ Grundfläche, für Geschäfts- und Warenhäuser und für Flure zu Hörsälen und Klassenzimmern.

Teil 4 Windlasten nicht schwingungsanfälliger Bauten: Die Windlast auf ein Bauwerk setzt sich aus Druck-, Sog- und Reibungskräften zusammen. Die Größe der resultierenden Windlast am gesamten Bauwerk ergibt sich zu $W = c_f \cdot q \cdot A$; in dieser Gleichung ist $c_f$ ein aerodynamischer Lastbeiwert, $q$ der Staudruck in $kN/m^2$ und $A$ die Bezugsfläche in $m^2$. Der auf die Bauwerksoberfläche wirkende Winddruck berechnet sich nach der Formel $w = c_p \cdot q$, wobei $c_p$ der aerodynamische Druckbeiwert und $q$ der Staudruck der betrachteten Flächeneinheit ist. Die Beiwerte $c_f$ und $c_p$ sind in einer Beiwertsammlung enthalten, die zunächst als Normentwurf DIN 1055 Teil 45 der Öffentlichkeit zur Stellungnahme vorgelegt wurde; der Staudruck $q$ ist abhängig von der Höhe des Bauwerksteils über Gelände und in Tabelle 1 von DIN 1055 Teil 4 zu finden. In der Übergangszeit bis zur Verabschiedung von DIN 1055 Teil 45 dürfen sowohl die neuen Beiwerte bereits benutzt als auch die alten Windlastvorschriften weiter angewendet werden.

Teil 5 Schneelast und Eislast: Die Vorschrift geht von einer Regelschneelast $s_0$ aus, deren Größe von der Schneelastzone, in der sich ein Bauwerk befindet, und von der Geländehöhe des Bauwerkstandortes über NN abhängt. Die in Tabelle 2 angegebenen Werte für $s_0$ schwanken zwischen 0,75 und 5,50 $kN/m^2$ Grundrißprojektion der Dachfläche. Aus der Regelschneelast wird der Rechenwert der Schneelast $s$ gewonnen, und zwar ist für Dachneigungen $\alpha = 0$ bis $30°$ $s = s_0$, für steilere Neigungen $s = k_s \cdot s_0$. Der Beiwert $k_s$ nimmt für Dachneigungen zwischen 30 und 70° geradlinig von 1,00 auf 0,00 ab und bleibt für steilere Neigungen beim Wert null. Der Rechenwert der Schneelast ist wie die Regelschneelast auf den $m^2$ Grundrißprojektion der Dachfläche bezogen.

Für die Ermittlung der Lasten von Bauten außerhalb des üblichen Hochbaues sind folgende Normblätter zu nennen, ohne daß Vollständigkeit angestrebt wird:

DIN 1072 Straßen- und Wegbrücken, Lastannahmen; DIN 4112 Fliegende Bauten; DIN 4118 Fördergerüste für Bergbau; DIN 4131 Antennentragwerke aus Stahl; DIN 4132 Kranbahnen; DIN 4149 Bauten in deutschen Erdbebengebieten; DIN 4178 Glockentürme; DIN 4420 Arbeits- und Schutzgerüste; DIN 11535 Gewächshäuser; DIN 15018 Krane; ferner die Bundesbahn-Dienstvorschrift 804 Verkehrslasten für Eisenbahnbrücken.

Beim Studium der Vorschriften über Lastannahmen finden wir noch zwei weitere Gesichtspunkte, nach denen Lasten eingeteilt werden können: 1.) Es gibt vorwiegend ruhende und nicht vorwiegend ruhende Lasten (s. DIN 1055 Teil 3 Abschn. 1.4 und 1.5). 2.) Es gibt Hauptlasten H, Zusatzlasten Z und Sonderlasten A und B (s. DIN 1072 Abschn. 4).

## 2.3.2 Volumenkräfte infolge Gravitation

Der ersten Betrachtung diene ein Wassergraben, der nach Bild **22.1** mit nicht fließendem Wasser gefüllt ist.

Wir denken uns 1 m Länge des Wassergrabens herausgeschnitten und betrachten dieses Teilstück. Zunächst wird die senkrechte Eigenlast, die auf eine Grundfläche von $1{,}0 \times 1{,}0\ m^2$ wirkt, festgestellt. Eine Wassersäule von der Höhe $h$ [m] hat ein Volumen $V = 1{,}0 \cdot 1{,}0 \cdot h\ [m^3]$.

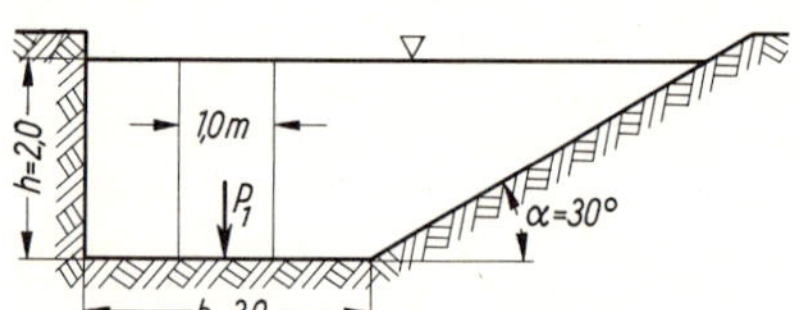


**22.1** Wassergrabenquerschnitt

Bei einer Dichte des Wassers von

$$\varrho = 1{,}0\ \frac{kg}{dm^3} = 1000\ \frac{kg}{m^3}$$

wird die Masse dieser Wassersäule

$$m = V \cdot \varrho = 1 \cdot 1 \cdot h \cdot 1000\ kg = m^3 \cdot \frac{kg}{m^3}$$

Bei einer Höhe des Wasserspiegels über der Sohle von $h = 2{,}0$ m ergibt sich $m = 2 \cdot 1000 = 2000$ kg

Der von der Wassersäule auf die Grundfläche $1 \cdot 1\ \text{m}^2$ wirkende Kraftvektor beträgt

$$F_1 = m \cdot g_n \qquad F_1 = 2000 \cdot 9{,}80665\ \text{kg} \cdot \text{m} \cdot \text{s}^{-2}$$

angenähert $\qquad F_1 = 2000 \cdot 10\ \text{N} = 20\,000\ \text{N} = 20\ \text{kN}$

Dieser senkrechte, infolge der Fallbeschleunigung entstehende Kraftvektor wird als Eigenlast bezeichnet. Die senkrechten Eigenlasten auf die Bodenfläche des Wassergrabens sind aber nicht die einzige Wirkung, die die Gravitation hervorruft. Denkt man sich beispielsweise die Wassersäule in Abständen von jeweils 50 cm unterteilt, so erhält man bei einer Tiefe von

$$50\ \text{cm:}\ F_1' = 5\ \text{kN/m}^2 \qquad 150\ \text{cm:}\ F_1''' = 15\ \text{kN/m}^2$$

$$100\ \text{cm:}\ F_1'' = 10\ \text{kN/m}^2 \qquad 200\ \text{cm:}\ F = F_1 = 20\ \text{kN/m}^2$$

Diese Kräfte wirken nicht nur senkrecht nach unten, sondern wegen des Fehlens einer inneren Reibung nach allen Richtungen des Raumes. Beim Betrachten einer anderen Kraftrichtung als der senkrecht nach unten gehen wir zweckmäßigerweise von der Eigenlast der Wassersäule über zum hydrostatischen Druck $p = \gamma \cdot h = \varrho \cdot g_n \cdot h$ für die Wassertiefe $h$ und $p_z = \gamma \cdot z = \varrho \cdot g_n \cdot z$ für die beliebige Tiefe $z$. Der hydrostatische Druck ist eine Flächenlast, er nimmt proportional zur Wassertiefe zu und ist unabhängig von der Neigung der belasteten Fläche. Es ergeben sich somit die in den Bildern **23.1** und **23.2** dargestellten dreieckförmigen Flächenlasten auf lotrechte und schräge Grabenwand.

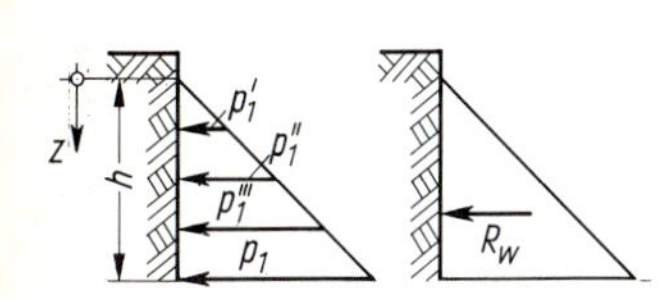


**23.1** Wasserdruck und Resultierende auf die senkrechte Wand

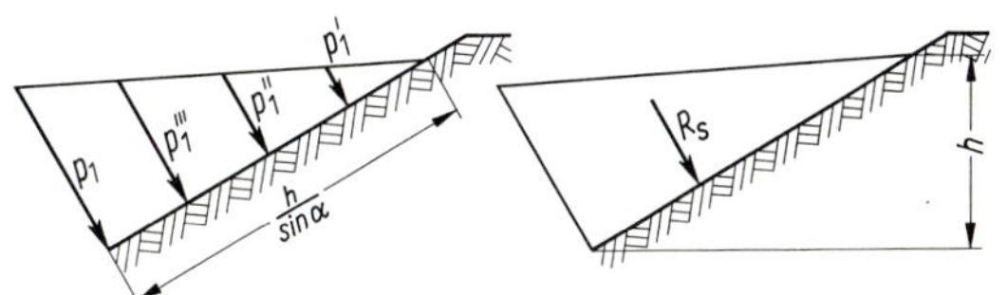


**23.2** Wasserdruck und Resultierende auf die abgeschrägte Uferfläche

Die Gesamtbelastungen beider Wände erhalten wir durch Integration:

für die lotrechte Wand

$$R_w = \int_{z=0}^{h} p\,\mathrm{d}A = \int_{z=0}^{h} \gamma z\,\mathrm{d}A$$

Das Differential der Fläche hat wie das betrachtete Grabenstück die Länge 1 m und die Höhe d$z$: $\mathrm{d}A = 1 \cdot \mathrm{d}z = \mathrm{d}z$; damit wird

$$R_W = \int_{z=0}^{h} \gamma z\,\mathrm{d}z = \gamma \int_{z=0}^{h} z\,\mathrm{d}z = \frac{\gamma \cdot z^2}{2}\bigg|_0^h = \frac{\gamma \cdot h^2}{2} = \frac{10 \cdot 2^2}{2} = 20\ \text{kN}$$

Bei der schrägen Wand integrieren wir ebenfalls über die Tiefe $z$; das Differential der Fläche hat dann aber die Größe $\mathrm{d}A_S = 1 \cdot \mathrm{d}z/\sin\alpha$, und es ergibt sich

$$R_S = \int_{z=0}^{h} p\,\mathrm{d}A_S = \int_{z=0}^{h} \gamma z \frac{\mathrm{d}z}{\sin\alpha} = \frac{\gamma}{\sin\alpha}\int_{z=0}^{h} z\,\mathrm{d}z = \frac{\gamma z^2}{2 \cdot \sin\alpha}\bigg|_0^h = \frac{\gamma h^2}{2 \cdot \sin\alpha} = \frac{10 \cdot 2^2}{2 \cdot 0{,}5} = 40\ \text{kN}$$

Die Belastungen der Grabenwände $R_W$ und $R_S$ lassen sich auch anschaulich ermitteln aus den Inhalten der Flächen, die die Belastungen darstellen, multipliziert mit der Länge des Grabenstücks

$$R_w = \frac{1}{2} \max p \cdot h \cdot 1 = \frac{1}{2} \cdot 20 \cdot 2 \cdot 1 = 20 \text{ kN}$$

$$R_S = \frac{1}{2} \max p \cdot h/\sin\alpha \cdot 1 = \frac{1}{2} \cdot 20 \cdot 2/0{,}5 \cdot 1 = 40 \text{ kN}.$$

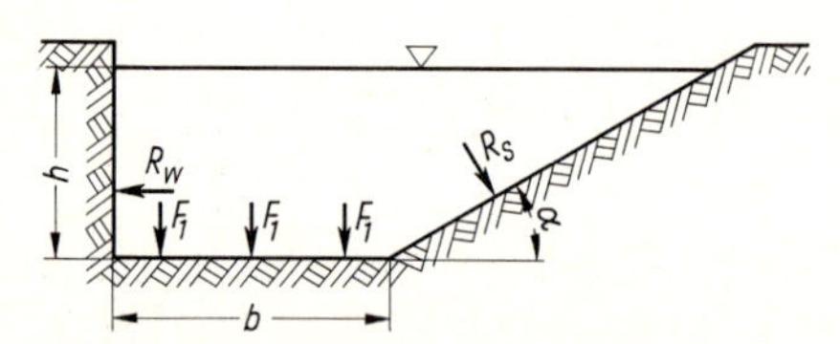

**24.**1 Kraftvektoren infolge Wasserdruck

In Bild **24.**1 sind die Kraftvektoren dargestellt, die infolge Wasserdruck entstehen und auf die Sohle und die Wandungen des Wassergrabens wirken.

Das Beispiel zeigt, daß die Gravitationskraft nicht nur vertikal, sondern auch horizontal und schräg gerichtete Kraftvektoren hervorrufen kann. Auch beim Erdreich treten horizontale Kraftkomponenten infolge der Gravitation auf; das Beispiel einer Stützmauer veranschaulicht dies (s. Bild **44.**1). Die hierbei maßgebenden Lastannahmen und die Behandlung der auftretenden Kräfte werden in Grundbau und Bodenmechanik besprochen.

## 2.3.3 Beispiele

**Beispiel 1:** Der Querschnitt der Decke eines Gebäudes ist in Bild **24.**2 angegeben. Die Eigenlast $g$ der Decke für 1 m² Fläche soll nach DIN 1055 Bl. 1 bestimmt werden.

| | | | |
|---|---|---|---|
| 3 mm | Kunststoffplatten | 0,3 cm · 0,15 kN/cm Dicke | = 0,05 kN/m² |
| 4 cm | Zementestrich | 4,0 cm · 0,22 kN/cm Dicke | = 0,88 kN/m² |
| 2 cm | Faserdämmplatte | 2,0 cm · 0,02 kN/cm Dicke | = 0,04 kN/m² |
| 12 cm | Stahlbeton | 0,12 m · 25,00 kN/m² | = 3,00 kN/m² |
| 1,5 cm | Kalkzementputz | 1,5 cm · 0,20 kN/cm Dicke | = 0,30 kN/m² |
| Eigenlast der Decke: | | | $g$ = 4,27 kN/m² |

**Beispiel 2:** Laufplatte einer Treppe in einem Einfamilienhaus (Bild **24.**3). Gesucht ist die Eigenlast der Laufplatte je lfd. m Grundrißprojektion. Die tragende Platte besteht aus Stahlbeton, die Zwickel unter den Stufen sind unbewehrt, die beiderseits auskragenden Trittstufen werden als Betonwerksteinelemente hergestellt.

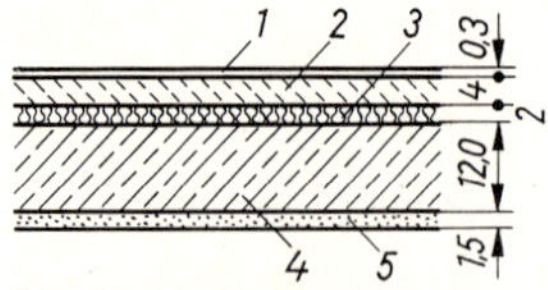

**24.**2 Deckenquerschnitt
*1* Kunststoffplatten 3 mm
*2* Zementestrich 4 cm
*3* Faserdämmplatte 2 cm
*4* Stahlbetonplatte 12 cm
*5* Kalkzementputz 1,5 cm

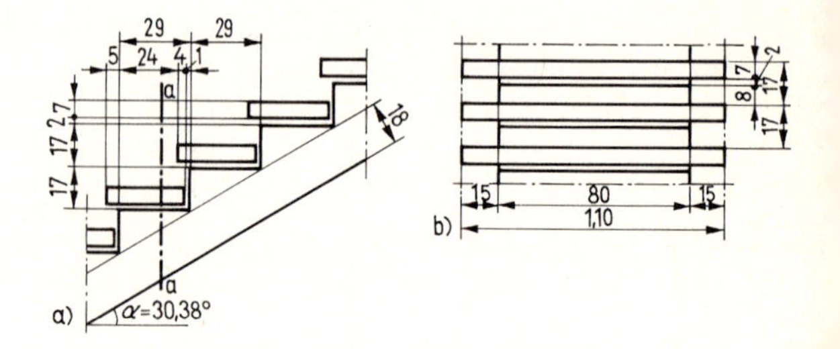

**24.**3 Treppe a) Seitenansicht, b) Schnitt $a - a$

Vorbemerkungen: Die Treppe hat die Neigung $\alpha = \arctan(17/29) = \arctan 0{,}5862 = 30{,}38°$. Die Trittstufen überdecken sich jeweils um 4 cm; anders ausgedrückt: für jeden Auftritt von 29 cm Tiefe gibt es eine Trittstufe von 33 cm Tiefe. Auf den lfd. m Laufplatte entfallen $n = 1{,}00/0{,}29 = 3{,}448$ Trittstufen mit je 0,33 m Tiefe. Jeder Zwickel unter einer Trittstufe hat eine von 0 auf 17 cm zunehmende Höhe; das Gewicht der Zwickel wird gleichmäßig verteilt angenommen, berechnet aus der mittleren Höhe $17/2 = 8{,}5$ cm. Das auf 1 lfd. m Grundrißprojektion entfallende Stück der tragenden Stahlbetonplatte erscheint in der Ansicht als Trapez mit den beiden langen (geneigten) Seiten $1{,}00/\cos 30{,}38° = 1{,}159$ m und den beiden kurzen (lotrechten) Seiten $0{,}18/\cos 30{,}38° = 0{,}2086$ m. Die Trapezfläche (Ansichtsfläche) hat also die Größe $1{,}00/\cos 30{,}38° \cdot 0{,}18 = 1{,}00 \cdot 0{,}18/\cos 30{,}38° = 0{,}2086\ \text{m}^2$.

Berechnung der Eigenlast

| | | |
|---|---|---|
| Trittstufen | $1{,}10\ \text{m} \cdot 0{,}07\ \text{m} \cdot 0{,}33\ \text{m} \cdot 24\ \text{kN/m}^3 \cdot 3{,}448$ | = 2,10 kN/lfd. m |
| Mörtelbett | $0{,}80\ \text{m} \cdot 0{,}02\ \text{m} \cdot 21\ \text{kN/m}^3$ | = 0,34 kN/lfd. m |
| Mörtelverguß zwischen Trittstufe und Zwickel | $0{,}80\ \text{m} \cdot 0{,}07\ \text{m} \cdot 0{,}01\ \text{m} \cdot 21\ \text{kN/m}^3 \cdot 3{,}448$ | = 0,04 kN/lfd. m |
| Zwickel | $0{,}80\ \text{m} \cdot 0{,}085\ \text{m} \cdot 24\ \text{kN/m}^3$ | = 1,63 kN/lfd. m |
| Stahlbetonplatte | $0{,}80\ \text{m} \cdot 0{,}18\ \text{m}/\cos 30{,}38° \cdot 25\ \text{kN/m}^3$ | = 4,17 kN/lfd. m |
| | | $g$ = 8,28 kN/lfd. m |

**Beispiel 3:** Betrachtet wird ein Bürogebäude, das aus Stahlbetonfertigteilen erstellt wurde (TT-Platten, Unterzüge zwischen Stützen, Köcherfundamente) (Bild **25**.1). Gesucht ist die Last, die eine Innenstütze aus einer Geschoßdecke erhält.

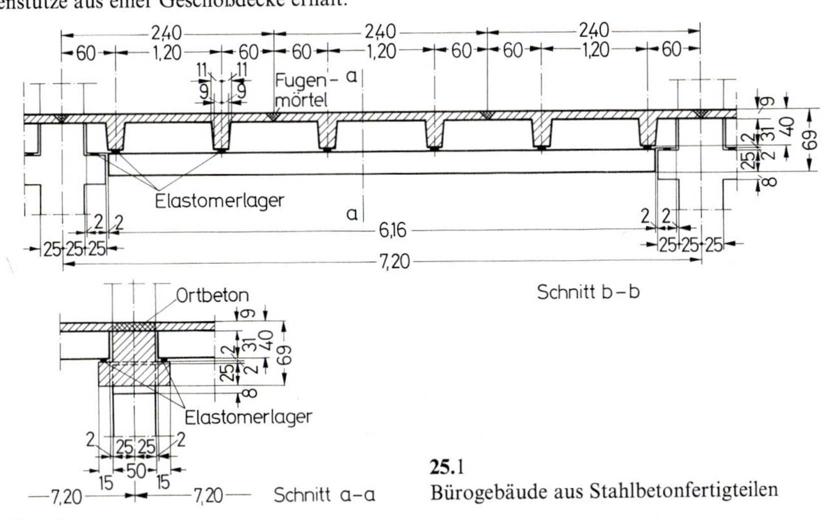


**25**.1 Bürogebäude aus Stahlbetonfertigteilen

1. Ständige Last

1.1 Fußbodenkonstruktion:

| | | |
|---|---|---|
| 3 mm Kunststoffplatten | $0{,}3\ \text{cm} \cdot 0{,}15\ \text{kN/(cm} \cdot \text{m}^2)$ | = 0,05 kN/m² |
| 22 mm Holzfaserplatten | $2{,}2\ \text{cm} \cdot 0{,}10\ \text{kN/(cm} \cdot \text{m}^2)$ | = 0,22 kN/m² |
| 2 cm Styropor | $2{,}0\ \text{cm} \cdot 0{,}005\ \text{kN/(cm} \cdot \text{m}^2)$ | = 0,01 kN/m² |
| | | 0,28 kN/m² |

Untergehängte Decke:

| | | |
|---|---|---|
| 10 mm Holzfaserplatten | $1{,}0\ \text{cm} \cdot 0{,}10\ \text{kN/(cm} \cdot \text{m}^2)$ | = 0,10 kN/m² |
| Holzlatten $3 \cdot 5\ \text{cm}^2$, Abstand 50 cm | $0{,}03\ \text{m} \cdot 0{,}05\ \text{m} \cdot 6\ \text{kN/m}^3 \cdot 2\ \text{m/m}^2$ | = 0,02 kN/m² |
| | | 0,12 kN/m² |

Fußboden und untergehängte Decke $0,40\ \mathrm{kN/m^2}$

1.2 Gewicht einer TT-Platte (einschließlich Fugenmörtel zwischen den Platten)

| | | |
|---|---|---|
| 9 cm dicke Platte | $(7,20 - 0,50)\ \mathrm{m} \cdot 2,40\ \mathrm{m} \cdot 0,09\ \mathrm{m} \cdot 25\ \mathrm{kN/m^3}$ | $= 36,18\ \mathrm{kN}$ |
| Rippen | $(7,20 - 0,54)\ \mathrm{m} \cdot 0,40\ \mathrm{m} \cdot 0,31\ \mathrm{m} \cdot 25\ \mathrm{kN/m^3}$ | $= 20,65\ \mathrm{kN}$ |
| Fußboden, Decke | $(7,20 - 0,50)\ \mathrm{m} \cdot 2,40\ \mathrm{m} \cdot 0,40\ \mathrm{kN/m^2}$ | $= 6,43\ \mathrm{kN}$ |
| | | $63,26\ \mathrm{kN}$ |

1.3 Gewicht eines Unterzuges einschließlich oberem Ortbeton

| | | |
|---|---|---|
| Steg oberhalb Flansch | $(7,20 - 0,54)\ \mathrm{m} \cdot 0,50\ \mathrm{m} \cdot 0,42\ \mathrm{m} \cdot 25\ \mathrm{kN/m^3}$ | $= 34,97\ \mathrm{kN}$ |
| unterer Flansch | $(7,20 - 1,04)\ \mathrm{m} \cdot 0,80\ \mathrm{m} \cdot 0,27\ \mathrm{m} \cdot 25\ \mathrm{kN/m^3}$ | $= 33,26\ \mathrm{kN}$ |
| Fußboden, Decke | $(7,20 - 0,50)\ \mathrm{m} \cdot 0,50\ \mathrm{m} \cdot 0,40\ \mathrm{kN/m^2}$ | $= 1,34\ \mathrm{kN}$ |
| | | $69,57\ \mathrm{kN}$ |

1.4 Zusammenstellung der ständigen Last

Aus Symmetriegründen gibt jede TT-Platte an jedem Ende die Hälfte ihrer Eigenlast an einen Unterzug ab; aus denselben Gründen leitet jeder Unterzug an jedem Ende die Hälfte seiner Eigenlast und die Hälfte der auf ihn entfallenden TT-Platten-Last in eine Stützenkonsole ein. Auf eine Stütze entfällt daher die Last von $2/2 = 1$ Unterzug und $4/2 + 4/4 = 3$ TT-Platten.

Der „Einzugsbereich" einer Stütze ist in Bild **26.**1 schraffiert dargestellt. Eine Stütze erhält demnach aus einer Geschoßdecke die Eigenlast

$$G = 3 \cdot 63,26 + 69,57 = 259,35\ \mathrm{kN}$$

2. Verkehrslast

| | |
|---|---|
| Büroräume und Flure in Bürogebäuden | $2,00\ \mathrm{kN/m^2}$ |
| Zuschlag für unbelastete leichte Trennwände | $1,25\ \mathrm{kN/m^2}$ |
| | $p = 3,25\ \mathrm{kN/m^2}$ |

Auf eine Stütze entfallen aus einem Geschoß an Verkehrslast

$$P = 7,20 \cdot 7,20 \cdot 3,25 = 168,48\ \mathrm{kN},$$

wenn der Einfachheit halber der Stützenquerschnitt mit übermessen wird.

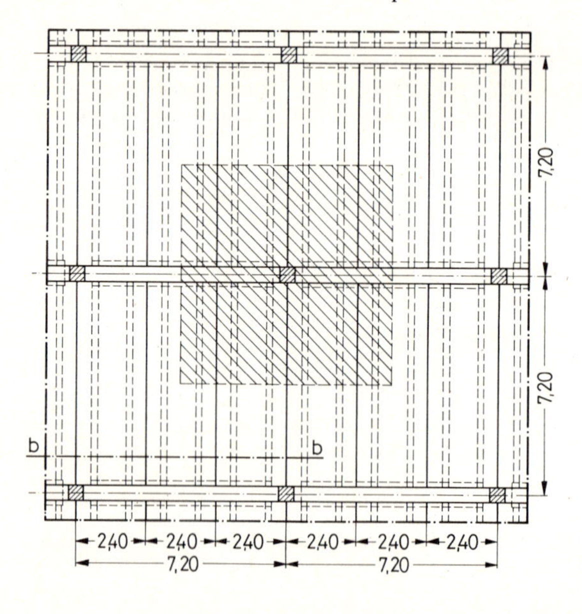


**26.**1
Draufsicht auf eine Decke

**Beispiel 4:** Für ein unter $\alpha = 41{,}18°$ geneigtes, symmetrisches Satteldach sollen die Belastungen aus Eigenlast, Schnee und Wind berechnet werden. Die Traufe des Daches liegt 9,0 m über Gelände. Die Dachhaut besteht aus Flachdachpfannen nach DIN 456, die Sparren liegen in 75 cm Abstand. Der Bauwerkstandort befindet sich im Rheintal bei Mainz.

Die gesuchten Belastungen ergeben sich aus der DIN 1055 so, daß sie nicht ohne Umrechnung addiert werden können: Die ständige Last der Dachhaut ist auf den m² Dachfläche (DF) bezogen und wirkt lotrecht; die Schneelast ist für den m² Grundfläche (GF) gegeben und wirkt ebenfalls lotrecht; die Windlast schließlich ist je m² Dachfläche anzusetzen und wirkt lotrecht zur Dachfläche.

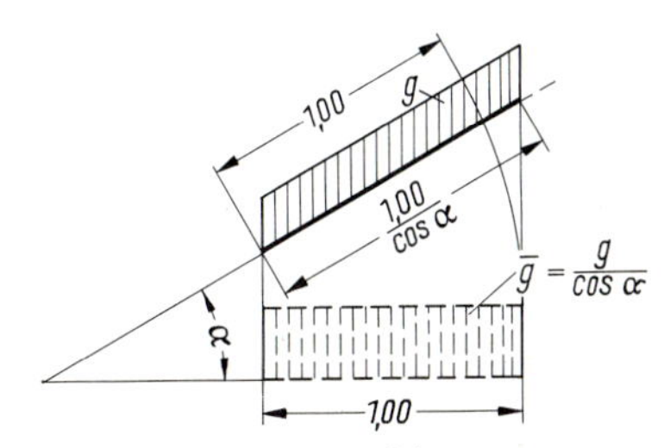


**27.**1 Eigenlast der Dachhaut

Ständige Last:

| | |
|---|---|
| Flachdachpfannen nach DIN 456 | 0,55 kN/m² DF |
| Sparren | $0{,}08 \cdot 0{,}16 \cdot 6 \cdot 1/0{,}75 = 0{,}10$ kN/m² DF |
| | $g = 0{,}65$ kN/m² DF ↓ |

Für manche Teile der statischen Berechnung ist es zweckmäßig, die ständige Last von Dachhaut und Sparren auf den m² Grundfläche zu beziehen. Bei der Umrechnung ist zu beachten, daß zu 1 m² Dachfläche nur $1 \cdot \cos\alpha$ m² Grundrißprojektion gehört; um die Last auf 1 m² Grundrißprojektion (Grundfläche GF) zu erhalten, muß darum die Last von mehr als 1 m² Dachfläche, nämlich von $1/\cos\alpha$ m² Dachfläche angesetzt werden (Bild **27.**1). Es ist also

$$\bar{g} = g/\cos\alpha = 0{,}65/\cos 41{,}18° = 0{,}86 \text{ kN/m}^2 \text{ GF} \downarrow$$

Schneelast: Wie im Abschn. 2.3.1 erwähnt, ist die Schneelast $s = k_s \cdot s_0$ kN/m² GF. Das Rheintal bei Mainz liegt in Schneelastzone II und etwas unter 100 m über NN. Nach Tabelle 2 von DIN 1055 T 5 ist also $s_0 = 0{,}75$ kN/m² GF. Bei der Dachneigung $\alpha = 41{,}18°$ wird

$$k_s = 1 - \frac{41{,}18° - 30°}{40°} = 0{,}72;$$

dieser Wert kann auch direkt aus Tabelle 1 von DIN 1055 T 5 entnommen werden. Damit wird $s = 0{,}72 \cdot 0{,}75 = 0{,}54$ kN/m² GF ↓. Soll dieser Wert auf den m² DF umgerechnet werden, so sind die umgekehrten Überlegungen wie bei der ständigen Last anzustellen, und es ergibt sich $s_< = s \cdot \cos\alpha = 0{,}54 \cdot \cos 41{,}18° = 0{,}41$ kN/m² DF ↓.

Windlast: Die Belastung aus Wind wird nach DIN 1055 T 4 (5.77) und der noch als Entwurf vorliegenden Beiwertesammlung DIN 1055 T 45 (5.77) ermittelt. Die Größe des auf 1 m² einer Bauwerksoberfläche wirkenden Winddrucks ist danach

$$w = c_p \cdot q,$$

worin $c_p$ der aus DIN 1055 T 45 Bild 9 zu entnehmende aerodynamische Druckbeiwert und $q$ der Staudruck des Windes nach DIN 1055 T 4 Tab. 1 ist.

Für die dem Wind zugewandte Dachfläche mit $\alpha = +41{,}18°$ ist $c_p = 0{,}02\alpha - 0{,}2 = 0{,}624$ (Druck), die dem Wind abgewandte Dachfläche ($\alpha = -41{,}18°$) ist mit $c_p = -0{,}600$ zu berechnen. Da unser Dach zwischen 8 m und 20 m über Gelände liegt, müssen wir den Staudruck $q = 0{,}8$ kN/m² ansetzen. Dieser Wert tritt bei einer Windgeschwindigkeit von 35,8 m/s = 128,8 km/h auf.

Es ergibt sich also für die dem Wind zugewandte Dachfläche

$$w_d = 0{,}624 \cdot 0{,}8 = 0{,}499 \text{ kN/m}^2 \text{ Druck} \perp \text{zur Dachfläche} (\searrow)$$

und für die dem Wind abgewandte Dachfläche

$$w_s = -0{,}600 \cdot 0{,}8 = -0{,}480 \text{ kN/m}^2 \text{ Sog} \perp \text{zur Dachfläche} (\swarrow\!\!\nearrow)$$

Das negative Vorzeichen soll ausdrücken, daß eine Sogbelastung vorliegt (**28**.2). Bei der Bemessung einzelner Tragglieder wie Sparren und Pfetten sind die Werte für Druck um ¼ zu erhöhen. Wir müssen in diesem Fall also rechnen mit

$$w'_d = 1{,}25\, w_d = 0{,}624 \text{ kN/m}^2 (\searrow).$$

Nach einem Ergänzungserlaß vom März 1969 zum Teil 4 der DIN 1055 sind bei flachen Dächern mit Neigungen $\alpha < 35°$ zusätzlich zu den Soglasten nach Bild **28**.1 entlang aller Dachränder weitere Soglasten in Rechnung zu stellen. Bei Dachüberständen muß außerdem ein von unten wirkender Winddruck angesetzt werden. Auf den statischen Nachweis dieser zusätzlichen Last kann bei bestimmten Gebäuden verzichtet werden, wenn besondere Regeln für die Befestigung der Dachflächen und Dachkonstruktionen eingehalten werden.

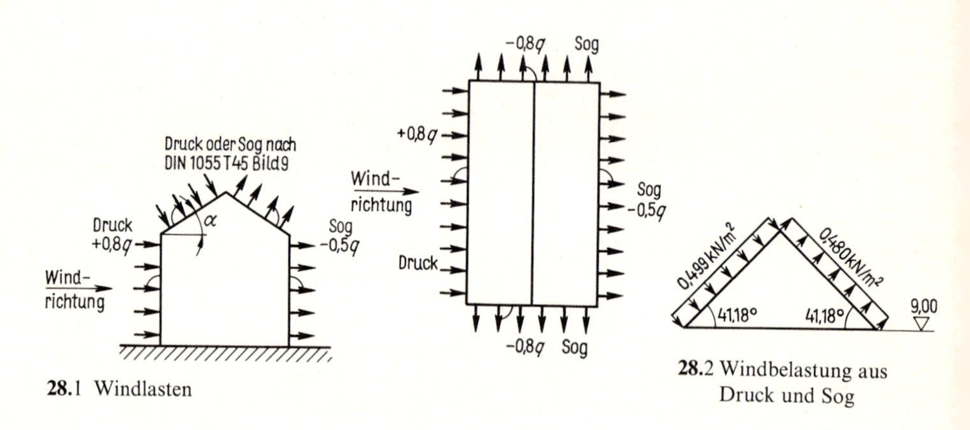


**28**.1 Windlasten

**28**.2 Windbelastung aus Druck und Sog

**Beispiel 5:** Die auf die linke Außenwand entfallenden Lasten des Wohngebäudes nach Bild **29**.1 sind zu berechnen.

Die Dachlast beträgt einschließlich Schnee- und Windlast 2,2 kN/m² Grundfläche. Im vorliegenden Fall sind die Binder so angeordnet, daß sie ihre Lasten unmittelbar in die vorhandenen Querwände übertragen; die Außenwände erhalten dann Dachlasten nur über die Fußpfetten.

In den einzelnen Geschossen sind folgende Deckenlasten zu berücksichtigen:

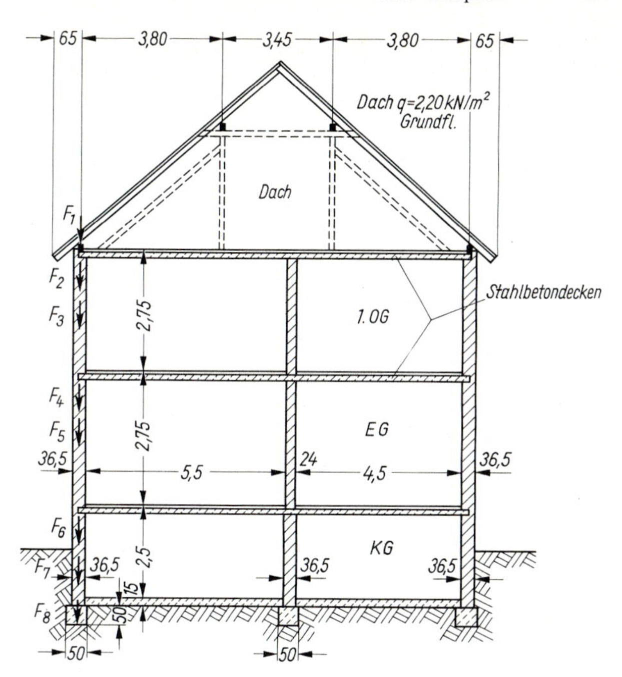


**29.**1 Querschnitt durch ein Wohngebäude

Über dem Kellergeschoß (KG)

| | | |
|---|---|---|
| Verkehrslast | | $p = 1{,}50\ \text{kN/m}^2$ |
| ständige Last | 0,8 cm Teppichboden | $0{,}08\ \text{kN/m}^2$ |
| | 4 cm Zementestrich | $0{,}88\ \text{kN/m}^2$ |
| | 2 cm Faserdämmplatten | $0{,}04\ \text{kN/m}^2$ |
| | 14 cm Stahlbetonplatte | $3{,}50\ \text{kN/m}^2$ |
| | | $g = 4{,}50\ \text{kN/m}^2$ |
| Gesamtlast | | $q = g + p = 4{,}50 + 1{,}50 = 6{,}00\ \text{kN/m}^2$ |

Über dem Erdgeschoß (EG)

| | | |
|---|---|---|
| Verkehrslast wie Decke über KG | | $p = 1{,}50\ \text{kN/m}^2$ |
| ständige Last | wie Decke über KG | $4{,}50\ \text{kN/m}^2$ |
| | 1,5 cm Deckenputz | $0{,}30\ \text{kN/m}^2$ |
| | | $g = 4{,}80\ \text{kN/m}^2$ |
| Gesamtlast | | $q = g + p = 4{,}80 + 1{,}50 = 6{,}30\ \text{kN/m}^2$ |

Über dem 1. Obergeschoß (1. OG)

| | | |
|---|---|---|
| Verkehrslast wie Decke über KG | | $p = 1{,}50\ \text{kN/m}^2$ |
| ständige Last | wie Decke über EG | $4{,}80\ \text{kN/m}^2$ |
| | abzügl. Teppichboden | $\approx -0{,}10\ \text{kN/m}^2$ |
| | | $g = 4{,}70\ \text{kN/m}^2$ |
| Gesamtlast | | $q = g + p = 4{,}70 + 1{,}50 = 6{,}20\ \text{kN/m}^2$ |

Um die Lasten, die auf einen laufenden Meter Wand entfallen, zu berechnen, denkt man sich bei derartigen Aufgaben aus dem Haus einen Streifen von 1 m Länge herausgeschnitten. Dabei werden volle Wände (ohne Ausschnitte für Fenster und Türen) angenommen.

Die Außenwände werden im EG und OG aus Leichtbeton-Vollsteinen V 0,8/2 (Rohdichteklasse 0,8 kg/dm³; Steinfestigkeitsklasse 2 N/mm²), im Kellergeschoß aus Hohlblocksteinen Hbl 1,4/4 erstellt; in allen Geschossen wird Mörtelgruppe II verwendet und außen ein 2 cm dicker Zementputz, innen ein 1,5 cm dicker Kalkgipsputz aufgebracht. Die Wandgewichte betragen dann im

EG und 1. OG

$$2{,}0 \cdot 0{,}20 + 0{,}365 \cdot 10 + 1{,}5 \cdot 0{,}18 = 4{,}32 \text{ kN/m}^2$$

KG

$$2{,}0 \cdot 0{,}20 + 0{,}365 \cdot 15 + 1{,}5 \cdot 0{,}18 = 6{,}15 \text{ kN/m}^2$$

Die Decken laufen von einer Außenwand über die Mittelwand zur anderen Außenwand durch. Die Berechnung von durchlaufenden Platten und Balken wird im T2 Abschn. 11 gebracht, hier kann nur das Ergebnis der statisch unbestimmten Rechnung angegeben werden: Der Einzugsbereich des linken Auflagers reicht für ständige Last 2,28 m und für Verkehrslast 2,50 m weit in das Feld hinein.

Mit diesen Ausgangswerten ergeben sich folgende Belastungen für die linke Außenwand:

| | | |
|---|---|---|
| Dach | $F_1 = (0{,}65 + 3{,}80/2)\ 2{,}20 =$ | 5,61 kN/m |
| Decke über 1. OG | $F_2 = 2{,}28 \cdot 4{,}7 + 2{,}50 \cdot 1{,}5 =$ | 14,47 kN/m |
| Wand im 1. OG | $F_3 = 2{,}75 \cdot 4{,}32 =$ | 11,88 kN/m |
| Last bis Decke über EG | | 31,96 kN/m |
| Decke über EG | $F_4 = 2{,}28 \cdot 4{,}8 + 2{,}50 \cdot 1{,}5 =$ | 14,69 kN/m |
| Wand im EG | $F_5 = 2{,}75 \cdot 4{,}32 =$ | 11,88 kN/m |
| Last bis OK Decke über KG | | 58,53 kN/m |
| Decke über KG | $F_6 = 2{,}28 \cdot 4{,}5 + 2{,}50 \cdot 1{,}5 =$ | 14,01 kN/m |
| Wand im KG | $F_7 = 2{,}65 \cdot 6{,}15 =$ | 16,28 kN/m |
| Last bis OK Fundament | | 88,82 kN/m |
| Fundament aus unbewehrtem Beton | $F_8 = 0{,}50 \cdot 0{,}50 \cdot 23 =$ | 5,75 kN/m |
| Last in der Bodenfuge | | 94,57 kN/m |

Die durchschnittliche Last, die von der linken Außenwand bei ungünstigster Belastung der Decken und des Daches in den Baugrund übertragen wird, beträgt also 94,57 kN/m.

Ein weiteres Beispiel mit umfangreicher Lastermittlung ist das Beispiel 3 im Abschn. 4.3.4, das sich mit einem Fernmeldeturm befaßt.

# 3 Zusammensetzen und Zerlegen von Kräften und Momenten

## 3.1 Allgemeines

In der Regel stellt jedes Bauwerk ein räumliches Gebilde dar. Im Raume verstreut liegen daher auch die auf einen Baukörper wirkenden Kräfte. Aber wie man nun Bauten in Ebenen – im Grundriß, Querschnitt, Längsschnitt usw. – darstellt, so untersucht man der Einfachheit halber meist auch die sie belastenden Kräfte und ihre Abtragung in Ebenen. Diese wählt man in der Regel ⊥ zueinander, um die Raumwirkung leichter erfassen zu können. Auch für die folgenden Untersuchungen wird zunächst die Voraussetzung gemacht, daß die jeweils betrachteten *Kräfte in einer Ebene* liegen. Man spricht dann von der *Statik der Ebene* und von *ebenen Tragwerken* mit Belastung in ihrer Ebene im Gegensatz zur *Statik des Raumes* oder zu den *räumlichen Tragwerken* (z. B. gekrümmte Brücken, räumliche Rahmen, Kuppeln und Schalen).

Die Forderungen an die Statik bestehen zunächst darin, die an und in einem Bauwerk auftretenden äußeren Kräfte sicher zu berechnen und bis zu ihrer Einleitung in die Erdscheibe zu verfolgen. Dabei treten zwei Aufgaben auf:

1. Das Zusammensetzen und Zerlegen von Kräften und
2. das Herstellen bzw-. der Nachweis des Gleichgewichts.

Ihre Lösungen können sowohl rechnerisch als auch zeichnerisch gefunden werden. Die rechnerischen sind bei parallelen oder sich rechtwinklig schneidenden Kräften einfacher, man bevorzugt sie aber heute allgemein. Zeichnerische Verfahren sind bei beliebig gerichteten Kräften geeignet; sie erfordern jedoch stets genaues maßstäbliches Zeichnen, damit die unvermeidlichen zeichnerischen Ungenauigkeiten in bescheidenen Grenzen bleiben. Die zeichnerischen Lösungen haben meist den Vorteil der Anschaulichkeit, dadurch führen sie oft schneller zum Verständnis der statischen Methoden. Im folgenden werden aus didaktischen Gründen oft beide Wege nebeneinander besprochen. In manchen Fällen wird man auch eine rechnerisch gewonnene Lösung mit dem zeichnerischen Verfahren nachprüfen oder umgekehrt.

Bei *graphischen* Lösungen werden Kraftvektoren als Pfeile in einem bestimmten Maßstab dargestellt[1]). Die Größe dieses *Kräftemaßstabes* (Kr.-M.) ist nach folgenden Gesichtspunkten zu wählen:

1. nach der *Größe* der darzustellenden Kräfte
2. nach der zur Verfügung stehenden *Zeichenfläche*
3. nach der angestrebten *Genauigkeit*

Zum Beispiel:

Kr.-M. 1 cm ≙ 5 kN oder
Kr.-M. 1 cm ≙ 20 kN (**31**.1)

**31**.1 Maßstäbliche Darstellung von Kräften mit Kräftemaßstäben

[1]) Als erster stellte Simon *Stevin* (1548 bis 1620) eine Kraft zeichnerisch als gerichtete Größe dar.

Wie bereits im Abschn. 2.1 festgestellt wurde, ist ein Kraftvektor ein gebundener Vektor; zu seiner eindeutigen Bestimmung sind in der Ebene drei Stücke erforderlich, und zwar

1. Betrag (Zahlenwert und Maßeinheit)
2. Richtung
3. Angriffspunkt

Der Angriffspunkt eines Kraftvektors ist der Punkt, in dem er auf das Bauwerk oder das idealisierte Tragsystem wirkt. Wie wir später sehen werden, gehört es zu den Methoden der Statik, die Tragwerke in Gedanken zu zerschneiden und die Teile für sich zu betrachten. Bei der Anwendung dieser Methode muß von jedem Kraftvektor bekannt sein, auf welches der beim Zerschneiden entstehenden Teile des Tragwerks er wirkt. Ist die Zuordnung der Kraftvektoren zu den Teilen des Tragwerks klar, dürfen sie im Rahmen der hier behandelten Probleme bei der weiteren rechnerischen oder zeichnerischen Untersuchung der Tragwerksteile, auf die sie wirken, beliebig in ihrer Wirkungslinie verschoben werden. Aus gebundenen Vektoren dürfen also linienflüchtige Vektoren gemacht werden. Das gilt auch, wenn das ganze Tragwerk betrachtet wird, um die Lagerkräfte oder Stützgrößen zu ermitteln (Bild **32.**1).

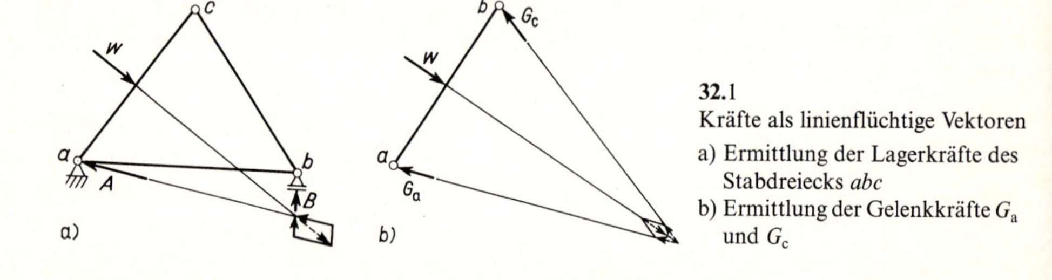


**32.**1
Kräfte als linienflüchtige Vektoren
a) Ermittlung der Lagerkräfte des Stabdreiecks *abc*
b) Ermittlung der Gelenkkräfte $G_a$ und $G_c$

## 3.2 Zusammensetzen und Zerlegen von Kraftvektoren in der Ebene

Bei den Aufgaben, Kraftvektoren zusammenzusetzen oder zu zerlegen, ist grundsätzlich zu unterscheiden, ob die Wirkungslinien der Kraftvektoren sich in einem Punkt schneiden oder nicht.

### 3.2.1 Die Wirkungslinien der Kräfte schneiden sich in einem Punkt

#### 3.2.1.1 Zerlegen

Die Aufgabe, eine Kraft $F$ im Punkt $A$ in zwei Komponenten zu zerlegen, die die Richtungen 1 und 2 haben, erfolgt zeichnerisch mit Hilfe des Parallelogramms der Kräfte (Bild **33.**1): Die Kraft wird mit ihrem Anfangspunkt in den Punkt $A$ verschoben; dann zeichnet man durch den Endpunkt $E$ der Kraft Parallelen zu den Richtungen 1 und 2. Die von $A$ ausgehenden Seiten des so entstehenden Parallelogramms sind die Komponenten $F_1$ und $F_2$ der Kraft $F$. Kraft und Komponenten sind mit demselben Kräftemaßstab

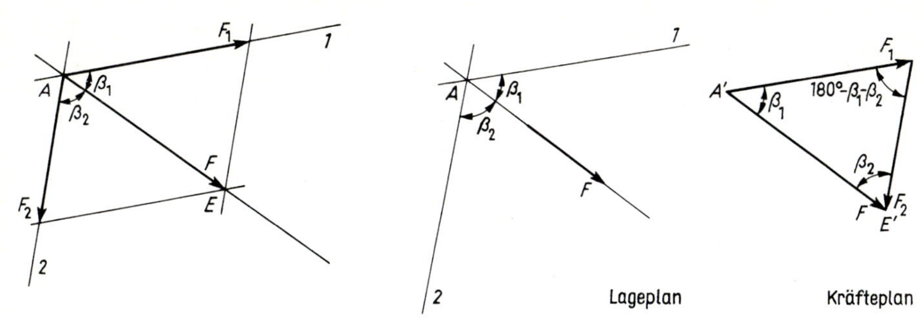


**33.**1 Lageplan mit Kräfteparallelogramm **33.**2 Kraftzerlegung mit Lage- und Kräfteplan

zu messen; die Pfeilrichtungen der Komponenten sind so anzubringen, daß Kraft und Komponenten vom Punkt $A$ wegweisen. Bei dieser Konstruktion haben beide Komponenten die richtige Lage: beide gehen durch den Punkt $A$, in dem die Kraft zerlegt werden sollte.

Eine zweite Möglichkeit, die Aufgabe zeichnerisch zu lösen, ergibt sich, wenn man die Konstruktion nicht in der Hauptfigur oder dem Lageplan durchführt, sondern in einem eigenen Kräfteplan oder Krafteck. Das erhöht die Übersichtlichkeit und macht es möglich, nur das halbe Kräfteparallelogramm, das Kräftedreieck, zu zeichnen (Bild **33.**2). Man erhält das Kräftedreieck, wenn man durch den Anfangspunkt von $F$ die Parallele zu der Richtung der einen Komponente und durch den Endpunkt von $F$ die Parallele zu der Richtung der anderen Komponente zieht. Die Pfeile der Komponenten sind so zu setzen, daß die Komponenten hintereinander herlaufen und wie die Kraft $F$ von $A'$ nach $E'$ führen.

Die rechnerische Lösung ergibt sich aus dem Krafteck mit Hilfe des Sinussatzes

$$\frac{F_1}{F} = \frac{\sin\beta_2}{\sin(180^\circ - \beta_1 - \beta_2)} = \frac{\sin\beta_2}{\sin(\beta_1 + \beta_2)}$$

$$F_1 = F\,\frac{\sin\beta_2}{\sin(\beta_1 + \beta_2)} \quad \text{und sinngemäß} \quad F_2 = F\,\frac{\sin\beta_1}{\sin(\beta_1 + \beta_2)} \qquad (33.1)$$

Für den Sonderfall rechtwinkliger Komponenten wird $\beta_1 + \beta_2 = 90^\circ$, $\sin(\beta_1 + \beta_2) = 1$, und es ergibt sich $F_1 = F\sin\beta_2$, $F_2 = F\sin\beta_1$. Bezeichnen wir die Richtung 1 als $x$-Richtung, die Richtung 2 als $y$-Richtung und den Winkel gegen die $x$-Achse als $\alpha$, so ist $\beta_1 = \alpha$; $\beta_2 = 90^\circ - \alpha$; $\sin\beta_2 = \sin(90^\circ - \alpha) = \cos\alpha$, und wir erhalten die wichtigen Formeln für das Zerlegen einer Kraft in rechtwinklige Komponenten

$$F_x = F \cdot \cos\alpha \qquad F_y = F \cdot \sin\alpha \qquad (33.2)$$

**33.**3 Zerlegen einer Kraft in rechtwinklige Komponenten

Diese Beziehungen können wir auch unmittelbar aus Bild **33.**3 ablesen.

Nach DIN 1080 (6.76) Abschnitt 7 sind $x$ und $y$ die Koordinaten der horizontalen Ebene; die positive Koordinate $z$ ist abwärts gerichtet. $x$, $y$, $z$ bilden in dieser Reihenfolge ein Rechtssystem: Eine Drehung um die $z$-Achse, die auf kürzerem Wege von der positiven $x$-Achse zur positiven $y$-Achse führt, erscheint als Rechtsdrehung, wenn man in Richtung der positiven $z$-Achse blickt (Bild **34.**1).

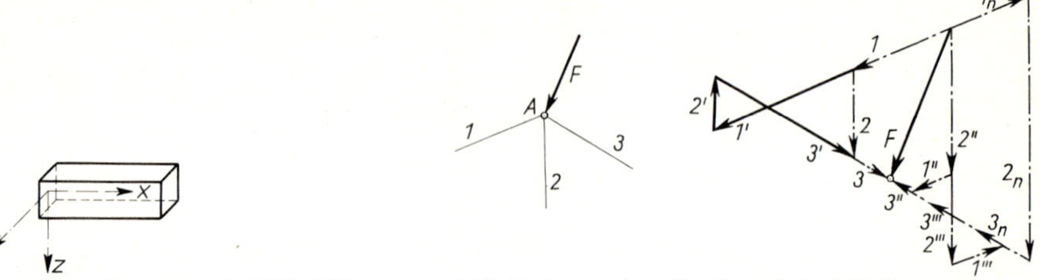


**34.**1 Koordinaten nach DIN 1080

**34.**2 Zerlegen einer Kraft nach drei Richtungen

Die Aufgabe, eine Kraft $F$ in einem Punkt $A$ in drei Richtungen zu zerlegen, ist mit Hilfsmitteln der Statik nicht eindeutig lösbar, es gibt unendlich viele Lösungen (Bild **34.**2). Die Aufgabe ist statisch unbestimmt. Um eine eindeutige Lösung zu erhalten, müssen Steifigkeiten festgelegt und Hilfsmittel der Festigkeitslehre benutzt werden, die in Teil 2 dargestellt sind.

**Beispiel 1:** Ein Fahrzeug $B$ mit der Eigenlast 40 kN steht auf einer Straße mit 20% Steigung (**34.**3). Wie groß sind die Eigenlastkomponenten $\perp$ und $\parallel$ zur Straßenoberfläche?

a) Zeichnerische Lösung. Die erste Komponente muß um den $\sphericalangle\ \alpha$ von der Lotrechten, die zweite Komponente um den gleichen Winkel von der Waagerechten abweichen. Die Aufgabe kann mit dem Kräfteparallelogramm (**34.**4a) oder mit dem Krafteck (**34.**4b) gelöst werden.

Gemessen wird

$$D = 39\ \text{kN} \quad \text{und} \quad Z = 8\ \text{kN}$$

Die Komponente $D$ wirkt als Druckkraft der Räder auf die Straßendecke, während die Komponente $Z$ das Abrollen des Fahrzeuges auf der schiefen Ebene verursacht, wenn es nicht gebremst wird.

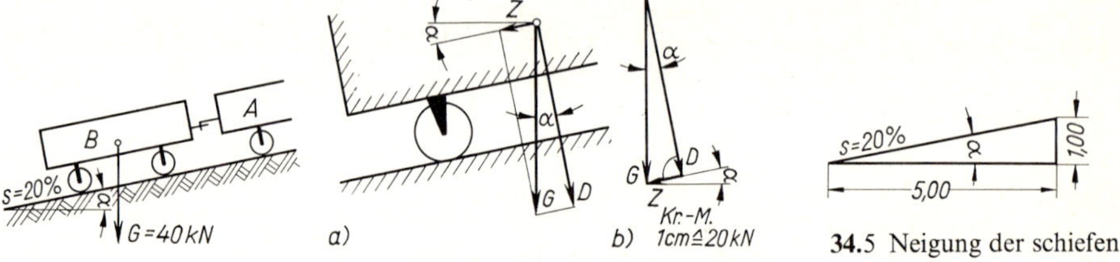


**34.**3 Lastbild

**34.**4 Kräfteparallelogramm und Krafteck

**34.**5 Neigung der schiefen Ebene

b) Rechnerische Lösung. Zuerst wird der Neigungswinkel der Straße bestimmt (**34.**5).

$$\tan\alpha = \frac{20}{100} = 1/5 = 0{,}2 \qquad \alpha = 11{,}3^\circ$$

und $\sin 11{,}3^\circ = 0{,}196 \qquad \cos 11{,}3^\circ = 0{,}981$

Aus dem Krafteck (**34.**4b) ist ersichtlich

$$D = G \cdot \cos\alpha = 40 \cdot 0{,}981 = 39{,}2\ \text{kN}$$

$$Z = G \cdot \sin\alpha = 40 \cdot 0{,}196 = 7{,}84\ \text{kN}$$

**Beispiel 2:** Eine Segeljolle mit einem Segel segelt beim Wind, der Winkel zwischen Kiellinie und Wind beträgt $\alpha = 60°$. Die das Boot vorwärtstreibende Kraft $P$ (**35**.1) soll als Funktion des das Segeltuch im Segelschwerpunkt treffenden Windes $W$ in einer idealisierenden und vereinfachten Betrachtung (ohne Beachtung der Wölbung des Segels, der Sogwirkung des Windes, der Krängung, des Driftwinkels und der Rumpfkräfte am Boot[1]) bei einem $\sphericalangle\, \beta = 15°$ bestimmt werden.

Ferner soll ermittelt werden, welcher Winkel $\beta$ bei unverändertem Winkel $\alpha$ zu max $P$ führt.

Wir benutzen das grapho-analytische Lösungsverfahren. Zu unterscheiden sind grundsätzlich die Wirkung des Windes auf das Segel und die Wirkung vom Segel auf das Boot.

Um die Wirkung des Windes auf das Segel zu erhalten, bilden wir die Kraftvektoren

$\parallel$ zum Segel $W_a$ (= abfließender Wind) und
$\perp$ zum Segel $W_w$ (= wirkender Wind) (**35**.1 b) $\qquad W_w = W \cdot \sin(\alpha - \beta)$

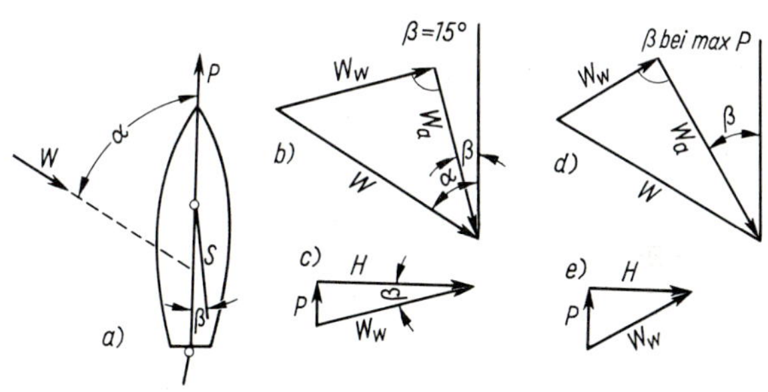


**35**.1
Segeljolle bei Fahrt am Wind

Der wirkende Wind wird vom Segel über Mast, Stags, Wanten und Schoten auf den Bootskörper übertragen. Ein gut gebauter Bootskörper ist (ggf. mit Hilfe des „beweglichen Ballastes", der Besatzung) in der Lage, die normalerweise auftretenden Kräfte auszubalancieren und in Fahrt nach vorwärts umzusetzen.

Die Frage, welche Wirkungen vom Segel auf das Boot ausgehen, beantwortet das Kraftdreieck (**35**.1 c). $W_w$ wird zerlegt in einen Komponentenvektor $H$ quer zur Fahrtrichtung und einen Komponentenvektor $P$ in Fahrtrichtung. Wenn das Boot einen tiefgehenden Kiel oder ein Schwert und ein Ruder besitzt, kann dadurch ein großer Teil der $H$-Kraft in das Wasser abgegeben werden (abhängig vom „Lateralplan", der die Fläche des Längsschnitts des Bootes unter der Wasserlinie angibt) und die seitliche Verschiebung des Bootes ist nur relativ gering (gekennzeichnet durch den Begriff „Abdrift"). Ein flaches Brett jedoch würde der $H$-Kraft einen geringen Verschiebungswiderstand entgegensetzen. Der Komponentenvektor $P$ stellt die gefragte vorwärtstreibende Kraft dar

$$P = W_w \sin\beta = W \cdot \sin(\alpha - \beta) \cdot \sin\beta$$

Berechnung

a) für $\alpha = 60°$ und $\beta = 15°$:

$$P = W \cdot \sin 45° \cdot \sin 15° = W \cdot 0{,}707 \cdot 0{,}258 \qquad P = W \cdot 0{,}182$$

Bei Annahme von $W = 0{,}5$ kN ist $P = 0{,}091$ kN.

b) Um max $P$ in Abhängigkeit von $\beta$ zu erhalten, brauchen wir lediglich die Funktion nach $\beta$ zu differenzieren und die Ableitung Null zu setzen.

Es ist $\qquad P = W(\sin\alpha\cos\beta - \cos\alpha\sin\beta)\sin\beta$

$$P' = \frac{dP}{d\beta} = W[\sin\alpha(\cos^2\beta - \sin^2\beta) - \cos\alpha(2\sin\beta \cdot \cos\beta)] =$$
$$= W[\sin\alpha \cdot \cos 2\beta - \cos\alpha \cdot \sin 2\beta] = 0$$

[1]) Über die Aero- und Hydrodynamik des Segelns s.a. Baader, S.: Segelsport – Segeltechnik – Segelyachten. Bielefeld–Berlin 1962; Marchaj, C.A.: Segeltheorie und -praxis. Bielefeld–Berlin 1971.

daraus $\tan 2\beta = \tan\alpha \qquad \beta = \frac{\alpha}{2} \qquad \beta = 30°$

$$P = W \cdot \sin 30° \cdot \sin 30° = W \cdot 0{,}5 \cdot 0{,}5 \qquad P = W \cdot 0{,}25 \qquad P = 0{,}125\ \text{kN}$$

Die Kraftdreiecke in Bild **35.**1 d und e ergeben graphisch die Komponentenvektoren $W_w$, $H$ und $P$. Es ist dabei gut ersichtlich, daß $W_w$ und $H$ wesentlich kleiner als im vorher untersuchten Fall (**35.**1 b und c), dagegen $P$ merklich größer ist.

### 3.2.1.2 Zusammensetzen oder Reduktion

Der einfachste Fall des Zusammensetzens mehrerer Kräfte liegt vor, wenn die Wirkungslinien sämtlicher Kräfte zusammenfallen (**36.**1). Die zeichnerische Lösung der Aufgabe besteht darin, nach Wahl eines Kräftemaßstabes die Kräfte in beliebiger Reihenfolge aneinanderzureihen; der Endpunkt eines Vektors ist dabei der Anfangspunkt des nächsten. Der besseren Übersichtlichkeit halber zeichnet man die Vektoren nicht alle in eine Linie, sondern in zwei oder mehrere parallele Linien. Die Resultierende aller Kräfte ergibt sich, wenn man den Anfangspunkt der zuerst angereihten Kraft mit dem Endpunkt der zuletzt gezeichneten Kraft verbindet (Bild **36.**1 b: Reihenfolge der Kräfte $F_1 F_2 F_3 F_4 F_5$; $R$ ist der Vektor von $A_1$ nach $E_5$; Bild **36.**1 c: Reihenfolge der Kräfte $F_1 F_4 F_2 F_3 F_5$; $R$ ist wieder der Vektor von $A_1$ nach $E_5$).

Bei der rechnerischen Lösung der Aufgabe wird einer der beiden Richtungssinne der Kräfte als positiv angenommen, z. B. +↗, der entgegengesetzte Richtungssinn ist negativ.

Unter Beachtung der so festgelegten Vorzeichen können die Kraftvektoren dann wie Skalare addiert werden: In dem betrachteten einfachen Sonderfall wird aus der vektoriellen Addition die skalare oder algebraische Addition.

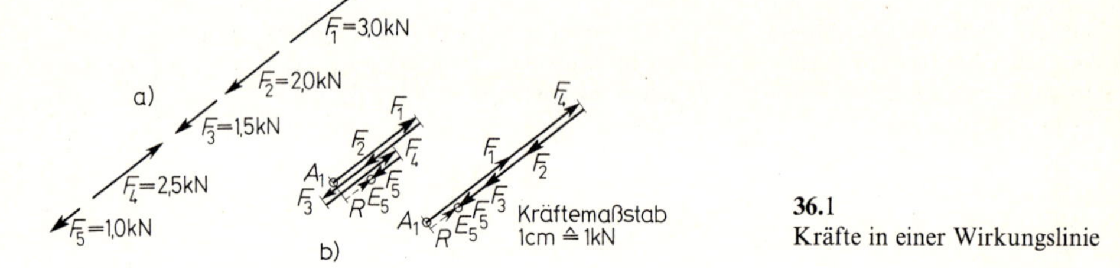


**36.**1 Kräfte in einer Wirkungslinie

Ergibt sich die Resultierende positiv, so hat sie den als positiv angenommenen Richtungssinn; kommt sie mit negativen Vorzeichen heraus, so ist sie entgegen dem positiv angenommenen Richtungssinn gerichtet.

**Beispiel:** Die in Bild **36.**1 gegebenen Kräfte werden rechnerisch mit der Festlegung +↗ wie folgt addiert: $R = +F_1 - F_2 - F_3 + F_4 - F_5 = +3{,}0 - 2{,}0 - 1{,}5 + 2{,}5 - 1{,}0 = +1{,}0$ kN: das bedeutet $R = 1{,}0$ kN ↗

Mit der Festlegung +↙ müßten wir schreiben $R = -F_1 + F_2 + F_3 - F_4 + F_5 = -3{,}0 + 2{,}0 + 1{,}5 - 2{,}5 + 1{,}0 = -1{,}0$ kN; das bedeutet wiederum $R = +1{,}0$ kN ↗

Das Zusammensetzen von zwei Kräften, deren Wirkungslinien sich in einem Punkt schneiden, geschieht zeichnerisch mit Hilfe des Kräfteparallelogramms.

Das Axiom vom Kräfteparallelogramm, das auf Stevin (1548 bis 1620) zurückgeht, kann folgendermaßen formuliert werden (**37**.1):

Um die Resultierende $\vec{R}$ zu erhalten, die die beiden in $a$ angreifenden Kräfte $\vec{F}_1$ und $\vec{F}_2$ ersetzt, zeichnen wir mit Hilfe der maßstäblich aufgetragenen Kräfte $\vec{F}_1$ und $\vec{F}_2$ ein Parallelogramm. In diesem ist die von $a$ nach $b$ gerichtete Diagonale nach Betrag, Richtung und Angriffspunkt gleich $\vec{R}$. In dem Kräfteparallelogramm müssen die drei Kräfte $\vec{F}_1$, $\vec{F}_2$ und $\vec{R}$ alle vom Angriffspunkt $a$ weg- (**37**.1 a) oder zum Angriffspunkt hinweisen (**37**.1 b).

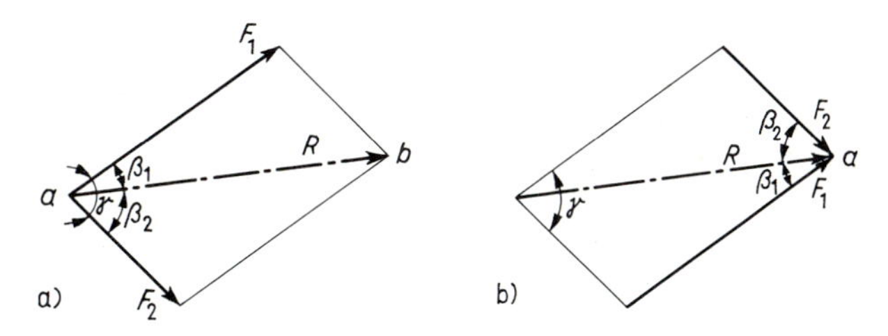


**37**.1
Kräfteparallelogramme mit Angriffspunkt $a$ der Kräfte

In vielen Fällen ist es zweckmäßig, bei der Konstruktion der Resultierenden zwei Zeichnungen zu benutzen: die Hauptfigur oder den Lageplan und das Kräftedreieck (**37**.2). Das Kräftedreieck ist gleich einer Hälfte des Kräfteparallelogramms; im Kräftedreieck reihen wir $\vec{F}_1$ und $\vec{F}_2$ so aneinander, daß die Pfeile hintereinander herlaufen. Die Resultierende ergibt sich als Schlußlinie des von $\vec{F}_1$ und $\vec{F}_2$ gebildeten Kräftezuges und ist vom Anfangspunkt des ersten zum Endpunkt des zweiten Kraftvektors gerichtet. Beim Arbeiten mit Lageplan und Kräftedreieck erhalten wir Betrag und Richtung der Resultierenden aus dem Kräftedreieck, während sich ein Punkt der Wirkungslinie der Resultierenden, nämlich der Schnittpunkt $a$ der Wirkungslinien von $\vec{F}_1$ und $\vec{F}_2$, aus dem Lageplan ergibt.

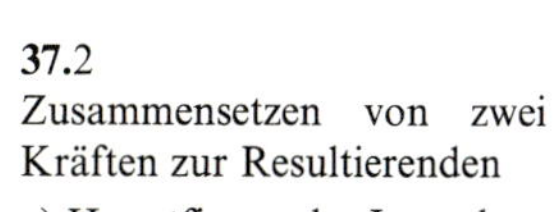

**37**.2
Zusammensetzen von zwei Kräften zur Resultierenden
a) Hauptfigur oder Lageplan
b) Kräftedreieck mit Anfangspunkt $A$ und Endpunkt $E$ des Kräftezuges

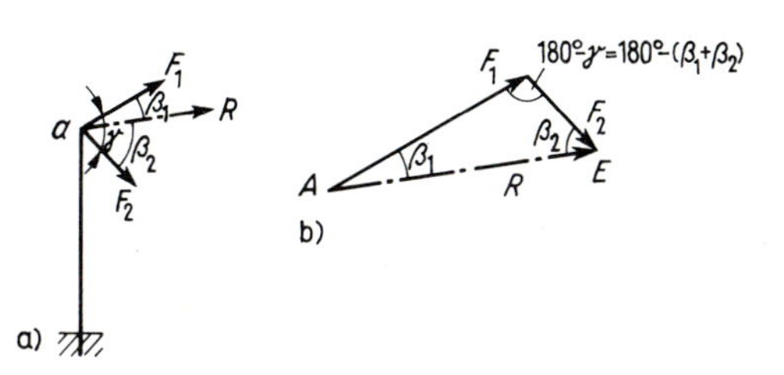


Sind mehrere Kräfte vorhanden, deren Wirkungslinien sich in einem Punkt schneiden, sprechen wir daher von einem zentralen Kräftesystem. Die Resultierende der Kräfte erhalten wir zeichnerisch durch Erweiterung des Kräftedreiecks zum Kräftevieleck, Kräftepolygon oder kurz Krafteck (**38**.1). In ihm sind die gegebenen Kräfte so aneinanderzureihen, daß das Ende der einen Kraft der Anfang der nächsten ist. Die Resultierende läuft wiederum vom Anfangs- zum Endpunkt des Kräftezuges, sie hat den umgekehrten Umfahrungssinn gegenüber den Kräften. Ihre Wirkungslinie geht durch den gemeinsamen Schnittpunkt aller Kräfte im Lageplan (**38**.1).

Die Reihenfolge der Einzelkräfte im Krafteck ist, wie Bild **38**.1 c zeigt, beliebig, es gilt das Gesetz der Vertauschbarkeit, das kommutative Gesetz.

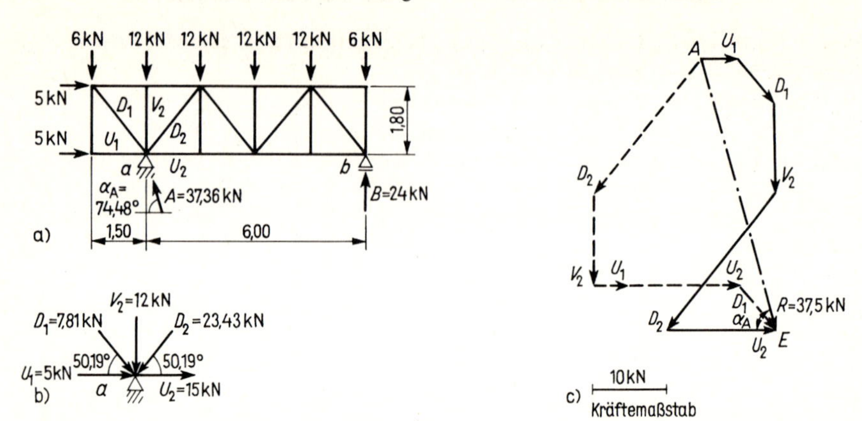


**38.**1 Lager *a* als zentrales Kräftesystem

a) Lageplan, b) auf das Lager wirkende Stabkräfte, c) Resultierende der Stabkräfte

Bei der rechnerischen Lösung der Aufgabe, die Resultierende zweier Kraftvektoren zu ermitteln, bieten sich zwei Wege an: einmal das Ausrechnen der Resultierenden an Hand einer Skizze des Kräftedreiecks und zum andern das Aufbauen der Resultierenden aus rechtwinkligen Komponenten der Kräfte. Der zweite Weg ist übersichtlicher, erweiterungsfähig und allgemein üblich; der Vollständigkeit halber soll der erste Weg aber auch vorgeführt werden.

1. Weg: An Hand von Bild **37.**2b ergibt sich mit dem Kosinussatz

$$R^2 = F_1^2 + F_2^2 - 2F_1 \cdot F_2 \cdot \cos(180° - \gamma)$$

Nun gilt $\cos(180° - \gamma) = -\cos\gamma$ und es wird

$$R^2 = F_1^2 + F_2^2 + 2F_1 \cdot F_2 \cdot \cos\gamma \qquad (38.1)$$

Nach der Bestimmung der Größe von $R$ erhalten wir ihre Richtung mit Hilfe von

$$\sin\beta_1 = \frac{F_2}{R}\sin(180° - \gamma) \qquad \sin\beta_2 = \frac{F_1}{R}\sin(180° - \gamma)$$

Wegen $\sin(180° - \gamma) = \sin\gamma$ können wir schreiben

$$\sin\beta_1 = \frac{F_2}{R}\sin\gamma \qquad \sin\beta_2 = \frac{F_1}{R}\sin\gamma \qquad (38.2)$$

Im Sonderfall rechtwinklig aufeinanderstehender Kräfte ist $\gamma = 180° - \gamma = 90°$ und die Gl. (38.1) und (38.2) gehen über in

$$R^2 = F_1^2 + F_2^2 \qquad (38.3)$$

$$\sin\beta_1 = F_2/R \qquad \sin\beta_2 = F_1/R \qquad (38.4)$$

2. Weg: Wir verschieben die Vektoren $F_1$ und $F_2$ in ihren Wirkungslinien so, daß sie mit ihren Anfangspunkten in den Schnittpunkt ihrer Wirkungslinien zu liegen kommen

(Bild **39**.1). Dann legen wir in diesen Schnittpunkt den Ursprung eines rechtwinkligen $(x, y)$-Koordinatensystems. Im nächsten Schritt zerlegen wir jede Kraft $F_i$ $(i = 1{,}2)$ in ihre Komponenten $F_{ix}$ und $F_{iy}$; das geschieht mit den Gl. (33.2), in denen nur die Beträge der Vektoren auftreten:

$$F_{ix} = F_i \cdot \cos\alpha_i \qquad F_{iy} = F_i \cdot \sin\alpha_i .$$

In Vektorschreibweise sieht diese Zerlegung so aus $\vec{F}_i = F_{ix} \cdot \vec{i} + F_{iy} \cdot \vec{j}$; dabei ist $\vec{i}$ der Einheitsvektor oder Einsvektor in Richtung der positiven $x$-Achse und $\vec{j}$ der Einsvektor in Richtung der positiven $y$-Achse; jeder Einsvektor hat den Betrag 1.

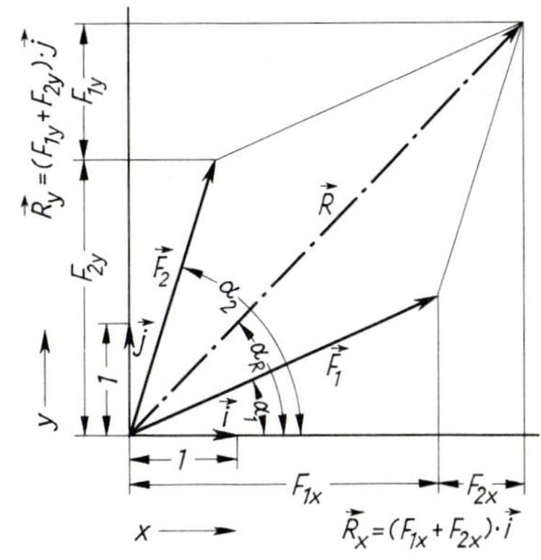


**39**.1 Addition zweier Vektoren

Die Komponenten $F_{ix}$ und $F_{iy}$ erhalten das positive Vorzeichen, wenn sie in die Richtungen der positiven Achsen $x$ und $y$ zeigen; bei entgegengesetztem Richtungssinn sind sie negativ. Die Vorzeichen ergeben sich automatisch aus den Vorzeichen der Winkelfunktionen, wenn wir die Winkel $\alpha_i$ von der positiven $x$-Achse aus linksherum (im mathematischen Sinn) von 0° bis 360° messen (Bild **39**.2). Bei praktischen Aufgaben erweist es sich jedoch meist als zweckmäßiger, mit $\alpha_i$ den kleineren Winkel zwischen der Kraft $F_i$ und der $x$-Achse zu bezeichnen $(0° \leq \alpha_i \leq 90°)$ und die Vorzeichen der Komponenten nach dem Lageplan festzulegen.

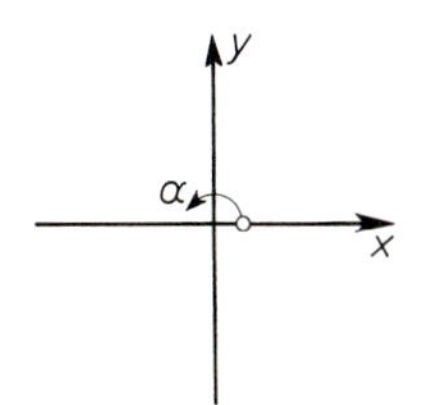


**39**.2 Vorzeichen von $x$, $y$ und $\alpha$

**39**.3 Richtungsbestimmung in den vier Quadranten für $\tan\alpha_R = \dfrac{R_y}{R_x}$

Nach dem Zerlegen der Kräfte in $x$- und $y$-Komponenten liegen sowohl in der $x$-Achse als auch in der $y$-Achse Komponentenvektoren mit gleicher Wirkungslinie, die jeweils algebraisch addiert werden können. Die Summe der Komponentenvektoren in der $x$-Achse ist die $x$-Komponente der Resultierenden, die Summe der Komponentenvektoren in der $y$-Achse ist die $y$-Komponente der Resultierenden:

$$F_{1x} + F_{2x} = R_x \qquad F_{1y} + F_{2y} = R_y$$

oder in vektorieller Schreibweise

$$F_{1x} \cdot \vec{i} + F_{2x} \cdot \vec{i} = R_x \cdot \vec{i} \qquad F_{1y} \cdot \vec{j} + F_{2y} \cdot \vec{j} = R_y \cdot \vec{j}$$

Die Komponenten der Resultierenden können nun mit Gl. (38.3) zur Resultierenden zusammengefaßt werden: $R = \sqrt{R_x^2 + R_y^2}$, und die Neigung der Resultierenden ergibt sich aus $\tan\alpha_R = R_y/R_x$. Der Winkel $\alpha_R$ liegt zwischen 0° und 360°, bei seiner Festlegung ist nicht nur das Vorzeichen von $\tan\alpha_R$, sondern es sind auch die Vorzeichen von $R_y$ und $R_x$ zu beachten (Bild **39**.3).

Das für zwei Vektoren vorgeführte Verfahren läßt sich auf beliebig viele Vektoren erweitern: Jeder der beliebig vielen Vektoren wird in $x$- und $y$-Komponente zerlegt, gleiche Komponenten werden algebraisch addiert. Die algebraische Addition drücken wir zweckmäßigerweise durch das Summenzeichen aus; bei $n$ Vektoren schreiben wir also

$$R_x = \sum_{i=1}^{n} F_{ix} \qquad R_y = \sum_{i=1}^{n} F_{iy} \qquad R = \sqrt{R_y^2 + R_x^2} \qquad \tan\alpha_R = \frac{R_y}{R_x} \tag{40.1}$$

hierbei ist $i$ die laufende Variable und nicht mit dem Einsvektor $\vec{i}$ zu verwechseln. – Bei mehreren Kräften ist es übersichtlicher, die Rechnung tabellarisch durchzuführen, wie es in Beispiel 3 gezeigt wird.

**Beispiel 1:** Das Fundament für die Stütze einer Fußgängerbrücke überträgt in der Bodenfuge die lotrechte Last $V = 1340$ kN in den Baugrund. Als Ersatzlast für den Anprall von Straßenfahrzeugen rechtwinklig zur Fahrtrichtung sind $H = 250$ kN anzusetzen (DIN 1055 T3, 7.4.1.1). Gesucht ist die Resultierende aus $V$ und $H$. Windlasten und Verschiebungswiderstände der Lager sollen zur Vereinfachung unberücksichtigt bleiben.

Zeichnerische Lösung (**40.**1 b): $H$ und $V$ werden im Kräftemaßstab 1 cm = 500 kN aneinandergereiht; die Resultierende ergibt sich als Verbindung des Anfangspunktes von $H$ (Punkt $A$) mit dem Endpunkt von $V$ (Punkt $E$). Wir messen $R = 1360$ kN, $\alpha_R = 79°$. Die Wirkungslinie der Resultierenden ist durch $\alpha_R$ aus dem Kräftedreieck und den Schnittpunkt von $V$ und $H$ im Lageplan gegeben (**40.**1 a).

Rechnerische Lösung: $R = \sqrt{1340^2 + 250^2} = 1363$ kN

$\tan\alpha_R = V/H = 1340/250 = 5{,}36$

$\alpha_R = 79{,}43°$.

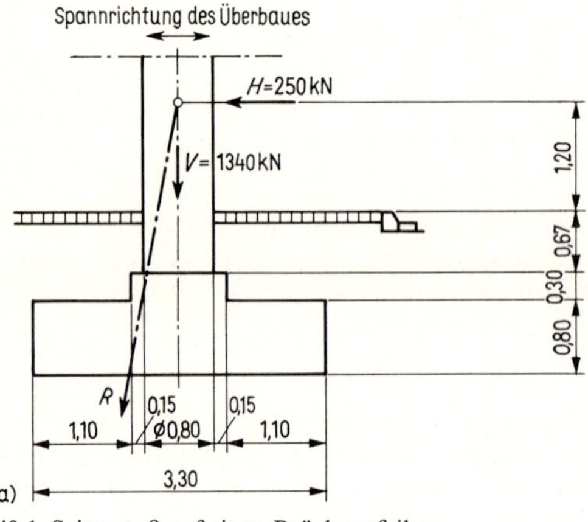


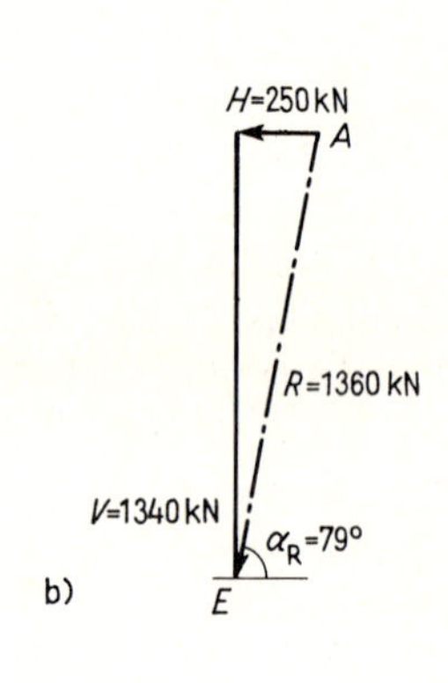


**40.**1 Seitenstoß auf einen Brückenpfeiler
a) Lageplan, b) Krafteck

**Beispiel 2:** Ein über eine Rolle geführtes Seil hat eine Zugkraft von $S = 5$ kN zu übertragen. Die Resultierende aus beiden Kräften ist zu bestimmen (**40.**2).

Bei relativ großen Rollendurchmessern, wie sie im Bauwesen und Kranbau vorkommen, kann die Biegesteifigkeit des Seiles vernachlässigt und die Berechnung allein auf Zug durchgeführt werden. Dadurch wird die Betrachtung sehr einfach: Das Seil und damit die Seilkräfte werden zwar über die Rolle umgelenkt, aber in der Ruhelage (Gleichgewichtslage) müssen die Seilkräfte auf beiden Seiten der Rolle gleich groß sein. Die Reibung zwischen Rolle und Rollenlager wird vernachlässigt.

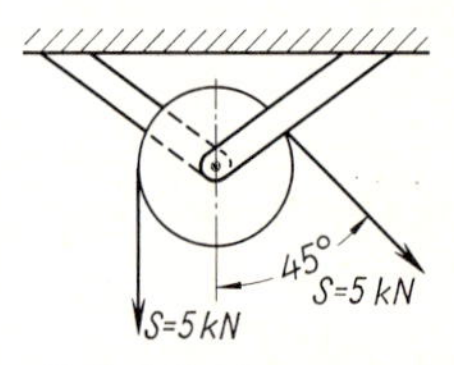


**40.**2 Seilrolle

a) Lösung mit Kräfteparallelogramm (**41**.1). Die Seilkräfte schneiden sich im Punkt $A$. Von diesem Schnittpunkt aus werden die Kräfte im gewählten Maßstab angetragen, durch den Endpunkt jeder Kraft wird die Parallele zur anderen Kraft gezogen. Das so entstehende Kräfteparallelogramm ist eine Raute. Die von $A$ ausgehende Diagonale ist Resultierende nach Lage, Betrag und Richtung; sie geht durch das Lager der Rolle.

Nach Messung ist

$$R = 2{,}3 \cdot 4 = 9{,}2\ \text{kN} \qquad \beta_{\text{R}} = 22{,}5^\circ$$

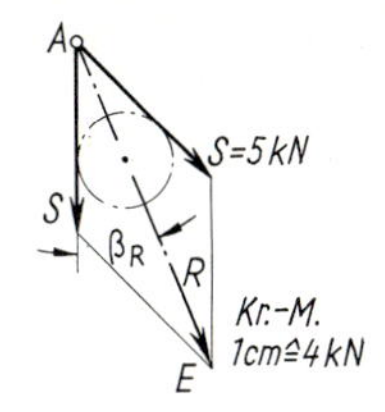


**41**.1 Kräfteparallelogramm

b) Lösung mit Krafteck. Die Kräfte werden im Kräfteplan (**41**.2) aneinandergereiht, womit $R$ nach Betrag und Richtung gefunden ist; ihre Lage ist durch den Schnittpunkt der Seilkräfte in der Hauptfigur gegeben. Die Ergebnisse sind die gleichen wie in Lösung a).

c) Rechnerische Lösung. Am schnellsten wird die Aufgabe mit einer Skizze des Kraftecks (**41**.3) gelöst. Das Krafteck ist ein gleichschenkliges Dreieck. Aus dem Außenwinkel von 45° ergeben sich die beiden nicht anliegenden Innenwinkel als halb so groß, somit

$$\beta_{\text{R}} = 22{,}5^\circ$$

Weiter ist $R/2 = S \cdot \cos\beta_{\text{R}} = 5 \cdot 0{,}923 = 4{,}62\ \text{kN}$

$$R = 2 \cdot 4{,}62 = 9{,}24\ \text{kN}$$

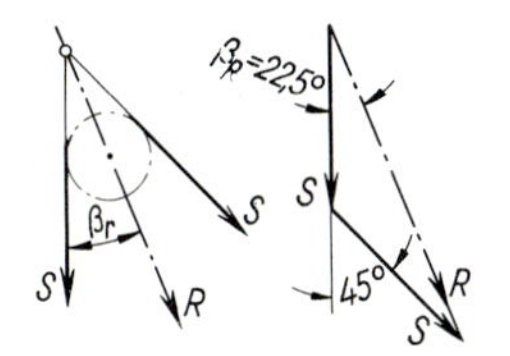

**41**.2 Hauptfigur und Krafteck

**41**.3 Skizze des Kraftecks

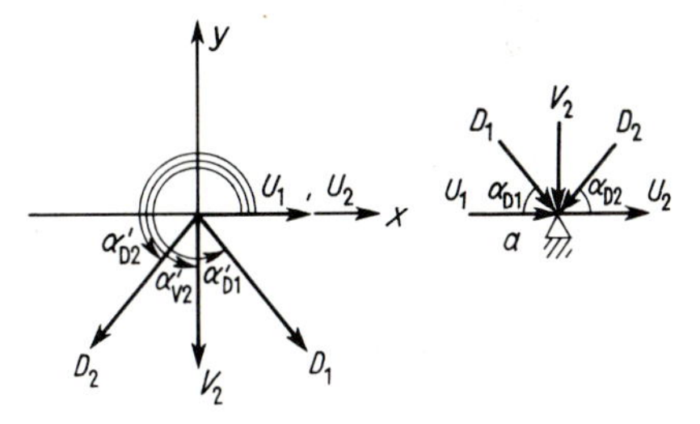

**41**.4 Winkel der Stabkräfte am Lager $a$ des Fachwerkträgers Bild **38**.1

**Beispiel 3:** Als Kontrolle einer elektronischen Berechnung soll die Resultierende der auf das Lager $a$ wirkenden Stabkräfte des Fachwerks nach Bild **38**.1 zeichnerisch und rechnerisch ermittelt werden.

a) Zeichnerische Lösung: Dem Krafteck **38**.1c, in dem gezeigt wird, daß die Reihenfolge der Kräfte beliebig ist, entnehmen wir durch Messen

$$R = 37{,}4\ \text{kN} \qquad \alpha_{\text{R}} = 74{,}5^\circ$$

b) Rechnerische Lösung. Wir arbeiten mit Winkeln $\alpha'$ zwischen 0° und 360°, die gemäß **41**.4 zwischen der positiven $x$-Achse und der vom Koordinatenursprung wegweisenden Kraft linksherum zu messen sind. Zweckmäßigerweise führen wir die Rechnung tabellarisch durch (**41**.5).

Tafel **41**.5 Berechnung von $R_x$ und $R_y$

| Kraft | Betrag in kN | Winkel $\alpha'$ in ° | Winkelfunktion $\sin\alpha'$ | $\cos\alpha'$ | $F_y = F\sin\alpha'$ in kN | $F_x = F\cos\alpha'$ in kN |
|---|---|---|---|---|---|---|
| $U_1$ | 5,00 | 0 | 0 | 0 | 0 | +5,0 |
| $D_1$ | 7,81 | 309,81 | −0,7682 | +0,6402 | −6,0 | +5,0 |
| $V_2$ | 12,00 | 270,00 | −1,0000 | 0 | −12,0 | 0 |
| $D_2$ | 23,43 | 230,19 | −0,7682 | −0,6402 | −18,0 | −15,0 |
| $U_2$ | 15,00 | 0 | 0 | +1,0000 | 0 | +15,0 |
| | | | | | $R_y = -36{,}0$; | $R_x = +10{,}0$ |

In dieser Tabelle stimmen die positiven Kraftrichtungen mit den positiven Koordinatenrichtungen überein (**41**.4): nach rechts und nach oben gerichtete Komponenten sind positiv. Die Vorzeichen der Komponenten sind dann gleich den Vorzeichen der Winkelfunktionen $\sin\alpha'$ und $\cos\alpha'$, brauchen also nicht nach der Anschauung festgesetzt zu werden.

Aus den Komponenten der Resultierenden berechnen wir mit Pythagoras

$$R = \sqrt{R_y^2 + R_x^2} = \sqrt{36^2 + 10^2} = 37{,}36 \text{ kN}$$

Wegen $R_y < 0$ und $R_x > 0$ liegt die Resultierende im 4. Quadranten (s. **39**.3), und wir erhalten

$$\alpha_R = \arctan(R_y/R_x) = \arctan(-36{,}0/(+10)) = -74{,}48° = +285{,}52°$$

Die Resultierende $R$ ist die Belastung des Lagers $a$ (actio, Aktionskraft); ihr hält die Lagerkraft $A$ (reactio, Reaktionskraft) das Gleichgewicht (s. Abschn. 4).

### 3.2.2 Die Wirkungslinien der Kräfte schneiden sich in verschiedenen Punkten der Zeichenfläche

Die Einschränkung im vorigen Abschnitt, daß die Wirkungslinien sich in einem Punkt schneiden, wird nun fallengelassen. Die Kräfte liegen verstreut in der Ebene, sie bilden ein allgemeines Kräftesystem. Zunächst wird noch vorausgesetzt, daß die Kraftvektoren sich in verschiedenen Punkten der Zeichenfläche schneiden. Für das Zusammensetzen und das Zerlegen der Kräfte gibt es wieder zeichnerische und rechnerische Verfahren. Zunächst stellen wir zwei graphische Methoden vor.

#### 3.2.2.1 Zeichnerische Lösungen

**1. Schrittweises Zusammensetzen.** Betrag und Richtung der Resultierenden finden wir wieder durch Aneinanderreihen der Kräfte im Krafteck. Außer der Resultierenden werden im Krafteck sämtliche von Anfangspunkt $A$ des Kräftezuges ausgehenden Teilresultierenden gezeichnet und nacheinander durch Parallelverschiebung in den Lageplan übertragen. Der Schnittpunkt der Wirkungslinien von letzter Teilresultierender und letzter Kraft ist ein Punkt der Wirkungslinie der Resultierenden.

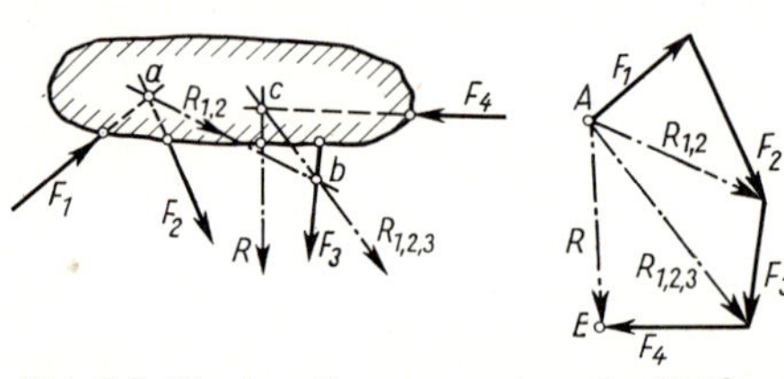


**42.**1 Schrittweises Zusammensetzen der Kräfte

So ergeben z. B. in Bild **42**.1 die Kräfte $F_1$ und $F_2$ zunächst die Teilresultierende $R_{1,2}$, die durch den Schnittpunkt $a$ dieser beiden Kräfte verlaufen muß. $R_{1,2}$ mit $F_3$ zusammengesetzt ergibt die Teilresultierende $R_{1,2,3}$, die durch den Schnittpunkt $b$ von $R_{1,2}$ und $F_3$ geht, und so fort, bis man zur Resultierenden $R$ aller Kräfte gelangt.

**Beispiel 1:** Für die den halben Mansardendachbinder (**43**.1) belastenden Einzelkräfte ist die Resultierende zeichnerisch zu bestimmen.

Im vorliegenden Falle setzen wir zweckmäßigerweise zuerst $W_1$ und $F_1$ sowie $W_2$ und $F_2$ zu Teilresultierenden $R_1$ und $R_2$ zusammen, die wir im Punkt $a$ zum Schnitt bringen. Durch diesen Punkt muß $R_3$ gehen, die $F_3$ im Punkt $b$ schneidet. Dieser ist schließlich ein Durchgangspunkt für die Gesamtresultierende $R$. Durch Messen finden wir

$$R = 7{,}1 \cdot 5 = 35{,}5 \text{ kN} \qquad \alpha_R = 75° \qquad x = 3{,}45 \text{ m bzw. } x' = 2{,}70 \text{ m}$$

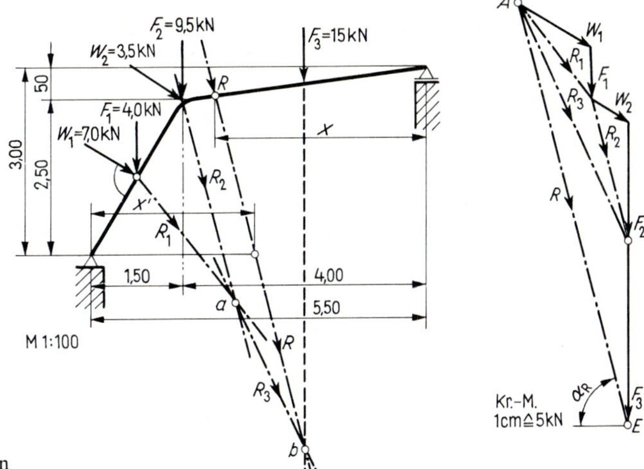


**43.1**
Mansardendachbinder mit Wind- und lotrechten Lasten

**Beispiel 2:** Für die Stützmauer nach Bild **43.2** ist die Resultierende in der Bodenfuge zeichnerisch zu ermitteln. Wir untersuchen einen laufenden m Stützmauer, verzichten aber bei den Einheiten auf die Angabe „je lfd. m“.

Berechnung des Erddrucks (s. [4]): Die Hinterfüllung besteht aus mitteldicht gelagertem Kies-Sand. $E_a = 0{,}5 \cdot \gamma \cdot h^2 \cdot K_a$. Der Erddruckbeiwert $K_a$ ergibt sich bei Geländeneigung $\beta = 20°$, Winkel zwischen Mauerrückwand und Vertikale $\alpha = 0°$, Reibungswinkel der Hinterfüllung $\varphi = 32{,}5°$ und Wandreibungswinkel $\delta = 2/3\,\varphi = 21{,}7°$ zu $K_a = 0{,}3649$.

Mit der Wichte des Bodens $\gamma = 19$ kN/m³ erhalten wir

$$E_a = 0{,}5 \cdot 19 \cdot 3{,}40^2 \cdot 0{,}3649 = 40{,}1 \text{ kN}.$$

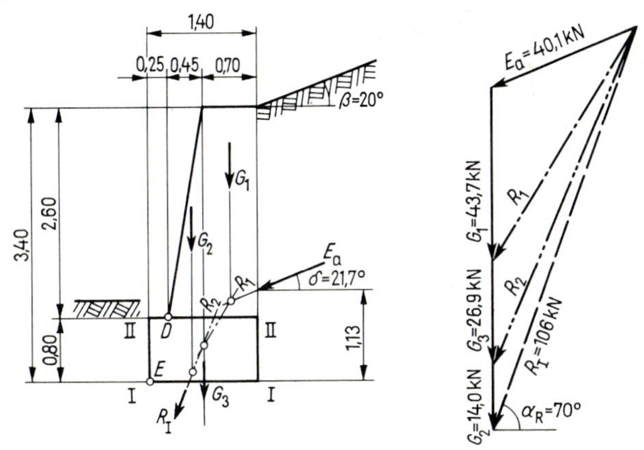


**43.2**
Stützmauer, zeichnerische Ermittlung der Resultierenden für die Bodenfuge I–I

Berechnung der Eigenlast der Mauer. Wir teilen den Mauerquerschnitt gemäß Bild **43.2** in zwei Rechtecke und ein Dreieck, setzen $\gamma = 24$ kN/m³ für Beton B 15 an und ermitteln

$$\begin{aligned} G_1 &= \phantom{0{,}5 \cdot {}} 0{,}70 \cdot 2{,}60 \cdot 24 = 43{,}7 \text{ kN} \\ G_2 &= 0{,}5 \cdot 0{,}45 \cdot 2{,}60 \cdot 24 = 14{,}0 \text{ kN} \\ G_3 &= \phantom{0{,}5 \cdot {}} 1{,}40 \cdot 0{,}80 \cdot 24 = \underline{26{,}9 \text{ kN}} \\ \text{Gesamtlast } G &= 84{,}6 \text{ kN} \end{aligned}$$

Aus diesen Kräften konstruieren wir in der Reihenfolge $E_a G_1 G_3 G_2$ ein Krafteck, und in dieses Krafteck zeichnen wir die Teilresultierenden $R_1$ aus $E_a$ und $G_1$, $R_2$ aus $E_a$, $G_1$ und $G_3$ sowie die Gesamtresultierende $R_I$ ein. Das schrittweise Zusammensetzen geht dann folgendermaßen vor sich:

1. Wir bringen im Lageplan die Wirkungslinien von $E_a$ und $G_1$ zum Schnitt und zeichnen durch den Schnittpunkt die Wirkungslinie von $R_1$ parallel zu $R_1$ im Krafteck

2. Wir bringen die Wirkungslinien von $R_1$ und $G_3$ zum Schnitt und zeichnen durch den Schnittpunkt die Wirkungslinie von $R_2$ parallel zu $R_2$ im Krafteck

3. Wir bringen die Wirkungslinien von $R_2$ und $G_2$ zum Schnitt und zeichnen durch den Schnittpunkt die Wirkungslinie der Gesamtresultierenden $R_I$ parallel zur Gesamtresultierenden im Krafteck.

Diese Konstruktion liefert nicht die Resultierende $R_{II}$ der in der Fundamentfuge II–II übertragenen Kräfte. Wenn wir im Zuge des schrittweisen Zusammensetzens $R_{II}$ erhalten wollen, müssen wir den Erddruck $E_a$ in die oberhalb und unterhalb der Fuge II–II angreifenden Erddrücke

$$E_{a1} = 0{,}5 \cdot \gamma \cdot h_1^2 \cdot K_a = 0{,}5 \cdot 19 \cdot 2{,}60^2 \cdot 0{,}3649 = 23{,}4 \text{ kN}$$

und

$$E_{a2} = 0{,}5 \cdot \gamma\,(h_1 + h)(h - h_1)\,K_a = 0{,}5 \cdot 19\,(2{,}60 + 3{,}40)(3{,}40 - 2{,}60)\,0{,}3649 = 16{,}6 \text{ kN}$$

aufspalten und die Kräfte in der Reihenfolge $E_{a1} G_1 G_2 G_3 E_{a2}$ zusammensetzen (**44**.1). Die zweite Teilresultierende aus $E_{a1}$, $G_1$ und $G_2$ ist dann die Resultierende $R_{II}$ in der Fuge II–II. Um die Übersichtlichkeit zu wahren, wurde als nächster Schritt die Teilresultierende $R_3$ aus $G_3$ und $E_{a2}$ gebildet, die dann im letzten Schritt mit $R_{II}$ zur Resultierenden $R_I$ der Bodenfuge zusammengesetzt wurde.

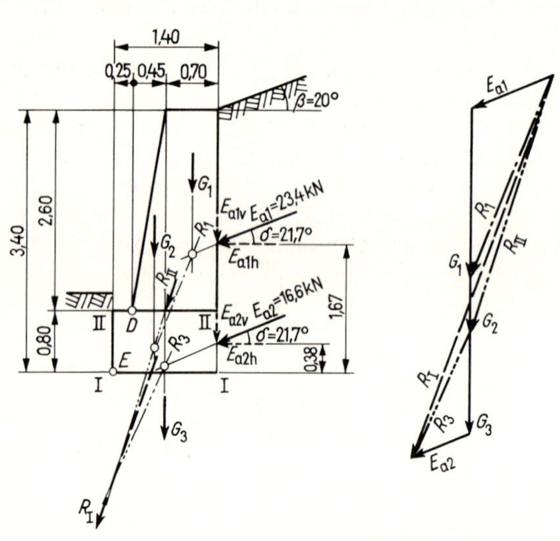


**44**.1 Stützmauer, zeichnerische Ermittlung der Resultierenden für Fundamentfuge II–II und Bodenfuge I–I

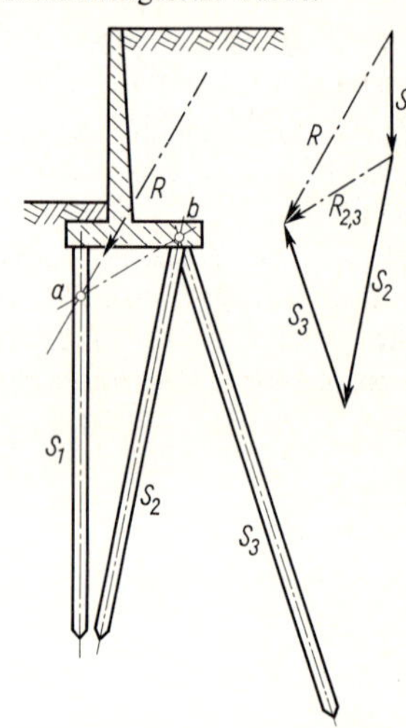


**44**.2 Zerlegen einer Resultierenden in drei Richtungen, die sich nicht in einem Punkt schneiden

**2. Schrittweises Zerlegen in drei Richtungen,** die sich nicht in einem Punkt schneiden. Dieses von Culmann stammende Verfahren setzt ferner voraus, daß die drei Richtungen nicht alle einander parallel sind und daß sie sich nicht auf der Wirkungslinie der Resultierenden schneiden. Durch schrittweises Zerlegen nach jeweils zwei Richtungen gelangen wir bei Kräften in der Ebene zu einer eindeutigen Lösung, wie sie Bild **44**.2 für den Fall einer Ufermauer auf Pfahlrost veranschaulicht.

Wir bringen die auf den Pfahlrost wirkende Resultierende $R$ zunächst mit einer Pfahlkraft ($S_1$) zum Schnitt. Durch diesen Schnittpunkt $a$ muß auch die Teilresultierende $R_{2,3}$ der beiden anderen Pfahlkräfte $S_2$ und $S_3$ hindurchgehen. Ein zweiter Punkt, durch den $R_{2,3}$ hindurchgehen muß, ist der Schnittpunkt $b$ der Pfahlkräfte $S_2$ und $S_3$. Ziehen wir die Culmannsche Hilfsgerade $ab$, so läßt sich $R$ zunächst in $a$ nach $S_1$ und $R_{2,3}$ zerlegen. $R_{2,3}$ kann dann in $b$ in die Pfahlkräfte $S_2$ und $S_3$ eindeutig zerlegt werden. Die beiden vorderen Pfahlreihen $S_1$ und $S_2$ haben danach Druckkräfte, die hintere $S_3$ dagegen hat Zugkräfte aufzunehmen.

Die Zerlegung einer Kraft nach mehr als drei Richtungen, die in derselben Ebene liegen, läßt wieder unendlich viele Lösungen zu, auch wenn sich die Kräfte in verschiedenen Punkten schneiden. Die Aufgabe ist wieder statisch unbestimmt.

### 3.2.2.2 Drehmoment und Momentenvektor

Bei der rechnerischen Ermittlung der Resultierenden eines allgemeinen Kräftesystems benötigen wir die Drehmomente, statischen Momente oder kurz Momente von Kräften und die zugehörigen Momentenvektoren.

Unter dem statischen Moment der Kraft $F$ bezüglich des Punktes 1 verstehen wir das Produkt aus der Kraft $F$ und dem Abstand $a_1$ des Punktes 1 von der Wirkungslinie der Kraft $F$ (**45.**1 a):

$$M_1 = F \cdot a_1 \text{ kNm} = \text{kN} \cdot \text{m} \tag{45.1}$$

Der Punkt 1 ist hierbei der Momentenbezugspunkt, Bezugspunkt oder Drehpunkt, und $a_1$ ist der Hebelarm der Kraft.

Zur Veranschaulichung stellen wir uns eine Scheibe vor (**45.**1 b), die im Punkt 1 drehbar gelagert ist. Unter der Wirkung der Kraft $F$ würde sie sich um den Punkt 1 drehen, wenn sie nicht durch den Stab 23 daran gehindert würde. Für die Größe der Drehwirkung ist nicht nur der Betrag der Kraft $F$, sondern auch die Länge des Hebelarms $a_1$ von Bedeutung: Das Produkt aus Kraft und Hebelarm, eben das Moment, ist das Maß für die Größe der Drehwirkung. In Bild **45.**1 b würde die Drehung um den Punkt 1 rechtsherum erfolgen (↻); diese Angabe ist nötig, um das Moment eindeutig zu bestimmen, und sie zeigt, daß das Moment eine gerichtete Größe oder ein Vektor ist.

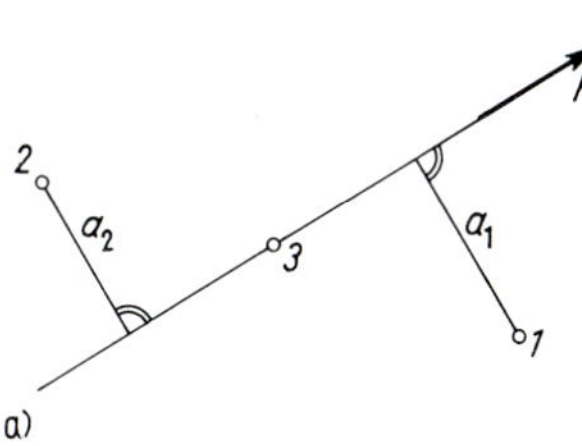


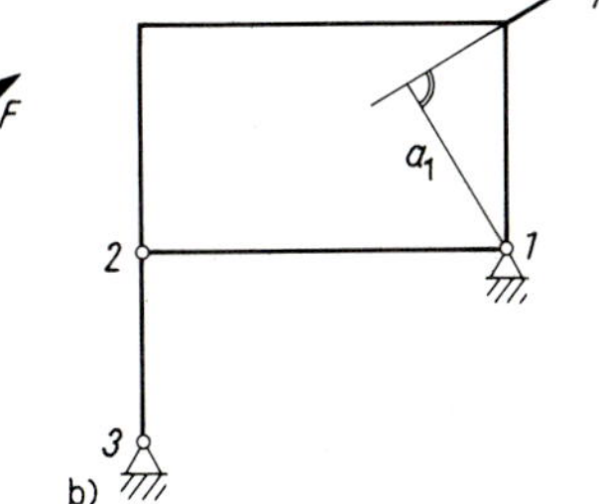


**45.**1
Momente der Kraft $F$

Für den Momentenbezugspunkt 2 gilt sinngemäß (**45.**1 a)

$$M_2 = F \cdot a_2 \text{ linksdrehend (↺)},$$

und für den Momentenbezugspunkt 3 ergibt sich

$$M_3 = F \cdot a_3 = F \cdot 0 = 0, \text{ in Worten:}$$

**Das statische Moment einer Kraft für einen Punkt ihrer Wirkungslinie ist gleich null.**

In unseren Rechnungen unterscheiden wir die Drehrichtungen durch Vorzeichen, indem wir einen Drehsinn als positiv, den anderen als negativ festsetzen; wir vereinbaren also z. B.: Linksdrehende Momente sind positiv (↺+).

Der Baustatik liegt der Zustand der Ruhe zugrunde; ein Drehen von Bauteilen unter der Wirkung von Momenten soll nicht stattfinden. Wir sprechen daher nur von dem Bestreben einer Kraft, eine Drehbewegung um den Bezugspunkt zu erzeugen. Anders als im Maschinenbau, wo z. B. bei einem Kurbeltrieb im Laufe der Drehung der Kurbel die Kraft in der Pleuelstange ständig ihre Richtung ändert (**46.**1), behalten die Kräfte in der Statik im allgemeinen auch bei Verformungen der Tragwerke ihre Richtung bei; die Kräfte in der Statik sind richtungstreu.

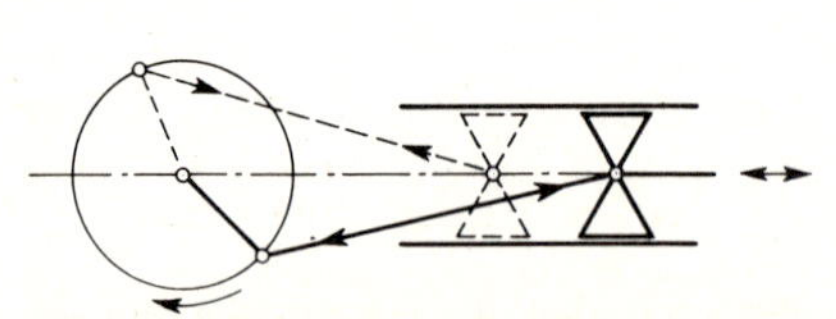

**46.**1 Richtungsänderungen der Kraft in der Pleuelstange

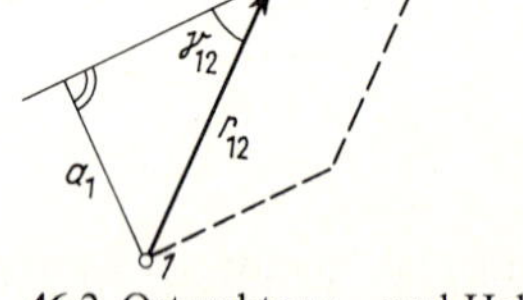


**46.**2 Ortsvektor $r_{12}$ und Hebelarm $a_1$ der Kraft $F$

In den vorstehenden Ausführungen haben wir noch nicht mit dem Momentenvektor $\vec{M}$, sondern nur mit seinem Betrag $|\vec{M}| = M = F \cdot a_1$ und seinem Drehsinn gearbeitet, wie es beim Aufstellen statischer Berechnungen allgemein üblich ist. Wenn wir nun zur Vertiefung und weiteren Veranschaulichung den Momentenvektor $\vec{M}$ darstellen wollen, schreiben wir das Moment als Vektorprodukt aus Ortsvektor und Kraftvektor:

$$\vec{M}_1 = \vec{r}_{12} \times \vec{F} \tag{46.1}$$

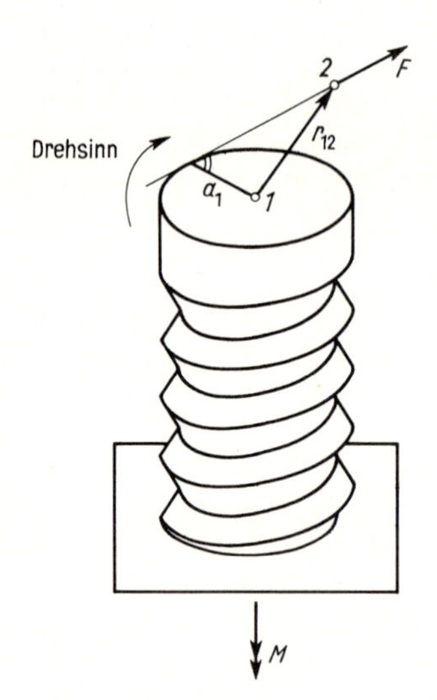


**46.**3 Bestimmung der Richtung des Momentenvektors mit Hilfe einer rechtsgängigen Schraube

Der Ortsvektor $r_{12}$ zeigt vom Momentenbezugspunkt 1 zum Anfangspunkt des Kraftvektors $F$ im beliebigen Punkt 2 der Wirkungslinie der Kraft (**46.**2). Der Momentenvektor $\vec{M}_1$ steht auf der durch $\vec{r}_{12}$ und $\vec{F}$ bestimmten Ebene senkrecht, und die drei Vektoren $\vec{r}_{12}, \vec{F}, \vec{M}$ bilden in dieser Reihenfolge ein Rechtssystem. Was das bedeutet, können wir mit drei Fingern der rechten Hand zeigen: Halten wir den Daumen in die Richtung von $r_{12}$ und den Zeigefinger in die Richtung von $F$, dann weist der rechtwinklig zur Ebene von Daumen und Zeigefinger abgeknickte Mittelfinger in die Richtung des Momentenvektors $\vec{M}$ (Rechte-Hand-Regel). Eine andere Veranschaulichung liefert eine Schraube mit Rechtsgewinde, deren Längsachse im Punkt 1 auf der durch $r_{12}$ und $F$ bestimmten Ebene senkrecht steht (**46.**3): Drehen wir die Schraube im Sinne des Moments $F \cdot a_1$, so verschiebt sie sich in Richtung des Momentenvektors.

Im Beispiel des Bildes **46.**2 zeigt der Momentenvektor nach unten; zur Unterscheidung von Kraftvektoren geben wir ihm zwei Pfeilspitzen (**46.**3 und **47.**1).

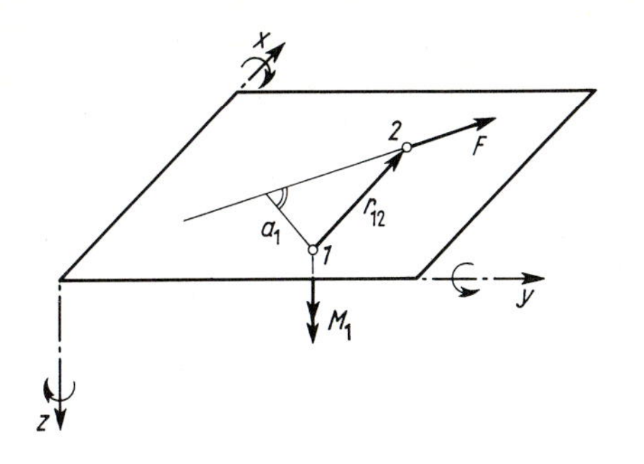


47.1 Ortsvektor, Kraftvektor und Momentenvektor in axonometrischer Darstellung, positive Achs- und Kraftrichtungen und Drehsinne nach DIN 1080

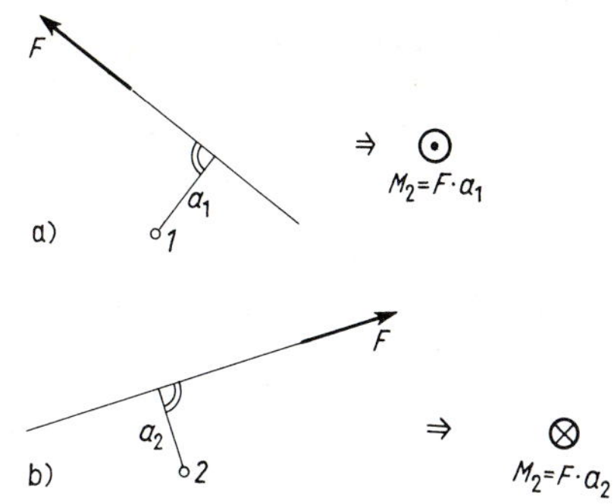


47.2 Darstellung eines senkrecht zur Zeichenebene stehenden Momentenvektors

a) Vektor weist auf den Betrachter hin

b) Vektor weist vom Betrachter weg

Wollen wir den Momentenvektor in der Ebene von Ortsvektor und Kraftvektor darstellen, zeichnen wir einen Kreis mit Punkt, wenn der Momentenvektor auf uns zu weist, und einen Kreis mit Kreuz, wenn der Momentenvektor von uns weg weist. Der Punkt bedeutet die Spitze, das Kreuz die Fiederung des Pfeils (**47.**2).

Die Festlegung des positiven Drehsinns für Momente in der horizontalen Zeichenebene ist gleichbedeutend mit der Entscheidung, ob nach oben oder unten weisende Momentenvektoren das positive Vorzeichen erhalten. DIN 1080 T1 (6.76) bringt die in Bild **47.**1 angegebenen Regeln für positive Koordinatenrichtungen, Kraft- und Momentenvektoren und nennt das dadurch gegebene Koordinatensystem rechtwinklig und rechtsdrehend.

Beim Vektorprodukt gilt nicht das kommutative Gesetz, das Gesetz von der Vertauschbarkeit der Faktoren. Mit Hilfe der Rechte-Hand-Regel läßt sich ableiten

$$\vec{a} \times \vec{b} = -\vec{b} \times \vec{a}\,.$$

Der Betrag des Momentenvektors ist

$$|\vec{M}_1| = M_1 = r_{12} \cdot F \cdot \sin\gamma_{12} \tag{47.1}$$

Wie Bild **46.**2 zeigt, ist $r_{12} \cdot \sin\gamma_{12} = a_1$, so daß wir Gl. (46.1) in Gl. (45.1) umwandeln können. Gl. (46.1) erlaubt es, den Betrag des Momentes $M_1$ als Flächeninhalt des Parallelogramms darzustellen, das von den Vektoren $\vec{r}_{12}$ und $\vec{F}$ aufgespannt wird.

Bild **47.**3 zeigt das zum Ortsvektor $\vec{r}_{12}$ gehörende Parallelogramm noch einmal; außerdem ist das Parallelogramm gezeichnet, das sich nach Verschieben der Kraft in den Punkt 3 mit dem Ortsvektor $\vec{r}_{13}$ ergibt. Wie wir sehen, besitzen alle Parallelogramme, die mit einem vom Bezugspunkt 1 ausgehenden Ortsvektor $\vec{r}_{1i}$ und der im Punkt i ihrer Wirkungslinie angreifenden Kraft $\vec{F}$

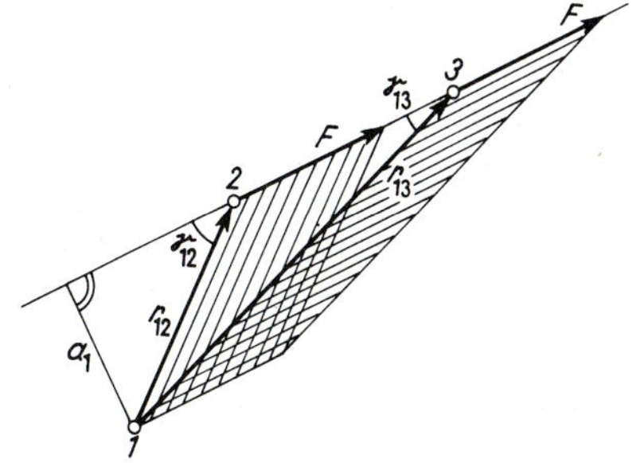


47.3 Ortsvektoren $r_{12}$ und $r_{13}$ und Hebelarm $a_1$ der Kraft $F$

gezeichnet werden, denselben Flächeninhalt. Eine Verschiebung der Kraft $F$ in ihrer Wirkungslinie ändert nichts an ihrem Moment bezüglich des beliebigen Punktes 1.

Da der Betrag des Momentenvektors vom Bezugspunkt abhängt, ist der Vektor des Moments einer Kraft bezüglich eines Punktes an diesen Bezugspunkt gebunden, seine Bestimmungsstücke sind

1. Betrag (Zahlenwert und Maßeinheit)
2. Drehsinn
3. Bezugspunkt

Im Gegensatz dazu ist der Vektor des Moments eines Kräftepaares, den wir im Abschn. 3.3 kennenlernen werden, ein freier Vektor mit den Bestimmungsstücken Betrag und Drehsinn.

Beim Übergang von ebenen zu räumlichen Problemen (s. Abschn. 3.4) wird der in diesem Abschnitt eingeführte Momentenbezugspunkt zum Durchstoßpunkt der auf der betrachteten $(x, y)$-Ebene senkrecht stehenden, zur $z$-Achse parallelen Momentenbezugsachse.

### 3.2.2.3 Momentensatz

Für die folgende Betrachtung wird vorausgesetzt, daß die Kräfte in der $(x, y)$-Ebene wirken. Dann zeigt der resultierende Momentenvektor gemäß Abschn. 3.2.2.2 in die Richtung der positiven oder negativen $z$-Achse.

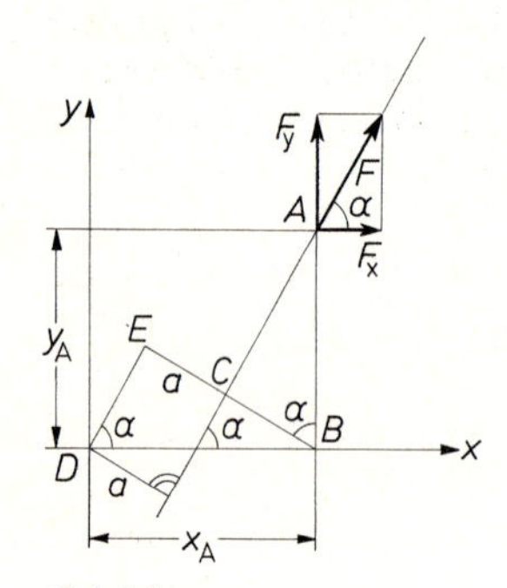


**48.**1 Momentensatz

1. Betrachtung des Moments einer Kraft und der Summe der Momente ihrer rechtwinkligen Komponenten (**48.**1). Das statische Moment wird für den Drehpunkt $D$ aufgestellt. In diesen Punkt legen wir ein rechtwinkliges $(x, y)$-Koordinatensystem. Linksherum drehende Momente erhalten das positive Vorzeichen. Das Moment der Kraft $F$ ist

$$M_F = F \cdot a$$

Die Summe der Momente der Komponenten ist

$$M_K = F_y \cdot x_A - F_x \cdot y_A \tag{48.1}$$

Nach Einführung des Winkels $\alpha$ können wir schreiben

$$M_K = F \cdot x_A \cdot \sin\alpha - F \cdot y_A \cdot \cos\alpha = F(x_A \cdot \sin\alpha - y_A \cdot \cos\alpha)$$

Nun ist im $\triangle DBE \quad \overline{EB} = x_A \cdot \sin\alpha$ und im $\triangle ABC \quad \overline{BC} = y_A \cdot \cos\alpha$; aus Bild **48.**1 ergibt sich weiter

$$x_A \cdot \sin\alpha - y_A \cdot \cos\alpha = \overline{EB} - \overline{BC} = a$$

Somit erhalten wir

$$M_k = M_F = F \cdot a$$

In Worten: **Für jeden beliebigen Punkt ist das Moment einer Kraft gleich der Summe der Momente der rechtwinkligen Komponenten dieser Kraft.**

Nach einer leichten Abwandlung (Bild **49.**1) können wir dieses Beispiel mit dem Ortsvektor $\vec{r}$ und seinen Komponenten $r_x \cdot \vec{i}$ und $r_y \cdot \vec{j}$ in Vektorschreibweise darstellen:

$$\vec{M} = \vec{r} \times \vec{F} = (r_x \cdot \vec{i} + r_y \cdot \vec{j}) \times (F_x \cdot \vec{i} + F_y \cdot \vec{j})$$
$$= r_x F_x (\vec{i} \times \vec{i}) + r_y F_y (\vec{j} \times \vec{j}) + r_x F_y (\vec{i} \times \vec{j}) + r_y F_x (\vec{j} \times \vec{i}).$$

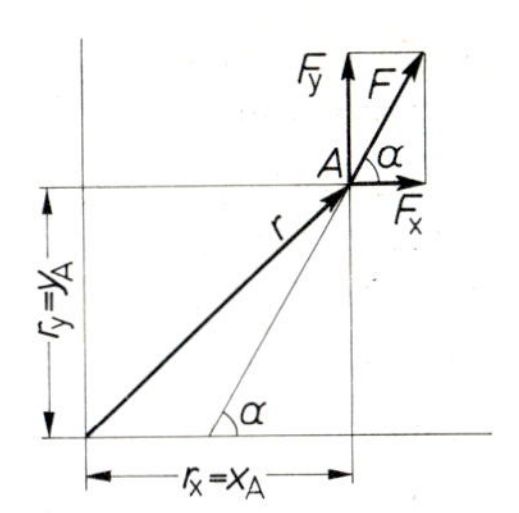


**49.**1 Momentensatz mit Ortsvektor $\vec{r}$

Nun ist $\vec{i} \times \vec{i} = \vec{j} \times \vec{j} = 0$, da jeder Vektor, mit sich selbst vektoriell multipliziert, null ergibt; ferner ist $\vec{i} \times \vec{j} = \vec{k}$ und $\vec{j} \times \vec{i} = -\vec{k}$: Das vektorielle Produkt zweier Einsvektoren ergibt je nach ihrer Reihenfolge den positiven oder negativen dritten Einsvektor. Wir erhalten schließlich

$$\vec{M} = \vec{k}\,(r_x F_y - r_y F_x) \tag{49.1}$$

Der Betrag dieses Moments ist

$$M = r_x F_y - r_y F_x$$

und ergibt mit $r_x = x_A$ und $r_y = y_A$ dasselbe wie Gl. (48.1) (**49.**1).

2. Betrachtung des Moments zweier Kräfte, deren Wirkungslinien sich in einem Punkt schneiden, und des Moments ihrer Resultierenden (**49.**2a). Da sich das Moment einer Kraft nicht ändert, wenn wir sie in ihrer Wirkungslinie verschieben, lassen wir beide Kräfte im Schnittpunkt ihrer Wirkungslinien, dem Punkt $A$, angreifen (**49.**2b). Für den Bezugspunkt $D$ ergibt sich dann das Drehmoment aus den beiden Kräften in vektorieller Schreibweise

$$\vec{M}_D = \vec{r}_1 \times \vec{F}_1 + \vec{r}_2 \times \vec{F}_2 = \vec{r} \times \vec{F}_1 + \vec{r} \times \vec{F}_2$$

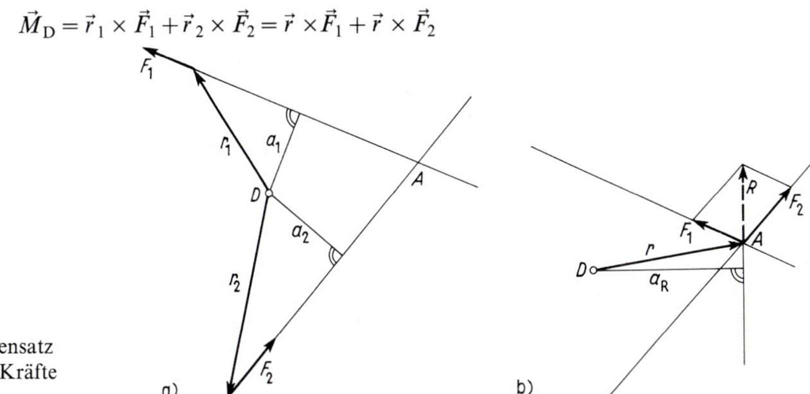


**49.**2 Momentensatz für zwei Kräfte

Da beide Kräfte denselben Ortsvektor $\vec{r}$ besitzen, kann dieser ausgeklammert werden:

$$\vec{M} = \vec{r} \times (\vec{F}_1 + \vec{F}_2)$$

In der runden Klammer steht jetzt die Vektorsumme der beiden Kräfte $\vec{F}_1 + \vec{F}_2 = \vec{R}$, die in Bild **49.**2b zeichnerisch ermittelt wurde. Setzen wir diesen Wert ein, so erhalten wir

$$M_D = \vec{r} \times \vec{R}$$

Was hier für zwei Kräfte bewiesen wurde, läßt sich durch schrittweises Zusammensetzen auf beliebig viele Kräfte erweitern. Es gilt also ganz allgemein der Momentensatz

$$\sum_{i=1}^{n} (\boldsymbol{F}_i \, \boldsymbol{a}_i) = \boldsymbol{R} \cdot \boldsymbol{a}_R \tag{50.1}$$

worin $a_i$ der Abstand der Kraft $F_i$ und $a_R$ der Abstand der Resultierenden $R$ vom Drehpunkt ist, in Worten:

**Die algebraische Summe der statischen Momente der Einzelkräfte um einen beliebigen Drehpunkt ist gleich dem statischen Moment der Resultierenden um denselben Drehpunkt.**

### 3.2.2.4 Rechnerische Ermittlung der Resultierenden

Für die rechnerische Ermittlung der Resultierenden von verstreut in der Ebene liegenden Kräften ist es ohne Bedeutung, ob sich die Wirkungslinien der Kräfte auf der Zeichenfläche schneiden oder nicht: Der Rechengang ist für jede Art eines allgemeinen ebenen Kräftesystems derselbe.

Zunächst ermitteln wir Betrag und Richtung der Resultierenden wie bei einem zentralen ebenen Kräftesystem mit den Gl. (40.1):

$$R_y = \sum_{i=1}^{n} F_{iy} \qquad R_x = \sum_{i=1}^{n} F_{ix} \qquad R = \sqrt{R_y^2 + R_x^2} \qquad \alpha_R = \arctan(R_y/R_x)$$

Um einen Punkt der Wirkungslinie der Resultierenden zu erhalten, formen wir den Momentensatz um:

$$a_R = \frac{\sum_{i=1}^{n} (F_i \, a_i)}{R} = \frac{M_D}{R} \tag{50.2}$$

In Worten: **Der Abstand der Resultierenden eines allgemeinen ebenen Kräftesystems vom Bezugspunkt *D* ist gleich der Summe der Momente aller Kräfte bezüglich dieses Punktes, dividiert durch den Betrag der Resultierenden.**

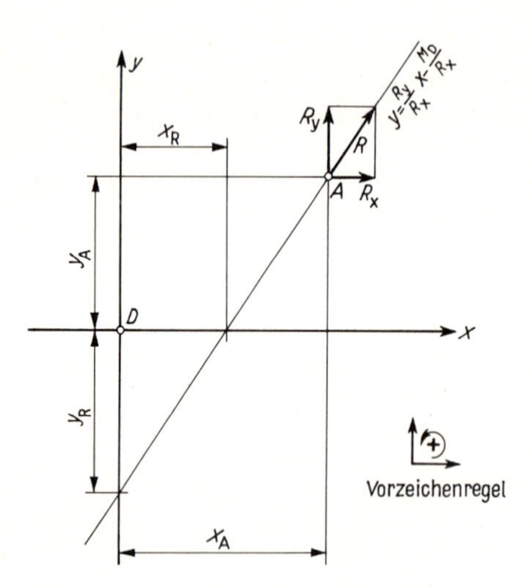


**50.1** Wirkungslinie der Resultierenden, Gleichung und Achsenabschnitte $x_R$ und $y_R$

Im allgemeinen interessiert nur der absolute Betrag $|a_R|$; die Richtung, in die wir $a_R$ vom Bezugspunkt $D$ aus abtragen, ergibt sich anschaulich aus zwei Bedingungen:

1. $a_R$ steht senkrecht auf der Wirkungslinie der Resultierenden,

2. die Resultierende muß bezüglich des Punktes $D$ denselben Drehsinn haben wie die Summe der Momente der Kräfte.

Die praktische Durchführung des besprochenen Verfahrens wird an zwei Beispielen erläutert; zuvor wollen wir jedoch noch die Gleichung der Wirkungslinie der Resultierenden ermitteln.

Wir legen dazu in den Momentenbezugspunkt $D$ den Ursprung eines rechtwinkligen Koordinatensystems; die Resultierende verschieben wir in den beliebigen Punkt $A\,(x_A; y_A)$ ihrer Wirkungslinie und zerlegen sie dort in ihre Komponenten $R_y$ und $R_x$.

Das Moment der Resultierenden können wir dann wie das Moment einer Kraft mit Hilfe von Gl. (48.1) ausdrücken (**50.1**):

$$M_D = R_y x_A - R_x y_A$$

In dieser Gleichung sind $M_D$, $R_y$ und $R_x$ konstante Werte und $x_A$, $y_A$ die Koordinaten eines beliebigen, d. h. veränderlichen Punktes der Wirkungslinie der Resultierenden. Schreiben wir mit $x_A = x$ und $y_A = y$ die Veränderlichen ohne Fußzeiger und lösen wir nach $y$ auf, so erhalten wir die Gleichung der Wirkungslinie der Resultierenden

$$y = \frac{R_y}{R_x} x - \frac{M_D}{R_x} \tag{51.1}$$

Bei der Aufstellung dieser Gleichung sind nach rechts und oben wirkende Kräfte sowie linksdrehende Momente positiv einzuführen; die positive $x$-Achse zeigt nach rechts, die positive $y$-Achse nach oben (**50.1**).

Gl. (51.1) können wir dazu benutzen, den horizontalen Abstand $x_R$ und den vertikalen Abstand $y_R$ der Wirkungslinie der Resultierenden vom Bezugspunkt $D$ zu ermitteln:

$$\begin{aligned} &\text{aus} \quad y = 0 \quad \text{folgt} \quad x = x_R = M_D/R_y \\ &\text{aus} \quad x = 0 \quad \text{folgt} \quad y = y_R = -\, M_D/R_x \end{aligned} \tag{51.2}$$

Um den waagerechten Abstand einer Resultierenden von einem Punkt zu erhalten, teilen wir das Moment der Resultierenden bezüglich dieses Punktes durch die lotrechte Komponente der Resultierenden. Sinngemäß errechnen wir den lotrechten Abstand einer Resultierenden von einem Punkt, indem wir das Moment der Resultierenden bezüglich dieses Punktes durch die waagerechte Komponente der Resultierenden teilen.

**Beispiel 1:** Eine Kranbahnstütze nach Bild **52.1** a ist für die folgende Lastkombination zu untersuchen, die die Resultierende mit der geringsten Neigung ergibt:

aus dem Dachbinder $F_1 = 240$ kN
Wind auf die anteilige Dachfläche $F_2 = 25$ kN
vertikale Last aus der Kranbahn $F_3 = 100$ kN
horizontale Last aus der Kranbahn $F_4 = 20$ kN
Wind auf die anteilige Hallenfront $F_5 = 16$ kN
Eigenlasten Stütze und Fundament $F_6 = 190$ kN

Gefragt ist nach der Resultierenden in der Bodenfuge.

Als Momentenbezugspunkt wählen wir die Mitte der Bodenfuge; wie bei der Ableitung des Momentensatzes geben wir nach rechts und aufwärts gerichteten Kräften sowie linksdrehenden Momenten das positive Vorzeichen.

Da die Kräfte $F_1$ bis $F_6$ entweder vertikal oder horizontal gerichtet sind, können wir sofort hinschreiben:

$$R_y = -F_1 - F_3 - F_6 = -240 - 100 - 190 = -530 \text{ kN}$$
$$R_x = +F_2 + F_4 + F_5 = +25 + 20 + 16 = +61 \text{ kN}$$

Mit Hilfe des Pythagoras ergibt sich

$$R = \sqrt{R_y^2 + R_x^2} = 533{,}5 \text{ kN}$$

$R_y$ ist nach unten, $R_x$ nach rechts gerichtet; die Resultierende wirkt also nach rechts unten (4. Quadrant): $R = 533{,}5$ kN ↘

Den Winkel $\alpha_R$ berechnen wir aus

$$\tan\alpha_R = R_y/R_x = -530/(+61) = -8{,}689 \quad \text{zu} \; \alpha_R = -83{,}43° = +276{,}57°$$

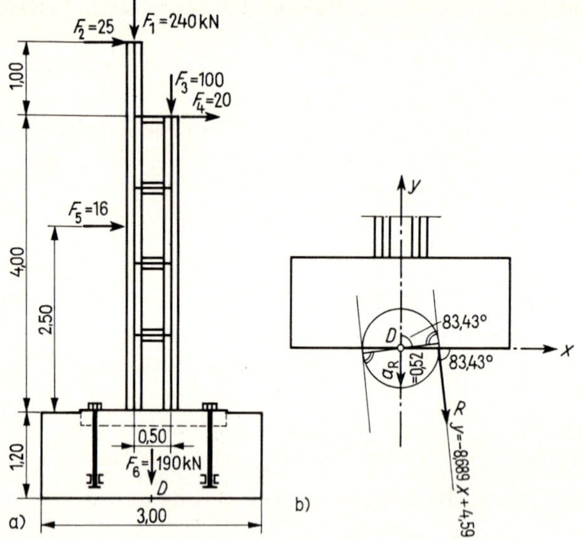


**52.1** Kranbahnstütze
a) Lageplan
b) Resultierende in der Bodenfuge, konstruiert aus den errechneten Werten

Auch aus den Vorzeichen von $\tan \alpha_R$ können wir ersehen, daß $R$ im 4. Quadranten liegt (s. **39.**3).
Drehmoment $M_D$ und Hebelarm $a_R$ ergeben sich wie folgt:

$$M_D = +240 \cdot 0{,}25 - 25 \cdot 6{,}20 - 100 \cdot 0{,}25 - 20 \cdot 5{,}20 - 16 \cdot 3{,}50 + 190 \cdot 0 = -280 \text{ kNm}$$

Die Kräfte und damit auch ihre Resultierende drehen um den Punkt $D$ also rechtsherum.

$$a_R = |M_D|/R = 280/533{,}5 = 0{,}5248 \approx 0{,}52 \text{ m}$$

Mit den Bestimmungsstücken $R$, $\alpha_R$ und $a_R$ konstruieren wir die Wirkungslinie der Resultierenden wie folgt (**52.**1 b): Wir schlagen um den Momentenbezugspunkt $D$ einen Kreis mit dem Halbmesser $a_R$; die Resultierende ist dann eine der unendlich vielen Tangenten an diesen Kreis. Die Zahl der in Frage kommenden Tangenten reduziert sich auf zwei, wenn wir den Winkel $\alpha_R = 276{,}57°$ in die Betrachtung einbeziehen, und die eindeutige Festlegung erfolgt unter Berücksichtigung der Tatsache, daß die Resultierende nach rechts unten gerichtet ist und ein rechtsdrehendes Moment erzeugen muß; sie schneidet demnach die Bodenfuge rechts vom Momentenbezugspunkt $D$.

Den horizontalen Abstand der Resultierenden von Punkt $D$ erhalten wir mit Vorzeichen aus Gl. (51.2):

$$x_R = M_D/R_y = -280/(-530) = +0{,}528 \approx 0{,}53 \text{ m}$$

Die Gleichung der Wirkungslinie der Resultierenden lautet nach Gl. (51.1), (**52.**1):

$$y = \frac{R_y}{R_x} x - \frac{M_D}{R_x} = \frac{-530}{+61} x - \frac{-280}{+61} \qquad y = -8{,}689\,x + 4{,}590$$

**Beispiel 2:** Für die Stützmauer nach Bild **43.**2 soll die Resultierende in der Fundamentfuge II–II und in der Bodenfuge I–I nach Betrag, Richtung und Lage rechnerisch ermittelt werden. Im Beispiel 2 des Abschn. 3.2.2.1 wurde diese Aufgabe zeichnerisch gelöst; wir können die Eigenlasten $G_1$ bis $G_3$ und die Erddrücke $E_{a1}$ und $E_{a2}$ von dort übernehmen.

Bei der rechnerischen Bearbeitung zerlegen wir die Erddrücke in ihre lotrechten und waagerechten Komponenten:

$$E_{a1h} = E_{a1} \cos\delta = 23{,}4 \cdot \cos 21{,}7° = 21{,}8 \text{ kN} \qquad E_{a1v} = E_{a1} \sin\delta = 23{,}4 \cdot \sin 21{,}7° = 8{,}7 \text{ kN}$$
$$E_{a2h} = E_{a2} \cos\delta = 16{,}6 \cdot \cos 21{,}7° = 15{,}5 \text{ kN} \qquad E_{a2v} = E_{a2} \sin\delta = 16{,}6 \cdot \sin 21{,}7° = 6{,}1 \text{ kN}$$
$$E_{ah} = 37{,}2 \text{ kN} \qquad E_{av} = 14{,}8 \text{ kN}$$

Für die weitere Rechnung setzen wir fest: Nach rechts und oben gerichtete Komponenten sowie linksdrehende Momente sind positiv.

Untersuchung der Fuge II–II: Die Resultierende in dieser Fuge setzt sich zusammen aus $G_1$, $G_2$, $E_{a1h}$ und $E_{a1v}$; es ergibt sich

$$R_y = -G_1 - G_2 - E_{a1v} = -43{,}7 - 14{,}0 - 8{,}7 = -66{,}4\ \text{kN (nach unten gerichtet)}$$
$$R_x = -E_{a1h} = -21{,}8\ \text{kN (nach links gerichtet)}$$

Die Resultierende hat den Betrag

$$R = \sqrt{R_y^2 + R_x^2} = \sqrt{66{,}4^2 + 21{,}8^2} = 66{,}9\ \text{kN}$$

und ist nach links unten gerichtet (3. Quadrant).

$$\tan\alpha_R = R_y/R_x = -66{,}4/(-21{,}8) = 3{,}05 \qquad \alpha_R = 71{,}8° + 180° = 251{,}8° \ \text{(vgl. \textbf{39.}3)}$$

Momente der oberhalb der Fuge II–II angreifenden Kräfte um den Punkt $D$:

$$M_D = -43{,}7 \cdot 0{,}80 - 14{,}0 \cdot 0{,}30 - 8{,}7 \cdot 1{,}15 + 21{,}8 \cdot 0{,}87 = -30{,}2\ \text{kNm};$$

das Moment dreht rechts herum.

Wir rechnen gleich den waagerechten Abstand der Resultierenden vom Momentenbezugspunkt $D$ aus:

$$x_{RD} = M_D/R_y = -30{,}2/(-66{,}4) = 0{,}454\ \text{m}$$

Dieser Wert ist der Abschnitt, den die Wirkungslinie des Resultierenden auf der $x$-Achse abschneidet. Er ergibt sich mit Vorzeichen: die Resultierende durchstößt die Fundamentfuge 0,454 m rechts vom Punkt $D$.

Da Koordinatensystem und Vorzeichen oft anders festgelegt werden als in diesem Beispiel, wollen wir die Lage der Resultierenden auch auf anschauliche Weise ermitteln: $|x_{RD}| = 0{,}454$ m bedeutet dann, daß der Durchstoßpunkt der Resultierenden durch die horizontale Ebene II–II 0,454 m rechts oder links vom Punkt $D$ liegt. Nun ist die Resultierende nach links unten gerichtet, und sie erzeugt bezüglich des Punktes $D$ ein rechtsdrehendes Moment – diese beiden Bedingungen sind nur erfüllt, wenn die Resultierende die Fuge II–II rechts vom Punkt $D$ trifft.

Untersuchung der Fuge I–I: Die Rechnung entspricht genau der für die Fuge II–II, es treten nur die Kräfte $G_3$, $E_{a2v}$ und $E_{a2h}$ hinzu:

$$R_y = -G_1 - G_2 - G_3 - E_{a1v} - E_{a2v} = -99{,}4\ \text{kN (nach unten gerichtet)}$$
$$R_x = -E_{a1h} - E_{a2h} = -37{,}2\ \text{kN (nach links gerichtet)}$$
$$R = \sqrt{R_y^2 + R_x^2} = 106{,}1\ \text{kN (nach links unten gerichtet, 3. Quadrant)}$$
$$\tan\alpha_R = R_y/R_x = -99{,}4/(-37{,}2) = 2{,}669 \qquad \alpha_R = 69{,}5° + 180° = 249{,}5°$$

Als Momentenbezugspunkt wählen wir den Punkt $E$ (**44.**1):

$$M_E = -43{,}7 \cdot 1{,}05 - 14{,}0 \cdot 0{,}55 - 26{,}9 \cdot 0{,}70 - (8{,}7 + 6{,}1)\,1{,}40 + 21{,}8 \cdot 1{,}67 + 15{,}5 \cdot 0{,}38 = -50{,}9\ \text{kN (rechtsdrehend)}$$

Der horizontale Abstand der Resultierenden von Punkt $E$ beträgt

$$x_{RE} = M_E/R_y = -50{,}9/(-99{,}4) = +0{,}512\ \text{m (rechts vom Punkt } E)$$

Anschaulich: Die beiden Bedingungen 1. $R$ nach links unten gerichtet und 2. $R$ erzeugt bezüglich $E$ ein rechtsdrehendes Moment werden nur von einer Resultierenden erfüllt, die die Bodenfuge rechts vom Punkt $E$ durchstößt.

Nach DIN 1054 Abschn. 4.1.3.1 muß die Resultierende unseres Beispiels, die nur aus ständigen Lasten zusammengesetzt ist, im mittleren Drittel der Bodenfuge liegen. Diese Bedingung ist mit $x_{RE} = 0{,}512\ \text{m} > 1{,}40/3 = 0{,}467$ m erfüllt.

### 3.2.3 Die Wirkungslinien schneiden sich außerhalb der Zeichenfläche

#### 3.2.3.1 Zeichnerische Lösung mit Hilfe von Polfigur und Seileck

Schneiden sich die Kräfte nicht mehr auf der Zeichenfläche, weil sie z. B. parallel sind, oder werden ihre Schritte schleifend und damit ungenau, dann geht man bei ihrem Zusammensetzen in der Weise vor, daß man die gegebenen Kräfte durch solche Komponenten ersetzt, deren Schnittpunkte wieder günstig auf der Zeichenfläche liegen. Damit ist dann die Aufgabe auf das in Abschn. 3.2.1 besprochene Verfahren zurückgeführt. Es wird zunächst an zwei Kräften erläutert (**54**.1).

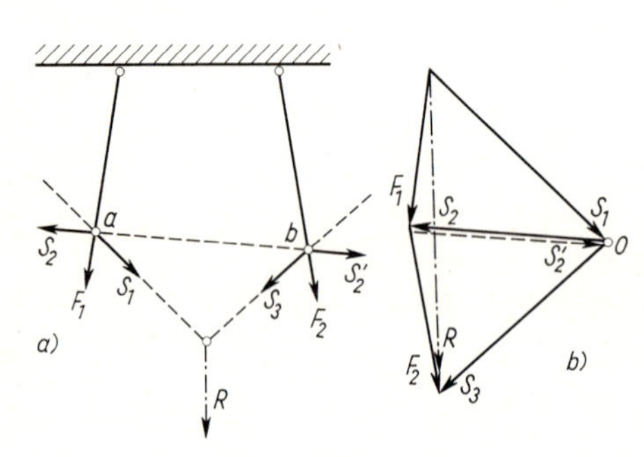


**54**.1 Seil- oder Hilfskräfte zur Bestimmung der Lage der Resultierenden
a) Seileck
b) Krafteck und Polfigur

Man zerlegt zunächst $F_1$ in einem Krafteck (**54**.1 b) in zwei beliebige Komponenten $S_1$ und $S_2$, die man in der Hauptfigur (**54**.1 a) in einem beliebigen Punkt $a$ auf $F_1$ anträgt. Dann zerlegt man $F_2$ ebenfalls in zwei Komponenten $S_2'$ und $S_3$, die aber nicht mehr beliebig gewählt werden, es wird vielmehr $S_2'$ entgegengesetzt gleich groß $S_2$ gemacht. Trägt man nun in der Hauptfigur $S_2'$ an $F_2$ so an (Punkt $b$), daß $S_2'$ in die Wirkungslinie von $S_2$ fällt, heben sich die Kräfte $S_2$ und $S_2'$ vollständig auf, und $F_1$ und $F_2$ sind allein durch die beiden äußeren Kräfte $S_1$ und $S_3$ ersetzt worden, die sich nunmehr auf der Zeichenfläche gut schneiden. Durch ihren Schnittpunkt $c$ muß die Resultierende $R$ der beiden Kräfte $F_1$ und $F_2$ hindurchgehen.

Praktisch führt man die Lösung in folgender Weise durch (**55**.1): Zu den gegebenen Kräften zeichnet man zunächst das Krafteck. Hiermit erhält man $R$ nach Betrag und Richtung. Zur Bestimmung ihrer Lage wählt man neben dem Krafteck einen beliebigen Punkt $O$, den Pol, und verbindet diesen mit den Anfangs- und Endpunkten der einzelnen Kräfte. Die Polstrahlen stellen Seilkräfte oder Ersatzkräfte (**55**.1) dar. Demgemäß ist auch die Polweite $H$ als Kraft, die im Kräfte-Maßstab gemessen werden kann, aufzufassen. Zu den Polstrahlen zieht man in der Hauptfigur von einem geeigneten, sonst aber beliebigen Punkte $a$ auf $F_1$ beginnend Parallelen zu den Polstrahlen, die man Seilstrahlen nennt (die „Seilkräfte" sind in Bild **54**.1 verdeutlicht). Die inneren Seilkräfte, in diesem Falle 2′, 3′ und 4′, heben sich gegenseitig auf. Bringt man daher die beiden äußeren Seilstrahlen (hier 1′ und 5′) zum Schnitt, so muß durch ihren Schnittpunkt $c$ die gesuchte Resultierende $R$ hindurchgehen, deren Lage damit festgelegt ist.

Mit einem Seil in der Form des Seilecks könnten die gegebenen Lasten abgetragen werden (**55**.1 c).

Bild **55**.2 veranschaulicht, daß sowohl der Pol $O$ als auch die Ansatzstelle $a$ des ersten Seilstrahles ganz beliebig gewählt werden können, da sich die beiden äußeren Seilstrahlen immer wieder auf der Wirkungslinie der Resultierenden schneiden müssen (s. a. Bild **57**.1).

Werden die Kräfte im Krafteck der Polfigur so aneinandergereiht, wie sie von links nach rechts aufeinanderfolgen, und wird der Pol nach rechts gelegt, so ergeben sich die Seilkräfte als Zugkräfte. Legt man dagegen bei gleicher Anordnung der Kräfte den Pol nach links, so wirken in den Seilstrahlen Druckkräfte, das Seileck wird zur Stützlinie. Diese spielt bei der Untersuchung von Bogen und Gewölben eine Rolle.

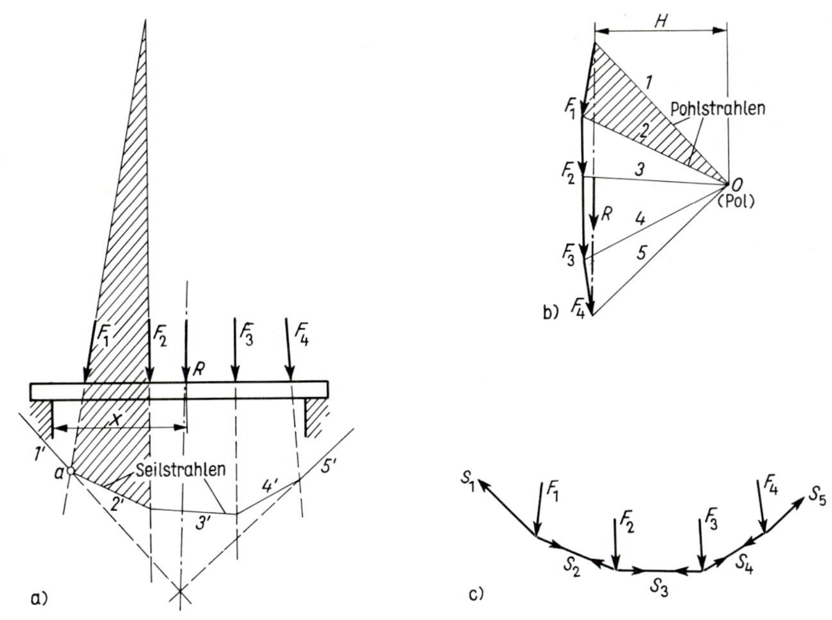


**55.1** Bestimmen der Resultierenden einer Kräftegruppe
a) Hauptfigur mit Seileck, b) Krafteck mit Polfigur, c) Seil, das die Lasten $F_i$ abträgt

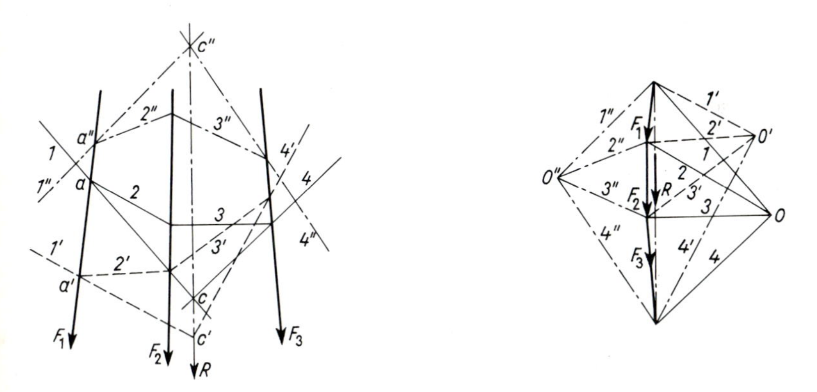


**55.2** Die Lage des Poles $O$ und die des Seileckes sind beliebig

Um einen möglichst genauen Schnittpunkt der beiden äußeren Seilstrahlen zu erhalten, wählt man den Pol so, daß er ungefähr in der Mitte des Kraftecks liegt und daß die beiden äußeren Polstrahlen etwa einen rechten Winkel bilden. Um Fehler und Irrtümer zu vermeiden, ist es ferner zweckmäßig, einander entsprechend Pol- und Seilstrahlen mit den gleichen Zahlen zu versehen.

Für die zeichnerische Durchführung beachte man, daß sich Kräfte, die in der Polfigur ein Dreieck bilden, z. B. 1, 2 und $F_1$, im Seileck in einem Punkte schneiden müssen (**55.1**). Umgekehrt müssen Kräfte, die in der Seilfigur ein Dreieck bilden, z. B.

$F_1$, 2′, $F_2$, in der Polfigur in einem Punkt schneiden; ferner müssen Strahlen, die in der Polfigur zwei Kräfte trennen, im Seileck zwischen den betreffenden Kräften liegen.

**Beispiel 1:** Für den Mittelpfeiler einer alten Sprengwerkbrücke nach Bild **56.**1 ist die Resultierende aller gegebenen Kräfte für die Fundamentsohle zeichnerisch nachzuprüfen. Gegeben sind

| | | |
|---|---|---|
| $F_1 = 32$ kN | $S_1 = 30$ kN | $G_1 = 54$ kN |
| $F_2 = 40$ kN | $S_2 = 45$ kN | $G_2 = 85$ kN |
| | $S_3 = 48$ kN | $G_3 = 42$ kN |

Um ein günstiges Seileck zu erhalten, wurde der Pol in der oberen Hälfte des Kraftecks gewählt. Die Seilstrahlen 7′ und 8′ treten nicht in Erscheinung, da $G_1$, $G_2$ und $G_3$ in derselben Wirkungslinie liegen. Die zeichnerische Untersuchung ergibt

$R = 7{,}20 \cdot 50 = 360$ kN $\qquad a_R = 86°$ $\qquad x = 1{,}33$m

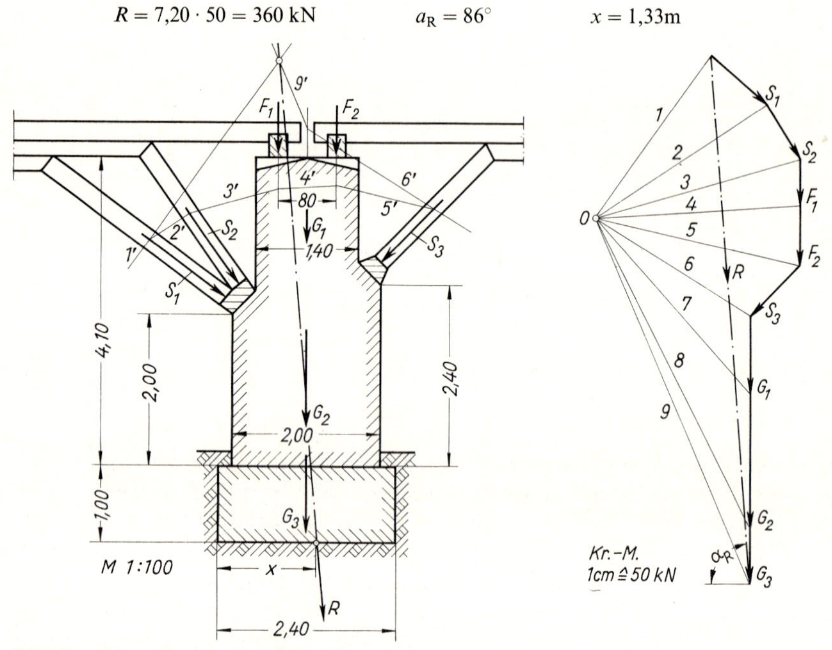


**56.**1 Resultierende eines Brückenpfeilers

**Beispiel 2:** Für die Kranbahnstütze des Beispiels 1 aus Abschnitt 3.2.2.4 (**52.**1) soll die Resultierende in der Bodenfuge mit Polfigur und Seileck konstruiert werden.

Die Lösung der Aufgabe zeigt Bild **57.**1. Die Lage des Pols wurde so gewählt, daß die Polstrahlen von oben nach unten entsprechend ihrer Numerierung aufeinanderfolgen. Mit diesen Polstrahlen wurden in der Hauptfigur zwei Seilecke gezeichnet, ausgehend von zwei verschiedenen Punkten der Wirkungslinie von $F_1$. Dadurch ergeben sich zwei Punkte der Wirkungslinie der Resultierenden, jeweils als Schnittpunkt der Seilstrahlen 1′ und 7′. Die dadurch festgelegte Richtung der Resultierenden muß mit der Richtung der Resultierenden im Krafteck übereinstimmen. Das Nachmessen ergibt $R = 533$ kN, $\alpha_R = 83°$, $x_R = 0{,}55$ m.

Das vorliegende Beispiel ist gut geeignet, das Konstruieren eines Seilecks zu üben. Schneller und genauer als mit Polfigur und Seileck erhält man die Resultierende rechnerisch oder aber zeichnerisch durch schrittweises Zusammensetzen der Kräfte.

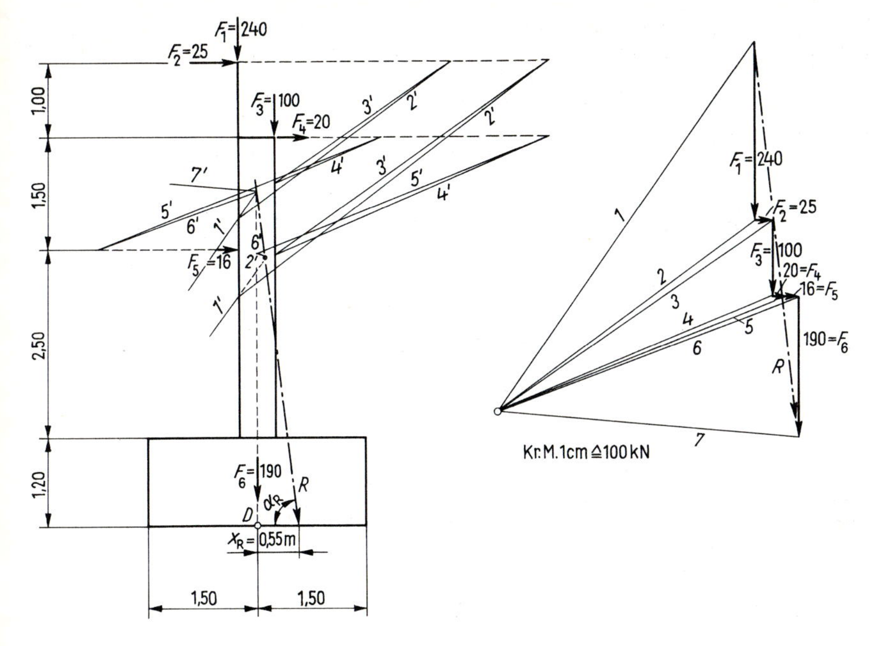


**57.**1 Resultierende einer Kranbahnstütze in der Bodenfuge

### 3.2.3.2 Rechnerische Lösung

Die rechnerische Lösung erhalten wir mit dem im Abschn. 3.2.3 besprochenen Momentensatz. Im folgenden wird die Bestimmung der Resultierenden für den häufig vorkommenden Fall paralleler Kräfte behandelt. Zum Vergleich wird die zeichnerische Lösung in zwei Beispielen angegeben.

Parallele Kräfte sind ein Sonderfall beliebig gerichteter Kräfte, die sich nicht mehr auf der Zeichenfläche schneiden. Die zeichnerische und rechnerische Bestimmung der Resultierenden erfolgt daher nach denselben Grundsätzen wie im vorhergehenden Abschnitt.

**Beispiel 1:** Für die den Träger nach Bild **58.**1 belastenden Einzelkräfte ist die Lage der Resultierenden zu bestimmen.

a) Rechnerische Lösung. Sie führt in diesem Falle schneller als die zeichnerische zum Ziel.

Da die Kräfte nicht nur parallel sind, sondern auch denselben Richtungssinn haben, ergibt sich durch Addition

$$R = \sum_{i=1}^{4} F_i = 16 + 22 + 18 + 24 = 80\,\text{kN}$$

Wegen

$$\sum_{i=1}^{4} F_{ix} = 0 \text{ wird } \tan\alpha_R = \infty \text{ und } \alpha_R = 90°$$

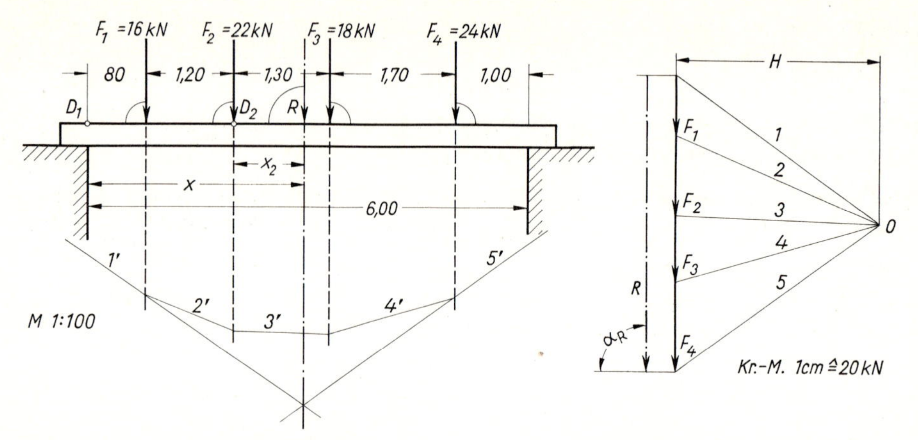


**58.**1 Träger mit parallelen Einzellasten

Waagerechter Abstand der Resultierenden vom Punkt $D_1$, rechtsherum drehende Momente positiv:

$$x = \frac{\sum_{i=1}^{4} (F_i a_i)}{R} = \frac{16 \cdot 0{,}8 + 22 \cdot 2{,}0 + 18 \cdot 3{,}3 + 24 \cdot 5{,}0}{80} = \frac{236}{80} = 2{,}95 \text{ m}$$

$R$ liegt rechts von $D_1$, da alle parallelen und gleichgerichteten Kräfte rechts von $D_1$ angreifen.

Waagerechter Abstand der Resultierenden vom Punkt $D_2$:

Da der Drehpunkt beliebig gewählt werden kann, ist es zweckmäßig, ihn auf einer der gegebenen Kräfte, z. B. in $D_2$ auf $F_2$, anzunehmen. Das Moment dieser Kraft wird dann gleich Null, und die Rechnung vereinfacht sich durch Wegfallen eines Summanden in der Summe der Momente. Wenn der Momentenbezugspunkt nicht auf einer der beiden äußeren Kräfte $F_1$ oder $F_4$ liegt, drehen die Kräfte um ihn teils links-, teils rechtsherum. Mit dem positiven Vorzeichen für rechtsdrehende Momente ergibt sich

$$x_2 = \frac{-16 \cdot 1{,}2 + 18 \cdot 1{,}3 + 24 \cdot 3{,}0}{80} = \frac{76{,}2}{80} = 0{,}95 \text{ m}$$

$$x = 2{,}00 + 0{,}95 = 2{,}95 \text{ m}$$

b) Zeichnerische Lösung. Sie ergibt sich mit Polfigur und Seileck aus Bild **58.**.1. Gemessen wird

$R = 4{,}0 \cdot 20 = 80$ kN $\qquad \alpha_R = 90°$ $\qquad x = 2{,}95$ m

**Beispiel 2:** Für die beiden Kräfte $F_1$ und $F_2$ (**58.**2) ist die Resultierende zu bestimmen. Die rechnerische Lösung ist wesentlich einfacher als die zeichnerische. Wir erhalten

$$R = F_1 + F_2 = 20 + 40 = 60 \text{ kN}$$

$$\alpha_R = 90°$$

Für einen Drehpunkt auf $F_1$ wird

$$x_1 = \frac{40 \cdot 3{,}6}{60} = 2{,}40 \text{ m}$$

und damit

$$x_2 = 3{,}60 - 2{,}40 = 2{,}10 \text{ m}$$

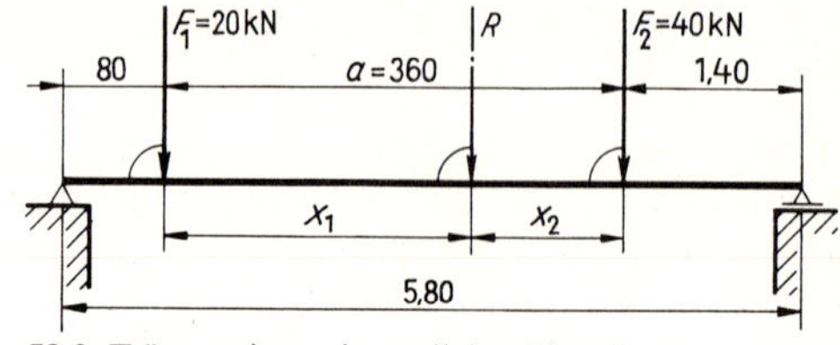


**58.**2 Träger mit zwei parallelen Einzellasten gleicher Richtung oder allgemein

$$x_1 = a \cdot \frac{F_2}{F_1 + F_2} \qquad x_2 = a \cdot \frac{F_1}{F_1 + F_2} \qquad x_1 : x_2 = F_2 : F_1$$

In Worten: **Die Resultierende zweier paralleler Kräfte gleicher Richtung teilt den Abstand der Kräfte im umgekehrten Verhältnis ihrer Größe.**

**Beispiel 3:** Wo liegt die Resultierende der beiden parallelen, aber entgegengesetzt gerichteten Lasten $F_1$ und $F_2$ (**59.**1)? Wir setzen fest: Abwärts gerichtete Kräfte und rechtsdrehende Momente sind positiv.

Es wird $\quad R = +F_2 - F_1 = 9 - 3 = +6$ kN

$R$ hat also den Richtungssinn der größeren Kraft.

Für einen Drehpunkt auf $F_1$ erhalten wir $M_1 = +9 \cdot 3{,}00 = +27$ kNm (rechtsdrehend)

$$x = M_1 / R = 27/6 = 4{,}50 \text{ m}$$

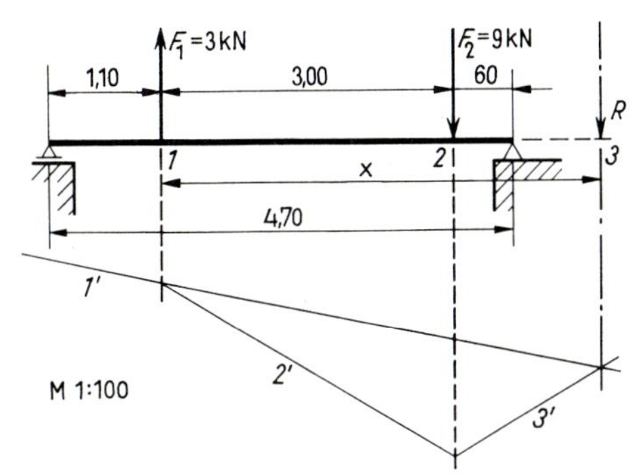

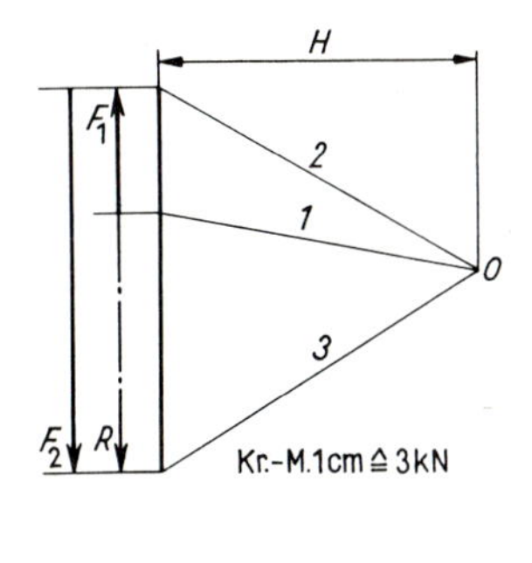


**59.**1 Träger mit zwei parallelen Einzellasten entgegengesetzter Richtung

Da die a b w ä r t s gerichtete Resultierende im Punkt 1 ein r e c h t s d r e h e n d e s Moment erzeugen soll, muß ihre Wirkungslinie r e c h t s vom Punkt 1 verlaufen.

Zur Kontrolle wird $\Sigma M$ mit Drehpunkt auf $R$ gebildet die Lage von $R$ war richtig errechnet.

$$\Sigma M_3 = +3 \cdot 4{,}5 - 9 \cdot 1{,}5 = 0$$

Das Ergebnis, zu dem auch die zeichnerische Lösung (**59.**1) führt, können wir wie folgt formulieren:

**Die Resultierende zweier paralleler, aber entgegengesetzt gerichteter Kräfte liegt außerhalb beider auf seiten der größeren und hat deren Richtung.**

## 3.3 Kräftepaar

### 3.3.1 Begriff und Momentenvektor

Zwei parallele, entgegengesetzt gerichtete Kräfte mit gleichem Betrag bezeichnen wir als K r ä f t e p a a r (**60.**1). Die R e s u l t i e r e n d e eines Kräftepaares ist gleich n u l l; trotzdem hat ein Kräftepaar bezüglich jedes beliebigen Punktes ein M o m e n t. Den Betrag dieses Moments ermitteln wir an Hand der Bilder **60.**2; beim Wechsel des Bezugspunktes ändern wir auch die Richtung der parallelen Wirkungslinien unter Beibehaltung des Abstandes $a$ und des Betrages $F$ der Kräfte. Linksdrehende Momente erhalten das positive Vorzeichen.

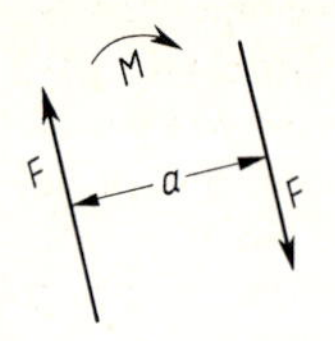


60.1 Kräftepaar

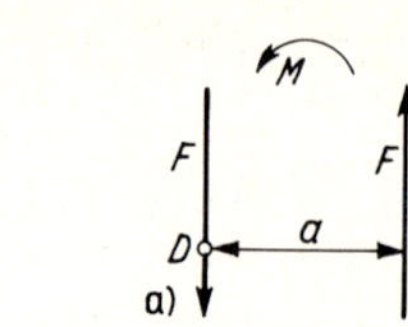


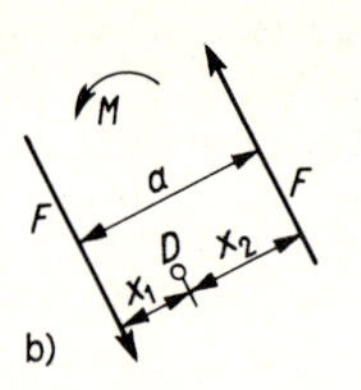


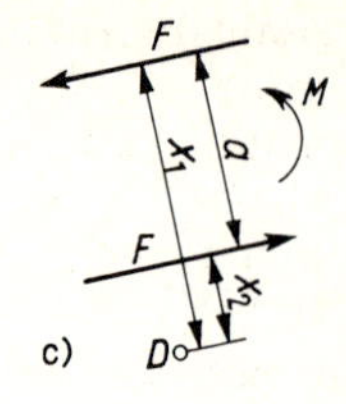


**60.2** Moment eines Kräftepaares

a) Drehpunkt auf einer der beiden Kräfte $M = P \cdot a$, b) Drehpunkt zwischen beiden Kräften
c) Drehpunkt außerhalb beider Kräfte

Legen wir den Momentenbezugspunkt auf eine der beiden Kräfte (**60.**2a), so erhalten wir

$$M_{\mathrm{D}} = +F \cdot a$$

Für den Momentenbezugspunkt $E$ zwischen den beiden Kräften (**60.**2b) ergibt sich

$$M_{\mathrm{E}} = F \cdot x_1 + F \cdot x_2 = F(x_1 + x_2) = F \cdot a,$$

und für den Momentenbezugspunkt $G$ außerhalb beider Kräfte ermitteln wir (**60.**2c)

$$M_{\mathrm{G}} = F \cdot x_1 - F \cdot x_2 = F(x_1 - x_2) = F \cdot a$$

Wir können also feststellen:

**Das Moment eines Kräftepaares ist für jede beliebige Richtung der parallelen Kräfte und für jeden beliebigen Drehpunkt gleich groß, und zwar gleich dem Produkt aus einer der beiden Kräfte und dem Abstand beider:**

$$M = F \cdot a \tag{60.1}$$

Da beide Kraftrichtungen gemeinsam in ihrer Ebene beliebig verändert werden können, ergibt sich weiter:

**Ein Kräftepaar läßt sich in seiner Wirkungsebene beliebig verschieben.**

Kräftepaare, die in derselben Ebene liegen, lassen sich zu einem Kräftepaar mit vorgegebenem Betrag der Kraft oder mit vorgegebenem Abstand der Kräfte algebraisch addieren.

**Beispiel:** Die drei Kräftepaare in Bild **60.**3 sind zu einem einzigen Kräftepaar mit $F = 4$ kN zusammenzusetzen. Es wird

$$\curvearrowleft M_{\mathrm{R}} = M_1 + M_2 + M_3 = F_1 \cdot a_1 - F_2 \cdot a_2 + F_3 \cdot a_3 = F \cdot x$$

$$M_{\mathrm{R}} = 5 \cdot 2{,}4 - 6 \cdot 1{,}8 + 3 \cdot 3{,}0 = 10{,}2 \text{ kNm} \curvearrowleft \qquad x = \frac{M_{\mathrm{R}}}{F} = \frac{10{,}2}{4} = 2{,}55 \text{ m}$$

**60.**3 Zusammensetzen von Kräftepaaren

Das Moment, das durch ein Kräftepaar erzeugt wird, ist ebenso wie das Moment einer Kraft um einen Punkt ein Vektor und wird als der Momentenvektor aus einem Kräftepaar bezeichnet. Der Momentenvektor steht senkrecht auf der Ebene des Kräftepaars (**61**.1, **61**.2) und zeigt in die Richtung, in die sich eine Schraube mit Rechtsgewinde unter der Wirkung des Kräftepaares bewegen würde. Der gebogene Pfeil, der in der Ebene des Kräftepaares liegt und den wir in vielen Zeichnungen (**60**.2) zur Darstellung eines Momentes benutzen, ist nicht der Momentenvektor. Da man das Kräftepaar beliebig in seiner Ebene verschieben darf, kann der Momentenvektor aus einem Kräftepaar parallel zu sich selbst beliebig verschoben werden. Es läßt sich ferner zeigen, daß der Momentenvektor aus einem Kräftepaar auch in seiner Wirkungslinie beliebig verschoben werden darf; der Momentenvektor aus einem Kräftepaar ist demnach ein freier Vektor.

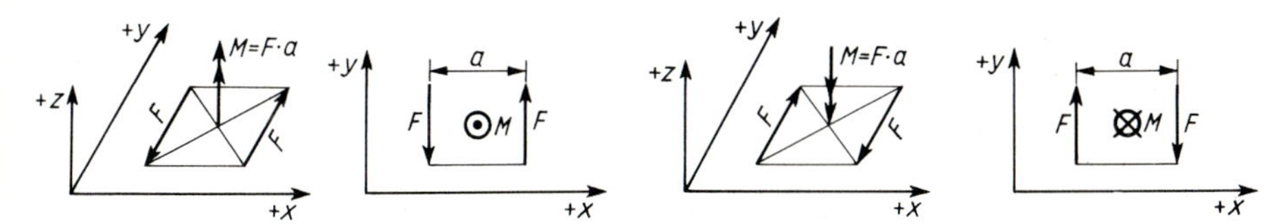


**61**.1 Linksdrehendes Kräftepaar mit Momentenvektor

**61**.2 Rechtsdrehendes Kräftepaar mit Momentenvektor

**Beispiel:** An einer Scheibe (**61**.3) greifen die Kräfte $F_i$ an. Gesucht ist die Resultierende

Die beiden schräggerichteten Kräfte $F_3$ und $F_5$ bilden ein Kräftepaar; sie liefern deshalb keinen Beitrag zu Betrag und Richtung der Resultierenden, beeinflussen aber deren Lage.

Wir bilden zunächst die waagrechte und senkrechte Teilresultierende und bestimmen $R$ nach Betrag und Richtung.

$$\overset{+}{\rightarrow} R_x = F_4 = 4{,}0 \text{ kN}$$

$$+\uparrow R_y = -F_1 - F_2 = -3{,}0 - 1{,}0 = -4{,}0 \text{ kN} \qquad R = \sqrt{R_x^2 + R_y^2} = \sqrt{4{,}0^2 + 4{,}0^2} = 5{,}66 \text{ kN} \searrow$$

$$\tan \alpha_R = \frac{R_y}{R_x} = \frac{-4{,}0}{+4{,}0} = -1{,}0 \quad \text{(s. Bild 39.3)} \quad \alpha_R = -45^\circ = +315^\circ$$

Zur Ermittlung des Drehmomentes des Kräftepaares zerlegen wir die Kräfte des Kräftepaares in ihre waagrechten und senkrechten Komponenten, deren Hebelarme unmittelbar ablesbar sind; zur Kontrolle errechnen wir zusätzlich das Drehmoment des Kräftepaares aus $M = r \cdot F \cdot \sin\gamma$

Drehmoment des Kräftepaares aus Bild **61**.4:

$$|F_{3x}| = |F_{5x}| = 2{,}0 \cdot \cos 60^\circ = 2{,}0 \cdot 0{,}500 = 1{,}0 \text{ kN}$$

$$|F_{3y}| = |F_{5y}| = 2{,}0 \cdot \sin 60^\circ = 2{,}0 \cdot 0{,}866 = 1{,}732 \text{ kN}$$

$$\overset{+}{\curvearrowleft} M_{\text{Krp}} = -1{,}0 \cdot 60 - 1{,}732 \cdot 140 = -60 - 242{,}49 = -302{,}49 \text{ kN cm}$$

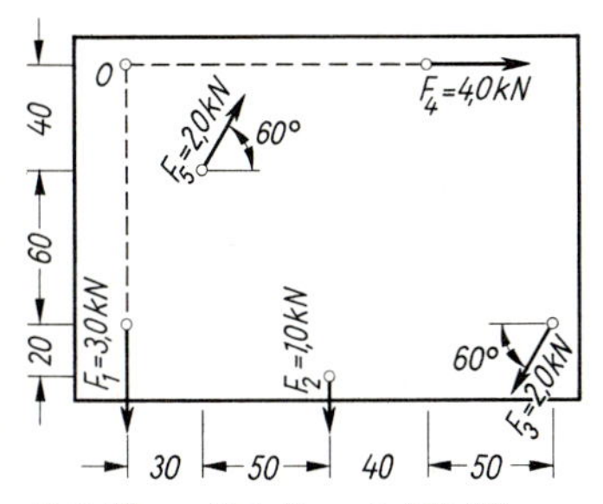


**61**.3 Ebene Scheibe mit 5 Kräften

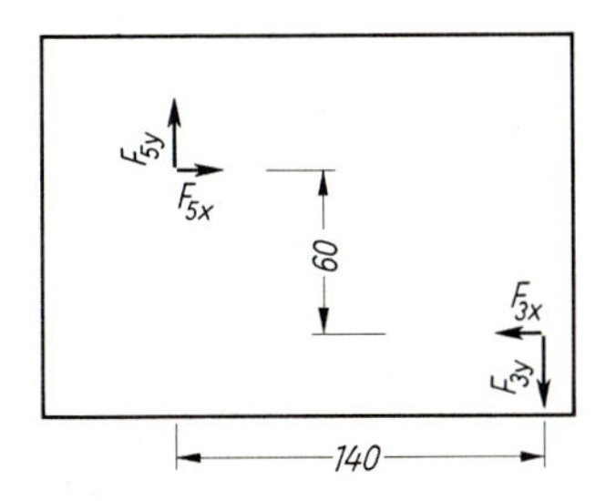


**61**.4 Kräftepaar zerlegt

und zur Kontrolle das Drehmoment aus Bild **62.**1:
Länge des Ortsvektors $\vec{r}$:

$$r^2 = 60^2 + 140^2 = 23\,200\ \text{cm}^2 \qquad r = 152{,}32\ \text{cm}$$

Neigung des Ortsvektors $\vec{r}$ gegen die $x$-Achse:

$$\tan\beta = \frac{60}{140} = 0{,}4286 \qquad \beta = 23{,}2°$$

Winkel zwischen Orts- und Kraftvektor

$$\gamma = 180° - 60° - \beta = 96{,}8°$$

$$M = -r \cdot F \cdot \sin\gamma = -152{,}32 \cdot 2 \cdot \sin 96{,}8° = -302{,}49\ \text{kNcm}$$

Zum Drehmoment des Kräftepaares sind die Drehmomente der Kräfte $F_1$, $F_2$ und $F_4$ zu addieren. Wir wählen als Momentenbezugspunkt den Schnittpunkt $O$ der Wirkungslinien von $F_1$ und $F_4$; dann liefert außer dem Kräftepaar nur die Kraft $F_2$ einen Beitrag:

$$\circlearrowleft\!+ M_O = -1{,}0 \cdot 80 - 302{,}5 = -382{,}5\ \text{kNcm}$$

Die Kräfte $F_1$ bis $F_5$ haben also bezüglich des Punktes $O$ ein rechtsdrehendes Moment.
Abstand der Resultierenden vom Punkt $O$:

$$a_R = \frac{M_O}{R} = \frac{382{,}5}{5{,}66} = 67{,}6\ \text{cm}$$

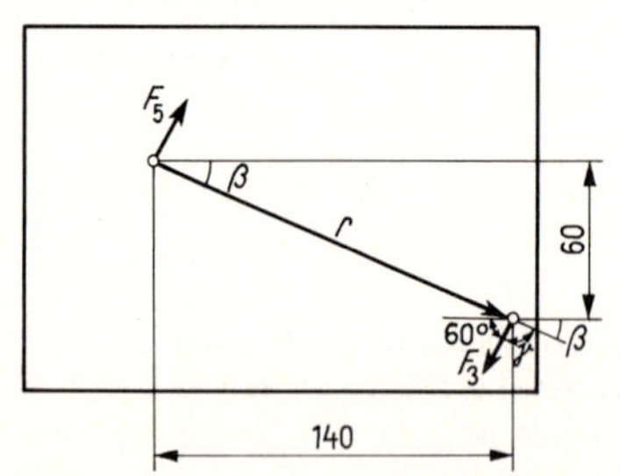


**62.**1 Drehmoment des Kräftepaares

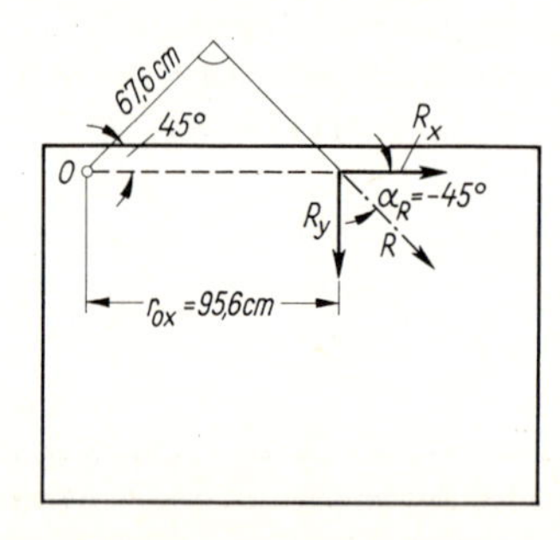


**62.**2 Lage der Resultierenden und ihrer Komponenten

Da die Resultierende nach rechts unten gerichtet ist und ein rechtsdrehendes Moment bezüglich des Punktes $O$ hat, liegt ihre Wirkungslinie rechts oberhalb des Punktes $O$ im Abstand von 67,6 cm (**62.**2). Ihr horizontaler Abstand vom Punkt $O$ beträgt

$$x_R = \frac{M_O}{R_y} = \frac{-382{,}5}{-4{,}0} = +95{,}6\ \text{cm}.$$

## 3.3.2 Parallelverschieben einer Kraft

Jede Kraft $F$ läßt sich in der Ebene nach einem beliebigen Punkte $C$ im Abstande $a$ verschieben, wenn man ihrer Wirkung diejenige eines Kräftepaares von der Größe $M = F \cdot a$ hinzufügt (**63.**1). Bringt man nämlich im Punkt $C$ parallel zu $F$ zwei entgegengesetzt gerichtete Kräfte $F'$ und $F''$ vom Betrag $F$ an (**63.**1 b), so ändert sich an dem ursprünglichen Kraftzustand nichts, da sich die beiden neuen Kräfte in ihren Wirkungen aufheben (Nullvektor).

**63.1** Parallelverschieben einer Kraft in den Punkt $C$

Die Wirkung der drei Kräfte läßt sich nun aufteilen 1. in die Wirkung der Einzelkraft $F'$ im Punkt $C$ und 2. in die der restlichen beiden Kräfte, die ein Kräftepaar mit dem Moment $M = F \cdot a$ ergeben (**63.**1 c). Dieses Moment bezeichnen wir als Versatzmoment.

Von solchen Parallelverschiebungen wird in der Statik bei der Ermittlung von ausmittigen Kraftwirkungen oft Gebrauch gemacht. Will man z. B. untersuchen, welche Wirkung in Bild **63.**2 die den Kragarm belastende Kraft $F$ auf die Stütze ausübt, so verschiebt man $F$ unter Hinzufügen eines Kräftepaares bis zu der Stütze. Diese hat dann 1. eine Druckkraft $F$ und 2. ein Moment von der Größe $M = F \cdot c$ aufzunehmen; d. h., sie ist auf Druck und Biegung beansprucht.

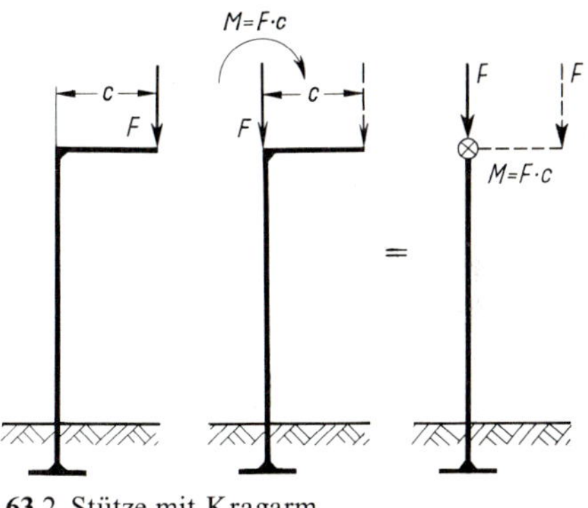


**63.**2 Stütze mit Kragarm

## 3.4 Vektoren im Raum

In diesem Abschnitt werden die Grundlagen für die Lösung von Aufgaben der Statik des Raumes behandelt. Ein Problem der Statik des Raumes oder der räumlichen Statik liegt vor, wenn

1. die Stäbe des Tragwerks nicht alle in einer Ebene liegen und
2. die Stäbe des Tragwerks zwar alle in einer Ebene liegen, die Wirkungslinien der angreifenden Kräfte jedoch nicht alle dieser Ebene angehören.

Im ersten Fall haben wir es mit einem echten räumlichen Tragwerk zu tun, im zweiten Fall mit einem ebenen System, das räumlich belastet ist.

### 3.4.1 Zerlegen eines Kraftvektors in rechtwinklige Komponenten

Gegeben ist der Kraftvektor $\vec{F}$, der im Punkt $i$ angreift und im gewählten Kräftemaßstab bis zum Punkt $j$ reicht (**64.**1). Wir ziehen durch die Punkte $i$ und $j$ Parallelen zu $x$-, $y$- und $z$-Achse und konstruieren mit ihnen den Quader mit der Raumdiagonale $\vec{F}$. Die von $i$ ausgehenden Kanten dieses Quaders sind dann die Komponenten $\vec{F}_x$, $\vec{F}_y$ und $\vec{F}_z$ der Kraft $\vec{F}$. Wir berechnen ihre Beträge mit Hilfe der Winkel $\alpha$, $\beta$ und $\gamma$, die zwischen der Kraft $F$ und den drei Koordinatenachsen liegen (**64.**2):

$$F_x = F \cos \alpha \qquad F_y = F \cos \beta \qquad F_z = F \cos \gamma \tag{63.1}$$

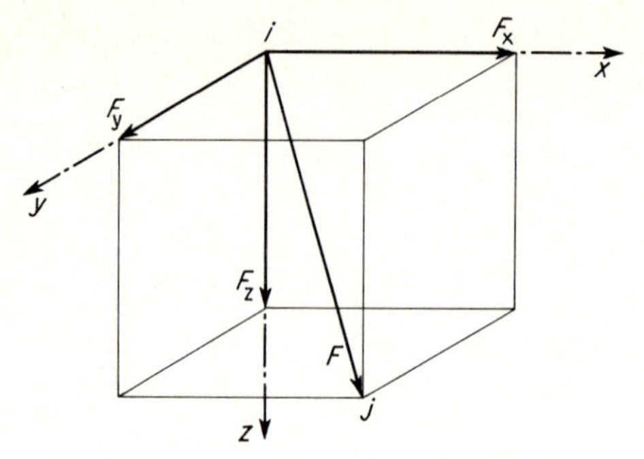


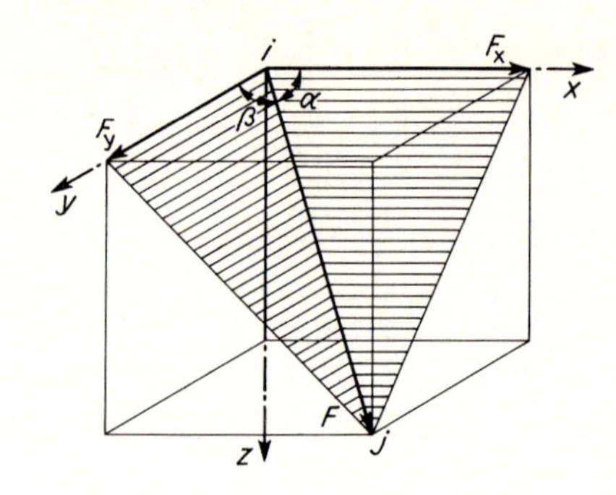


**64.**1 Kraft $F$ und räumliche Komponenten $F_x$, $F_y$, $F_z$

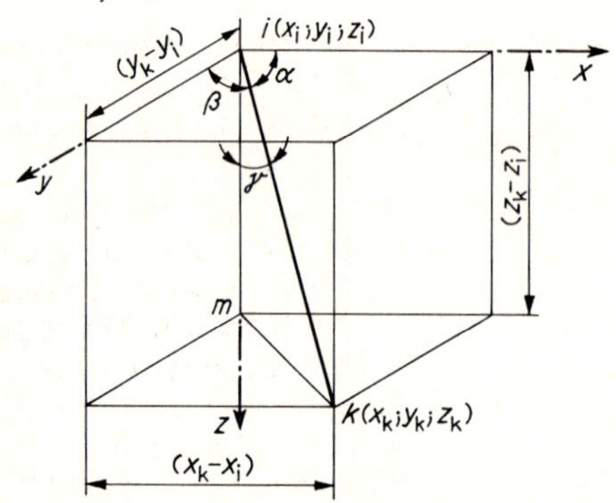


**64.**3 Wirkungslinie der Kraft $F$ zwischen den Punkten $i$ und $k$, Raumdiagonale $ik$ und Flächendiagonale $mk$

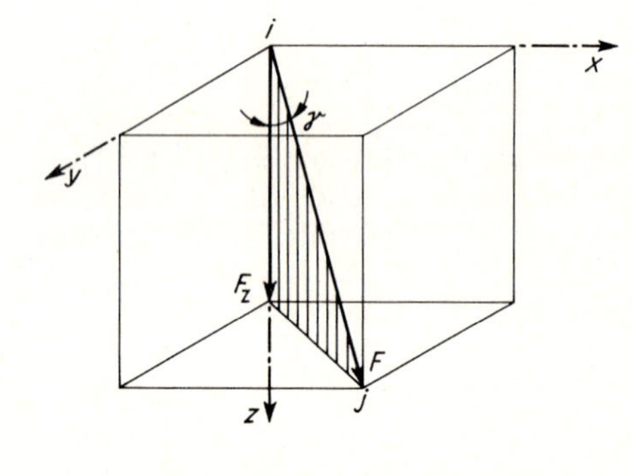


**64.**2 Winkel zwischen Komponenten und Koordinatenachsen

Um die Kosinuswerte der Winkel $\alpha$, $\beta$ und $\gamma$ auszurechnen, die als Richtungskosinus aus der Kraft $F$ bezeichnet werden, benötigen wir die Koordinaten von zwei Punkten der Wirkungslinie der Kraft $F$, z. B. die Koordinaten der Punkte $i\,(x_i; y_i; z_i)$ und $k\,(x_k; y_k; z_k)$ (**64.**3). Wir berechnen dann zuerst die Länge $l_{mk}$ der Flächendiagonale $mk$ mit Hilfe des Satzes von Pythagoras. Der Eckpunkt $m$ hat die Koordinaten $m\,(x_i; y_i; z_k)$, so daß sich ergibt:

$$l_{mk} = \sqrt{(x_k + x_m)^2 + (y_k - y_m)^2} = \sqrt{(x_k - x_i)^2 + (y_k - y_i)^2}$$

Aus dem Dreieck $imk$ erhalten wir als nächstes die Länge $l_{ik}$ der Raumdiagonalen $ik$ oder den Abstand der Punkte $i$ und $k$:

$$l_{ik} = \sqrt{l_{mk}^2 + l_{im}^2} \qquad l_{ik} = \sqrt{(x_k - x_i)^2 + (y_k - y_i)^2 + (z_k - z_i)} \qquad (64.1)$$

Die Richtungskosinus der Kraft $\vec{F}$ und ihrer Wirkungslinie ergeben sich dann zu

$$\cos\alpha = (x_k - x_i)/l_{ik} \qquad \cos\beta = (y_k - y_i)/l_{ik} \qquad \cos\gamma = (z_k - z_i)/l_{ik} \qquad (64.2)$$

Die Kosinuswerte können positiv oder negativ sein; das Vorzeichen eines Richtungskosinus ist gleich dem Vorzeichen der zugehörigen Kraftkomponente, wenn wir den positiven Kraftkomponenten die Richtung der positiven Koordinatenachse geben.

Als Kontrolle dient:

$$\cos^2\alpha + \cos^2\beta + \cos^2\gamma = (x_k - x_i)^2/l_{ik}^2 + (y_k - y_i)^2/l_{ik}^2 + (z_k - z_i)^2/l_{ik}^2 =$$
$$= [(x_k - x_i)^2 + (y_k - y_i)^2 + (z_k - z_i)^2]/[(x_k - x_i)^2 + (y_k - y_i)^2 + (z_k - z_i)^2] = 1$$

## 3.4.2 Zusammensetzen von Kräften, deren Wirkungslinien sich in einem Punkt schneiden

Die Resultierende eines zentralen räumlichen Kräftesystems ermitteln wir sinngemäß wie die eines zentralen ebenen Kräftesystems; zu den Komponenten $F_{ix}$ und $F_{iy}$ der Ebene kommen lediglich noch die Komponenten $F_{iz}$ hinzu. Wir zerlegen die Kräfte $F_i$ in ihre Komponenten $F_{ix}$, $F_{iy}$, $F_{iz}$ und addieren gleichnamige Komponenten algebraisch, wodurch wir die Komponenten der Resultierenden erhalten:

$$\Sigma F_{ix} = R_x \qquad \Sigma F_{iy} = R_y \qquad \Sigma F_{iz} = R_z \tag{65.1}$$

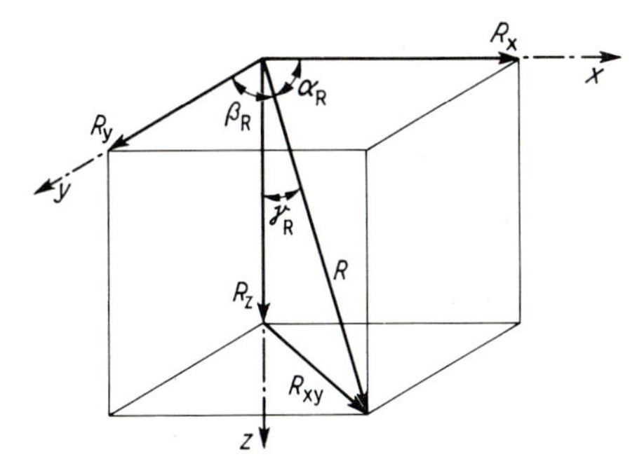


**65.1** Zusammensetzen der Resultierenden $R$ aus ihren Komponenten $R_x$, $R_y$, $R_z$

Aus den Komponenten der Resultierenden setzen wir dann durch zweimalige Anwendung des Satzes von Pythagoras die Resultierende zusammen (**65.1**):

$$R_{xy} = \sqrt{R_x^2 + R_y^2} \qquad R = \sqrt{R_{xy}^2 + R_z^2} \qquad R = \sqrt{R_x^2 + R_y^2 + R_z^2} \tag{65.2}$$

Die Richtungskosinus der Resultierenden haben die Größe

$$\cos\alpha_R = R_x/R \qquad \cos\beta_R = R_y/R \qquad \cos\beta_R = R_z/R \tag{65.3}$$

Die Wirkungslinie der Resultierenden geht durch den Schnittpunkt der Wirkungslinien aller Kräfte des zentralen räumlichen Kräftesystems.

## 3.4.3 Das Moment einer Kraft bezüglich eines Punktes

Gegeben ist die im Punkt $A$ angreifende Kraft $F$ mit den Richtungskosinus $\cos\alpha$, $\cos\beta$, $\cos\gamma$ sowie der Momentenbezugspunkt $O$ (**66.1**). Wir legen in den Momentenbezugspunkt $O$ ein rechtwinkliges rechtsdrehendes $(x, y, z)$-Koordinatensystem, wodurch der Kraftangriffspunkt die Koordinaten $(x_A; y_A; z_A)$ erhält. Für das Moment der Kraft $F$ bezüglich des Punktes $O$ können wir dann schreiben

$$\vec{M}_O = \vec{r}_{OA} \times \vec{F} \qquad M_O = r_{OA} F \sin\gamma_{rF}$$

$\vec{M}_O$ steht senkrecht auf der durch $\vec{r}_{OA}$ und $\vec{F}$ bestimmten Ebene, d.h. $\vec{M}_O \perp \vec{r}_{OA}$ und $\vec{M}_O \perp \vec{F}$.

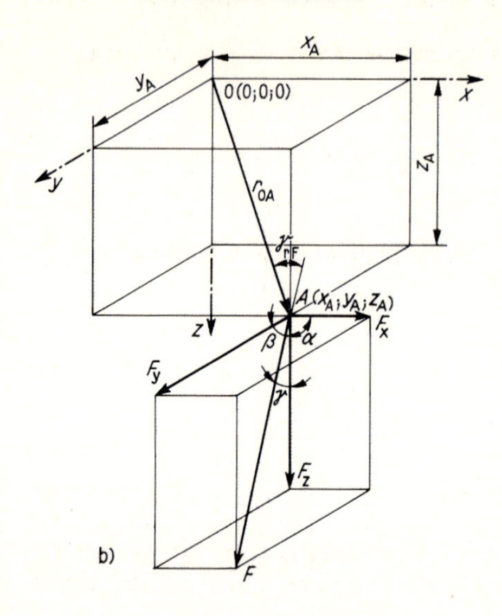


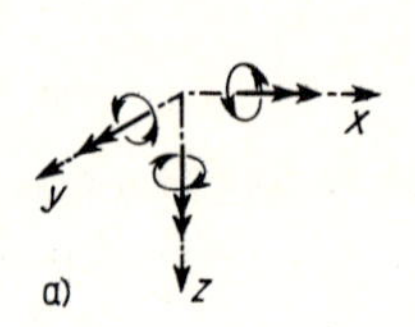


**66.**1
Moment der Kraft $F$ bezüglich des Punktes $O$

a) positive Achsrichtungen, Momentenvektoren und Drehsinne
b) Lageplan

Für die praktische Berechnung zerlegen wir $F$ in seine Komponenten $F_x$, $F_y$ und $F_z$ und ermitteln $M_O$ als Summe der Momente dieser Komponenten. Wir erhalten (**66.**1 b) mit den in (**66.**1 a) festgelegten Vorzeichen und unter Berücksichtigung der Tatsache, daß die zu einer Achse parallelen Komponenten bezüglich dieser Achsen kein Moment haben

$$M_x = y_A F_z - z_A F_y = \begin{vmatrix} y_A & z_A \\ F_y & F_z \end{vmatrix}$$

$$M_y = z_A F_x - x_A F_z = \begin{vmatrix} z_A & x_A \\ F_z & F_x \end{vmatrix} \tag{66.1}$$

$$M_z = x_A F_y - y_A F_x = \begin{vmatrix} x_A & y_A \\ F_x & F_y \end{vmatrix}$$

Die drei zweireihigen Determinanten können wir zu einer dreireihigen zusammenfassen, wenn wir zur vektoriellen Schreibweise übergehen und dabei die Einsvektoren $\vec{i}$, $\vec{j}$ und $\vec{k}$ hinzufügen:

$$\vec{M}_O = \vec{r}_{OA} \times \vec{F} = \vec{M}_x + \vec{M}_y + \vec{M}_z = \begin{vmatrix} \vec{i} & \vec{j} & \vec{k} \\ x_A & y_A & z_A \\ F_x & F_y & F_z \end{vmatrix} \tag{66.2}$$

Verschieben wir die Kraft $F$ in den Punkt $B$ ihrer Wirkungslinie, so ändert sich ihr Moment bezüglich des Punktes $O$ nicht, und auch die Komponenten des Moments behalten ihre Größe:

$$\vec{M}_O = \vec{r}_{OA} \times \vec{F} = \vec{r}_{OB} \times \vec{F} = \vec{M}_x + \vec{M}_y + \vec{M}_z$$

Mit den Beträgen der Komponenten des Momentenvektors können wir schreiben

$$M_O = r_{OA} F \sin\gamma_{rF} = \sqrt{M_x^2 + M_y^2 + M_z^2}$$

und die Richtungskosinus des Momentenvektors haben die Größe

$$\cos\delta = M_x/M \qquad \cos\varepsilon = M_y/M \qquad \cos\zeta = M_z/M$$

Da der Winkel $\vartheta$ zwischen Momentenvektor $\vec{M}_O$ und Kraftvektor $\vec{F}$ ein Rechter ist, gilt für die Richtungskosinus beider Größen die Beziehung

$$\cos\vartheta = \cos\alpha\cos\delta + \cos\beta\cos\varepsilon + \cos\gamma\cos\zeta = \cos 90° = 0$$

### 3.4.4 Verschieben einer Kraft parallel zu sich selbst

Das Moment der Kraft $F$ bezüglich des Punktes $O$ können wir als Versatzmoment auffassen: Die Kraft $F$ im Punkt $A$ ist gleichwertig oder äquivalent der Kraft $F$ im Punkt $O$, wenn wir das Versatzmoment $\vec{M} = \vec{r}_{OA} \times \vec{F}$ hinzufügen. Bei praktischen Berechnungen arbeiten wir mit den Komponenten von Kraft und Moment, so daß wir formulieren können:

**Die im Punkt $A$ angreifenden, nach Gl. (63.1) ermittelten Komponenten $F_x$, $F_y$, $F_z$ der Kraft $F$ können wir ersetzen durch dieselben, im Punkt $O$ wirkenden Komponenten, wenn wir die nach Gl. (66.1) berechneten Versatzmomente $M_x$, $M_y$, $M_z$ der Kraft $F$ bezüglich der Koordinatenachsen durch den Punkt $O$ hinzufügen (67.1).**

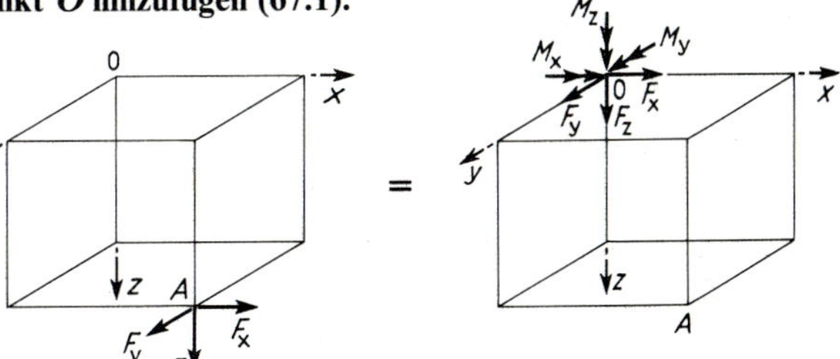


67.1
Verschieben der Kraft $F$ vom Punkt $A$ in den Punkt $O$

### 3.4.5 Die Reduktion eines allgemeinen räumlichen Kräftesystems

Bei der Berechnung der Wirkungen eines allgemeinen räumlichen Kräftesystems bezüglich eines Punktes $O$ erweitern wir das beim allgemeinen ebenen Kräftesystem angewendete Verfahren, indem wir zusätzlich die Komponenten $F_{iz}$ sowie die Momente $M_{iz}$ und $M_{iy}$ berücksichtigen.

Das bei ebenen Problemen allein auftretende Moment $M$, das in der $(x, y)$-Ebene wirkt, bezeichnen wir jetzt mit $M_z$.

Betrag und Richtungskosinus der Resultierenden aller angreifenden Kräfte bestimmen wir dann wie beim zentralen räumlichen Kräftesystem: Wir legen in den Punkt $O$ ein rechtwinkliges Koordinatensystem, zerlegen die Kräfte in ihre Komponenten (Gl. (63.1)), addieren gleichnamige Komponenten algebraisch (Gl. (65.1)) und setzen die Komponentensummen vektoriell zusammen (Gl. (65.2)). Die Richtungskosinus der Resultierenden erhalten wir mit Gl. (65.3).

Wenn wir nun die Resultierende in Punkt $O$ angreifen lassen, müssen wir die Versatzmomente der einzelnen Kräfte berücksichtigen. Diese Versatzmomente ermitteln wir zweckmäßigerweise aus den Komponenten der Kräfte mit den Gleichungen (66.1). Die Addition gleichnamiger Komponenten der Momente liefert uns die Komponenten $M_{xR}$, $M_{yR}$, $M_{zR}$ des resultierenden Versatzmoments. Bezeichnen wir den Angriffspunkt der beliebigen Kraft $F_i$ mit $A_i(x_{Ai}; y_{Ai}; z_{Ai})$ und ihre Komponenten mit $F_{xi}$, $F_{yi}$, $F_{zi}$, so können wir schreiben

$$M_{xR} = \sum_i (y_{Ai} F_{zi} - z_{Ai} F_{yi}); \quad M_{yR} = \sum_i (z_{Ai} F_{xi} - x_{Ai} F_{zi}); \quad M_{zR} = \sum_i (x_{Ai} F_{yi} - y_{Ai} F_{xi}) \tag{68.1}$$

Aus diesen Momenten erhalten wir durch vektorielle Addition (räumlicher Pythagoras) das resultierende Versatzmoment $\vec{M}_R$ mit dem Betrag

$$M_R = \sqrt{M_{xR}^2 + M_{yR}^2 + M_{zR}^2}$$

$\vec{M}_R$ steht im allgemeinen nicht senkrecht auf der Resultierenden $\vec{R}$.

### 3.4.6 Beispiele

**Beispiel 1:** Zentrales räumliches Kräftesystem (**68.**1).

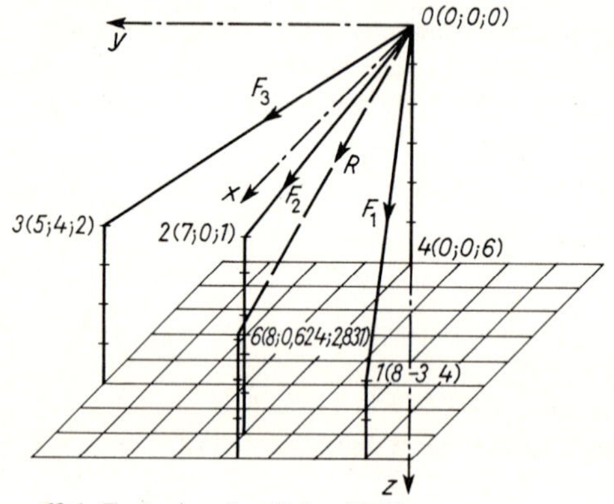


**68.**1 Zentrales räumliches Kräftesystem

An der Spitze eines Mastes (Punkt 0 (0; 0; 0) sind drei Seile befestigt, in denen die Zugkräfte $F_1 = 11$ kN, $F_2 = 8$ kN und $F_3 = 9$ kN wirken. Die Richtung jedes Seiles wird durch je einen weiteren Punkt festgelegt (Punkte 1, 2, 3), die zur besseren Veranschaulichung der Lage im Raum als Spitzen von drei weiteren Masten dargestellt sind. Gesucht sind Betrag, Richtungskosinus und Komponenten der an der Mastspitze angreifenden Resultierenden.

1. Berechnung der Richtungskosinus der Seile. Für jedes Seil berechnen wir mit Gl. (64.1) die Seillänge zwischen den beiden bekannten Punkten und mit Gl. (64.2) die Richtungskosinus.

Seil 1 zwischen den Punkten 0 und 1:

$$l_{01} = \sqrt{(x_1 - x_0)^2 + (y_1 - y_0)^2 + (z_1 - z_0)^2} = \sqrt{(8-0)^2 + (-3-0)^2 + (4-0)^2} = 9{,}434 \text{ m}$$

$$\cos\alpha_1 = (x_1 - x_0)/l_{01} = (8-0)/9{,}434 = 0{,}8480 = \cos 32{,}01°$$

$$\cos\beta_1 = (y_1 - y_0)/l_{01} = (-3-0)/9{,}434 = -0{,}3180 = \cos 108{,}54°$$

$$\cos\gamma_1 = (z_1 - z_0)/l_{01} = (4-0)/9{,}434 = 0{,}4240 = \cos 64{,}91°$$

Kontrolle: $\cos^2\alpha_1 + \cos^2\beta_1 + \cos^2\gamma_1 = 1$

Seil 2 zwischen den Punkten 0 und 2:

$$l_{02} = \sqrt{(x_2 - x_0)^2 + (y_2 - y_0)^2 + (z_2 - z_0)^2} = \sqrt{(7-0)^2 + (0-0)^2 + (1-0)^2} = 7{,}071 \text{ m}$$

$$\cos\alpha_2 = (x_2 - x_0)/l_{02} = (7-0)/7{,}071 = 0{,}9899 = \cos 8{,}130°$$

$$\cos\beta_2 = (y_2 - y_0)/l_{02} = (0-0)/7{,}071 = 0 \qquad = \cos 90°$$

$$\cos\gamma_2 = (z_2 - z_0)/l_{02} = (1-0)/7{,}701 = 0{,}1414 = \cos 81{,}87°$$

Kontrolle: $\cos^2\alpha_2 + \cos^2\beta_2 + \cos^2\gamma_2 = 1$

Das Seil 2 verläuft in der $(x, z)$-Ebene; die Winkel $\alpha_2$ und $\gamma_2$ liegen deshalb ebenfalls in der $(x, z)$-Ebene und ergänzen sich zu 90°.

Seil 3 zwischen den Punkten 0 und 3:

$$l_{03} = \sqrt{(x_3 - x_0)^2 + (y_3 - y_0)^2 + (z_3 - z_0)^2} = \sqrt{(5-0)^2 + (4-0)^2 + (2-0)^2} = 6{,}708 \text{ m}$$

$$\cos\alpha_3 = (x_3 - x_0)/l_{03} = (5-0)/6{,}708 = 0{,}7454 = \cos 41{,}81°$$

$$\cos\beta_3 = (y_3 - y_0)/l_{03} = (4-0)/6{,}708 = 0{,}5963 = \cos 53{,}40°$$

$$\cos\gamma_3 = (z_3 - z_0)/l_{03} = (2-0)/6{,}708 = 0{,}2981 = \cos 72{,}65°$$

Kontrolle: $\cos^2\alpha_3 + \cos^2\beta_3 + \cos^2\gamma_3 = 1$

2. Zerlegen der Seilkräfte in Komponenten und Berechnung der Komponenten der Resultierenden. Die beiden Rechenschritte erfolgen gemäß den Gl. (63.1) und (65.1) und werden in einem Zuge durchgeführt.

$$R_x = \Sigma F_{ix} = F_1 \cos\alpha_1 + F_2 \cos\alpha_2 + F_3 \cos\alpha_3 =$$
$$= 11 \cdot 0{,}8480 + 8 \cdot 0{,}9899 + 9 \cdot 0{,}7454 = 9{,}328 + 7{,}920 + 6{,}708 = 23{,}96 \text{ kN}$$

$$R_y = \Sigma F_{iy} = F_1 \cos\beta_1 + F_2 \cos\beta_2 + F_3 \cos\beta_3 =$$
$$= 11(-0{,}3180) + 8 \cdot 0 + 9 \cdot 0{,}5963 = -3{,}498 + 0 + 5{,}367 = 1{,}87 \text{ kN}$$

$$R_z = \Sigma F_{iz} = F_1 \cos\gamma_1 + F_2 \cos\gamma_2 + F_3 \cos\gamma_3 =$$
$$= 11 \cdot 0{,}4240 + 8 \cdot 0{,}1414 + 9 \cdot 0{,}2981 = 4{,}664 + 1{,}131 + 2{,}683 = 8{,}84 \text{ kN}$$

3. Berechnung der Resultierenden und ihrer Richtungskosinus (Gl. (65.2) und (65.3)) sowie eines zweiten Punktes ihrer Wirkungslinie.

$$R = \sqrt{R_x^2 + R_y^2 + R_z^2} = \sqrt{23{,}96^2 + 1{,}87^2 + 8{,}48^2} = 25{,}48 \text{ kN}$$

$$\cos\alpha_R = R_x/R = 23{,}96/25{,}48 = 0{,}9402 = \cos 19{,}92°$$

$$\cos\beta_R = R_y/R = 1{,}87/25{,}48 = 0{,}0783 = \cos 85{,}79°$$

$$\cos\gamma_R = R_z/R = 8{,}48/25{,}48 = 0{,}3327 = \cos 70{,}56°$$

Kontrolle: $\cos^2\alpha_R + \cos^2\beta_R + \cos^2\gamma_R = 1$

Um die Resultierende in die Axonometrie **68.**1 eintragen zu können, berechnen wir einen zweiten Punkt ihrer Wirkungslinie, und zwar den Durchstoßpunkt durch die zur $(y, z)$-Ebene parallelen Ebene $x = 8$, den wir mit Punkt 6 bezeichnen. Die Länge der Wirkungslinie der Resultierenden zwischen den Punkten 0 und 6 beträgt (Gl. (64.2))

$$l_{06} = (x_6 - x_0)/\cos\alpha_R = (8-0)/0{,}9402 = 8{,}509 \text{ m}$$

Mit Hilfe dieser Länge ermitteln wir die $y$- und die $z$-Koordinate des Punktes 6:

$$y_6 - y_0 = y_6 - 0 = y_6 = l_{06} \cos\beta_R = 8{,}509 \cdot 0{,}0783 = 0{,}624 \text{ m}$$

$$z_6 - z_0 = z_6 - 0 = z_6 = l_{06} \cos\gamma_R = 8{,}509 \cdot 0{,}3327 = 2{,}831 \text{ m}$$

Die drei Koordinaten des Punktes 6 sind positiv, da die drei Komponenten der Resultierenden das positive Vorzeichen haben.

4. Zeichnerische Lösung. Die rechnerische Lösung läßt sich anschaulich und auf einfache Weise zeichnerisch nachprüfen: In Bild **69.**1 ist der Quader dargestellt, der das Seil 1 zwischen den Punkten 0 und 1 als Raumdiagonale enthält und dessen Kanten parallel zu den Koordinatenachsen liegen.

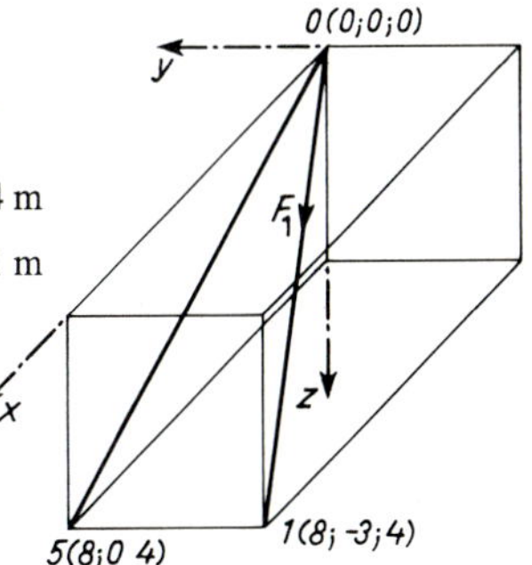


**69.**1 Quader mit Seil 1 als Raumdiagonale

Bild **70.**1 zeigt die in der $(x, z)$-Ebene liegende Fläche dieses Quaders in wahrer Größe mit der vom Punkt 0 ausgehenden Flächendiagonalen 05. Diese Flächendiagonale ist eine Kathete des schräg im Raum liegenden Dreiecks 015; mit ihrer Hilfe kann das Dreieck 015, in die $(x, z)$-Ebene umgeklappt, maßstäblich gezeichnet werden, indem die Quaderkante 15 oder $(y_1 - y_5)$ senkrecht zur Flächendiagonale 05 angetragen wird. Die Hypothenuse des Dreiecks 051 hat die wahre Länge $l_{01}$ der Raumdiagonale 01.

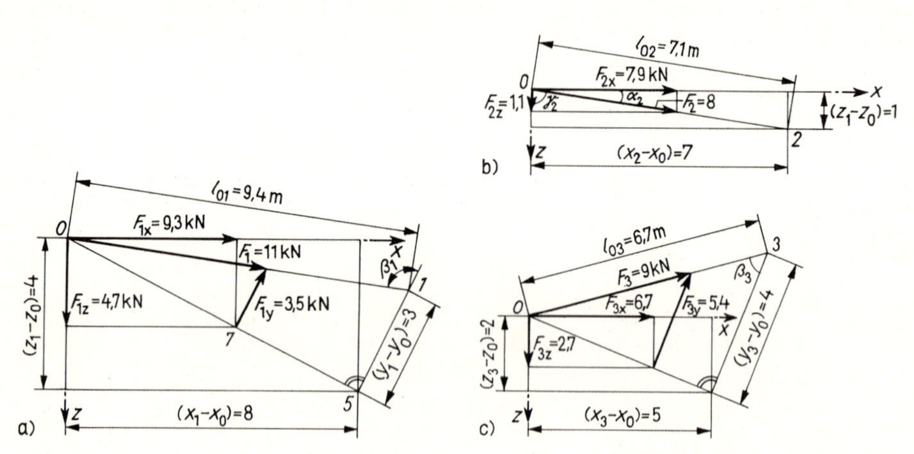


**70.**1 Zeichnerische Ermittlung der Raumdiagonalen $l_{01}$, $l_{02}$, $l_{03}$ und der Komponenten der Seilkräfte

Da die Raumdiagonale 01 mit der Wirkungslinie der Kraft $F_1$ zusammenfällt und die von 0 ausgehenden Kanten des Quaders die Richtungen der Komponenten $F_{1x}$, $F_{1y}$ und $F_{1z}$ haben, können wir die Konstruktion **70.**1a zur Zerlegung der Kraft $F_1$ in ihre Komponenten benutzen: Tragen wir in einem geeigneten Kräftemaßstab die Kraft $F_1$ auf der umgeklappten Raumdiagonale 01 an, so ist das Lot von der Spitze der Kraft auf die Flächendiagonale 05 die Kraftkomponente $F_{1y}$. Die vom Punkt 0 bis zum Fußpunkt 7 des Lotes reichende Komponente ist die Resultierende aus $F_{1x}$ und $F_{1z}$, die wir durch Ziehen von Parallelen zu $x$- und $y$-Richtung durch den Punkt 7 in $F_{1x}$ und $F_{1y}$ zerlegen. Die Konstruktion nach Bild **70.**1a liefert den Winkel $\beta_1$ in wahrer Größe; von den Winkeln $\alpha_1$ und $\gamma_1$ erhalten wir die Projektionen auf die $(x, z)$-Ebene.

Bild **70.**1b zeigt die zeichnerische Zerlegung der Kraft $F_2$. Im Gegensatz zu $F_1$ und $F_3$ wirkt $F_2$ in einer Koordinatenebene, nämlich der $(x, z)$-Ebene; es liegt daher ein ebenes Problem vor, und wir können der Konstruktion die Winkel $\alpha_2$ und $\gamma_2$ in wahrer Größe entnehmen.

In Bild **70.**1c wird die Länge der Raumdiagonale 03 konstruiert und die Kraft $F_3$ in ihre räumlichen Komponenten zerlegt.

Abschließend werden in Bild **70.**2 die Komponenten $R_x$, $R_y$ und $R_z$ zeichnerisch zusammengesetzt: $R_x$ und $R_z$ liefern die in der $(x, z)$-Ebene liegende Teilresultierende $R_{xz}$; das schräg im Raum liegende

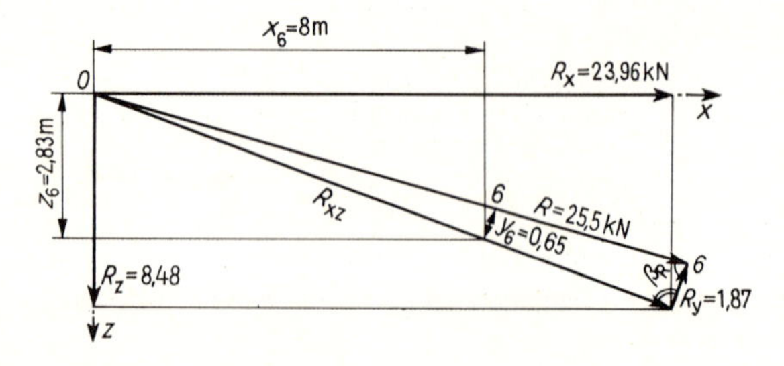


**70.**2 Zeichnerische Ermittlung der Resultierenden und der Koordinaten $y_6$ und $z_6$

Dreieck aus $R_{xz}$, $R_y$ und $R$ wird sinngemäß zu Bild **70.**1 in die $(x, z)$-Ebene umgeklappt, d. h. wir tragen $R_y$ senkrecht zu $R_{xz}$ an und erhalten $R$ als Hypothenuse über den Katheten $R_{xz}$ und $R_y$. Das umgeklappte Dreieck enthält den Winkel $\beta_R$ in wahrer Größe.

In Umkehrung des in den Bildern **70.**1a und c angewendeten Verfahrens lassen sich mit dem bisher gezeichneten räumlichen Kräfteplan für jeden Punkt der Wirkungslinie der Resultierenden zwei Koordinaten ermitteln, wenn wir die dritte Koordinate vorgeben. Als Beispiel nehmen wir wie in der rechnerischen Lösung die Abszisse $x_6 = 8$ m des Punktes 6 an, tragen sie in einem geeigneten Längenmaßstab auf $R_x$ ab und ziehen vom Endpunkt dieser Abszisse eine Parallele zur $z$-Achse bis zur Flächendiagonale $R_{xz}$. Die Länge dieser Parallelen ist die eine gesuchte Koordinate $z_6$. Im Endpunkt der Parallelen errichten wir auf $R_{xz}$ das Lot; dessen zwischen $R_{xz}$ und $R$ liegender Abschnitt ist die zweite gesuchte Koordinate $y_6$ (**70.**2).

**Beispiel 2:** Allgemeines räumliches Kräftesystem. Gegeben ist ein Verkehrszeichenträger an einer Autobahn (**71.**1); gesucht sind die Resultierende der angreifenden Kräfte für die Lastkombination Eigenlast von Verkehrsschild, Ausleger und Mast zuzüglich Wind in Fahrtrichtung sowie die Komponenten des Versatzmoments, die sich bei der Verschiebung dieser Resultierenden in den Fußpunkt des Mastes ergeben.

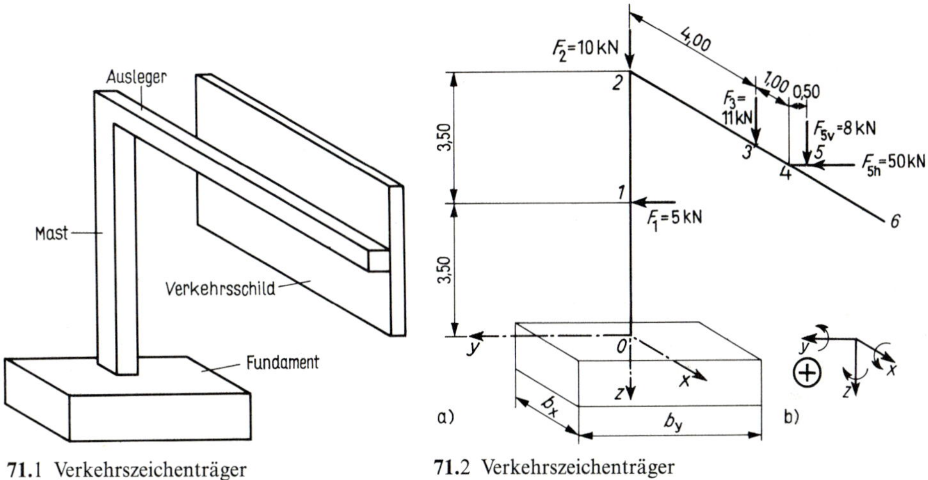


**71.**1 Verkehrszeichenträger

**71.**2 Verkehrszeichenträger
a) statisches System mit Belastung
b) Vorzeichenfestsetzung

Bild **71.**2a zeigt das idealisierte Tragwerk mit seiner Belastung: Am Mast 02 greift in halber Höhe die Windlast $F_1 = 5$ kN an; $F_2 = 10$ kN ist die Eigenlast des Mastes, $F_3 = 11$ kN die Eigenlast des Auslegers 16. Der Schwerpunkt des Verkehrsschildes (Punkt 5) liegt in Fahrtrichtung gesehen 0,5 m vor der Achse des Auslegers; der Stab 45 stellt schematisch die Befestigungselemente zwischen Verkehrsschild und Ausleger dar. Im Schwerpunkt des Verkehrsschildes greifen die Eigenlast $F_{5v} = 8$ kN und die Windlast $F_{5h} = 50$ kN des Verkehrsschildes an.

Mast und Ausleger liegen in der lotrechten $(x, z)$-Ebene und bilden daher ein ebenes Tragwerk. Würden wir nur die Eigenlasten $F_2$ und $F_3$ von Mast und Ausleger betrachten, deren Wirkungslinien ebenfalls in der $(x, z)$-Ebene liegen, hätten wir ein Problem aus der Statik der Ebene zu lösen. Die Lasten $F_1$, $F_{5v}$ und $F_{5h}$, deren Wirkungslinien nicht in die durch Mast und Ausleger bestimmte Ebene fallen, machen die Aufgabe zu einem Problem der Statik des Raumes.

Bild **71.**2b zeigt die Vorzeichenfestsetzung für Kräfte und Momente.

1. Betrag und Richtung der Resultierenden. Da sämtliche Lasten parallel zu $y$- oder $z$-Achse sind, können wir sofort hinschreiben

$$R_x = 0$$

$$R_y = F_1 + F_{5h} = 5 + 50 = 55 \text{ kN}$$

$$R_z = F_2 + F_3 + F_{5v} = 10 + 11 + 8 = 29 \text{ kN}$$

$$R = \sqrt{R_x^2 + R_y^2 + R_z^2} = \sqrt{0^2 + 55^2 + 29^2} = 62{,}18 \text{ kN}$$

$$\cos\alpha_R = R_x/R = 0 = \cos 90°$$

$$\cos\beta_R = R_y/R = 55/62{,}18 = 0{,}8846 = \cos 27{,}80°$$

$$\cos\gamma_R = R_z/R = 29/62{,}18 = 0{,}4664 = \cos 62{,}20°$$

Kontrolle: $\cos^2\alpha_R + \cos^2\beta_R + \cos^2\gamma_R = 1$

2. Momente um die Koordinatenachsen durch den Fußpunkt 0 des Mastes

$$M_{xR} = + F_1 \cdot 3{,}50 - F_{5v} \cdot 0{,}50 + F_{5h} \cdot 7{,}00 =$$
$$= 5 \cdot 3{,}50 - 8 \cdot 0{,}50 + 50 \cdot 7{,}00 = 17{,}50 - 4{,}00 + 350{,}00 = +363{,}50 \text{ kNm}$$

Die Kräfte $F_2$ und $F_3$ haben keine Drehwirkung bezüglich der $x$-Achse, da ihre Wirkungslinien diese Achse schneiden.

$$M_{yR} = -F_3 \cdot 4{,}00 - F_{5v} \cdot 5{,}00 = -11{,}00 \cdot 4{,}00 - 8 \cdot 5{,}00 = -44{,}00 - 40{,}00 = -84{,}00 \text{ kNm}$$

Die Kräfte $F_1$ und $F_{5h}$ sind parallel zur $y$-Achse gerichtet, die Wirkungslinie von $F_2$ schneidet die $y$-Achse; alle drei Kräfte haben kein Moment bezüglich der $y$-Achse.

$$M_{zR} = + F_{5h} \cdot 5{,}00 =$$
$$+ 50 \cdot 5{,}00 = + 250{,}00 \text{ kNm}$$

$F_{5h}$ ist die einzige Kraft mit einem Moment um die $z$-Achse: die Wirkungslinie von $F_2$ fällt mit der $z$-Achse zusammen, $F_3$ und $F_{5v}$ wirken parallel zur $z$-Achse, und die Wirkungslinie von $F_1$ schneidet die $z$-Achse.

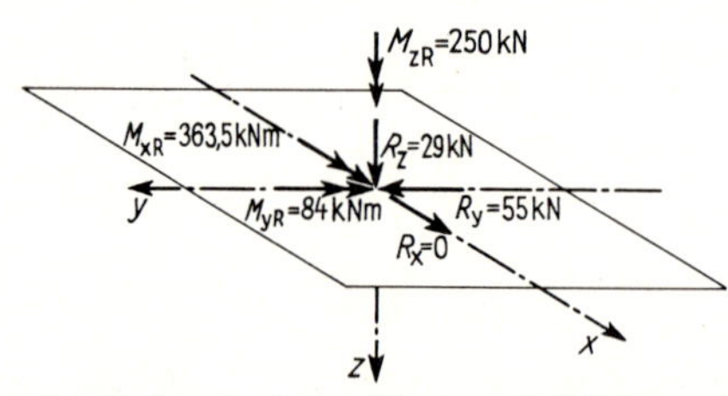

**72.1** Fußpunkt 0 des Mastes mit Wirkung der angreifenden Kräfte auf das Fundament

3. Verschiebung der Resultierenden in den Fußpunkt des Mastes (Punkt 0).

Die Wirkung des allgemeinen Kräftesystems nach Bild **71.**2 auf den Punkt 0 ist gleichwertig oder äquivalent der Wirkung der Resultierenden $\vec{R}$ oder ihrer Komponenten im Punkt 0 zuzüglich der Wirkung der Versatzmomente $M_{xR}$, $M_{yR}$, $M_{zR}$ (**72.**1).

Der resultierende Vektor des Versatzmoments $\vec{M}_R$ mit dem Betrag

$$M_R = \sqrt{M_{xR}^2 + M_{yR}^2 + M_{zR}^2} = \sqrt{363{,}50^2 + 84{,}00^2 + 250{,}00^2} = 449{,}1 \text{ kNm}$$

steht nicht senkrecht auf der Resultierenden $\vec{R}$.

Für die in Bild **72.**1 dargestellten Kraftgrößen (Kräfte und Momente) müssen die Verbindung zwischen Mast und Fundament sowie das Fundament selbst bemessen werden.

4. Anmerkung zur Bemessung des Fundaments. Die hier ermittelte Resultierende der Lasten oberhalb des Fundaments trifft die Fahrbahn, liegt also außerhalb des neben der Fahrbahn angeordneten Fundaments. Dessen Abmessungen müssen so gewählt werden, daß die Resultierende aller am gesamten Bauwerk angreifenden Kräfte einschließlich der Eigenlast des Fundaments ein Klaffen der Sohlfuge höchstens bis zum Schwerpunkt der Sohlfuge verursacht. (DIN 1054, Abschn. 4.1.3.1; s. T. 2 dieses Werkes, Abschn. 9.5); bei rechteckiger Sohlfläche $b_x \cdot b_y$ (**71.**2a) muß die Resultierende innerhalb der Ellipse mit den Halbachsen $b_x/3$ und $b_y/3$ liegen (DIN 1054 Bild 1). Diese Bedingung ist unter der Wirkung jeder vorgeschriebenen Kombination von Lasten zu erfüllen; außerdem muß die zulässige Bodenpressung eingehalten werden.

# 4 Gleichgewicht

## 4.1 Allgemeines

Die im vorigen Abschnitt behandelten Resultierenden und resultierenden Momente würden, wenn sie an einem Körper angreifen, diesen beschleunigen; die Kraftvektoren würden ihn verschieben (Translation), die Momentenvektoren würden ihn verdrehen (Rotation).

Wenn die äußeren Kräfte, die an einem starren Körper angreifen, so beschaffen sind, daß sie sich gegenseitig insgesamt aufheben und daher keine Wirkung aus den Kräften resultiert, so befindet sich der Körper im Gleichgewicht. Das vorhandene Kräftesystem nennt man dann ein Gleichgewichtssystem.

Als Folge des Gleichgewichts von Kräften und Momenten an einem Körper stellt sich eine gleichförmige Bewegung des Körpers ein. Die Ruhelage mit $v = 0$ gilt als ein Sonderfall der gleichförmigen Bewegung. Die Baustatik setzt diesen Sonderfall in der Regel voraus, weil die Bauwerke sich in Ruhe befinden sollen. Die Bedingungen des Gleichgewichts sind von größter Bedeutung für die Baustatik: Wir benötigen sie bei der Ermittlung der äußeren und inneren Kräfte (s. Abschn. 5.2) der Tragwerke. Wir beschäftigen uns zunächst mit dem Gleichgewicht der äußeren Kräfte.

## 4.2 Gleichgewichtsbedingungen

Beim Zusammenfassen der Kräfte und Momente eines allgemeinen ebenen Kräftesystems erhalten wir eins der drei folgenden Ergebnisse:

1. eine Resultierende $\vec{R}$,
2. einen resultierenden freien Momentenvektor $\vec{M}_{\text{resultierend}}$, der gleichwertig ist einem Kräftepaar,
3. weder eine Resultierende noch ein resultierendes Moment oder Kräftepaar.

Im dritten Fall greift an dem betrachteten Körper oder Bauwerk ein Gleichgewichtssystem von Kräften und Momenten an. Um sicher zu sein, daß ein solches vorhanden ist, müssen wir die Fälle 1. und 2. ausschließen; wir erhalten daher als allgemeine Gleichgewichtsbedingungen die beiden Gleichungen

$$\vec{R} = 0 \qquad \vec{M}_{\text{resultierend}} = 0 \tag{73.1}$$

### 4.2.1 Gleichgewichtsbedingungen für Kräfte in einer Ebene

#### 4.2.1.1 Kräfte in einer Wirkungslinie

Da wir Kräfte in ihrer Wirkungslinie beliebig verschieben können, lassen sich Kräfte mit gemeinsamer Wirkungslinie auch alle in einen und denselben Punkt dieser Wirkungslinie verschieben.

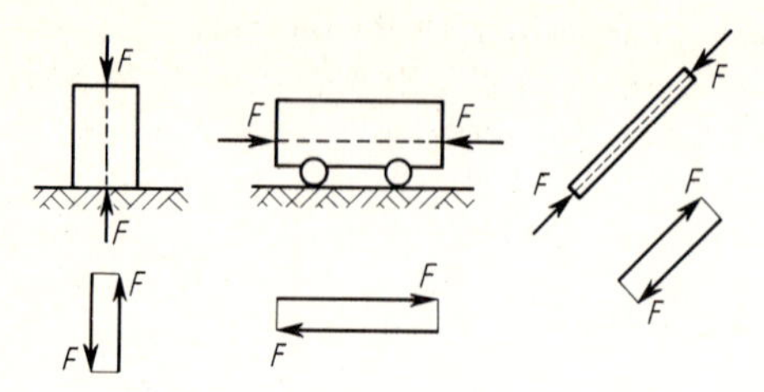


**74.1** Gleichgewicht für zwei Kräfte in einer Wirkungslinie

Insofern stellen Kräfte in einer Wirkungslinie einen Sonderfall von Kräften an einem Punkt dar. Für das Gleichgewicht gilt:

Zwei Kräfte können nur im Gleichgewicht sein, wenn sie in einer Wirkungslinie liegen, entgegengesetzt gerichtet und gleich groß sind (**74.1**).

Für mehrere Kräfte in einer Wirkungslinie kann die Gleichgewichtsbedingung $R = 0$ auf diese Wirkungslinie bezogen werden. Das bedeutet

a) für die rechnerische Lösung: Die algebraische Addition aller Kräfte $F$ auf der Wirkungslinie muß null ergeben:

$$\boldsymbol{\Sigma F = 0}$$

b) für die zeichnerische Lösung: Der Kräftezug muß vom Anfangspunkt beginnend wieder zum gleichen Anfangspunkt zurückkehren; das Krafteck ist geschlossen, stellt sich aber nur als eine Linie dar. Um die Übersichtlichkeit zu verbessern, zeichnen wir die Kräfte unmittelbar nebeneinander (**74.1**, **74.3**).

**Beispiel:** In einer Wirkungslinie liegen 4 Kraftvektoren (**74.2**). Gesucht wird die Gleichgewichtskraft $G$.

Rechnerisch

Vorbemerkung: Beim Aufstellen jeder Gleichung mit unbekannten Vektoren muß man eine Annahme über den Richtungssinn der Unbekannten treffen und die Wahl des positiven Richtungssinns vornehmen. Ergibt die Berechnung für den gesuchten Vektor zum Schluß ein positives Vorzeichen, so war der anfänglich angenommene Richtungssinn der Unbekannten richtig; ergibt sich ein negatives Vorzeichen, so ist der Richtungssinn der Unbekannten umzukehren.

Hier nehmen wir an, daß die Gleichgewichtskraft nach links unten gerichtet ist, und wir wählen diesen Richtungssinn für alle Kräfte als positiven Richtungssinn.

Dann liefert die Gleichung $\Sigma F = 0$:

$$G + F_1 + F_2 + F_3 - F_4 = 0$$
$$G = -F_1 - F_2 - F_3 + F_4$$
$$G = -2 - 3 - 1 + 3{,}5$$
$$G = -2{,}5 \text{ kN}$$

d. h., der Richtungssinn von $G$ ist umzukehren, $G$ ist also nach rechts oben gerichtet. Wir kennzeichnen dies durch einen entsprechenden Pfeil

$$G = 2{,}5 \text{ kN} \nearrow$$

Zeichnerisch. Die Kräfte werden im Krafteck im Kräftemaßstab angetragen. Damit die Resultierende zu Null wird, muß der Endpunkt der letzten Kraft mit dem Anfangspunkt der ersten Kraft durch einen Vektor verbunden werden; dieser Vektor ist die gesuchte Gleichgewichtskraft $G$ (**74.3**). Das gezeichnete Krafteck ist also bei der Gleichgewichtsaufgabe geschlossen. Abgelesen wird $G =$ 2,5 kN, nach rechts oben gerichtet.

**74.2** Vier Kräfte in einer Wirkungslinie

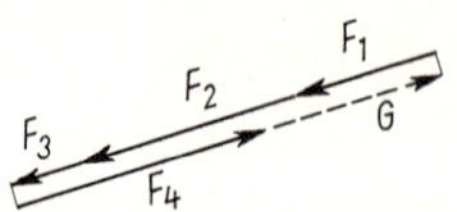


**74.3** Krafteck für Gleichgewichtskraft

#### 4.2.1.2 Kräfte in verschiedenen Wirkungslinien, die sich in einem Punkt schneiden

Das zentrale ebene Kräftesystem befindet sich im Gleichgewicht, wenn die Resultierende verschwindet. Ein Kräftepaar oder ein freier Momentenvektor kann dann nicht vorhanden sein, so daß die Bedingung $M_{\text{resultierend}} = 0$ nicht benötigt wird.

Zeichnerische Lösung. Das Krafteck muß geschlossen sein, dabei müssen alle Kraftvektoren hintereinander herlaufen, das Krafteck muß einen stetigen Umfahrungssinn haben (**75**.2).

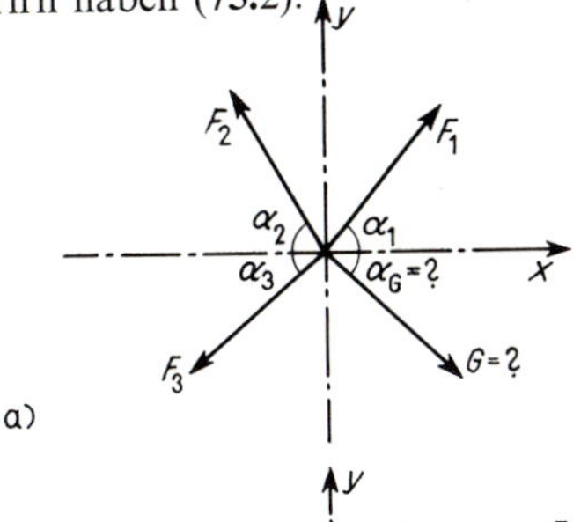


| $i$ | $F_i$ in kN | $\alpha_i$ $0 \leq \alpha_i \leq 90$ | $0 \leq \alpha_i \leq 360$ |
|---|---|---|---|
| 1 | 5 | 50° | 50° |
| 2 | 4 | 60° | 120° |
| 3 | 6 | 40° | 220° |

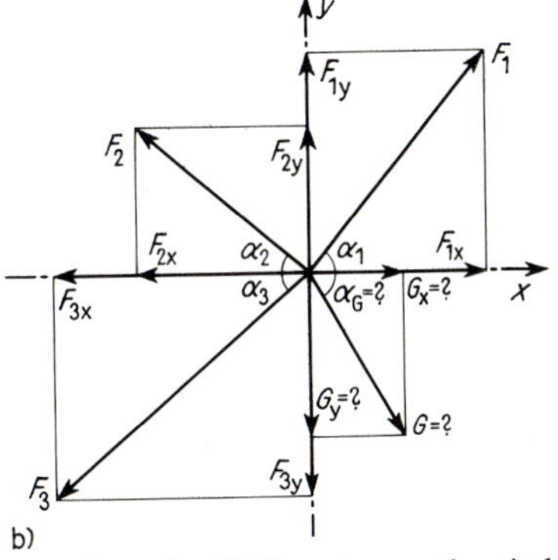


**75**.1 Zentrales Kräftesystem, rechnerische Lösung
a) Lageplan, Tabelle mit Beträgen und Richtungen der Kräfte
b) Zerlegung der Kräfte in Komponenten

**75**.2 Krafteck

Rechnerische Lösung. Wir legen in den gemeinsamen Punkt der Wirkungslinien den Ursprung eines rechtwinkligen Koordinatensystems, zerlegen alle Kräfte in Komponenten parallel zu den Koordinatenachsen und geben den Komponenten, die in Richtung der positiven Koordinatenachsen wirken, das positive Vorzeichen (**75**.1). Die Resultierende aller Kräfte

$$R = \sqrt{(\sum_i F_{ix})^2 + (\sum_i F_{iy})^2}$$

ist null, wenn jeder der beiden Summanden unter der Wurzel null ist. Die rechnerischen Gleichgewichtsbedingungen für das zentrale ebene Kräftesystem lauten also

$$\sum_i F_{ix} = 0 \qquad \sum_i F_{iy} = 0 \tag{75.1}$$

Sollen sich Kräfte an einem Punkt im Gleichgewicht befinden, müssen die Komponentengleichgewichtsbedingungen (75.1) erfüllt sein.

**Beispiel:** Für die Kräfte nach Bild **75.1** a ist die Gleichgewichtskraft $G$ gesucht. Wir setzen sie nach rechts unten gerichtet an, legen ein Koordinatensystem fest und zerlegen angreifende Kräfte und Gleichgewichtskraft in Komponenten parallel zu den Koordinatenachsen (**75.1** b). Die Gleichgewichtsbedingungen lauten dann

$$\overset{+}{\rightarrow} \Sigma F_{ix} = 0 = F_{1x} - F_{2x} - F_{3x} + G_x \qquad \uparrow + \Sigma F_{iy} = 0 = F_{1y} + F_{2y} - F_{3y} - G_y \qquad (76.1)$$

und wir erhalten aus ihnen

$$G_x = -F_{1x} + F_{2x} + F_{3x} = -5\cos 50° + 4\cos 60° + 6\cos 40° = -3{,}21 + 2{,}00 + 4{,}60 = +3{,}38 \text{ kN}$$

$$G_y = +F_{1y} + F_{2y} - F_{3y} = 5\sin 50° + 4\sin 60° - 6\sin 40° = 3{,}83 + 3{,}46 - 3{,}86 = +3{,}44 \text{ kN}$$

Beide Komponenten ergeben sich positiv, die Gleichgewichtskraft ist demnach wie angenommen nach rechts unten gerichtet. Sie hat den Betrag

$$G = \sqrt{G_x^2 + G_y^2} = \sqrt{3{,}38^2 + 3{,}44^2} = 4{,}82 \text{ kN}$$

und gegen die $x$-Achse die Neigung

$$\alpha_G = \arctan(G_y/G_x) = 45{,}46°.$$

In der vorstehenden Rechnung haben wir mit Winkeln $0° \leqq \alpha \leqq 90°$ gearbeitet und die Vorzeichen der Komponenten bereits in den Gl. (76.1) nach der Skizze festgelegt. Beim Arbeiten mit einem programmierbaren Rechner ist es vorteilhafter, die Winkel im Bereich $0° \leqq \alpha \leqq 360°$ anzugeben; dann ergeben sich nämlich die Vorzeichen der Komponenten aus den Winkelfunktionen. In die Gleichgewichtsbedingungen werden dann sämtliche Komponenten mit positiven Vorzeichen eingeführt, und die Rechnung sieht folgendermaßen aus:

$$\overset{+}{\rightarrow} \Sigma F_{ix} = 0 = F_1 \cos 50° + F_2 \cos 120° + F_3 \cos 220° + G_x$$

$$\uparrow + \Sigma F_{iy} = 0 = F_1 \sin 50° + F_2 \cos 120° + F_3 \cos 220° + G_y$$

$$G_x = -5\cos 50° - 4\cos 120° - 6\cos 220° = -3{,}21 + 2{,}00 + 4{,}60 = +3{,}38 \text{ kN}$$

$$G_y = -5\sin 50° - 4\sin 120° - 6\sin 220° = -3{,}83 - 3{,}46 + 3{,}86 = -3{,}44 \text{ kN}$$

Die Vorzeichen von $G_x$ und $G_y$ geben jetzt an, ob die Komponenten in Richtung der positiven oder negativen Koordinatenachse gerichtet sind: $G_x = 3{,}38$ kN→, $G_y = 3{,}44$ kN↓. Die Gleichgewichtskraft ist wie zuvor ermittelt nach rechts unten gerichtet, sie liegt im 4. Quadranten.

Zeichnerische Lösung (**75.2**): Die Gleichgewichtskraft $G$ muß das Krafteck schließen, alle Kräfte müssen hintereinander herlaufen (stetiger Umfahrungssinn). Wir entnehmen der Zeichnung $G = 4{,}8$ kN ↘, $\alpha_G = 45°$.

Aus dem Sonderfall von drei Kräften an einem Punkt (**76.1**) läßt sich die folgende wichtige Regel ableiten:

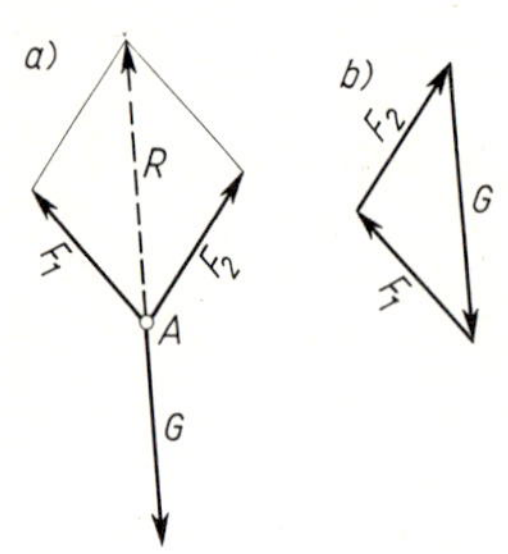


**76.1** Gleichgewichtskraft für zwei Kräfte

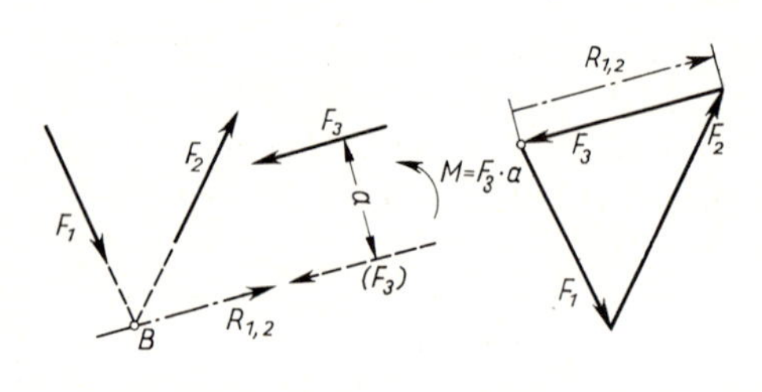


**76.2** Drei Kräfte, die nicht an einem Punkt angreifen

Drei Kräfte in einer Ebene sind nur dann im Gleichgewicht, wenn sich ihre Wirkungslinien in einem Punkte schneiden und ihre Resultierende gleich Null ist. Schneiden sich nämlich die Kräfte nicht in einem Punkte (**76**.2), so verbleibt, auch wenn das zugehörige Krafteck geschlossen ist, ein Drehmoment (s. Abschn. 3.3)

#### 4.2.1.3 Kräfte in verschiedenen Wirkungslinien, die sich nicht in einem Punkt schneiden (Allgemeines ebenes Kräftesystem)

Zeichnerische Lösung: Die erste Gleichgewichtsbedingung $R = 0$ ist erfüllt, wenn wie beim zentralen ebenen Kräftesystem das Krafteck geschlossen ist; die zweite Gleichgewichtsbedingung $M_{\text{resultierend}} = 0$ wird bei der zeichnerischen Lösung zu der Forderung, daß der erste und der letzte Seilstrahl zusammenfallen müssen, oder daß auch das Seileck geschlossen sein muß. Wenn bei geschlossenem Krafteck der erste und der letzte Seilstrahl parallel nebeneinander herlaufen, sind sämtliche Kräfte des allgemeinen ebenen Kräftesystems gleichwertig einem Kräftepaar (Abschn. 4.2, Fall 2). Dessen Betrag ist gleich der Kraft im ersten oder letzten Seilstrahl, multipliziert mit dem Abstand von erstem und letztem Seilstrahl (**77**.1).

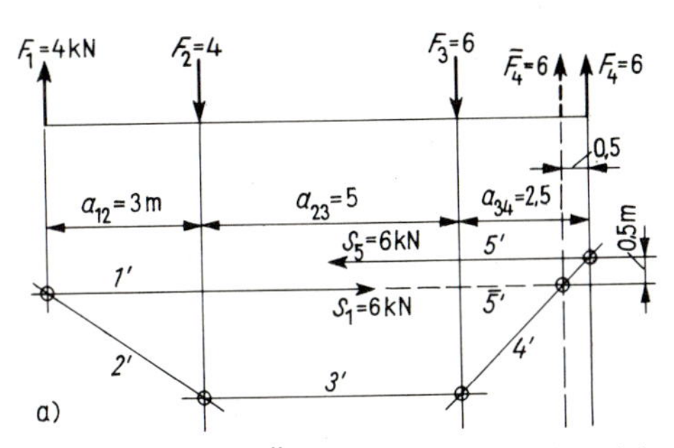


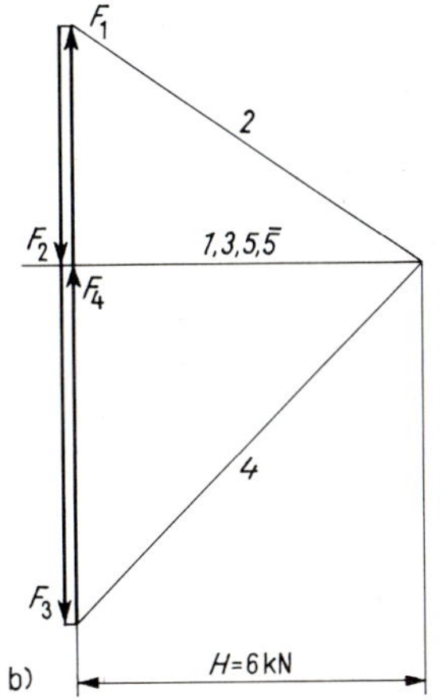


**77**.1 Zeichnerische Überprüfung des Gleichgewichts
a) $F_1, F_2, F_3, F_4$: Seileck offen, $M = 6 \cdot 0{,}5 = 3$ kNm,
$F_1, F_2, F_3, \bar{F}_4$: Seileck geschlossen, $M = 0$
b) Krafteck geschlossen, $R = 0$

Für die rechnerische Lösung werden die Gleichgewichtsbedingungen $\vec{R} = 0$ und $\vec{M}_{\text{resultierend}} = 0$ meist in der folgenden Form geschrieben

$$\sum_i F_{\text{ix}} = 0 \qquad \sum_i F_{\text{iy}} = 0 \qquad \Sigma M_{\text{a}} = 0 \tag{77.1}$$

in Worten:

**Die algebraische Summe aller Komponenten parallel zur *x*-Achse muß null sein,**
**die algebraische Summe aller Komponenten parallel zur *y*-Achse muß null sein,**
**die algebraische Summe aller Momente der Kräfte oder ihrer Komponenten bezüglich des beliebigen Drehpunktes *a* muß gleich Null sein.**

Es ist möglich und in vielen Fällen zweckmäßig, in den Gleichungen (77.1) eine Kräftegleichgewichtsbedingung durch eine Momentengleichgewichtsbedingung bezüglich eines zweiten Punktes zu ersetzen. Die Gleichgewichtsbedingungen erhalten dann die Form

$$\sum_i F_{ix} = 0 \qquad \Sigma M_a = 0 \qquad \Sigma M_b = 0 \tag{78.1}$$

oder

$$\sum_i F_{iy} = 0 \qquad \Sigma M_a = 0 \qquad \Sigma M_b = 0 \tag{78.2}$$

Wenn wir diese Gleichgewichtsbedingungen anwenden, müssen wir darauf achten, daß die Verbindungslinie der Momentenbezugspunkte $a$ und $b$ nicht senkrecht auf der Richtung steht, für die wir die Kräftegleichgewichtsbedingung aufstellen. Die Momentenbezugspunkte $a$ und $b$ können nämlich zufälligerweise auf der Wirkungslinie der Resultierenden liegen; wir erhalten dann trotz vorhandener Resultierenden $\Sigma M_a = 0$ und $\Sigma M_b = 0$. Berechnen wir danach als dritte Gleichgewichtsbedingung die Summe der Kraftkomponenten senkrecht zur Richtung $ab$, ergibt sich ebenfalls null, da die Resultierende bei Zerlegung in Komponenten parallel und senkrecht zu sich selbst keine Komponente senkrecht zu ihrer Richtung besitzt. Somit wird fälschlicherweise Gleichgewicht errechnet, obwohl eine Resultierende wirkt (**78.1**).

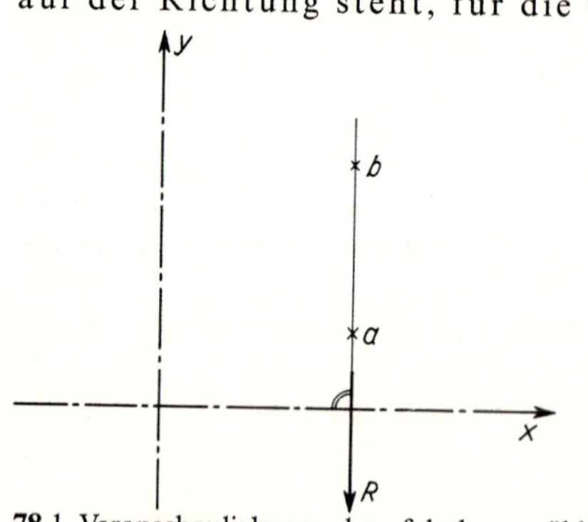


**78.1** Veranschaulichung der falsch gewählten Gleichgewichtsbedingungen $\Sigma M_a = 0$, $\Sigma M_b = 0$, $\Sigma X = 0$

Die in den Gleichungen (78.1) oder (78.2) verbliebene Kräftegleichgewichtsbedingung darf durch eine Momentengleichgewichtsbedingung um einen dritten Punkt ersetzt werden:

$$\Sigma M_a = 0 \qquad \Sigma M_b = 0 \qquad \Sigma M_c = 0 \tag{78.3}$$

In diesem Fall dürfen die Punkte $a$, $b$ und $c$ nicht auf einer Geraden liegen, da sonst die dritte Gleichung keine unabhängige Aussage darstellt, so daß die Nennerdeterminante des Gleichungssystems null wird.

Mit Hilfe der drei Gleichgewichtsbedingungen können wir drei Unbekannte berechnen, und zwar entweder

- die Beträge von drei Gleichgewichtskräften, deren Richtungen und Angriffspunkte bekannt sind, oder
- Betrag und Richtung einer Gleichgewichtskraft, deren Angriffspunkt bekannt ist, und den Betrag einer zweiten Gleichgewichtskraft, von der Richtung und Angriffspunkt festliegen, oder
- Betrag, Richtung und Lage einer Gleichgewichtskraft.

Nach dem Übergang vom abstrakten allgemeinen ebenen Kräftesystem zu konkreten statischen Systemen (s. Abschn. 5) werden wir nicht mehr von Gleichgewichtskräften, sondern von Stützgrößen sprechen, und darunter Lagerkräfte sowie Lagermomente oder Einspannmomente verstehen.

Die drei Gleichgewichtsbedingungen können wir zu einem System linearer Gleichungen zusammenfassen, dessen Gleichungen im allgemeinen voneinander abhängig sind. Durch geschickte Wahl der Momentenbezugspunkte lassen sich die Gleichungen teilweise oder ganz entkoppeln, was die Handrechnung vereinfacht (s. die Beispiele des Abschn. 5).

Wenn wir die Gleichgewichtsbedingungen richtig angesetzt haben, ist die Nennerdeterminante $D$ des aus den Gleichgewichtsbedingungen bestehenden Gleichgewichtssystem ein Kriterium für Stabilität und statisch bestimmte Lagerung eines Tragwerks: $D \neq 0$ bedeutet, daß das Tragwerk stabil und statisch bestimmt gelagert ist; bei $D = 0$ ist das System verschieblich und daher unbrauchbar.

Für die Komponentengleichgewichtsbedingungen $\Sigma F_{ix} = 0$ und $\Sigma F_{iy} = 0$ sind auch folgende Schreibweisen gebräuchlich:

$$\left.\begin{array}{l}\Sigma X = 0\\ \Sigma Y = 0\end{array}\right\} \quad \text{oder} \quad \left.\begin{array}{l}\Sigma V = 0\\ \Sigma H = 0\end{array}\right\}$$

### 4.2.1.4 Anwendungen

**Beispiel 1:** Welche Kraft $G$ ist im Lager (**79**.1) bei den gegebenen Kräften erforderlich, damit Gleichgewicht herrscht?

Zeichnerische Lösung. Im Krafteck werden die Kräfte $F_1$ und $F_2$ aneinandergereiht. Die Gleichgewichtskraft $G$ muß das Krafteck schließen (**79**.2). Gemessen wird

$$G = 220\text{ kN} \qquad \beta = 18°$$

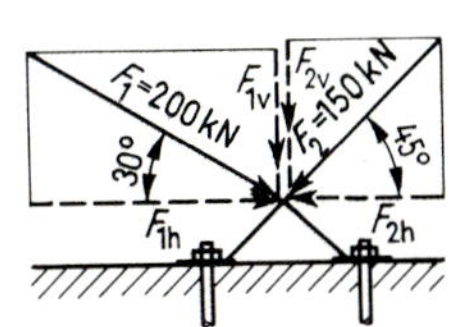


**79**.1 Lager mit zwei angreifenden Kräften

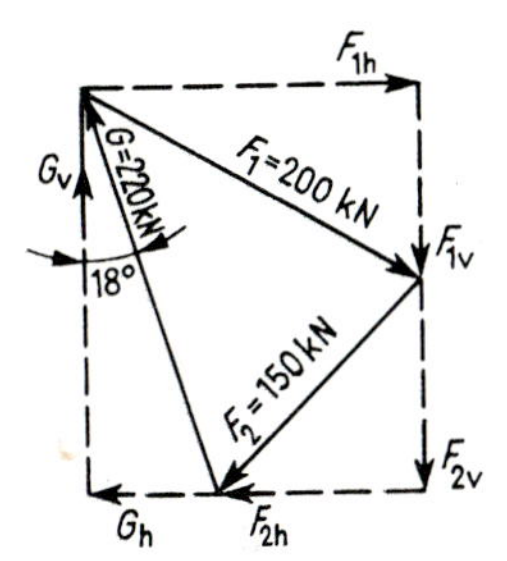


**79**.2 Krafteck geschlossen

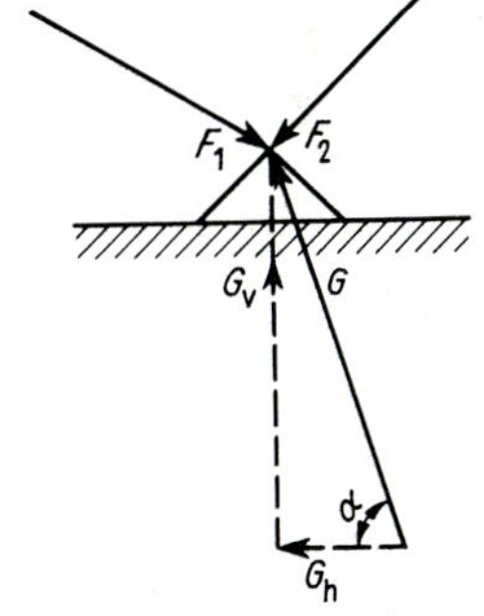


**79**.3 Gleichgewichtskraft = Lagerkraft

Rechnerische Lösung. Die Summen der Komponenten in vertikaler und horizontaler Richtung einschließlich der Komponenten der Gleichgewichtskraft $G$ müssen zu Null werden (**79**.2)

Wir setzen $G$ nach links oben gerichtet an (**79**.3) und erhalten

1. $$+\uparrow \Sigma V = G_v - F_{1v} - F_{2v} = 0$$
$$G_v = F_{1v} + F_{2v}$$
$$G_v = 200 \cdot \sin 30° + 150 \cdot \sin 45° = 100 + 106 = 206\text{ kN}$$

2. $$\overset{+}{\rightarrow} \Sigma H = F_{1h} - F_{2h} - G_h = 0$$
$$G_h = F_{1h} - F_{2h}$$
$$G_h = 200 \cdot \cos 30° - 150 \cdot \cos 45° = 173{,}5 - 106 = 67{,}5\text{ kN}$$
$$G = \sqrt{G_v^2 + G_h^2} = \sqrt{206^2 + 67{,}5^2} = 217\text{ kN} \nwarrow$$

Die angenommenen Richtungen von $G_v$ und $G_h$ liefern für diese Größen positive Zahlenwerte (**79**.3); sie sind also richtig. Bei negativem Zahlenwert hätte die Richtung des Kraftvektors umgekehrt werden müssen.

Die Lagerkraft $G$, die den angreifenden Kräften das Gleichgewicht hält, bildet mit der Horizontalen den Winkel

$$\alpha_G = \arctan(G_v/G_h) = \arctan(206/67{,}5) = 61{,}86°. \qquad (G \text{ liegt im 2. Quadranten})$$

**Beispiel 2:** Für einen Zweibock nach Bild **80**.1 sollen die Stabkräfte $S_1$ und $S_2$ infolge einer Kraft $F = 40$ kN ermittelt werden.

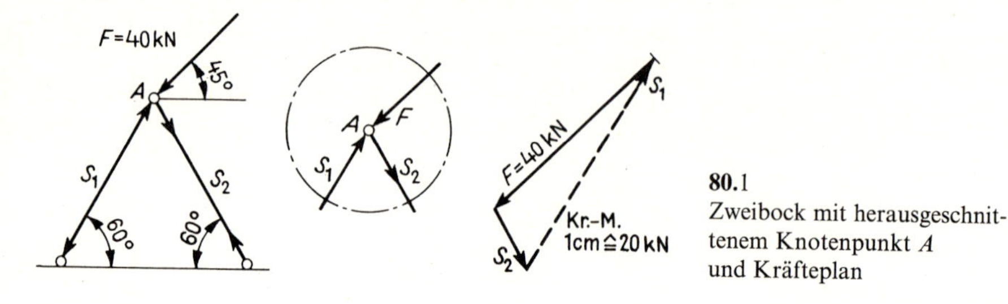


**80**.1
Zweibock mit herausgeschnittenem Knotenpunkt $A$ und Kräfteplan

Vorbemerkung: Einen Punkt, in dem zwei oder mehr Stäbe zusammenlaufen wie im Bild **80**.2, bezeichnet man als Knotenpunkt. Wenn in der Stabstatik die Annahme einer gelenkigen Verbindung der Stäbe im Knotenpunkt zulässig ist und alle äußeren Kräfte in den Knotenpunkten angreifen, entstehen in den Stäben nur Normalkräfte oder Längskräfte, d.h. innere Kräfte, die in Richtung der Stabachsen laufen. Diese Längskräfte sind entweder Zug- oder Druckkräfte. Vorzeichen für den Zugstab und der Pfeilsinn der inneren Kräfte des Zugstabes, bezogen auf den Knotenpunkt, sind aus Bild **80**.3 ersichtlich, entsprechend für den Druckstab aus Bild **80**.4. Immer ist der Pfeil einer Zugkraft vom Knotenpunkt weg, der Pfeil einer Druckkraft zum Knotenpunkt hin gerichtet.

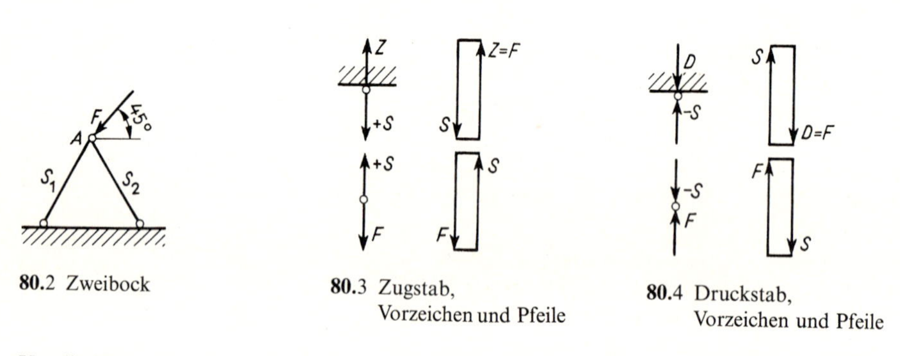


**80**.2 Zweibock

**80**.3 Zugstab, Vorzeichen und Pfeile

**80**.4 Druckstab, Vorzeichen und Pfeile

Um die Stabkräfte an einem Knotenpunkt zu berechnen, führt man einen Schnitt um den Knotenpunkt und zeichnet den abgeschnittenen Knoten heraus (**80**.1). Man läßt dann außer den gegebenen Kräften auch die Längskräfte in den geschnittenen Stäben als äußere Kräfte auf den Knotenpunkt wirken. Die unbekannten Längskräfte werden dabei stets als Zugkräfte eingeführt. Für alle Kräfte am Knotenpunkt stellt man dann die Gleichgewichtsbedingungen auf.

Graphische Lösung. Der Knotenpunkt $A$ wird herausgeschnitten. Im Kräfteplan werden im Kräftemaßstab die Kraft $F$ und durch deren Anfangs- und Endpunkt die Parallelen zu den Stäben gezogen (**80**.1). Beim nochmaligen Umfahren des Kraftecks stellt man den Richtungssinn der neugefundenen Stabkräfte durch Eintragen der Pfeile fest. Die Stabkraft $S_1$ geht auf den Knotenpunkt zu, ist also eine Druckkraft (−); Die Stabkraft $S_2$ geht vom Knotenpunkt weg, ist also eine Zugkraft (+). In farbigen Zeichnungen stellt man meist positive Stabkräfte blau und negative Stabkräfte rot dar (hier sind die Zugkräfte voll ausgezogen, die Druckkräfte dagegen gestrichelt dargestellt).

Durch Messen findet man

$$S_1 = -44{,}5 \text{ kN} \qquad S_2 = +12 \text{ kN}$$

Rechnerische Lösung. Sie ist auf zwei Wegen möglich, und zwar a) grapho-analytisch unter Benutzung einer Skizze (**81.**1) und b) analytisch unter Verwendung der Gleichgewichtsbedingungen.

Zu a) Nach dem Sinussatz wird

$$\frac{S_1}{F} = \frac{\sin 105°}{\sin 60°} \qquad S_1 = 40 \cdot \frac{\sin 75°}{\sin 60°} = 40 \cdot \frac{0{,}966}{0{,}866} = 44{,}6 \text{ kN}$$

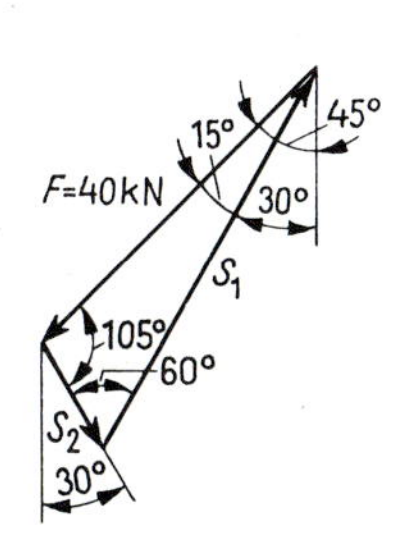


**81.**1 Krafteckskizze mit Winkeln

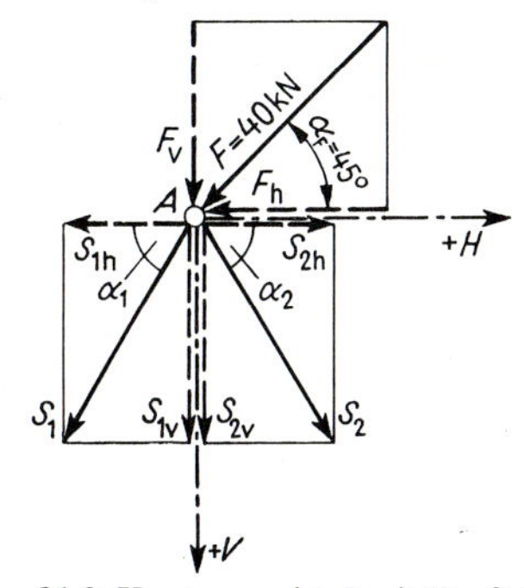


**81.**2 Knotenpunkt $A$ mit Kraft $F$, Komponenten $V$ und $H$ und zunächst positiv angenommenen Kräften $S$

Da $S_1$ gemäß Krafteckskizze auf den Knotenpunkt $A$ hin gerichtet ist, ist die Stabkraft ein Druckstab, also $S_1 = -44{,}6$ kN

$$S_2 = F \cdot \frac{\sin 15°}{\sin 60°} = 40 \cdot \frac{0{,}258}{0{,}866} = 11{,}95 \text{ kN}$$

$S_2$ ist vom Knotenpunkt $A$ weg gerichtet, folglich $S_2 = +11{,}95$ kN.

Zu b): Nach Bild **81.**2 werden die Gleichgewichtsbedingungen für Kräfte an einem Punkt aufgestellt. Dabei werden die unbekannten Stabkräfte zunächst als Zugkräfte angenommen und so in die Rechnung eingeführt.

$$\downarrow + \Sigma V = F_v + S_{1v} + S_{2v} = 0$$

$$S_1 \cdot \sin\alpha_1 + S_2 \sin\alpha_2 = -F \cdot \sin\alpha_F$$

$$\overset{+}{\rightarrow} \Sigma H = -F_h - S_{1h} + S_{2h} = 0$$

$$-S_1 \cdot \cos\alpha_1 + S_2 \cdot \cos\alpha_2 = +F \cdot \cos\alpha_F$$

Damit haben wir zwei Gleichungen mit den beiden Unbekannten $S_1$ und $S_2$. Mit den gegebenen Winkeln wird

$$+0{,}866\, S_1 + 0{,}866\, S_2 = -40 \cdot 0{,}707$$

$$-0{,}500\, S_1 + 0{,}500\, S_2 = +40 \cdot 0{,}707$$

In Matrizenschreibweise und als Raster sieht das Gleichungssystem zur Berechnung von $S_1$ und $S_2$ folgendermaßen aus:

$$\begin{pmatrix} \cos\beta & \cos\gamma \\ -\sin\beta & \sin\gamma \end{pmatrix} \begin{pmatrix} S_1 \\ S_2 \end{pmatrix} = \begin{pmatrix} -F \cdot \sin\alpha_F \\ +F \cdot \cos\alpha_F \end{pmatrix}$$

| $S_1$ | $S_2$ | rechte Seite |
|---|---|---|
| +0,866 | +0,866 | −28,3 |
| −0,500 | +0,500 | +28,3 |

Die Lösungen lauten $S_1 = -44{,}60$ kN, $S_2 = +11{,}95$ kN.

$S_1$ ist eine Druckkraft und entgegen der Annahme auf den Knoten hin gerichtet; $S_2$ ist eine Zugkraft und wie angenommen vom Knoten weg gerichtet.

**Beispiel 3:** An einem über zwei Rollen geführten Seil ist eine Last $Q = 5{,}0$ kN in der Mitte des Rollenabstandes aufzuhängen (**82.**1). Wie groß müssen die Kräfte $F$ an den Seilenden sein, damit das Seil in der gegebenen Lage in Ruhe bleibt?

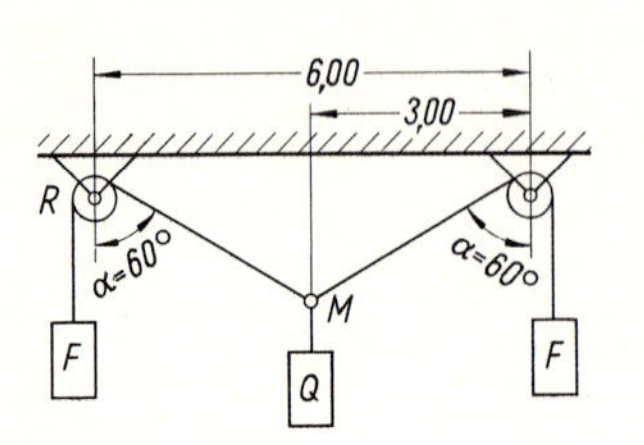


**82.**1 Last $Q$ am Seil

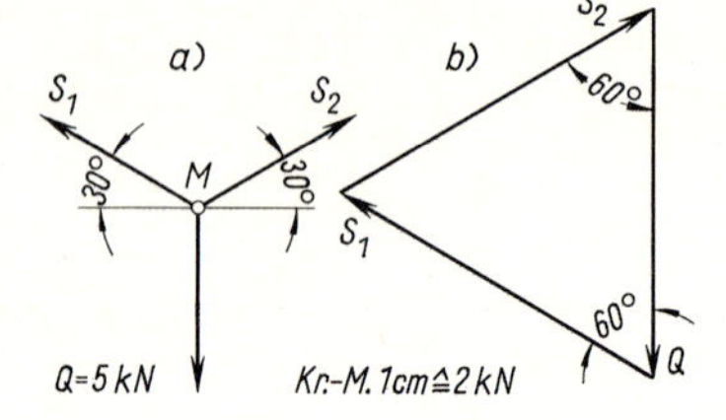


**82.**2 Gleichgewicht im Punkt $M$

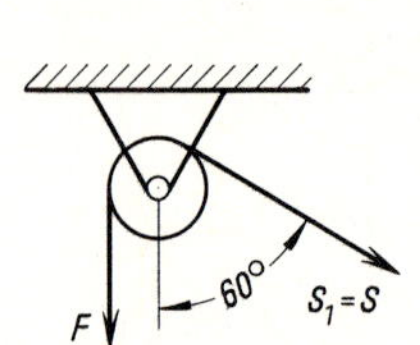


**82.**3 Gleichgewicht an der Rolle $R$

Zunächst muß der Knotenpunkt $M$, in dem die Last $Q$ aufgehängt ist, im Gleichgewicht sein. Um diese Gleichgewichtsaufgabe zu lösen, wird ein Rundschnitt um den Knoten $M$ geführt (**82.**2a), und die Seilkräfte werden mit dem Krafteck bestimmt (**82.**2b). Wegen der Symmetrie wird

$$S_1 = S_2 = S = \frac{Q/2}{\cos 60°} = \frac{2{,}5}{0{,}5} = 5{,}0 \text{ kN}$$

Das Ergebnis konnte hier aus dem gleichseitigen Dreieck sofort abgelesen werden.

Das Gleichgewicht erfordert weiter, daß an den Rollen Ruhe herrscht. An der Rolle $R$ (**82.**3) greift die Seilkraft $S = 5{,}0$ kN an. Aus der Seilaufgabe des Abschn. 3.2.1 ist bekannt, daß die Kraft $F$ an der anderen Seite der Rolle mit gleicher Größe ziehen muß, damit die Rolle in Ruhe bleibt. Folglich ist $F = 5{,}0$ kN.

Damit das Seil bei einer aufgehängten Last $Q = 5{,}0$ kN in der gegebenen Lage gehalten wird, muß an jeder Seite eine Last $F = 5{,}0$ kN angreifen, insgesamt also $2F = 10{,}0$ kN.

Mit wachsendem Winkel $\alpha$ müßte die Kraft $F$ größer, mit abnehmendem Winkel $\alpha$ dagegen kleiner werden.

Die an der Rollenaufhängung nötige Stützkraft (Aufhängung) erhalten wir durch das geschlossene Krafteck (**82.**4)

$$A_v = 7{,}5 \text{ kN}$$
$$A_h = 4{,}33 \text{ kN}$$
$$A = 8{,}64 \text{ kN}$$

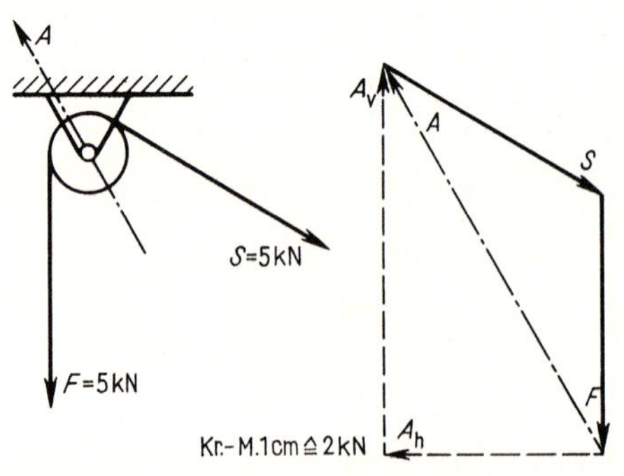


**83.**4 Erforderliche Lagerkraft der Rolle

Wird die Last $Q$ außerhalb der Mitte aufgehängt, dann werden die Neigungswinkel des Seiles und damit $S_1 = F_1$ und $S_2 = F_2$ verschieden groß.

**Beispiel 4:** Für die in Bild **83**.1 gegebene Scheibe, die nur in der $x, y$-Ebene (Zeichenebene) belastet ist, sollen die Gleichgewichtskräfte rechnerisch und zeichnerisch ermittelt werden. Weil die Kräfte in der Ebene zerstreut angreifen, stehen drei Gleichgewichtsbedingungen zur Verfügung.

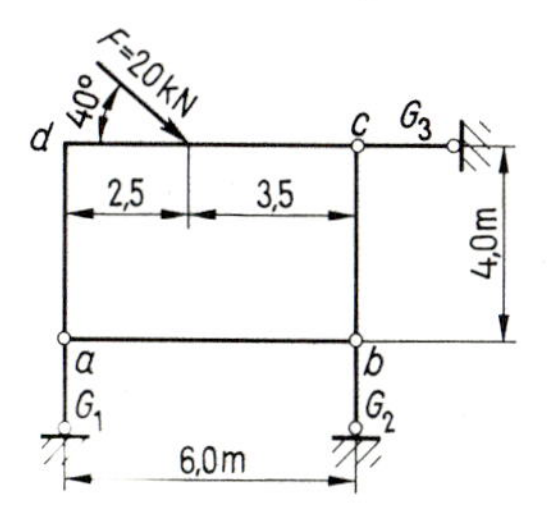


**83**.1 Scheibe, durch drei Gleichgewichtskräfte (Stäbe) gehalten

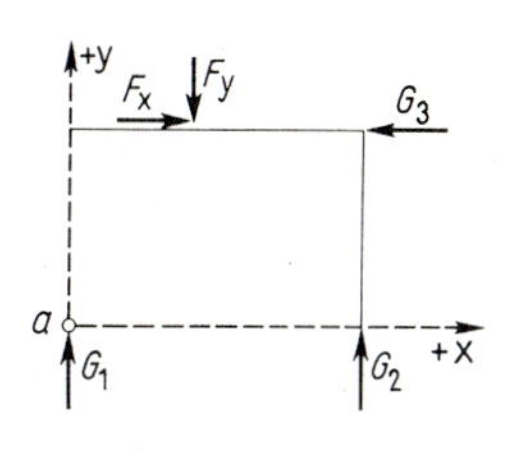


**83**.2 Annahme des Koordinatenursprungs und der Richtungen der Gleichgewichtskräfte

Rechnerische Lösungen. Zunächst treffen wir die in Bild **83**.2 dargestellten Annahmen: Der Koordinatenursprung liege in $a$, und die Gleichgewichtskräfte werden mit den angegebenen Richtungen in die Rechnung eingeführt.

a) Zuerst werden zwei Komponentenbedingungen und eine Momentenbedingung angesetzt; sie liefern

$$\uparrow + \Sigma Y = 0 = -F_y + G_1 + G_2 \qquad \overset{+}{\rightarrow} \Sigma X = 0 = F_x - G_3 \qquad G_3 = F_x = F \cdot \cos 40^\circ$$

Da der Kraftvektor $G_3$ sich positiv ergibt, war seine Richtung richtig angenommen. $G_3$ ist nach links gerichtet.

$$G_3 = 20 \cdot 0{,}766 = 15{,}32 \text{ kN} \leftarrow$$

Als Bezugspunkt der Momentengleichgewichtsbedingung wird der Ursprung (Punkt $a$) gewählt

$$\Sigma M_a = 0 = G_1 \cdot 0 + G_2 \cdot 6 + G_3 \cdot 4 - F_y \cdot 2{,}5 - F_x \cdot 4$$

$$G_2 \cdot 6 = -G_3 \cdot 4 + 20 \sin 40^\circ \cdot 2{,}5 + 20 \cos 40^\circ \cdot 4$$

$$G_2 = \frac{1}{6}(-15{,}32 \cdot 4 + 32{,}15 + 15{,}32 \cdot 4) = 5{,}35 \text{ kN}\uparrow$$

$G_2$ ist also nach oben gerichtet.

Das Ergebnis wird in die erste Gleichung eingesetzt und liefert

$$G_1 = +F_y - G_2 = 20 \cdot \sin 40^\circ - 5{,}35 = 12{,}86 - 5{,}35 = 7{,}51 \text{ kN}\uparrow$$

b) Mit Hilfe von Momentengleichgewichtsbedingungen kann die Aufgabe noch einfacher gelöst werden, wenn wir nämlich die Summen der Momente auf Punkte beziehen, in denen sich jeweils zwei Gleichgewichtskräfte schneiden. Auf diese Weise ergeben sich im günstigsten Fall drei entkoppelte oder voneinander unabhängige Gleichungen für die Gleichgewichtskräfte. Im vorliegenden Beispiel sind solche Bezugspunkte die Punkte $c$ (Schnittpunkt von $G_2$ und $G_3$) und $d$ (Schnittpunkt von $G_1$ und $G_3$); der Schnittpunkt von $G_1$ und $G_2$ liegt im Unendlichen, als dritte Gleichgewichtsbedingung bietet sich daher $\Sigma X = 0$ an.

$$\Sigma M_c = 0 = +F_y \cdot 3{,}5 - G_1 \cdot 6 \qquad G_1 = +20 \cdot \sin 40^\circ \cdot \frac{3{,}5}{6{,}0} = 7{,}5 \text{ kN}\uparrow$$

Die Gleichgewichtskraft $G_1$ ist nach oben gerichtet

$$\Sigma M_d = 0 = -F_y \cdot 2{,}5 + G_2 \cdot 6$$

$$G_2 = +F \cdot \sin 40^\circ \frac{2{,}5}{6{,}0} = 20 \cdot 0{,}643 \cdot 0{,}416$$

$$G_2 = 5{,}35 \text{ kN}\uparrow$$

Weiter benutzen wir

$$\overset{+}{\rightarrow} \Sigma X = 0 = F_x - G_3 \qquad G_3 = F_x = 15{,}32 \text{ kN}$$

Als Kontrollen können $\Sigma Y = 0$ und $\Sigma M_b = 0$ benutzt werden

$$\Sigma Y = G_1 + G_2 - F_y = 7{,}5 + 5{,}35 - 12{,}86 \approx 0$$

$$\overset{+}{\curvearrowleft} \Sigma M_b = -G_1 \cdot 6 + F_{1y} \cdot 3{,}5 - F_{1x} \cdot 4 + G_3 \cdot 4$$

$$= -7{,}5 \cdot 6 + 12{,}86 \cdot 3{,}5 - 15{,}32 \cdot 4 + 15{,}32 \cdot 4 = 0$$

Zeichnerische Lösungen

a) Zuerst ermitteln wir die Gleichgewichtskräfte mit dem Culmannschen Verfahren (s. Abschn. 3.2.2.1). Wir überlegen zunächst, welche beiden Gleichgewichtskräfte wir zu einer Teilresultierenden zusammenfassen und wählen hier $G_2$ und $G_3$, deren Wirkungslinien sich in $c$ schneiden (**84**.1). Die Gleichgewichtskraft $G_1$ bringen wir nun mit der angreifenden Kraft $F$ in $e$ zum Schnitt. Da drei Kräfte nur im Gleichgewicht stehen können, wenn sie sich in einem Punkt schneiden, muß $R_{2,3}$ auch durch $e$ gehen; wir verbinden die Punkte $c$ und $e$ und kennen damit den Richtungswinkel von $R_{2,3}$.

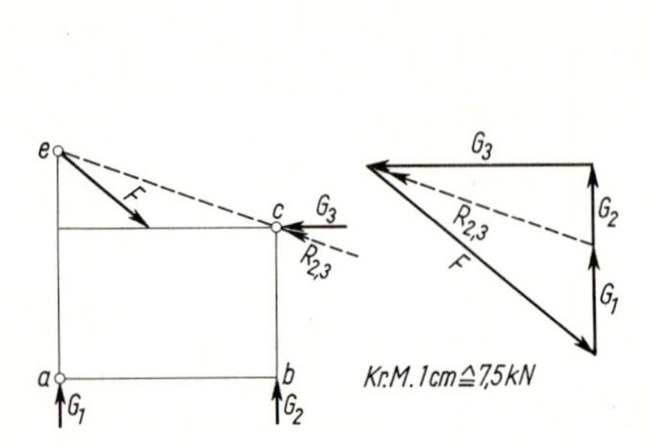


**84**.1 Lösung nach Culmann

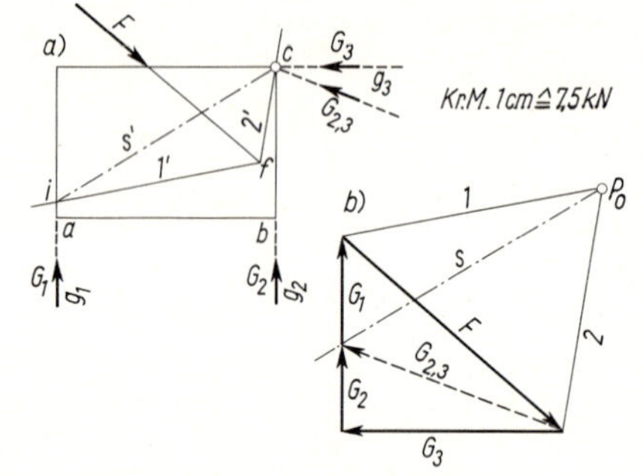


**84**.2 Gleichgewichtskräfte mittels Polfigur und Seileck

Im Krafteck werden dann die Beträge und Richtungen der Gleichgewichtskräfte ermittelt. Nachdem $F$ maßstäblich gezeichnet ist, erhält man durch Zeichnen der Parallelen zu $G_1$ und $R_{2,3}$ deren Betrag und durch nochmaliges Umfahren (hier linksherum) deren Richtung. Die Hilfsgröße $R_{2,3}$ wird nun in die beiden Gleichgewichtskräfte $G_2$ und $G_3$ zerlegt; die Komponenten $G_2$ und $G_3$ müssen $R_{2,3}$ ersetzen, daher ist deren Umfahrungssinn dem von $R_{2,3}$ entgegengesetzt. Für die angreifende Kraft $F = 20$ kN liefert das Krafteck die Richtungen der Gleichgewichtskräfte in einem einheitlichen Umfahrungssinn und die Beträge

$$G_1 = 7{,}5 \text{ kN} \qquad G_2 = 5{,}35 \text{ kN} \qquad G_3 = 15{,}3 \text{ kN}$$

Dieses Verfahren ist geeignet, wenn die Wirkungslinien der Kräfte gut auf der Zeichenebene zum Schnitt gebracht werden können.

b) Wenn mehrere Kräfte vorhanden sind, deren Wirkungslinien sich auf der Zeichenfläche unter sehr spitzen Winkeln oder erst außerhalb der Zeichenfläche schneiden, löst man die Aufgabe zeichnerisch mittels Polfigur und Seileck. Natürlich kann man dieses Verfahren auch bei günstig liegenden Schnittpunkten – wie in der vorliegenden Aufgabe – anwenden.

In Bild **84**.2a sind die Wirkungslinien $g_1$, $g_2$ und $g_3$ der Gleichgewichtskräfte an der Scheibe eingetragen. In Bild **84**.2b wird zuerst die gegebene Kraft $F$ im gewählten Kräftemaßstab gezeichnet. Nun nehmen wir einen geeigneten Punkt $P_O$ als Pol an und ziehen die Polstrahlen 1 und 2. Wenn wir die zu den Polstrahlen 1 und 2 parallelen Seilstrahlen 1′ und 2′ ganz beliebig in den Lageplan $a$ eintragen würden, so würden wir keine eindeutige Lösung der Aufgabe erhalten, weil die Zahl der Bestimmungsgrößen nicht ausreichte. Wir gelangen jedoch durch folgende Überlegung zum Ziel:

Wir bringen zwei Wirkungslinien zum Schnitt und erhalten dadurch den gemeinsamen Durchgangspunkt von zwei Gleichgewichtskräften. In unserer Aufgabe werden die Wirkungslinien $g_2$ und $g_3$ in $c$ zum Schnitt gebracht. Jetzt legen wir den Seilstrahl 2′ durch $c$; er schneidet die Wirkungslinie des Kraftvektors $F$ in $f$; durch $f$ ziehen wir den Seilstrahl 1′, der die Wirkungslinie $g_1$ in $i$ schneidet. $G_1$ schneidet das Seileck also in $i$, $G_2$ und $G_3$ schneiden mit ihrer gemeinsamen Resultierenden $G_{2,3}$ das Seileck in $c$. Das Gleichgewicht erfordert nun ein geschlossenes Seileck und ein geschlossenes Krafteck; wir ziehen in Figur $a$ die Schlußlinie $s'$ von $i$ nach $c$ und haben damit das Seileck geschlossen. Die Schlußlinie $s'$ übertragen wir in die Figur $b$) als Schlußlinie $s$ durch $P_O$, mit deren Hilfe das geschlossene Krafteck $\vec{F}\vec{G}_{2,3}\vec{G}_1$ gezeichnet werden kann. Die Kraftvektoren $G_2$ und $G_3$ erhalten wir, indem wir $G_{2,3}$ parallel den Wirkungslinien $g_2$ und $g_3$ zerlegen. Insgesamt sind damit die Gleichgewichtskräfte $G_1$, $G_2$ und $G_3$ ermittelt, die $F$ das Gleichgewicht halten. Die Zahlenwerte ergeben sich wie unter a).

Das richtige Vorgehen wird geprüft an Hand der Tatsache, daß einem Punkt im Seileck ein Dreieck in der Polfigur entspricht (vgl. Abschn. 3.2.3.1): Im Punkt $i$ schneiden sich $G_1$ und die Seilstrahlen 1′ und $s'$, in der Polfigur entspricht dem das Dreieck $G_1$–1–$s$. Im Punkt $c$ schneiden sich $G_{2,3}$ und die Seilstrahlen 2′ und $s'$, in der Polfigur bilden die entsprechenden Kraftvektoren das Kraftdreieck $G_{2,3}$–$s$–2. Diese Beziehung zwischen Seileck und Polfigur liefert immer eine schnelle grundsätzliche Kontrolle.

## 4.2.2 Gleichgewichtsbedingungen für räumlich orientierte Kräfte

Auch für jedes räumliche Gleichgewichtssystem gilt, wie bereits in Abschn. 4.2 ausgeführt, daß

$$\vec{R} = 0 \qquad\qquad \vec{M}_{\text{resultierend}} = 0$$

sein müssen. Diese beiden Vektorbedingungen formen wir für die praktische Anwendung um und unterscheiden dabei zwischen Kräftegruppen, die an einem Punkt angreifen (zentrales räumliches Kräftesystem) und Kräftegruppen, die nicht an einem Punkt angreifen (allgemeines räumliches Kräftesystem). Die Gleichgewichtskräfte können auch bei räumlichen Problemen zeichnerisch oder rechnerisch bestimmt werden; wir beschränken uns zunächst auf die rechnerische Lösung und stellen im Beispiel 1 des Abschn. 4.2.2.3 auch eine zeichnerische Lösung vor.

### 4.2.2.1 Räumliche Kräftegruppe an einem Punkt

Wenn alle räumlich orientierten Kräfte an einem Punkt angreifen, genügt die Gleichgewichtsbedingung $\vec{R} = 0$. Wie bei einem zentralen ebenen Kräftesystem kann ein Kräftepaar oder ein freier Momentenvektor nicht vorhanden sein; die zweite Gleichgewichtsbedingung $\vec{M}_{\text{resultierend}} = 0$ wird nicht benötigt.

Für die praktische Rechnung legen wir in den gemeinsamen Angriffspunkt aller Kräfte $F_i$ den Ursprung eines rechtwinkligen rechtsdrehenden Koordinatensystems und zerlegen mit den Gl. (63.1) die Kräfte $F_i$ in ihre Komponenten $F_{ix}$, $F_{iy}$ und $F_{iz}$. Als nächstes setzen wir in Richtung der positiven Koordinatenachsen die Komponenten $G_x$, $G_y$ und $G_z$ der Gleichgewichtskraft $G$ an und summieren gleichnamige Komponenten algebraisch:

$$\Sigma X = \Sigma F_{ix} + G_x \qquad \Sigma Y = \Sigma F_{iy} + G_y \qquad \Sigma Z = \Sigma F_{iz} + G_z$$

Die Resultierende aus angreifenden Kräften und Gleichgewichtskraft hat den Betrag

$$R = \sqrt{(\Sigma X)^2 + (\Sigma Y)^2 + (\Sigma Z)^2},$$

er muß im Falle des Gleichgewichts null sein. Das ist nur möglich, wenn jeder Summand unter der Wurzel null ist. Damit erhalten wir für die rechnerische Behandlung eines zentralen räumlichen Kräftesystems die drei Gleichgewichtsbedingungen

$$\Sigma X = 0 \qquad \Sigma Y = 0 \qquad \Sigma Z = 0 \tag{86.1}$$

Jede Summe enthält Komponenten der angreifenden Kräfte und eine Komponente der Gleichgewichtskraft; wir können also $G_x$, $G_y$ und $G_z$ aus drei voneinander unabhängigen Gleichungen bestimmen. Betrag und Richtungskosinus der Gleichgewichtskraft $G$ berechnen wir mit

$$G = \sqrt{G_x^2 + G_y^2 + G_z^2}$$

$$\cos\alpha_G = G_x/G \qquad \cos\beta_G = G_y/G \qquad \cos\gamma_G = G_z/G$$

Mit den Gl. (86.1) können wir auch drei Gleichgewichtskräfte bestimmen, deren Wirkungslinien durch den Angriffspunkt der Kräfte $F_i$ gehen und deren Richtungen beliebig, aber bekannt sind. Für die Lösung einer solchen Aufgabe zerlegen wir angreifende Kräfte $F_i$ und Gleichgewichtskräfte $G_j\,(j = 1, 2, 3)$ in ihre Komponenten $F_{ix}$, $F_{iy}$, $F_{iz}$ und $G_j \cos\alpha_j$, $G_j \cos\beta_j$, $G_j \cos\gamma_j$ und stellen wieder die Gl. (86.1) auf. Dadurch erhalten wir drei Gleichungen mit den drei Unbekannten $G_j$, die im allgemeinen nicht entkoppelt, sondern voneinander abhängig sind: In jeder der drei Komponentengleichgewichtsbedingungen kann eine Komponente von jeder der drei Gleichgewichtskräfte auftreten (s. Beispiel 1 des Abschn. 4.2.2.3).

#### 4.2.2.2 Allgemeines räumliches Kräftesystem

Ein allgemeines räumliches Kräftesystem befindet sich im Gleichgewicht, wenn die Bedingungen $\vec{R} = 0$ und $\vec{M}_{\text{resultierend}} = 0$ erfüllt sind. Nach Einführung eines $(x, y, z)$-Koordinatensystems können wir für die Resultierende wieder schreiben

$$R = \sqrt{(\Sigma X)^2 + (\Sigma Y)^2 + (\Sigma Z)^2} = 0$$

und für den resultierenden Momentenvektor ergibt sich sinngemäß

$$M_{\text{resultierend}} = \sqrt{(\Sigma M_x)^2 + (\Sigma M_y)^2 + (\Sigma M_z)^2} = 0$$

Die Resultierende und der resultierende Momentenvektor sind nur null, wenn alle Summanden unter den Wurzeln verschwinden. Damit erhalten wir für die praktische Berechnung eines allgemeinen räumlichen Kräftesystems die sechs Gleichgewichtsbedingungen

$$\begin{aligned} \Sigma X &= 0 \qquad & \Sigma Y &= 0 \qquad & \Sigma Z &= 0 \\ \Sigma M_x &= 0 \qquad & \Sigma M_y &= 0 \qquad & \Sigma M_z &= 0 \end{aligned} \tag{86.2}$$

In den Summen sind sowohl die Komponenten aller angreifenden Kräfte und Momente (Lasten, Lastmomente, Aktionen) als auch die Komponenten von Gleichgewichtskräften und -momenten (Lagerkräften, Lagermomenten, Einspannmomenten, Stützgrößen, Reaktionen) enthalten. Auch in der räumlichen Statik können wir Kräftegleichgewichtsbedingungen ersetzen durch Momentengleichgewichtsbedingungen um Achsen, die zu $x$-, $y$- oder $z$-Achse parallel sind.

### 4.2.2.3 Anwendungen

**Beispiel 1:** Zentrales räumliches Kraftsystem: In der Spitze des in Bild **87**.2 dargestellten Dreibocks greift eine vertikale Last $F = 35$ kN an. Zur besseren Verdeutlichung ist neben Grund- und Aufriß auch der Seitenriß gezeichnet. Die Stabkräfte $S_1$, $S_2$ und $S_3$ sollen ermittelt werden.

Die gewählten positiven Koordinatenrichtungen $x$, $y$, $z$ sind in Bild **87**.3 eingetragen. $F$ wirkt also in Richtung $z$. Wir führen zunächst alle Stabkräfte als Zugkräfte ein. Im Knotenpunkt $a$ greifen Last und Stabkräfte dann gemäß Bild **87**.3 an.

Tabelle **87**.1 Koordinaten der Stabendpunkte und Verknüpfungstabelle

| Punkt | $x$ | $y$ | $z$ |
|---|---|---|---|
| 0 | 0 | 0 | o |
| 1 | +4,00 | −2,00 | +3,50 |
| 2 | −2,00 | −1,20 | +3,50 |
| 3 | +1,00 | +2,50 | +3,50 |

| Stab | von Knoten | nach Knoten |
|---|---|---|
| 1 | 0 | 1 |
| 2 | 0 | 2 |
| 3 | 0 | 3 |

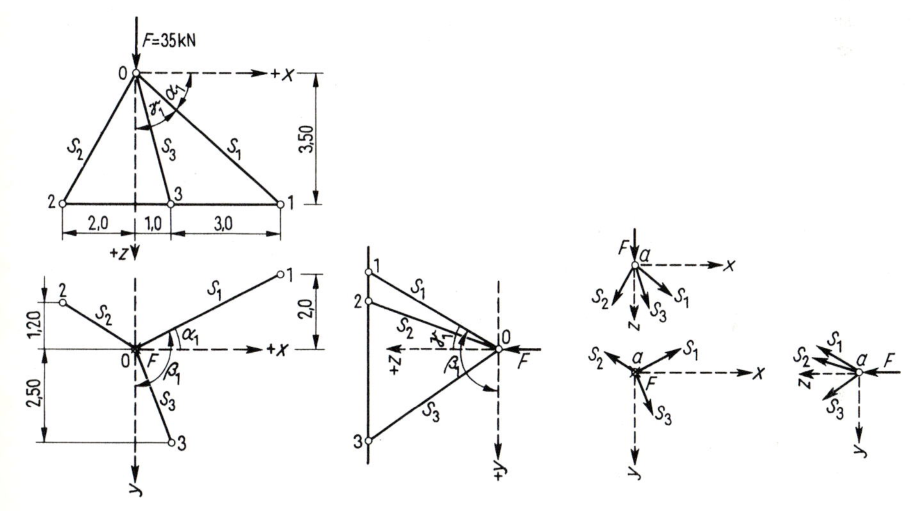


**87**.2 Dreibock (räumliche Winkel verzerrt abgebildet)

**87**.3 Last $F$ und Annahme der Stabkräfte in Punkt $a$

Die drei Gleichgewichtsbedingungen des zentralen räumlichen Kräftesystems (Gl. (86.1)) lauten dann

$$\Sigma X = 0 = S_1 \cos\alpha_1 + S_2 \cos\alpha_2 + S_3 \cos\alpha_3$$

$$\Sigma Y = 0 = S_1 \cos\beta_1 + S_2 \cos\beta_2 + S_3 \cos\beta_3$$

$$\Sigma Z = 0 = S_1 \cos\gamma_1 + S_2 \cos\gamma_2 + S_3 \cos\gamma_3 + F$$

Die in diesen Gleichungen auftretenden Richtungskosinus der Stabkräfte $S_i$ sind gleich den Richtungskosinus der Stäbe $\overline{0i}$, da die Stabkräfte in den Achsen der Stäbe wirken. Alle Komponenten der Stabkräfte wurden positiv eingeführt; Komponenten, die in Richtung der negativen Koordinatenachsen wirken, erhalten das negative Vorzeichen durch den Zahlenwert des Richtungskosinus.

Wir berechnen die Richtungskosinus wie im Beispiel 1 des Abschn. 3.4.6:

Stab 1 zwischen den Punkten 0 und 1

$$l_{01} = \sqrt{(x_1 - x_0)^2 + (y_1 - y_0)^2 + (z_1 - z_0)^2} = \sqrt{(+4)^2 + (-2)^2 + (+3{,}5)^2} = 5{,}679 \text{ m}$$

$$\cos\alpha_1 = (x_1 - x_0)/l_{01} = 4{,}0/5{,}679 = 0{,}7044 = \cos 45{,}22°$$

$$\cos\beta_1 = (y_1 - y_0)/l_{01} = -2{,}0/5{,}679 = -0{,}3522 = \cos 110{,}62°$$

$$\cos\gamma_1 = (z_1 - z_0)/l_{01} = 3{,}5/5{,}679 = 0{,}6163 = \cos 51{,}95°$$

Stab 2 zwischen den Punkten 0 und 2:

$$l_{02} = \sqrt{(x_2 - x_0)^2 + (y_2 - y_0)^2 + (z_2 - z_0)^2} = \sqrt{(-2)^2 + (-1{,}2)^2 + (+3{,}5)^2} = 4{,}206 \text{ m}$$

$$\cos\alpha_2 = (x_2 - x_0)/l_{02} = -2{,}0/4{,}206 = -0{,}4755 = \cos 118{,}39°$$

$$\cos\beta_2 = (y_2 - y_0)/l_{02} = -1{,}2/4{,}206 = -0{,}2853 = \cos 106{,}58°$$

$$\cos\gamma_2 = (z_2 - z_0)/l_{02} = 3{,}5/4{,}206 = 0{,}8322 = \cos 33{,}68°$$

Stab 3 zwischen den Punkten 0 und 3:

$$l_{03} = \sqrt{(x_3 - x_0)^2 + (y_3 - y_0)^2 + (z_3 - z_0)^2} = \sqrt{(+1)^2 + (+2{,}5)^2 + (+3{,}5)^2} = 4{,}416 \text{ m}$$

$$\cos\alpha_3 = (x_3 - x_0)/l_{03} = 1{,}0/4{,}416 = 0{,}2265 = \cos 76{,}91°$$

$$\cos\beta_3 = (y_3 - y_0)/l_{03} = 2{,}5/4{,}416 = 0{,}5661 = \cos 55{,}52°$$

$$\cos\gamma_3 = (z_3 - z_0)/l_{03} = 3{,}5/4{,}416 = 0{,}7926 = \cos 37{,}57°$$

Wenn wir diese Zahlenwerte einsetzen und das Lastglied $F = 35$ kN auf die rechte Seite schreiben, lautet das Gleichungssystem

$$+0{,}7044\, S_1 - 0{,}4755\, S_2 + 0{,}2265\, S_3 = 0$$

$$-0{,}3522\, S_1 - 0{,}2853\, S_2 + 0{,}5661\, S_3 = 0$$

$$+0{,}6163\, S_1 + 0{,}8322\, S_2 + 0{,}7926\, S_3 = -35$$

88.1 Druckstäbe infolge $F$

Seine Auflösung ergibt die Stabkräfte

$$S_1 = -8{,}77 \text{ kN} \qquad S_2 = -20{,}52 \text{ kN} \qquad S_3 = -15{,}80 \text{ kN}$$

Die negativen Vorzeichen bedeuten, daß die Schubkräfte nicht wie angesetzt als Zugkräfte vom Knoten 0 weg, sondern als Druckkräfte auf den Knoten 0 hin wirken (**88**.1).

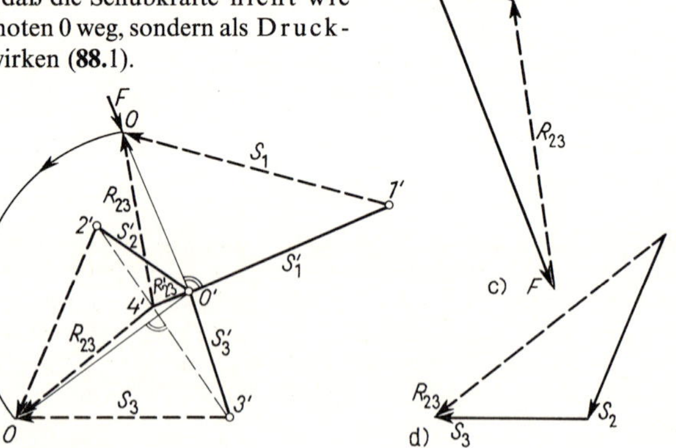


**88**.2 Zeichnerische Ermittlung der Stabkräfte

a) Ansicht, b) Grundriß mit umgeklappten Dreiecken 014 sowie 024 und 034, c) Ermittlung von $S_1$ und $R_{23}$, d) Ermittlung von $S_2$ und $S_3$

Die zeichnerische Lösung der Aufgabe finden wir mittels Aufriß und Grundriß nach dem von Culmann angegebenen Verfahren (**88**.2). Dabei formulieren wir das Gleichgewicht im Punkt 0 als Gleichgewicht zwischen der Kraft $F$, der Stabkraft $S_1$ und der Resultierenden $R_{23}$ aus den Stabkräften $S_2$ und $S_3$. $F$, $S_1$ und $R_{23}$ müssen ein geschlossenes Krafteck bilden; das ist nur möglich, wenn die drei Kräfte in einer Ebene liegen. Diese Ebene $E_{F1}$ wird bestimmt durch die Wirkungslinien von $F$ und $S_1$; $E_{F1}$ ist eine vertikale Ebene, ihre Spur im Grundriß ist die Gerade, die wir durch beiderseitiges Verlängern der Grundrißprojektion von $S_1$ erhalten. Andererseits muß die Resultierende $R_{23}$ in der durch $S_2$ und $S_3$ festgelegten Ebene $E_{23}$ liegen, deren Spur im Grundriß die Gerade durch die Fußpunkte 2 und 3 ist. Die Wirkungslinie von $R_{23}$ ist somit die Schnittgerade der Ebenen $E_{F1}$ und $E_{23}$; ein Punkt dieser Schnittgeraden ist der Schnittpunkt 4 der Grundrißspuren von $E_{F1}$ und $E_{23}$, ein zweiter der Knotenpunkt 0.

Damit ergibt sich die folgende Konstruktion: Wir zeichnen die Grundrißprojektion des Dreibocks (**88**.2b) mit den Grundrißspuren der Ebenen $E_{F1}$ und $E_{23}$ und klappen in sie das Dreieck 014 in wahrer Größe um. Dem umgeklappten Dreieck entnehmen wir die Richtungen von $F$, $S_1$ und $R_{23}$, mit denen wir das Krafteck dieser Kräfte konstruieren (**88**.2c). Außerdem liefert uns das umgeklappte Dreieck 014 die wahre Länge der Strecke $\overline{04}$, mit deren Hilfe wir die in der Ebene $E_{23}$ liegenden Dreiecke 024 und 034 in wahrer Größe in den Grundriß umklappen können. Aus diesen Dreiecken erhalten wir die Richtungen der Kräfte $S_1$, $S_2$ und $R_{23}$, so daß wir abschließend die Resultierende $R_{23}$ in die Stabkräfte $S_2$ und $S_3$ zerlegen können (**88**.2d).

**Beispiel 2:** Allgemeines räumliches Kraftsystem. Eine Stahlbetonplatte wird durch die in Bild **89**.1 dargestellte Stabkonstruktion getragen. Alle Stäbe sind an der Stahlbetonplatte und an der Erdscheibe gelenkig angeschlossen. Es soll untersucht werden, welche Stabkräfte infolge der vertikalen Einzellast $F = 10$ kN entstehen.

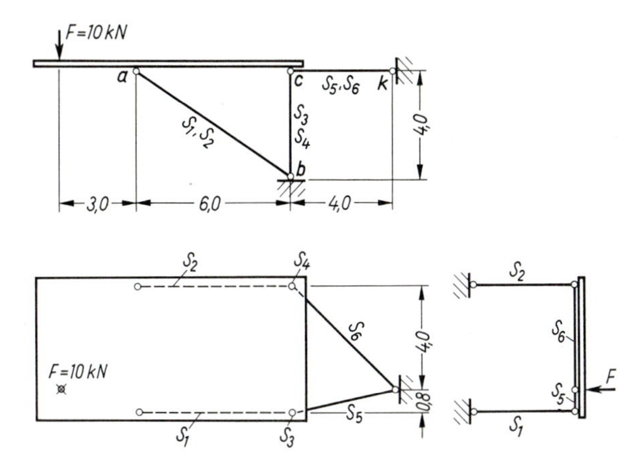


**90**.1
Räumliches Stabwerk mit Stahlbetonplatte

Für die Bestimmung der Stabkräfte stehen uns mit den Gl. (85.2) drei Komponenten- und drei Momentengleichgewichtsbedingungen für drei Achsen zur Verfügung. Wir versuchen jedoch zunächst, die Komponentenbedingungen durch Momentenbedingungen zu ersetzen und stellen Momentengleichungen um sechs Achsen auf. Der Grund für dieses Vorgehen ist, daß die Zahl der Unbekannten in den Gleichungen möglichst gering sein soll, um sie rascher lösen zu können. Auch wollen wir die Achsen möglichst so wählen, daß die Hebelarme für die Bildung der Momente einfach abgelesen werden können.

Für die Aufstellung der Gleichungen wird angenommen, daß die sechs unbekannten Gleichgewichtskräfte als Zugkräfte an der Platte angreifen (**90**.1). Wir wählen die Achsen *a–a* bis *f–f* (**90**.2) und stellen für diese die Momentengleichgewichtsbedingungen auf

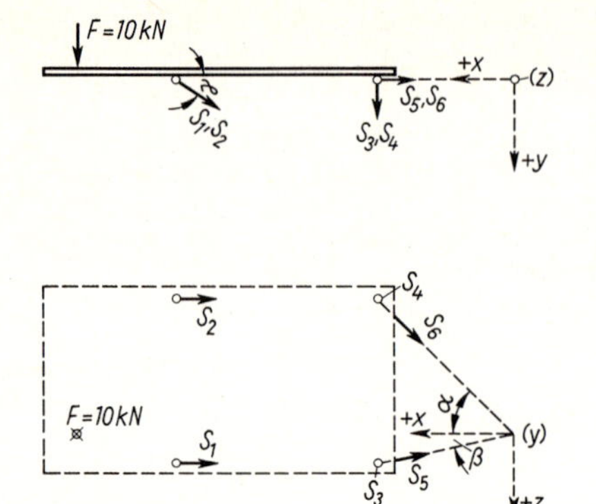


**90.**3 Unbekannte Gleichgewichtskräfte als Zugkräfte eingeführt

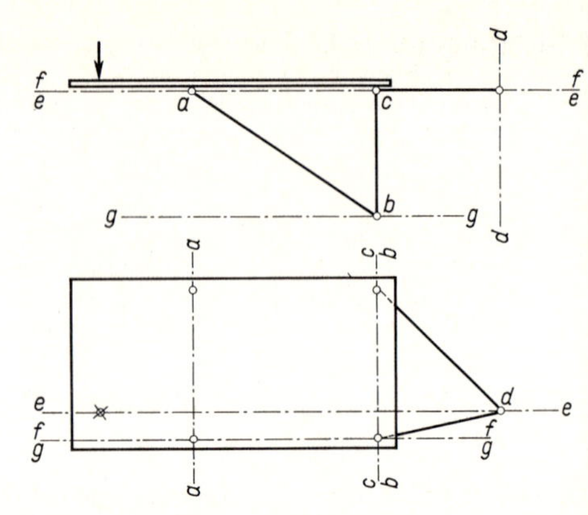


**90.**2 Achsen für die Momenten-Gleichgewichtsbedingungen

Gl. (1) um Achse *a–a* $\quad \Sigma M_a = 0 = F \cdot 3 - S_3 \cdot 6 - S_4 \cdot 6 = 0$

Gl. (2) um Achse *b–b* $\quad \Sigma M_b = 0 = F \cdot 9 - S_5 \cdot \cos\alpha \cdot 4 - S_6 \cdot \cos\beta \cdot 4 = 0$

mit $\alpha = 45°$ und $\beta = 11{,}31°$ wird

$$F \cdot 9 - S_5 \cdot 2{,}828 - S_6 \cdot 3{,}922 = 0$$

Gl. (3) um Achse *c–c* $\quad \Sigma M_c = 0 = F \cdot 9 + S_1 \cdot \sin\gamma \cdot 6 + S_2 \cdot \sin\gamma \cdot 6$

mit $\gamma = 33{,}69°$

$$F \cdot 9 + S_1 \cdot 3{,}3282 + S_2 \cdot 3{,}3282 = 0$$

Gl. (4) um Achse *d–d* $\quad \Sigma M_d = 0 = S_1 \cdot \cos\gamma \cdot 0{,}8 - S_2 \cdot \cos\gamma \cdot 4{,}0 = 0$

$$S_1 \cdot 0{,}6656 - S_2 \cdot 3{,}3282 = 0$$

Gl. (5) um Achse *e–e* $\quad \Sigma M_e = 0 = S_1 \cdot \sin\gamma \cdot 0{,}8 - S_2 \cdot \sin\gamma \cdot 4 + S_3 \cdot 0{,}8 - S_4 \cdot 4{,}0 = 0$

$$S_1 \cdot 0{,}4438 - S_2 \cdot 2{,}2188 + S_3 \cdot 0{,}8 - S_4 \cdot 4{,}0 = 0$$

Gl. (6) um Achse *f–f* $\quad \Sigma M_f = 0 = -F \cdot 0{,}8 - S_2 \cdot \sin\gamma \cdot 4{,}8 - S_4 \cdot 4{,}8 = 0$

$$-F \cdot 0{,}8 - S_2 \cdot 2{,}6626 - S_4 \cdot 4{,}8 = 0$$

Die vorstehenden Gleichungen lassen erkennen, daß aus ihnen die unbekannten Kräfte in folgender Reihenfolge ermittelt werden können:

Gl. (3) und (4) liefern $S_1$ und $S_2$

Gl. (6) ergibt $S_4$ und Gl. (5) $S_3$

Wir sehen weiter, daß Gl. (1) keine Aussage liefert: Ihre Unbekannten $S_3$ und $S_4$ haben wir bereits aus den Gl. 5 und 6 bestimmt. Dagegen enthält die übriggebliebene Gl. 2 noch zwei Unbekannte. Wir müssen daher anstelle der Gl. 1 eine neue Gleichgewichtsbedingung aufstellen und entscheiden uns für die Momentengleichgewichtsbedingung um die Achse *g*.

Gl. (7) um Achse *g–g* $\quad \Sigma M_g = 0 = -F \cdot 0{,}8 - S_2 \cdot \sin\gamma \cdot 4{,}8$

$$-S_4 \cdot 4{,}8 + S_6 \cdot \sin\alpha \cdot 4 - S_5 \cdot \sin\beta \cdot 4 = 0$$

$$-F \cdot 0{,}8 - S_2 \cdot 2{,}6626 - S_4 \cdot 4{,}8 + S_6 \cdot 2{,}828 - S_5 \cdot 0{,}7844 = 0$$

Mit Hilfe von Gl. (2) können wir jetzt die Stabkräfte $S_5$ und $S_6$ bestimmen.

Die Zahlenrechnung liefert

| | | |
|---|---|---|
| Gl. (3) | $S_1 \cdot 3{,}3282 + S_2 \cdot 3{,}3282 = -90$ | |
| Gl. (4) | $S_1 \cdot 0{,}6656 - S_2 \cdot 3{,}3282 = 0$ | |
| Gl. (3) + Gl. (4) | $S_1 \cdot 3{,}9938 = -90$ | $S_1 = -22{,}535$ kN |
| Gl. (3) | $S_2 \cdot 3{,}3282 = -90 + 22{,}535 \cdot 3{,}3282$ | $S_2 = -4{,}435$ kN |
| Gl. (6) | $-(-4{,}435) \cdot 2{,}6625 - S_4 \cdot 4{,}8 = 8$ | $S_4 = 0{,}793$ kN |
| Gl. (5) | $-22{,}535 \cdot 0{,}4438 - (-4{,}435)\,2{,}2188 + S_3 \cdot 0{,}8 - 0{,}793 \cdot 4 = 0$ | $S_3 = 4{,}168$ kN |
| Gl. (7) | $-(-4{,}435) \cdot 2{,}6626 - 0{,}793 \cdot 4{,}8 - S_5 \cdot 0{,}7844 + S_6 \cdot 2{,}828 = 8$ | |
| Gl. (7) | $-S_5 \cdot 0{,}7844 + S_6 \cdot 2{,}828 = -0{,}002$ | |
| Gl. (2) | $-S_5 \cdot 2{,}828 - S_6 \cdot 3{,}922 = -90$ | $\Big\vert \cdot \dfrac{2{,}828}{3{,}922}$ |
| Gl. (2) | $-S_5 \cdot 2{,}0392 - S_6 \cdot 2{,}828 = -64{,}895$ | |
| Gl. (7) + Gl. (2) | $-S_5 \cdot 2{,}8236 = -64{,}897$ | $S_5 = 22{,}983$ kN |
| Gl. (2) | $S_6 \cdot 3{,}922 = 90 - 22{,}983 \cdot 2{,}828$ | $S_6 = 6{,}375$ kN |

Anstelle der Gl. (7) hätten wir auch eine Komponentengleichgewichtsbedingung, etwa im Knotenpunkt $k$ (die Gleichgewichtskräfte $S_5$ und $S_6$ schneiden sich dort) anschreiben können. Da wir die Kräfte $S_5$ und $S_6$ zuletzt ausgerechnet haben, ist diese Gleichung als Kontrolle für die Berechnung gut geeignet. Es ist mit Bild **91**.1

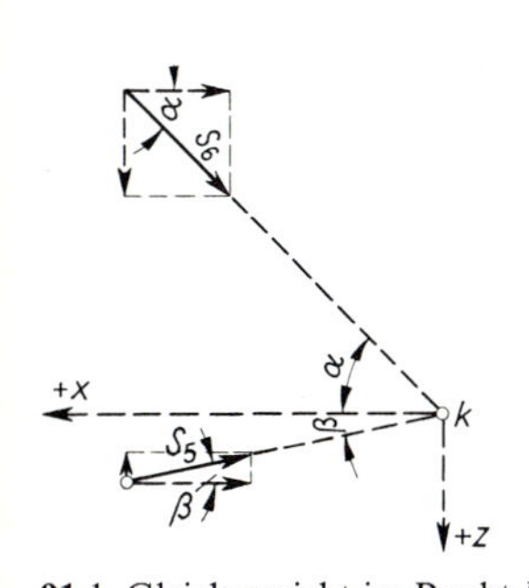


**91**.1 Gleichgewicht im Punkt $k$

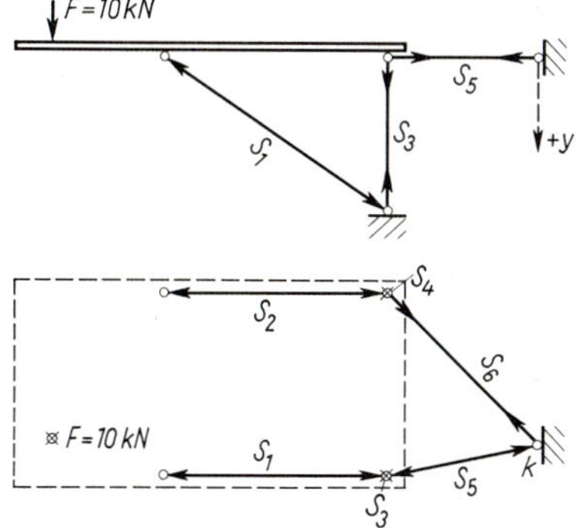


**91**.2 Stabkräfte am räumlichen Stabwerk

$$\Sigma Z = 0 = S_6 \cdot \sin\alpha - S_5 \cdot \sin\beta = S_6 \cdot 0{,}7071 - S_5 \cdot 0{,}1961$$

die Werte eingesetzt:

$$6{,}375 \cdot 0{,}7071 - 22{,}983 \cdot 0{,}1961 = 4{,}5078 - 4{,}5070 = 0{,}0008 \approx 0$$

Da oben alle Gleichgewichtskräfte als Zugkräfte eingeführt waren, bedeuten positive Ergebnisse Zugkräfte, und negative Ergebnisse bedeuten Druckkräfte.

| | | |
|---|---|---|
| $S_1 = -22{,}535$ kN | $S_2 = -\ \ 4{,}435$ kN | $S_3 = +4{,}168$ kN |
| $S_4 = +\ \ 0{,}793$ kN | $S_5 = +22{,}983$ kN | $S_6 = +6{,}375$ kN |

Auch die Bedingung $\Sigma V = 0$ muß erfüllt sein. Sie liefert (**91**.2)

$$\Sigma V = \Sigma Y = F - S_1 \cdot \sin\gamma - S_2 \cdot \sin\gamma + S_3 + S_4 = 10 - 12{,}50 - 2{,}46 + 4{,}168 + 0{,}793 =$$
$$= 14{,}96 - 14{,}96 = 0$$

# 4.3 Sicherheit gegen Kippen und Gleiten

## 4.3.1 Gleichgewichtszustände von Körpern

Während die Nachweise der Belastbarkeit und der Verformungen des Baugrundes Aufgaben der Bodenmechanik und des Grundbaus sind, wird der Nachweis der Kipp- und Gleitsicherheit des Bauwerks unter der Voraussetzung eines standfesten Baugrundes in der Regel von der Baustatik geführt.

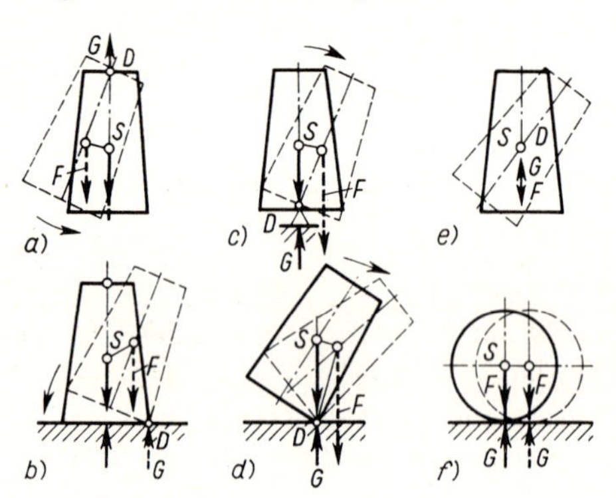


**92.**1 Gleichgewichtsarten
a) und b) stabil, c) und d) labil, e) und f) indifferent

Bei der Beurteilung der Standsicherheit von Körpern werden drei Gleichgewichtszustände unterschieden:

Man spricht von stabilem Gleichgewicht (**92.**1a und b), wenn der aufgehängte oder unterstützte Körper bei kleinen Auslenkungen aus der Gleichgewichtslage das Bestreben hat, wieder in seine ursprüngliche Lage zurückzukehren. Das bei der Auslenkung auftretende Kräftepaar aus $F$ und $G$ ist ein stabilisierendes Moment und dreht den Körper in die Ausgangslage zurück. Im Ruhezustand hat der Schwerpunkt seine tiefste Lage.

Labil nennt man einen Gleichgewichtszustand, wenn die geringste Störung den Körper aus seiner Ruhelage bringt, in die er nicht zurückkehrt (**92.**1c und d). Hier verursacht das bei der Auslenkung entstehende Kräftepaar aus $F$ und $G$ eine immer größer werdende Entfernung von der Ausgangslage, es ist ein destabilisierendes Moment.

Indifferent ist ein Gleichgewichtszustand dann, wenn der Schwerpunkt bei Bewegung des Körpers seine Höhenlage nicht ändert. Der Körper kann dann in allen Lagen in Ruhe sein (**92.**1e und f). Die Kräfte $F$ und $G$ haben auch nach einer Auslenkung eine gemeinsame Wirkungslinie und verursachen daher kein Drehmoment.

Schließlich können wir feststellen, daß oft nur eine relativ kleine Arbeit nötig ist, um Körper aus einer noch stabilen in eine labile Gleichgewichtslage zu überführen. Aus diesem

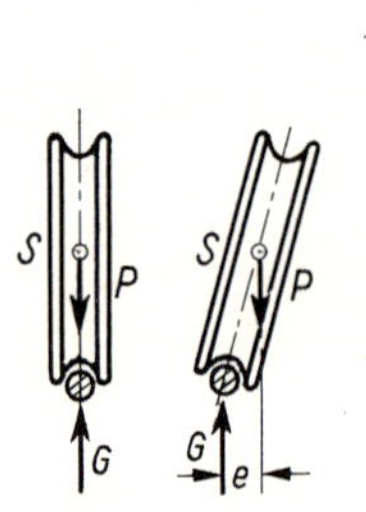


**92.**1 Laufrad am Seil

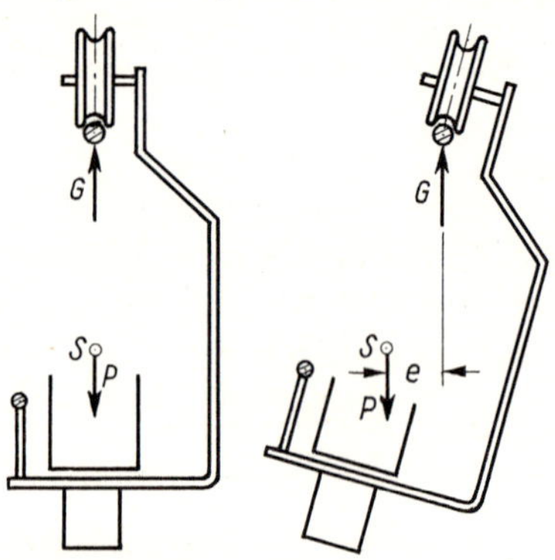


**92.**2 Sesselbahn an Laufrad

Grund bezeichnet man die Standsicherheit als um so größer, je mehr Arbeit aufgewendet werden muß, um einen Körper aus einer stabilen Gleichgewichtslage in eine nächstbenachbarte labile Gleichgewichtslage zu bringen.

Eine typisch technische Lösung eines Gleichgewichtsproblems zeigen die Bilder **92.**1 und **92.**2. Das Laufrad einer Seilbahn allein auf dem Seil angebracht, befände sich in einer labilen Gleichgewichtslage. Kommt jedoch durch einen Bügel der Schwerpunkt $S$ der Konstruktion (Sessel, Aufhängung und Laufrad) unterhalb der Auflagerung zu liegen, so entsteht bei einer Auslenkung aus der vertikalen Lage ein Kräftepaar, dessen Drehmoment $M_D$ die Konstruktion wieder in die Ausgangslage dreht.

## 4.3.2 Kippsicherheit

Damit ein Baukörper sich in einem stabilen Gleichgewichtszustand befindet, muß er zu seiner sicheren Unterstützung mindestens drei nicht in einer Geraden liegende Auflagerpunkte (**93.**1) haben (vgl. den dreibeinigen Schemel). Die Resultierende aller auf den Körper wirkenden Kräfte darf dabei nicht aus der durch die Umhüllenden der drei Punkte gebildeten Stützfläche herausfallen. Trifft die Resultierende gerade auf eine Stützkante, so befindet sich der Körper im labilen Gleichgewicht, weil in diesem Fall nämlich eine kleinste Störung die Resultierende $R$ bereits aus der Stützfläche herausbringen würde. Schneidet $R$ die Stützfläche außerhalb, so kippt der Körper um, wenn er nicht an den Stützpunkten verankert ist.

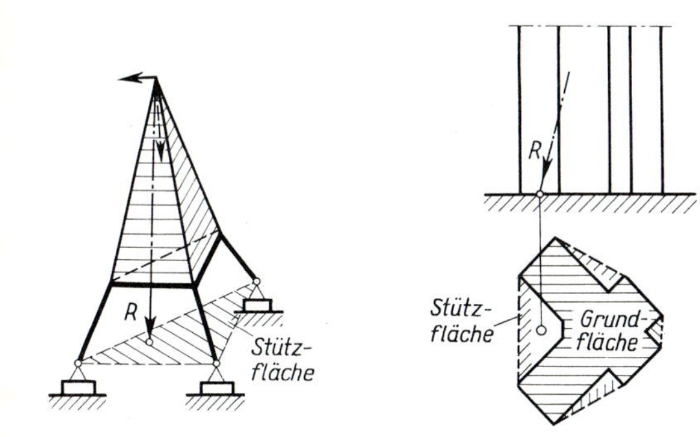


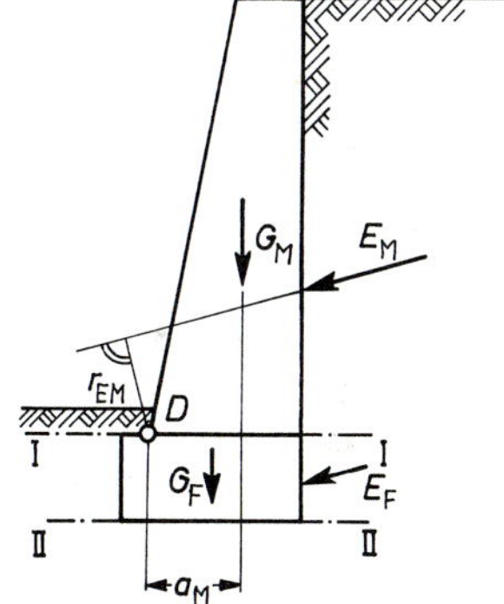


**93.**1 Stand- und Kippmoment **93.**2 Räumliche 3-Punkt-Stützung **93.**3 Grund- und Stützfläche

Die meisten Baukörper sind am Boden nicht auf einzelnen Punkten, sondern auf Flächen gelagert. Als Stützfläche bei der Bestimmung der Standsicherheit gilt dann die Fläche, die von den Umhüllenden der Grundfläche gebildet wird, d.h., einspringende Ecken und Kanten beeinträchtigen die Größe der Stützfläche nicht (**93.**2).

Ein Körper ist standfest, d.h., er kippt nicht, wenn wie in Bild **93.**3 für die aufgehende Mauer oberhalb I–I dargestellt das Moment aller kippenden Kräfte für die Kippkante $D$ kleiner ist als das Moment der Kräfte, die dem Kippen entgegenwirken. Das Moment $M_K = E_M \cdot r_{EM}$ aus den kippenden Kräften heißt Kippmoment, während man das Moment aus den widerstehenden Kräften $M_S = G_M \cdot a_M$ mit Standmoment bezeichnet. Das Verhältnis beider ist die Kippsicherheit $\gamma_K$:

$$\gamma_K = \frac{M_S}{M_K} \qquad \textbf{Kippsicherheit} = \frac{\textbf{Standmoment}}{\textbf{Kippmoment}} \qquad (93.1)$$

Im allgemeinen fordert man im Hochbau nach DIN 1055 Teil 4 Abschn. 4.3 eine Kippsicherheit

$$\gamma_K \geqq \mathbf{1{,}5}$$

DIN 1050 Stahl im Hochbau verlangt, daß die Sicherheit gegen das Kippen einzelner Bauteile in der Regel mindestens zweifach und die Standsicherheit des ganzen Bauwerks mindestens 1,5fach ist. Für Brücken ist die Kippsicherheit in DIN 1072 Abschn. 8.2 und in der Druckschrift 804 der Deutschen Bundesbahn festgelegt. In diesen Vorschriften wie im Abschn. 5.4 der neuen Stahlbaunorm DIN 18800 T1 wurde der Nachweis der Sicherheit gegen das Umkippen um eine Bauwerkskante nach Gl. (93.1) ersetzt durch den Nachweis, daß in der untersuchten Fuge eine kritische Pressung nicht überschritten wird. Dadurch wird gewährleistet, daß die Resultierende in der Fuge stets einen ausreichenden Abstand von der möglichen Kippkante aufweist und daß unter der Wirkung der Resultierenden die Festigkeit der vorhandenen Baustoffe nicht überschritten wird. Diese Normung zieht die Folgerung daraus, daß die Definition der Kippsicherheit als Momentenverhältnis nicht befriedigt, weil die errechnete Sicherheit nicht linear von den kippenden Kräften abhängt. Das Kippen von Fundamenten wird nach DIN 1054 durch Begrenzung der Ausmittigkeit der Resultierenden in der Bodenfuge und den Nachweis der Grundbruchsicherheit vermieden (s. DIN 1054 Abschn. 2.3 und 4.1.3).

### 4.3.3 Reibung und Gleitsicherheit

Wenn wir versuchen, einen Körper auf einer Unterlage zu verschieben, so bemerken wir einen Widerstand. Dieser Widerstand ist vorhanden, bevor die Bewegung eintritt, und er bleibt während der Bewegung bestehen. Er hängt vom Gewicht des zu verschiebenden Körpers und von der Art der sich berührenden Oberflächen ab. Den Widerstand vor dem Eintreten der Bewegung nennen wir Reibung der Ruhe oder Haftreibung, den Widerstand während der Bewegung Reibung der Bewegung oder Gleitreibung. Der Widerstand, der beim Abrollen einer Fläche auf einer anderen auftritt, wird vielfach rollende Reibung oder Rollreibung genannt, eine treffendere Bezeichnung ist jedoch Rollwiderstand.

Die Gleitreibung ist im Maschinenbau von großer Bedeutung; durch glatte Oberflächen und Schmiermittel bemüht man sich an vielen Stellen, Reibungswiderstände möglichst klein zu halten. Im Bauwesen ist die Haftreibung wichtiger, da ja ein Gleiten oder Verschieben der Baukörper auf dem Baugrund oder gegeneinander vermieden werden muß. Neben einer ausreichenden Kippsicherheit muß also auch eine genügende Gleitsicherheit bei Bauwerken und Bauwerksteilen gewährleistet sein. Nach DIN 1055 Lastannahmen für Bauten, T4 Windlasten, Abschn. 4.3, muß die Gleitsicherheit 1,5fach sein; denselben Sicherheitsbeiwert verlangt DIN 1054 Baugrund, Abschn. 4.1.3.3, im Lastfall 1 (ständige Lasten und regelmäßig auftretende Verkehrslasten einschließlich Wind).

Die vor dem Eintreten einer Bewegung vorhandene Haftreibung kann Werte zwischen null und einem Maximalwert annehmen. Der Maximalwert ist nach Versuchen mit guter Näherung der in der Berührungsfläche übertragenen Normalkraft $N$ proportional; eine ausschlaggebende Rolle spielt die Rauhigkeit der Oberflächen, was durch den Reibungsbeiwert $\mu$ ausgedrückt wird. Wir können also schreiben

maximaler Haftreibungswiderstand = Reibungsbeiwert mal Normalkraft

$$\max F_R = \mu \cdot N$$

Der Haftreibungswiderstand $F_R$ ist stets der versuchten Bewegung entgegen gerichtet.

Solange die parallel oder tangential zur möglichen Gleitfläche wirkende Kraft oder Kraftkomponente $F_t$ nicht größer ist als der maximale Haftreibungswiderstand $\max F_R$, tritt keine Bewegung ein. Zeichnen wir im Grenzfall $\max F_t = \max F_R = \mu \cdot N$ die Resultierende $R$ aus $\max F_t$ und $N$ (**95**.1), so hat sie gegenüber der Normalen auf die Gleitfläche die Neigung $\varphi$, und es gilt die Beziehung

$$\tan\varphi = \frac{\max F_t}{N} = \frac{\max F_R}{N} = \frac{\mu \cdot N}{N} = \mu$$

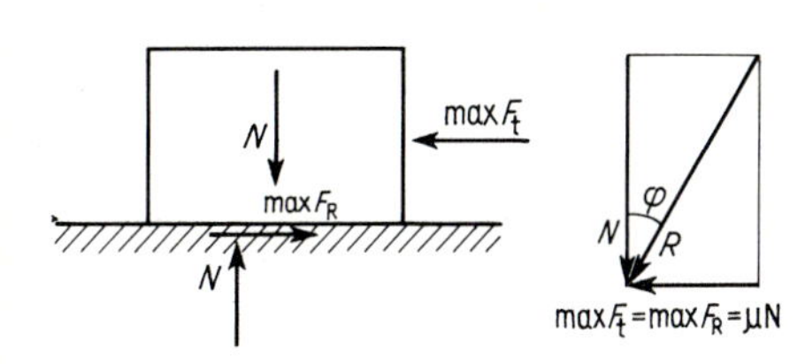


**95**.1 Grenzfall der Haftreibung

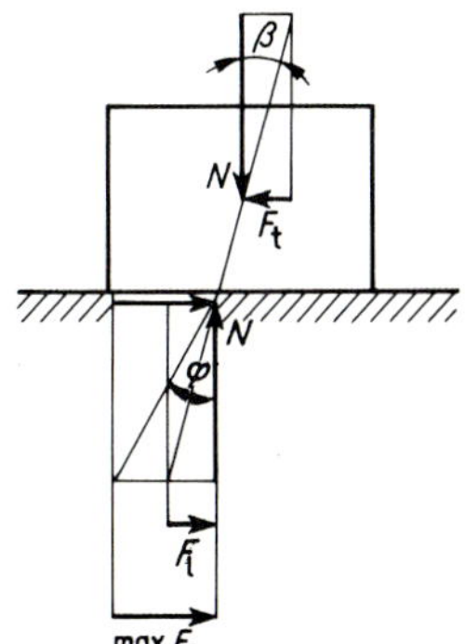


**95**.2 Gleitsicherheit $\gamma_G = \tan\varphi/\tan\beta$

darin ist $\varphi$ der Reibungswinkel, der wie $\mu$ von den Rauhigkeiten der sich berührenden Oberflächen abhängt. Mit seiner Hilfe kann die Frage des Gleitens oder Nicht-Gleitens wie folgt dargestellt werden: Hat die Resultierende aller in einer Gleitfläche zu übertragenden Kräfte gegen die Normale auf die Gleitfläche eine Neigung $\beta \leq \varphi$, so tritt kein Gleiten ein, denn es ist $F_t = R \cdot \sin\beta = N \cdot \tan\beta \leq \max F_R = N \cdot \tan\varphi = \mu \cdot N$.

In Worten: **Für $\beta \leq \varphi$ ist die schiebende Kraft $F_t$ nicht größer als der mögliche Reibungswiderstand oder die maximale Haftreibung max $F_R$.**

Die Gleitsicherheit wird nun wie folgt definiert (**95**.2):

$$\gamma_G = \frac{\text{maximaler Haftreibungswiderstand}}{\text{Kraft parallel zur Gleitfläche}}$$

$$\gamma_G = \frac{\max F_R}{F_t} = \frac{\mu \cdot N}{F_t} = \frac{\mu}{\tan\beta} = \frac{\tan\varphi}{\tan\beta}$$

Tafel **96**.1 gibt einige Reibungsbeiwerte $\mu$ und Reibungswinkel $\varphi$ an. Mit $\tan\beta = \tan\varphi/\gamma_G$ und $\gamma_G = 1{,}5$ kann die größte zulässige Neigung der Resultierenden gegen die Normale auf die Gleitfläche errechnet werden

für Mauerwerk auf Mauerwerk

$$\tan\beta = 0{,}75/1{,}5 = 0{,}50; \quad \beta = 26{,}6°$$

und für Mauerwerk oder Beton auf sandigem Boden

$$\tan\beta = 0{,}60/1{,}5 = 0{,}40; \quad \beta = 21{,}8°$$

Werden diese Winkel überschritten, so müssen entweder die Abmessungen der Baukörper oder die Neigungen der Fugen geändert werden.

Der Reibungsbeiwert $\mu$ wird in DIN 4141 T1 Lager im Bauwesen Reibungszahl $f$ genannt.

Im Grundbau wird die Gleitsicherheit mit $\eta_g$ bezeichnet.

Tafel **96.**1 Reibungsbeiwerte der Ruhe

| | $\varphi$ | $\mu = \tan\varphi$ |
|---|---|---|
| Metall auf Metall, glatt und trocken | 8,5° | 0,15 |
| Metall auf Metall, etwas rostig | 22° | 0,40 |
| Holz auf Holz, trocken und rauh | 26,5° | 0,50 |
| Mauerwerk auf Mauerwerk | **37°** | **0,75** |
| rauhes Mauerwerk oder Beton | | |
| – auf nassem Lehm | 17° | 0,30 |
| – auf Sand und Kies | **31°** | **0,60** |
| nach DIN 18800 T1: | | |
| Stahl auf Stahl | 5,7° | 0,10 |
| Stahl auf Beton | 16,7° | 0,30 |

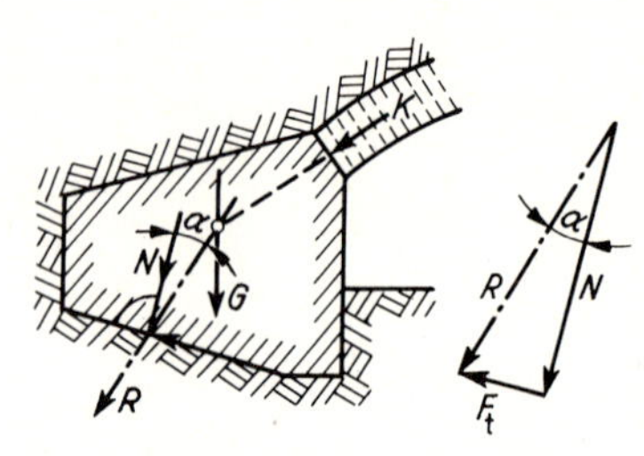

**96.**2 Gleitwinkel α bei schrägen Fugen

## 4.3.4 Anwendungen

**Beispiel 1:** Für die Stützmauer aus unbewehrtem Beton (Bild **96.**3) sind folgende Nachweise zu führen:

Fuge I–I (Fundamentfuge):

Abstand der Resultierenden von der Kippkante, Kippsicherheit, Gleitsicherheit;

Fuge II–II (Boden- oder Sohlfuge):

Abstand der Resultierenden von der Vorderkante, Gleitsicherheit.

Untersucht wird ein laufender m Stützmauer; auf die Angabe „je laufenden m" wird im folgenden der Einfachheit halber verzichtet.

Berechnung der Eigenlasten:

Wir zerlegen den Mauerquerschnitt oberhalb der Fuge I–I in Dreieck und Rechteck, um die Hebelarme der Lasten einfacher angeben zu können:

$$G_1 = 0{,}5 \cdot 1{,}00 \cdot 5{,}00 \cdot 23 = 57{,}5\ \text{kN}$$
$$G_2 = 0{,}80 \cdot 5{,}00 \cdot 23 = 92{,}0\ \text{kN}$$
$$G_3 = 2{,}10 \cdot 1{,}00 \cdot 23 = 48{,}3\ \text{kN}$$
$$G = 197{,}8\ \text{kN}$$

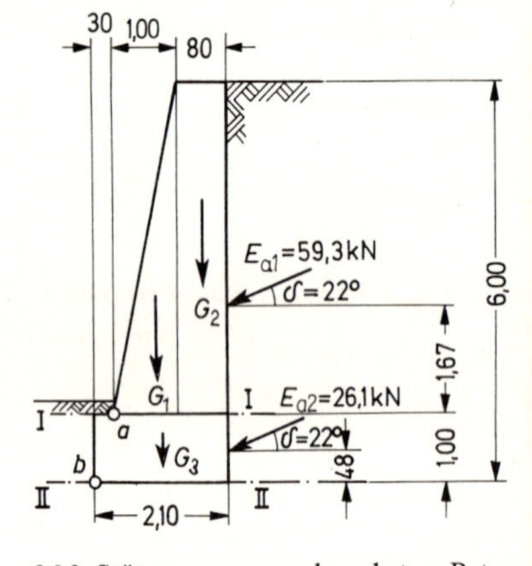

**96.**3 Stützmauer aus unbewehrtem Beton

Die Erddrücke werden in der Mauerrückfläche in waagerechte und lotrechte Komponenten zerlegt:

$$E_{a1h} = 59{,}3 \cdot \cos 22° = 55{,}0\ \text{kN}; \qquad E_{a1v} = 59{,}3 \cdot \sin 22° = 22{,}2\ \text{kN}$$
$$E_{a2h} = 26{,}1 \cdot \cos 22° = 24{,}2\ \text{kN}; \qquad E_{a2v} = 26{,}1 \cdot \sin 22° = 9{,}8\ \text{kN}$$
$$E_{ah} = 79{,}2\ \text{kN} \qquad E_{av} = 32{,}0\ \text{kN}$$

Untersuchung der Fundamentfuge I–I:

Moment um die Kippkante:

$$M_a = 57{,}5 \cdot 0{,}67 + 92{,}0 \cdot 1{,}40 - 55{,}0 \cdot 1{,}67 + 22{,}2 \cdot 1{,}80 = 38{,}4 + 128{,}8 - 91{,}9 + 40{,}0 = $$
$$= 167{,}2 - 51{,}9 = 115{,}3\ \text{kNm}$$

Waagerechter Abstand der Resultierenden von der Kippkante:

$$x_R = \frac{M_a}{N_I} = \frac{M_a}{G_1 + G_2 + E_{alv}} = \frac{115{,}3}{57{,}5 + 92{,}0 + 22{,}2} =$$

$$= \frac{115{,}3}{171{,}7} = 0{,}67 \text{ m} > 1{,}80/6 = 0{,}30 \text{ m} \quad \text{(Minimum, s. DIN 1045, 17.9)}$$

$$> 1{,}80/3 = 0{,}60 \text{ m} \quad \text{(über die ganze Breite der Mauer treten Druckspannungen auf, s. Teil 2)}$$

Standmoment

$$M_S = G_1 \cdot 0{,}67 + G_2 \cdot 1{,}40$$

Kippmoment

$$M_K = E_{alh} \cdot 1{,}67 - E_{alv} \cdot 1{,}80$$

Kippsicherheit:

$$\gamma_K = \frac{57{,}5 \cdot 0{,}67 + 92{,}0 \cdot 1{,}40}{55{,}0 \cdot 1{,}67 - 22{,}2 \cdot 1{,}80} = 3{,}22 > 1{,}5$$

Die Summanden, aus denen sich Stand- und Kippmoment zusammensetzen, sind die Summanden von $M_a$ (s. o.), jedoch gilt bei der Berechnung der Kippsicherheit mit Gefahr des Umkippens nach links: Anteile des Standmoments ↻, Anteile des Kippmoments ↺. In das Kippmoment sind die Momente *beider* Erddruckkomponenten aufzunehmen, also auch das *günstig* wirkende Moment der lotrechten Komponente $E_{alv}$.

Gleitsicherheit:

$$\gamma_G = \frac{\mu \cdot N_I}{E_{alh}} = \frac{0{,}75 \cdot 171{,}7}{55{,}0} = 2{,}34 > 1{,}5$$

Der außerdem noch erforderliche Nachweis, daß der Beton in der Fuge I–I nicht überbeansprucht wird, setzt Kenntnisse der Festigkeitslehre voraus und wird im Teil 2, Abschn. 9, ausmittiger Kraftangriff, behandelt.

*Untersuchung der Bodenfuge* II–II:

Moment um die Vorderkante:

$$M_b = 57{,}5 \cdot 0{,}97 + 92{,}0 \cdot 1{,}70 + 48{,}3 \cdot 1{,}05 - 55{,}0 \cdot 2{,}67 - 24{,}2 \cdot 0{,}48 + (22{,}2 + 9{,}8)\,2{,}10 =$$

$$= 55{,}6 + 156{,}4 + 50{,}7 - 146{,}9 - 11{,}6 + 67{,}2 = 262{,}7 - 91{,}3 = 171{,}4 \text{ kNm}$$

Waagerechter Abstand der Resultierenden von der Vorderkante:

$$x_R = \frac{M_b}{N_{II}} = \frac{M_b}{G + E_{av}} = \frac{171{,}4}{197{,}8 + 32{,}0} = \frac{171{,}4}{229{,}8} =$$

$$= 0{,}75 \text{ m} > 2{,}10/3 = 0{,}70 \text{ m} \quad \text{(s. DIN 1054, 4.1.3.1)}$$

Gleitsicherheit

$$\eta_g = \frac{\mu \cdot N_{II}}{E_{ah}} = \frac{0{,}60 \cdot 229{,}8}{79{,}2} = 1{,}74 > 1{,}5$$

Das *Kippen des Fundaments* braucht nach DIN 1054, 2.3.3, *nicht* untersucht zu werden. Da es sich bei der Stützmauer um ein Bauwerk an einem *Geländesprung* handelt, müssen jedoch *Grundbruchsicherheit* und *Geländebruchsicherheit* nachgewiesen werden. Beide Nachweise werden im *Grundbau* behandelt (s. [6] sowie DIN 1054, DIN 4017, DIN 4084).

**Beispiel 2:** Die Standfestigkeit einer Stützmauer aus Beton für einen Straßendamm ist zu untersuchen (**98**.1). Hinterfüllungserde ist sandiger Mischboden. Die Verkehrslast (30 t–SLW) auf der Straße ist mit $\frac{300}{3 \cdot 6} \approx 16{,}7\ \text{kN/m}^2$ eingesetzt worden.

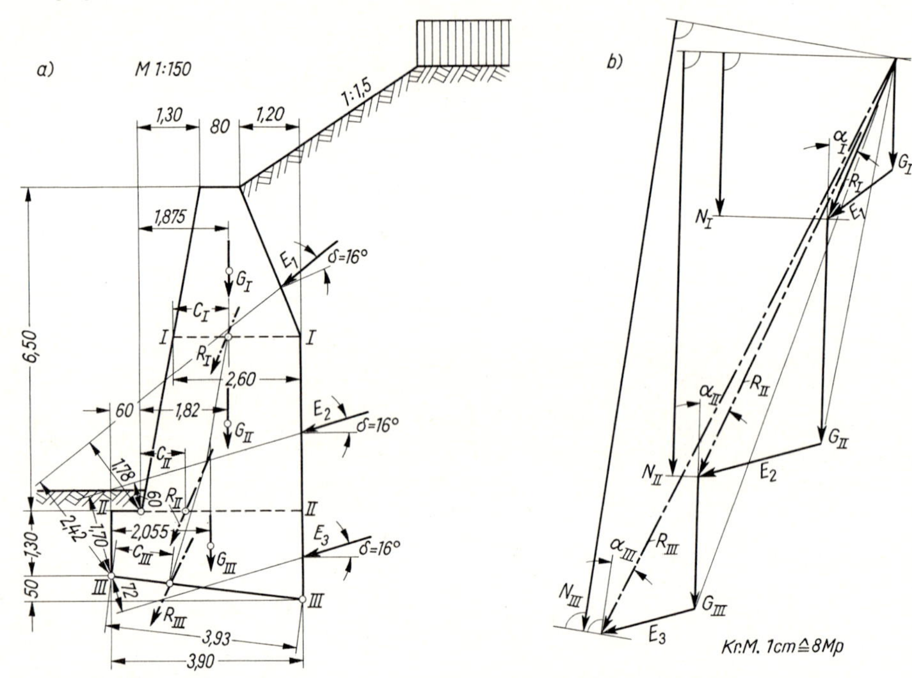


**99**.1 Untersuchung einer Stützmauer mit gebrochener Rückenfläche bei geknicktem Gelände
a) Hauptfigur, b) Krafteck

Die Gewichte der einzelnen Mauerteile ergeben sich zu

$$G_{\text{I}} = \frac{0{,}8 + 2{,}6}{2} \cdot 3{,}0 \cdot 1{,}0 \cdot 23 \quad = 117{,}3\ \text{kN}$$

$$G_{\text{II}} = \frac{2{,}6 + 3{,}3}{2} \cdot 3{,}5 \cdot 1{,}0 \cdot 23 \quad = 238\ \text{kN}$$

$$G_{\text{III}} = \frac{1{,}30 + 1{,}80}{2} \cdot 3{,}9 \cdot 1{,}0 \cdot 23 = 139\ \text{kN}$$

Die Ermittlung der Erddrücke ist Aufgabe der Bodenmechanik. Sie ergaben sich wie folgt:

$$E_1 = 88{,}5\ \text{kN} \qquad E_2 = 137{,}6\ \text{kN} \qquad E_3 = 104{,}6\ \text{kN}$$

Mit dem Krafteck (**99**.1 b) werden nun die Resultierenden für die einzelnen Fugen ermittelt:

1. Fuge I–I:

$N_{\text{I}} = 172\ \text{kN}$ $\qquad c_{\text{I}} = 1{,}09 > \frac{2{,}60}{3}$ Ausmittigkeit $e_{\text{I}} = 1{,}30 - 1{,}09 = 0{,}21\ \text{m}$

$\alpha_{\text{I}} = 22{,}2° < 26{,}5°$ $\qquad \gamma_{\text{GI}} = \frac{0{,}75}{0{,}406} = 1{,}85 > 1{,}5$

Kippgefahr besteht nicht, da sowohl $G_I$ als auch $E_I$ um den vorderen Fugenpunkt rechts herum drehen. Dieser obere Teil der Mauer könnte also schwächer gehalten werden. Sein hohes Gewicht ist aber für die Standsicherheit der unteren Teile erforderlich.

2. Fuge II–II:

$$N_{II} = 447 \text{ kN} \qquad c_{II} = 0{,}925 \text{ m} \begin{matrix} < 3{,}30/3 \\ > 3{,}30/6 \end{matrix}$$

$$\alpha_{II} = 24{,}3° < 26{,}5° \qquad \gamma_{GII} = \frac{0{,}75}{0{,}452} = 1{,}66 > 1{,}5$$

$$\gamma_{KII} = \frac{117{,}30 \cdot 1{,}875 + 238{,}00 \cdot 1{,}82}{88{,}50 \cdot 1{,}78 + 137{,}60 \cdot 0{,}60} = 2{,}72 > 1{,}5$$

3. Fuge III–III:

$$N_{III} = 649 \text{ kN} \qquad c_{III} = 1{,}20 \begin{matrix} < 3{,}90/3 \\ > 3{,}90/6 \end{matrix}$$

$$\alpha_{III} = 18{,}9° < 22° \qquad \eta_{gIII} = \frac{0{,}60}{0{,}344} = 1{,}74 > 1{,}5$$

Die Abmessungen der Mauer reichen aus, es sind jedoch noch die Sicherheiten gegen Grundbruch und Geländebruch und die Einhaltung der zulässigen Bodenpressung nachzuweisen.

**Beispiel 3:** Für den Fernmeldeturm nach Bild **99**.1 sollen die Lage der Resultierenden und die Gleitsicherheit unter ständiger Last, halbseitiger Verkehrslast auf den Plattformen und Winddruck nach DIN 1055 T3 ermittelt werden.

Der Erschließung des Turmes dienen ein Aufzug (Aufzugschacht von −2,10 bis +60,90), eine Stahlbetontreppe mit Stahlbetonpodesten von −2,10 bis +33,60, eine Stahlwendeltreppe von +33,60 bis +48,90 und Steigeisen von +48,90 bis +60,90. Stahlwendeltreppe, Steigeisen und zugehörige Deckenaussparungen werden in der Berechnung vernachlässigt, desgleichen das Treppenloch und die teilweise Dickenminderung in der Decke auf +33,60 sowie die Türen im Aufzugschacht.

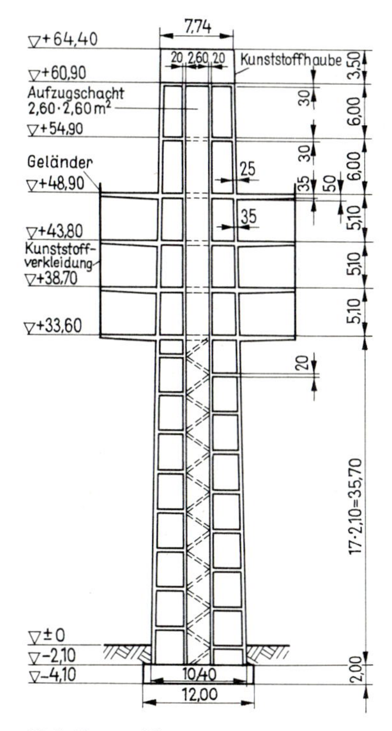


**99**.1 Fernmeldeturm

1. Vorberechnungen

1.1 Außen- und Innendurchmesser des Turmschaftes:

| Höhe | Außendurchmesser | Innendurchmesser |
|---|---|---|
| +64,60 | 7,74 | |
| +60,90 | 7,88 | 7,38 |
| +54,90 | 8,12 | 7,62 |
| +48,90 | 8,36 | 7,86 |
| | | 7,66 |
| +43,80 | 8,56 | 7,86 |
| +38,70 | 8,77 | 8,07 |
| +33,60 | 8,97 | 8,27 |
| +33,10 | 8,99 | 8,19 |
| +20,00 | 9,52 | 8,62 |
| +15,75 | 9,69 | 8,99 |
| + 8,00 | 10,00 | 9,30 |
| ± 0,00 | 10,32 | 9,62 |
| − 2,10 | 10,40 | 9,70 |

1.2 Gartenmannbelag auf der oberen Plattform

| | |
|---|---|
| 12 cm Stahlbeton | $12 \cdot 0{,}25 = 3{,}00\ \text{kN/m}^2$ |
| 6 cm Kies | $6 \cdot 0{,}20 = 1{,}20\ \text{kN/m}^2$ |
| Dachhaut und Dampfsperre | $0{,}30\ \text{kN/m}^2$ |
| 8 cm Wärmedämmung | $8 \cdot 0{,}01 = 0{,}08\ \text{kN/m}^2$ |
| Gesamtlast: | $4{,}58\ \text{kN/m}^2$ |

$$\pi(21{,}00^2 - 8{,}36^2)/4 \cdot 4{,}58 = 1335\ \text{kN}$$

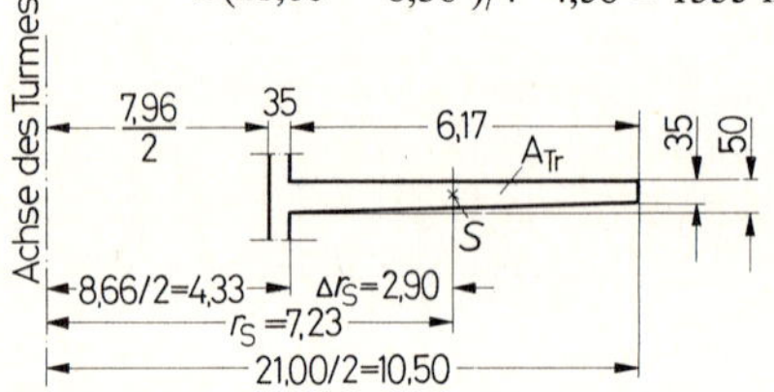


**100.**1 Halber Querschnitt der Plattform

1.3 Plattformen. Der Turmschaft verjüngt sich von der untersten bis zur obersten Plattform um 63 cm; Plattformaußendurchmesser 21,00 m, Dicke am äußeren Rand 35 cm und Dicke innerhalb des Turmschaftes 50 cm sind jedoch bei allen Plattformen gleich groß. Zur Vereinfachung werden alle vier Plattformen zusammengefaßt, wobei mit einem Turmschaftaußendurchmesser von 8,66 m gerechnet wird (**100.**1).

Abstand des Trapezschwerpunktes von Außenseite Turmschaft:

$$\Delta r_S = \frac{6{,}17}{3} \frac{0{,}50 + 2 \cdot 0{,}35}{0{,}50 + 0{,}35} = 2{,}90\ \text{m}$$

Abstand des Trapezschwerpunktes von der Achse des Turmes:

$$r_S = 4{,}33 + 2{,}90 = 7{,}23\ \text{m}$$

Trapezfläche:

$$A_{Tr} = 0{,}5(0{,}50 + 0{,}35)\,6{,}17 = 2{,}62\ \text{m}^2$$

Betonvolumen einer Plattform außerhalb des Turmschaftes mit Hilfe der Guldinschen Regel (s. Abschn. 4.5.3):

$$V_a = A_{Tr} \cdot 2\pi \cdot r_S = 2{,}62 \cdot 2\pi \cdot 7{,}23 = 119{,}12\ \text{m}^3$$

Betonvolumen einer Plattform innerhalb des Turmschaftes (Kreisplatte mit quadratischem Loch):

$$V_i = (\pi \cdot 7{,}96^2/4 - 3{,}00 \cdot 3{,}00)\,0{,}50 = 20{,}38^3$$

Eigenlast von vier Plattformen:

$$(119{,}12 + 20{,}38)\,4 \cdot 25 = 13\,950\ \text{kN}$$

1.4 Treppenpodeste (**101.**1) von $\pm 0{,}00$ bis $+31{,}50$:

Die 16 Podeste werden zusammengefaßt; dabei wird mit einem mittleren Turmschaft-Innendurchmesser von 8,98 m gerechnet.

Länge der Sehne $s$ mit Hilfe des Satzes von Pythagoras:

$$\frac{s}{2} = \sqrt{(4{,}49^2 - 1{,}50^2)} = 4{,}23\ \text{m};$$

$$s = 8{,}46\ \text{m}$$

Zugehöriger Mittelpunktswinkel:

$$\tan\frac{\alpha}{2} = \frac{4{,}23}{1{,}50} = 2{,}821 = \tan 70{,}48°;$$

$$\alpha = 140{,}97°$$

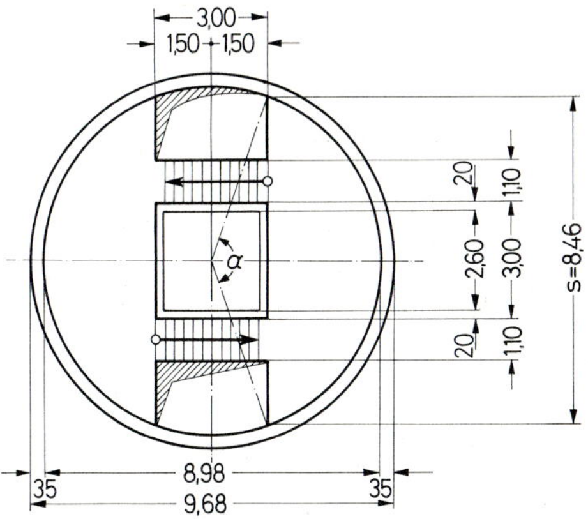


**101.**1 Podest, Draufsicht

Grundfläche eines Podestes:

$$A = \frac{\pi \cdot 8{,}98^2}{4}\,\frac{140{,}97°}{360{,}00°} - \frac{8{,}46 \cdot 1{,}50}{2} = 24{,}80 - 6{,}35 = 18{,}46\ \text{m}^2$$

Eigenlast je $m^2$ Podest:

| | | |
|---|---|---|
| 4 cm Zementestrich | $4 \cdot 0{,}22 =$ | $0{,}88\ \text{kN/m}^2$ |
| 20 cm Stahlbeton | $20 \cdot 0{,}25 =$ | $5{,}00\ \text{kN/m}^2$ |
| | | $5{,}88\ \text{kN/m}^2$ |

Eigenlast der 16 Podeste:

$$18{,}46 \cdot 5{,}88 \cdot 16 = 1736\ \text{kN}$$

1.5 Treppenläufe (**101.**2). Jeder Lauf besitzt 12 Stufen und das Steigungsverhältnis 17,5/25,0; $\tan\beta = 17{,}5/25{,}0 = 0{,}70 = \tan 34{,}99°$.

Eigenlast je $m^2$ Treppenlauf:

| | | |
|---|---|---|
| Laufplatte | $16/\cos 34{,}99° \cdot 0{,}25 =$ | $4{,}88\ \text{kN/m}^2$ |
| Zwickel | $17{,}5/2 \cdot 0{,}25 =$ | $2{,}19\ \text{kN/m}^2$ |
| Estrich | $4 \cdot 0{,}22 =$ | $0{,}88\ \text{kN/m}^2$ |
| | | $7{,}95\ \text{kN/m}^2$ |

Eigenlast von 17 Treppenläufen:

$$3{,}00 \cdot 1{,}10 \cdot 7{,}95 \cdot 17 = 446\ \text{kN}$$

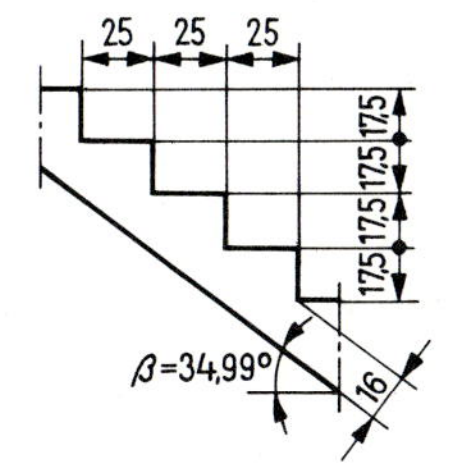


**101.**2 Einzelheit Treppenlauf

2. Ständige Last

Haube aus glasfaserverstärktem Kunststoff von +60,90 bis +64,40; Eigenlast 0,25 kN/m$^2$;

Decke: $\pi \cdot 7{,}74^2/4 \cdot 0{,}25$ = 12 kN

Wand: $\pi \cdot 7{,}81 \cdot 3{,}5 \cdot 0{,}25$ = 21 kN

Decke auf +60,90:

$\pi \cdot 7{,}38^2/4 \cdot 0{,}30 \cdot 25$ = 321 kN

Decke auf +54,90:

$(\pi \cdot 7{,}62^2/4 - 3{,}00 \cdot 3{,}00)\,0{,}30 \cdot 25$ = 275 kN

Turmschaft oberhalb +48,90: mittlerer Außendurchmesser 8,12 m;
zugehöriger Durchmesser von Wandmitte bis Wandmitte $8{,}12 - 2 \cdot 0{,}25/2 = 7{,}87$ m;

$\pi \cdot 7{,}87 \cdot 12{,}00 \cdot 0{,}25 \cdot 25$ = 1854 kN

Aufzugschacht oberhalb +48,90:

$(2 \cdot 3{,}00 + 2 \cdot 2{,}60)\,0{,}20 \cdot 12{,}00 \cdot 25$ = 672 kN

Geländer an der obersten Plattform (1 kN/m):

$\pi \cdot 21{,}00 \cdot 1{,}00$ = 66 kN

Gartenmannbelag auf der obersten Plattform (s. 1.2) = 1335 kN

Plattform auf +48,90, +43,80, +38,70, +33,60 (s. 1.3) = 13950 kN

Verkleidung mit Kunststoffhaut von +33,60 bis +48,90; Eigenlast 0,25 kN/m$^2$;

$\pi \cdot 21{,}00 \cdot 15{,}30 \cdot 0{,}25$ = 252 kN

Turmschaft von +33,60 bis +48,90: mittlerer Außendurchmesser 8,66 m;

zugehöriger Durchmesser von Wandmitte bis Wandmitte $8{,}66 - 2 \cdot 0{,}35/2 = 8{,}31$ m;

$\pi \cdot 8{,}31 \cdot 15{,}30 \cdot 0{,}35 \cdot 25$ = 3495 kN

Aufzugschaft von +33,60 bis +48,90:

$(2 \cdot 3{,}00 + 2 \cdot 2{,}60)\,0{,}20 \cdot 15{,}30 \cdot 25$ = 857 kN

Turmschaft von −2,10 bis +33,60: mittlerer Außendurchmesser 9,68 m;

zugehöriger Durchmesser von Wandmitte bis Wandmitte $9{,}68 - 2 \cdot 0{,}35/2 = 9{,}33$ m;

$\pi \cdot 9{,}33 \cdot 35{,}70 \cdot 0{,}35 \cdot 25$ = 9156 kN

Aufzugschacht von −2,10 bis +33,60:

$(2 \cdot 3{,}00 + 2 \cdot 2{,}60)\,0{,}20 \cdot 35{,}70 \cdot 25$ = 1999 kN

Treppenpodeste (s. 1.4) = 1736 kN

Treppenläufe (s. 1.5) = 446 kN

Fundamentplatte

$\pi \cdot 12{,}00^2/4 \cdot 2{,}00 \cdot 25$ = 5655 kN

**42102 kN**

3. Halbseitige Verkehrslast $p = 5$ kN/m$^2$ auf den Plattformen +48,90, +43,80, +38,70 und +33,60

Die Grundflächen von Aufzugschacht und Turmwand werden nicht abgezogen.

$\pi \cdot 21{,}00^2/8 \cdot 5{,}00 \cdot 4 = \underline{\underline{3464\ \text{kN}}}$

Abstand der Resultierenden der Verkehrslast von der Turmachse:

$\pi_R \cdot 0{,}4244 \cdot 10{,}5 = 4{,}46\,\text{m}$ (s. Abschn. 4.5.3)

Moment aus einseitiger Verkehrslast:

$$M_p = 3464 \cdot 4{,}46 = \underline{\underline{15\,449\ \text{kNm}}}$$

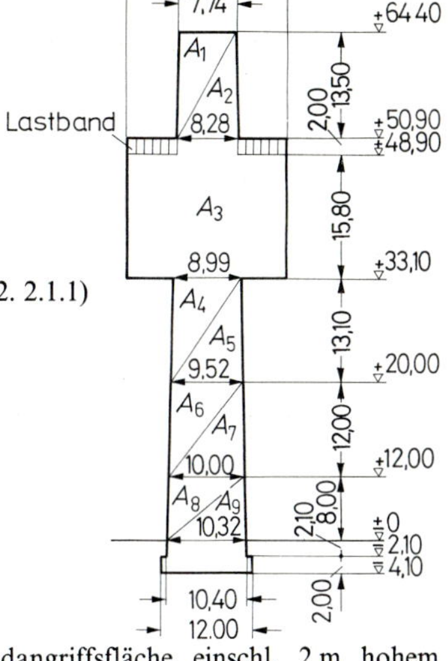


**103.1** Windangriffsfläche einschl. 2 m hohem Lastband auf der Plattform +48,90

4. Wind nach DIN 1055 T4

Aerodynamischer Lastbeiwert (DIN 1055 Bl. 4 (6.38xxx) Tab. 2. 2.1.1)

$$c_f = 0{,}7.$$

Winddruck $w$ in kN/m² in Abhängigkeit von der Höhe über Gelände:

| Höhe über Gelände in m | $c_f \cdot q = w$ |
|---|---|
| 20 bis 100 | $0{,}7 \cdot 1{,}10 = 0{,}77$ |
| 8 bis 20 | $0{,}7 \cdot 0{,}80 = 0{,}56$ |
| 0 bis 8 | $0{,}7 \cdot 0{,}50 = 0{,}35$ |

Windkräfte $W = A \cdot w$ in kN und ihre Momente in kNm bezüglich der Gründungssohle (**103.1**):

| Fläche | Kraft kN | Hebelarm m | Moment kNm |
|---|---|---|---|
| $A_1$ | $0{,}5 \cdot 7{,}74 \cdot 13{,}50 \cdot 0{,}77 = 40{,}2$ | 64,00 | 2575 |
| $A_2$ | $0{,}5 \cdot 8{,}28 \cdot 13{,}50 \cdot 0{,}77 = 43{,}0$ | 59,50 | 2561 |
| $A_3$ | $21{,}00 \cdot 17{,}80 \cdot 0{,}77 = 287{,}8$ | 46,10 | 13267 |
| $A_4$ | $0{,}5 \cdot 8{,}99 \cdot 13{,}10 \cdot 0{,}77 = 45{,}3$ | 32,83 | 1489 |
| $A_5$ | $0{,}5 \cdot 9{,}52 \cdot 13{,}10 \cdot 0{,}77 = 48{,}0$ | 28,47 | 1367 |
| $A_6$ | $0{,}5 \cdot 9{,}52 \cdot 12{,}00 \cdot 0{,}56 = 32{,}0$ | 20,10 | 643 |
| $A_7$ | $0{,}5 \cdot 10{,}00 \cdot 12{,}00 \cdot 0{,}56 = 33{,}6$ | 16,10 | 541 |
| $A_8$ | $0{,}5 \cdot 10{,}00 \cdot 8{,}00 \cdot 0{,}35 = 14{,}0$ | 9,43 | 132 |
| $A_9$ | $0{,}5 \cdot 10{,}32 \cdot 8{,}00 \cdot 0{,}35 = 14{,}4$ | 6,77 | 98 |
| | 558,3 | | 22673 |

5. Zusammenstellung der Lasten und Momente, Lage der Resultierenden, Gleitsicherheit

| Lastfall | $V$ kN | $H$ kN | $M$ kNm |
|---|---|---|---|
| $g$ | 42102 | 0 | 0 |
| $p$ | 3464 | 0 | 15449 |
| $w$ | 0 | 558,3 | 22673 |
| | 45566 | 558,3 | 38122 |

Ausmitte der Resultierenden in der Bodenfuge:

$$x_R = \frac{M_R}{R_v} = \frac{38\,122}{45\,566} = 0{,}84\ \text{m} < \frac{d}{8} = \frac{12{,}00}{8} = 1{,}50\ \text{m}$$ (s. Teil 2, Abschn. 9.4, Querschnittskern)

Gleitsicherheit bei einem Reibungswinkel $\varphi = 25°$: mit $\mu = \tan\varphi = 0{,}4663$ ergibt sich

$$\eta_g = \frac{\mu \cdot G}{W} = \frac{0{,}4663 \cdot 42\,102}{558{,}5} = 35{,}2 > 1{,}5$$

6. Schlußbemerkungen

Zu vorstehendem Beispiel ist noch folgendes zu bemerken:

6.1. DIN 1055 T4 Windlasten nicht schwingungsanfälliger Bauten ist für den Fernmeldeturm nicht die zutreffende Norm, da der Fernmeldeturm schwingungsanfällig ist. Der Fernmeldeturm müßte deswegen unter Berücksichtigung der dynamischen Wirkung der Windkräfte, d. h. unter Berücksichtigung der Stoßwirkung von Böen bemessen werden. Grundlagen hierfür können aus DIN 4131 Antennentragwerke aus Stahl entnommen werden.

6.2. Ein Bauherr kann in seinen Ausschreibungsunterlagen verlangen, daß der Berechnung seines Bauwerkes höhere Lasten zugrunde gelegt werden, als die einschlägigen Normen vorsehen. So wird für die Berechnung von Fernmeldetürmen häufig über die gesamte Höhe des Turmes die Windgeschwindigkeit 180 km/h = 50 m/s angesetzt, die den Staudruck $q = 1{,}56\ \mathrm{kN/m^2}$ verursacht. Zu dieser statischen Last kommt dann noch die in Ziffer 1 erwähnte Stoßwirkung von Böen hinzu. Diese dynamische Wirkung rechnet man zweckmäßigerweise in einen Zuschlag zur statischen Belastung um, der im vorliegenden Beispiel etwa die gleiche Größe erreicht wie die statische Belastung.

6.3. Neben den vorgerechneten Lastfällen ständige Last, ausmittige Verkehrslast auf den Plattformen und statisch wirkender Winddruck müssen in der vollständigen statischen Berechnung des Fernmeldeturmes noch folgende Lastfälle berücksichtigt werden:

6.3.1 Vollbelastung durch Verkehrslast.

6.3.2 Sonneneinstrahlung: Sie führt infolge ungleichmäßiger Erwärmung zu einer Verbiegung des Turmes von der Sonne weg, wodurch sich die Hebelarme der vertikalen Lasten ändern. Am unverformten System mittig wirkende vertikale Lasten erhalten einen Hebelarm und verursachen dadurch Momente, die bei der Bemessung berücksichtigt werden müssen (Theorie II. Ordnung, s. Teil 2, Abschn. 9.2) (**104.**1 a).

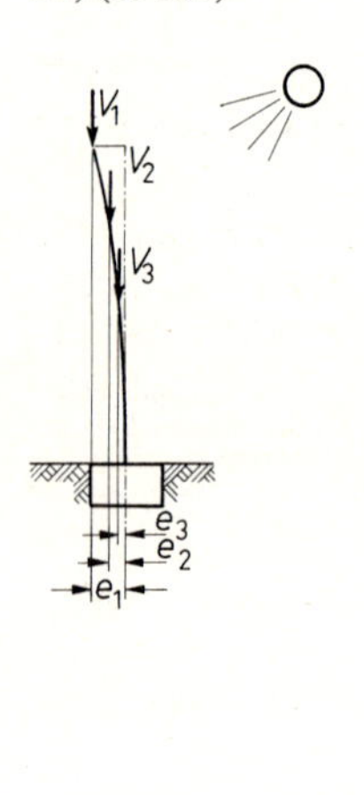


**104.**1 a) Momente $V_i \cdot e_i$ infolge Sonneneinstrahlung

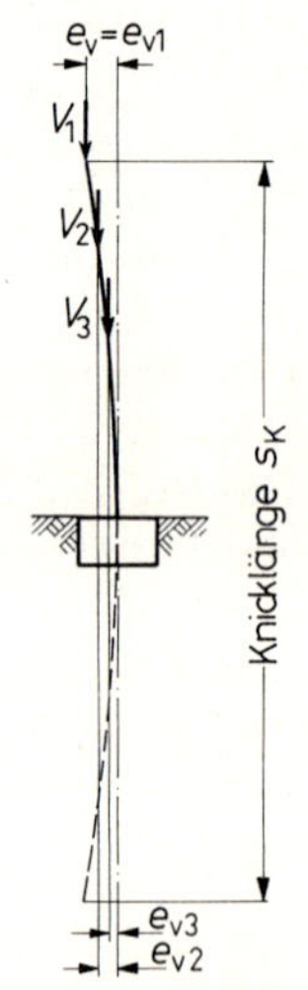


**104.**1 b) Momente $V_i \cdot e_{vi}$ infolge unvermeidbarer Maßabweichung $e_v$

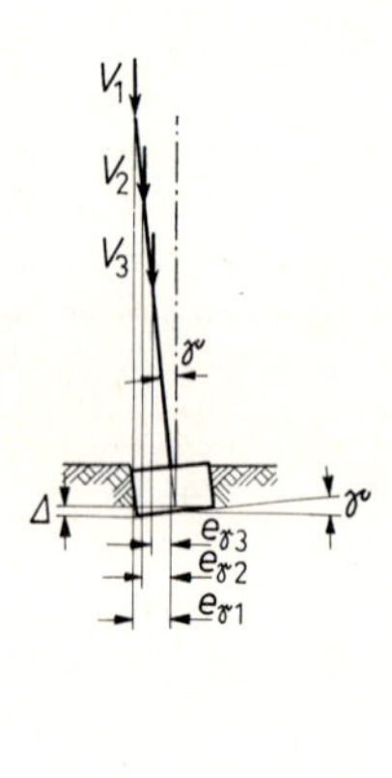


**104.**1 c) Momente $V_i \cdot e_{\gamma i}$ infolge Fundamentverdrehung $\gamma$ oder ungleicher Setzung $\Delta$

6.3.3 Unvermeidbare Maßabweichungen (DIN 1045, 17.4.6): Bei der Herstellung eines Fernmeldeturmes werden Abweichungen von der Planform durch besondere Maßnahmen, z. B. optisches Lot, weitgehend vermieden; als Vorverformung wird darum nicht $e_v = s_K/300 = 2 \cdot 65{,}00/300 = 0{,}43$ m, sondern nur ein Betrag in der Größenordnung von 5 cm angesetzt. Hinsichtlich der Knicklänge $s_K$ s. Teil 2, Abschn. 8.2.2.

Auch durch unvermeidbare Maßabweichungen entstehen Momente, die bei der Bemessung zu berücksichtigen sind (**104.**1 b).

6.3.4 Fundamentverdrehungen (**104.**1 c) wirken ähnlich wie unvermeidbare Maßabweichungen und Sonneneinstrahlung. Was an Fundamentverdrehung oder ungleicher Setzung zu erwarten ist, kann dem Gutachten des Sachverständigen für Grundbau und Bodenmechanik entnommen werden.

6.3.5 Verformungen aus Wind und halbseitiger Verkehrslast sind ebenfalls bei der Ermittlung der Momente aus vertikalen Lasten zu berücksichtigen. Aus den unter Ziffer 3 und 4 berechneten Lastfällen müssen also die Verformungen ermittelt werden, und am verformten System sind dann die vertikalen Lasten aus Ziffer 2 und 3 anzusetzen. Auch dies ist eine Berechnung nach Theorie II. Ordnung.

Angesichts der Vielzahl der Lastfälle und der in unserem Beispiel überhaupt nicht behandelten Bemessung wird es verständlich, daß die vollständige statische Berechnung eines solchen Fernmeldeturmes einen Umfang von 200 bis 300 Seiten aufweist.

## 4.4 Lagerung und Lager von Bauteilen und Bauwerken

Nach DIN 4141 Lager im Bauwesen bezeichnen wir als Lagerung die Gesamtheit aller baulichen Maßnahmen, welche es ermöglichen, daß 1. an den Verbindungsstellen von Bauteilen die in der statischen Berechnung ermittelten Schnittgrößen (Kräfte, Momente) von einem Bauteil in ein anderes übertragen werden, und 2. an diesen Verbindungsstellen die Bauteile sich planmäßig verformen.

Lager sind besondere Bauteile, durch die aus einem Bauteil in ein anderes nur ein Teil der Komponenten von Kräften und Momenten übertragen wird, die durch eine starre Verbindung von Bauteilen weitergeleitet werden könnten.

In Hochbauten werden in der Regel keine Lager angeordnet: Decken werden unmittelbar auf gemauerten Wänden gelagert oder monolithisch mit Unterzügen verbunden, und Stahlbetonunterzüge werden in biegesteifer Verbindung mit Stahlbetonstützen hergestellt. Da der Ingenieur der statischen Berechnung ein Berechnungsmodell, d.h. ein durch Idealisieren und Abstrahieren geschaffenes Tragsystem zugrunde legt, muß er bei der Umsetzung eines Hochbaues in ein Tragsystem häufig Lager annehmen, auch wenn keine ausgeführt werden.

Ebene Tragsysteme können zwei Arten von Lagern aufweisen, die wir im folgenden behandeln; außerdem beschäftigen wir uns im Rahmen der ebenen Statik mit der festen Einspannung eines Bauteils in ein anderes. Zum Schluß gehen wir auf die Lagerung von räumlichen Tragwerken ein.

### 4.4.1 Verschiebliches Kipplager

Die klassische Form dieses Lagers, das auch als bewegliches Lager bezeichnet wird, ist das Rollenlager (**106.**1 a). Neuere Ausführungen sind Verformungslager (Elastomerlager, bewehrt oder unbewehrt) (**106.**1 b) und Verformungsgleitlager (**106.**1 c). Ein verschiebliches Kipplager kann auch durch eine Pendelstütze gebildet werden (**106.**1 d).

Bild **106.**2 gibt die zukünftig in Systemskizzen benutzten Sinnbilder für bewegliche Lager an.

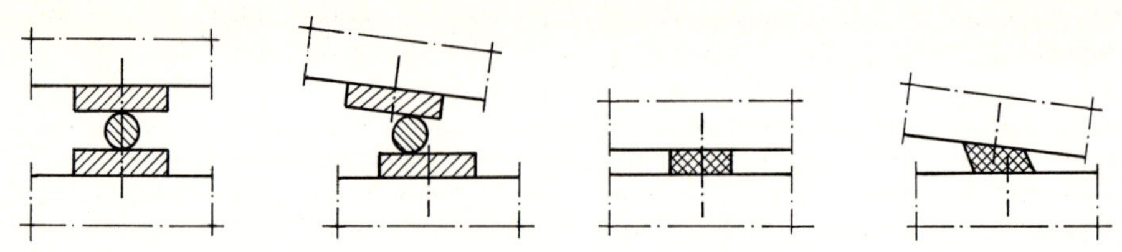

**106.**1 a) Stählernes Rollenlager in mittiger Stellung und nach Verschiebung und Verdrehung des Trägerendes

**106.**1 b) Elastomerlager vor und nach Verschiebung und Verdrehung des Trägerendes

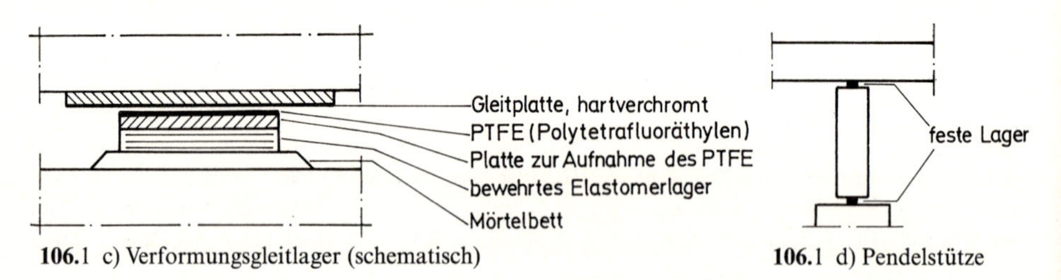


**106.**1 c) Verformungsgleitlager (schematisch)

**106.**1 d) Pendelstütze

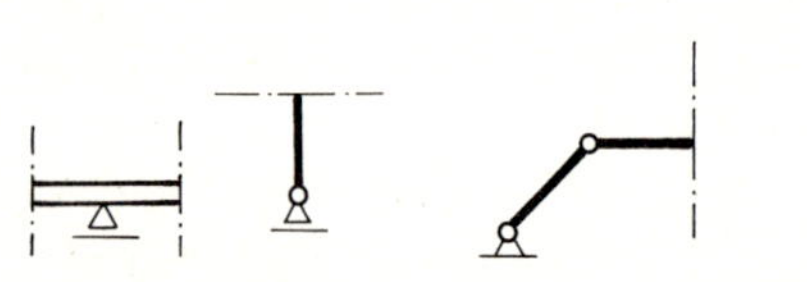

**106.**2 Sinnbildliche Darstellung von beweglichen Lagern

Ein bewegliches Lager ermöglicht

1. Verschiebungen des Lagerpunktes ∥ zur Lagerfläche oder ⊥ zur Pendelstützenachse,
2. Verdrehungen der Trägerachse um den Lagerpunkt,

so daß Bewegungen infolge von Durchbiegungen und Längenänderungen ungehindert möglich sind.

Von den drei Bestimmungsstücken einer Lagerkraft ist am beweglichen Lager nur ein Stück unbekannt, und zwar der Betrag. Gegeben sind von vornherein der Angriffspunkt und die Wirkungslinie, die stets ⊥ zur Bewegungsbahn verläuft oder in die Verbindungslinie der Pendelgelenke fällt.

## 4.4.2 Unverschiebliches Kipplager

Ein unverschiebliches Kipplager oder festes Lager kann in Stahl ausgeführt werden (**106.**3a); eine neuere Form ist das beidseitig feste Elastomerlager (**106.**3b) oder das feste Topflager.

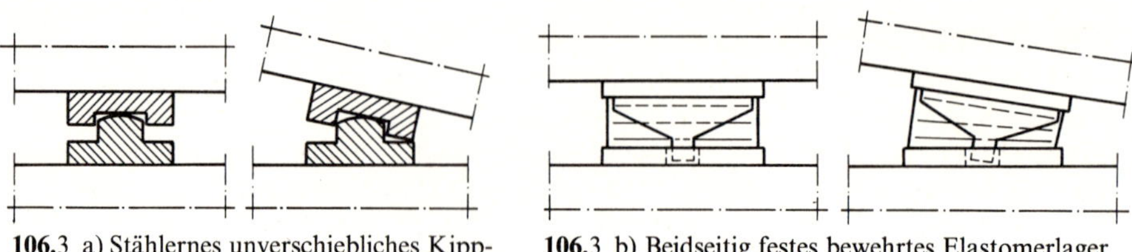

**106.**3 a) Stählernes unverschiebliches Kipplager in Nullstellung und nach Kippbewegung

**106.**3 b) Beidseitig festes bewehrtes Elastomerlager

An einem festen Lager ist keine Verschiebung möglich. Es nimmt daher Lagerkräfte in vertikaler und horizontaler Richtung auf. Verdrehungen des Trägers um den Lagerpunkt werden nicht behindert.

Von den drei Bestimmungsstücken der Lagerkraft ist jetzt allein der Angriffspunkt gegeben. Unbekannt sind zwei Stücke: entweder der Betrag und der Richtungswinkel oder die vertikale Komponente $A_v$ und die horizontale Komponente $A_h$ der Lagerkraft (**107.1**).

**107.1** Sinnbildliche Darstellung des festen Lagers

**107.2** Sinnnbild eines Lagers (fest oder beweglich)

Bei einigen statischen Systemen ist für bestimmte Belastungen die Unterscheidung zwischen beweglichem und festem Lager in der statischen Berechnung ohne Bedeutung. Das gilt z. B. für Durchlaufträger unter lotrechten Lasten. In solchen Fällen verwendet man als sinnbildliche Darstellung eines festen oder beweglichen Lagers ein einfaches Dreieck (**107.2**).

### 4.4.3 Feste Einspannung

Feste Einspannungen finden wir im Bauwesen hauptsächlich bei Stützen. Den Fuß einer eingespannten Stahlstütze zeigt Bild **107.3** a; eine Stahlbetonfertigteilstütze in einem Becher-, Hülsen- oder Köcherfundament ist in Bild **107.3** b dargestellt.

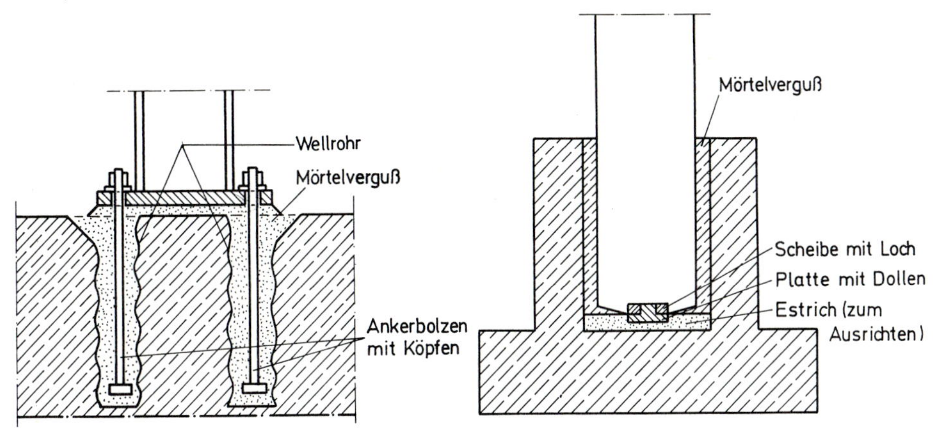


**107.3** a) Fuß einer eingespannten Stahlstütze

**107.3** b) Stahlbetonstütze in Köcherfundament

Eine feste Einspannung verhindert sowohl eine Verschiebung als auch eine Verdrehung des Stabendes. Unbekannt sind alle drei Bestimmungsstücke der Lagerkraft: Betrag, Richtungswinkel und Angriffspunkt (**108.1**). Diese drei Stücke können nach Parallelverschieben der Lagerkraft in die Mitte des Lagers und nach Zerlegen der Lagerkraft ersetzt werden durch

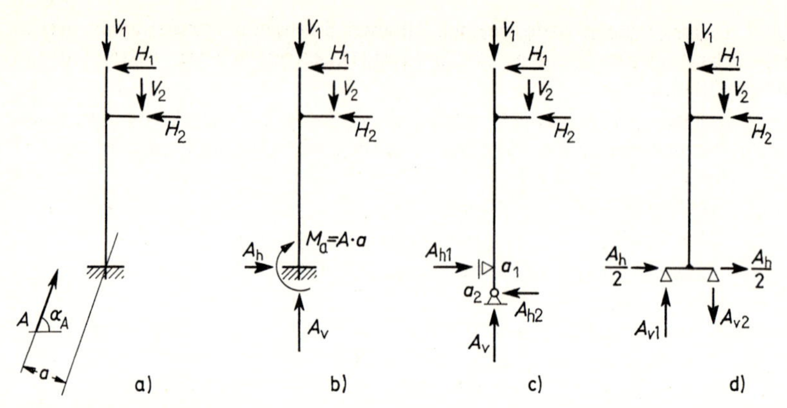


**108.**1 Feste Einspannung
a) unbekannt $A$, $\alpha_A$, $a$ b) unbekannt $A_v$, $A_h$, $M_a$ c) Gedankenmodell: Stütze einbetoniert (Einspannmoment durch waagerechte Reaktionen aufgenommen) d) Gedankenmodell: Stütze mit Fußplatte (Einspannmoment durch senkrechte Reaktionen aufgenommen)

1. die vertikale Komponente $A_v$
2. die horizontale Komponente $A_h$ und
3. das Einspannmoment $M_a = A \cdot a$ (**108.**1 b)

Eine feste Einspannung können wir auch darstellen durch die Kombination eines festen und eines beweglichen Lagers (**108.**1 c) sowie durch zwei feste Lager mit angenommener gleichmäßiger Aufteilung der waagerechten Komponente $A_h$ (**108.**1 d). Auch dabei sind drei Bestimmungsstücke unbekannt: die Komponenten $A_v$ und $A_{h2}$ in $a_2$ und die Komponente $A_{h1}$ in $a_1$ (**108.**2 c) bzw. $A_{v1}$, $A_{v2}$ und $A_h$ (**108.**2 d)

Die Annahme einer starren, festen oder vollen Einspannung setzt voraus, daß jegliche Verdrehung des Stabendes ausgeschaltet wird. Dies bedeutet für Fundamente, daß eine genügend große Auflast und ein unnachgiebiger Baugrund zur Verfügung stehen müssen.

Beispiele für die Ermittlung von Lagerkräften und Einspannmomenten sind in den Abschn. 5.4 bis 5.9 enthalten.

### 4.4.4 Lager von räumlichen Tragwerken

Wie wir im Beispiel 2 des Abschn. 3.4.6 gesehen haben, können durch die starre Verbindung eines Mastes mit einem Fundament, die gleichbedeutend mit einer allseitig festen oder räumlichen Einspannung ist, die Kraftkomponenten $F_x$, $F_y$, $F_z$ und die Momentenkomponenten $M_x$, $M_y$, $M_z$ übertragen werden (**72.**1). Diese sechs Komponenten sind die durch eine starre Verbindung übertragbaren Schnittgrößen oder inneren Kraftgrößen räumlicher Stabwerke. Lager haben die Aufgabe, von diesen sechs möglichen Schnittgrößen nur bestimmte, ausgewählte zu übertragen, die Hauptschnittgrößen genannt werden. Im Wirkungssinn der übrigen Schnittgrößen sollen die Lager Bewegungen, d.h. Verschiebungen oder Verdrehungen, ermöglichen. Dabei können wir den Kraftkomponenten $F_x$, $F_y$, $F_z$ die Verschiebungen $v_x$, $v_y$, $v_z$, den Momentenkomponenten $M_x$, $M_y$, $M_z$ die Verdrehungen $\vartheta_x$, $\vartheta_y$, $\vartheta_z$ zuordnen, und zwar in dem Sinne, daß bei Übertragung einer Kraftgröße $F_i$ oder $M_i$ durch ein Lager die zugeordnete Bewegung $v_i$ oder $\vartheta_i$ nicht möglich ist. Da Lagerbewegungen in der Praxis nicht völlig ohne Widerstände ablaufen, treten bei Lagerbewegungen die diesen zugeordneten Nebenschnittgrößen auf.

Von den vielen Lagerarten, die in DIN 4141 T1 Tab. 1 aufgeführt sind (s.a. [1]) und die sehr unterschiedliche Kombination von Hauptschnittgrößen übertragen, werden im folgenden drei vorgestellt:

1. Zweiachsig verschiebliches Punktkipplager (**109.**1 a). Ein solches Lager überträgt nur die Kraftkomponente $F_z$ senkrecht zur Bewegungsebene ($(x,y)$-Ebene); eine Verschiebung $v_z$ ist nicht möglich, Verschiebungen $v_x$, $v_y$ sowie Verdrehungen $\vartheta_x$, $\vartheta_y$, $\vartheta_z$ können auftreten.

2. Unverschiebliches Punktkipplager (**109.**1 b). Übertragen werden die Kraftkomponenten $F_x$, $F_y$, $F_z$; Verschiebungen $v_x$, $v_y$, $v_z$ sind unmöglich, Verdrehungen $\vartheta_x$, $\vartheta_y$, $\vartheta_z$ des aufgelagerten Bauteils werden nicht behindert.

3. Zweiachsig verschiebliches Linienkipplager (**109.**1 c). Dieses Lager überträgt die Kraftkomponente $F_z$ und die Momentenkomponente $M_x$; Verschiebungen $v_x$, $v_y$ und Verdrehungen $\vartheta_y$, $\vartheta_z$ können auftreten; eine Verschiebung in Richtung der $z$-Achse und eine Verdrehung um die $x$-Achse werden verhindert.

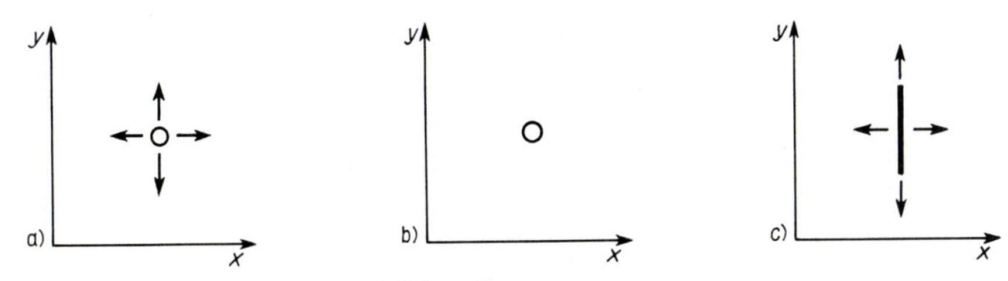


**109.**1 Symbole von Lagern, Grundrißdarstellung
a) zweiachsig verschiebliches Punktkipplager
b) unverschiebliches Punktkipplager
c) zweiachsig verschiebliches Linienkipplager

## 4.5 Schwerpunktbestimmungen

### 4.5.1 Allgemeines

Jeden Körper kann man sich aus vielen kleinen Massenteilchen, den Massenpunkten, zusammengesetzt denken. Diese erfahren beim freien Fall infolge der Schwerkraft der Erde eine vertikale Beschleunigung, bei Aufhängung oder Lagerung wird ihre Eigenlast wirksam. Für die folgenden Betrachtungen ist die Eigenlast jedes Massenpunktes ein gebundener Vektor; Angriffspunkt des Vektors ist der Massenpunkt. Aus den Eigenlasten aller Massenpunkte eines Körpers läßt sich mit Hilfe des Momentensatzes die Resultierende, die Eigenlast $G$ des Körpers berechnen. $G$ ist hier ebenfalls ein gebundener Vektor; seinen Angriffspunkt nennen wir den Schwerpunkt des Körpers. Jede durch diesen Punkt gehende Linie heißt Schwerlinie. Unterstützt man einen Körper in seinem Schwerpunkt, so bleibt er auch nach jeder Drehung um diesen Punkt in Ruhe (indifferentes Gleichgewicht, **92.**1 e).

Wir beschäftigen uns nur mit Körpern, die aus gleichmäßig dichtem Stoff bestehen (homogene Körper); bei ihnen ist die Lage des Schwerpunktes nur von der Gestalt, nicht aber von der Art des Stoffes abhängig.

Will man den Schwerpunkt eines Körpers, z. B. den einer gleichmäßig dünnen Platte, praktisch bestimmen, so hängt man ihn an zwei verschiedenen Punkten auf (**110.**1). Die Vertikalen von den Aufhängepunkten sind, wenn der Körper zur Ruhe gekommen ist, Schwerlinien (in Bild **110.**1 Linie I–I und II–II). Zeichnet man sie ein, so ist ihr Schnittpunkt $S$ der Schwerpunkt der Fläche $ABCD$. Der gesuchte Schwerpunkt des Körpers liegt hinter $S$ in der Mitte der Platte.

Bei der rechnerischen oder zeichnerischen Bestimmung des Schwerpunktes dreht man nun nicht den Körper, sondern läßt der Einfachheit halber die Massenkräfte senkrecht zur Zeichenfläche wirken und wendet den Momentensatz nacheinander um die beiden in der Zeichenfläche liegenden Koordinatenachsen an (**110.**2).

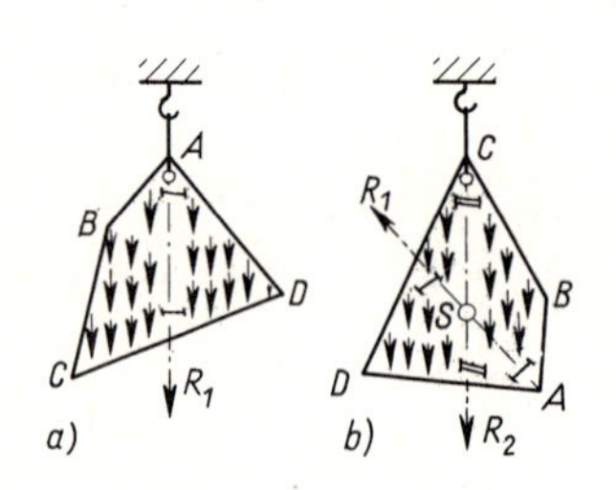


**110.**1 Schwerpunktbestimmung durch mehrfaches Aufhängen des gedrehten Körpers

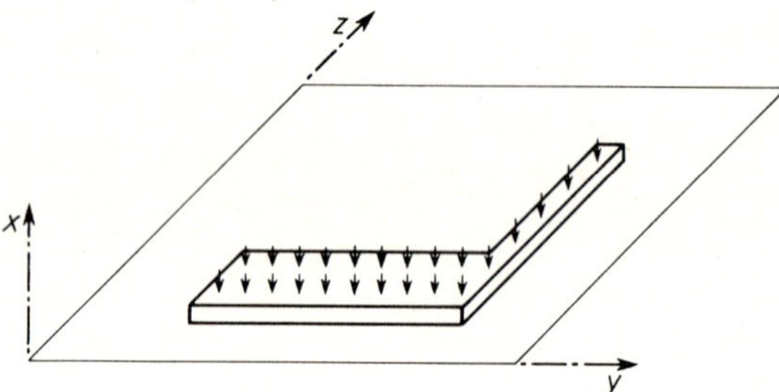


**110.**2 Annahme: Massenkräfte wirken senkrecht zur Zeichenfläche

Die Schwerpunkte von Linien und Flächen bestimmt man in ähnlicher Weise, indem man sie sich gleichmäßig mit Masse behaftet denkt. Man spricht dann von einer materiellen Linie oder materiellen Fläche. Das Auffinden ihrer Schwerpunkte wird erleichtert, wenn man beachtet, daß jede Mittellinie und jede Symmetrieachse eine Schwerlinie ist.

Wir benötigen die Koordinaten oder vielfach nur eine Koordinate des Schwerpunkts einer Fläche, um die Wirkungslinie einer Last zu bestimmen (**36.**2, **99.**1); in der Festigkeitslehre (s. Teil 2 dieses Werkes) ermitteln wir die Schwerpunkte von Querschnittsflächen, wenn es um die Beanspruchung der Querschnitte durch die vorhandenen Schnittgrößen geht.

Da der Schwerpunkt ein Durchgangspunkt der Resultierenden der Eigenlasten aller Massenpunkte ist, läßt sich seine Lage auch zeichnerisch mit Hilfe von Polfigur und Seileck ermitteln. Als gedachter Punkt kann der Schwerpunkt bei besonderen Formen auch außerhalb der betreffenden Körper, Flächen oder Linien liegen.

## 4.5.2 Schwerpunkte von Linien

**Gerade Linie.** Ihr Schwerpunkt liegt in der Mitte der Länge $l$ (**111.**1).

**Einfach gebrochener Linienzug.** Man ermittelt zuerst die Einzelschwerpunkte $S_1$ und $S_2$ in der Mitte der Linien $l_1$ und $l_2$ (**111.**2). Der Gesamtschwerpunkt $S$ muß dann die Verbindungslinie $S_1 S_2$ dieser Punkte im umgekehrten Verhältnis der Längen teilen: $a:b=$

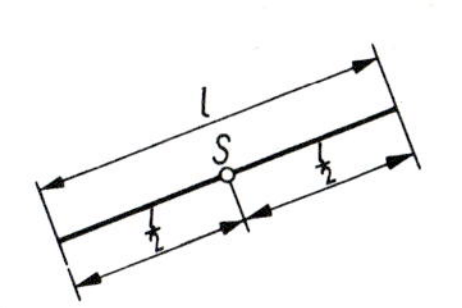


111.1 Schwerpunkt einer geraden Linie

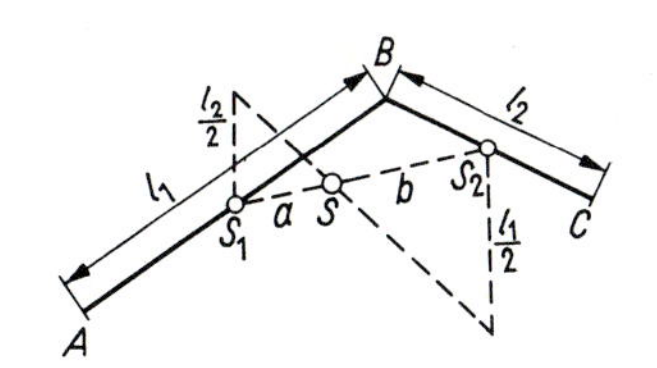


111.2 Schwerpunkt eines einfach gebrochenen Linienzuges

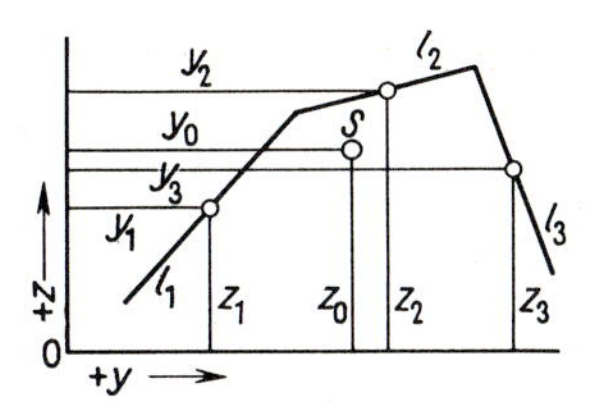


111.3 Schwerpunkt eines mehrfach gebrochenen Linienzuges

$l_2 : l_1$ (vgl. Abschn. 3.2.3.2 Beispiel 2). Eine Unterstützung des Linienzuges $ABC$ im Punkte $S$ ist freilich nur nach Anbringen eines gewichtslosen Verbindungsstabes möglich.

**Mehrfach gebrochener Linienzug.** Bezieht man diesen auf ein rechtwinkliges Achsenkreuz (**111**.3), so kann man die Lage des Schwerpunktes durch zweimaliges Anwenden des entsprechend umgeformten Momentensatzes bestimmen. Dieser lautet $R \cdot a_R = \Sigma(F_i \cdot a_i)$. An die Stelle der Einzelkräfte $F$ treten jetzt die Längen der einzelnen Strecken $l$, und die Resultierende $R = \Sigma F$ (bei parallelen Kräften) ist durch die Gesamtlänge des im Schwerpunkt vereinigt gedachten Stabzuges $L = \Sigma l$ zu ersetzen. Die Gleichungen gehen daher über in

$$L \cdot y_0 = \Sigma(l \cdot y) \quad \text{und} \quad L \cdot z_0 = \Sigma(l \cdot z)$$

und hieraus

$$\boldsymbol{y_0 = \frac{\Sigma(l \cdot y)}{L}} \qquad \boldsymbol{z_0 = \frac{\Sigma(l \cdot z)}{L}} \qquad (111.1)$$

Diese Beziehungen werden nachfolgend auf den Kreisbogen angewandt.

**Kreisbogen.** Der Schwerpunkt liegt zunächst auf der Symmetrieachse $MC$, die man als $z$-Achse wählt (**111**.4). Die $y$-Achse läßt man zweckmäßigerweise winkelrecht hierzu durch den Mittelpunkt des Kreises gehen. Es ist dann nur noch der Abstand $z_0$ des Schwerpunktes $S$ vom Mittelpunkt $M$ zu berechnen.

Den Kreisbogen von der Gesamtlänge $b$ kann man sich nun als einen gebrochenen Linienzug aus vielen gleichlangen Strecken $l$ zusammengesetzt denken, deren Einzelmomente in bezug auf die $y$-Achse $M = l \cdot z$ werden. Der Schwerpunktabstand $z_0$ berechnet sich dann aus der Gleichung

$$z_0 = \frac{\Sigma(l \cdot z)}{b}$$

111.4 Schwerpunkt eines Kreisbogens

Aus der Ähnlichkeit der schraffierten Dreiecke folgt

$$l : l_y = r : z \qquad l \cdot z = l_y \cdot r \quad \text{folglich} \quad \Sigma(l \cdot z) = \Sigma(l_y \cdot r) = r \cdot \Sigma l_y$$

$\Sigma l_y$ ist gleich der Sehnenlänge $s$ des Kreisbogens, mithin

$$\boldsymbol{z_0 = \frac{r \cdot s}{b}} \tag{112.1}$$

Mit $s = 2r \sin\alpha$ und $b = 2r\alpha$ können wir auch schreiben

$$y_0 = \frac{r \sin\alpha}{\alpha}$$

Für den Halbkreis mit $s = 2r$ und $b = \pi \cdot r$ erhält man (**112.**1 a)

$$z_0 = \frac{r \cdot 2r}{\pi \cdot r} = \frac{2r}{\pi} \approx \mathbf{0{,}6366\,r} \tag{112.2}$$

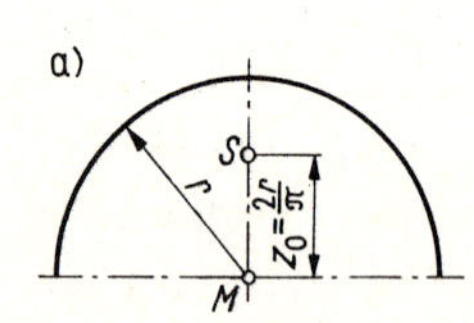


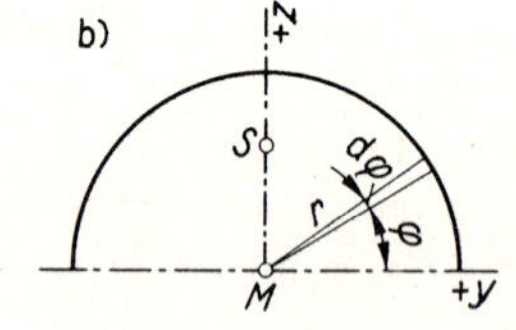


**112.**1 Schwerpunkt eines Halbkreisbogens

In der Schreibweise der Integralrechnung hat der Schwerpunktabstand $z_0$ die Größe

$$z_0 = \frac{\int z\,\mathrm{d}l}{\int \mathrm{d}l} = \frac{1}{L}\int z\,\mathrm{d}l$$

Für den Halbkreis wird mit dem Linienelement $\mathrm{d}l = \mathrm{r} \cdot \mathrm{d}\varphi$ und der Ordinate $y = r \cdot \sin\varphi$ (**112.**1 b)

$$z_0 = \frac{1}{b}\int_0^{\pi} r^2 \cdot \sin\varphi\,\mathrm{d}\varphi = \frac{1}{\pi \cdot r} \cdot r^2[-\cos\varphi]_0^{\pi} \qquad z_0 = -\frac{r}{\pi}[-1-1] = +\frac{2r}{\pi}$$

Für einen Kreisbogen mit dem Mittelpunktswinkel $\varphi = 90°$ nach Bild **112.**2a wird

$$z_0 = \frac{1}{b}\int_{\pi/4}^{3\pi/4} r^2 \cdot \sin\varphi\,\mathrm{d}\varphi = \frac{1 \cdot 2}{\pi \cdot r} r^2[-\cos\varphi]_{\pi/4}^{3\pi/4} = \frac{2{,}8284\,r}{\pi}$$

$$z_0 = 0{,}9003\,r \qquad z_1 = z_0 - r \cdot \sin 45° = 0{,}1932\,r$$

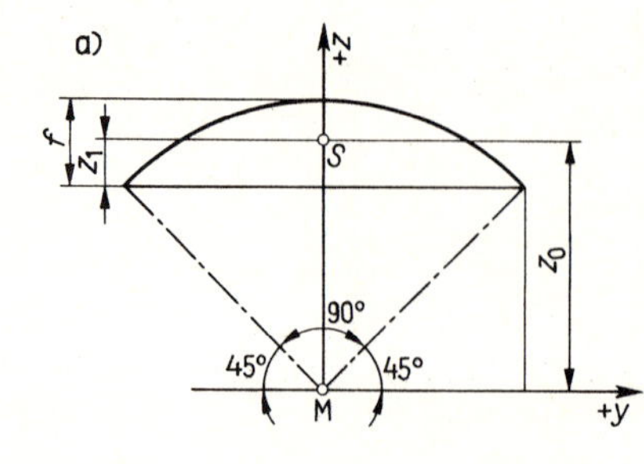


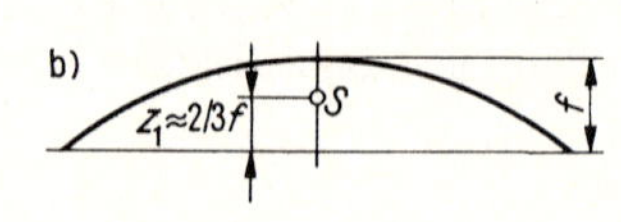


**112.**2 Schwerpunkt eines flachen Kreisbogens

bezieht man $z_1$ auf die Pfeilhöhe $f$, so ist

$$z_1 = 0{,}66\,f$$

Bei flachen Kreisbogen kann man somit näherungsweise setzen (**112.**2b)

$$\boldsymbol{z_1 \approx \frac{2}{3} f} \tag{113.1}$$

In dieser Formel zählt $z_1$ nicht vom Mittelpunkt, sondern von der Sehne aus.

### 4.5.3 Schwerpunkte von Flächen

**Allgemeine Formeln.** Bezeichnet man den Gesamtinhalt einer beliebigen Fläche mit $A$, den Inhalt kleiner Flächenteilchen mit $\Delta A$, so erhält man nach Bild **113.**1 entsprechend den Ausführungen im vorigen Abschnitt für die Schwerpunktabstände von Flächen den Momentensatz in folgender Form

$$\boldsymbol{A \cdot y_0 = \Sigma(\Delta A \cdot y) \qquad A \cdot z_0 = \Sigma(\Delta A \cdot z)} \tag{113.2}$$

In Worten: Für jede beliebige Achse ist das statische Moment einer Fläche gleich der algebraischen Summe der Momente aller Flächenteilchen.

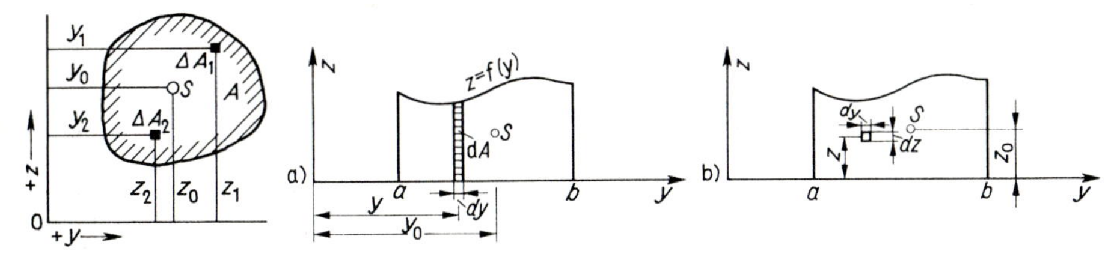


**113.**1 Schwerpunkt einer beliebigen Fläche

**113.**2 Statische Momente der Flächenteilchen

Die Schwerpunktabstände selbst ergeben sich hieraus zu

$$\boldsymbol{y_0 = \frac{\Sigma(\Delta A \cdot y)}{A} \quad z_0 = \frac{\Sigma(\Delta A \cdot z)}{A} \quad \text{oder} \quad y_0 = \frac{\int y\,\mathrm{d}A}{A} \quad z_0 = \frac{\int z\,\mathrm{d}A}{A}} \tag{113.3}$$

Zur weiteren Erläuterung betrachten wir eine Fläche, die von der $y$-Achse, der Kurve $z = f(y)$ und den Geraden $y = a$ und $y = b$ begrenzt ist (**113.**2a und b). Die allgemeinen Ausdrücke für die Schwerpunktabstände $y_0$ und $z_0$ der Fläche $A$ sind gesucht.

Für den Schwerpunktabstand $y_0$ gilt

$$y_0 \cdot A = \int_{y=a}^{y=b} y \cdot \mathrm{d}A$$

Die rechte Seite der Gleichung stellt das statische Moment der Fläche um die $z$-Achse dar. Für das Flächenteilchen $\mathrm{d}A$ kann das Rechteck $\mathrm{d}A = z \cdot \mathrm{d}y$ mit der Höhe $z$ (wie in Bild **113.**2a eingetragen) eingesetzt werden, also

$$y_0 = \frac{1}{A} \int\limits_{y=a}^{y=b} y \cdot z \cdot \mathrm{d}y \tag{114.1}$$

Zur Ermittlung des Schwerpunktabstandes $z_0$ gehen wir aus von der Gleichung

$$z_0 \cdot A = \int\limits_{y=a}^{y=b} z \cdot \mathrm{d}A$$

Die rechte Seite stellt jetzt das statische Moment der Fläche um die $y$-Achse dar, worin $z$ den Hebelarm von der $y$-Achse zum Flächenelement $\mathrm{d}A$ darstellt; $\mathrm{d}A$ führen wir in dieser Betrachtung als Element $\mathrm{d}y \cdot \mathrm{d}z$ ein (**113.**2b), weswegen wir zuerst über $\mathrm{d}z$ integrieren müssen. So erhalten wir das Doppelintegral

$$z_0 \cdot A = \int\limits_{y=a}^{y=b} \int\limits_{z=0}^{z=f(y)} z \cdot \mathrm{d}y \cdot \mathrm{d}z = \int\limits_{y=a}^{y=b} \frac{z^2}{2} \cdot \mathrm{d}y \quad \text{daraus folgt} \quad z_0 = \frac{1}{2A} \int\limits_{y=a}^{y=b} z^2 \cdot \mathrm{d}y \tag{114.2}$$

Wenn man als $\mathrm{d}A$ wieder das Rechteck $z \cdot \mathrm{d}y$ eingeführt hätte, so wäre der senkrechte Hebelarm für jedes Rechteck gleich dem Abstand $z/2$ des jeweiligen Rechteckschwerpunktes von der $y$-Achse. Somit wäre also ebenfalls

$$z_0 \cdot A = \int\limits_{y=a}^{y=b} \frac{z}{2} \cdot z \cdot \mathrm{d}y = \int\limits_{y=a}^{y=b} \frac{z^2}{2} \mathrm{d}y$$

Man kann den Schwerpunkt statt dessen auch mit der Guldinschen Regel finden. Es ist

$$z_0 = \frac{\int z\,\mathrm{d}A}{A} = \frac{2\pi \int z\,\mathrm{d}A}{2\pi \cdot A} = \frac{V_{(y)}}{2\pi \cdot A} \qquad y_0 = \frac{\int y\,\mathrm{d}A}{A} = \frac{2\pi \int y\,\mathrm{d}A}{2\pi \cdot A} = \frac{V_{(z)}}{2\pi \cdot A} \tag{114.3}$$

Darin ist $V_{(y)}$ bzw $V_{(z)}$ das Volumen des Rotationskörpers, das bei Drehung der Fläche um die $y$-Achse bzw. die $z$-Achse entsteht.

Wählt man als Drehachse eine Schwerachse der Fläche (**114.**1), so wird der Hebelarm der Gesamtfläche gleich Null und daher auch das Moment $A \cdot y_0$ bzw. $A \cdot z_0$:

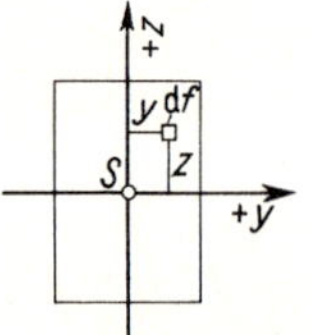


**114.**1 Schwerachse als Drehachse gewählt

$$\boldsymbol{\int y \mathrm{d}A = \Sigma(\Delta A \cdot y) = 0}$$
$$\boldsymbol{\int z \mathrm{d}A = \Sigma(\Delta A \cdot z) = 0} \tag{114.4}$$

Hieraus folgt der wichtige Satz:

**Für die Schwerachse einer Fläche ist die algebraische Summe der Momente aller Flächenteilchen gleich Null.**

**Dreieck** (**115.**1). Weil jede Mittellinie eine Schwerlinie ist, liegt der Schwerpunkt im Schnittpunkt zweier Mittellinien. Diese teilen sich im Verhältnis 1:2. Der Schwerpunkt hat demnach von den Grundlinien einen Abstand von 1/3 der zugehörigen Höhe.

$$\boldsymbol{z_0 = \frac{h}{3}} \tag{114.5}$$

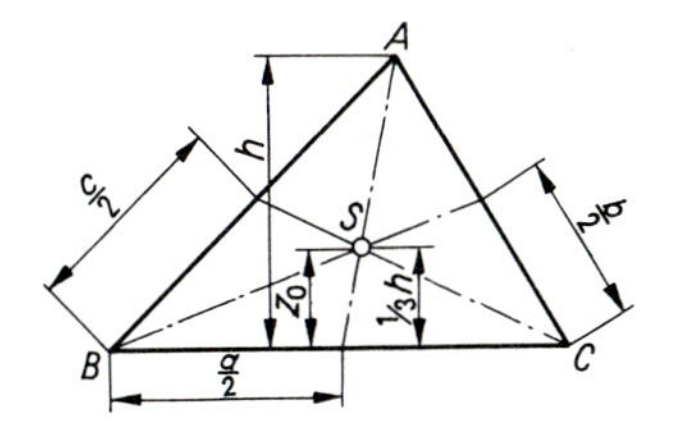

115.1 Schwerpunkt des Dreiecks

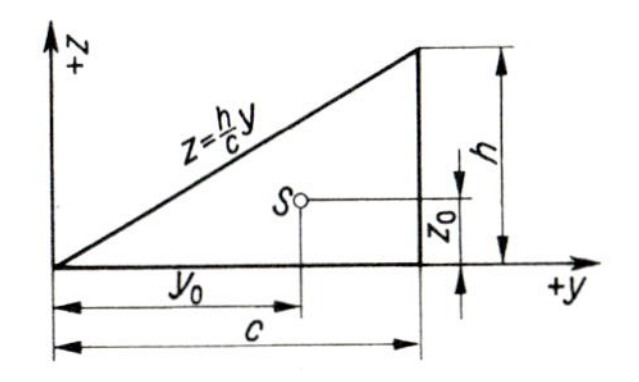

115.2 Schwerpunkt des Dreiecks

Für ein Dreieck nach Bild **115**.2 ist mit Gl. (114.1)

$$y_0 = \frac{1 \cdot 2}{c \cdot h} \int_{y=0}^{y=c} y \cdot \frac{h}{c} \cdot y \cdot \mathrm{d}y = \frac{2}{c \cdot h} \cdot \frac{h}{c} \int_0^c y^2 \cdot \mathrm{d}y \qquad y_0 = \frac{2}{c^2} \cdot \frac{c^3}{3} = \frac{2}{3} c$$

und mit Gl. (114.2)

$$z_0 = \frac{1 \cdot 2}{2 \cdot c \cdot h} \int_{y=0}^{y=c} \left(\frac{h}{c} y\right)^2 \cdot \mathrm{d}y = \frac{h^2}{c \cdot h \cdot c^2} \int_0^c y^2 \cdot \mathrm{d}y \qquad z_0 = \frac{h}{c^3} \cdot \frac{c^3}{3} = \frac{h}{3}$$

**Rechteck, Parallelogramm und Viereck** (**115**.3). Beim Rechteck und Parallelogramm liegt der Schwerpunkt sowohl im Schnittpunkt der Mittellinien als auch in dem der Diagonalen.

$$\boldsymbol{z_0 = \frac{h}{2}} \qquad (115.1)$$

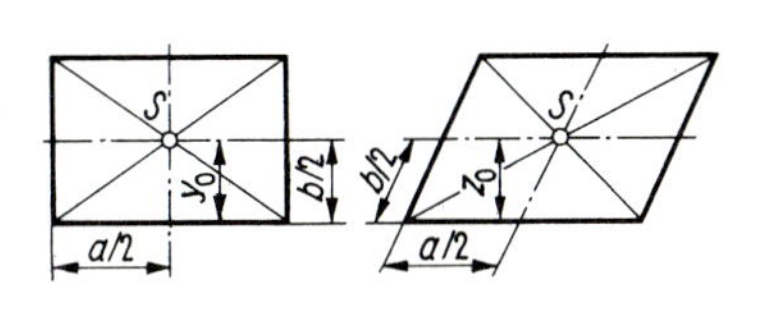

115.3 Schwerpunkt des Rechtecks und Parallelogramms

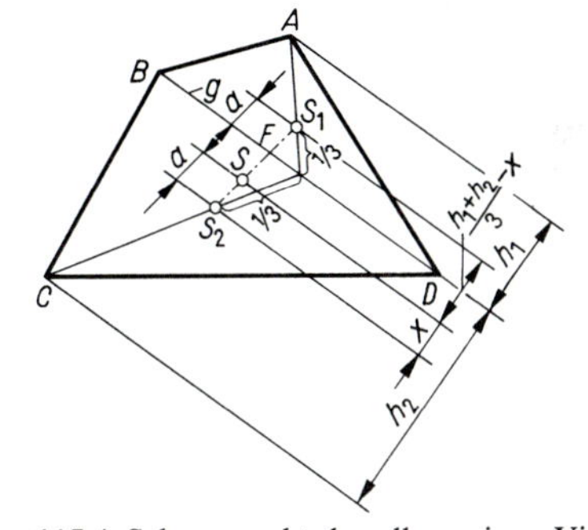

115.4 Schwerpunkt des allgemeinen Vierecks

Im allgemeinen Viereck bestimmt man den Schwerpunkt dadurch, daß man das Viereck durch eine Diagonale in zwei Dreiecke zerlegt und für diese zunächst die Einzelschwerpunkte $S_1$ und $S_2$ durch Drittelung einer Mittellinie ermittelt (**115.4**). Der Gesamtschwerpunkt muß auf der Verbindungslinie $S_1 S_2$ als Schwerachse liegen und diese im umgekehrten Verhältnis der Flächeninhalte der beiden Dreieck teilen. Da beide Dreiecke die gleiche Grundlinie $g$ haben, braucht man zu diesem Zwecke von $S_2$ aus nur die Strecke $S_2 S = S_1 F = a$ abzutragen.

Für die Parallele zu $g$ durch $S$ ergibt sich nämlich entsprechend Gl. (114.4)

$$x\frac{g \cdot h_2}{2} - \left(\frac{h_1 + h_2}{3} - x\right)\frac{g \cdot h_1}{2} = 0$$

und daraus

$$x = h_1/3$$

Infolge der Proportionalität der Geradenabschnitte zwischen Parallelen kann $a$ abgegriffen werden.

**Trapez** (**116.**1). Der Schwerpunkt liegt auf der Mittellinie der beiden Grundseiten $a$ und $b$. Eine zweite Schwerachse findet man zeichnerisch ähnlich wie beim allgemeinen Viereck durch Zerlegen in zwei Dreiecke.

Der Abstand $z_u$ des Gesamtschwerpunktes $S$ von der Grundlinie $a$ läßt sich rechnerisch mit Hilfe des Momentensatzes nach Gl. (113.3) ermitteln. Mit den in Bild **116.**1 angegebenen Bezeichnungen erhält man

$$z_u = \frac{\frac{a \cdot h}{2}\frac{1}{3}h + \frac{b \cdot h}{2} \cdot \frac{2}{3}h}{\frac{a+b}{2} \cdot h} = \frac{\frac{a \cdot h}{3} + \frac{2b \cdot h}{3}}{a+b}$$

$$\boldsymbol{z_u = \frac{h}{3} \cdot \frac{a+2b}{a+b} \qquad z_o = \frac{h}{3} \cdot \frac{2a+b}{a+b}} \tag{116.1}$$

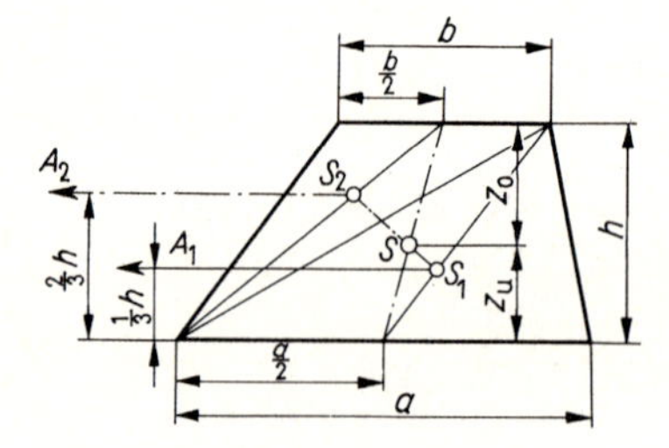


**116.**1 Schwerpunkt des Trapezes

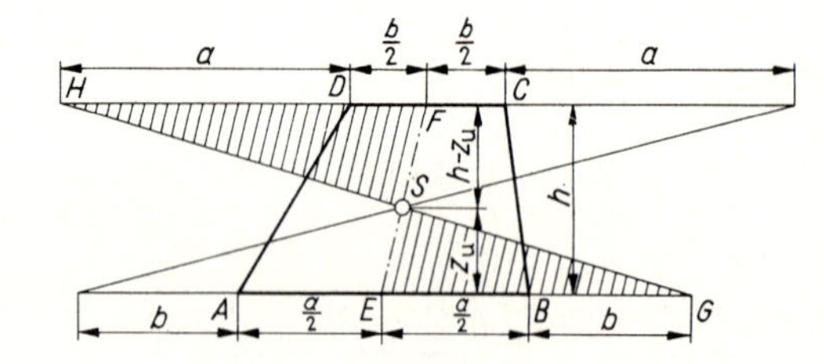


**116.**2 Schwerpunktbestimmung eines Trapezes mit Hilfe verschränkter Diagonalen

Auf Grund dieser Gleichung läßt sich der Schwerpunkt des Trapezes auch leicht mit den oft angewandten verschränkten Diagonalen (**116.**2) bestimmen, die man erhält, indem man auf den verlängerten Grundlinien die Länge der gegenüberliegenden Grundlinie beiderseits abträgt und die so erhaltenen Endpunkte miteinander verbindet.

Der Beweis ergibt sich aus der Ähnlichkeit der beiden Dreiecke $SEG$ und $SFH$.

$$\left(\frac{a}{2} + b\right) : \left(\frac{b}{2} + a\right) = z_u : (h - z_u)$$

$$z_u \cdot \frac{b + 2a}{2} = (h - z_u)\frac{a + 2b}{2}$$

$$z_u(2a + b) + z_u(a + 2b) = h(a + 2b)$$

$$z_u(3a + 3b) = h(a + 2b) \quad \text{hieraus wie Gl. (116.1)} \qquad z_u = \frac{h}{3} \cdot \frac{a + 2b}{a + b}$$

Zuweilen, z. B. bei Gewölbeuntersuchungen (**117.**1), Schubspannungsflächen im Stahlbetonbau, Spannungsdiagrammen von Pfahlrosten, ist nur die den Grundlinien parallele Schwerachse des Trapezes zu bestimmen. Man teilt dann nach Bild **117.**1 die Strecke $BD$ in drei gleiche Teile, zieht die Linien $AF$ und $CE$, deren Verlängerungen sich in Punkt $G$ schneiden. Durch $G$ geht die gesuchte, zu den Grundlinien des Trapezes parallele Schwerachse. Will man den Schwerpunkt $S$ des Trapezes auch der Höhe nach festlegen, so bringt man die Mittellinie des Trapezes mit der gefundenen Schwerachse zum Schnitt.

**Beweis:** Die Gleichungen der Geraden $AF$ und $CF$ werden nach der Gleichung der Geraden ermittelt

$$y = m \cdot x + n$$

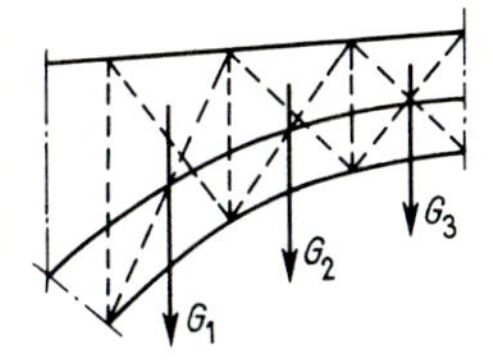


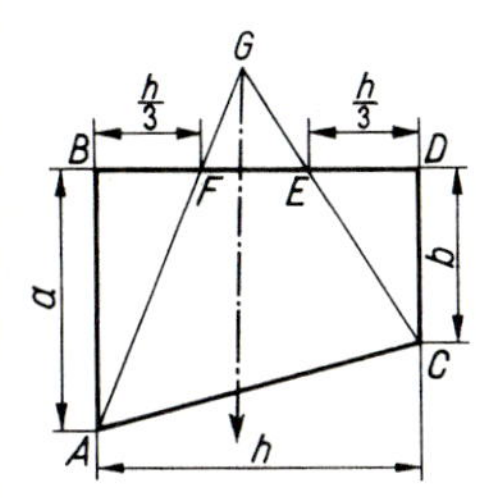


**117.**1 Schwerachse des Trapezes ∥ zu den Grundlinien

**117.**2 Gleichungen der Geraden $z_1$ und $z_2$

Nach Bild **117.**2 lauten die Gleichungen mit den dort eingetragenen Maßen

$$z_1 = \frac{3a}{h} y - a \qquad z_2 = -\frac{3b}{h} y + 2b$$

Da im Punkt $G$ beide Werte gleich sind, wird für diesen Punkt

$$\frac{3a}{h} y - a = -\frac{3b}{h} y + 2b \quad \text{daraus} \quad \frac{3}{h} y(a+b) = a + 2b \text{ und } y = y_u = \frac{h}{3} \cdot \frac{a+2b}{a+b}$$

Das ist aber die der Gl. (116.1) entsprechende Formel.

Die Konstruktion der zu den Grundlinien des Trapezes parallelen Schwerachse gilt auch für das allgemeine Trapez, wenn also $AB$ nicht ⊥ zu $DB$ steht.

**Kreis, Kreisringfläche und Ellipse** (**117.**3). Bei allen Flächen, deren Mittelpunkt als Schnittpunkt mindestens zweier Mittellinien oder Symmetrieachsen gegeben ist, fällt der Schwerpunkt mit diesem Punkte zusammen.

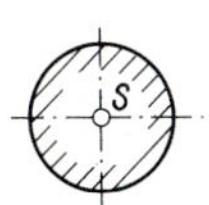

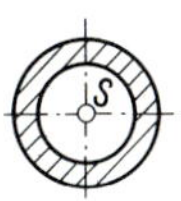

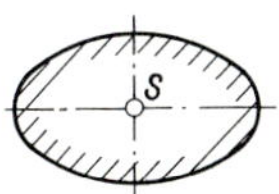


**117.**3 Schwerpunkt von Kreis, Kreisringfläche und Ellipse

**Kreisausschnitt** (**118.**1). Der Schwerpunkt liegt zunächst auf der Symmetrieachse, die durch den Mittelpunkt des Kreises geht. Denkt man sich nun den ganzen Ausschnitt aus sehr vielen und so kleinen Kreisausschnitten zusammengesetzt, daß man diese näherungsweise als Dreiecke von der Höhe $r$ auffassen kann, so liegen deren Schwerpunkte alle auf einem Kreisbogen im Abstand $2/3\,r$ vom Mittelpunkt des Kreises. Der Gesamtschwerpunkt dieser Schwerpunktslinie $A'$ $B'$ hat nach Gl. (112.1) vom Mittelpunkt $M$ einen Abstand von

$$z_0 = \frac{1}{3} r \cdot \frac{s'}{b'}$$

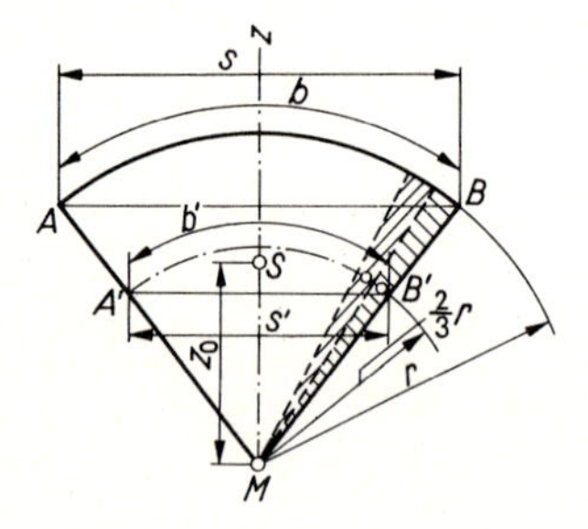


**118.**1 Schwerpunkt des Kreisausschnittes

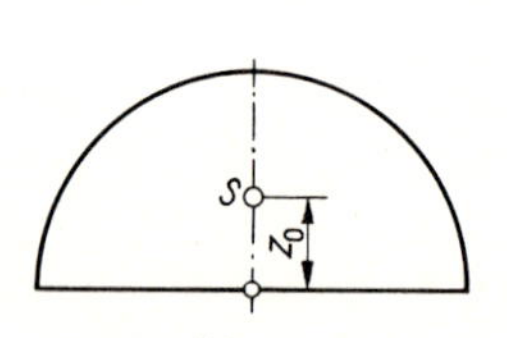


**118.**2 Schwerpunkt des Halbkreises

Da sich nun $s':b' = s:b$ verhält, ergibt sich

$$\boldsymbol{z_0 = \frac{2}{3} r \cdot \frac{s}{b}} \tag{118.1}$$

Für den Halbkreis folgt hieraus (**118.**2)

$$z_0 = \frac{2}{3} r \cdot \frac{2r}{\pi r} \qquad \boldsymbol{z_0 = \frac{4r}{\pi \cdot 3} = 0{,}4244\,r} \tag{118.2}$$

Man kann $z_0$ auch mit der Guldinschen Regel finden: dreht sich nämlich die Halbkreisfläche mit $A = \frac{\pi r^2}{2}$ um die $y$-Achse, so entsteht die Kugel mit $V = \frac{4}{3} \pi \cdot r^3$. So ergibt sich mit Gl. (114.3)

$$z_0 = \frac{V_{(y)}}{2\pi A} = \frac{\frac{4}{3}\pi \cdot r^3}{2\pi \cdot \frac{\pi \cdot r^2}{2}} = \frac{4r}{3\pi}$$

Beim Viertelkreis (**119.**1) wird wie für den Halbkreis

$$y_0 = z_0 = \frac{4r}{\pi \cdot 3} = 0{,}4244\,r$$

und der Abstand vom Mittelpunkt

$$r_0 = \sqrt{2} \cdot y_0 = \boldsymbol{0{,}6002\,r}$$

Zur Bestimmung des Schwerpunktabstandes $z_0$ kann man auch Gl. (114.2) benutzen:

$$z_0 = \frac{1}{2A} \int_{y=0}^{y=r} z^2 \cdot dy$$

$z$ ist gegeben durch die Kreisgleichung (**119.**2)

$$z^2 = r^2 - y^2$$

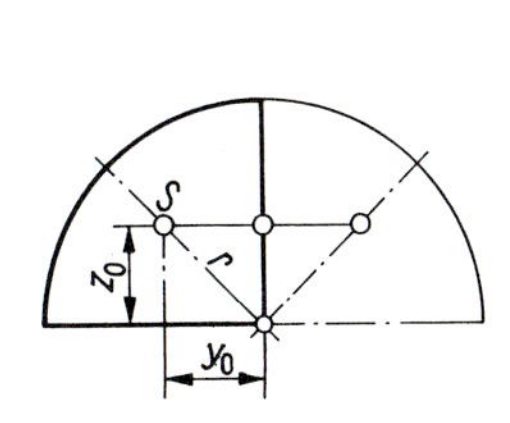


**119.**1 Schwerpunkt des Viertelkreises

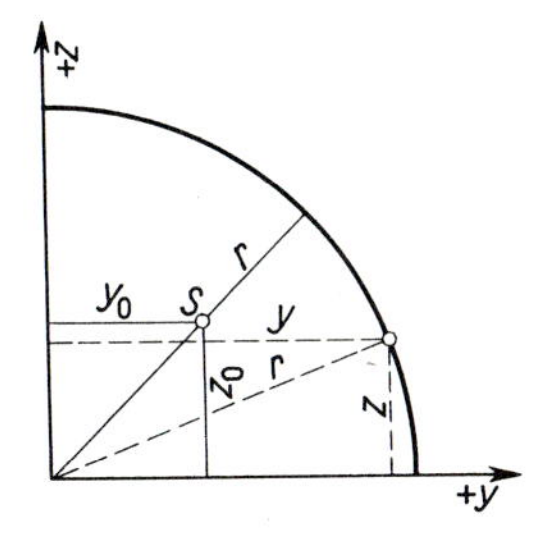


**119.**2 Beziehungen am Viertelkreis

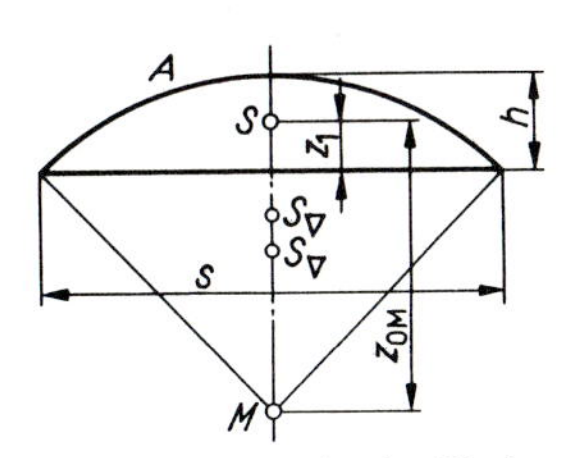


**119.**3 Schwerpunkt des Kreisabschnittes

Damit

$$z_0 = \frac{1 \cdot 4}{2\pi \cdot r^2} \int_{y=0}^{y=r} (r^2 - y^2)\,dy = \frac{2}{\pi \cdot r^2} \cdot r^3 - \frac{2}{\pi \cdot r^2} \cdot \frac{r^3}{3} \qquad z_0 = \frac{2}{3} \cdot \frac{2r^3}{\pi \cdot r^2} = \frac{4}{3} \cdot \frac{r}{\pi}$$

**Kreisabschnitt** (**119.**1). Die genaue Lage des Schwerpunktes läßt sich mit Hilfe der Schwerpunkte des zugehörigen Kreisausschnittes und des hiervon abzuziehenden Dreieckes nach den im folgenden für zusammengesetzte Flächen angegebenen Regeln berechnen. Bezeichnet man den Flächeninhalt des Kreisabschnittes mit $A$, so erhält man den Abstand vom Kreismittelpunkt zu

$$\boldsymbol{z_{0M} = \frac{s^3}{12A}} \tag{119.1}$$

Für flache Kreisabschnitte, die als Parabelschnitte aufgefaßt werden können, kann man näherungsweise und einfacher von der Sehne aus setzen

$$z_1 \approx \frac{2}{5} h \tag{119.2}$$

**Parabelabschnitt.** Beim ganzen (symmetrischen) Parabelabschnitt (**119.**4), dessen Flächeninhalt $A = 2/3 s \cdot h$ ist, hat der Schwerpunkt von der Sehne den Abstand

$$\boldsymbol{z_0 = \frac{2}{5} h} \tag{119.3}$$

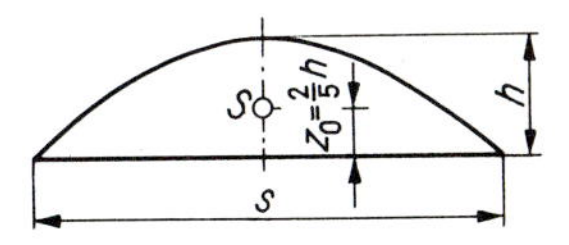


**119.**4 Schwerpunkt des ganzen Parabelabschnittes

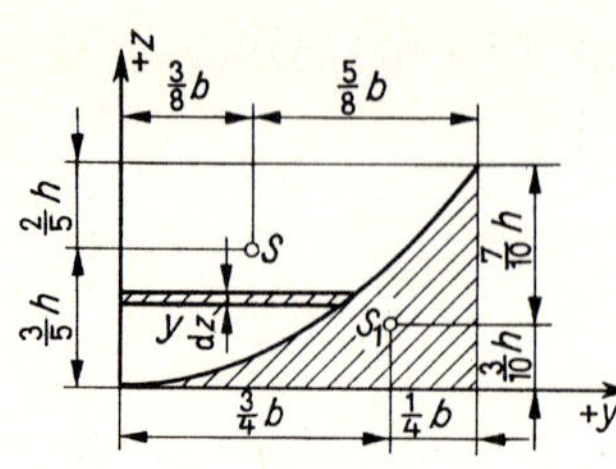

**120.1** Schwerpunkt der halben Parabel und der Restfläche

Der halbe Parabelabschnitt spielt bei späteren Betrachtungen über Momentenflächen eine Rolle. Sein Schwerpunkt ist mit der Parabelgleichung und der Integralrechnung zu bestimmen.

Mit der Gleichung der Parabel $y^2 = 2pz$ wird (**120.**1)

$$2p = \frac{y^2}{z} = \frac{b^2}{h}$$

$$y = \sqrt{\frac{b^2}{h} \cdot z}$$

Die Parabelfläche ergibt sich dann zu

$$A = \int_0^h \sqrt{\frac{b^2}{h} z} \cdot \mathrm{d}z = \sqrt{\frac{b^2}{h}} \int_0^h z^{1/2} \cdot \mathrm{d}z = \left. \frac{\sqrt{\frac{b^2}{h}} \cdot z^{3/2}}{\frac{3}{2}} \right|_0^h \qquad A = \left. \frac{2}{3} z \sqrt{\frac{b^2}{h} z} \right|_0^h = \frac{2}{3} b \cdot h$$

Mit Gl. (114.4) bilden wir auf der rechten Seite der Gleichung die statischen Momente der Flächenteilchen $\mathrm{d}A = y \cdot \mathrm{d}z$ mit den Hebelarmen $\frac{y}{2}$ um die $z$-Achse.

$$y_0 \cdot \frac{2}{3} b \cdot h = \int_0^h \frac{y}{2} y \cdot \mathrm{d}z = \int_0^h \frac{y^2}{2} \mathrm{d}z = \frac{b^2}{2h} \int_0^h z \cdot \mathrm{d}z = \left. \frac{b^2}{2h} \cdot \frac{z^2}{2} \right|_0^h = \frac{b^2 \cdot h}{4} \qquad y_0 = \frac{3}{8} b$$

Um den Schwerpunktabstand $z_0$ zu erhalten, bilden wir

$$z_0 \cdot \frac{2}{3} b \cdot h = \int_0^h y \cdot z \cdot \mathrm{d}z = \int_0^h z \sqrt{\frac{b^2}{h} z} \cdot \mathrm{d}z = \left. \frac{b}{\sqrt{h}} \frac{2}{5} z^{5/2} \right|_0^h = \frac{2}{5} b \cdot h^2 \qquad z_0 = \frac{3}{5} h$$

Die Lage des Schwerpunktes $S_1$ der schraffierten Restfläche des Rechtecks findet man am einfachsten, indem man die statischen Momente der ganzen Rechteckfläche und des halben Parabelabschnitts bildet

$$y_1 \cdot \frac{1}{3} A = \frac{1}{2} \cdot b \cdot A - \frac{3}{8} b \cdot \frac{2}{3} A \qquad y_1 = \frac{3}{4} b$$

$$z_1 \cdot \frac{1}{3} A = \frac{1}{2} h \cdot A - \frac{3}{5} h \cdot \frac{2}{3} A \qquad z_1 = \frac{3}{10} h$$

**Zusammengesetzte Flächen.** Bei regelmäßigen und symmetrischen Flächen liegt der Schwerpunkt im Schnittpunkt zweier Symmetrie- oder Mittelachsen (**121.**1).

Beliebige Flächen unregelmäßiger Gestalt unterteilt man in solche einfachen Flächen, deren Inhalte und Schwerpunkte nach den vorbeschriebenen Regeln leicht anzugeben sind. In einfacheren Fällen ermittelt man dann die Lage des Gesamtschwerpunktes rechnerisch durch zweimaliges Anwenden des Momentensatzes, während bei schwierigen Figuren

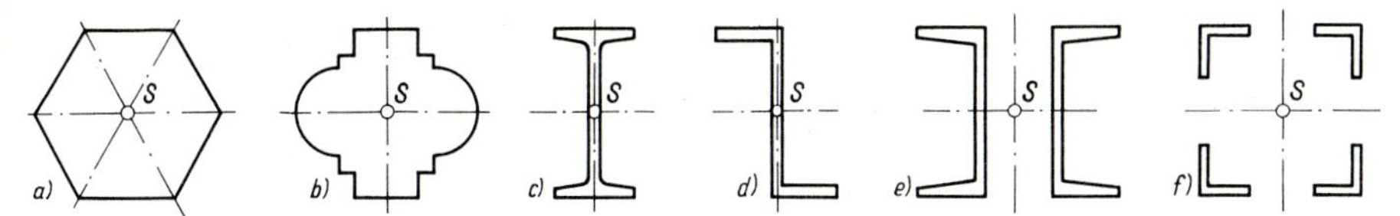


**121.1** Schwerpunkte regelmäßiger und symmetrischer Flächen

auch das zeichnerische Verfahren mit Pol- und Seileck Anwendung findet. Für Walzprofile sind die Schwerpunktlagen geeigneten Zahlentafeln zu entnehmen. Die folgenden Beispiele zeigen die Anwendung dieser Verfahren.

### 4.5.4 Schwerpunkte von Körpern

Im Bauwesen hat man es meist nur mit prismatischen Körpern zu tun, von denen man im allgemeinen nur Teile von 1,00 m Höhe untersucht. Mit der Bestimmung des Schwerpunktes der Grundflächen dieser Prismen ist dann auch die Lage des Körperschwerpunktes in halber Länge hinter der Grundfläche oder halber Höhe über oder unter ihr gegeben.

Der Vollständigkeit halber sei hier nur kurz darauf hingewiesen, daß die Schwerpunkte von Pyramiden und Kegeln in ein Viertel der Höhe dieser Körper liegen.

### 4.5.5 Anwendungen

**Beispiel 1:** Der Schwerpunkt des T-Profiles nach Bild **121.2** ist rechnerisch zu bestimmen und mit den Angaben der Zahlentafel zu vergleichen.

Der Schwerpunkt liegt erstens auf der vertikalen Symmetrieachse. Der Abstand $z_0$ der hierzu winkelrechten Schwerachse von der oberen Kante wird mit Hilfe des Momentensatzes gefunden, nachdem man den T-Querschnitt in zwei Rechteckquerschnitte zerlegt hat. In bezug auf die obere Kante als Drehachse ergibt sich

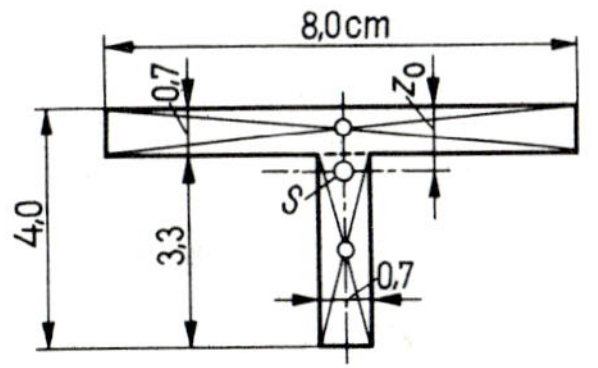


**121.2** Schwerpunkt eines T-Profils

$$z_0 = \frac{8{,}0 \cdot 0{,}7 \cdot 0{,}35 + 3{,}3 \cdot 0{,}7 \cdot 2{,}35}{8 \cdot 0{,}7 + 3{,}3 \cdot 0{,}7} = \frac{7{,}389}{7{,}910} = 0{,}934 \text{ cm}$$ [1]

**Beispiel 2:** Wo liegt der Schwerpunkt des gleichschenkligen Winkelprofiles (**121.3**)?

Der Schwerpunkt liegt hier auf der den Winkel halbierenden Symmetrieachse. Sein Abstand von der linken Kante berechnet sich nach Aufteilung des Querschnittes in zwei Rechtecke zu

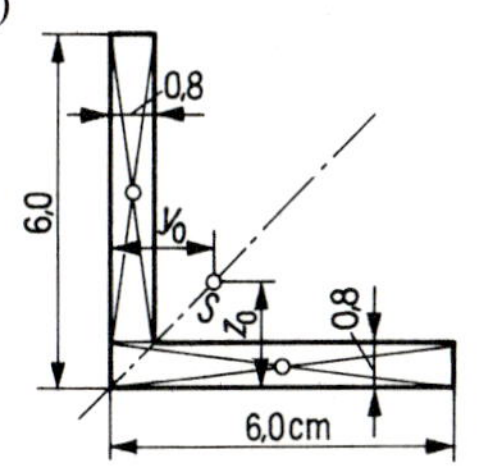


**121.3** Schwerpunkt eines gleichschenkligen Winkelprofils

$$y_0 = \frac{5{,}2 \cdot 0{,}8 \cdot 0{,}4 + 6{,}0 \cdot 0{,}8 \cdot 3{,}0}{(5{,}2 + 6{,}0)\,0{,}8} = \frac{16{,}06}{8{,}96} = 1{,}793 \text{ cm}$$

$$z_0 = y_0 = 1{,}793 \text{ cm}$$

[1]) Die geringen Abweichungen in den Beispielen 1 bis 3 gegenüber den Angaben in den Zahlentafeln rühren daher, daß hier die Abschrägungen und Ausrundungen der Profile nicht berücksichtigt wurden.

**Beispiel 3:** Bestimme den Schwerpunkt des ungleichschenkligen Winkelprofiles (**122.**1).

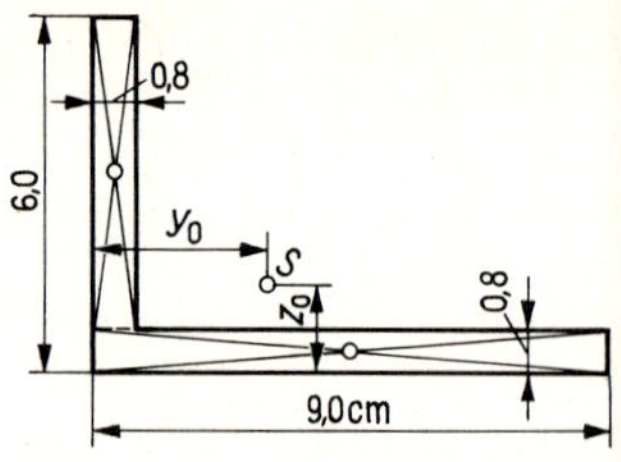


**122.**1 Schwerpunkt eines ungleichschenkligen Winkelprofiles

In diesem Falle ist keine Symmetrieachse vorhanden. Es ist deshalb sowohl der Schwerpunktabstand von der linken als auch von der unteren Kante zu berechnen. Nach der Flächenaufteilung wird

$$y_0 = \frac{5{,}2 \cdot 0{,}8 \cdot 0{,}4 + 9{,}0 \cdot 0{,}8 \cdot 4{,}5}{(5{,}2 + 9{,}0)\,0{,}8} = \frac{34{,}06}{11{,}36} = 2{,}999 \text{ cm}$$

$$z_0 = \frac{5{,}2 \cdot 0{,}8 \cdot 3{,}4 + 9{,}0 \cdot 0{,}8 \cdot 0{,}4}{(5{,}2 + 9{,}0)\,0{,}8} = \frac{17{,}02}{11{,}36} = 1{,}499 \text{ cm}$$

**Beispiel 4:** Wo liegt der Schwerpunkt des zusammengesetzten Profiles (**122.**2)?

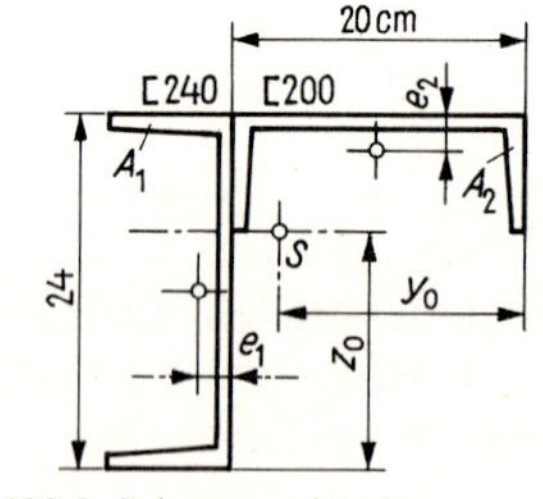


**122.**2 Schwerpunkt eines zusammengesetzten Profils

Den Profiltafeln für [-Stähle entnimmt man

| | | |
|---|---|---|
| für [240 | $A_1 = 42{,}3 \text{ cm}^2$ | $e_1 = 2{,}23$ cm |
| und für [200 | $A_2 = 32{,}2 \text{ cm}^2$ | $e_2 = 2{,}01$ cm |

Mithin erhält man mit der rechten Kante des [200 als Drehachse

$$y_0 = \frac{32{,}2 \cdot 10{,}0 + 42{,}3\,(20{,}0 + 2{,}23)}{32{,}2 + 42{,}3} = \frac{1262}{74{,}5} = 16{,}94 \text{ cm}$$

und mit der unteren Kante des [240 als Drehachse

$$z_0 = \frac{42{,}3 \cdot 12{,}0 + 32{,}2\,(24{,}0 - 2{,}01)}{42{,}3 + 32{,}2} = \frac{1216}{74{,}5} = 16{,}32 \text{ cm}$$

**Beispiel 5:** Bestimme den Schwerpunkt der Querschnittsfläche des Stahlbetonfertigteilbinders **122.**3!

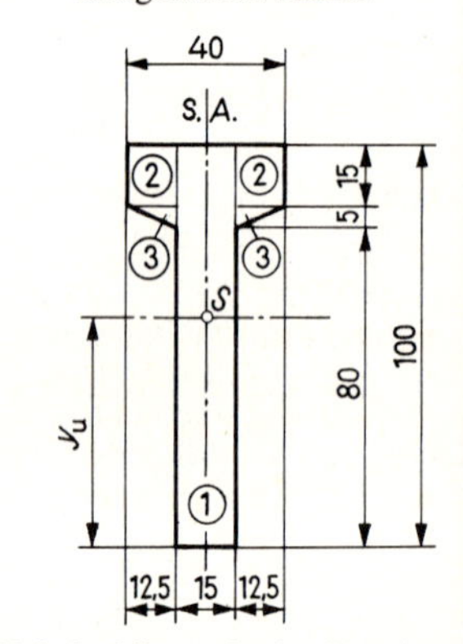


**122.**3 Stahlbetonfertigteilbinder

Der Schwerpunkt liegt auf der vertikalen Symmetrieachse; gesucht ist also nur noch die Höhenlage des Schwerpunkts. Wir errechnen zunächst die Querschnittsfläche:

$$A = 15{,}0 \cdot 100{,}0 + 2 \cdot 12{,}5 \cdot 15{,}0 + 2 \cdot 0{,}5 \cdot 12{,}5 \cdot 5{,}0 =$$
$$= 1500{,}0 + 375{,}0 + 62{,}5 = 1937{,}5 \text{ cm}^2$$

Der Abstand des Schwerpunkts vom unteren Rand ergibt sich dann zu

$$z_u = (1500{,}0 \cdot 50{,}0 + 375{,}0 \cdot 92{,}5 +$$
$$+ 62{,}5 \cdot 83{,}3)/1937{,}5 = 59{,}3 \text{ cm}$$

**Beispiel 6:** Für die Rundstahleinlagen des Stahlbetonbalkens (**122.**4) ist der Schwerpunktabstand $a$ vom unteren Betonrande zu berechnen.

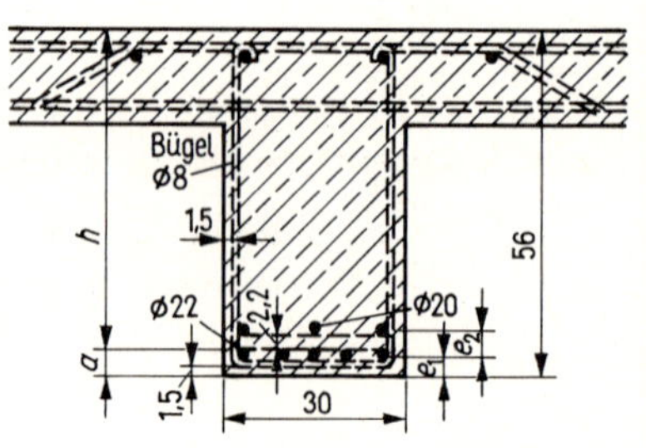


**122.**4 Schwerpunktabstand der Stahleinlagen eines Stahlbetonbalkens

Bei 1,5 cm Betondeckung der Bügel Ø8 ist der Schwerpunkt der unteren Lage

$$e_1 = 1{,}5 + 0{,}8 + \frac{2{,}2}{2} = 3{,}4 \text{ cm}$$

vom unteren Betonrande entfernt. Der Abstand der Schwerachsen der beiden Stahllagen beträgt untereinander $e_2 = 1/2 \cdot 2{,}2 + 2{,}2 + 1/2 \cdot 2{,}0 = 4{,}3$ cm.

Dieser Abstand $e_2$ muß von der Gesamtschwerachse im umgekehrten Verhältnis der Stahlquerschnitte geteilt werden (s. Gl. in Abschn. 3.2.3.2, Beispiel 2). Es wird daher

$$a = e_1 + e_2 \cdot \frac{3 \cdot 3{,}14}{3 \cdot 3{,}14 + 5 \cdot 3{,}8} = 3{,}4 + 4{,}3 \cdot \frac{9{,}42}{28{,}4} = 4{,}8 \text{ cm}$$

$$h = 56{,}0 - 4{,}8 = 51{,}2 \text{ cm}$$

**Beispiel 7:** Für den in Bild **123.1** a gezeichneten Querschnitt eines Werksteinpfeilers ist die Lage des Schwerpunktes zeichnerisch und rechnerisch zu ermitteln.

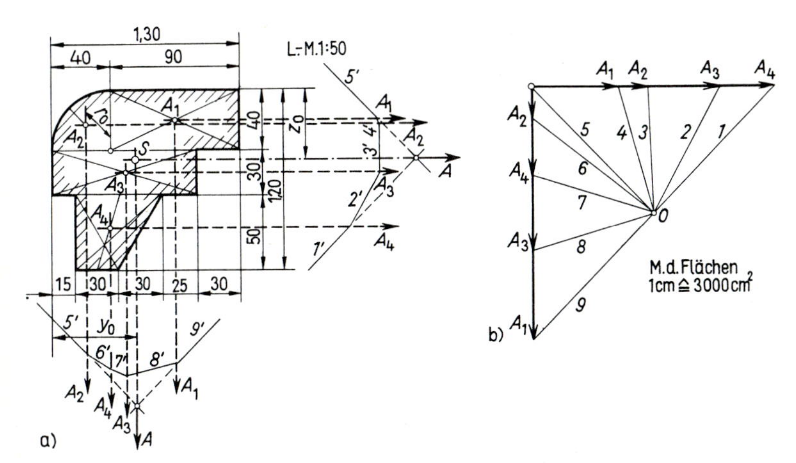


**123.1** Zeichnerische Bestimmung des Schwerpunktes eines Werksteinpfeilers

a) Zeichnerische Lösung. Die Aufteilung der Gesamtfläche in einfache Einzelflächen und die zeichnerische Bestimmung ihrer Schwerpunkte veranschaulicht Bild **123.1** a. Für den Viertelkreis berechnet sich der Schwerpunktabstand $r_0$ vom Mittelpunkte zu $z = 0{,}60 \cdot 40 = 24$ cm.

Die Inhalte der Einzelflächen ergeben sich zu

$$A_1 = 40 \cdot 90 = 3600 \text{ cm}^2$$

$$A_2 = \frac{\pi \cdot 40^2}{4} = 1260 \text{ cm}^2$$

$$A_3 = 30 \cdot 100 = 3000 \text{ cm}^2$$

$$A_4 = \frac{30 + 60}{2} \cdot 50 = 2250 \text{ cm}^2$$

$$\text{Gesamtfläche} \quad A = 10110 \text{ cm}^2$$

Die als Kräfte gedachten Flächeninhalte sind parallel zu den Außenkanten des Pfeilergrundrisses wirkend angenommen worden. Für beide Wirkungsrichtungen wurde in Bild **123.1** b der Einfachheit halber ein gemeinsames Krafteck mit einem gemeinsamen Pol im Maßstab 1 cm ≙ 3000 cm² gezeichnet; die Einzelflächen folgen darin so aufeinander wie die zugehörigen Wirkungslinien im Lageplan. Zu den Polstrahlen 1 bis 9 wurden dann in der Hauptfigur die parallelen Seilstrahlen gezogen. Durch die Schnittpunkte der äußeren Seilstrahlen 1′ und 5′ und 5′ und 9′ muß je eine Schwerachse der Querschnittsfläche verlaufen. Der Schnittpunkt dieser beiden Schwerachsen ergibt den gesuchten Schwerpunkt der Gesamtfläche. Gemessen wurde

$$y_0 = 57 \text{ cm} \qquad z_0 = 47 \text{ cm}$$

b) Rechnerische Lösung. Hierfür empfiehlt es sich nach Bild **124.1**, das Trapez besser in ein Rechteck und in ein Dreieck zu zerlegen, da deren Einzelschwerpunkte leichter und schneller anzugeben sind. Um unnötig große Zahlen zu vermeiden, wurden alle Maße in Dezimeter eingesetzt. Man erhält dann

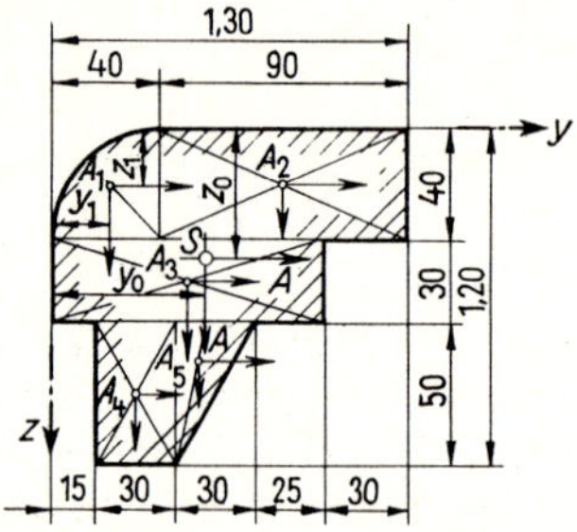

$$A_1 = \frac{\pi \cdot 4{,}0^2}{4} = 12{,}6\ \text{dm}^2$$

$$A_2 = 4{,}0 \cdot 9{,}0 = 36{,}0\ \text{dm}^2$$

$$A_3 = 3{,}0 \cdot 10{,}0 = 30{,}0\ \text{dm}^2$$

$$A_4 = 3{,}0 \cdot 5{,}0 = 15{,}0\ \text{dm}^2$$

$$A_5 = \frac{3{,}0 \cdot 5{,}0}{2} = 7{,}5\ \text{dm}^2$$

$$A = 101{,}1\ \text{dm}^2$$

**124.1** Rechnerische Bestimmung des Schwerpunktes eines Werksteinpfeilers

Der Schwerpunktabstand des Viertelkreises von den Außenkanten berechnet sich nach Gl. (118.2) zu $y_1 = z_1 = 4{,}0 - 0{,}424 \cdot 4{,}0 = 2{,}3$ dm. Die übrigen Schwerpunktabstände können aus den Querschnittsmaßen sofort abgelesen werden. In bezug auf die linke und die obere Kante des Pfeilerquerschnittes als $z$- und $y$-Achse erhält man dann

$$y_0 = \frac{12{,}6 \cdot 2{,}3 + 36{,}0 \cdot 8{,}5 + 30{,}0 \cdot 5{,}0 + 15{,}0 \cdot 3{,}0 + 7{,}5 \cdot 5{,}5}{101{,}1} = \frac{571}{101{,}1}$$
$$= 5{,}65\ \text{dm} = 56{,}5\ \text{cm}$$

$$z_0 = \frac{12{,}6 \cdot 2{,}3 + 36{,}0 \cdot 2{,}0 + 30{,}0 \cdot 5{,}5 + 15{,}0 \cdot 9{,}5 + 7{,}5 \cdot 8{,}67}{101{,}1} = \frac{473}{101{,}1}$$
$$= 4{,}68\ \text{dm} = 46{,}8\ \text{cm}$$

Zwischen zeichnerischem und rechnerischem Ergebnis besteht befriedigende Übereinstimmung.

# 5 Ebene Stabwerke

## 5.1 Allgemeines, Übersicht über die Tragwerke

Die im Bauwesen verwendeten Tragwerke können wir einteilen in Flächentragwerke und Stabtragwerke. Bei Flächentragwerken sind zwei Abmessungen bedeutend größer als die dritte ($l \gg d$; $b \gg d$); sie werden unter Vernachlässigung ihrer Dicke $d$ idealisiert dargestellt durch ihre Mittelfläche, die eben oder gekrümmt sein kann. Bei den ebenen Flächentragwerken unterscheiden wir zwischen Platten und Scheiben: Ein ebenes Flächentragwerk trägt als Platte, wenn seine Belastung nur senkrecht zu seiner Mittelfläche gerichtet ist; es trägt als Scheibe, wenn sämtliche Wirkungs-

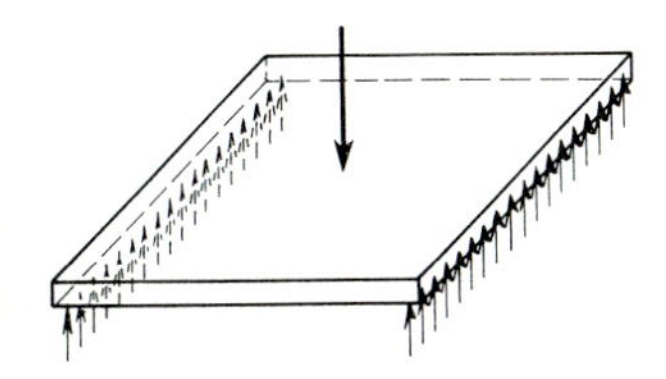

**125.1** a) Platte (Deckenplatte)

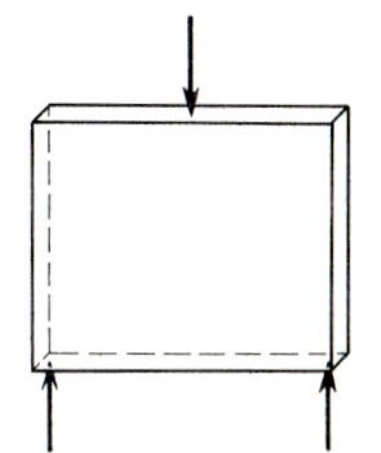

**125.1** b) Scheibe (Wandscheibe)

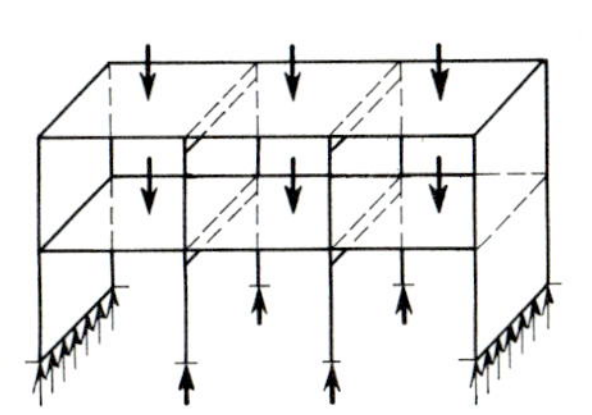

**125.1** c) Lotrechte Lasten: Decken tragen als Platten, Wände als Scheiben

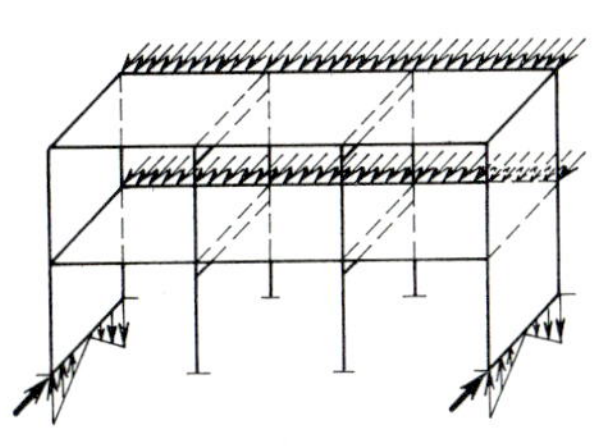

**125.1** d) Windbelastung: Decken und Wände tragen als Scheiben

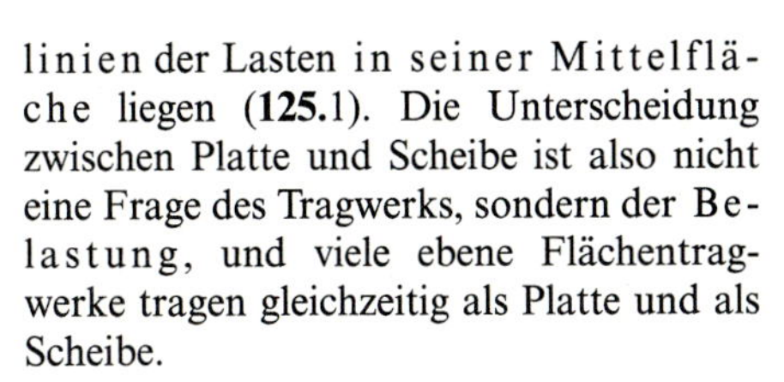

linien der Lasten in seiner Mittelfläche liegen (**125.**1). Die Unterscheidung zwischen Platte und Scheibe ist also nicht eine Frage des Tragwerks, sondern der Belastung, und viele ebene Flächentragwerke tragen gleichzeitig als Platte und als Scheibe.

Aus kraftschlüssig miteinander verbundenen Scheiben lassen sich Faltwerke aufbauen, von denen Bild **125.**2 ein Beispiel zeigt.

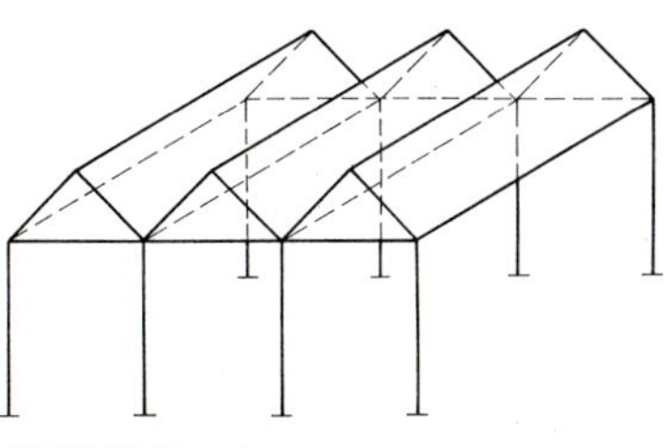

**125.**2 Faltwerk

Gekrümmte Flächentragwerke begegnen uns in vielerlei Gestalt; als Beispiele nennen wir die einfach gekrümmten Shed- und Tonnenschalen und die doppelt gekrümmten Schalenkuppeln und Hyperboloidschalen (**126.**1).

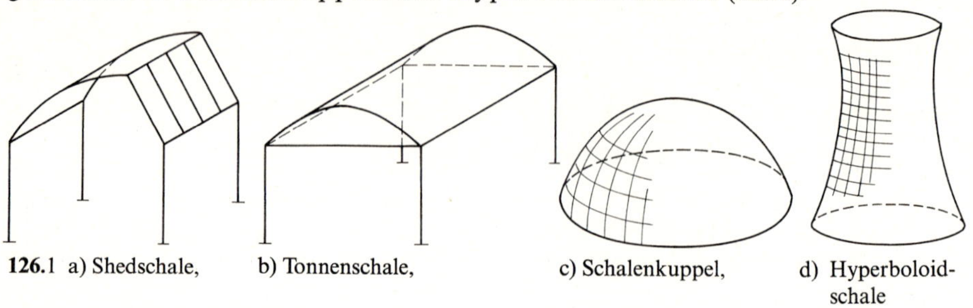

**126.**1 a) Shedschale, b) Tonnenschale, c) Schalenkuppel, d) Hyperboloidschale

Stabtragwerke bestehen aus einem Stab oder aus mehreren Stäben. Ein Stab ist ein Körper, dessen Länge groß ist gegenüber seiner Breite und seiner Höhe ($l > 4b$ und $l > 4h$); er kann idealisiert dargestellt werden durch seine Längsachse.

In der Baupraxis begegnen uns Stäbe in der Gestalt von Sparren, Holzbalken, Holzstützen, Walzprofilen, Stahlvollwandträgern, Stahlrohren, Stahlbetonstützen und Stahlbetonunterzügen. Alle diese Stäbe sind grundsätzlich in der Lage, Zug- und Druckkräfte, Querkräfte, Biegemomente und Torsions- oder Drillmomente aufzunehmen (**126.**2). Es lassen sich nun aber durch die Art der Anordnung und Verbindung der Stäbe und die Art der Einleitung der Lasten Stabtragwerke entwickeln, bei denen die Biegesteifigkeit und die Drillsteifigkeit der Stäbe nicht benötigt wird. Ihr Element ist der Fachwerkstab, der i.a. nur Längskräfte (Zug oder Druck), aber keine Querkräfte, Biegemomente und Drillmomente erhält, und die Tragwerke sind die Fachwerke, die wir in Abschn. 6 behandeln.

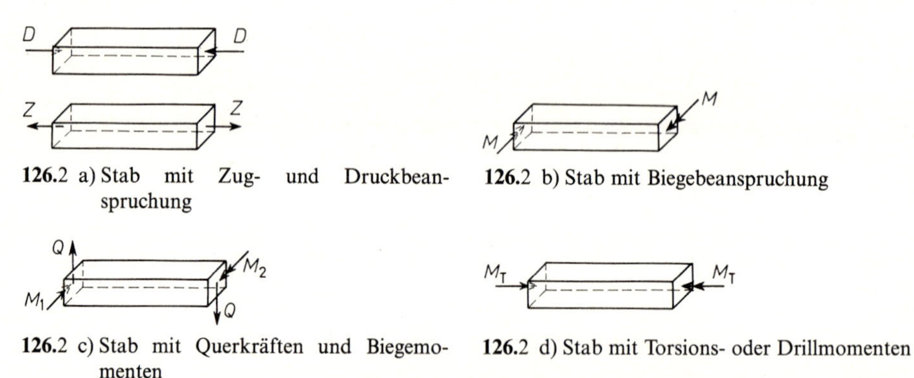


**126.**2 a) Stab mit Zug- und Druckbeanspruchung

**126.**2 b) Stab mit Biegebeanspruchung

**126.**2 c) Stab mit Querkräften und Biegemomenten

**126.**2 d) Stab mit Torsions- oder Drillmomenten

Das Gegenstück zu den Fachwerken sind die Stabwerke oder Vollwandtragwerke. Die kennzeichnende Beanspruchung der Stäbe von Stabwerken ist das Biegemoment; außerdem können Längskräfte, Querkräfte und Drillmomente auftreten.

Schließlich gibt es Stabwerke, deren einzelne Stäbe z. T. nur durch Längskräfte, z. T. aber durch eine beliebige Kombination von Längskräften, Querkräften, Biegemomenten und Drillmomenten beansprucht werden; diese Stabtragwerke nennen wir gemischte Systeme, und wir behandeln sie in Abschnitt 7.

Die Unterabschnitte 5.3 bis 5.9 befassen sich mit ebenen Problemen, d.h. mit ebenen Stabtragwerken, deren Lasten in derselben Ebene wirken, in der sämtliche Stäbe des Tragwerks liegen. Bei ebenen Problemen treten in den Stäben keine Torsions- oder Drillmomente auf. Zur Erweiterung und Abrundung des Stoffs ermitteln wir im Unterabschnitt 5.10 an ebenen Tragwerken mit räumlicher, nicht in der Tragwerksebene wirkender Belastung die Biegemomente, Quer- und Längskräfte sowie die Torsionsmomente. Auf echte räumliche Stabwerke, deren beliebig belastete Stäbe nicht alle in einer Ebene liegen, können wir im Rahmen dieses Buches nicht eingehen.

Alle Stabtragwerke, die im Teil 1 der Praktischen Baustatik behandelt werden, sind statisch bestimmte Systeme. Zu ihrer Berechnung reichen als Hilfsmittel die Gleichgewichtsbedingungen aus: bei ebenen Systemen die drei Gleichgewichtsbedingungen $\Sigma V = 0$, $\Sigma H = 0$, $\Sigma M = 0$; bei räumlichen Systemen die sechs Gleichgewichtsbedingungen $\Sigma X = 0$, $\Sigma Y = 0$, $\Sigma Z = 0$, $\Sigma M_x = 0$, $\Sigma M_y = 0$, $\Sigma M_z = 0$. Verformungsfälle wie Verschiebungen und Verdrehungen der Lager, Temperaturdehnungen sowie Schwinden des Betons verursachen in statisch bestimmten Systemen keine Schnittgrößen. Statisch unbestimmte Systeme werden in den Teilen 2 und 3 behandelt; um diese Systeme berechnen zu können, müssen wir Formänderungen der Stäbe mit in unsere Betrachtungen einbeziehen.

Bei einer Reihe von Stabtragwerken ist es zweckmäßig und anschaulich, zwischen äußerer und innerer statischer Bestimmtheit oder Unbestimmtheit zu unterscheiden. Ein ebenes Stabtragwerk ist äußerlich statisch bestimmt oder es ist statisch bestimmt gelagert, wenn seine Stützgrößen mit Hilfe der drei Gleichgewichtsbedingungen $\Sigma V = 0$, $\Sigma H = 0$, $\Sigma M = 0$ ermittelt werden können. Unter Berücksichtigung unserer Ausführungen in Abschn. 4.4.1 können wir zunächst feststellen: Ein ebenes Stabtragwerk ist statisch bestimmt gelagert oder es ist äußerlich statisch bestimmt, wenn es entweder eine feste Einspannung oder ein festes Lager und ein bewegliches Lager besitzt. Wie wir in Abschn. 5.2 sehen werden, erfaßt diese Feststellung nicht alle statisch bestimmt gelagerten Systeme.

## 5.2 Übersicht über die Stabwerke oder Vollwandtragwerke

### 5.2.1 Statisch bestimmte Stabwerke

**Einfacher Träger auf zwei Lagern.** Unter diesem Begriff verstehen wir den an einem Ende mit einem unverschieblichen, am anderen Ende mit einem verschieblichen Kipplager versehenen Stab. Von den vielen in der Literatur benutzten Bezeichnungen dieses Stabwerks wollen wir noch nennen: an beiden Enden frei drehbarer Balken, statisch bestimmt gelagerter Einfeldbalken. Bild **128.1** a zeigt die genaue Systemskizze mit unverschieblichem und verschieblichem Kipplager, Bild **128.1** b die im üblichen Hochbau bei lotrechten Lasten verwendete Systemskizze, Bild **128.1** c die tatsächliche Ausführung bei der Auflagerung einer Stahlbetondecke, eines Stahlträgers oder eines Holzbalkens auf Mauerwerk mit der Lichtweite $l_w$ und der Lagertiefe $a$. Die Lagertiefe $a$ muß nachgewiesen werden (Einhaltung der zulässigen Pressung in der Lagerfuge), außerdem gibt es Vorschriften über Mindestmaße der Lagertiefe, über das Verhältnis von Lichtweite und Stützweite und über die Lage der Lagerkraft innerhalb der Lagertiefe (DIN 1045, 15.2, 20.1.2, 21.11; DIN 1052, 5.1; DIN 1050, 5.31).

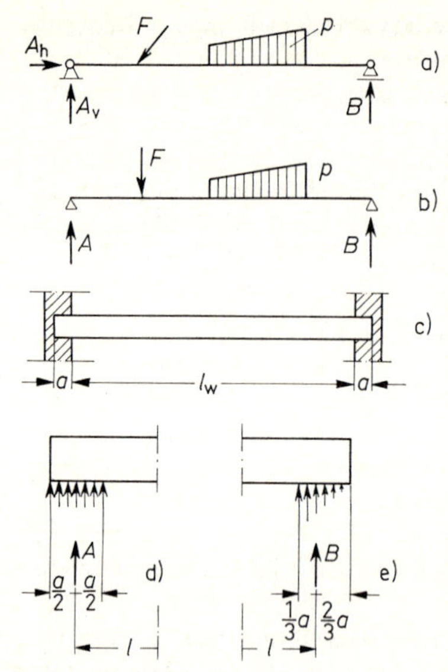


**128.**1 Einfacher Träger auf zwei Stützen

Die Stützweite oder Spannweite eines Trägers ist die Entfernung der Angriffspunkte der Stützkräfte. Bei Annahme gleichmäßig verteilter Lagerpressungen greifen die Stützkräfte in den Mitten der Lagertiefe an (**128.**1 d), und für die Stützweite ergibt sich $l = l_w + 2 \cdot a/2 = l_w + a$. Nach DIN 1045, 15.2 gilt als Stützweite bei Annahme beiderseits frei drehbarer Lagerung der Abstand der vorderen Drittelspunkte der Lagertiefe (**128.**1 e) oder bei sehr großer Lagertiefe die um 5% vergrößerte Lichtweite; der kleinere Wert ist maßgebend. Bei Stahlbetonplatten darf die Tiefe eines Lagers auf Mauerwerk 7 cm nicht unterschreiten. Bei Stahlträgern muß die Lagertiefe $\geq 5\%$ der Lichtweite und $\geq 12$ cm betragen, sofern die zulässige Beanspruchung des unterstützenden Bauteils nicht einen größeren Wert verlangt. Es ergibt sich dann $l \geq 1{,}05\, l_w$ und $l \geq l_w + 0{,}12$ m. Für Holzbalken auf Mauerwerk ist als Stützweite die um mindestens 1/20 vergrößerte lichte Weite anzunehmen.

**Kragträger oder Freiträger.** Ein Ende ist fest eingespannt, das andere nicht gelagert (**128.**2). Kragträger begegnen uns im Bauwesen meistens in der Gestalt von Fertigteilstützen, die in Köcher- oder Becherfundamente eingebunden sind (**128.**1 b), oder von eingespannten Stahlstützen.

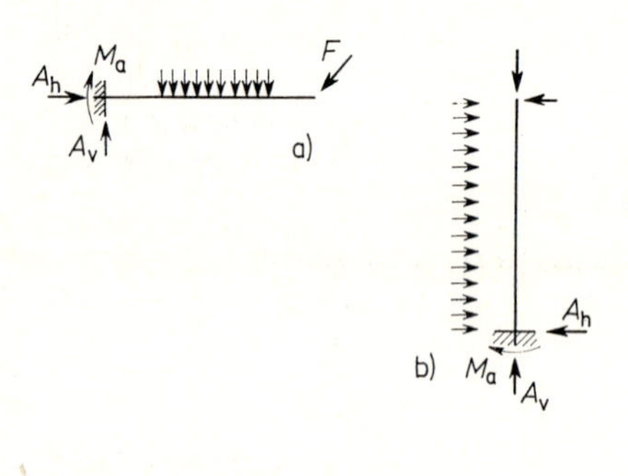


**128.**2 Kragträger
a) horizontal
b) vertikal (eingespannte Stütze)

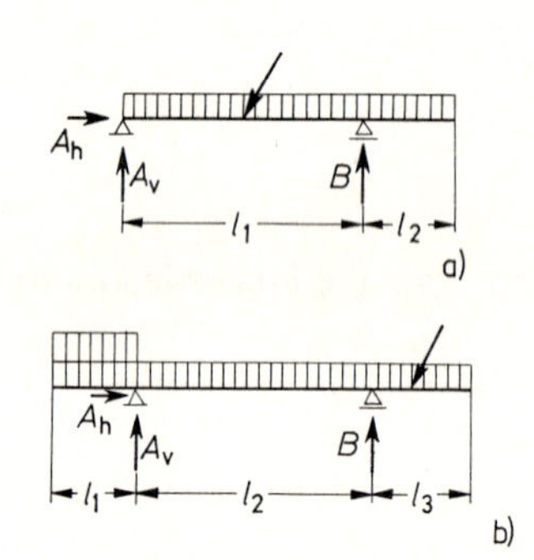


**128.**3 Träger auf zwei Stützen
a) mit einem Kragarm
b) mit zwei Kragarmen

**Gelenkträger oder Gerberträger.** Hierbei handelt es sich um Träger, die über zwei oder mehr Felder durchlaufen. Durch Einschaltung von Gelenken erreicht man, daß die Träger statisch bestimmt bleiben. Die Anzahl der Gelenke muß gleich der Anzahl der Innenstützen sein, ferner dürfen sich zwischen zwei Auflagern nicht mehr als zwei Gelenke und an einem Teilträger nicht mehr als zwei Lager befinden. Zwei Beispiele für Gelenkträger zeigt Bild **129.**1. Während im üblichen Hallenbau für die als Gelenkträger ausgeführten Pfettenstränge an allen Unterstützungen feste Lager ausgebildet werden, nehmen wir in einer statisch korrekten Skizze an einer Stütze ein unverschiebliches Kipplager und an allen anderen Stützen verschiebliche Kipplager an.

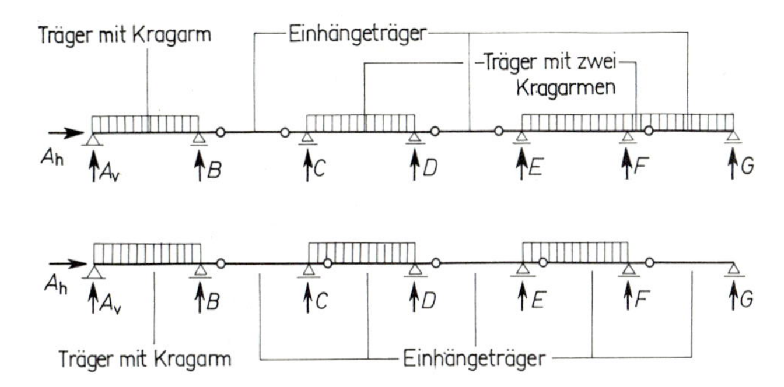


**129.1**
Gelenkträger

**Dreigelenkrahmen und Dreigelenkbogen (129.2).** Beide Systeme sind statisch gesehen eng verwandt: Für die Berechnung der vier unbekannten Komponenten der beiden Stützkräfte eines Dreigelenkrahmens oder -bogens stehen zunächst die drei Gleichgewichtsbedingungen zur Verfügung; die vierte Bedingung lautet $\Sigma M_g = 0$ und ist nur am Teil links oder rechts vom Gelenk $g$ mit dem Gelenk als Bezugspunkt aufzustellen.

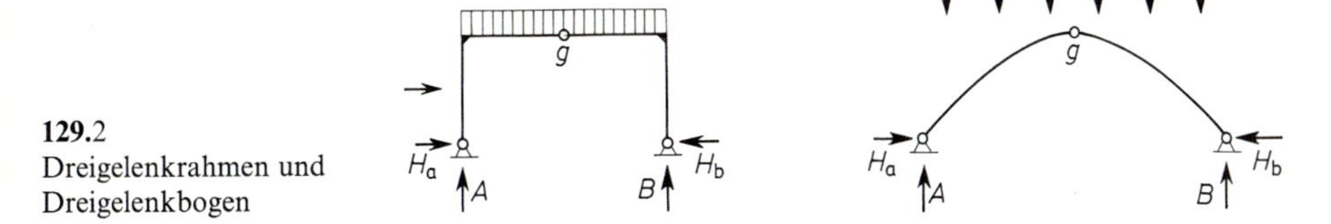


**129.2**
Dreigelenkrahmen und Dreigelenkbogen

**Geknickte Träger, Träger mit Verzweigungen, allgemeine Träger.** Diese Stabwerke haben als Stabachse einen beliebigen Linienzug, der Knicke, Krümmungen und Verzweigungen aufweisen darf. Derartige Träger ergeben sich mitunter bei Bauaufgaben wie Treppenläufen, Tribünen und Dächern als zweckmäßige Lösung. Wenn ein Träger dieser Art ein festes und ein bewegliches Lager besitzt, ist er statisch bestimmt. Beispiele für die Ermittlung der Stütz- und Schnittgrößen bringen wir im Abschn. 5.7.

## 5.2.2 Statisch unbestimmte Stabwerke

**Durchlaufträger, kontinuierlicher Träger, Träger auf mehreren Stützen, Träger über mehrere Felder:** Ein Durchlaufträger auf $n$ Stützen mit einem festen Lager (zwei unbekannte Stützgrößen) und $(n-1)$ beweglichen Lagern (je eine unbekannte Stützgröße) ist $(n+1)-3=(n-2)$fach unbestimmt. Der Grad der statischen Unbestimmtheit ist gleich der Anzahl der Innenstützen. Ein über 5 Stützen durchlaufender Träger ist also $5-2=3$fach statisch unbestimmt (**130.1**).

**Statisch unbestimmte Einfeldträger** ergeben sich, wenn wir Stäbe an einem Ende fest einspannen und am anderen Ende verschieblich und drehbar lagern, oder wenn wir Stäbe an beiden Enden fest einspannen. Im 1. Fall ist der Träger einfach, im 2. Fall dreifach

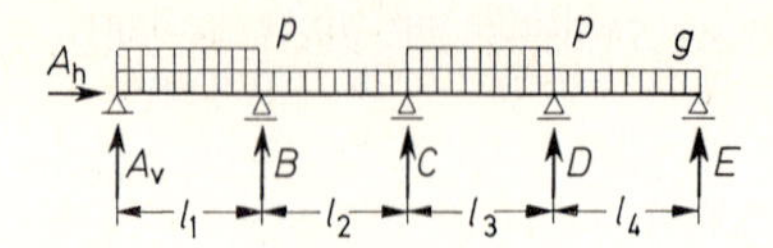


**130.**1 Durchlaufträger

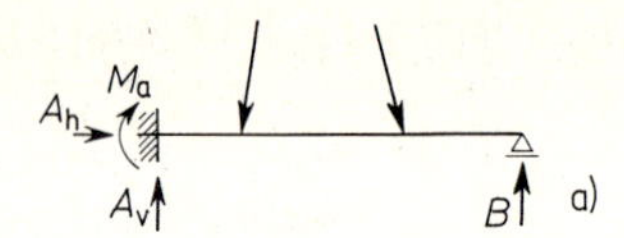


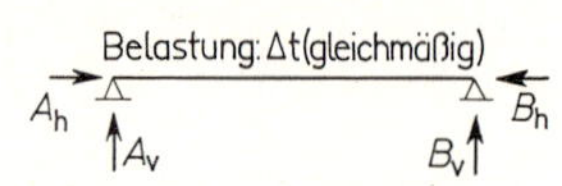


**130.**3 Einfeldträger mit zwei festen Lagern

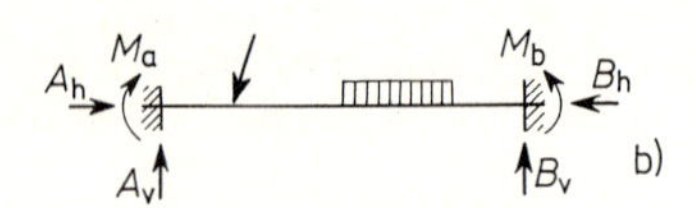


**130.**2 a) einseitig und b) beiderseits eingespannter Einfeldträger

statisch unbestimmt (**130.**2). Auch die Anordung von zwei festen Lagern führt zu einem einfach statisch unbestimmten System (**130.**3); diese Art der Lagerung wird angesetzt, wenn man die Wirkung einer gleichmäßigen Erwärmung des Trägers bei behinderter Längsdehnung errechnen will.

**Zweigelenkbogen und Zweigelenkrahmen** sind einfach statisch unbestimmt (**130.**4).

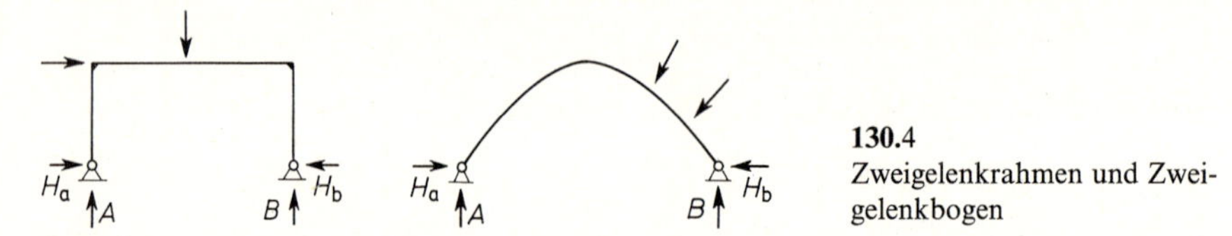


**130.**4
Zweigelenkrahmen und Zweigelenkbogen

**Eingespannte zweistielige eingeschossige Rahmen und eingespannte Bogen** sind dreifach statisch unbestimmt (**130.**5).

Zum Abschluß dieser keineswegs vollständigen Übersicht ist zu vermerken, daß sämtliche hier als Stabwerk oder Vollwandsystem vorgestellten statisch bestimmten und unbestimmten Tragwerke auch als Fachwerke ausgeführt werden können.

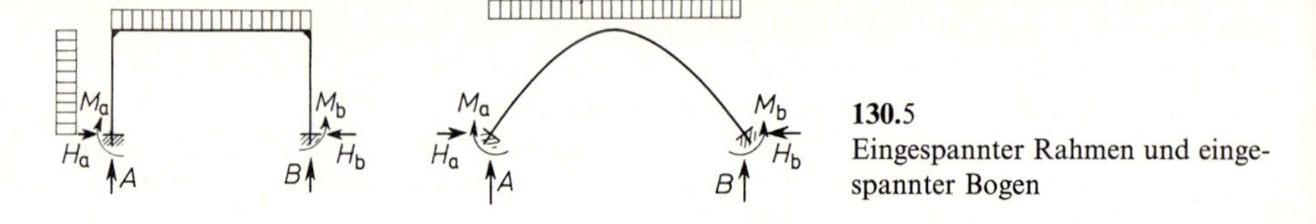


**130.**5
Eingespannter Rahmen und eingespannter Bogen

## 5.3 Schnittgrößen oder innere Kraftgrößen: Längskräfte, Querkräfte, Biegemomente

### 5.3.1 Allgemeines, Schnittverfahren, Schnittgrößen

Die Belastungen bilden zusammen mit den Stützgrößen, mit denen sie im Gleichgewicht stehen müssen, die äußeren Kraftgrößen. Um die Wirkung dieser äußeren Kräfte und Momente auf das Innere eines Balkens festzustellen, führt man an der zu untersuchenden Stelle einen gedachten Schnitt quer durch den Balken (**131.**1). Soll der durch den Schnitt abgetrennte Balkenteil mit seinen äußeren Kraftgrößen in der Ruhelage bleiben, so müssen in der Schnittfläche innere Kraftgrößen oder Schnittgrößen angreifen. Zur Bestimmung dieser Schnittgrößen kann man entweder den linken oder den rechten Balkenteil betrachten; zweckmäßigerweise wählt man jeweils den Balkenteil, der den geringeren Rechenaufwand erfordert.

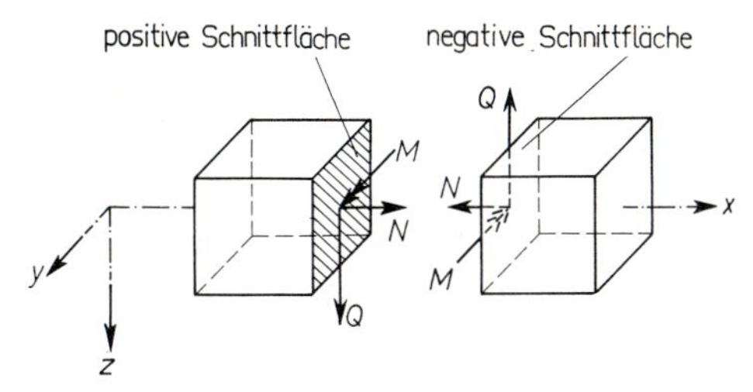


**131.1** Koordinaten, Vorzeichen von Schnittgrößen und Schnittflächen nach DIN 1080

Um den abgeschnittenen Teil eines ebenen Stabwerks in der Ruhelage zu halten, müssen wir im allgemeinen Fall in der Schnittfläche drei Schnittgrößen anbringen (**131**.1):

1. Eine Kraft, die in der Stabachse, also senkrecht zur Schnittfläche wirkt; sie wird Längskraft genannt und mit $N$ bezeichnet.

2. Eine Kraft, die senkrecht zur Stabachse und damit in der Schnittfläche wirkt; ihre Wirkungslinie fällt außerdem in die Lastebene, in der die Wirkungslinien sämtlicher äußeren Kräfte des Stabwerks liegen. Diese Kraft wird Querkraft genannt und mit $Q$ bezeichnet.

3. Ein Moment $M$, dessen Vektor senkrecht auf der Stabachse und senkrecht auf der Lastebene steht; in Zeichnungen wird das Moment meistens nicht durch den Momentenvektor, sondern durch einen in der Lastebene liegenden gekrümmten Pfeil dargestellt.

Für diese Schnittgrößen sind in DIN 1080, Abschn. 7.5 positive Richtungen definiert; ferner wird dort eine Schnittfläche als positiv, die andere als negativ bezeichnet (**131**.1).

In den beiden Schnittflächen treten die Schnittgrößen paarweise gleich groß und entgegengesetzt gerichtet auf. Diese Tatsache wird als Wechselwirkungsgesetz oder Reaktionsprinzip bezeichnet. Beim Zusammenfügen der beiden Teile des Stabwerks heben sich die Schnittgrößen von positiver und negativer Schnittfläche auf, sie werden dann wieder innere Kraftgrößen, die in eine Gleichgewichtsbedingung für das unzerschnittene Tragwerk nicht eingehen.

Nach dem Abschneiden eines Teils des Stabwerks und dem Anbringen positiver Schnittgrößen an der Schnittfläche berechnen wir diese Schnittgrößen mit Hilfe der drei Gleichgewichtsbedingungen. Ergibt sich eine Schnittgröße positiv, so hat sie den angenommenen positiven Wirkungssinn; kommt sie mit negativem Vorzeichen heraus, so ist der ursprünglich angesetzte Wirkungssinn umzukehren.

An einem Beispiel soll das Verfahren erläutert werden:

**Beispiel 1:** Einfacher Balken mit drei Einzellasten (**132**.1). Gesucht sind die Schnittgrößen im Punkt 4 mit der Abszisse $x_4 = 3{,}00$ m.

Wir zerlegen die Kräfte in lotrechte und waagerechte Komponenten und berechnen die Stützgrößen des Systems. Dazu setzen wir die drei Gleichgewichtsbedingungen am gesamten System an.

Komponenten der Kräfte:

| | | | |
|---|---|---|---|
| $F_{1v} = 2{,}00 \cdot \sin 45°$ | $= 1{,}414$ kN | $F_{1h} = +\,2{,}00 \cdot \cos 45°$ | $= +\,1{,}414$ kN |
| $F_{2v} = 3{,}00 \cdot \sin 90°$ | $= 3{,}000$ kN | $F_{2h} = \pm\,3{,}00 \cdot \cos 90°$ | $= \pm\,0$ kN |
| $F_{3v} = 4{,}00 \cdot \sin 60°$ | $= 3{,}464$ kN | $F_{3h} = -\,4{,}00 \cdot \cos 60°$ | $= -\,2{,}000$ kN |
| $\Sigma F_{iv}$ | $= 7{,}878$ kN | $\Sigma F_{ih}$ | $= -\,0{,}586$ kN |

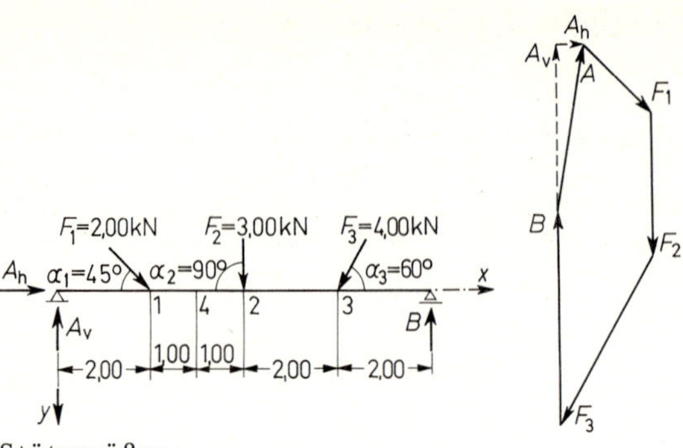


**132.1** Beispiel zur Schnittgrößenermittlung

Stützgrößen:

$$\overset{+}{\rightarrow}\Sigma H = 0 = +A_h + F_{1h} - F_{3h}; \qquad A_h = -1{,}414 + 2{,}000 = +0{,}586 \text{ kN}$$

$$\curvearrowright\Sigma M_b = 0 = A_v \cdot 8{,}00 - 1{,}414 \cdot 6{,}00 - 3{,}00 \cdot 4{,}00 - 3{,}464 \cdot 2{,}00;$$

$$A_v = \frac{1}{8{,}00}(8{,}485 + 12{,}000 + 6{,}928)$$

$$A_v = 3{,}427 \text{ kN}$$

$$\curvearrowright\Sigma M_a = 0 = 1{,}414 \cdot 2{,}00 + 3{,}00 \cdot 4{,}00 + 3{,}464 \cdot 6{,}00 - B \cdot 8{,}00;$$

$$B = \frac{1}{8{,}00}(2{,}828 + 12{,}000 + 20{,}785)$$

$$B = 4{,}452 \text{ kN}$$

Kontrolle:

$$+\downarrow\Sigma V = 0 = -3{,}427 + 7{,}878 - 4{,}452$$

Resultierende Lagerkraft $A$: $A = 3{,}467$ kN ↗; $\alpha_A = 80{,}30°$

Als nächstes führen wir einen gedachten Schnitt senkrecht zur Balkenachse durch den Punkt 4 (**132.**2a) und entschließen uns, den linken Balkenteil zu untersuchen, weil an ihm weniger Kräfte angreifen. Um den zu untersuchenden Balkenteil deutlich vor Augen zu haben, zeichnen wir ihn mit den auf ihn wirkenden Kräften heraus; zweckmäßigerweise arbeiten wir wie bei der Ermittlung der Stützgrößen mit den Komponenten der Kräfte.

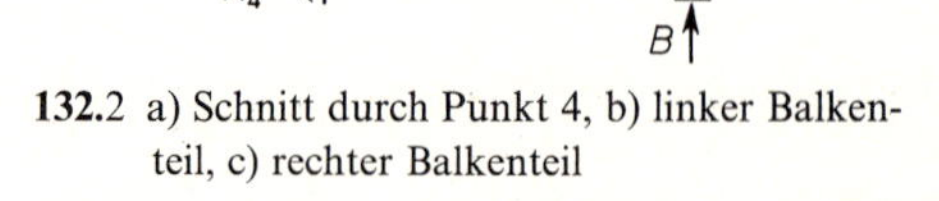


**132.**2 a) Schnitt durch Punkt 4, b) linker Balkenteil, c) rechter Balkenteil

An der Schnittfläche bringen wir die Schnittgrößen $N_4$, $Q_4$ und $M_4$ in positivem Sinne an. Wie bereits erwähnt, stellen wir das Moment $M_4$ durch einen in der Zeichenebene liegenden gekrümmten Pfeil dar (**132.**2b). Das abgeschnittene Balkenteil muß unter den äußeren Kräften und den Schnittgrößen im Gleichgewicht sein; anders ausgedrückt: Die Schnittgrößen müssen so groß sein, daß sie am abgeschnittenen Balkenteil das Gleichgewicht herstellen.

Auf das abgeschnittene Balkenteil mit seinen bekannten äußeren Kräften und seinen drei unbekannten Schnittgrößen wenden wir nun die drei Gleichgewichtsbedingungen an:

$$\overset{+}{\rightarrow}\Sigma H = 0 = +A_h + F_{1h} + N_4; \qquad N_4 = -A_h - F_{1h} = -0{,}586 - 1{,}414$$

$$N_4 = -2{,}000 \text{ kN}$$

$N_4$ ist also nicht wie angesetzt eine Zugkraft, sondern eine Druckkraft.

$$+\downarrow \Sigma V = 0 = -A_v + F_{1v} + Q_4; \qquad Q_4 = A_v - F_{1v} = 3{,}427 - 1{,}414 = +2{,}012 \text{ kN}$$

Die Querkraft in der positiven Schnittfläche durch den Punkt 4 ist wie angenommen abwärts gerichtet.

Als Bezugspunkt für die dritte Gleichgewichtsbedingung wählen wir den Punkt 4; wir müssen dann unterscheiden zwischen der Summe der Momente um den Punkt 4 „$\Sigma M_4$" und der Schnittgröße Moment im Punkt 4 „$M_4$":

$$\overset{+}{\curvearrowright} \Sigma M_4 = 0 = A_v \cdot x_4 - F_{1v}(x_4 - x_1) - M_4;$$
$$M_4 = A_v \cdot x_4 - F_{1v}(x_4 - x_1) = 3{,}427 \cdot 3{,}00 - 1{,}414 \cdot 1{,}00$$
$$= 10{,}280 - 1{,}414 = 8{,}866 \text{ kNm} \quad \text{(linksherum drehend)}$$

Wenn die Stützgrößen des Trägers richtig ermittelt wurden, führt die Berechnung der Schnittgrößen im Punkt 4 am rechten Balkenteil zu denselben Werten: Wir zeichnen als Kontrolle den Balkenteil rechts von Punkt 4 mit seinen Kräften heraus und bringen in der Schnittfläche die positiven Schnittgrößen $N_4$, $Q_4$ und $M_4$ an (**132.**2c). Sie haben in der jetzt betrachteten negativen Schnittfläche die entgegengesetzte Richtung wie in der zuvor betrachteten positiven Schnittfläche des linken Balkenteils. Die drei Gleichgewichtsbedingungen führen am rechten Balkenteil dann zu den folgenden Schnittgrößen:

$$\overset{+}{\rightarrow} \Sigma H = 0 = -N_4 - F_{3h}; \qquad N_4 = -F_{3h} = -2{,}000 \text{ kN}$$
$$+\downarrow \Sigma V = 0 = -Q_4 + F_2 + F_{3v} - B;$$
$$Q_4 = F_2 + F_{3v} - B = 3{,}000 + 3{,}464 - 4{,}452 = +2{,}012 \text{ kN}$$
$$\overset{+}{\curvearrowright} \Sigma M_4 = 0 = M_4 + F_2(x_2 - x_4) + F_{3v}(x_3 - x_4) - B(l - x_4);$$
$$M_4 = -3{,}000 \cdot 1{,}00 - 3{,}464 \cdot 3{,}00 + 4{,}452 \cdot 5{,}00$$
$$M_4 = 3{,}000 - 10{,}392 + 22{,}258 = 8{,}866 \text{ kNm} \quad \text{(rechtsherum drehend)}$$

In diesem Beispiel wurden beim ersten Schritt, der Zerlegung der Kräfte in Komponenten, vier tragende Ziffern hingeschrieben, was bei den gegebenen Zahlenwerten zu drei Nachkommastellen führte. Diese Anzahl der Nachkommastellen wurde im weiteren Verlauf der Rechnung beibehalten. Sämtliche Zwischenergebnisse wurden in Speichern mit größerer Genauigkeit festgehalten und bei Bedarf wieder abgerufen, wodurch einerseits Ablese- und Eingabefehler vermieden, andererseits Zahlenwerte errechnet wurden, die geringfügig von den Ergebnissen einer Rechnung ohne Speicherung von Zwischenergebnissen abweichen können. Im allgemeinen genügt es, mit 3 bis 4 tragenden Ziffern zu rechnen.

## 5.3.2 Die resultierende innere Kraft

Mit der Berechnung der Schnittgrößen $N$, $Q$ und $M$ haben wir eine wichtige Voraussetzung für die Bemessung eines Tragwerks geschaffen (s. Teil 2); im folgenden wollen wir unter Zuhilfenahme zeichnerischer Verfahren das Gleichgewicht an einem Balkenteil noch etwas deutlicher darstellen. Die Schnittgrößen $N_i$, $Q_i$ und $M_i$, die auf die Schnittfläche des linken Balkenteils mit der Abszisse $x = x_i$ wirken, lassen sich zusammenfassen: wir bilden zunächst die Resultierende aus $N_i$ und $Q_i$: $S_i = \sqrt{Q_i^2 + N_i^2}$ und sehen dann $M_i$ als Versatzmoment an: $M_i = S_i \cdot a_i$. Wenn wir jetzt $S_i$ unter Beachtung des Drehsinns von $M_i$ parallel zu sich selbst um $a_i$ aus dem Punkt $i$ heraus verschieben, steht $S_i$ stellvertretend für alle drei Schnittgrößen $N_i$, $Q_i$ und $M_i$. So wie vorher die drei Schnittgrößen $N_i$, $Q_i$ und $M_i$ gemeinsam den äußeren Kräften am linken Balkenteil das Gleichgewicht gehalten haben, ist jetzt $S_i$ allein die Gleichgewichtskraft für die äußeren Kräfte am linken Balkenteil. Was für den linken Balkenteil gilt, trifft auch für den rechten zu: Aus den Schnittgrößen $N_i$, $Q_i$ und $M_i$ der Schnittfläche des rechten Balkenteils läßt sich eine Resultierende ermitteln, die die Gleichgewichtskraft für die äußeren Kräfte am rechten Balkenteil ist.

Mit den Zahlen des 1. Beispiels soll das erläutert werden:

Linker Balkenteil (**134.**1):

$$S_{41} = \sqrt{Q_4^2 + N_4^2} = \sqrt{2{,}012^2 + 2{,}000^2} = 2{,}837 \text{ kN}$$

Da $Q_4$ abwärts und $N_4$ nach links gerichtet ist, wirkt $S_{41}$ nach links unten.

$$\alpha_{S4} = 45{,}18°$$

$$a_4 = M_4/S_{41} = 8{,}866/2{,}873 = 3{,}125 \text{ m}$$

Das Moment $M_4$ dreht am linken Balkenteil linksherum; verschieben wir $S_{41}$ parallel zu sich selbst 3,125 m nach links oben, so ersetzt sie nicht nur $N_4$ und $Q_4$, sondern auch $M_4$. $S_{41}$ ist nach der Verschiebung die resultierende innere Kraft am linken Balkenteil, die den linken Teil in der Ruhelage, im Gleichgewicht hält. Durch das Zusammenfassen der drei Schnittgrößen $N_4$, $Q_4$ und $M_4$ zur Resultierenden $S_{41}$ hat freilich die Anschaulichkeit insofern verloren, als $S_{41}$ gar nicht an der zugehörigen Schnittfläche angreift. Diese Tatsache werden wir sehr häufig beobachten.

Bild **134.**1 b zeigt durch schrittweises Zusammensetzen, daß $S_{41}$ die gleiche Größe, die gleiche Wirkungslinie und die entgegengesetzte Richtung wie die Resultierende $R_{A,F1}$ aus $A$ und $F_1$ hat; das bedeutet, daß tatsächlich sämtliche am linken Balkenteil angreifenden äußeren und inneren Kraftgrößen eine Gleichgewichtsgruppe bilden.

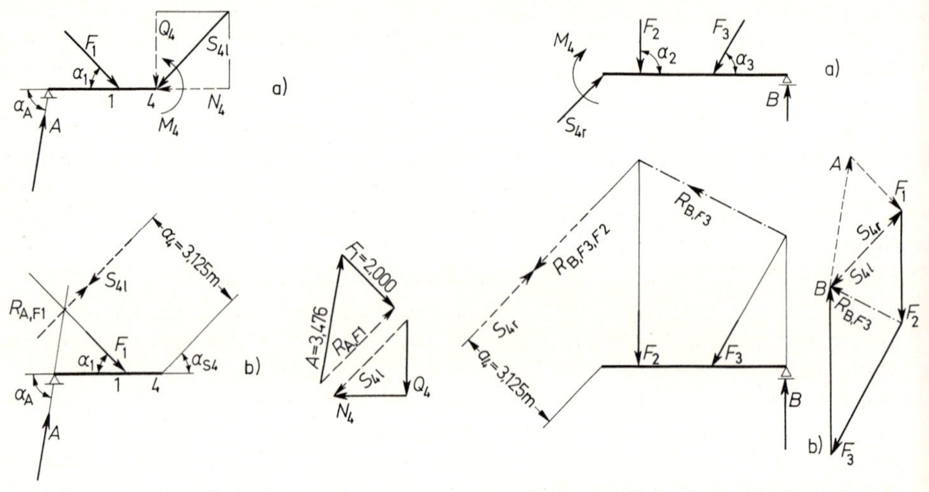


**134.**1 Linker Balkenteil mit $S_{41}$ und $R_{A,F1}$

**134.**2 Rechter Balkenteil und Krafteck für den ganzen Balken

Rechter Balkenteil (**134.**2):

Da die Schnittgrößen am linken und rechten Balkenteil paarweise gleich groß und entgegengesetzt gerichtet sind, ist $S_{4r}$ genauso groß, aber entgegengesetzt gerichtet wie $S_{41}$. Zur Berücksichtigung von $M_4$ als Versatzmoment muß $S_{4r}$ um 3,125 m nach links oben verschoben werden, in dieselbe Wirkungslinie, in der $S_{41}$ wirkt: Wegen des Wechselwirkungsgesetzes müssen sich auch $S_{41}$ und $S_{4r}$ gegenseitig aufheben. Bild **134.**2 b zeigt durch schrittweises Zusammensetzen, daß sich anderseits $S_{4r}$ und $R_{B,F3,F2}$ gegenseitig aufheben: Alle inneren und äußeren Kraftgrößen am rechten Balkenteil bilden eine Gleichgewichtsgruppe. Die rechnerische Ermittlung der Schnittgrößen wird so auf zeichnerischem Wege bestätigt.

In Bild **134.**2 b ist das Krafteck aus den äußeren Kräften am rechten Balkenteil und der Schnittkraft $S_{4r}$ noch ergänzt worden um die Kräfte $A$, $F_1$ und $S_{41}$. An diesem Krafteck läßt sich folgende Beziehung ablesen:

Die innere Gleichgewichtskraft für den linken Balkenteil ist die Resultierende der äußeren Kräfte am rechten Balkenteil, und die innere Gleichgewichtskraft am rechten Balkenteil ist die Resultierende der äußeren Kräfte am linken Balkenteil.

Mit den Fußzeigern unseres Beispiels:

$$S_{4l} = R_{B,F3,F1} \quad \text{und} \quad S_{4r} = R_{A,F1}$$

Abschließend ist noch festzustellen, daß nicht in jedem Querschnitt eines belasteten Tragwerks eine innere Kraft übertragen wird: Es gibt Querschnitte, in denen $N$ und $Q$ null sind, während $M \neq 0$ ist. Dieser Fall der quer- und längskraftfreien Biegung ist z. B. bei dem Träger in Bild **143.**1 für die Querschnitte zwischen den Punkten 1 und 2 gegeben.

## 5.3.3 Beanspruchungsflächen, Zustandsflächen

Mit dem im Abschnitt 5.3.1 besprochenen Schnittverfahren können wir die Schnittgrößen oder inneren Kraftgrößen oder Beanspruchungsgrößen $N$, $Q$ und $M$ in jedem Querschnitt eines Stabwerks berechnen. Führen wir dabei den Schnitt an der veränderlichen Stelle $i$ mit der Abszisse $x_i$, so erhalten wir die Schnittgrößen als Funktionen der Abszisse $x$: $N(x)$, $Q(x)$, $M(x)$. Diese Funktionen lassen sich zeichnerisch darstellen; wir erhalten so die Beanspruchungsflächen oder Zustandsflächen, die ein anschauliches und übersichtliches Bild der Beanspruchung des Stabwerks vermitteln. Im einzelnen gehen wir folgendermaßen vor:

Nach Wahl eines Kräftemaßstabes für $N$ und $Q$ und eines Momentenmaßstabes für $M$ tragen wir getrennt voneinander die errechneten Schnittgrößen senkrecht zur Stabachse auf. Die Zustandsflächen sind dann die Flächen zwischen der Stabachse ($x$-Achse) und den Funktionen $N(x)$, $Q(x)$ und $M(x)$. Die Bilder (Geraden oder Kurven) der Funktionen $N(x)$, $Q(x)$ und $M(x)$ selbst werden als Längskraft-, Querkraft- und Momentenlinie bezeichnet.

Für die Stabseite, an der die Schnittgrößen angetragen werden, gelten folgende Regeln:

Momente werden grundsätzlich an der Seite angetragen, an der sie Zug erzeugen. Bei strenger Befolgung dieser Regel vermittelt eine Momentenfläche sogleich einen Eindruck von der Biegebeanspruchung und Biegeverformung des Stabwerks.

Um den Momenten ein Vorzeichen zuweisen zu können, führen wir die Bezugsfaser oder gestrichelte Stabseite ein und setzen fest: Momente, die in der Bezugsfaser oder gestrichelten Stabseite Zug erzeugen und deswegen an der gestrichelten Stabseite angetragen werden, erhalten das positive Vorzeichen.

Bei Längskräften und Querkräften halten wir es mit den Vorzeichen genauso: An der gestrichelten Stabseite tragen wir die positiven Werte ab. Diese einheitliche Regelung, die wir in dieser Auflage zum erstenmal anwenden, ist bei der Anfertigung von Zustandsflächen durch EDV-Anlagen zweckmäßiger als die früher übliche Regelung.

In Bild **136.**1 sind positive und negative Schnittgrößen an Balkenteilen und an einem durch zwei Schnitte abgetrennten Balkenelement noch einmal dargestellt. Wir wollen in diesem Zusammenhang betrachten, welche Wirkung ein bloßer Wechsel der gestrichelten Stabseite ohne Änderung des Tragwerks und seiner Belastung auf die Zustandsflächen hat:

Beim Biegemoment ändert sich das Vorzeichen; die Stabseite, an der das Biegemoment angetragen wird, ändert sich nicht, denn das Biegemoment wird an der Stabseite angetragen, an der es Zug erzeugt.

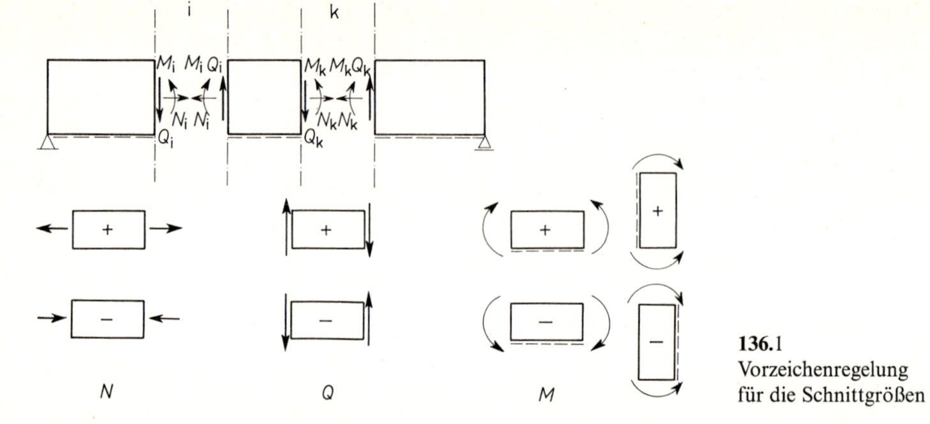


**136.1** Vorzeichenregelung für die Schnittgrößen

Bei Längskraft und Querkraft ändern sich die Vorzeichen nicht, denn die Vorzeichen beider Schnittgrößen sind von der gestrichelten Stabseite unabhängig; die Stabseite, an der $N$ und $Q$ anzutragen sind, ändert sich, da wir positive Längskräfte und Querkräfte an der gestrichelten Stabseite antragen.

Bei horizontalen oder leicht geneigten Trägern legen wir die Bezugsfaser oder gestrichelte Stabseite nach unten.

## 5.3.4 Zeichnerische Bestimmung der Biegemomente

Das Verfahren zur zeichnerischen Bestimmung der Biegemomente gründet sich auf die Tatsache, daß die von Seileck und Schlußlinie gebildete Fläche und die Momentenfläche ähnliche Figuren sind. Nach dem Zeichnen von Seileck und Schlußlinie brauchen wir also nur noch einen Umrechnungsfaktor oder Momentenmaßstab zu ermitteln, um zwischen Seileck und Schlußlinie an jeder beliebigen Stelle des Trägers das Moment abgreifen zu können.

Wegen der geringen praktischen Bedeutung dieses Verfahrens soll es nur an einem einfachen Balken auf zwei Stützen mit lotrechten Einzellasten vorgeführt werden. Wir betrachten gleich ein Zahlenbeispiel (**136.2**).

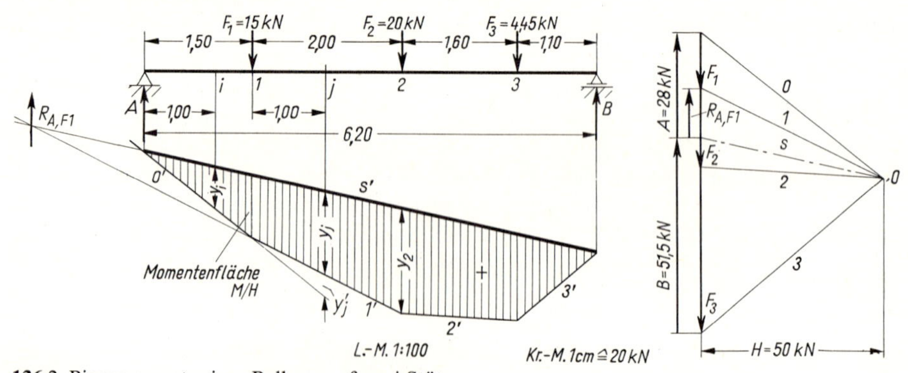


**136.2** Biegemomente eines Balkens auf zwei Stützen

Zunächst ermitteln wir mit Hilfe von Polfigur, Seileck und Schlußlinie die Lagerkräfte $A$ und $B$. Dabei nehmen wir für die Polweite $H$ nicht einen beliebigen Wert an, sondern einen runden: $H = 50$ kN.

Als nächstes fragen wir nach dem Moment im Querschnitt $i$ mit der Abszisse $x_i = 1{,}00$ m. Rechnerisch ergibt sich $M_i = A \cdot x_i = 28{,}0 \cdot 1{,}00 = 28{,}00$ kNm.

Ziehen wir jetzt die Lotrechte vom Querschnitt $i$ bis hinunter in das Seileck, so bekommen wir $y_i$, die Seileckordinate an der Stelle $i$. Aus den beiden ähnlichen Dreiecken $s' - O' - y_i'$ (Seileck) und $s - O - A$ (Polfigur) ergibt sich nun die Proportion

$$\frac{A}{H} = \frac{y_i}{x_i} \quad \text{und weiter} \quad A = H\,\frac{y_i}{x_i}.$$

Setzen wir diesen Wert in die Formel für $M_i$ ein, so erhalten wir

$$M_i = H \cdot y_i$$

In Worten: **Das Moment im Punkt *i* ist gleich dem Produkt aus Polweite *H* und Seileckordinate $y_i$.**

Wir messen $y_i = 0{,}56$ m und erhalten

$$M_i = 50 \cdot 0{,}56 = 28{,}00 \text{ kNm}.$$

Für den Punkt mit der Ordinate $x_i = 2{,}50$ m ergibt sich folgende Ableitung des Verfahrens:

Rechnerisch wird

$$M_j = A \cdot x_j - F_1(x_j - x_1) = 28{,}00 \cdot 2{,}50 - 15{,}00 \cdot 1{,}00 = 55{,}00 \text{ kNm}.$$

Wir verlängern den Seilstrahl 0′ bis unter den Punkt $j$ und ziehen eine Lotrechte vom Querschnitt $j$ bis durch das Seileck. Auf dieser Lotrechten liegt zwischen $s'$ und 1′ die Seileckordinate $y_i$ und zwischen 1′ und 0′ die Strecke $y_j'$. Aus der Ähnlichkeit der Dreiecke $s' - 0' - y_j$ und $s - 0 - A$ folgt

$$\frac{A}{H} = \frac{y_j + y_j'}{x_j} \qquad A = H\,\frac{y_j + y_j'}{x_j};$$

aus der Ähnlichkeit der Dreiecke $1' - 0' - y_j'$ und $1 - 0 - F_1$ ergibt sich

$$\frac{F_1}{H} = \frac{y_j'}{x_j - x_1}; \qquad F_1 = H\,\frac{y_j'}{x_j - x_1}$$

Eingesetzt in die Gleichung für $M_j$ erhalten wir

$$M_j = H\,(y_j + y_j') - H \cdot y_j'; \qquad M_j = H \cdot y_j$$

Wir messen $y_j = 1{,}10$ m und erhalten $M_j = 50 \cdot 1{,}10 = 55{,}0$ kNm.

Damit ist bewiesen, daß die Momentenfläche der aus Seillinie und Schlußlinie gebildeten Fläche ähnlich ist. Die Polweite $H$ ist der Maßstabsfaktor, mit dem die Seileckordinate zu multiplizieren ist, um das Moment zu erhalten.

## 5.4 Einfacher Balken auf zwei Lagern

Für verschiedene Belastungen des horizontalen, statisch bestimmt gelagerten Einfeldträgers werden im folgenden die Lagerkräfte, Querkräfte, Biegemomente und gegebenenfalls Längskräfte bestimmt, die als Grundlagen für die weitere Berechnung dienen.

Für die Stütz- und Schnittgrößen aus verschiedenen Belastungen gilt das Superpositionsgesetz: Eine aus ständigen und veränderlichen Einzel-, Strecken- und Gleichlasten zusammengesetzte Belastung darf in einzelne Lastfälle aufgespalten werden, die Schnittgrößen aus den einzelnen Lastfällen dürfen getrennt ermittelt und dann überlagert werden. Die ständige Last eines Trägers wird als ein eigener Lastfall behandelt, wenn sie anders verteilt ist als die veränderliche Last oder wenn von den unterstützenden Bauteilen her eine Aufteilung in ständige und veränderliche Lasten erforderlich ist. Bei der Behandlung der veränderlichen Lasten wird dann der Träger als gewichtslos angesehen.

### 5.4.1 Einfacher Balken mit einer lotrechten Einzellast (139.1)

**Stützgrößen.** Sie werden ermittelt, indem wir die drei Gleichgewichtsbedingungen auf das ganze Tragwerk anwenden.

Wir beginnen mit $\Sigma H = 0$: In diese Gleichung geht wegen der lotrechten Last und der lotrechten Lagerkraft des waagerecht verschieblichen Lagers nur $A_h$ ein:

$$\overset{+}{\rightarrow} \Sigma H = 0 = A_h; \qquad A_h = 0.$$

Als Folge davon ist $A$ lotrecht gerichtet: $A = A_v$. Verallgemeinernd können wir feststellen, daß bei lotrechten Lasten und horizontaler Verschieblichkeit des beweglichen Lagers die Stützgrößen $A$ und $B$ lotrecht gerichtet sind.

Als nächstes setzen wir die Gleichgewichtsbedingung $\Sigma M_B = 0$ an:

$$\circlearrowright^{+} \Sigma M_B = 0 = A \cdot l - F \cdot b \qquad A = \frac{F \cdot b}{l} \tag{138.1}$$

Sinngemäß ergibt sich aus $\Sigma M_A = 0$

$$\circlearrowright^{+} \Sigma M_A = 0 = F \cdot a - B \cdot l \qquad B = \frac{F \cdot a}{l} \tag{138.2}$$

Als Kontrolle verwenden wir $\Sigma V = 0$:

$$+\downarrow \Sigma V = 0 = -A + F - B =$$

$$= -\frac{F \cdot b}{l} + F - \frac{F \cdot a}{l} = \frac{F}{l}(-b + l - a)$$

$$= \frac{F}{l}(-l + l) = 0$$

Die beiden wichtigen Formeln (138.1) und (138.2) lassen sich in Worte fassen:

**Wir erhalten die Lagerkraft des einen Lagers, wenn wir die Last mit ihrem Abstand vom anderen Lager multiplizieren und das Produkt durch die Stützweite dividieren.**

**Schnittgrößen.** Wir schneiden einen Teil des Tragwerks ab, bringen an der Schnittfläche die Schnittgrößen $Q$, $M$ und $N$ an und berechnen sie mit Hilfe der drei Gleichgewichtsbedingungen.

Den 1. Schnitt führen wir an der Stelle $x$, zwischen dem Lager $A$ und dem Lastangriffspunkt 1 durch den Träger; wir betrachten den linken Teil als abgeschnitten, zeichnen ihn mit äußeren Kräften und Schnittgrößen heraus (**139.**1 b) und setzen die drei Gleichgewichtsbedingungen an; als Momentenbezugspunkt wählen wir den Schwerpunkt der Schnittfläche:

$$\overset{+}{\rightarrow}\Sigma H = 0 = N(x) \qquad N(x) \equiv 0$$

$$\downarrow + \Sigma V = 0 = -A + Q(x) \qquad Q(x) = A = \text{const}$$

$$\curvearrowright\!+ \Sigma M = 0 = A \cdot x - M(x) \qquad M(x) = A \cdot x = F \cdot b \cdot x/l$$

Die Gleichungen für die Schnittgrößen gelten im Bereich $0 < x < a$.

Um die Schnittgrößen zwischen 1 und $B$ zu erhalten, führen wir einen 2. Schnitt im Abstand $x'$ vom Auflager $B$ und betrachten den rechten Teil als abgeschnitten. Die drei Gleichgewichtsbedingungen am herausgezeichneten, mit Schnittgrößen versehenen Teil (**139.**1 c) ergeben dann

$$\overset{+}{\rightarrow}\Sigma H = 0 = -N(x') \qquad N(x') \equiv 0$$

$$\downarrow + \Sigma V = 0 = -Q(x') - B$$

$$Q(x') = -B = -\frac{F \cdot a}{l} = \text{const}$$

und mit dem Schwerpunkt der Schnittfläche als Momentenbezugspunkt

$$\curvearrowright\!+ \Sigma M = 0 = M(x') - B \cdot x'$$

$$M(x') = B \cdot x' = \frac{F \cdot a \cdot x'}{l}$$

Diese Gleichungen gelten für $0 < x' < b$.

Bei der Angabe der Bereichsgrenzen haben wir den Lastangriffspunkt 1 ausgeschlossen. Für die Ermittlung des Moments dürfen wir ihn jedoch beiden Bereichen zuschlagen:

Für $x = a$ wird $M_1 = F \cdot b \cdot a/l$ und für $x' = b$ ergibt sich $M_1 = F \cdot a \cdot b/l$. Unter der Einzellast weist die Momentenlinie einen Knick auf und es entsteht hier das größte Moment. Bei gleichbleibendem Trägerquerschnitt liegt hier hinsichtlich der Biegebeanspruchung der gefährdete Querschnitt.

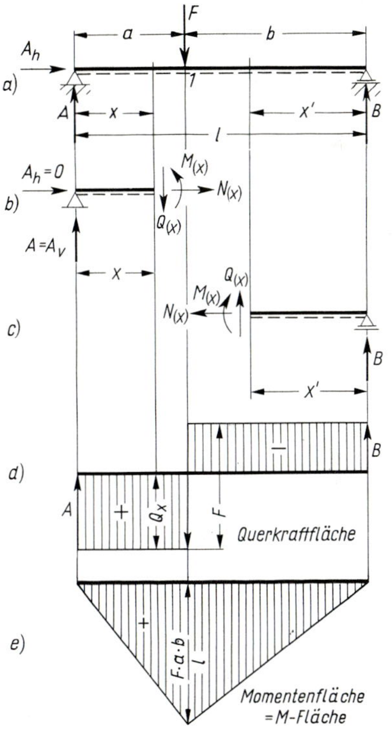

**139.**1 Einzellast an beliebiger Stelle

Die Querkraft ist im Lastangriffspunkt unstetig: Unmittelbar links neben dem Lastangriffspunkt hat sie die Größe $Q_{1l} = +A = F \cdot b/l$, unmittelbar rechts neben dem Lastangriffspunkt beträgt sie $Q_{1r} = -B = -F \cdot a/l$; im Lastangriffspunkt macht sie einen

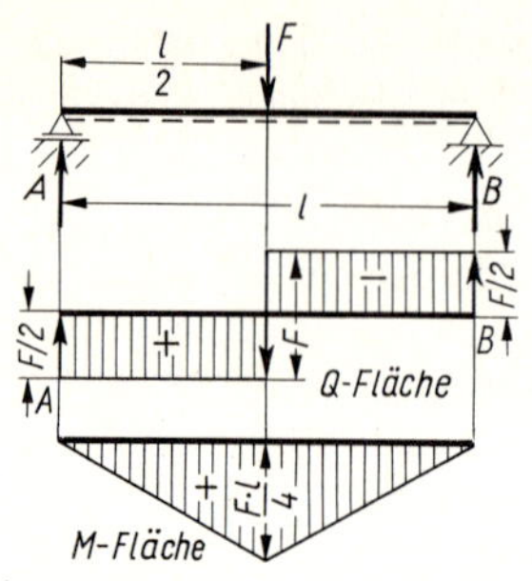

140.1 Einzellast in der Mitte

Sprung mit Vorzeichenwechsel von der Größe $Q_{1l} - Q_{1r} = A + B = F$.

$Q$- und $M$-Fläche sind in Bild **139.1** aufgezeichnet.

Für den Sonderfall einer mittigen Einzellast ergibt sich (**140.1**)

$$A = B = \frac{F}{2}$$

$$\max M = \frac{F \cdot l}{4}$$

## 5.4.2 Einfacher Balken mit drei lotrechten Einzellasten

**Stützgrößen.** Wegen der lotrechten Lasten und der lotrecht gerichteten Kraft am waagerecht verschieblichen Lager $B$ (**140.2**) ist wieder $A_h = 0$, $A = A_v$ und über den ganzen Träger $N \equiv 0$. Die Gleichgewichtsbedingungen $\Sigma M_B = 0$ und $\Sigma M_A = 0$ liefern dann

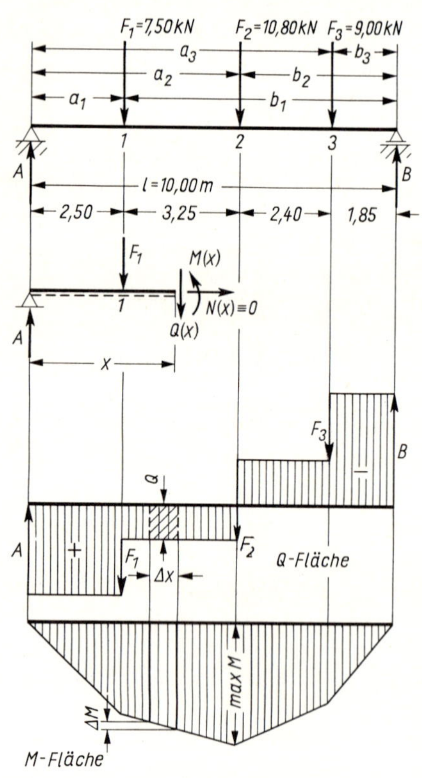

140.2 Mehrere Einzellasten

$$\Sigma M_B = 0 = A \cdot l - F_1 \cdot b_1 - F_2 \cdot b_2 - F_3 \cdot b_3$$

$$A = \frac{1}{l}(F_1 \cdot b_1 + F_2 \cdot b_2 + F_3 \cdot b_3) = \frac{1}{l}\Sigma(F_i \cdot b_i)$$

$$= \frac{1}{10{,}00}(7{,}50 \cdot 7{,}50 + 10{,}80 \cdot 4{,}25 + 9{,}00 \cdot 1{,}85)$$

$$= 11{,}88 \text{ kN}$$

$$\Sigma M_A = 0 = F_1 \cdot a_1 + F_2 \cdot a_2 + F_3 \cdot a_3 - B \cdot l$$

$$B = \frac{1}{l}(F_1 \cdot a_1 + F_2 \cdot a_2 + F_3 \cdot a_3) = \frac{1}{l}\Sigma(F_i \cdot a_i)$$

$$= \frac{1}{10{,}00}(7{,}50 \cdot 2{,}50 + 10{,}80 \cdot 5{,}75 + 9{,}00 \cdot 8{,}15)$$

$$= 15{,}42 \text{ kN}$$

Zu empfehlen ist stets die Kontrolle

$$\downarrow + \Sigma V = \Sigma F_i - A - B = 7{,}50 + 10{,}80 + 9{,}00 - 11{,}88 - 15{,}42 = 0$$

Die Ermittlung der Schnittgrößen bringt nichts Neues; wir wollen deswegen nur einen Schnitt an der Stelle $x$ zwischen $F_1$ und $F_2$ vorrechnen ($a_1 = 2{,}50 \text{ m} < x < a_2 = 5{,}75 \text{ m}$) (**140.2**):

$$\downarrow + \Sigma V = 0 = -A + F_1 + Q(x)$$

$$Q(x) = A - F_1 = 11{,}88 - 7{,}50 = 4{,}38 \text{ kN} = \text{const}$$

und mit dem Schwerpunkt der Schnittfläche als Momentenbezugspunkt

$$\circlearrowright + \Sigma M = 0 = A \cdot x - F_1(x - a_1) - M(x)$$

$$M(x) = A \cdot x - F_1(x - a_1) = 11{,}88 \cdot x - 7{,}50(x - 2{,}50) =$$

$$= 11{,}88x - 7{,}50x + 18{,}75 = 18{,}75 + 4{,}38x$$

Das Moment ist eine l i n e a r e F u n k t i o n der in der Trägerachse liegenden Abszisse $x$, das Bild dieser Funktion ist eine G e r a d e.

Die Untersuchung weiterer Schnitte führt zu folgenden Ergebnissen:

$$Q_{A\ldots 1} = +A = +11{,}88 \text{ kN}$$

$$Q_{1\ldots 2} = +A - F_1 = 4{,}38 \text{ kN}$$

$$Q_{2\ldots 3} = +A - F_1 - F_2 = -6{,}42 \text{ kN}$$

$$Q_{3\ldots B} = +A - F_1 - F_2 - F_3 = -15{,}42 \text{ kN} = -B$$

$$M_1 = A \cdot a_1 = 11{,}88 \cdot 2{,}50 = 29{,}70 \text{ kNm}$$

$$M_2 = A \cdot a_2 - F_1(a_2 - a_1) = 11{,}88 \cdot 5{,}75 - 7{,}50 \cdot 3{,}25 = 43{,}94 \text{ kNm}$$

$$= B \cdot b_2 - F_3(b_2 - b_3) = 15{,}42 \cdot 4{,}25 - 9{,}00 \cdot 2{,}40 = 43{,}94 \text{ kNm}$$

$$M_3 = B \cdot b_3 = 15{,}42 \cdot 1{,}85 = 28{,}53 \text{ kNm}$$

Die Q u e r k r ä f t e sind zwischen den Lastangriffspunkten k o n s t a n t, während in den Lastangriffspunkten S p r ü n g e von der Größe der jeweils vorhandenen Last auftreten; die M o m e n t e verlaufen von Lastangriffspunkt zu Lastangriffspunkt g e r a d l i n i g und weisen in den Lastangriffspunkten K n i c k e auf.

Vergleichen wir Querkräfte und Momente, so stellen wir fest, daß das Moment $M_1 = A \cdot a_1$ gleich dem I n h a l t d e r Q u e r k r a f t f l ä c h e im Bereich $A \ldots 1$ ist. Für den Bereich $A \ldots 2$ gilt dasselbe: Der Inhalt der Querkraftfläche ist $A \cdot a_1 + (A - F_1)(a_2 - a_1) = A \cdot a_1 + A \cdot a_2 - A \cdot a_1 - F_1(a_2 - a_1) = A \cdot a_2 - F_1(a_2 - a_1)$, also gleich dem Moment $M_2$.

Die hier gefundene Regel gilt nicht nur für die Punkte 1 und 2, sondern auch für die Z w i s c h e n p u n k t e $r$, sie gilt ferner bei beliebiger Gestalt der Querkraftfläche, so daß wir allgemein schreiben können

$$\mathbf{M_r = \int_{x=0}^{x=r} Q\,dx} \tag{141.1}$$

Soll ein Moment durch Integration der Querkraftfläche v o m A u f l a g e r $B$ ermittelt werden, so lautet die Formel

$$M_r = \int_{x=l}^{x=r} Q\,dx$$

Als Beispiel kann dienen

$$M_3 = \int_{x=0}^{x=a_3} Q\,dx = Q \int_{x=l}^{x=a_3} dx = Qx \Big|_{x=l}^{x=a_3} = Q(a_3 - l) = -B(-b_3) = B \cdot b_3 = 28{,}53 \text{ kNm}$$

Wird der Inhalt der Querkraftfläche vom Lager $B$ her nicht durch Integration, sondern mit den Flächeninhaltsformeln der Planimetrie ermittelt, so ist sein Vorzeichen umzukehren.

Das maximale Moment, das im vorliegenden Beispiel im Punkt 2 auftritt, kann wie jedes andere Moment von links oder von rechts ermittelt werden:

$$M_2 = \int_{x=0}^{x=a_2} Q\,\mathrm{d}x = \int_{x=l}^{x=a_2} Q\,\mathrm{d}x$$

Da das 1. Integral gleich dem Inhalt der positiven Querkraftfläche und das 2. Integral gleich dem Inhalt der negativen Querkraftfläche ist, können wir feststellen, daß positive und negative Querkraftflächen dem Betrage nach gleich groß sind.

Aus der vorstehenden Betrachtung ergibt sich noch eine weitere allgemeingültige Erkenntnis. Es war nämlich

$$M_1 = A \cdot a_1 \qquad\qquad M_2 = A \cdot a_2 - F_1(a_2 - a_1)$$

folglich ist

$$\Delta M_{1,2} = M_2 - M_1 = A \cdot a_2 - F_1(a_2 - a_1) - A \cdot a_1 = +(A - F_1)(a_2 - a_1)$$

Dieser Wert $\Delta M_{1,2} = (A - F_1)(a_2 - a_1)$ ist aber der Inhalt der Querkraftfläche zwischen den Punkten 1 und 2. Es ist also der Unterschied zwischen den Momenten zweier benachbarter Querschnitte gleich dem Inhalt der Querkraftfläche zwischen diesen beiden Punkten.

Allgemein ist also

$$\Delta M_{\mathrm{ik}} = M_{\mathrm{k}} - M_{\mathrm{i}} = Q_{\mathrm{ik}}(x_{\mathrm{k}} - x_{\mathrm{i}}) = Q_{\mathrm{ik}}\,\Delta x_{\mathrm{ik}} \tag{142.1}$$

$$Q_{\mathrm{ik}} = \frac{\Delta M_{\mathrm{ik}}}{\Delta x_{\mathrm{ik}}}$$

Für eine beliebig begrenzte Querkraftfläche schreiben wir mit der Differentialrechnung

$$\mathbf{d}\boldsymbol{M} = \boldsymbol{Q}\,\mathbf{d}\boldsymbol{x} \qquad\qquad \boldsymbol{Q} = \frac{\mathbf{d}\boldsymbol{M}}{\mathbf{d}\boldsymbol{x}} \tag{142.2}$$

(s. auch Teil 2, Abschn. 4.3).

Die zweite Form der Gl. (142.1) sagt aus, daß die Steigung der Momentenlinie zwischen zwei Einzellasten gleich der dort vorhandenen Querkraft ist: Je größer die Querkraft, um so schneller nimmt das Moment zu oder ab. $Q = 0$ bedeutet, daß sich das Moment nicht ändert. Springt die Querkraft unter einer Einzellast von einem positiven Wert durch null zu einem negativen Wert, so hat die Momentenlinie links von der Einzellast mit wachsendem $x$ zunehmende Ordinaten, rechts von der Einzellast dagegen mit wachsendem $x$ abnehmende Ordinaten; das bedeutet, daß unter dieser Einzellast das maximale Moment auftritt.

Aus der zweiten Form der Gl. (142.2) geht hervor, daß die Querkraft die 1. Ableitung des Moments nach $x$ ist. In Anbetracht dieser Tatsache wird es klar, daß die Stammfunktion $M(x)$ ihre Extremwerte dort hat, wo ihre 1. Abteilung $\mathrm{d}M(x)/\mathrm{d}x = Q(x)$ Nullstellen besitzt.

Für den Sonderfall zweier gleich großer Lasten in symmetrischer Anordnung finden wir nach Bild **143.**1

$$\boldsymbol{A} = \boldsymbol{B} = \boldsymbol{F} \tag{143.1}$$

$$Q_{\text{A bis 1}} = +A$$

$$Q_{\text{1 bis 2}} = +A - F = 0$$

$$Q_{\text{2 bis B}} = 0 - F = -B$$

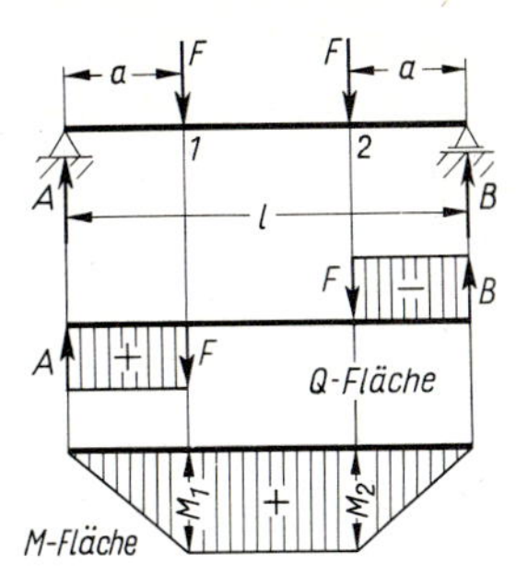


**143.1** Zwei symmetrische Einzellasten

Zwischen den beiden Einzellasten ist $Q = 0$, also auch $\mathrm{d}M/\mathrm{d}x = 0$ und folglich $M = \text{const} = \max M = M_1 = M_2 = F \cdot a$. Im Bereich 1 bis 2 herrscht querkraftfreie Biegung.

Zusammenfassend lassen sich aus den vorstehenden Gleichungen und den zugehörigen Bildern **139.**1, **140.**1, **140.**2 und **143.**1 für Einzellasten folgende Beziehungen ablesen:

1. Die Querkraft ist zwischen den Einzellasten konstant; unter den Einzellasten weist sie Sprünge von der Größe der Einzellasten auf. Die Querkraftfläche besteht daher aus Rechtecken.

2. Die Momentenfläche ist zwischen den Einzellasten geradlinig begrenzt; unter den Einzellasten weist sie Knicke auf (Seileck).

Ferner gilt bei Belastung durch eine beliebige Kombination von Einzellasten, Gleichlasten und veränderlichen Lasten, jedoch nicht bei Angriff von Momenten:

3. Das Moment an einer beliebigen Schnittstelle ist gleich dem Inhalt der Querkraftfläche vom Lager $A$ bis zu dieser Schnittstelle und gleich dem negativen Inhalt der Querkraftfläche vom Lager $B$ bis zu dieser Schnittstelle. Die Differenz der Momente zweier benachbarter Querschnitte ist gleich dem Inhalt der Querkraftfläche zwischen diesen Querschnitten.

$$\Delta M = Q \cdot \Delta x \qquad\qquad \mathrm{d}M = Q\,\mathrm{d}x$$

4. Für $Q = 0$ nehmen die Momente relative Extremwerte an.

5. Positive und negative Querkraftfläche sind dem Betrage nach gleich groß (s. Bild **139.**1: $A \cdot a = B \cdot b$).

## 5.4.3 Einfacher Balken mit gleichmäßig verteilter Belastung

### 5.4.3.1 Stütz- und Schnittgrößen

Bezeichnen wir die Gesamtlast $q \cdot l$ mit $R$, so wird wegen der symmetrischen Lastanordnung nach Bild **144.**1

$$\boldsymbol{A} = \boldsymbol{B} = \frac{\boldsymbol{q \cdot l}}{\boldsymbol{2}} = \frac{\boldsymbol{R}}{\boldsymbol{2}} \tag{143.2}$$

Am Lager $A$ wird

$$Q_{\text{A}} = +A = +\frac{q \cdot l}{2}$$

am Lager $B$

$$Q_{\text{B}} = -B = -\frac{q \cdot l}{2}$$

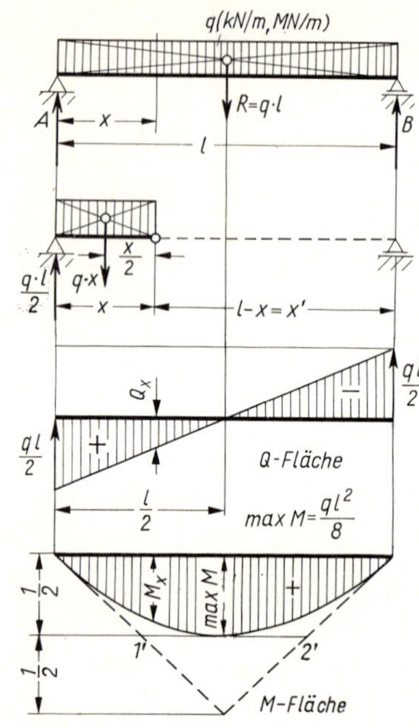


**144.**1 Gleichmäßig verteilte Last

An beliebiger Stelle erhalten wir die Querkraft (**144.**1) zu

$$Q(x) = A - q \cdot x = q \cdot \frac{l}{2} - q \cdot x$$

$$\boldsymbol{Q(x) = q\left(\frac{l}{2} - x\right)}$$

oder mit $\xi = \dfrac{x}{l}$ $\quad Q(x) = ql\left(\dfrac{1}{2} - \xi\right)$ (144.1)

Dies ist die Gleichung einer geneigten Geraden, deren Nullpunkt bei $x = \dfrac{l}{2}$ oder $\xi = 0{,}5$ liegt. Hier tritt das größte Moment auf, und es wird

$$\max M = A \cdot \frac{l}{2} - q \cdot \frac{l}{2} \cdot \frac{l}{4} = \frac{q \cdot l}{2} \cdot \frac{l}{2} - \frac{q \cdot l}{2} \cdot \frac{l}{4}$$

$$\boldsymbol{\max M = \frac{q \cdot l^2}{8}} \qquad (144.2)$$

An beliebiger Stelle $x$ erhalten wir

$$M(x) = A \cdot x - q \cdot x \cdot \frac{x}{2} = \frac{q \cdot l}{2} x - q \cdot x \cdot \frac{x}{2} \qquad \boldsymbol{M(x) = \frac{q \cdot x\,(l - x)}{2} = \frac{q \cdot x \cdot x'}{2}} \qquad (144.3)$$

oder mit $\xi = \dfrac{x}{l}$ und $\xi' = \dfrac{x'}{l}$

$$\boldsymbol{M(x) = \frac{q \cdot l^2 \cdot \xi \cdot \xi'}{2}} \qquad (144.4)$$

Dies ist die Gleichung einer quadratischen Parabel. Die angedeuteten Seilstrahlen 1′ und 2′ in Bild **144.**1 sind ihre Endtangenten, und die Pfeilhöhe wird halb so groß wie die Höhe des Seildreieckes.

Auch bei gleichmäßig verteilter Belastung ist Gl. (142.2) erfüllt: Die Querkraft ist die Ableitung der Momente

$$\frac{\mathrm{d}M(x)}{\mathrm{d}x} = \frac{\mathrm{d}}{\mathrm{d}x}\left(\frac{ql}{2}x - \frac{q}{2}x^2\right) = \frac{ql}{2} - qx = q\left(\frac{l}{2} - x\right) = Q(x)$$

Zusammenfassend ergibt sich also für gleichmäßig verteilte Belastung:

1. Die Querkraft ändert sich stetig nach einer linearen Funktion. Die Querkraftfläche besteht aus zwei gleichen Dreiecken.

2. Die Momentenfläche wird von einer quadratischen Parabel begrenzt.

Da Parabeln, von denen die Sehne, die Parabelachse und der Scheitel gegeben sind, in der Statik sehr häufig vorkommen, werden im folgenden einige Konstruktionen dieser Kurven näher beschrieben.

### 5.4.3.2 Parabelkonstruktionen

Gegeben: Sehne $AB$, Scheitel $C$ und Parabelachse $CD$

a) Konstruktion einzelner Parabelpunkte (**145.**1). Man zieht die Scheitelsehnen $AC$ und $BC$, ferner durch $A$ und $B$ und zwischendurch in gleichen oder auch in beliebigen Abständen, wie man es für das Zeichnen der Parabel für erforderlich hält, Parallelen (1–1) zur Parabelachse $CD$. Die Linie 1–1 schneidet die Scheitelsehne $AC$ in $E$. Zieht man durch $E$ eine Parallele zur Sehne $AB$ bis zum Schnittpunkt $F$ mit der zur Parabelachse parallelen Geraden durch $A$, und verbindet man $F$ mit dem Scheitel $C$, so ist der Schnittpunkt $G$ mit der Linie 1–1 ein Punkt der gesuchten Parabel. Diese Konstruktion kann beliebig oft wiederholt werden. Wie Bild **145.**1 b zeigt, ist sie sinngemäß auch bei schrägen Schlußlinien anwendbar.

**145.**1 Parabelkonstruktion mit Punkten

b) Konstruktion mit Hilfe umhüllender Tangenten (**145.**2). Man mache (**145.**2 links) $CE = CD$ und ziehe die Endtangenten $AE$ und $BE$. Die Parallele zur Schlußlinie $AB$ durch den Scheitel $C$ liefert die Scheiteltangente 2–2. Weitere Tangenten findet man, indem man die Strecken $AE$ und $BE$ in gleiche Teile teilt und die entsprechenden Teilpunkte in der aus der Abbildung ersichtlichen Weise verbindet. Diese Konstruktion kann auch verwandt werden, wenn die Punkte $A$ und $B$ nicht auf einer Senkrechten zur Parabelachse liegen. Sie ist etwas weniger genau als die unter a) angegebene, die einzelne Parabelpunkte liefert.

Durch wiederholtes Ziehen von Sehnen und Halbieren der zugehörigen Dreiecksmittellinien (**145.**2 rechts) lassen sich ebenfalls einzelne Parabelpunkte mit ihren Tangenten bestimmen.

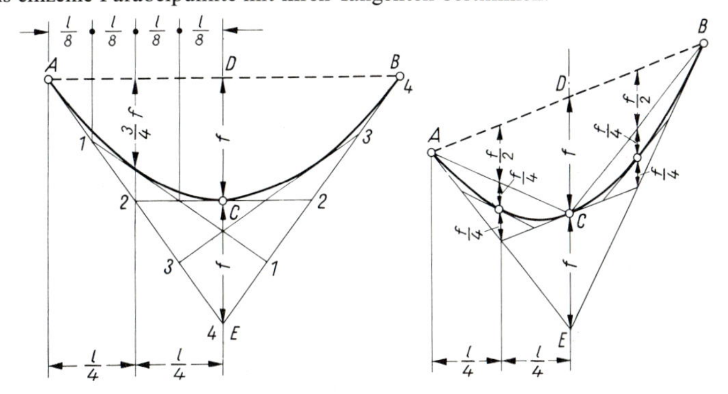


**145.**2 Parabelkonstruktion mit Tangenten

## 5.4.4 Balken mit Streckenlasten

### 5.4.4.1 An einem der beiden Lager beginnende Streckenlast

Faßt man die Gesamtlast $q \cdot a$ zunächst zu einer Einzellast im Abstand $a/2$ von $A$ zusammen, so erhält man nach Bild **146.**1 a mit Hilfe der Gleichgewichtsbedingung für den Punkt $B$ $\Sigma M_B = A \cdot l - q \cdot a(a/2 + b) = 0$

$$A = \frac{q \cdot a(a/2 + b)}{l}$$

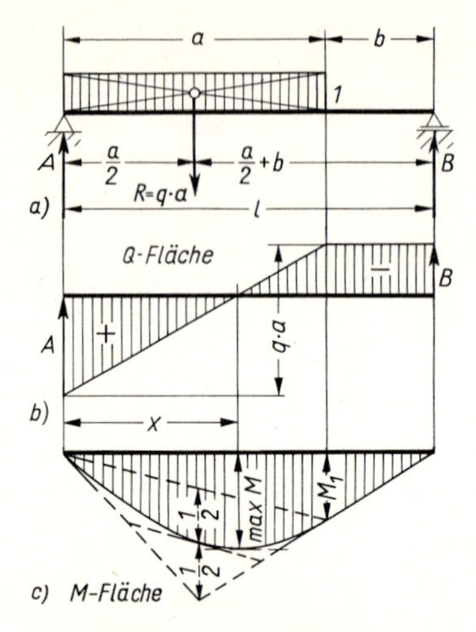


**146.**1 Einseitige Streckenlast

Ebenso findet man mit $\Sigma M_A = 0$ die Lagerkraft $B$

$$B = \frac{q \cdot a^2}{2l}$$

Nach Bild **146.**1 b nimmt die Querkraft vom Lager $A$ bis zum Punkt 1, wo sie den Wert $-B$ erreicht, gleichmäßig um $q \cdot a$ ab. Die Abszisse des maximalen Moments berechnet sich aus der Bedingung

$$Q(x) = 0 = A - q \cdot x \text{ zu } \boldsymbol{x} = \frac{\boldsymbol{A}}{\boldsymbol{q}} \tag{146.1}$$

Das Größtmoment wird gleich dem Inhalt der dreieckigen Querkraftfläche

$$\mathbf{max}\,\boldsymbol{M} = \frac{\boldsymbol{A} \cdot \boldsymbol{x}}{\mathbf{2}} = \frac{\boldsymbol{A}^2}{\mathbf{2}\boldsymbol{q}} \tag{146.2}$$

Dasselbe ergibt sich mit Hilfe der Momentengleichung am Balkenteil der Länge $x$: $\max M = A \cdot x - q \cdot x \cdot x/2$, wenn man beachtet, daß $q \cdot x = A$.

Formel (146.2) kann auch bei anderen Belastungen benutzt werden, wenn nur über die ganze Länge $x$ vom Lager bis zur Stelle des maximalen Moments keine andere Belastung als die gleichmäßig verteilte Last $q$ vorhanden ist.

Die Momentenlinie ist auf der Strecke $a$ eine Parabel, auf der Strecke $b$ eine Gerade, die tangential im Punkt 1 an die Parabel anschließt. Im Punkte 1 wird $M_1 = B \cdot b$. Die Konstruktion der Momentenfläche mit Hilfe dieser Werte zeigt Bild **146.**1 c.

### 5.4.4.2 Beliebige Streckenlast

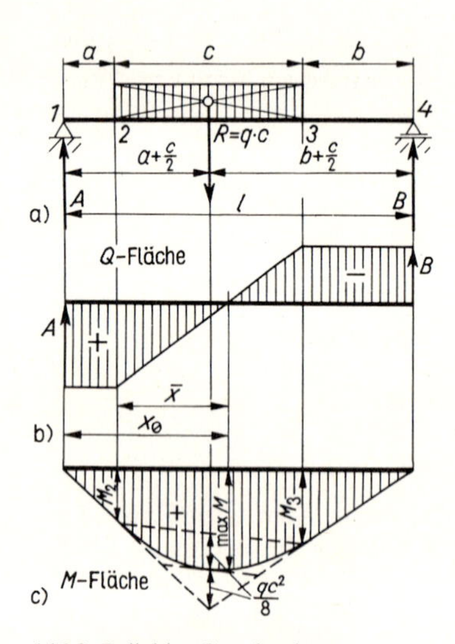


**146.**2 Beliebige Streckenlast

Die Gesamtlast beträgt $R = q \cdot c$ (**146.**2 a). Aus der Bedingung

$$\Sigma M_B = 0 = A \cdot l - q \cdot c\,(b + c/2)$$

ergibt sich
$$A = \frac{q \cdot c\,(b + c/2)}{l}$$

Aus der Bedingung

$$\Sigma M_A = 0 = B \cdot l - q \cdot c\,(a + c/2)$$

erhält man
$$B = \frac{q \cdot c\,(a + c/2)}{l}$$

Auf den Strecken 1 bis 2 und 3 bis 4 wird die Querkraft gleich den Lagerkräften:

$$Q_{1\ldots2} = +A \quad \text{und} \quad Q_{3\ldots4} = -B$$

Zwischen den Punkten 2 und 3 nimmt die Querkraft linear um $q \cdot c$ ab. Die Abszisse $x_0$ des maximalen Moments finden wir aus der Bedingung

$$Q(x) = 0 = A - q \cdot \bar{x} \qquad \bar{x} = \frac{A}{q} \qquad x_0 = a + \bar{x}$$

Folglich wird

$$\max M = A \cdot x_0 - \frac{q \cdot \bar{x}^2}{2} = A x_0 - \frac{A^2}{2q} \tag{147.1}$$

Auf den Strecken 1 bis 2 und 3 bis 4 ist die Momentenlinie eine Gerade mit $M_2 = A \cdot a$ und $M_3 = B \cdot b$. Im Bereich der Streckenlast ist sie wiederum eine Parabel (**146.**2c).

#### 5.4.4.3 Symmetrische Streckenlast

Bei Balken und Decken steht die Deckenlast meist nur im Bereich der Lichtweite von Vorderkante Mauer bis Vorderkante Mauer. Bei genauer Berechnung wird daher nach Bild **147.**1

$$A = B = \frac{q \cdot w}{2}$$

$$\max M = A\left(\frac{l}{2} - \frac{w}{4}\right) = \frac{q \cdot w}{2} \cdot \frac{w + a}{2} - \frac{q \cdot w}{2} \cdot \frac{w}{4} = \frac{q \cdot w}{8}(2w + 2a - w)$$

$$\max M = \frac{q \cdot w(w + 2a)}{8} = \frac{q \cdot w(l + a)}{8}$$

Für das Größtmoment wird also die Last $q \cdot w$ mit $w + 2a$ bzw. mit $l + a$ und nicht etwa nur mit $l$ multipliziert.

Bei $a = w/20$ ($\mathrel{\hat{=}} 5\%$) beträgt der Unterschied im Biegemoment gegenüber auf ganzer Länge $l$ durchgehender Last nur 0,23%. Die etwaige Ersparnis ist also so bedeutungslos, daß man der Einfachheit halber meist nach Abschn. 5.4.3 mit voll durchgehender Last rechnet.

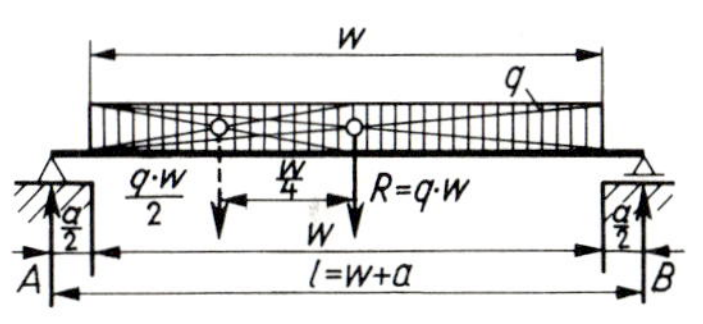


**147.**1 Symmetrische Streckenlast

### 5.4.5 Dreieckslasten

#### 5.4.5.1 Symmetrische Dreieckslast

Die Last folgt für $0 \leqq x \leqq l/2$ der Funktion $q(x) = \dfrac{q}{l/2}x = \dfrac{2q}{l}x$

$$\text{Mit } R = \frac{q \cdot l}{2} \text{ wird } A = B = \frac{R}{2} = \frac{q \cdot l}{4}$$

An beliebiger Stelle $0 \leq x \leq l/2$ wird die Querkraft

$$Q(x) = \frac{q \cdot l}{4} - \frac{q}{l/2} \cdot x \cdot \frac{x}{2} = \frac{q}{2}\left(\frac{l}{2} - \frac{2x^2}{l}\right) \quad \text{oder mit} \quad \xi = \frac{x}{l}$$

$$Q(x) = \frac{ql}{2}\left(\frac{1}{2} - 2\xi^2\right)$$

Die $Q$-Linie ist daher keine Gerade mehr, sie besteht vielmehr aus zwei quadratischen Parabeln. Das maximale Moment tritt aber wieder in der Mitte auf, da $Q(x)$ für $x = l/2$ Null wird. Man erhält nach Bild **148.1** für $0 < x < l/2$

$$M(x) = \frac{q \cdot l}{4} \cdot x - q\,\frac{2x}{l} \cdot \frac{x}{2} \cdot \frac{x}{3} = \frac{q \cdot l}{4} x - \frac{q}{3l} x^3 \quad \text{oder mit} \quad \xi = \frac{x}{l}$$

$$M(x) = \frac{3ql}{12} x - \frac{4qx^3}{12l} = \frac{\mathbf{ql^2}}{\mathbf{12}} (\mathbf{3\xi - 4\xi^3}) \tag{148.1}$$

$$\mathbf{max\,M} = \frac{\mathbf{q \cdot l^2}}{\mathbf{8}} - \frac{\mathbf{q \cdot l^2}}{\mathbf{24}} = \frac{\mathbf{q \cdot l^2}}{\mathbf{12}} = \frac{R \cdot l}{6} \tag{148.2}$$

Die Momentenlinie besteht aus zwei symmetrisch liegenden Stücken einer kubischen Parabel, die hier nicht näher behandelt werden soll. In Bild **148.**1 sind aber einige Hilfstangenten angedeutet.

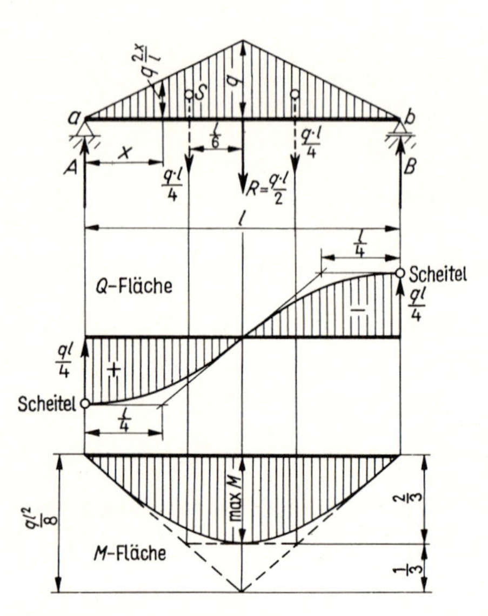


**148.**1 Symmetrische Dreieckslast

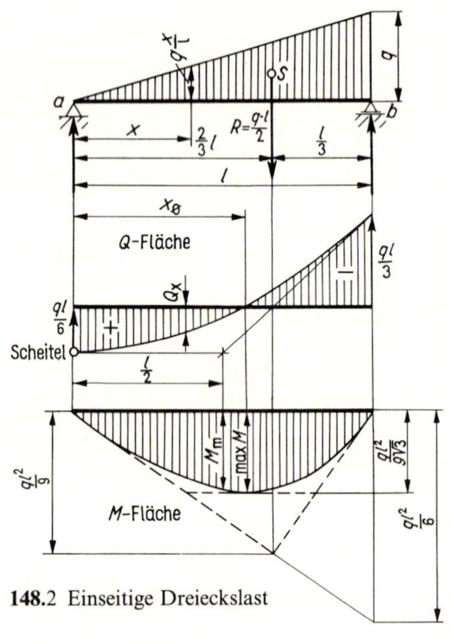


**148.**2 Einseitige Dreieckslast

### 5.4.5.2 Einseitige Dreieckslast

Die Last folgt der Funktion $q(x) = \frac{q}{l} x$.

Die Gesamtlast ergibt sich wie in Abschn. 5.4.5.1 zu $R = \frac{q \cdot l}{2}$; ihr Schwerpunkt ist aber jetzt $1/3\,l$ von den Lagern entfernt. Daher wird nach Bild **148.2**

$$\Sigma M_b = A \cdot l - \frac{q \cdot l}{2} \cdot \frac{1}{3} l \qquad A = \frac{R \cdot l/3}{l} = \frac{R}{3} = \frac{q \cdot l}{6}$$

und $$\Sigma M_a = 0 = B \cdot l - \frac{q \cdot l}{2} \cdot \frac{2}{3} l \qquad B = \frac{R \cdot {}^2\!/_3\, l}{l} = \frac{2}{3} R = \frac{q \cdot l}{3}$$

An beliebiger Stelle wird die Querkraft

$$Q(x) = \frac{q \cdot l}{6} - \frac{q \cdot x}{l} \cdot \frac{x}{2} = \frac{q}{2}\left(\frac{l}{3} - \frac{x^2}{l}\right) \quad \text{oder mit} \quad \xi = \frac{x}{l}$$

$$Q(x) = \frac{ql}{2}\left(\frac{1}{3} - \xi^2\right) \tag{149.1}$$

Die Querkraftlinie ist daher eine quadratische Parabel mit dem Scheitel in $A$. Die Querkraft wird gleich Null für

$$\xi^2 = \frac{1}{3} \qquad \xi = \frac{1}{\sqrt{3}} = 0{,}57735 \quad \text{oder für} \quad x_0 = \frac{l}{\sqrt{3}} = 0{,}577\,l$$

An beliebiger Stelle wird ferner

$$M(x) = \frac{q \cdot l}{6} x - \frac{q \cdot x}{l} \cdot \frac{x}{2} \cdot \frac{x}{3} = \frac{q \cdot l}{6} x - \frac{q}{6l} x^3$$

oder $$\boldsymbol{M(x) = \frac{ql^2}{6}(\xi - \xi^3)} \tag{149.2}$$

Als Größtwert ergibt sich

$$\mathbf{max}\,\boldsymbol{M} = \frac{q \cdot l^2}{6\sqrt{3}} - \frac{q \cdot l^2}{18\sqrt{3}} = \boldsymbol{\frac{q \cdot l^2}{9\sqrt{3}} = \frac{q \cdot l^2}{15{,}59} = 0{,}06415\, q \cdot l^2} \tag{149.3}$$

Die Momentenlinie ist eine kubische Parabel. In der Mitte erhält man das Moment halb so groß wie bei gleichmäßiger Belastung

$$M_m = \frac{q \cdot l}{6} \cdot \frac{l}{2} - \frac{q}{6l} \cdot \frac{l^3}{8} \qquad \boldsymbol{M_m = \frac{q \cdot l^2}{16}} = \frac{R \cdot l}{8} \tag{149.4}$$

$M_m$ ist also nur wenig kleiner als max $M$.

Trapezförmige Belastungen ergeben sich durch Zusammensetzen der Belastungsfälle nach Abschn. 5.4.3 und 5.4.5. Die genaueren Querkraft- und Momentenlinien erhält man am einfachsten zeichnerisch aus Krafteck und Seileck durch Aufteilen der Belastungsfläche in Streckenlasten, die zunächst durch Einzellasten ersetzt werden. Die endgültigen Querkraft- und Momentenlinien sind dann, wie aus den Bildern **145**.2, **146**.1 und **148**.2 näher ersichtlich, entsprechend abzuschrägen und auszurunden.

### 5.4.6 Gemischte Belastung

Die Berechnung von Trägern mit gemischter Belastung wird durch die Beispiele 2 und 3 des Abschnitts 5.4.7 erläutert.

### 5.4.7 Anwendungen

**Beispiel 1:** Ein Balken ist durch eine gleichmäßig ansteigende Last (Dreieckslast) belastet (**150**.2). Querkraft- und Momentenfläche sind zu bestimmen.

Die Begrenzung der Querkraftfläche ist eine quadratische, die der Momentenfläche eine kubische Parabel. Bei der Berechnung benutzen wir die bezogene Abszisse $\xi = \frac{x}{l}$ (s. Abschn. 5.4.5.2).

Dies hat den Vorteil, daß die entstehenden Formeln bei allen Aufgaben mit gleicher Lagerung und Belastung, jedoch anderen Werten $q$ und $l$, benutzt werden können. Der Einfachheit halber schreiben wir die Zahlenwerte in tabellarischer Form (Tafel **150**.1); die Reihenfolge der Spalten entspricht dabei dem Gang der Berechnung. Die Spannweite des Balkens teilen wir in 10 gleiche Felder; dies bedeutet in unserem Beispiel bei

$$\xi = 0{,}1 \quad x = 0{,}1 \cdot 12 = 1{,}20 \text{ m} \quad \text{und bei} \quad \xi = 0{,}3 \quad x = 4{,}80 \text{ m}$$

Tafel **150**.1 Tabellarische Ermittlung von $Q$ und $M$

| 1 | 2 | 3 | 4 (120 · Sp. 3) | 5 | 6 (Sp. 1 – Sp. 5) | 7 480 · Sp. 6 |
|---|---|---|---|---|---|---|
| $\xi = \frac{x}{l}$ | $\xi^2$ | $\omega_d = 0{,}333 - \xi^2$ | $Q = \frac{ql}{2}\omega_d = 120 \cdot \omega_d$ kN | $\xi^3$ | $\omega_D = \xi - \xi^3$ | $M = \frac{ql^2}{6}\omega_D = 480 \cdot \omega_D$ kNm |
| 0,0 | 0,0 | 0,333 | 40,0 | 0,0 | 0,0 | 0,0 |
| 0,1 | 0,01 | 0,323 | 38,8 | 0,001 | 0,099 | 47,52 |
| 0,2 | 0,04 | 0,293 | 35,2 | 0,008 | 0,192 | 92,16 |
| 0,3 | 0,09 | 0,243 | 29,2 | 0,027 | 0,273 | 131,04 |
| 0,4 | 0,16 | 0,173 | 20,8 | 0,064 | 0,336 | 161,28 |
| 0,5 | 0,25 | 0,083 | 10,0 | 0,125 | 0,375 | 180,00 |
| 0,6 | 0,36 | −0,027 | − 3,2 | 0,216 | 0,384 | 184,32 |
| 0,7 | 0,49 | −0,157 | −18,8 | 0,343 | 0,357 | 171,36 |
| 0,8 | 0,64 | −0,307 | −36,8 | 0,512 | 0,288 | 138,24 |
| 0,9 | 0,81 | −0,477 | −57,2 | 0,729 | 0,171 | 82,08 |
| 1,0 | 1,0 | −0,667 | −80,0 | 1,000 | 0,0 | 0,0 |

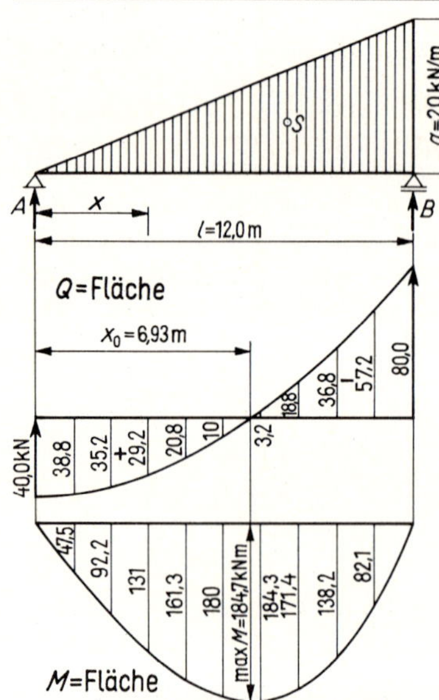


**150**.2 Gleichmäßig ansteigende Last

Für die Querkraft gilt Gl. (149.1)

$$Q(x) = \frac{q \cdot l}{2}(1/3 - \xi^2) =$$

$$= \frac{20 \cdot 12}{2}(0{,}333 - \xi^2) = 120\,\omega_d$$

Wir berechnen zuerst den Ausdruck

$$\omega_d = (0{,}333 - \xi^2) \quad \text{(Spalte 3)}$$

Die von Müller-Breslau (1851–1925) eingeführten $\omega$-Zahlen sind z. B. in Teil 3, [1] und [4] tabelliert. Die Multiplikation der Spalte 3 mit dem spezifischen Wert des vorliegenden Balkens

$$\frac{q \cdot l}{2} = \frac{20 \cdot 12}{2} = 120$$

liefert die $Q$-Ordinaten in Spalte 4.

Für das Biegemoment gilt Gl. (149.2)

$$M(x) = \frac{q \cdot l^2}{6}(\xi - \xi^3) = \frac{20 \cdot 12^2}{6}(\xi - \xi^3)$$

Wir berechnen zuerst den Ausdruck

$$\omega_D = (\xi - \xi^3) \text{ (Spalte 6)}$$

Die Multiplikation der Spalte 6 mit dem spezifischen Wert des vorliegenden Balkens

$$\frac{q \cdot l^2}{6} = \frac{20 \cdot 12^2}{6} = 480$$

liefert die $M$-Ordinaten in Spalte 7. Zusätzlich wird berechnet bei

$$x = \frac{12{,}0}{\sqrt{3}} \qquad \max M = \frac{20 \cdot 12^2}{9\sqrt{3}} = 184{,}75 \text{ kNm}$$

Die Abweichung gegenüber dem $M$-Wert bei $\xi = 0{,}6$ ist sehr gering. $Q$- und $M$-Flächen zeigt Bild **150.**2.

**Beispiel 2:** Für den in Bild **151.**1 dargestellten Balken sind die Schnittgrößen zu bestimmen.

Die unter 60° gegen die Balkenachse geneigte Last $P_1$ muß in die senkrecht und parallel zur Balkenachse gerichteten Komponenten $P_{1v}$ und $P_{1h}$ zerlegt werden; $P_{1v}$ verursacht im Balken Querkräfte und Momente, $P_{1h}$ eine Längskraft.

Die Zerlegung von $P_1$ liefert

$$P_{1v} = 50 \cdot \cos 30° = 50 \cdot 0{,}866 = 43{,}0 \text{ kN} \qquad P_{1h} = 50 \cdot \sin 30° = 50 \cdot 0{,}5 = 25{,}0 \text{ kN}$$

Lagerkräfte

$$\curvearrowright \Sigma M_B = 0 = A \cdot 8{,}0 - 43{,}3 \cdot 6{,}5 - 30 \cdot 4{,}5 - 5 \cdot 8{,}0 \cdot 4{,}0 - 10 \cdot 4{,}0 \cdot 2{,}0$$

$$A = \frac{281{,}5 + 135{,}0 + 160{,}0 + 180{,}0}{8{,}0} = 82{,}1 \text{ kN}$$

$$\curvearrowright \Sigma M_A = 0 = 43{,}3 \cdot 1{,}5 + 30 \cdot 3{,}5 + 5 \cdot 8{,}0 \cdot 4{,}0 + 10 \cdot 4{,}0 \cdot 6{,}0 - B_v \cdot 8{,}0$$

$$B_v = \frac{65{,}0 + 105{,}0 + 160{,}0 + 240{,}0}{8{,}0} = 71{,}2 \text{ kN}$$

$$\overset{+}{\rightarrow} \Sigma H = 0 = -P_{1h} + B_h = -25 + B_h$$

$$B_h = 25 \text{ kN} \rightarrow$$

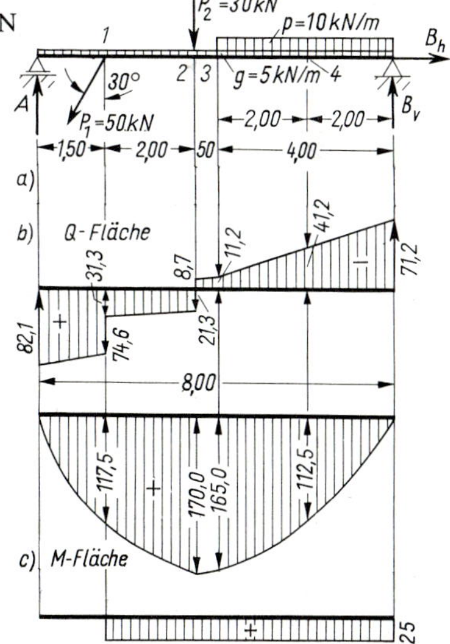


**151.**1 Balken mit Streckenlasten und Einzellasten

Kontrolle:

$$\Sigma V = 82{,}1 - 43{,}3 - 30 - 40 - 40 + 71{,}2$$
$$= 153{,}3 - 153{,}3 = 0$$

Querkräfte (**151.**1 b)

$$Q_A = +82{,}1 \text{ kN}$$
$$Q_{1l} = 82{,}1 - 5 \cdot 1{,}5 = 74{,}6 \text{ kN}$$
$$Q_{1r} = 74{,}6 - 43{,}3 = 31{,}3 \text{ kN}$$
$$Q_{2l} = 31{,}3 - 5 \cdot 2{,}0 = 21{,}3 \text{ kN}$$
$$Q_{2r} = 21{,}3 - 30 = -\ 8{,}7 \text{ kN}$$
$$Q_3 = -\ 8{,}3 - 5 \cdot 0{,}5 = -11{,}2 \text{ kN}$$
$$Q_B = -11{,}2 - 15 \cdot 4{,}0 = -71{,}2 \text{ kN} = -B$$

Biegemomente (**151.**1c)

$$M_1 = 82{,}1 \cdot 1{,}5 - 5 \cdot \frac{1{,}5^2}{2} = 123{,}1 - 5{,}63 = 117{,}5\ \text{kNm}$$

$$M_2 = 82{,}1 \cdot 3{,}5 - 5 \cdot \frac{3{,}5^2}{2} - 43{,}3 \cdot 2{,}0 = 287{,}2 - 30{,}6 - 86{,}6 = 170{,}0\ \text{kNm}$$

$$M_3 = 82{,}1 \cdot 4{,}0 - 5 \cdot \frac{4{,}0^2}{2} - 43{,}3 \cdot 2{,}5 - 30 \cdot 0{,}5$$

$$= 328{,}2 - 40{,}0 - 108{,}3 - 15{,}0 = 165{,}0\ \text{kNm}$$

oder von rechts

$$M_3 = 71{,}2 \cdot 4{,}0 - 15 \cdot \frac{4{,}0^2}{2} = 285{,}0 - 120{,}0 = 165{,}0\ \text{kNm}$$

$$M_4 = 71{,}2 \cdot 2{,}0 - 15 \cdot \frac{2{,}0^2}{2} = 142{,}5 - 30{,}0 = 112{,}5\ \text{kNm}$$

Längskräfte (**151.**1d)

$$N_A = N_{1l} = 0 \qquad N_{1r} = +25\ \text{kN} \qquad N_B = +25\ \text{kN}$$

**Beispiel 3:** Für den in Bild **151.**1 dargestellten Einfeldbalken mit gemischter Belastung sind die Stützgrößen sowie Querkraft- und Momentenfläche zu ermitteln.

Für die Berechnung der Stützgrößen fassen wir die Gleichlast $q_1$ und die Streckenlast $q_2$ zu je einer Einzellast zusammen. Wir erhalten dann nach Bild **151.**1a aus

$$\Sigma M_b = 0 = A \cdot l - \frac{q_1 \cdot l^2}{2} - P_1 \cdot b_1 - q_2 \cdot c\left(b_2 + \frac{c}{2}\right) - P_2 \cdot b_2$$

$$A = \frac{q_1 \cdot l}{2} + \frac{P_1 \cdot b_1 + q_2 \cdot c\left(b_2 + \frac{c}{2}\right) + P_2 \cdot b_2}{l} =$$

$$= \frac{15{,}0 \cdot 7{,}70}{2} + \frac{1}{7{,}70}(68{,}0 \cdot 5{,}95 + 30{,}0 \cdot 2{,}60 \cdot 3{,}20 + 72{,}0 \cdot 1{,}90) = 160{,}48\ \text{kN}$$

und aus $\Sigma M_a = 0 = B \cdot l - \frac{q_1 \cdot l^2}{2} - P_1 \cdot a_1 - q_2 \cdot c\left(a_3 + \frac{c}{2}\right) - P_2 \cdot a_2$

$$B = \frac{q_1 \cdot l}{2} + \frac{P_1 \cdot a_1 + q_2 \cdot c\left(a_3 + \frac{c}{2}\right) + P_2 \cdot a_2}{l} =$$

$$= \frac{15{,}0 \cdot 7{,}70}{2} + \frac{1}{7{,}70}(68{,}0 \cdot 1{,}75 + 30{,}0 \cdot 2{,}60 \cdot 4{,}50 + 72{,}0 \cdot 5{,}80) = 173{,}02\ \text{kN}$$

Die Querkräfte ermitteln wir links (Fußzeiger $l$) und rechts (Fußzeiger $r$) von jeder Einzellast sowie in den Punkten, in denen Sprünge bei den verteilten Lasten auftreten. Dazu müssen wir die verteilten Lasten neu zu Einzellasten zusammenfassen, und zwar jeweils zwischen den Punkten, in denen wir Querkraft und Moment berechnen (**151.**1b); wir erhalten

$$Q_A = +A = 160{,}48\ \text{kN}$$
$$Q_{1l} = A - q_1 \cdot a_1 = 134{,}23\ \text{kN}$$
$$Q_{1r} = Q_{1l} - P_1 = 66{,}23\ \text{kN}$$
$$Q_2 = Q_{1r} - q_1(a_3 - a_1) = 44{,}48\ \text{kN}$$
$$Q_{3l} = Q_2 - (q_1 + q_2)c = -72{,}52\ \text{kN}$$
$$Q_{3r} = Q_{3l} - P_2 = -144{,}52\ \text{kN}$$
$$Q_B = Q_{3r} - q_1 \cdot b_2 = -B = -173{,}02\ \text{kN}$$

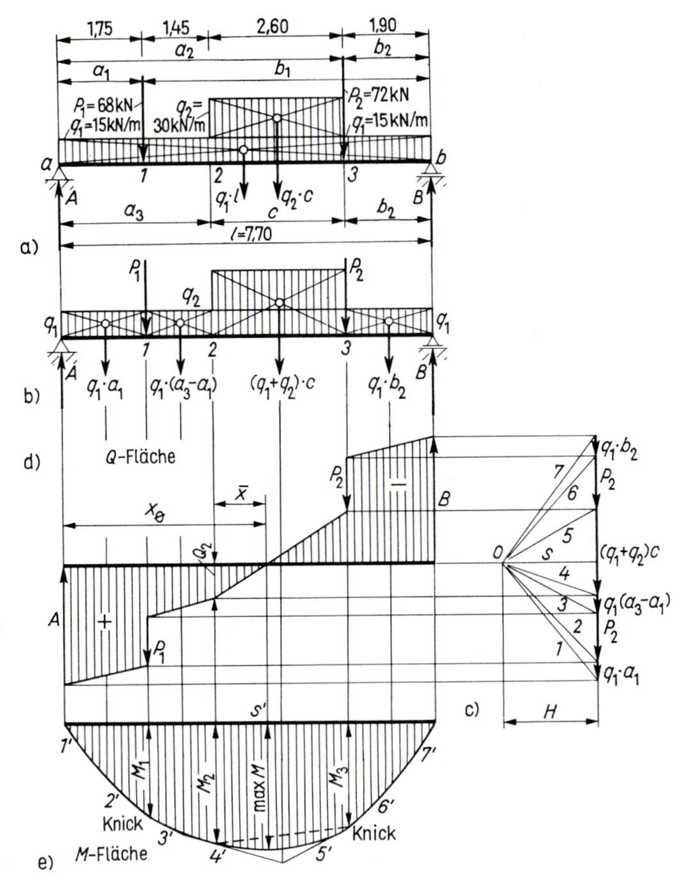


**153.**1
Gemischte Belastung

Auf der Strecke $c$ zwischen den Punkten 2 und 3 ist die Querkraftlinie wegen der größeren Belastung stärker geneigt als auf den Strecken $a_3$ und $b_2$. Der Vorzeichenwechsel in der Querkraft tritt zwischen den Punkten 2 und 3 ein; die Stelle des maximalen Moments berechnet sich nach Bild **153.**1 d daher aus der Bedingung

$$Q(x) = 0 = Q_2 - (q_1 + q_2)\bar{x} \qquad \bar{x} = \frac{Q_2}{q_1 + q_2} = \frac{44{,}48}{45{,}0} = 0{,}99 \text{ m}$$

$$x_0 = a_3 + \bar{x} = 3{,}20 + 0{,}99 = 4{,}19 \text{ m}$$

Die Momente $M_1$, $M_2$ und $\max M$ werden

$$M_1 = A \cdot a_1 - \frac{q_1 \cdot a_1^2}{2} = 160{,}48 \cdot 1{,}75 - \frac{15{,}0 \cdot 1{,}75^2}{2} = 257{,}87 \text{ kNm}$$

$$M_2 = A \cdot a_3 - P_1(a_2 - a_1) - \frac{q_1 \cdot a_3^2}{2} = 160{,}48 \cdot 3{,}20 - 68{,}0 \cdot 1{,}45 - \frac{15{,}0 \cdot 3{,}20^2}{2} = 338{,}13 \text{ kNm}$$

$$\max M = A \cdot x_0 - P_1(x_0 - a_1) - \frac{q_1 \cdot x_0^2}{2} - \frac{q_2 \cdot \bar{x}^2}{2} =$$

$$= 160{,}48 \cdot 4{,}19 - 68{,}0 \cdot 2{,}44 - \frac{15{,}0 \cdot 4{,}19^2}{2} - \frac{30{,}0 \cdot 0{,}99^2}{2} = 360{,}11 \text{ kNm}$$

$M_3$ berechnen wir besser von $B$ aus, da für diesen Querschnitt am rechten abgeschnittenen Balkenteil weniger Lasten als am linken wirken. Auch die Querkraftfläche hat rechts von 3 eine einfachere Form als links. Es wird

$$M_3 = B \cdot b_2 - \frac{q_1 \cdot b_2^2}{2} = 173{,}02 \cdot 1{,}90 - \frac{15{,}0 \cdot 1{,}90^2}{2} = 301{,}67\,\text{kNm}$$

In der Momentenfläche (**153.**1e) treten unter den Einzellasten Knicke auf, während im Punkt 2 die verschieden gekrümmten Momentenlinien tangential ineinander übergehen.

Will man die Aufgabe zeichnerisch lösen, so hat man die gleichmäßig verteilten Lasten zunächst wie in Bild **153.**1b zu Einzellasten zusammenzufassen und das zugehörige Krafteck mit Polfigur und das Seileck mit Schlußlinie zu zeichnen (**153.**1c bis e). Zwischen den gegebenen Einzellasten sind dann für die gleichmäßig verteilten Lasten in der Querkraftfläche die Abtreppungen abzuschrägen und in der Momentenfläche die Knicke des Seileckes durch Parabelstücke auszurunden.

## 5.5 Kragträger

### 5.5.1 Einzellast am freien Ende

Wir führen an einer beliebigen Stelle des Balkens mit der Abszisse $x$ einen Schnitt und tragen die Schnittgrößen $Q(x)$ und $M(x)$ im positiven Sinne an (**154.**1a, b). Aus $\Sigma V = 0$ am abgeschnittenen Teil erhalten wir

$$Q(x) = +P = \text{const}$$

Wir tragen die positive Querkraft rechts beginnend nach unten an (s. Abschn. 5.3.3) und erhalten ein Rechteck (**154.**1d).

Da in den unteren Fasern Druckspannungen auftreten (**154.**1c), wird das Moment negativ

$$M(x) = -P \cdot x$$

Das dem Betrage nach größte Moment tritt an der Einspannungsstelle auf mit

$$\boldsymbol{M_A = -P \cdot c} \tag{154.1}$$

es hat also nicht den in Bild **155.**1a angenommenen Richtungssinn, sondern dreht am Trägerende linksherum. Die Momentenfläche wird ein Dreieck (**154.**1e).

Wenn wir die Einspannung so idealisieren, wie es Bild **154.**1f zeigt, können wir $Q$- und $M$-Fläche noch wie gestrichelt ergänzen. Es bestätigt sich dann die Regel, daß der Extremwert des Moments an einer Querkraft-Nullstelle auftritt und daß der Inhalt der Querkraftfläche unter Beachtung der Vorzeichen null ergibt; ferner wird deutlich, daß der Träger in der Einspannung eine wesentlich größere Querkraft aufzunehmen hat als im Bereich der Kraglänge.

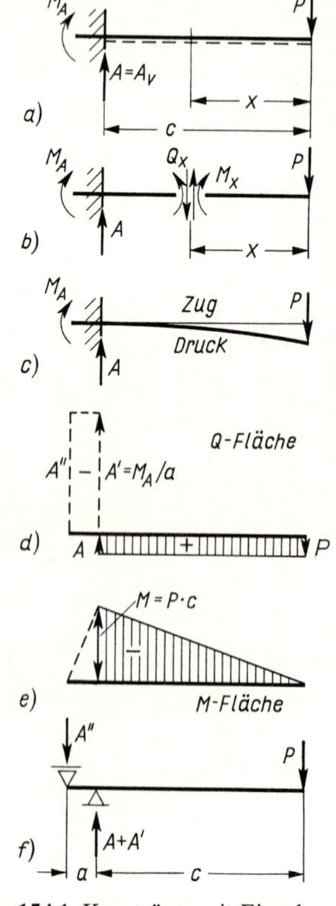


**154.**1 Kragträger mit Einzellast

## 5.5.2 Mehrere Einzellasten

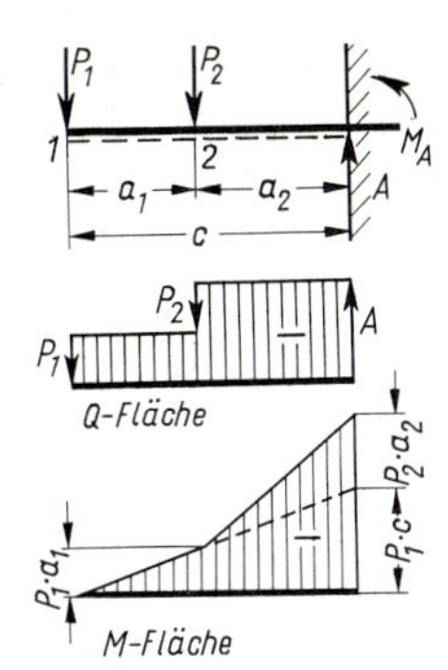

155.1 Kragträger mit mehreren Einzellasten

Die Wirkungen der verschiedenen Einzellasten sind zu addieren. Wenn sich wie im Bild **155.**1 das freie Ende links befindet, werden die Querkräfte negativ: Nach dem Durchschneiden des Trägers ist die Querkraft der linken Schnittfläche aufwärts, der rechten Schnittfläche abwärts gerichtet.

Wir erhalten

$$Q_{1\ldots 2} = -P_1 \qquad Q_{2\ldots 3} = -(P_1 + P_2)$$

$$M_2 = -P_2 \cdot a_1 \qquad M_A = -(P_1 \cdot c + P_2 \cdot a_2)$$

Der in Bild **155.**1 angenommene Drehsinn des Einspannmoments, der einem positiven Schnittmoment entspricht, ist also umzukehren.

Alles Weitere ist aus Bild **155.**1 ersichtlich

## 5.5.3 Gleichmäßig verteilte Belastung

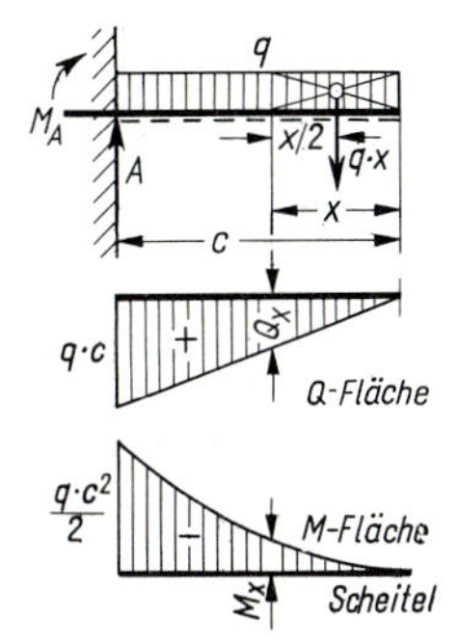

155.2 Kragträger mit gleichmäßig verteilter Last

Wenn wie im Bild **155.**2 das freie Ende rechts liegt, wird an einer beliebigen Stelle

$$Q(x) = +q \cdot x$$

Es ist $\quad M(x) = -q \cdot x \cdot \frac{x}{2} = -\frac{q \cdot x^2}{2}$

Am Auflager wird mithin

$$Q_A = +q \cdot c$$

$$\boldsymbol{M_A = -\frac{q \cdot c^2}{2}} \qquad (155.1)$$

Die Querkraftlinie ist eine geneigte Gerade, die Momentenlinie eine quadratische Parabel, deren Scheitel an der Spitze des Kragarms liegt.

## 5.5.4 Horizontale Kraft

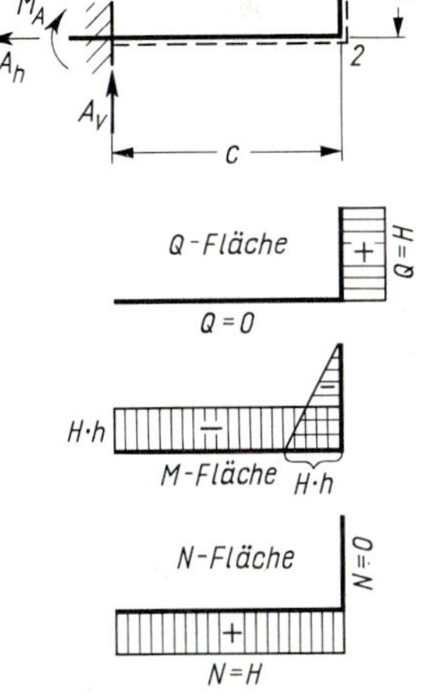

155.3 Kragträger mit horizontaler Kraft

Wegen der parallel zum Trägerstück (**155.**3) 2 bis $A$ wirkenden Kraft ist das Moment gleichbleibend

$$\boldsymbol{M = -H \cdot h} \qquad (155.2)$$

während die Querkraft $Q = 0$ und die Längskraft $N = +H$ wird.

Der Geländerpfosten selbst ist ein Kragträger nach Abschn. 5.5.1.

### 5.5.5 Gemischte Belastung

Querkräfte und Momente ergeben sich aus der Überlagerung (Superposition) der vorbesprochenen Belastungsfälle, wie es aus dem folgenden Beispiel zu ersehen ist.

**Beispiel:** Die Beanspruchungsgrößen des Kragträgers nach Bild **156.**1 sind zu bestimmen.

Stützgrößen

$$\downarrow + \Sigma V = 0 = 10 \cdot 2{,}0 - A_v$$
$$\stackrel{+}{\rightarrow} \Sigma H = 0 = 0{,}5 - A_h$$
$$\curvearrowright \Sigma M_A = 0 = 10 \cdot 2{,}0 \cdot 1{,}0 + 0{,}5 \cdot 0{,}9 - M_A$$
$$A_v = 20 \text{ kN}$$
$$A_h = 0{,}5 \text{ kN}$$
$$M_A = 20 + 0{,}45 = 20{,}45 \text{ kNm}$$

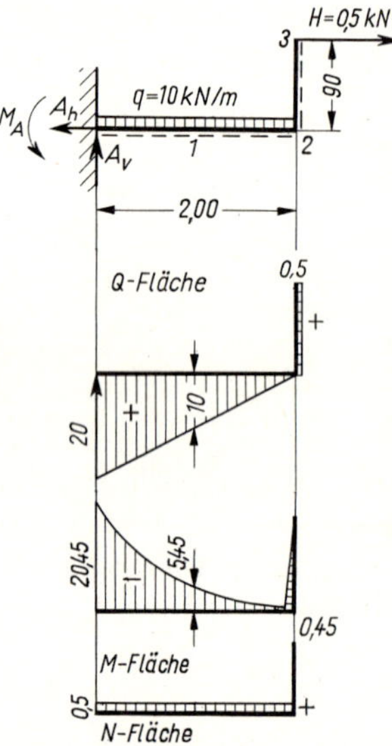

**156.**1 Kragträger

Hier wurde $M_A$ so eingeführt, wie es tatsächlich wirkt, es ergibt sich daher mit positivem Vorzeichen. Da es in der Bezugsfaser Druck erzeugt, ist es jedoch als Schnittgröße negativ.

Querkräfte

$$Q_A = +20 \text{ kN}$$
$$Q_1 = 20 - 10 = +10 \text{ kN}$$
$$Q_{21} = 20 - 20 = 0$$
$$Q_{2o} = +A_h = +0{,}5 \text{ kN}$$
$$Q_{3u} = +0{,}5 \text{ kN}$$

Biegemomente

$$M_A = -20{,}45 \text{ kNm}$$
$$M_1 = -20{,}45 + 20 \cdot 1{,}0 - 10 \cdot 1{,}0 \cdot 0{,}5 = -5{,}45 \text{ kNm}$$

oder von rechts

$$M_1 = -0{,}5 \cdot 0{,}9 - 10 \cdot 1{,}0 \cdot 0{,}5 = -5{,}45 \text{ kNm}$$
$$M_2 = -0{,}5 \cdot 0{,}9 = -0{,}45 \text{ kNm}$$

Längskräfte

$$N_A = N_1 = N_{21} = 0{,}5 \text{ kN}$$
$$N_{2o} = N_{3u} = 0$$

Der Geländerpfosten steht rechtwinklig zur Balkenachse, und die Ecke ist unbelastet. Daher wird die im Pfosten auftretende Querkraft im Balken zur Längskraft. Dieser Wechsel ist aus der $Q$-Fläche und der $N$-Fläche gut zu erkennen.

Bei allen Kragträgern haben wir die Schnittgrößen von der Kragarmspitze her ermittelt. Wir können demnach bei Kragträgern die Schnittgrößen ohne vorherige Berechnung der Stützgrößen bestimmen. Bei allen anderen statischen Systemen ist das i. a. nicht möglich.

# 5.6 Einfeldbalken mit Kragarmen

## 5.6.1 Mit einem Kragarm

### 5.6.1.1 Belastung durch Einzellasten

Einfeldbalken mit Kragarm werden durch Lasten im Felde und auf dem Kragarm (**157.**1) verschieden beeinflußt. Diese unterschiedlichen Wirkungen werden am klarsten und deutlichsten, wenn man zunächst die beiden Belastungen getrennt betrachtet. Die Wirkung der Gesamtbelastung erhält man dann durch algebraische Addition der zusammengehörigen Einzelwerte.

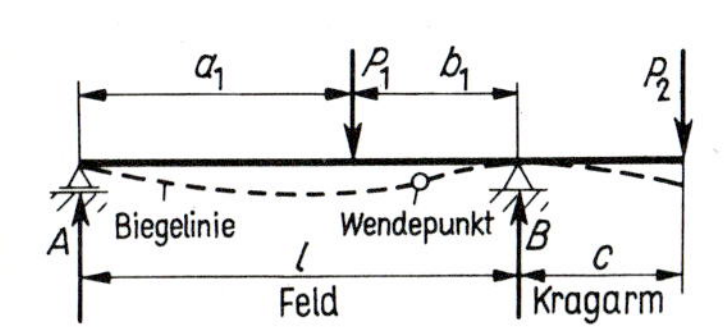


**157.**1 Kragträger mit Einzellasten

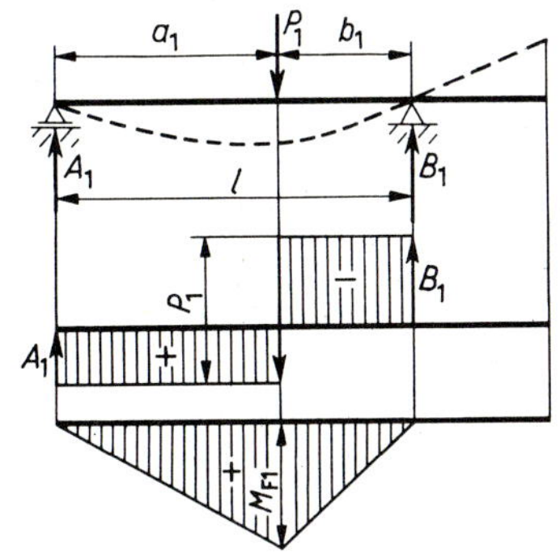


**157.**2 Feldbelastung

**Feldbelastung** (**157.**2) Wie beim einfachen Träger auf zwei Stützen erhält man

$$A_1 = \frac{P_1 \cdot b_1}{l} \qquad B_1 = \frac{P_1 \cdot a_1}{l} \qquad M_{F1} = \frac{P_1 \cdot a_1 \cdot b_1}{l}$$

**Kragarmbelastung** (**157.**3). Wir setzen auch hier die Lagerkraft $A$ nach oben gerichtet an und erhalten für einen Drehpunkt auf $B$

$$\curvearrowleft + \Sigma M_B = A_2 \cdot l + P_2 \cdot c = 0 \qquad A_2 = -\frac{P_2 \cdot c}{l}$$

Die Annahme einer aufwärtsgerichteten Lagerkraft war also falsch; $A_2$ ist abwärts gerichtet. Wegen der Überlagerung mit $A_1$ kehren wir die Pfeilrichtung von $A_2$ nicht um, sondern bezeichnen $A_2$ als negative Lagerkraft. Für einen Drehpunkt auf $A$ ergibt sich

$$\curvearrowleft + \Sigma M_A = P_2(l + c) - B_2 \cdot l = 0$$

$$B_2 = \frac{P_2(l + c)}{l} = P_2 + \frac{P_2 \cdot c}{l}$$

$$= P_2 - A_2$$

**157.**3 Kragarmbelastung

Kontrolle:

$$\uparrow + \Sigma V = A_2 + B_2 - P_2 = -\frac{P_2 c}{l} + \left(P_2 + \frac{P_2 c}{l}\right) - P_2 = 0$$

Die aufwärts gerichtete Lagerkraft $B$ hält der abwärts gerichteten Lagerkraft $A$ und der abwärts gerichteten Last $P_2$ das Gleichgewicht.

Die zugehörige Querkraftfläche zeigt Bild **157**.3. Die Lagerkraft $B$ setzt sich hier aus einem negativen und einem positiven Betrag der Querkraft zusammen. Der Vorzeichenwechsel der Querkraft findet über der Kragarmstütze statt. Dort entsteht das dem Betrage nach größte negative Moment, das Stützmoment

$$M_B = -A_2 \cdot l = -P_2 \cdot c$$

**Gesamtbelastung** (**159**.1). Durch Überlagerung der Einflüsse der Feld- und Kragarmbelastung oder aber auch bei sofortiger Berücksichtigung der Gesamtbelastung, wie es für praktische Rechnungen meist geschieht, erhalten wir

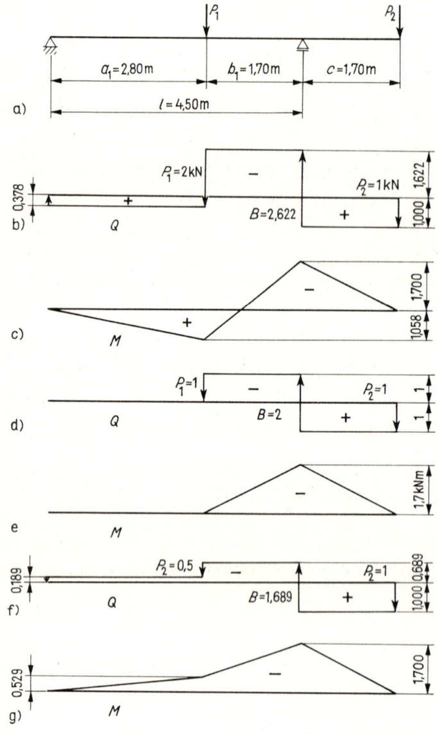

$$A = A_1 + A_2 = \frac{P_1 \cdot b_1 - P_2 \cdot c}{l} \qquad (158.1)$$

$$B = B_1 + B_2 = \frac{P_1 \cdot a_1 + P_2(l + c)}{1} \qquad (158.2)$$

Bei abwärts gerichteten Kräften ist $B$ immer aufwärts gerichtet, sein Zahlenwert also immer positiv. Die Lagerkraft $A$ ist dagegen

| | |
|---|---|
| aufwärts gerichtet (Zahlenwert positiv) | für $P_1 b_1 > P_2 c$ |
| null | für $P_1 b_1 = P_2 c$ |
| abwärts gerichtet (Zahlenwert negativ) | für $P_1 b_1 < P_2 c$ |

Diese drei Möglichkeiten sind in Bild **158**.1 mit den konstanten Werten $a_1 = 2{,}8$ m, $b_1 = c = 1{,}7$ m und den Verhältnissen der Lasten $P_1/P_2 = 2$ kN/1 kN (**158**.1 b, c), $P_1 = P_2 = 1$ kN (**158**.1 d, e) und $P_1/P_2 = 0{,}5$ kN/1 kN (**158**.1 f, g) dargestellt.

**158**.1 Einfeldbalken mit Kragarm und Einzellasten

### 5.6.1.2 Gleichmäßig verteilte Belastung

Eine über die gesamte Trägerlänge gleichmäßig verteilte Last können wir zu einer einzigen Resultierenden $R = g\,(l + c)$ zusammenfassen und mit dieser unmittelbar die Lagerkräfte berechnen. Klarer und übersichtlicher wird die Rechnung jedoch, wenn wir Kragarmbelastung und Feldbelastung trennen, wie es bei Verkehrsbelastung ohnehin erforderlich wird. Um die Veränderlichkeit im Vorzeichen der Querkraft zu zeigen, wurde abweichend vom Belastungsfall nach Abschn. 5.6.1.1 der Kragarm jetzt links angenommen. Nach Bild **160**.1 erhalten wir

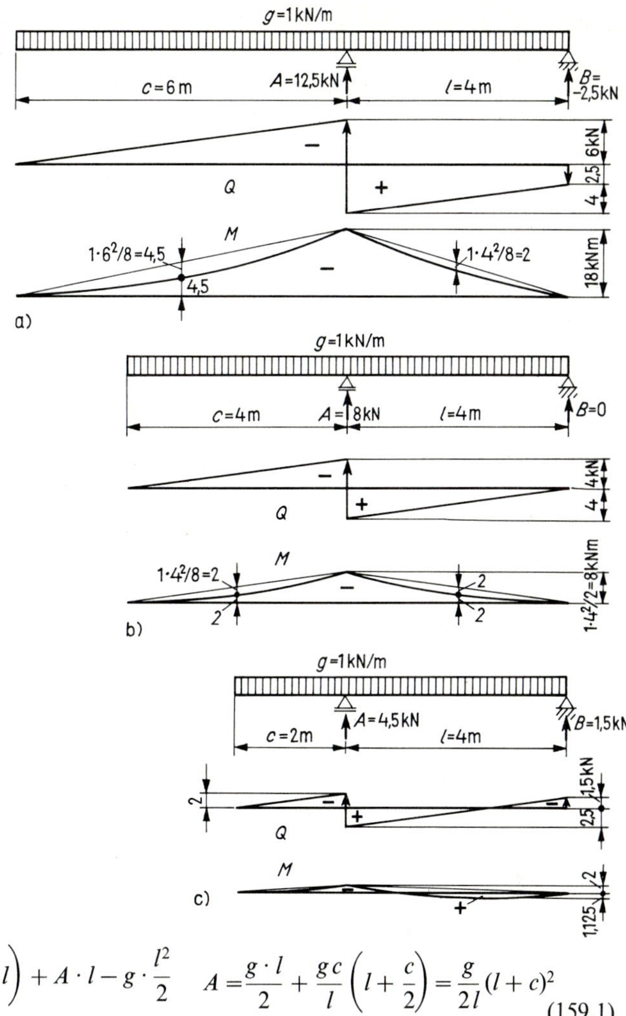


**159.1**
Einfeldbalken mit Kragarm unter Gleichlast
a) $c/l = 1{,}5$
b) $c/l = 1{,}0$
c) $c/l = 0{,}5$

$$\curvearrowleft \Sigma M_B = 0 = -g \cdot c\left(\frac{c}{2} + l\right) + A \cdot l - g \cdot \frac{l^2}{2} \qquad A = \frac{g \cdot l}{2} + \frac{g\,c}{l}\left(l + \frac{c}{2}\right) = \frac{g}{2l}(l + c)^2 \tag{159.1}$$

$$\curvearrowleft \Sigma M_A = 0 = B \cdot l - \frac{g \cdot l^2}{2} + g \cdot \frac{c^2}{2} \qquad B = \frac{g \cdot l}{2} - \frac{g \cdot c^2}{2l} = \frac{g}{2l}(l^2 - c^2) \tag{159.2}$$

Bei links angeordnetem Kragarm und abwärts gerichteter Belastung ist die Lagerkraft $A$ immer aufwärts gerichtet und deshalb positiv. Für die Lagerkraft $B$ gibt es in Abhängigkeit vom Verhältnis $c/l$ oder Kragarmlänge zu Stützweite drei Möglichkeiten:

aufwärts gerichtet ($B > 0$) für $c/l < 1$ oder $c < l$
null ($B = 0$) für $c/l = 1$ oder $c = l$
abwärts gerichtet ($B < 0$) für $c/l > 1$ oder $c > l$

In Bild **159.1** sind für die Verhältnisse $c/l = 1{,}5$, $c/l = 1$ und $c/l = 0{,}5$ die Querkraft- und Momentenflächen dargestellt.

#### 5.6.1.3 Gemischte Belastung

Dieser Belastungsfall wird in Abschn. 5.6.2, Träger mit zwei Kragarmen, näher behandelt. Beim Träger mit einem Kragarm ist das dort Ausgeführte sinngemäß anzuwenden.

#### 5.6.1.4 Ungünstigste Laststellungen

Beim einfachen Träger auf zwei Stützen erhält man die größten Stützkräfte, Querkräfte und Biegemomente, wenn der Träger voll belastet wird. Bei den Kragträgern liegen die Verhältnisse anders. Da eine Belastung des Kragarmes auf die Lagerkraft der Endstütze und auf die Feldmomente verringernd wirkt, so erhält man bei ihnen nicht alle ungünstigsten Stütz- und Schnittgrößen bei Vollbelastung; bei der Verkehrslast müssen vielmehr drei verschiedene Lastanordnungen angesetzt werden. Nach Hinzufügen der ständigen Last ergeben sich die drei in Bild **160.**1 dargestellten Lastfälle:

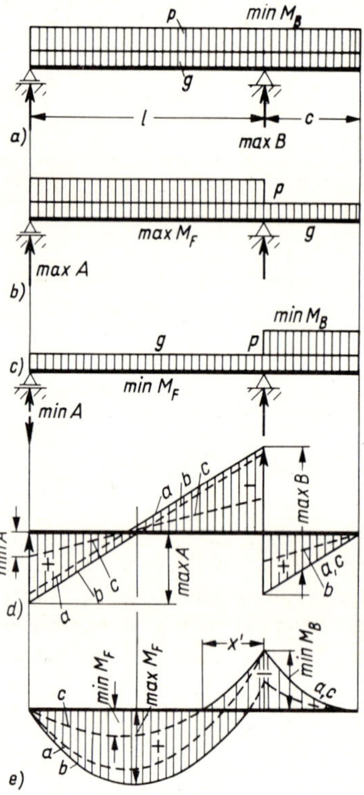

Vollast (**160.**1 a) ergibt an der Kragarmstütze die größte Lagerkraft (max $B$) und das dem Betrage nach größte negative Moment (min $M_B$).

Verkehrslast nur im Felde (**160.**1 b) liefert die größte Lagerkraft für die Endstütze (max $A$) und das größte Feldmoment (max $M_F$).

Verkehrslast nur auf dem Kragarm (**160.**1 c) ergibt die kleinste Lagerkraft der Endstütze (min $A$), der u. U. negativ wird und dann eine besondere Auflast oder Verankerung erfordert. Wie bei Vollbelastung erhält man das minimale Stützmoment, im Unterschied zur Vollbelastung ergeben sich jedoch die kleinsten Feldmomente (min $M_F$) und der am weitesten im Feld liegende Momentennullpunkt (Abstand $x'$ im Bild **160.**1 e).

Die zugehörigen Grenzwerte der überlagerten Querkraft- und Momentenflächen zeigt Bild **160.**1 d und e. Diese Grenzlinien der Querkräfte und Momente sind z. B. im Stahlbetonbau für eine genaue Bewehrungsführung und im Spannbetonbau für die Spannungsnachweise in den Bemessungsquerschnitten von Bedeutung.

**160.**1 Ungünstigste Laststellungen und Grenzwerte

### 5.6.2 Mit beiderseitigen Kragarmen

#### 5.6.2.1 Gemischte Belastung

Einfeldträger mit zwei Kragarmen sind sinngemäß zu behandeln wie Träger mit einem Kragarm. Lasten auf einem Kragarm verringern das Feldmoment, entlasten die gegenüberliegende Stütze und vergrößern den Druck für die benachbarte.

Die praktische Durchführung der Berechnung zeigt das Beispiel des Abschnitts 5.6.3.

### 5.6.2.2 Ungünstigste Laststellungen und Grenzwerte

Auch beim Träger auf zwei Stützen mit zwei Kragarmen erhält man die ungünstigsten Werte der Stütz- und Schnittgrößen z. T. nicht bei Vollast, sondern bei Teilbelastungen. Bild **161.**1 zeigt die möglichen Laststellungen bei gleichmäßig verteilter Belastung. Zu beachten ist, daß die ständige Last bei allen Lastzuständen vorhanden ist. Man kann daher die ständige Last auch für sich getrennt berechnen und die erhaltenen Werte dann mit den entsprechenden aus Verkehrsbelastung überlagern.

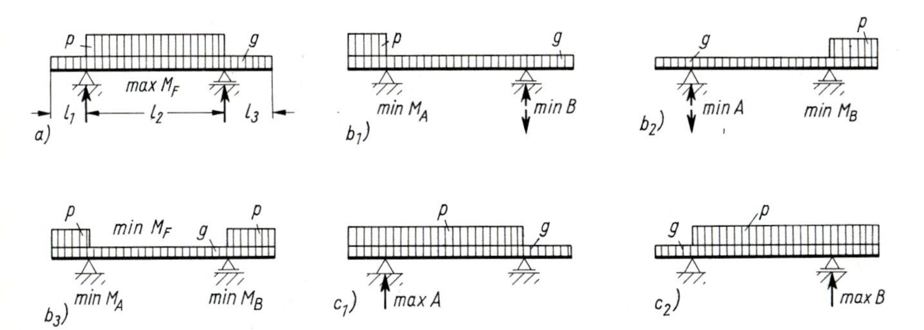


**161.**1 Ungünstigste Laststellungen
a) Verkehrslast im Felde
b) Verkehrslast auf $b_1$) linkem, $b_2$) rechtem Kragarm, $b_3$) beiden Kragarmen
c) Verkehrslast im Felde und auf einem Kragarm

Verkehrslast nur im Felde (**161.**1a) ergibt das größte Feldmoment max $M_F$.

Verkehrslast nur auf einem Kragarm (**161.**1 $b_1$ und $b_2$) liefert das dem Betrage nach größte negative Moment an der benachbarten Stütze und gleichzeitig die kleinstmögliche (u. U. negative) Lagerkraft an der gegenüberliegenden Stütze.

Verkehrslast nur auf beiden Kragarmen (**161.**1 $b_3$) ergibt neben den minimalen Stützmomenten min $M_S$ das kleinste Feldmoment min $M_F$, das unter Umständen auch negativ werden kann (gestrichelt in Bild **161.**2).

Verkehrslast im Felde und auf einem Kragarm (**161.**1c) ergibt die größtmöglichen Lagerkräfte.

Die aus diesen Lastzuständen sich ergebenden Grenzwerte der Querkräfte und Biegemomente zeigt Bild **161.**2.

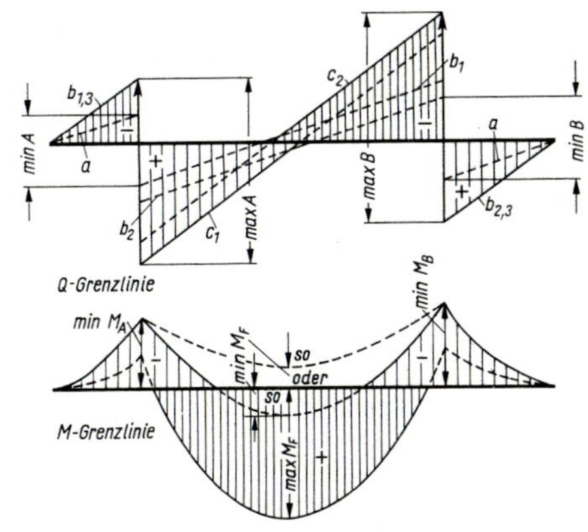


**161.**2 Grenzwerte zu Bild **161.**1

### 5.6.3 Anwendungen

**Beispiel 1:** Für einen Balken mit Kragarmen unter den in Bild **162.**1 gegebenen Lasten sollen die Schnittgrößen bestimmt werden.

Lagerkräfte

$$\curvearrowright \Sigma M_B = 0 = -20 \cdot 10{,}5 - 10 \cdot 2{,}5 \cdot 9{,}25 - 5 \cdot 8{,}0 \cdot 4{,}0 - 7 \cdot 4{,}0 \cdot 3{,}8 - 40 \cdot 1{,}8 + 14 \cdot 2{,}0 \cdot 1{,}0 + A \cdot 8{,}0$$

$$A = \frac{1}{8{,}00}(210{,}00 + 231{,}25 + 160{,}00 + 106{,}40 + 72{,}00 - 28{,}00) = 93{,}96 \text{ kN}$$

$$\curvearrowright \Sigma M_A = 0 = -20 \cdot 2{,}5 - 10 \cdot 2{,}5 \cdot 1{,}25 + 5 \cdot 8{,}0 \cdot 4{,}0 + 7 \cdot 4{,}0 \cdot 4{,}2 + 40 \cdot 6{,}2 + 14 \cdot 2{,}0 \cdot 9{,}0 - B \cdot 8{,}0$$

$$B = \frac{1}{8{,}00}(-50{,}00 - 31{,}25 + 160{,}00 + 117{,}60 + 248{,}00 + 252{,}00) = 87{,}04 \text{ kN}$$

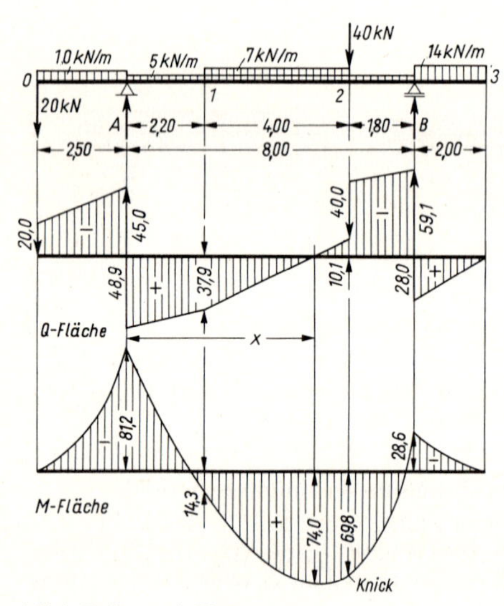


**162.**1 Balken mit Kragarmen

Kontrolle

$$\Sigma V = 20 + 10 \cdot 2{,}5 + 5 \cdot 8{,}0 + 7 \cdot 4{,}0 + 40 + 14 \cdot 2{,}0 - 93{,}96 - 87{,}04 = 181 - 181 = 0$$

Querkräfte

$$Q_{0r} = -20 \text{ kN}$$

$$Q_{Al} = -20 - 10 \cdot 2{,}5 = -45{,}0 \text{ kN}$$

$$Q_{Ar} = -45 + 93{,}96 = +48{,}96 \text{ kN}$$

$$Q_1 = 48{,}96 - 5 \cdot 2{,}2 = +37{,}96$$

$$Q_{2l} = 37{,}96 - 12 \cdot 4{,}0 = -10{,}04 \text{ kN}$$

$$Q_{2r} = -10{,}04 - 40 = -50{,}04 \text{ kN}$$

$$Q_{Bl} = -50{,}04 - 5 \cdot 1{,}8 = -59{,}04 \text{ kN}$$

$$Q_{Br} = -59{,}04 + 87{,}04 = +28{,}0 \text{ kN}$$

$$Q_e = 28 - 14 \cdot 2{,}0 = 0$$

Die Nullstelle der Querkraft innerhalb der Stützweite liegt bei

$$x_0 = 2{,}20 + \frac{37{,}96}{12} = 2{,}20 + 3{,}16 = 5{,}36 \text{ m}$$

Biegemomente

$$M_A = -20 \cdot 2{,}50 - 10 \cdot 2{,}50 \cdot 1{,}25 = 81{,}25 \text{ kNm}$$

$$M_1 = -20 \cdot 4{,}70 - 10 \cdot 2{,}50 \cdot 3{,}45 + 93{,}96 \cdot 2{,}20 - 5 \cdot 2{,}20 \cdot 1{,}10 = 14{,}35 \text{ kNm}$$

$$\max M_F = -20 \cdot 7{,}86 - 10 \cdot 2{,}50 \cdot 6{,}61 + 93{,}96 \cdot 5{,}36 - 5 \cdot 5{,}36 \cdot 2{,}68 - 7 \cdot 3{,}16 \cdot 1{,}58 = 74{,}38 \text{ kNm}$$

$$M_2 = -5 \cdot 1{,}80 \cdot 0{,}90 + 87{,}04 \cdot 1{,}80 - 14 \cdot 2{,}00 \cdot 2{,}80 = 70{,}18 \text{ kNm}$$

$$M_B = -14 \cdot 2{,}00 \cdot 1{,}00 = -28{,}00 \text{ kNm}$$

# 5.7 Geknickte und allgemeine Träger, Träger mit Verzweigungen

## 5.7.1 Allgemeines

In der Praxis kommen auch Träger nach Bild **163.**1 vor. Sie sehen zwar komplizierter aus als die bisher besprochenen Balken, sind jedoch ebenfalls statisch bestimmt gelagerte Balken auf zwei Lagern. Wie bei den bisher behandelten Systemen werden Stütz- oder Schnittgrößen mit Hilfe der drei Gleichgewichtsbedingungen am Gesamtsystem oder an abgeschnittenen Teilen ermittelt.

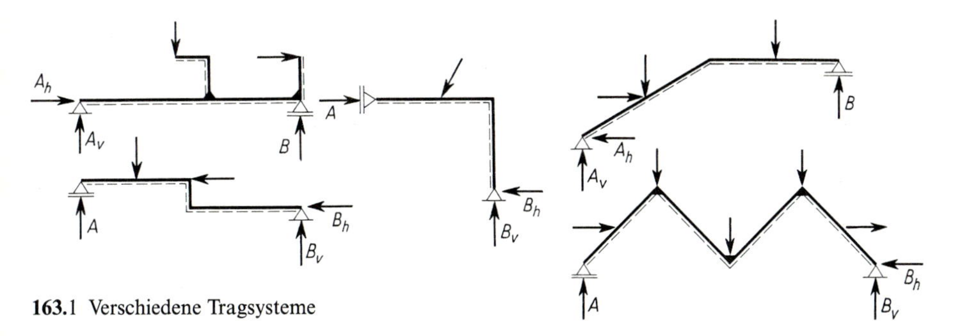


**163.**1 Verschiedene Tragsysteme

Bei vielen Lagerkräften ist der Richtungssinn nicht im vorhinein abzuschätzen; trotzdem muß man vor dem Anschreiben der Gleichgewichtsbedingungen jeder Lagerkraft einen Richtungssinn zuweisen. Ergibt die Rechnung für eine Lagerkraft ein negatives Vorzeichen, so ist der Richtungssinn dem angenommenen entgegengesetzt. Einspannmomente werden in der Regel so eingeführt, daß sie in der Bezugsfaser Zug erzeugen.

Die Vorzeichen der Biegemomente werden wie bei geraden Trägern mit Hilfe der Bezugsfaser bestimmt: Positiv sind Momente, die in der Bezugsfaser Zug erzeugen. Die Bezugsfaser oder gestrichelte Stabseite legen wir an die Unterseite eines Stabes, wenn wir bei einem Stab von Unter- und Oberseite sprechen können. Bei lotrechten Stäben ordnen wir die Bezugsfaser innen an, wenn sich ein „Innen" definieren läßt. Nach Möglichkeit vermeiden wir es, daß die Bezugsfaser einen Stab schneidet; diese Empfehlung läßt sich freilich bei Verzweigungen nicht befolgen, und sie führt bei geschlossenen Rahmen (s. Teil 3) dazu, daß die Bezugsfaser beim unteren Stab oben liegt. Momente werden ausnahmslos an der Stabseite angetragen, an der sie Zug erzeugen.

Vor dem Durchrechnen einiger Beispiele wollen wir an die Definitionen von Querkraft und Längskraft erinnern: An der Stelle eines Stabes, an der wir die Schnittgrößen ermitteln wollen, führen wir einen Schnitt senkrecht zu der Richtung, die die Stabachse in diesem Punkt hat. Die Querkraft wirkt dann in der Schnittfläche und in der Tragwerks- und Lastebene, die Längskraft steht senkrecht auf der Schnittfläche. Die positiven Richtungssinne von $Q$ und $N$ sind nach den Bildern **136.**1 und **131.**1 zu bestimmen; die gestrichelte Stabseite ist bei $Q$ und $N$ lediglich für die zeichnerische Darstellung der Beanspruchungsflächen, nicht jedoch für die Bestimmung des Vorzeichens von Bedeutung. Wie bereits im Abschn. 5.3.3 vermerkt wurde, tragen wir positive Schnittgrößen an der Seite der Bezugsfaser ab.

## 5.7.2 Rechtwinklig geknickte Träger

Da bei den rechtwinklig geknickten Trägern die Schnittgrößen i. allg. einfacher zu ermitteln sind als bei Trägern mit schräg liegenden Systemlinien, sollen sie als erste behandelt werden. Bevor wir an die Bestimmung der Schnittgrößen herangehen können, müssen die Stützgrößen berechnet werden.

**Beispiel 1:** Für den winkelförmigen Träger nach Bild **164.**1 sollen die Lagerkräfte und Schnittgrößen infolge der gegebenen Horizontallast bestimmt werden.

Lagerkräfte (**164.**2)

$$\curvearrowright\!\!+\ \Sigma M_A = 0 = -B \cdot 6{,}0 + 30 \cdot 2{,}0 \qquad B = 10\ \text{kN}$$

$$\curvearrowright\!\!+\ \Sigma M_B = 0 = A_v \cdot 6{,}0 + 30 \cdot 2{,}0 \qquad A_v = -10\ \text{kN}$$

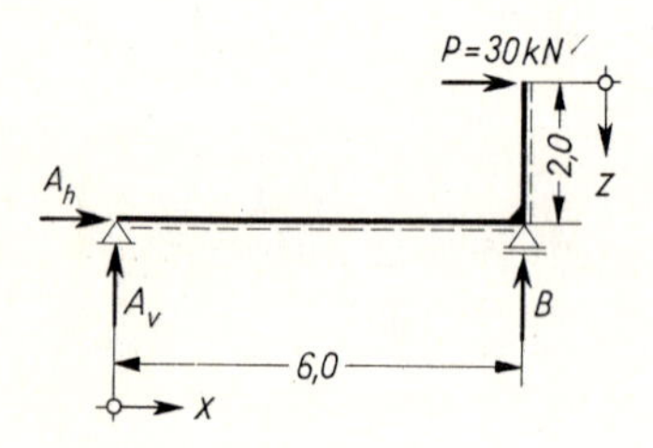

**164.**1 Winkelförmiger Träger auf zwei Stützen

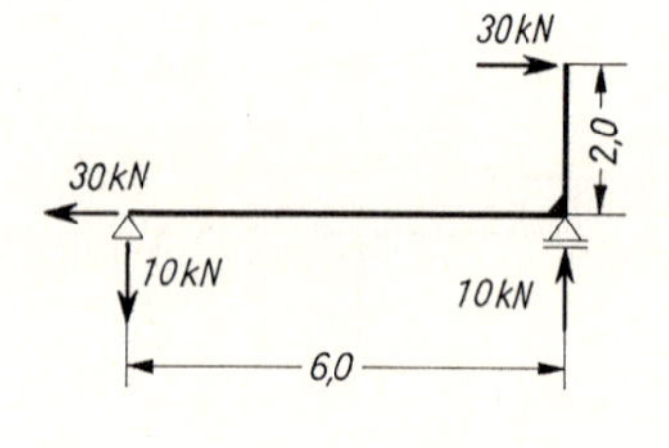

**164.**2 Lagerkräfte

Die Lagerkraft $A_v$ wirkt demnach als Zugkraft. Mit Angabe der Pfeilrichtung ergibt sich

$$A_v = 10\ \text{kN}\downarrow$$

$$\overset{+}{\rightarrow} \Sigma H = 0 = 30 + A_h = 0 \qquad A_h = -30\ \text{kN}$$

Also wirkt $A_h$ entgegengesetzt der zunächst angenommenen Richtung: $A_h = 30\ \text{kN}\leftarrow$

Kontrolle: $\Sigma V = 0 = -10 + 10 = 0$

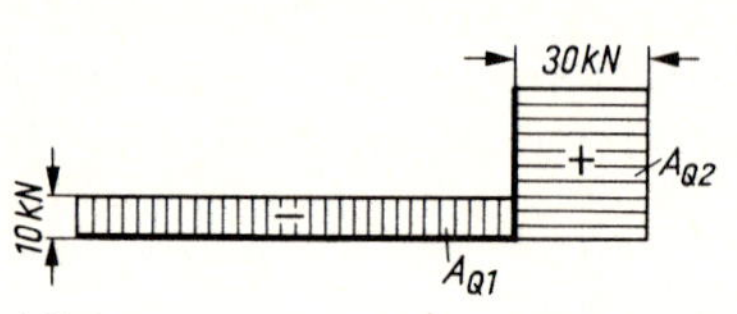

**164.**3 $Q$-Fläche

Querkräfte (**164.**3)

$$Q_A = Q_{Bl} = -10\ \text{kN}$$

Für den senkrechten Kragarm ergibt sich bei Betrachtung der Kräfte unterhalb eines horizontalen Schnittes (positive Querkraft am unteren Teil nach rechts gerichtet) (**164.**2)

$$Q_{Bo} = +A_h = +30\ \text{kN}$$

und für die Kräfte oberhalb eines horizontalen Schnitts (positive Querkraft am oberen Teil nach links gerichtet)

$$Q_{Bo} = +P = +30\ \text{kN}$$

Da keine Einspannung vorhanden ist, muß die Bedingung: „Summe der Querkraftflächen eines Systems = Null" erfüllt sein. Es wird

$$\Sigma A_Q = A_{Q1} + A_{Q2} = -10 \cdot 6{,}0 + 30 \cdot 2{,}0 = 0$$

Biegemomente (**165.**1) im Feld

$$M_x = -10 \cdot x \text{ kNm} \qquad M_{Bl} = -10 \cdot 6{,}0 = -60 \text{ kNm}$$

im Kragarm, wobei die Entfernung vom Kragarmende gezählt wird

$$M_z = -30 \cdot z \text{ kNm} \qquad M_{Bo} = -30 \cdot 2{,}0 = -60 \text{ kNm}$$

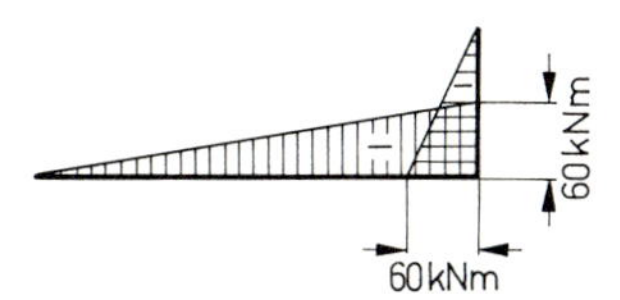


**165.**1 Biegemomentenfläche

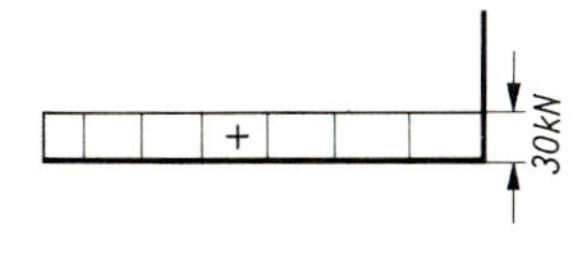


**165.**2 *N*-Fläche

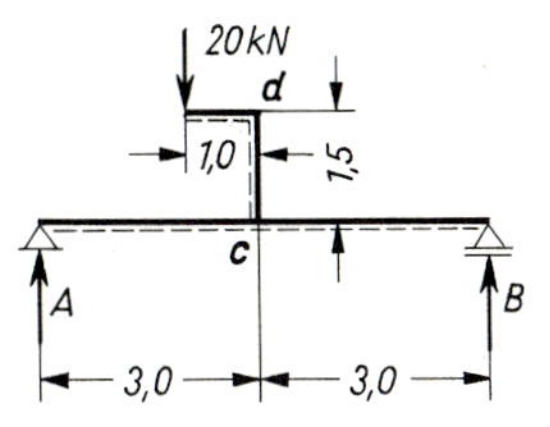


**165.**3 Balken mit aufgesatteltem Winkelträger

Längskräfte (**165.**2)
Es treten lediglich Zugkräfte im waagerechten Balkenteil auf

$$N_{Ar} = N_{Bl} = +30 \text{ kN}$$

**Beispiel 2.** Für den Träger nach Bild **165.**3 sind Momenten- und Querkraftfläche darzustellen.
Lagerkräfte

$$\curvearrowright + \Sigma M_A = 0 = B \cdot 6{,}0 - 20(3{,}0 - 1{,}0) \qquad B = \frac{40}{6{,}0} = 6{,}67 \text{ kN}$$

$$\curvearrowleft + \Sigma M_B = 0 = A \cdot 6{,}0 - 20 \cdot 4{,}0 \qquad A = 13{,}33 \text{ kN}$$

Kontrolle: $\uparrow + \Sigma V = 0 = 13{,}33 - 20 + 6{,}67 = 20 - 20 = 0$

Biegemomente (**165.**4 und **165.**5). Im Punkt $c$ ist das Moment wegen der Verzweigung des Trägers nicht definiert; dafür müssen in unmittelbarer Nähe von $c$ drei Momente ausgerechnet werden: unmittelbar links von $c$ das Moment $M_{cl}$, unmittelbar rechts von $c$ das Moment $M_{cr}$ und unmittelbar über $c$ das Moment $M_{co}$. Die Schnitte, die zur Berechnung dieser drei Momente geführt werden, liegen so nahe an $c$, daß ihr Abstand von $c$ vernachlässigt werden kann

$$M_{cl} = A \cdot 3{,}0 = 13{,}33 \cdot 3{,}0 = 40 \text{ kNm} \qquad M_{cr} = B \cdot 3{,}0 = 6{,}67 \cdot 3{,}0 = 20 \text{ kNm}$$

$$M_{co} = -20 \cdot 1{,}0 = -20 \text{ kNm} \qquad M_d = -20 \cdot 1{,}0 = -20 \text{ kNm}$$

Eine wichtige Kontrolle besteht darin, daß die Summe der Momente am Knoten $c$ Null werden muß; nach Bild **165.**4 wird

$$\curvearrowleft + \Sigma M_c = 40 - 20 - 20 = 0$$

Querkräfte (**165.**6)

$$Q_{Ar} = Q_{cl} = A = 13{,}33 \text{ kN} \qquad Q_{cr} = Q_{Bl} = -B = -6{,}67 \text{ kN}$$

$$Q_{dl} = -P = -20 \text{ kN} \qquad Q_{co} = Q_{du} = 0$$

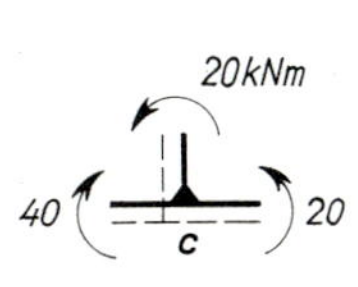


**165.**4 Momente am Knoten $c$

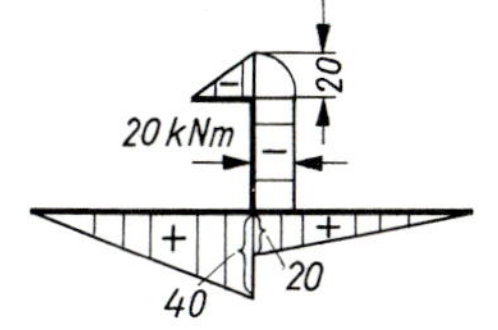


**165.**5 *M*-Fläche

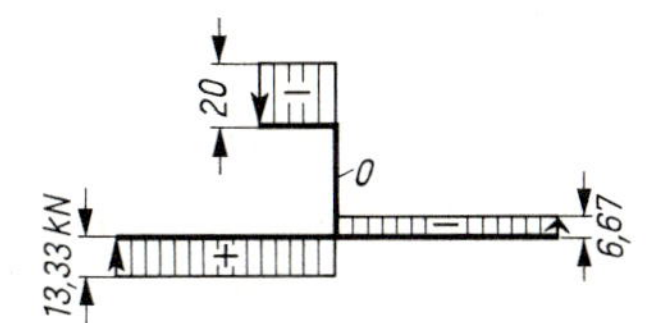


**165.**6 *Q*-Fläche

**Beispiel 3.** Für einen zweifach geknickten Träger sind die Schnittgrößen infolge der Kräfte $P$ und $H$ zu ermitteln (**166.**1).

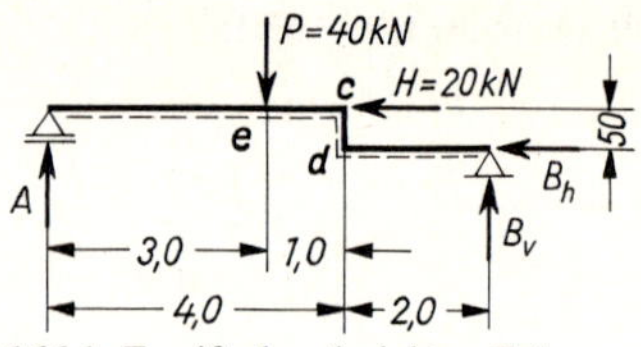


**166.**1 Zweifach geknickter Träger

Lagerkräfte infolge $P$ (**166.**2)

$$\curvearrowleft\!+\ \Sigma M_B = 0 = A \cdot 6{,}0 - P \cdot 3{,}0$$

$$\curvearrowleft\!+\ \Sigma M_A = 0 = -B \cdot 6{,}0 + P \cdot 3{,}0$$

$$A = \frac{40 \cdot 30}{6{,}0} = 20\,\text{kN}$$

$$B = 20\ \text{kN}$$

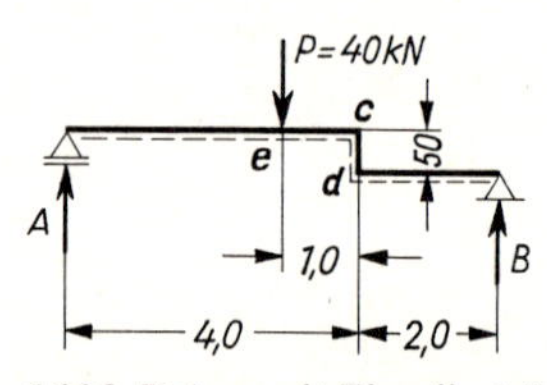


**166.**2 Träger mit Einzellast $P$

Biegemomente infolge $P$ (**166.**3)

$$M_e = A \cdot 3{,}0 = 20 \cdot 3{,}0 = 60\ \text{kNm}$$

$$M_{cl} = M_{cu} = M_{do} = M_{dr} = A \cdot 4{,}0 - P \cdot 1{,}0$$
$$= 20 \cdot 4{,}0 - 4{,}0 \cdot 1{,}0 = B \cdot 2{,}0 = 40\ \text{kNm}$$

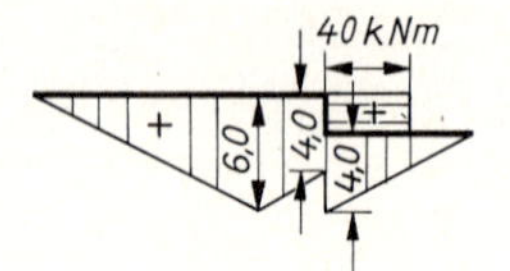


**166.**3 $M$-Fläche infolge $P$

Querkräfte infolge $P$ (**166.**4)

$$Q_{Ar} = Q_{el} = +20\,\text{kN}$$

$$Q_{dr} = Q_{Bl} = -B = -20\ \text{kN}$$

$$Q_{er} = Q_{cl} = Q_{dr} = A - P = 20 - 40 = -20\ \text{kN}$$

$$Q_{cu} = Q_{do} = 0$$

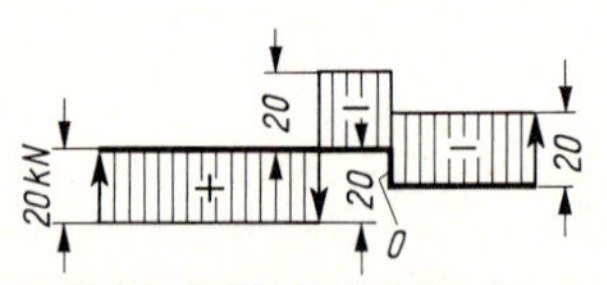


**166.**4 $Q$-Fläche infolge $P$

Längskräfte infolge $P$ (**166.**5)

| | |
|---|---|
| im Bereich $A$ bis $c$: | $N_{Ar} = N_{cl} = 0$ |
| im Bereich $c$ bis $d$: | $N_{cu} = N_{do} = -20\ \text{kN}$ |
| im Bereich $d$ bis $B$: | $N_{dr} = N_{Bl} = 0$ |

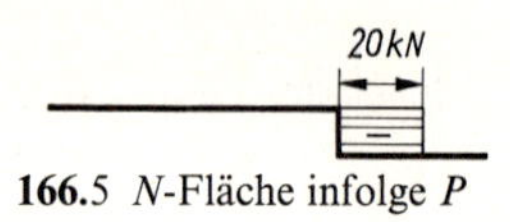


**166.**5 $N$-Fläche infolge $P$

Lagerkräfte infolge $H$ (**166.**6)

$$\curvearrowleft\!+\ \Sigma M_B = 0 = A \cdot 6{,}0 - H \cdot 0{,}5$$

$$\overset{+}{\rightarrow}\ \Sigma H = 0 = -H - B_h = -20 - B_h$$

$$\curvearrowleft\!+\ \Sigma M_A = 0 = B_v \cdot 6{,}0 - B_h \cdot 0{,}5 = B_v \cdot 6{,}0 + 20 \cdot 0{,}5$$

$$A = \frac{20 \cdot 0{,}5}{6{,}0} = 1{,}67\ \text{kN}$$

$$B_h = -20\ \text{kN}$$

$$B_v = -1{,}67\ \text{kN}$$

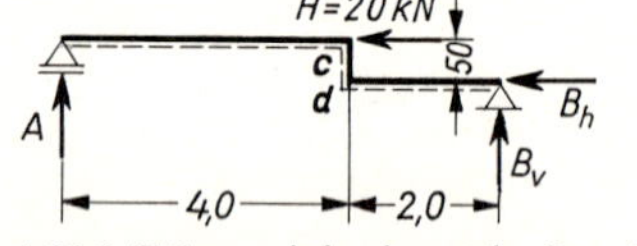


**166.**6 Träger mit horizontaler Last $H$

Kontrolle $\quad \Sigma V = 1{,}67 - 1{,}67 = 0$

Biegemomente infolge $H$ (**166.**7)

$$M_c = A \cdot 4{,}0 = 1{,}67 \cdot 4{,}0 = 6{,}67\ \text{kNm}$$

$$M_d = A \cdot 4{,}0 - H \cdot 0{,}5 = 1{,}67 \cdot 4{,}0 - 20 \cdot 0{,}5$$
$$= -3{,}33\ \text{kNm}$$

oder $\quad M_d = B_v \cdot 2{,}0 = -1{,}67 \cdot 2{,}0 = -3{,}33\ \text{kNm}$

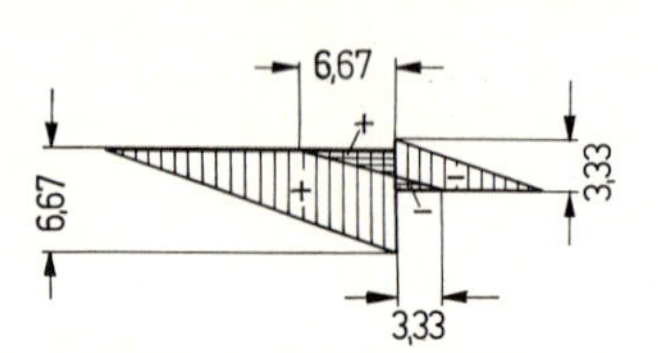


**166.**7 $M$-Fläche infolge $H$

Querkräfte infolge $H$ (**167.**1)

$$Q_{Ar} = Q_{cl} = +A = 1{,}67\ \text{kN} \qquad Q_{cu} = Q_{do} = -H = -20\ \text{kN}$$

$$Q_{dr} = Q_{Bl} = -B_v = +1{,}67\ \text{kN}$$

Längskräfte infolge $H$ (**167.**2)

$$N_{Ar} = N_{cl} = 0 \qquad N_{cu} = N_{do} = +1{,}67\ \text{kN} \qquad N_{dr} = N_{Bl} = +20\ \text{kN}$$

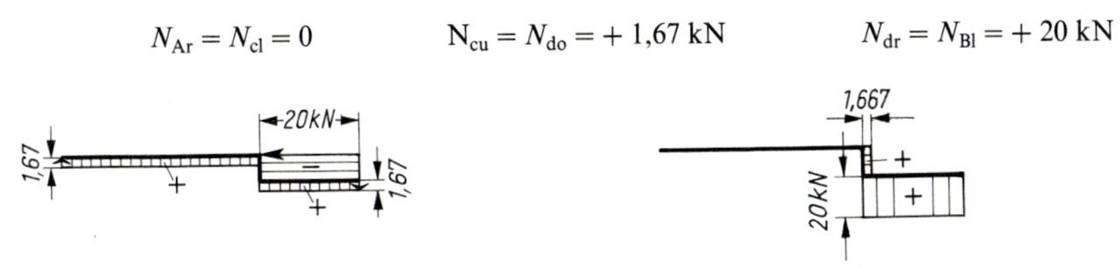


**167.**1 $Q$-Fläche infolge $H$

**167.**2 $N$-Fläche infolge $H$

**Beispiel 4.** Ein an ein bestehendes Gebäude angelehnter Halbrahmen ist nach Bild **167.**3 gelagert und belastet. Lagerkräfte und Schnittgrößen sind zu ermitteln.

Lagerkräfte. Bei einem solchen System, bei dem das bewegliche Lager nicht waagerecht verschieblich ist, treten auch infolge senkrechter Lasten horizontale Lagerkräfte auf. Wie bei geraden Trägern versuchen wir, mindestens zwei der drei Lagerkräfte aus voneinander unabhängigen Gleichungen zu bestimmen. Eine unabhängige Gleichung für die Berechnung einer Lagerkraft ergibt sich, wenn wir für den Schnittpunkt der beiden anderen Lagerkräfte $\Sigma M = 0$ ansetzen.

$$\Sigma M_B = 0 = A \cdot 2{,}5 - 24 \cdot 2{,}0 \qquad A = \frac{38}{2{,}5} = 19{,}2\ \text{kN}$$

$$\Sigma H = 0 = A - B_h \qquad B_h = 19{,}2\ \text{kN}\leftarrow$$

$$\Sigma M_A = 0 = 24 \cdot 2{,}0 + B_h \cdot 2{,}5 - B_v \cdot 4{,}0 \qquad B_v = \frac{48 + 19{,}2 \cdot 2{,}5}{4} = 24\ \text{kN}\uparrow$$

Kontrolle: $\Sigma V = 24 - B_v = 24 - 24 = 0$

Auch die zeichnerische Ermittlung der Lagerkräfte nach Bild **167.**4 kann gut zur Kontrolle herangezogen werden:

Sie benutzt die Gleichgewichtsbedingung, daß drei Kräfte nur dann im Gleichgewicht sein können, wenn sich ihre Wirkungslinien in einem Punkt schneiden. Die Wirkungslinien von $A$ und $P$ schneiden sich in $d$; durch diesen Punkt muß auch die Wirkungslinie der Lagerkraft $B = \sqrt{B_v^2 + B_h^2}$ hindurchgehen.

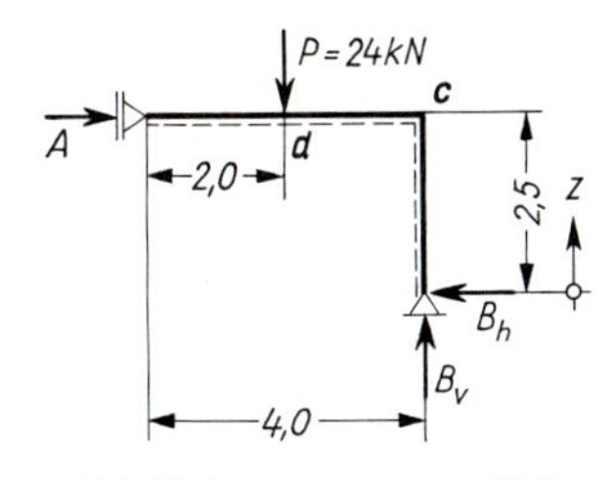


**167.**3 Halbrahmenartiger Träger

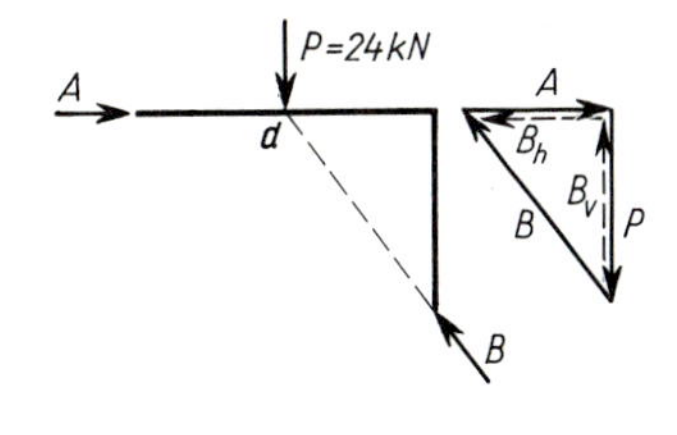


**167.**4 Zeichnerische Bestimmung der Lagerkräfte

Querkräfte (**168.**1)

$$Q_{Ar} = 0 \qquad Q_{dr} = Q_{cl} = -24\ \text{kN} \qquad Q_{cu} = Q_{bo} = +B_h = +19{,}2\ \text{kN}$$

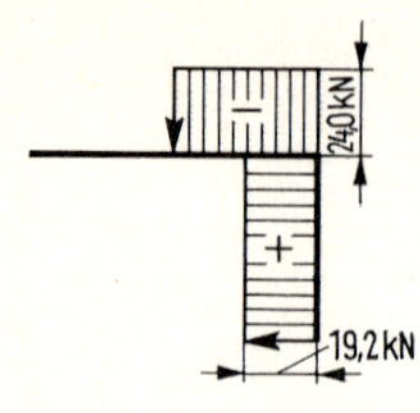


168.1 $Q$-Fläche

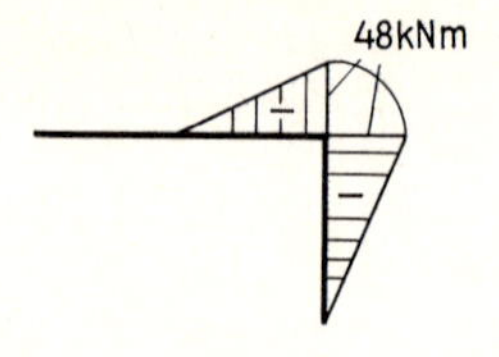


168.2 $M$-Fläche

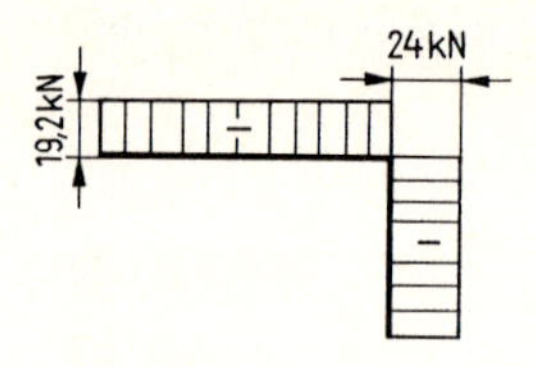


168.3 $N$-Fläche

Da der Träger nicht eingespannt, sondern durch ein verschiebliches und ein unverschiebliches Kipplager gestützt ist, liefert die Summierung der Querkrafteinzelflächen null:

$$\Sigma A_Q = A_{Q1} + A_{Q2} = 24 \cdot 2{,}0 - 19{,}2 \cdot 2{,}5 = 48 - 48 = 0$$

Biegemomente (**168.**2)

$$M_{Ar} = M_d = 0 \qquad M_{cl} = M_{cu} = -24 \cdot 2{,}0 = -48 \text{ kNm}$$

Im Stiel wird

$$M_z = -B_h \cdot z = -19{,}2 \cdot z \text{ kNm} \qquad M_B = 0$$

Längskräfte (**168.**3)

$$N_{Ar} = N_{cl} = -19{,}2 \text{ kN} \qquad N_{cu} = N_{Bo} = -24 \text{ kN}$$

Bemerkung: Wird für den gleichen Träger das Lager $A$ um einen rechten Winkel gedreht, so daß eine senkrechte Lagerreaktion $A$ entsteht, ergeben sich für die gleiche Belastung völlig andere Schnittgrößen: Der Riegel trägt dann nämlich als einfacher Balken auf zwei Stützen. Der Leser kann sich davon durch eine kleine Vergleichsrechnung leicht überzeugen.

**Beispiel 5:** Der Halbrahmen mit Kragarm nach Bild **168.**4 soll ohne Zugverankerung des Lagers $A$ bei einer Höchstbelastung am Kragarmende mit $P = 12$ kN mindestens eine 1,5fache Sicherheit gegen Kippen aufweisen. Dafür ist die Eigenlast $g$ des waagrechten Balkens zu bestimmen. Anschließend sind die Schnittgrößen zu ermitteln. Ausgangsgleichung (s. Abschn. Kippsicherheit) ist Gl. (93.1). Sie lautet hier

$$M_S = 1{,}5\, M_K$$

Das Kippmoment wird gebildet aus den um die „Kippkante" $b$ rechtsdrehenden Momenten, hier

$$M_K = 12 \cdot 1{,}0 + g \cdot 1{,}0 \cdot 0{,}5 = 12 + 0{,}5g$$

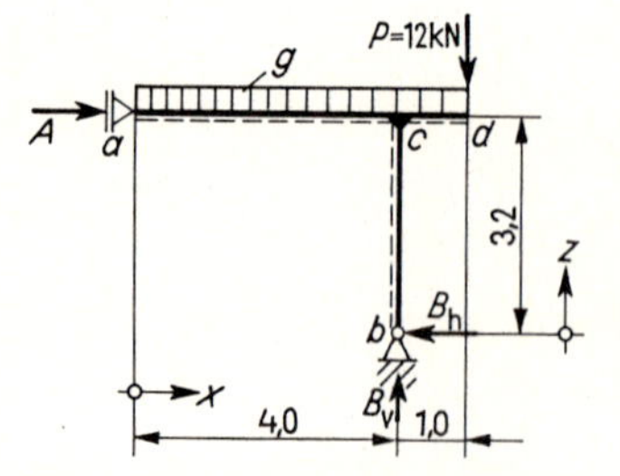


168.4 Halbrahmen mit Kragarm

und das Standmoment aus dem um $b$ linksdrehenden Moment

$$M_S = g \cdot 4{,}0 \cdot 2{,}0 = 8{,}0g$$

So erhält man

$$8{,}0g = 1{,}5(12 + 0{,}5g) = 18 + 0{,}75g$$
$$7{,}25g = 18 \text{ kNm}$$

und daraus

$$g = \frac{18 \text{ kNm}}{7{,}25 \text{ m}^2} = 2{,}48 \approx 2{,}5 \text{ kN/m}$$

Lagerkräfte

$$\curvearrowright \Sigma M_B = 0 = A \cdot 3{,}2 - g \cdot 5{,}0 \cdot 1{,}5 + P \cdot 1{,}0$$

$$A \cdot 3{,}2 = 18{,}75 - 12 = 6{,}75 \text{ kNm}$$

$$A = 2{,}11 \text{ kN}\rightarrow$$

$$\overset{+}{\rightarrow} \Sigma H = 0 = A - B_h$$

$$B_h = 2{,}11 \text{ kN}\leftarrow$$

$$\curvearrowright \Sigma M_A = 0 = g \cdot 5{,}0 \cdot 2{,}5 + P \cdot 5{,}0 + B_h \cdot 3{,}2 - B_v \cdot 4{,}0$$

$$B_v \cdot 4{,}0 = 2{,}5 \cdot 5 \cdot 2{,}5 + 12 \cdot 5{,}0 + 2{,}11 \cdot 3{,}2 = 31{,}25 + 60 + 6{,}75$$

$$B_v = \frac{98}{4{,}0} = 24{,}5 \text{ kN}$$

Kontrolle: $\Sigma V = g \cdot 5{,}0 + P - B_v = 12{,}5 + 12 - 24{,}5 = 0$

Querkräfte (**169.**1) zwischen $a$ und $c$

$$Q_x = -g \cdot x = -2{,}5 \cdot x$$

$$Q_{cl} = -2{,}5 \cdot 4{,}0 = -10{,}0 \text{ kN} \qquad Q_{cr} = -10 + 24{,}5 = +14{,}5 \text{ kN} = +2{,}5 + 12{,}0 = +14{,}5 \text{ kN}$$

Im Schnitt unmittelbar links von $d$ wird mit den Kräften links vom Schnitt

$$Q_d = -2{,}5 \cdot 5{,}0 + 24{,}5 = -12{,}5 + 24{,}5 = +12 \text{ kN}$$

Mit der Kraft rechts vom Schnitt

$$Q_d = +P = +12 \text{ kN}$$

Im Stiel ist

$$Q_B = Q_{cu} = +B_h = +A = +2{,}11 \text{ kN}$$

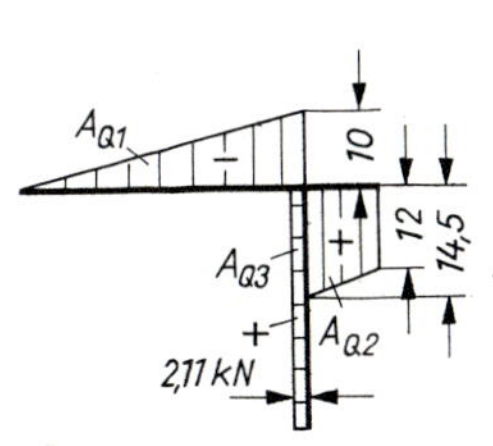

**169.**1 $Q$-Fläche

Die Summierung der Querkraftflächen liefert

$$\Sigma A_Q = A_{Q1} + A_{Q2} + A_{Q3} = -\frac{10 \cdot 4{,}0}{2} - \frac{14{,}5 + 12}{2} \cdot 1{,}0 + 2{,}11 \cdot 3{,}2$$

$$= -20 + 13{,}25 + 6{,}75 = -20 + 20 = 0$$

Biegemomente (**169.**2)

im waagerechten Balken (Riegel)

$$M_x = -2{,}5x \cdot 0{,}5x = -1{,}25x^2 \text{ für den Bereich } a \text{ bis } c_l$$

$$M_{cl} = -1{,}25 \cdot 4{,}0^2 = -20 \text{ kNm}$$

$$M_{cr} = -2{,}5 \cdot 1{,}0^2/2 - 12 \cdot 1{,}0 = -13{,}25 \text{ kNm}$$

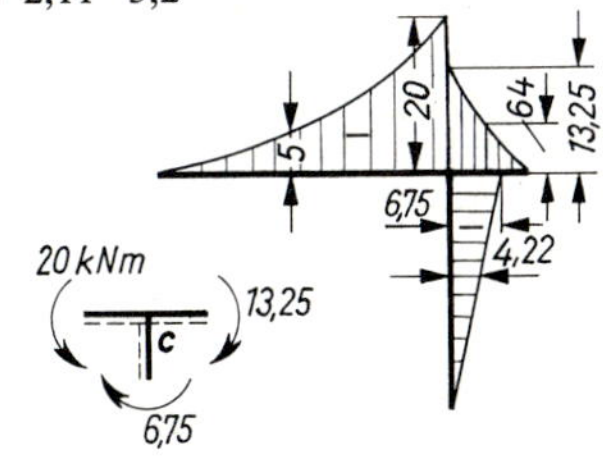

**169.**2 $M$-Fläche und Momente am Knoten $c$

Von links her ermittelt ergibt sich als Kontrolle

$$M_d = -2{,}5 \cdot 5{,}0 \cdot 2{,}5 + 24{,}5 \cdot 1{,}0 + 2{,}11 \cdot 3{,}2 = -31{,}25 + 31{,}25 = 0$$

im Stiel, von unten gemessen

$$M_z = -B_h \cdot z = -2{,}11 \cdot z \text{ kNm}$$

$$M_{cu} = -2{,}11 \cdot 3{,}2 = -6{,}75 \text{ kNm}$$

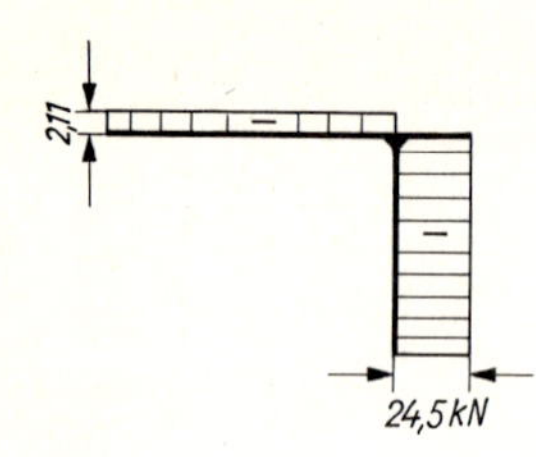


170.1 $N$-Fläche

Die Kontrolle über die Summe der Biegemomente am Knoten $c$ (**169.**2) ergibt

$$\curvearrowright\!+\ \Sigma M_c = -20 + 13{,}25 + 6{,}75 = -20 + 20 = 0$$

Längskräfte (**170.**1)

im Bereich $a$ bis $c$: $N_A = N_{cl} = -2{,}11$ kN

im Bereich $c$ bis $d$: $N_{cr} = N_{dl} = 0$

im Bereich $c$ bis $b$: $N_{cu} = N_{bo} = -24{,}5$ kN

**Beispiel 6:** Für einen Halbrahmen nach Bild **170.**2 sind die Schnittgrößen infolge der gegebenen Lasten zu bestimmen.

Lagerkräfte

$$\curvearrowright\!+\ \Sigma M_A = 0 = K \cdot 9{,}0 + H \cdot 2{,}0 - B \cdot 8{,}0$$

$$B \cdot 8{,}0 = 50 \cdot 9{,}0 + 8{,}0 \cdot 2{,}0 = 466 \qquad B = 58{,}25\ \text{kN}\uparrow$$

$$\overset{+}{\rightarrow} \Sigma H = 0 = A_h - H \qquad A_h = 8{,}0\ \text{kN}\rightarrow$$

$$\curvearrowright\!+\ \Sigma M_B = 0 = A_v \cdot 8{,}0 + A_h \cdot 6{,}0 + K \cdot 1{,}0 - H \cdot 4{,}0$$

$$A_v \cdot 8{,}0 = -8{,}0 \cdot 6{,}0 - 50 \cdot 1{,}0 + 8{,}0 \cdot 4{,}0 = -66\ \text{kNm} \qquad A_v = -\frac{66}{8{,}0} = -8{,}25\ \text{kN}$$

Für die Aufnahme der Lagerreaktion $A_v$ ist also eine Zugverankerung nötig.

Kontrolle: $\uparrow + \Sigma V = -8{,}25 - 50 + 58{,}25 = -58{,}25 + 58{,}25 = 0$

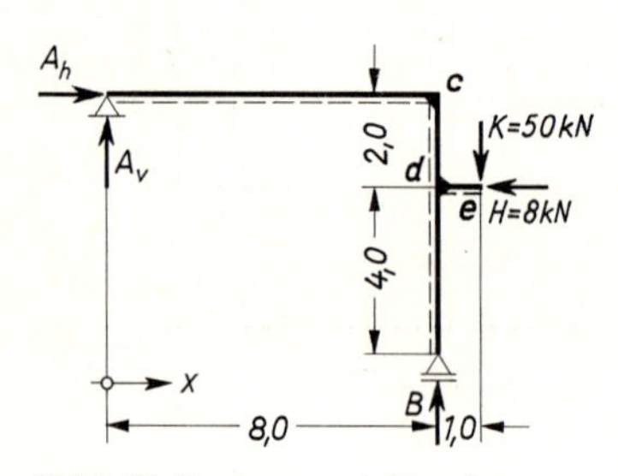


170.2 Halbrahmen mit Kranlast

170.3 $Q$-Fläche

170.4 $M$-Fläche

Querkräfte (**170.**3)

$Q_A = Q_{cl} = +A_v = -8.25$ kN $\qquad Q_{du} = Q_B = +8{,}0 - 8{,}0 = 0$

$Q_{cu} = Q_{do} = A_h = +8{,}0$ kN $\qquad Q_{dr} = -8{,}25 + 58{,}25 = +50$ kN

Biegemomente (**170.**4)

im Riegel $M_x = A_v \cdot x = -8{,}25 \cdot x$ kNm $\qquad M_{cl} = -8{,}25 \cdot 8{,}0 = -66$ kNm

im Stiel $M_B = M_{du} = 0 \quad M_{do} = -50 \cdot 1{,}0 = -50$ kNm $\quad M_{cu} = -50 \cdot 1{,}0 - 8{,}0 \cdot 2{,}0 = -66$ kNm

im Kragarm

$M_e = 0 \qquad M_{dr} = -50 \cdot 1{,}0 = -50$ kNm

Längskräfte (**171**.1)

im Riegel $N_A = N_{cl} = -8{,}0$ kN

im Stiel $N_B = N_{du} = -58{,}25$ kN

$N_{do} = N_{cu} = -58{,}25 + 50 = -8{,}25$ kN

im Kragarm

$N_{dr} = N_e = -8{,}0$ kN

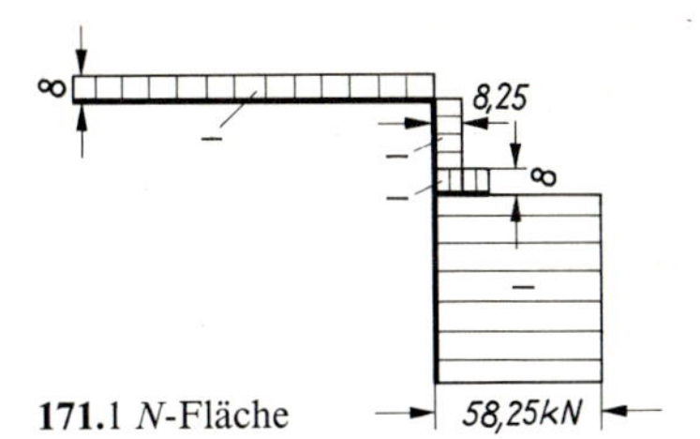


**171**.1 *N*-Fläche

**Beispiel 7:** Für das Tragsystem nach Bild **171**.2 sind die Beanspruchungsflächen zu ermitteln.

Die Lösung erfolgt getrennt 1. für die lotrechte Last $P_v$ und 2. für die horizontale Last $P_h$.

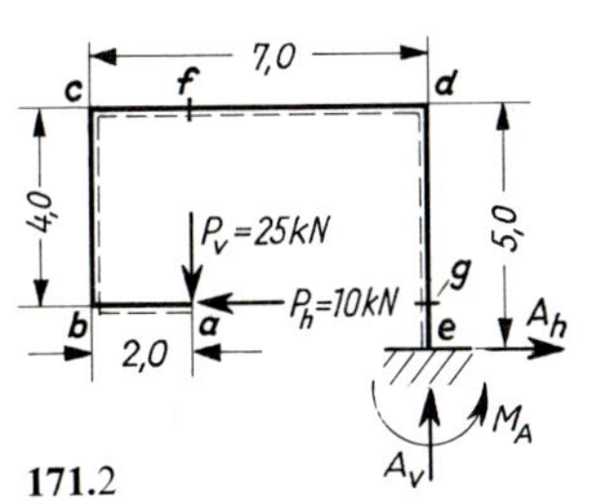


**171**.2
Eingespannter rahmenartiger Träger

1. Stützgrößen infolge $P_v$ (**171**.3)

$$\downarrow + \Sigma V = 0 = P_v - A_v$$
$$A_v = 25 \text{ kN}$$
$$\curvearrowright \Sigma M_A = 0 = P_v \cdot 5{,}0 + M_A$$
$$M_A = -25 \cdot 5{,}0 = -125 \text{ kNm}$$

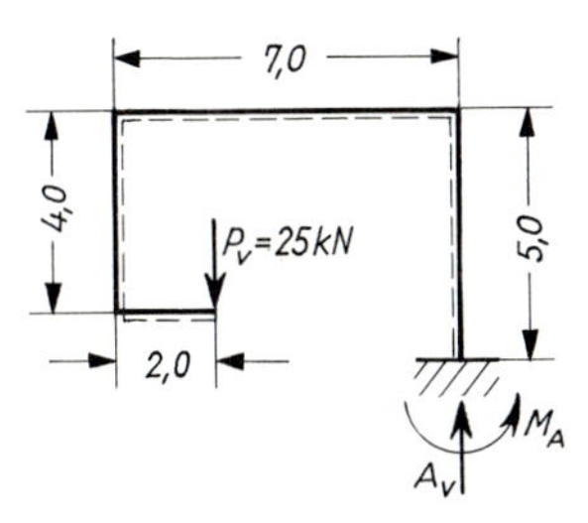


**171**.3 Träger mit senkrechter Last $P_v$

Biegemomente infolge $P_v$ (**171**.4)

$$M_{br} = -25 \cdot 2{,}0 = -50 \text{ kNm}$$
$$M_{bo} = M_c = +50 \text{ kNm}$$

Der Wechsel im Vorzeichen des Biegemoments ist die Folge davon, daß die gestrichelte Stabseite im Eckpunkt *b* den Stab schneidet.

$$M_f = P_v \cdot 0 = 0$$
$$M_d = M_e = -P_v \cdot 5{,}0 = -25 \cdot 5{,}0$$
$$= -125 \text{ kNm}$$
$$M_A = -125 \text{ kNm}$$

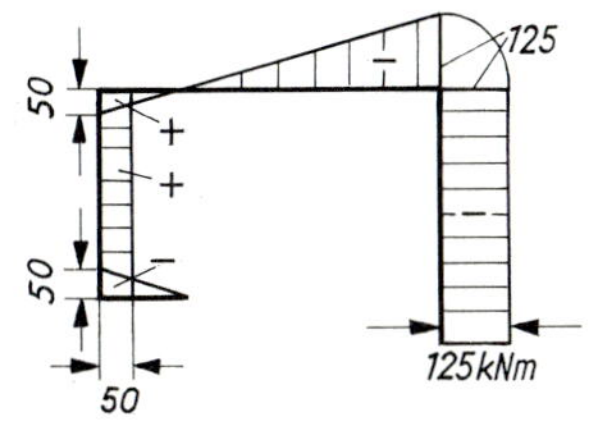


**171**.4 *M*-Fläche

Querkräfte infolge $P_v$ (**171**.5)

$$Q_{a...b} = +P_v = +25 \text{ kN}$$
$$Q_{b...c} = 0$$
$$Q_{c...f} = -P_v = -25 \text{ kN}$$
$$Q_{f...d} = -A = -25 \text{ kN}$$
$$Q_{d...e} = 0$$

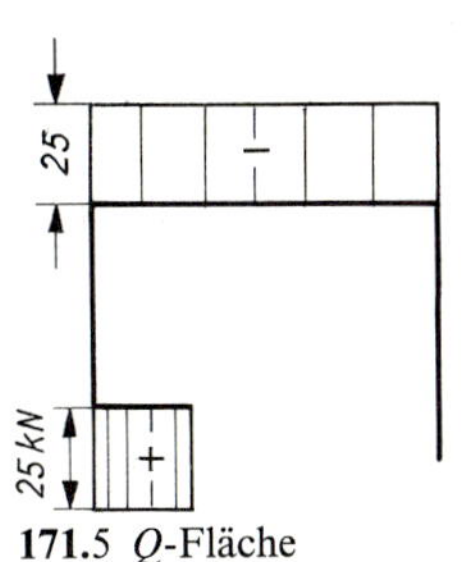


**171**.5 *Q*-Fläche

Längskräfte infolge $P_v$ (**172.**1)

$$N_{a\ldots b} = 0$$
$$N_{b\ldots c} = +P_v = +25 \text{ kN}$$
$$N_{c\ldots d} = 0$$
$$N_{d\ldots e} = -A = -25 \text{ kN}$$

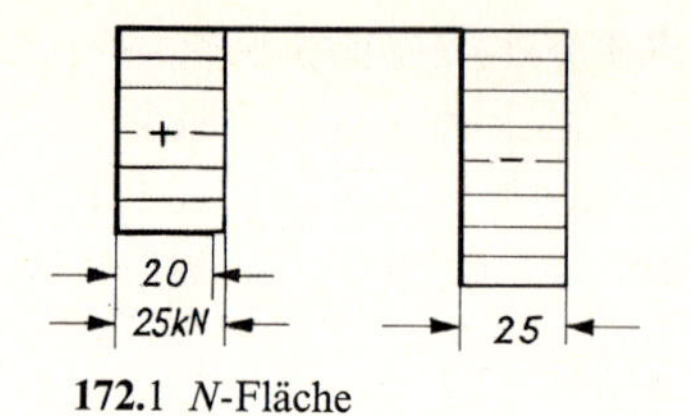


**172.**1 $N$-Fläche

2. Stützgrößen infolge $P_h$ (**172.**2)

$$\overset{+}{\rightarrow} \Sigma H = 0 = A_h - P_h$$
$$A_h = 10 \text{ kN}$$
$$\Sigma M_A = 0 = +10 \cdot 1{,}0 + M_A$$
$$M_A = -10 \text{ kNm}$$

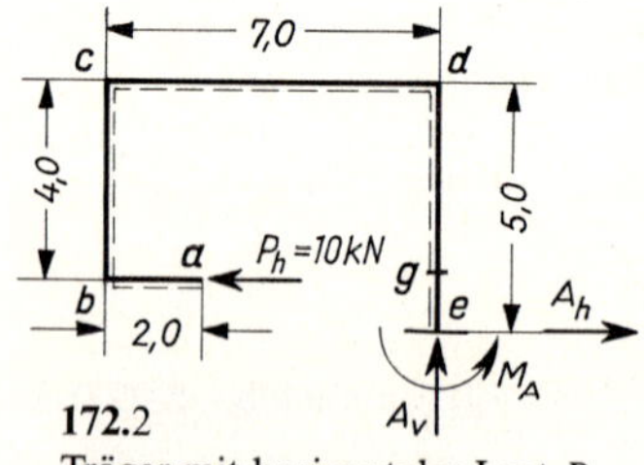


**172.**2
Träger mit horizontaler Last $P_h$

Biegemomente infolge $P_h$ (**172.**3)

$$M_a = M_b = 0$$
$$M_c = M_d = +10 \cdot 4{,}0 = 40 \text{ kNm}$$
$$M_g = P_h \cdot 0 = 0$$
oder $$M_g = M_A + A_h \cdot 1{,}0 = -10 + 10 \cdot 1{,}0 = 0$$
$$M_A = -10 \text{ kNm}$$

**172.**3 $M$-Fläche

Querkräfte infolge $P_h$ (**172.**4)

$$Q_{a\ldots b} = 0$$
$$Q_{b\ldots c} = +P_h = 10 \text{ kN}$$
$$Q_{c\ldots d} = 0$$
$$Q_{d\ldots e} = -P_h = -10 \text{ kN}$$

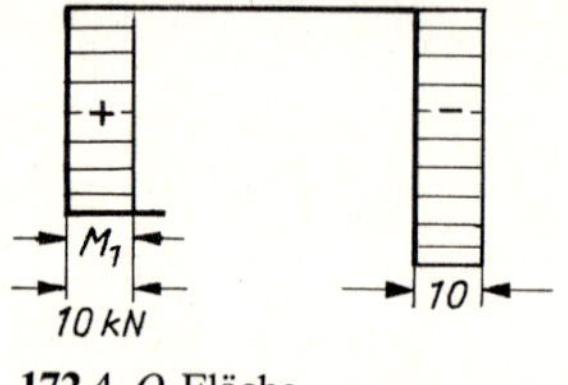


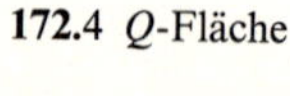


**172.**4 $Q$-Fläche

Will man bei dieser Aufgabe die Summenprobe über alle Querkraftflächen durchführen, so ist zu beachten, daß das Einspannmoment $M_A$ durch ein Kräftepaar aufgenommen werden muß. Die damit entstehende Querkraftfläche $F \cdot c = M_A$ kNm ist bei der Summenbildung zu berücksichtigen und läßt $\Sigma A_Q$ zu Null werden.

Längskräfte infolge $P_h$ (**172.**5)

$$N_{a\ldots b} = -P_h = -10 \text{ kN}$$
$$N_{b\ldots c} = 0$$
$$N_{c\ldots d} = +P_h = +10 \text{ kN}$$
$$N_{d\ldots e} = 0$$

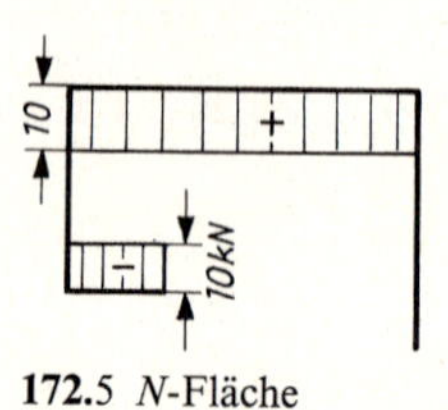


**172.**5 $N$-Fläche

## 5.7.3 Geneigte und geknickte Träger

### 5.7.3.1 Allgemeines

Geneigte und geknickte Träger kommen bei Treppen und Dach- und Hallenbauten vor (**173**.1). Bei ihrer Berechnung ist vor allem auf die Art und Ausbildung der Lager und auf die Richtung der Kräfte zu achten. Bei einem geneigten Träger mit einem festen und einem waagerecht beweglichen Lager (**173**.2) müssen bei lotrechter Belastung auch beide Lagerkräfte lotrecht gerichtet sein, weil andernfalls $\Sigma H = 0$ nicht erfüllt wäre.

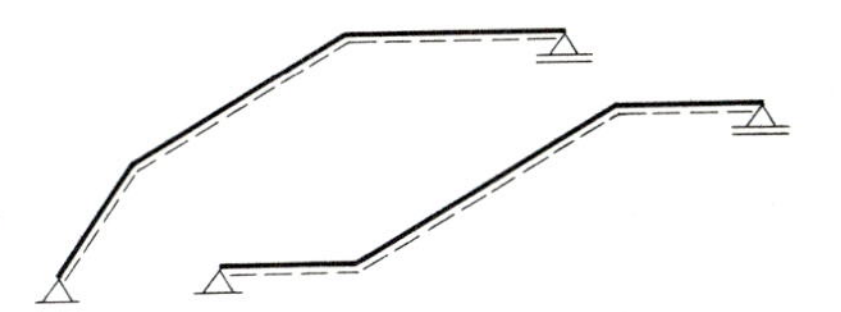

**173**.1 Geneigte, geknickte Träger

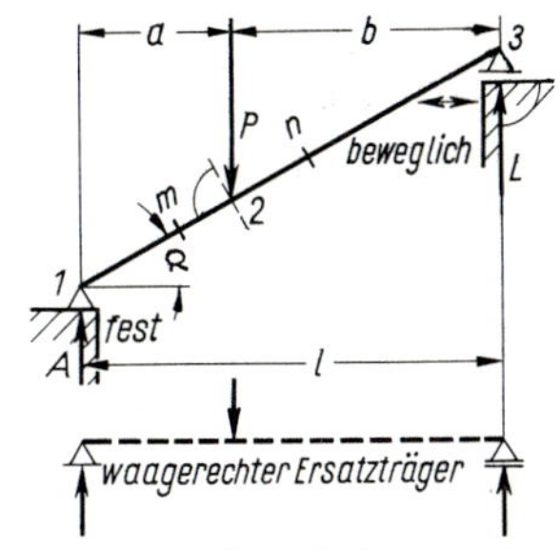


**173**.2 Geneigter Träger mit lotrechter Einzellast

Eine lotrechte Einzellast an beliebiger Stelle ergibt dann aus der Momentengleichung für den Drehpunkt auf $B$ bzw. $A$, wenn die waagerechte Projektion der Trägerlänge als Stützweite $l$ eingeführt wird, die Lagerkräfte

$$\boldsymbol{A} = \frac{\boldsymbol{P} \cdot \boldsymbol{b}}{\boldsymbol{l}} \quad \text{und} \quad \boldsymbol{B} = \frac{\boldsymbol{P} \cdot \boldsymbol{a}}{\boldsymbol{l}} \tag{173.1}$$

Das größte Biegemoment erhält man für den Schnitt unter der Einzellast im Punkt 2 zu

$$\boldsymbol{M} = A \cdot a = B \cdot b = \frac{\boldsymbol{P} \cdot \boldsymbol{a} \cdot \boldsymbol{b}}{\boldsymbol{l}} \tag{173.2}$$

Das sind dieselben Werte wie für einen waagerechten Träger („Ersatzträger") gleicher Stützweite (**173**.2).

Gegenüber den waagerechten Trägern nehmen aber jetzt die Querkräfte, d.h. die ⊥ zur Stabachse wirkenden Kräfte, andere Werte an, und es treten infolge der Schräglage der Träger auch Längskräfte auf.

Zur Erläuterung führen wir an der Stelle $x$ zwischen den Punkten 1 und 2 einen Schnitt durch den Träger und zeichnen den linken abgeschnittenen Teil heraus (**174**.1); mit Hilfe der drei Gleichgewichtsbedingungen ergeben sich die Schnittgrößen

$$N(x) = -A_N = -A \cdot \sin\alpha$$
$$Q(x) = +A_Q = +A \cdot \cos\alpha$$
$$M(x) = A \cdot x = A_Q \cdot \bar{x} = A \cdot \cos\alpha \cdot x/\cos\alpha$$

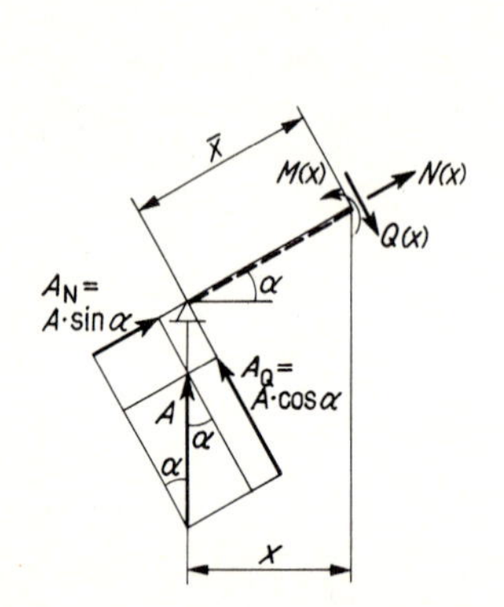


174.1 Schnittgrößen am linken unteren Teil des geneigten Trägers

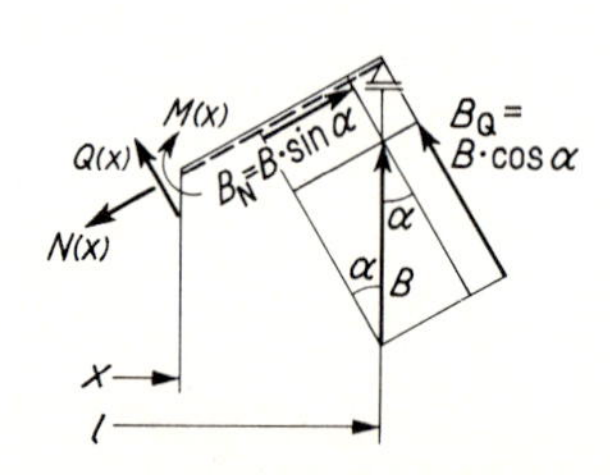


174.2 Schnittgrößen am rechten oberen Trägerteil

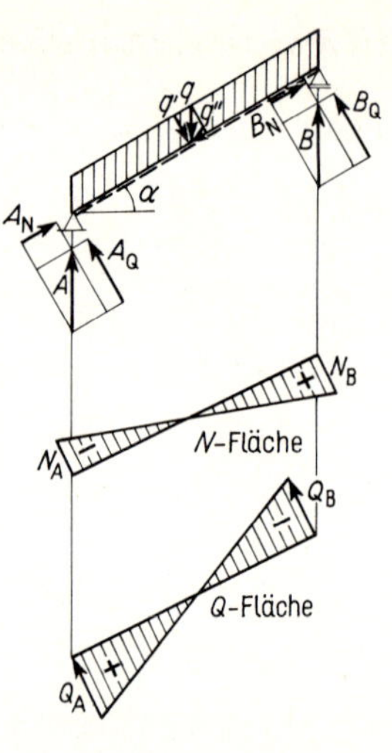


174.3 Geneigter Träger mit gleichmäßig verteilter lotrechter Belastung

Als nächstes führen wir einen Schnitt zwischen den Punkten 2 und 3; wir bezeichnen die Abszisse wieder mit $x$ und zeichnen den rechten abgeschnittenen Teil heraus (**174.**2). Die Schnittgrößen ergeben sich hier zu

$$N(x) = +B_N = +B \cdot \sin\alpha \qquad Q(x) = -B_Q = -B \cdot \cos\alpha$$
$$M(x) = B(l - x)$$

Für gleichmäßig verteilte, lotrechte Belastung ergeben sich in ähnlicher Weise, wenn man die lotrechte Last $q$ der Einfachheit halber auf 1 m Grundrißlänge (s. Ersatzträger in Bild **173.**2) bezieht,

$$\boldsymbol{A = B = \frac{q \cdot l}{2}} \qquad \boldsymbol{\max M = \frac{q \cdot l^2}{8}} \qquad (174.1)\ (174.2)$$

Die Längs- und Querkräfte nehmen bei dieser Belastung von den Lagern aus bis zur Mitte geradlinig bis auf Null ab (**174.**3). An den Lagern erhält man ihre Extremwerte mit

$$N_A = -A \cdot \sin\alpha \text{ (Druck)} \qquad N_B = +B \cdot \sin\alpha \text{ (Zug)} \qquad (174.3)$$
$$Q_A = +A \cdot \cos\alpha \qquad Q_B = -B \cdot \cos\alpha \qquad (174.4)$$

Bei Stahl- und Holzträgern sind die Längs- und Querkräfte, gemessen an den zulässigen Spannungen, oft von untergeordneter Bedeutung; sie bleiben deshalb häufig außer Betracht. Anders ist dies bei Stahlbetonbalken, bei denen wegen der verhältnismäßig geringen Schubfestigkeit und der sehr kleinen Zugfestigkeit des Betons der Einfluß der Quer- und Zugkräfte stets zu berücksichtigen ist.

Zuweilen werden geneigte Träger auch durch Kräfte ⊥ zur Stabachse belastet. So haben z. B. Sparren (**175.**1) außer lotrechter Belastung durch Eigenlast und Schnee auch noch Winddruck ⊥ zur Dachfläche aufzunehmen. Da die Pfetten durch das Aufklauen der Sparren Lagerkräfte in Richtung des Winddruckes aufzunehmen vermögen, erhält man jetzt mit $s$ = wahrer Trägerlänge

$$\boldsymbol{A = B = \frac{w \cdot s}{2}} \tag{175.1}$$

$$\mathbf{max}\, \boldsymbol{M = \frac{w \cdot s^2}{8}} \tag{175.2}$$

Ferner ist

$$Q_A = A; \; Q_B = -B; \; N \equiv 0$$

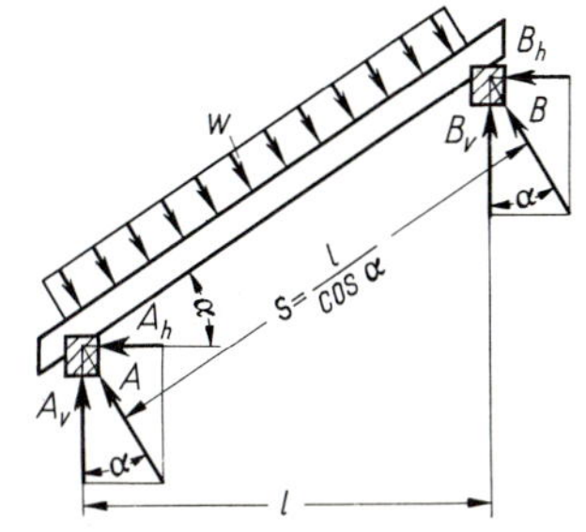


**175.**1 Sparren mit Windbelastung

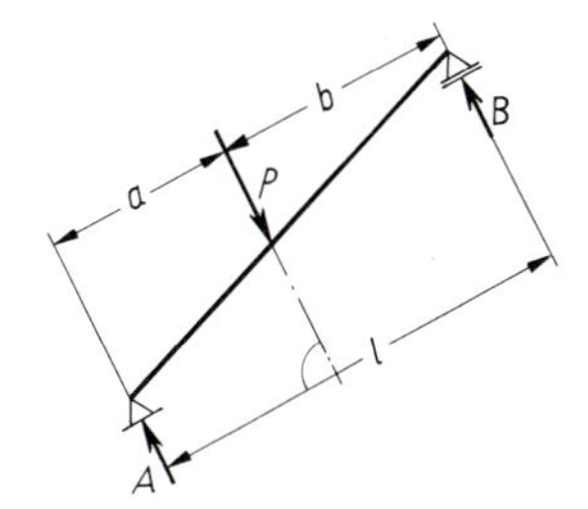


**175.**2 Geneigter Träger mit beliebig schiefer Belastung

Die Lagerkräfte kann man erforderlichenfalls in ihre senkrechten und waagerechten Komponenten zerlegen. Es wird dann

$$A_v = B_v = A \cdot \cos\alpha \qquad\qquad A_h = B_h = A \cdot \sin\alpha$$

Allgemein läßt sich zur Berechnung geneigter Träger nach Bild **175.**2 folgender Satz aufstellen:

**Ist das verschiebliche Lager eines geneigten, beliebig belasteten Trägers so ausgebildet, daß die Verschiebung ⊥ zur Resultierenden der Belastung erfolgen muß, so lassen sich die Lagerkräfte und Biegemomente wie bei einem einfachen Träger auf zwei Stützen berechnen, dessen Stützweite gleich der Projektion der Trägerlinie ⊥ zur Kraftrichtung ist.**

Die zugehörigen Längs- und Querkräfte sind dagegen auf die Achse des Trägers zu beziehen und sinngemäß nach Bild **174.**1 und Bild **174.**3 zu ermitteln.

Geknickte Träger bringen hinsichtlich der Berechnung der Lagerkräfte nichts Neues; bei der Ermittlung der Schnittgrößen gehen wir abschnittsweise von Knick zu Knick vor.

### 5.7.3.2 Beispiele

**Beispiel 1:** Geneigter, einmal geknickter Träger mit horizontal verschieblichem Kipplager unter lotrechter Belastung (**176.**1). Die Gleichlasten $q_{13}$ und $q_{34}$ sind auf den lfd. m Grundrißprojektion bezogen (kN/m GP); die Lagerkräfte bezeichnen wir in diesem Beispiel gemäß DIN 1080 T4 mit $C$.

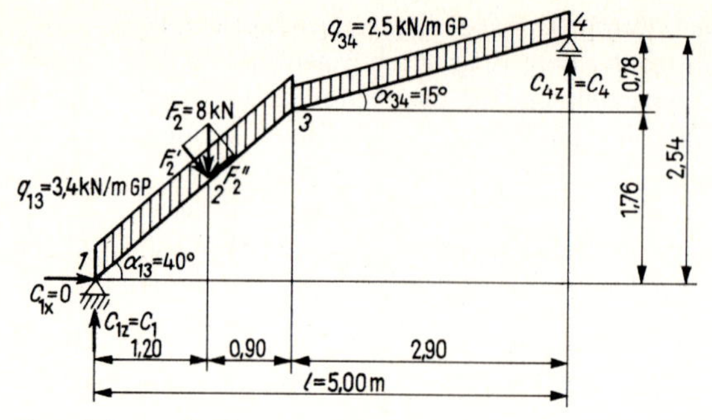


**176.1** Geneigter, einmal geknickter Träger mit horizontal verschieblichem Kipplager unter lotrechter Belastung

Resultierende der Streckenlasten:

$$R_{13} = q_{13} \cdot 2{,}10 = 3{,}4 \cdot 2{,}10 = 7{,}14 \text{ kN} \qquad R_{34} = q_{34} \cdot 2{,}90 = 2{,}5 \cdot 2{,}90 = 7{,}25 \text{ kN}$$

Lagerkräfte: Da sämtliche Lasten vertikal gerichtet sind und das Lager im Punkt 4 horizontal verschieblich ist, wird $C_{4h} = 0$.

Aus den Momentengleichgewichtsbedingungen um die Lagerpunkte 4 und 1 ergibt sich

$$C_{1z} = C_1 = (7{,}14(0{,}5 \cdot 2{,}10 + 2{,}90) + 8{,}00(0{,}90 + 2{,}90) + 7{,}25 \cdot 0{,}5 \cdot 2{,}90)/5{,}00 = 13{,}82 \text{ kN}$$

$$C_{4z} = C_4 = (7{,}14 \cdot 0{,}5 \cdot 2{,}10 + 8{,}00 \cdot 1{,}20 + 7{,}25(2{,}10 + 0{,}5 \cdot 2{,}90))/5{,}00 = 8{,}57 \text{ kN}$$

Kontrolle: $\downarrow + \Sigma V = 7{,}14 + 8{,}00 + 7{,}25 - 13{,}82 - 8{,}57 = 0$

Momente:

$$M_2 = C_1 \cdot 1{,}20 - q_{13} \cdot 1{,}20^2/2 = 14{,}14 \text{ kNm}$$

$$M_3 = C_1 \cdot 2{,}10 - q_{13} \cdot 2{,}10^2/2 - F_2 \cdot 0{,}90 = 14{,}33 \text{ kNm}$$

Quer- und Längskräfte: Wir zerlegen die Last $F_2$ in die Komponenten $F_2'$ senkrecht zum Trägerstück 13 und $F_2''$ parallel zum Trägerstück 13:

$$F_2' = F_2 \cos\alpha_{13} = 8 \cdot \cos 40° = 6{,}13 \text{ kN} \qquad F_2'' = F_2 \sin\alpha_{13} = 8 \cdot \sin 40° = 5{,}14 \text{ kN}$$

Mit diesen Werten ergibt sich von links (**177.1**):

$$Q_1 = C_1 \cos\alpha_{13} = 13{,}82 \cdot \cos 40° = 10{,}59 \text{ kN}$$

$$N_1 = -C_1 \sin\alpha_{13} = -13{,}82 \cdot \sin 40° = -8{,}89 \text{ kN}$$

$$Q_{2l} = Q_1 - q_{13} \cdot 1{,}20 \cos\alpha_{13} = +10{,}59 - 3{,}4 \cdot 1{,}20 \cdot \cos 40° = +7{,}46 \text{ kN}$$

$$N_{2l} = N_1 + q_{13} \cdot 1{,}20 \sin\alpha_{13} = -8{,}89 + 3{,}4 \cdot 1{,}20 \cdot \sin 40° = -6{,}26 \text{ kN}$$

$$Q_{2r} = Q_{2l} - F_2' = +7{,}46 - 6{,}13 = +1{,}34 \text{ kN}$$

$$N_{2r} = N_1 + F_2'' = -6{,}26 + 5{,}14 = -1{,}12 \text{ kN}$$

$$Q = 0 \text{ für } x_0 = 1{,}20 + \bar{x} = 1{,}20 + Q_{2r}/q_{13} \cos\alpha_{13} = 1{,}20 + 0{,}51 = 1{,}71 \text{ m}$$

$$Q_{3l} = Q_{2r} - q_{13} \cdot 0{,}90 \cos\alpha_{13} = +1{,}34 - 3{,}4 \cdot 0{,}90 \cos 40° = -1{,}01 \text{ kN}$$

$$N_{3l} = N_{2r} + q_{13} \cdot 0{,}90 \sin\alpha_{13} = -1{,}12 + 3{,}4 \cdot 0{,}90 \sin 40° = +0{,}85 \text{ kN}$$

Weiter ermitteln wir von rechts:

$$Q_4 = -C_4 \cos\alpha_{34} = -8{,}57 \cos 15° = -8{,}27 \text{ kN}$$

$$N_4 = +C_4 \sin\alpha_{34} = +8{,}57 \sin 15° = +2{,}22 \text{ kN}$$

$$Q_{3r} = Q_4 + q_{34} \cdot 2{,}90 \cos\alpha_{34} = -8{,}27 + 2{,}5 \cdot 2{,}90 \cos 15° = -1{,}27 \text{ kN}$$

$$N_{3r} = N_4 - q_{34} \cdot 2{,}90 \sin\alpha_{34} = +2{,}22 - 2{,}5 \cdot 2{,}90 \sin 15° = +0{,}34 \text{ kN}$$

Kontrolle: Die aus $Q$ und $N$ resultierende Schnittkraft $S$ muß links und rechts des Punktes 3 den gleichen Betrag haben:

$$S_{3l} = \sqrt{Q_{3l}^2 + N_{3l}^2} = \sqrt{1{,}01^2 + 0{,}85^2} = 1{,}32 \text{ kN}$$

$$S_{3r} = \sqrt{Q_{3r}^2 + N_{3r}^2} = \sqrt{1{,}27^2 + 0{,}34^2} = 1{,}32 \text{ kN}$$

Diese Schnittkraft muß vertikal gerichtet sein: $S_3$ ist nämlich dem Betrage nach die Querkraft des horizontalen Ersatzbalkens:

$$Q_{3B} = C_1 - q_{13} \cdot 2{,}10 - F_2 = 13{,}82 - 3{,}4 \cdot 2{,}10 - 8 = -1{,}32 \text{ kN}$$
$$= -C_4 + q_{34} \cdot 2{,}90 = -8{,}57 + 2{,}5 \cdot 2{,}90 = -1{,}32 \text{ kN}$$

Die Überprüfung der Richtung von $S_{3l}$ und $S_{3r}$ erfolgt am einfachsten zeichnerisch (**177.2**).

Wir errechnen abschließend noch das maximale Moment an der Stelle $x_0 = 1{,}71$ m: von links ergibt sich

$$\max M = C_1 x_0 - q_{13} x_0^2/2 - F_2(x_0 - 1{,}20)$$
$$= 13{,}82 \cdot 1{,}71 - 3{,}4 \cdot 1{,}71^2/2 - 8\,(1{,}71 - 1{,}20)$$
$$= 14{,}59 \text{ kNm}$$

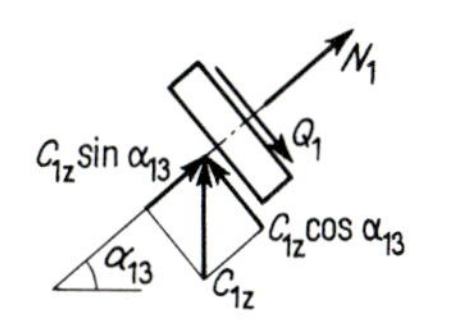


**177.1** Lagerkraft $C_{1z} = C_1$ und Schnittkräfte $Q_1$ und $N_1$

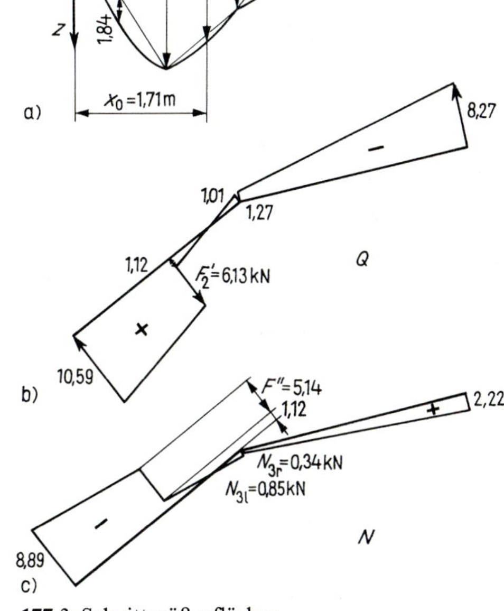


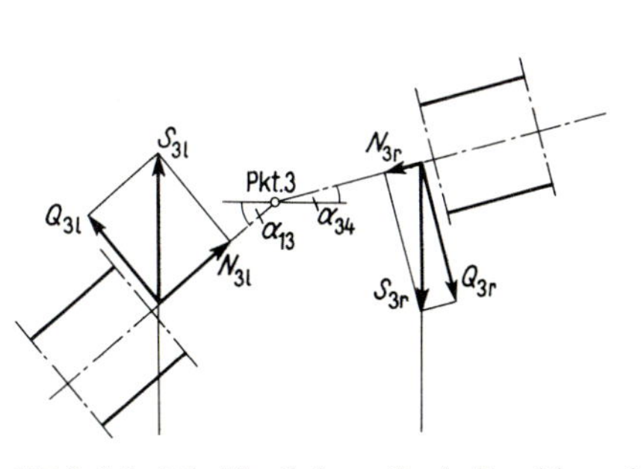


**177.2** Schnittkräfte $S_{3l}$ bzw. $S_{3r}$ als Resultierende von $Q_{3l}$ und $N_{3l}$ bzw. $Q_{3r}$ und $N_{3r}$

**177.3** Schnittgrößenflächen
a) Momente, Ordinaten parallel zur $z$-Achse aufgetragen
b) Querkräfte und c) Längskräfte, Ordinaten senkrecht zur Stabachse aufgetragen

und von rechts

$$\max M = C_4(l - x_0) - q_{34} \cdot 2{,}90\,(l - x_0 - 2{,}90/2) - q_{13}(l - x_0 - 2{,}90)^2/2 = 14{,}59 \text{ kNm}$$

Die Pfeile der Momentenparabeln zwischen den Punkten 1 und 2 bzw. 3 und 4 messen $3{,}4 \cdot 2{,}10^2/8 = 1{,}84$ kNm bzw. $2{,}5 \cdot 2{,}90^2/8 = 2{,}63$ kNm. Bild **177.**3 zeigt die $M$-, $Q$- und $N$-Fläche.

Zur Rechengenauigkeit ist zu bemerken: Gerechnet wurde mit einem Taschenrechner, der viele Speicher besitzt; sämtliche Zwischenergebnisse wurden gespeichert und bei Bedarf aus den Speichern abgerufen. Hier angegebene Ergebnisse sind auf zwei Stellen nach dem Komma gerundet.

**Beispiel 2:** Geneigter, einmal geknickter Träger mit horizontal verschieblichem Kipplager unter Winddruck und -sog (**178.**1).

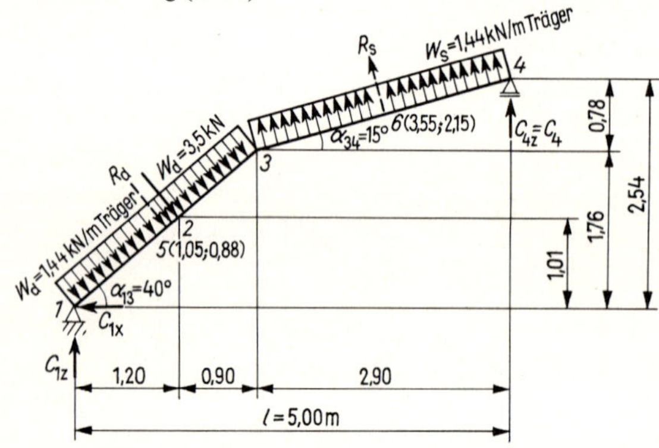


**178.**1 Geneigter, einmal geknickter Träger unter Winddruck und -sog

Geometrische Größen:

Wahre Längen:

$$l_{12} = 1{,}20/\cos 40° = 1{,}57 \text{ m}$$
$$l_{13} = 2{,}10/\cos 40° = 2{,}74 \text{ m}$$
$$l_{23} = 0{,}90/\cos 40° = 1{,}17 \text{ m}$$
$$l_{34} = 2{,}90/\cos 15° = 3{,}00 \text{ m}$$

Koordinaten:

Angriffspunkt der Resultierenden $R_d$ des Winddrucks $w_d$: Punkt 5(1,05; 0,88)
Angriffspunkt der Resultierenden $R_s$ des Windsogs $w_s$: Punkt 6(3,55; 2,15)

Lasten und ihre Zerlegung in Komponenten parallel zu $x$- und $z$-Achse:

$$R_d = w_d l_{13} = 1{,}44 \cdot 2{,}74 = 3{,}95 \text{ kN}$$
$$R_{dx} = R_d \sin\alpha_{13} = 3{,}95 \cdot \sin 40° = 2{,}54 \text{ kN}\rightarrow$$
$$R_{dz} = R_d \cos\alpha_{13} = 3{,}95 \cdot \cos 40° = 3{,}02 \text{ kN}\downarrow$$
$$R_s = w_s l_{34} = 1{,}44 \cdot 3{,}00 = 4{,}32 \text{ kN}$$
$$R_{sx} = R_s \sin\alpha_{34} = 4{,}32 \cdot \sin 15° = 1{,}12 \text{ kN}\leftarrow$$
$$R_{sz} = R_s \cos\alpha_{34} = 4{,}32 \cdot \cos 15° = 4{,}18 \text{ kN}\uparrow$$
$$W_d = 3{,}5 \text{ kN};$$
$$W_{dx} = 3{,}50 \sin 40° = 2{,}25 \text{ kN}\rightarrow$$
$$W_{dz} = 3{,}50 \cos 40° = 2{,}68 \text{ kN}\downarrow$$

Berechnung der Lagerkräfte:

$$C_{1x} = + R_{dx} - R_{sx} + W_{dx} = + 2{,}54 - 1{,}12 + 2{,}25 = 3{,}67 \text{ kN}\leftarrow$$

Aus $\Sigma M = 0$ bezüglich des Punktes 7 (5,00; 0):

$$\begin{aligned} C_{1z} &= (R_{dz} \cdot 3{,}95 - R_{dx} \cdot 0{,}88 - R_{sz} \cdot 1{,}45 + R_{sx} \cdot 2{,}15 + W_{dz} \cdot 3{,}80 - W_{dx} \cdot 1{,}01)/5{,}00 \\ &= (11{,}94 - 2{,}24 - 6{,}06 + 2{,}41 + 10{,}19 - 2{,}27)/5{,}00 \\ &= 13{,}98/5{,}00 = 2{,}80 \text{ kN}\uparrow \end{aligned}$$

Aus $\Sigma M = 0$ bezüglich des Punktes 1:

$$\begin{aligned} C_{4z} = C_4 &= (R_{dz} \cdot 1{,}05 + R_{dx} \cdot 0{,}88 - R_{sz} \cdot 3{,}55 - R_{sx} \cdot 2{,}15 + W_{dz} \cdot 1{,}20 + W_{dx} \cdot 1{,}01)/5{,}00 \\ &= (3{,}18 + 2{,}24 - 14{,}82 - 2{,}41 + 3{,}22 + 2{,}27)/5{,}00 \\ &= - 6{,}34/5{,}00 = - 1{,}27 \text{ kN}; \; C_4 \text{ ist abwärts gerichtet.} \end{aligned}$$

Kontrolle: $\downarrow + \Sigma V = 3{,}02 - 4{,}18 + 2{,}68 - 2{,}80 + 1{,}27 = 0$

Momente:

$$M_2 = C_{1z} \cdot 1{,}20 + C_{1x} \cdot 0{,}88 - 1{,}44 \cdot 1{,}57^2/2 = + 4{,}82 \text{ kNm}$$

von links:

$$M_3 = C_{1z} \cdot 2{,}10 + C_{1x} \cdot 1{,}76 - 1{,}44 \cdot 2{,}74^2/2 - 3{,}50 \cdot 1{,}17 = 2{,}81 \text{ kNm}$$

von rechts:

$$M_3 = C_4 \cdot 2{,}90 + 1{,}44 \cdot 3{,}00^2/2 = + 2{,}81 \text{ kNm}$$

Quer- und Längskräfte (**179**.1):

$$\begin{aligned} Q_1 &= C_{1z} \cos\alpha_{13} + C_{1x} \sin\alpha_{13} = 2{,}80 \cos 40° + 3{,}67 \sin 40° = + 4{,}50 \text{ kN} \\ N_1 &= - C_{1z} \sin\alpha_{13} + C_{1x} \cos\alpha_{13} = - 2{,}80 \sin 40° + 3{,}67 \cos 40° = + 1{,}01 \text{ kN} \\ Q_{2l} &= Q_1 - w_d l_{12} = + 4{,}50 - 1{,}44 \cdot 1{,}57 = + 2{,}24 \text{ kN} \\ N_{2l} &= N_1 = + 1{,}01 \text{ kN} \\ Q_{2r} &= Q_{2l} - W_d = + 2{,}24 - 3{,}50 = - 1{,}26 \text{ kN} \\ N_{2r} &= N_{2l} = \text{N}_1 = + 1{,}01 \text{ kN} \\ Q_{3l} &= Q_{2r} - w_d l_{23} = - 1{,}26 - 1{,}44 \cdot 1{,}17 = - 2{,}95 \text{ kN} \\ N_{3l} &= N_{2r} = N_{2l} = N_1 = + 1{,}01 \text{ kN} \end{aligned}$$

Weiter ergibt sich von rechts her:

$$\begin{aligned} Q_4 &= - C_4 \cos\alpha_{34} = 1{,}27 \cos 15° = + 1{,}22 \text{ kN} \\ N_4 &= + C_4 \sin\alpha_{34} = - 1{,}27 \cos 15° = - 0{,}33 \text{ kN} \\ Q_{3r} &= Q_4 + w_s l_{34} = + 1{,}22 - 1{,}44 \cdot 3{,}00 = - 3{,}10 \text{ kN} \\ N_{3r} &= N_4 = - 0{,}33 \text{ kN} \end{aligned}$$

Kontrolle: Die aus $Q$ und $N$ resultierende Schnittkraft muß links und rechts des Punktes 3 den gleichen Betrag haben:

$$S_{3l} = \sqrt{Q_{3l}^2 + N_{3l}^2} = \sqrt{2{,}95^2 + 1{,}01^2} = 3{,}12 \text{ kN}$$

$$S_{3r} = \sqrt{Q_{3r}^2 + N_{3r}^2} = \sqrt{3{,}10^2 + 0{,}33^2} = 3{,}12 \text{ kN}$$

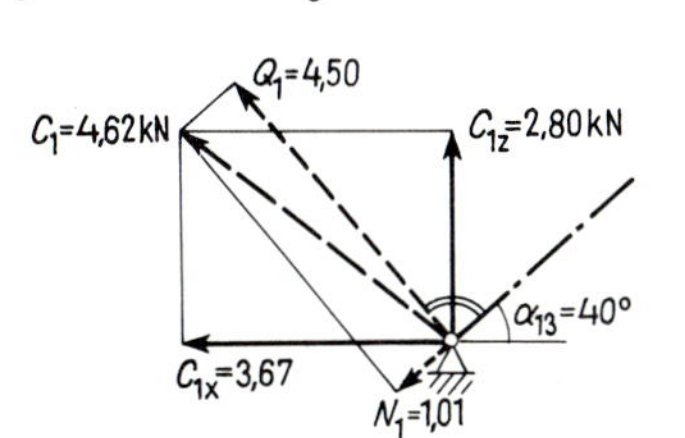


**179**.1 Quer- und Längskräfte von Punkt 1 bis Punkt 2r

Die weitergreifende Kontrolle, ob $S_{3l}$ und $S_{3r}$ die gleiche Richtung und entgegengesetzten Richtungssinn haben, führen wir zweckmäßigerweise zeichnerisch durch (**180**.1).

Die Querkraftlinie hat zwei Nullstellen, die Momentenlinie besitzt dementsprechend zwei relative Extremwerte: Der eine liegt im Lastangriffspunkt 2, der andere hat vom Punkt 4 in Richtung des Stabes 34 den Abstand $l_0 = Q_4/w_s = 1{,}22/1{,}44 = 0{,}85$ m und den Zahlenwert $\min M = -w_s l_0^2/2 = -1{,}44 \cdot 0{,}85^2/2 = -0{,}55$ kNm (**180**.2). Die Pfeile der Momentenparabeln errechnen sich wie folgt:

Abschnitt 12: $1{,}44 \cdot 1{,}57^2/8 = 0{,}44$ kNm
Abschnitt 23: $1{,}44 \cdot 1{,}17^2/8 = 0{,}25$ kNm
Abschnitt 34: $1{,}44 \cdot 3{,}00^2/8 = 1{,}62$ kNm

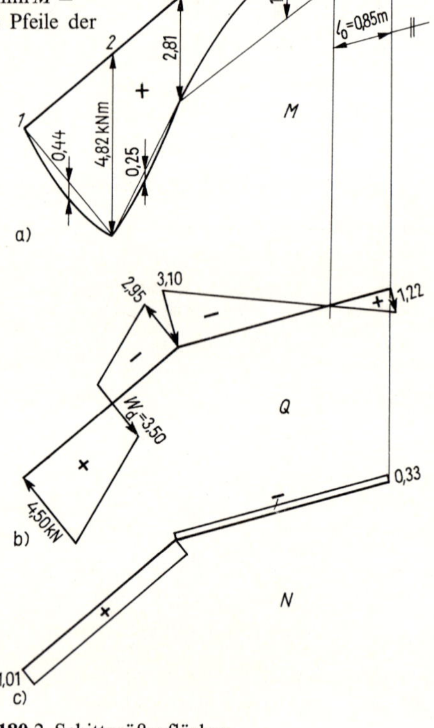


**180**.1 Schnittkräfte $S_{3l}$ bzw. $S_{3r}$ als Resultierende von $Q_{3l}$ und $N_{3l}$ bzw. $Q_{3r}$ und $N_{3r}$

**180**.2 Schittgrößenflächen
a) Momente, Ordinaten parallel zur $z$-Achse aufgetragen
b) Querkräfte und c) Längskräfte, Ordinaten senkrecht zur Stabachse aufgetragen

### 5.7.3.3 Anwendung auf das Berechnen von Treppen

Die Treppenläufe sind geneigte Träger. Die lotrechten Eigen- und Verkehrslasten bezieht man, wie oben bereits erläutert, zweckmäßigerweise auf die Grundrißfläche. Für die Treppenläufe, -absätze (Podeste) und -zugänge sind folgende Lasten zu berücksichtigen:

| | |
|---|---|
| Verkehrslasten in Wohnhäusern | 3,5 kN/m² Grdfl. |
| in allen übrigen Fällen | 5 kN/m² Grdfl. |

Eigenlasten: Die Eigenlasten sind für die gewählte Ausführungsart nach den in der DIN 1055 gegebenen Werten von Fall zu Fall zu ermitteln.

**Beispiel.** Die Treppe in einem Wohnhaus nach Bild **181.**1 besteht aus eichenen Trittstufen von 5 cm Dicke, die mittels geknickter Flacheisen auf stählernen Rechteckhohlprofilen (MSH-Profilen) (Laufträger Pos. 1) aufgesattelt sind. Das Podest besteht wie die Trittstufen aus eichenen Bohlen, der Podestträger Pos. 2 wie die Laufträger aus stählernem Rechteckhohlprofil. Gesucht sind die Beanspruchungsflächen.

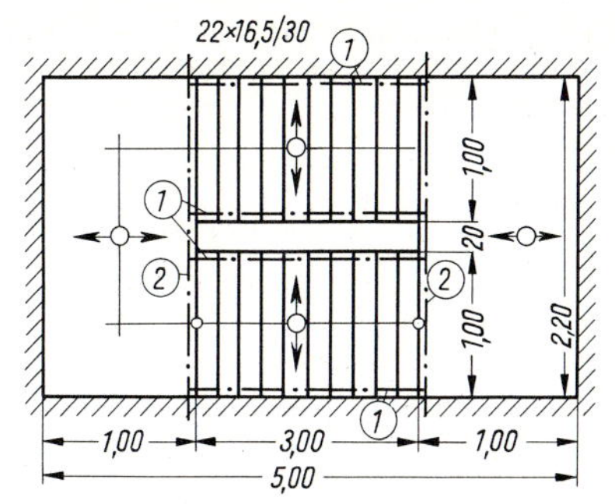


**181.**1 Grundriß eines Treppenhauses

Pos. 1: Laufträger (**181.**2)

$$\tan\alpha = 16{,}5/30 = 0{,}550 = \tan 28{,}81°;\quad l = 3{,}00 + 0{,}10 = 3{,}10$$

Belastung: Gleichmäßig verteilte Eigen- und Verkehrslast: Für den Laufträger wird großzügigerweise $g = 0{,}20$ kN/m angesetzt.

$$g = 5 \cdot 0{,}08 + 2 \cdot 0{,}20 = 0{,}80 \text{ kN/m}^2$$
$$p = 3{,}50 \text{ kN/m}^2$$
$$q = 4{,}30 \text{ kN/m}^2$$

Stütz- und Schnittgrößen für einen Laufträger:

$$A = B = \frac{0{,}5 \cdot 4{,}30 \cdot 3{,}10}{2} = 3{,}33 \text{ kN}$$

$$Q_A = +A \cdot \cos\alpha = 3{,}33 \cdot 0{,}8762 = 2{,}92 \text{ kN} = -Q_B$$

$$N_A = +A \cdot \sin\alpha = 3{,}33 \cdot 0{,}4819 = 1{,}61 \text{ kN} = -N_B$$

$$\max M = q \cdot l^2/8 = 0{,}5 \cdot 4{,}30 \cdot 3{,}10^2/8 = 2{,}58 \text{ kNm}$$

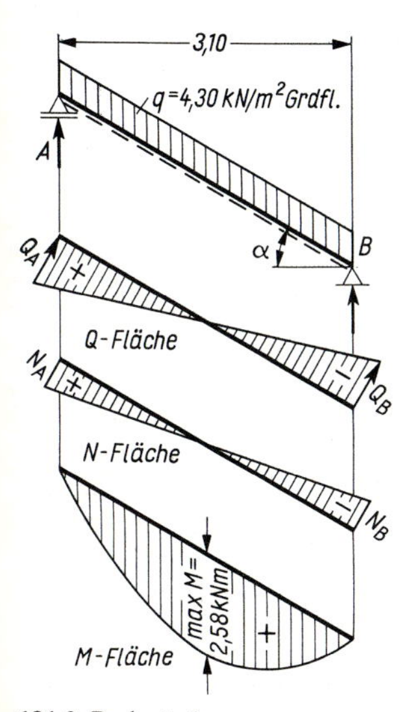


**181.**3 Podestträger

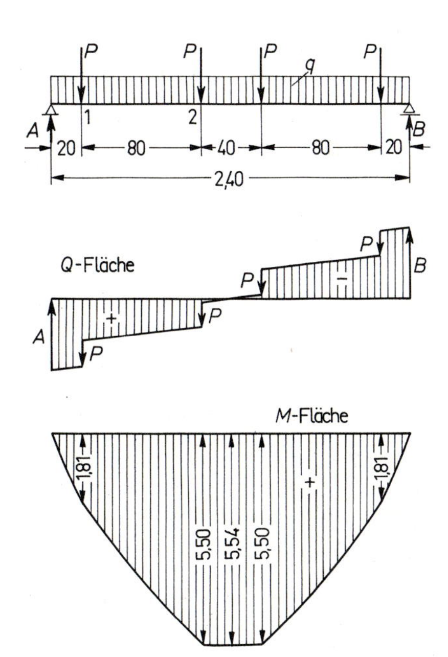


**181.**2 Schnittgrößen des Laufträgers

Pos. 2: Podestträger (**181.**3)

$$l = 0{,}10 + 2{,}20 + 0{,}10 = 2{,}40 \text{ m}$$

Belastung: Gleichmäßig verteilt vom Podest:

$$q = 0{,}5 \cdot 0{,}40 + 0{,}20 + 0{,}5 \cdot 3{,}50 = 2{,}15 \text{ kN/m}$$

Einzellast von jedem Laufträger

$$P = 3{,}33 \text{ kN}$$

Stütz- und Schnittgrößen:

$$A = B = 2{,}15 \cdot 2{,}40/2 + 2 \cdot 3{,}33 = 2{,}58 + 6{,}66 = 9{,}24 \text{ kN}$$

$$\max M = 2{,}15 \cdot 2{,}40^2/8 + 3{,}33 \cdot 0{,}20 + 3{,}33 \cdot 1{,}00 = 5{,}54 \text{ kNm}$$

$$M_2 = 9{,}24 \cdot 1{,}00 - 2{,}15 \cdot 1{,}00^2/2 - 3{,}33 \cdot 0{,}80 = 5{,}50 \text{ kNm}$$

$$M_1 = 9{,}24 \cdot 0{,}20 - 2{,}15 \cdot 0{,}20^2/2 = 1{,}81 \text{ kNm}$$

Bild **181.**3 zeigt die Querkraft- und die Momentenflächen.

# 5.8 Gelenk- oder Gerberträger[1])

## 5.8.1 Allgemeines und Gelenkanordnungen

Die Aufgabe, zwei oder mehr hintereinander liegende Stützweiten mit Biegeträgern zu überspannen, läßt sich hinsichtlich des statischen Systems auf drei verschiedene Weisen lösen:

a) mit einer Kette von Einfeldträgern (**182.**1 a)
b) mit einem Gelenk- oder Gerberträger (**182.**1 b)
c) mit einem Durchlaufträger (**182.**1 c).

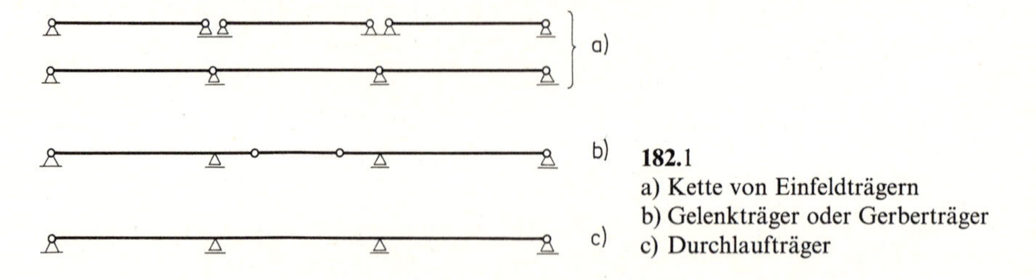


**182.**1
a) Kette von Einfeldträgern
b) Gelenkträger oder Gerberträger
c) Durchlaufträger

Bei der Untersuchung, welches System für die jeweilige Bauaufgabe das günstigste ist, sind die Vor- und Nachteile der Systeme gegeneinander abzuwägen:

---

[1]) Heinrich Gerber (1832 bis 1912) erhielt 1866 ein Patent für die Anordnung von Gelenken bei einem über mehrere Öffnungen durchlaufenden Träger. Der damals auch für Stahl (vor der Entdeckung der Plastizitätstheorie) für schädlich gehaltene Einfluß geringer Stützensenkung konnte dadurch ausgeschaltet werden. Das System der Gelenkträger ist für Vollwand- und Fachwerkträger anwendbar.

**a) Kette von Einfeldträgern**

Vorteile: einfache Montage bei Ausführung in Fertigteilen; nur eine Sorte von Fertigteilen; unempfindlich gegen ungleichmäßige Setzungen;

Nachteile: größere Bemessungsmomente und Durchbiegungen als bei Gelenk- und Durchlaufträgern; Fugen oder Übergangskonstruktionen über allen Innenstützen; volle Ausnutzung der Biegesteifigkeit des Baustoffs nur in den Feldmitten;

**b) Gelenkträger**

Vorteile: unempfindlich gegen ungleichmäßige Setzungen; kleinere Bemessungsmomente und Durchbiegungen als bei einer Kette von Einfeldträgern; Ausnutzung der Biegesteifigkeit des Baustoffs besser als bei einer Kette von Einfeldträgern;

Nachteile: Gelenke sind teuer; Gelenke sind Schwachstellen und bedingen in vielen Fällen Fugen oder Übergangskonstruktionen;

**c) Durchlaufträger**

Vorteile: kleinere Bemessungsmomente und Durchbiegungen als bei einer Kette von Einfeldträgern; Ausnutzung der Biegesteifigkeit des Baustoffs besser als bei einer Kette von Einfeldträgern; zwischen den Trägern befinden sich keine Gelenke, Fugen oder Übergangskonstruktionen;

Nachteile: je nach Baustoff mehr oder weniger empfindlich gegen ungleichmäßige Setzungen; Herstellung aus Fertigteilen schwierig.

Durchlaufträger sind statisch unbestimmte Systeme, sie werden in Teil 2 behandelt; die Kette von Einfeldträgern und der Gelenkträger sind dagegen statisch bestimmte Systeme: Bei der Kette von Einfeldträgern wird jeder Träger für sich als einfacher Träger auf zwei Stützen behandelt (s. Abschn. 5.4); bei den Gelenkträgern oder Gerberträgern treten eine Reihe von Besonderheiten auf, die im folgenden behandelt werden.

Die Gelenke der Gerberträger sind so konstruiert, daß sie Längs- und Querkräfte, aber keine Biegemomente aufnehmen können (**183.**2). Für jedes Gelenk besteht daher die Bedingungsgleichung: Die Summe der Momente aller Lagerkräfte und Lasten bezüglich des Gelenkpunktes ermittelt am Trägerteil links oder rechts vom Gelenk muß gleich null sein. Die Gelenkträger müssen eine bestimmte Anzahl Gelenke haben; aus Bild **183.**1 ist

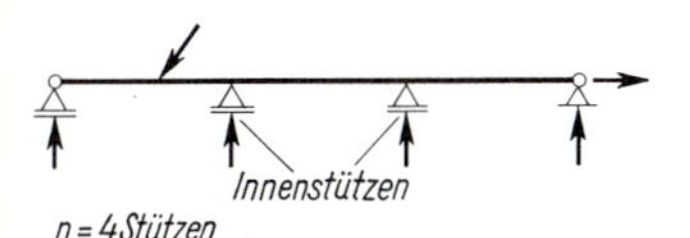

**183.**1 Durchlaufträger

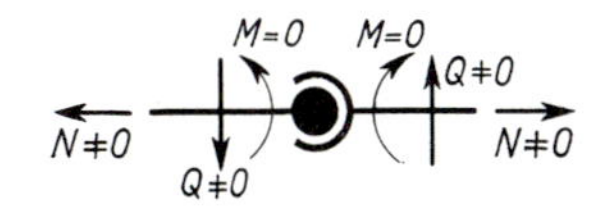

**183.**2 Gelenk für $M = 0$

abzulesen, daß bei einem Durchlaufträger über drei Felder 5 unbekannte Stützgrößen auftreten, jedoch nur 3 Gleichgewichtsbedingungen zur Verfügung stehen: dieser Durchlaufträger ist also $5 - 3 = 2$fach statisch unbestimmt. Allgemein hat ein Durchlaufträger auf $n$ Stützen $(n + 1)$ unbekannte Stützgrößen. Da 3 Gleichgewichtsbedingungen in der Ebene zur Verfügung stehen, ist er $n + 1 - 3 = n - 2$fach statisch unbestimmt. Soll ein solcher Träger statisch bestimmt gemacht werden, müssen also $n - 2$ Gelenke eingefügt werden. Aus dieser Betrachtung ergibt sich die einfache Beziehung:

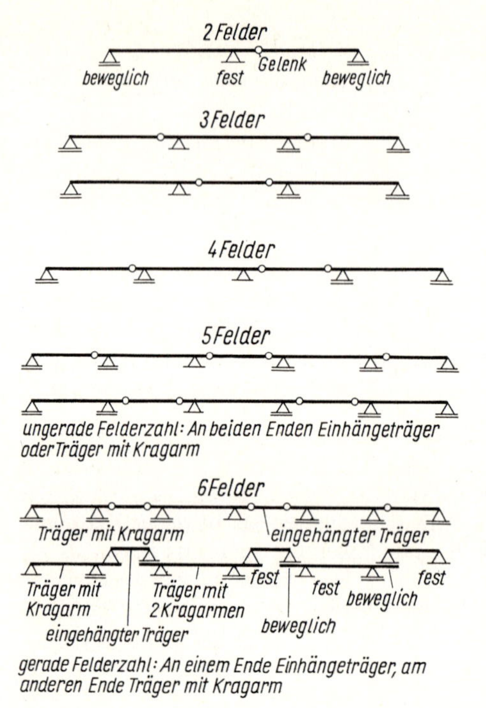


**184.1** Gelenkanordnungen bei Gerberträgern

**Anzahl der erforderlichen Gelenke = Anzahl der vorhandenen Mittelstützen**

Damit die Gelenkträger stabil bleiben und nicht in sich beweglich werden, dürfen in einem Felde nicht mehr als zwei Gelenke angeordnet werden. Die Nachbarfelder müssen in diesem Fall von Gelenken frei bleiben. Da die Endauflager auch als Gelenke aufzufassen sind, darf in einem Endfeld nur ein weiteres Gelenk vorkommen. Es ergeben sich daher bei verschiedener Felderzahl die in Bild **184.**1 dargestellten Möglichkeiten an Gelenkanordnungen.

Man kann auch in jedem Felde, mit Ausnahme eines einzigen, nur je ein Gelenk anordnen (**185.**1). Man erhält dann die Koppelträger, die im Holz-Hallenbau bei Sparrenpfetten angewendet werden. Sparrenpfetten als Koppelträger erleichtern das Aufstellen der Dachbinder. Ein Nachteil der Koppelträger ist ihre geringe Katastrophensicherheit: Wird der Träger mit Kragarm zerstört, fällt der ganze Koppelträger zusammen.

Gelenkträger werden vornehmlich in Dachtragwerken bei Pfetten und Sparrenpfetten angewendet. In Decken dürfen dagegen alle Träger, die gleichzeitig der Aussteifung von Gebäuden dienen, nicht als Gelenkträger ausgebildet werden. Damit die Gelenke frei spielen können, sind durchgehende Fugen im Zuge der Gelenke anzuordnen, wodurch sich Gelenkträger in Wohn- und Geschäftsgebäuden und ähnlichen Bauten von vornherein verbieten. In Dächern sind dagegen durchgehende Fugen i. allg. wegen der meist dünnen, nachgiebigen Dachhaut entbehrlich. Windverbände dürfen jedoch in den Gelenkfeldern nicht angeordnet werden.

Im Hochbau wählt man den Abstand der Gelenke von den Stützen meist so, daß die Feldmomente gleich den Stützmomenten werden, daß also Momentenausgleich und damit eine gute Ausnutzung der Baustoffe vorhanden ist.

Die bei Gelenkträgern auftretenden Biegemomente ermittelt man für beliebige Belastung am besten zeichnerisch. Man trägt zunächst die Momente $M_0$ auf, das sind die Momente, die sich bei einer Kette von Einfeldträgern ergeben würden. Dann projiziert man die Gelenkpunkte auf die $M_0$-Linie und zieht durch die projizierten Gelenkpunkte die Schlußlinie $s$ (**185.**2), die unter den Innenstützen Knicke aufweist. Die Momentenordinaten des Gelenkträgers liegen jetzt zwischen $M_0$-Linie und Schlußlinie.

Umgekehrt läßt sich auf diese Weise, wenn man die Forderung nach Momentenausgleich stellt, die Lage der Gelenke bestimmen. Sollen z. B. für den Träger nach Bild **185.**3 die Gelenke so angeordnet werden, daß das größte Moment im Mittelfeld gleich den Beträgen der benachbarten Stützmomente wird, so braucht man nach Zeichnen der $M_0$-Linie nur

**185.1** Koppelträger

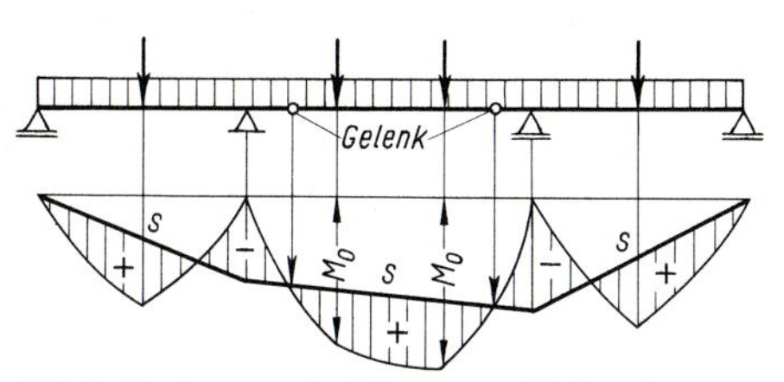


**185.2** Bestimmen der Momentenfläche eines Gelenkträgers

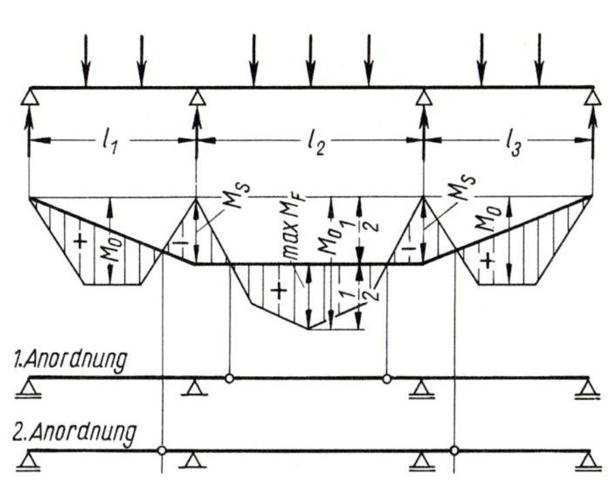


**185.3** Bestimmen der Gelenke für Momentenausgleich im Mittelfeld

die Schlußlinie im Mittelfeld so zu führen, daß sie horizontal verläuft und die Ordinate des größten Feldmoments halbiert. Die Schnittpunkte der Schlußlinie mit der $M_0$-Linie sind die Momentennullpunkte des Gelenkträgers; in zwei von ihnen werden unter Beachtung der oben angeführten Regeln Gelenke angeordnet:

Wendet man diese Betrachtungen auf den bei Pfetten und Sparrenpfetten vorkommenden

**Sonderfall: Gleichmäßig verteilte Gesamtlast über den ganzen Träger bei gleichen Stützweiten** an, so ergibt sich für die Mittelfelder (**185.4**)

$$\max \boldsymbol{M_F} = -\boldsymbol{M_S} = \frac{1}{2} \cdot \frac{q \cdot l^2}{8} = \frac{\boldsymbol{q \cdot l^2}}{\boldsymbol{16}} \tag{185.1}$$

Die Lage der Gelenke im Mittelfeld berechnet sich aus der Bedingung, daß die am Kragarm wirkenden Lasten das Stützmoment $q \cdot l^2/16$ hervorrufen (**186.1**)

$$M_S = -\frac{q(l-2a)}{2}a - \frac{q \cdot a^2}{2} = -\frac{q \cdot l^2}{16}$$

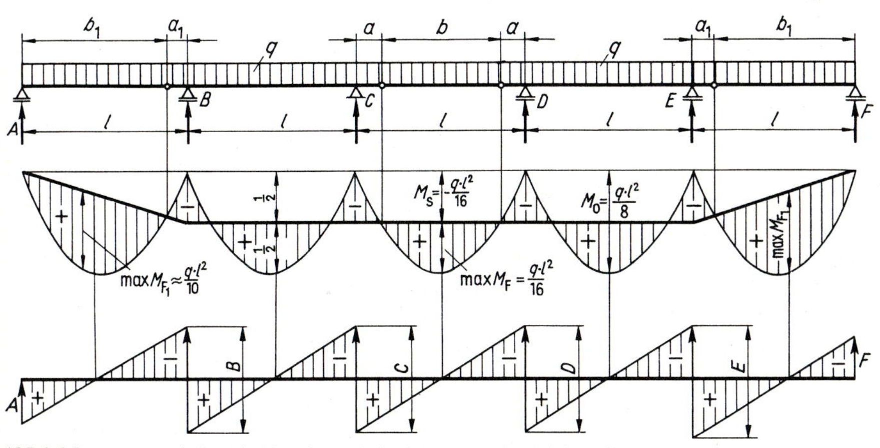


**185.4** Momente und Querkräfte eines Gelenkträgers mit gleichmäßig verteilter Belastung, gleichen Feldweiten und Momentenausgleich in den Mittelfeldern

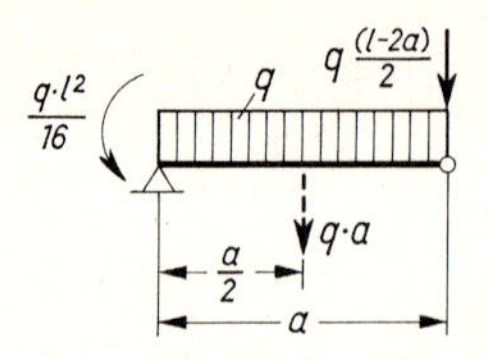


186.1 Herausgeschnittener Trägerteil zur Bestimmung von $a$

Hieraus erhält man die gemischt-quadratische Gleichung

$$a^2 - a \cdot l = -\frac{l^2}{8}$$

Deren Auflösung ergibt

$$\boldsymbol{a} = \frac{l}{2} - \frac{l}{4}\sqrt{2} = \mathbf{0{,}14645}\,\boldsymbol{l} \approx \frac{\boldsymbol{l}}{\mathbf{7}} \qquad (186.1)$$

Die Länge des eingehängten Trägers wird damit

$$\boldsymbol{b} = l - 2\mathrm{a} = \mathbf{0{,}7071}\,\boldsymbol{l} \approx \frac{\mathbf{5}}{\mathbf{7}}\,\boldsymbol{l} \qquad (186.2)$$

Soll auch über der ersten und letzten Innenstütze das Moment $-ql^2/16$ auftreten, so ergibt sich die Lage des Gelenks im Endfeld aus der Gleichung (**186.**2)

$$M_S = -\frac{q(l-a_1)}{2}a_1 - \frac{q \cdot a_1^2}{2} = -\frac{q \cdot l^2}{16}$$

daraus $\quad -a_1 \cdot l + a_1^2 - a_1^2 = -\dfrac{l^2}{8}$

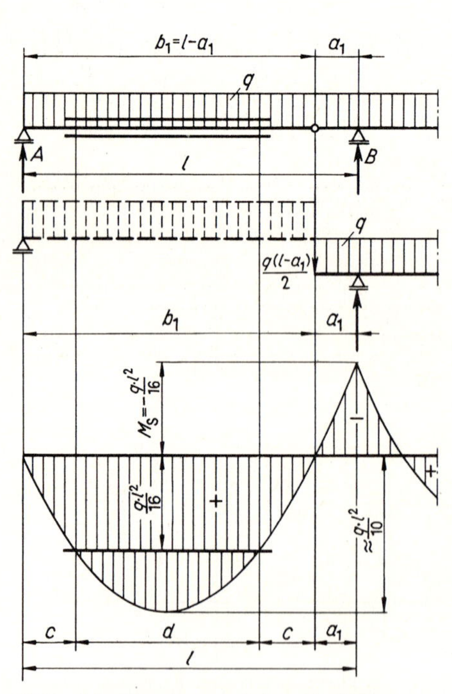


186.2 Gelenklage im verstärkten Endfeld

$$\boldsymbol{a_1} = \frac{\boldsymbol{l}}{\mathbf{8}} = \mathbf{0{,}125}\,\boldsymbol{l} \qquad (186.3)$$

$$\boldsymbol{b_1} = \frac{\mathbf{7}}{\mathbf{8}}\,\boldsymbol{l} = \mathbf{0{,}875}\,\boldsymbol{l} \qquad (186.4)$$

Mit diesen Werten berechnet sich im Endfeld das größte Feldmoment zu

$$\max \boldsymbol{M_{F1}} = \frac{q\left(\frac{7}{8}l\right)^2}{8} = \frac{49}{512}q \cdot l^2$$

$$= \mathbf{0{,}0957}\,\boldsymbol{q \cdot l^2} \approx \frac{\boldsymbol{q \cdot l^2}}{\mathbf{10}} \qquad (186.5)$$

d.h., im Endfeld ist das Biegemoment größer als im Mittelfeld. Die Länge $d$ der Biegemomentfläche, über die eine Verstärkung des Trägers nötig ist, sofern er nicht im ganzen stärker ausgeführt wird, findet man aus der Bedingung (**186.**2)

$$\frac{q \cdot b_1}{2}c - q \cdot c\frac{c}{2} = \frac{q \cdot l^2}{16}$$

Mit $b_1 = \frac{7}{8} l$ erhält man die quadratische Gleichung

$$c^2 - \frac{7}{8} c \cdot l = - \frac{l^2}{8}$$

$$\mathbf{c = 0{,}18\,l} \tag{187.1 a}$$

$$\mathbf{d} = \frac{7}{8} l - 2c = (0{,}875 - 0{,}360)\,l = \mathbf{0{,}515\,l} \tag{187.1 b}$$

Bei dieser Gelenkanordnung werden die Lagerkräfte (**185.**4)

$$A = F = \frac{1}{2} \cdot \frac{7}{8} q \cdot l = \frac{7}{16} q \cdot l = 0{,}4375\, q \cdot l$$

$$B = E = \frac{q \cdot l}{2} + \frac{9}{16} q \cdot l = \frac{17}{16} q \cdot l = 1{,}0625\, q \cdot l$$

$$C = D = q \cdot l$$

Um die Verstärkung der Endfelder zu vermeiden, kann man die Endfelder so verkürzen, daß auch bei ihnen das größte Feldmoment $\max M_F = q \cdot l^2/16$ wird.
Dann muß (wie im Mittelfeld) auch im Endfeld werden (**187.**1)

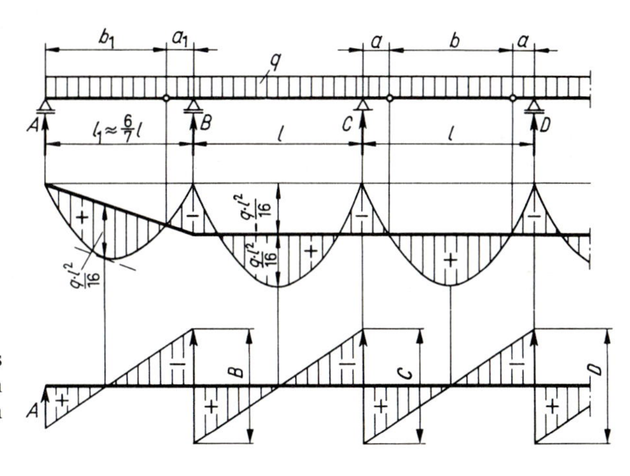

**187.**1
Momente und Querkräfte eines Gelenkträgers mit verkürztem Endfeld und Momentenausgleich in allen Feldern

$$b_1 = b = 0{,}7071\, l \approx \frac{5}{7} l \qquad a_1 = a = 0{,}14645\, l \approx \frac{1}{7} l$$

und damit die gesamte Stützweite $l_1$ im Endfeld

$$\mathbf{l_1} = (0{,}7071 + 0{,}14645)\,l = \mathbf{0{,}8536\,l \approx \frac{6}{7} l} \tag{187.2}$$

Damit erhält man die Lagerkräfte

$$A = F = \frac{1}{2} \cdot 0{,}7071\, q \cdot l = 0{,}354\, q \cdot l \qquad B = C = D = \cdots = q \cdot l$$

## 5.8.2 Anwendungen

**Beispiel 1.** Eine Fabrikhalle von 15 m × 27 m Grundfläche (**188.**1) soll durch vier Fachwerkbinder überdacht werden. Die Binder sind so aufzustellen, daß die als Gelenkträger auszubildenden Pfetten in allen Feldern und über allen Stützen das gleiche Biegemoment erhalten. Welche Binderabstände sind hierfür zu wählen, und welches größte Biegemoment müssen die Pfetten des flachen Daches aufnehmen, wenn die Gesamtlast aus Eigenlast, Schnee und Wind 6,5 kN/m beträgt?

Die beiden Endfelder müssen eine Spannweite von je $0{,}8536\,l$ der Mittelfelder erhalten. Bei vier Bindern oder fünf Feldern besteht also die Beziehung

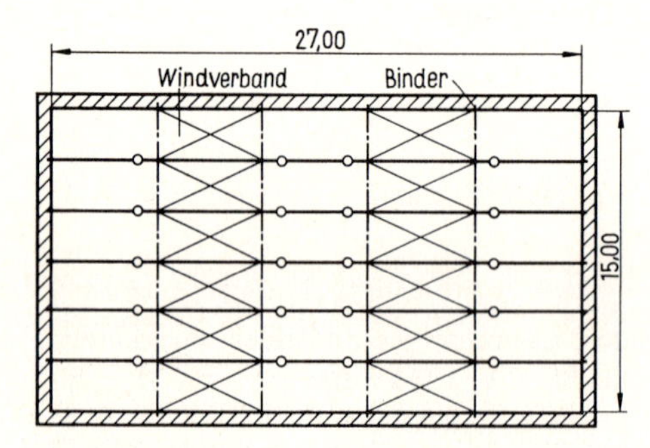


**188.**1 Fabrikhallengrundriß mit Gelenkpfetten

$$2 \cdot 0{,}8536\,l + 3\,l = 27 + 2 \cdot \frac{0{,}20}{2}$$

$$l = \frac{27{,}20}{4{,}707} = 5{,}78 \text{ m}$$

$$l_1 = \frac{27{,}20 - 3 \cdot 5{,}78}{2} = 4{,}93 \text{ m}$$

$$a = 0{,}1465 \cdot 5{,}78 = 0{,}85 \text{ m}$$

$$b = 5{,}78 - 2 \cdot 0{,}85 = 4{,}08 \text{ m}$$

$$b_1 = 4{,}93 - 0{,}85 = 4{,}08 \text{ m}$$

Diese Gelenkmaße zeigt Bild **188.**2.

Das größte Moment ergibt sich nach Gl. (185.1) zu

$$\max M = \frac{6{,}50 \cdot 5{,}78^2}{16} = \frac{6{,}50 \cdot 4{,}08^2}{8} \approx 13{,}55 \text{ kNm}$$

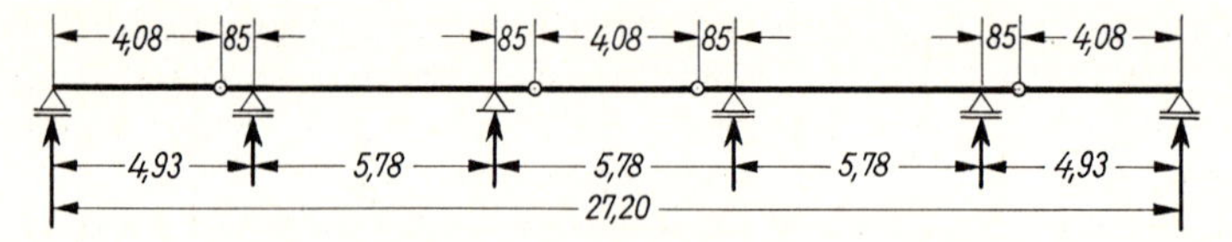


**188.**2 Binderteilung und Gelenkmaße bei verkürzten Endfeldern

**Beispiel 2.** Für die Fabrikhalle des Beispiels 1 sollen alle Binderfelder gleich groß werden. Wie sind die Gelenke anzuordnen, und welche Momente treten auf?

$$l = \frac{27{,}20}{5} = 5{,}44 \text{ m}$$

In den Mittelfeldern

$$\max M \approx \frac{6{,}50 \cdot 5{,}44^2}{16} = 12 \text{ kNm}$$

Im Endfeld wird nach Gl. (186.5)

$$\max M \approx \frac{6{,}50 \cdot 5{,}44^2}{10} = 19{,}2 \text{ kNm}$$

Die Gelenkmaße werden (**189**.1)

$$a = 0{,}1465 \cdot 5{,}44 = 0{,}80 \text{ m} \qquad a_1 = 0{,}125 \cdot 5{,}44 = 0{,}68 \text{ m}$$
$$b = 0{,}7071 \cdot 5{,}44 = 3{,}84 \text{ m} \qquad b_1 = 0{,}875 \cdot 5{,}44 = 4{,}76 \text{ m}$$
$$c = 0{,}180 \cdot 5{,}44 = 0{,}98 \text{ m}$$

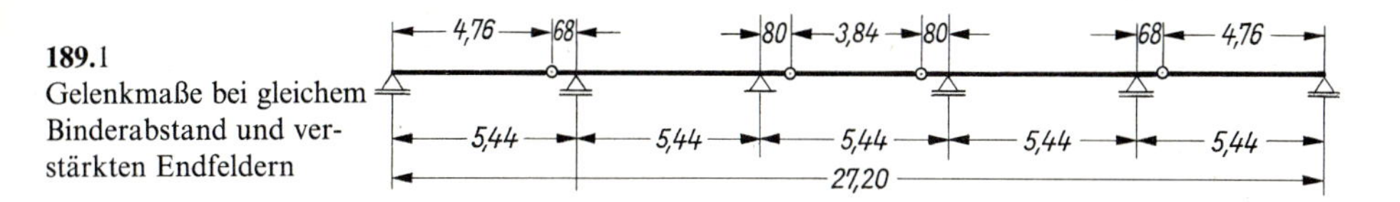


**189**.1
Gelenkmaße bei gleichem Binderabstand und verstärkten Endfeldern

# 5.9 Dreigelenkrahmen und Dreigelenkbogen

## 5.9.1 Allgemeines

Dreigelenkrahmen und -bögen besitzen zwei feste Lager, so daß sich für den allgemeinen Lastfall 4 unbekannte Stützgrößen ergeben. Zu ihrer Bestimmung stehen die drei Gleichgewichtsbedingungen der ebenen Statik zur Verfügung, die am ganzen Tragwerk aufgestellt werden. Hinzu kommt eine Momentengleichgewichtsbedingung bezüglich des Gelenks, die sich nur auf einen Teil des Systems bezieht: Die Summe der Momente aller Lagerkräfte und Lasten bezüglich des Gelenkpunktes, ermittelt am Tragwerkteil links oder rechts vom Gelenk, muß gleich Null sein. Dreigelenkrahmen und -bögen sind also in gleicher Weise statisch bestimmt wie vorher der Gelenkträger. Infolge ihrer statischen Bestimmtheit sind diese Tragwerke recht unempfindlich gegen Senkungen oder Verdrehungen der Lager – im Gegensatz zu statisch unbestimmten und komplizierteren Tragwerken, die in Teil 2 und 3 behandelt werden.

Beim Dreigelenkrahmen (**190**.1) bezeichnet man die in den Lagerpunkten beginnenden lotrechten oder geneigten Stäbe als Stiele und den die Stiele verbindenden horizontalen oder geneigten Stab als Riegel. Die Rahmenstiele sind in den Lagerpunkten gelenkig gelagert und mit dem Rahmenriegel durch „biegesteife Ecken“, die die Biegemomente weiterleiten, verbunden, sofern nicht das Gelenk in einer Ecke angeordnet ist. Als eine Sonderform des Dreigelenkrahmens kann das Sparrendach angesehen werden, das nur aus zwei geneigten Stielen besteht, die gelenkig miteinander verbunden sind.

Der Dreigelenkbogen ist ein statisch bestimmtes bogenförmiges Tragwerk. Die später behandelten statisch unbestimmten Bögen können vom Dreigelenkbogen her leichter in ihrer Tragwirkung verstanden werden. Die Gelenke in den festen Lagerpunkten oder Kämpfern heißen Kämpfergelenke; das dritte, in der Bogenachse gelegene Gelenk wird häufig im Scheitel des Bogens angeordnet und heißt dann Scheitelgelenk. Die Form des Bogens ist beliebig. Sie wird tunlichst so gewählt, daß die Biegemomente infolge der auftretenden Belastungen möglichst klein werden. Sehr übersichtlich und zweckmäßig läßt sich die Bogenform, auch bei verschiedenen Lastfällen, mit dem Stützlinienverfahren ermitteln, das in Band 2 besprochen wird. An dieser Stelle sei bemerkt, daß Bogen und Gewölbe aus Stein, die der Form einer Kreislinie oder einer Parabel oder anderen mathematischen Funktionen folgten, in der Baugeschichte eine bedeutende Rolle gespielt haben.

## 5.9.2 Symmetrischer Dreigelenkrahmen

Unbekannt sind 4 Größen, z. B. die Beträge der resultierenden Lagerkräfte $A$ und $B$ und deren Neigungswinkel $\alpha$ und $\beta$ (**190.**1 a) oder die Komponenten $A_v$, $H_A$ und $B_v$, $H_B$ der Lagerkräfte (**190.**1 b). Zur Verfügung stehen 3 Gleichgewichtsbedingungen. Weil das Biegemoment im Gelenk $g$ verschwinden muß, ist die 4. erforderliche Bedingung in der Form gegeben, daß das Moment aller Kräfte links oder rechts von der Schnittstelle $g$ null sein muß, also $M_g = 0$.

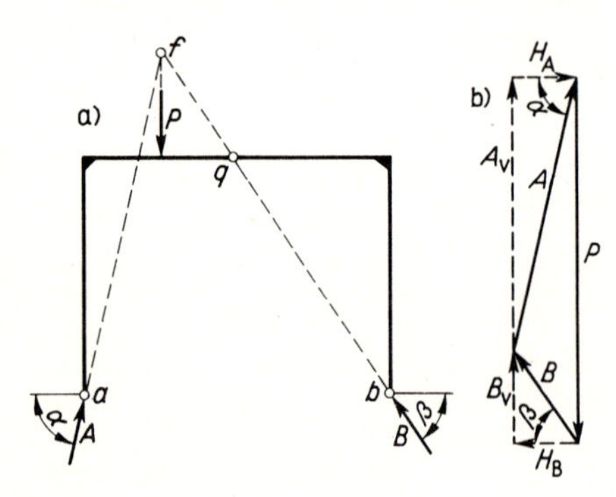


**190.**1 Dreigelenkrahmen mit Einzellast, zeichnerische Lösung

**190.**2 Dreigelenkrahmen mit Einzellast $P$

### 5.9.2.1 Rahmen mit senkrechter Einzellast auf dem Riegel

Für einen Dreigelenkrahmen (**190.**2) mit der Last $P$ sind die Lagerkräfte und die inneren Kräfte zu bestimmen.

Zeichnerisch sind die Lagerkräfte (**190.**1) rasch zu finden: Insgesamt greifen 3 Kräfte, nämlich $P$, $A$ und $B$ am System an. Die rechte Hälfte des Dreigelenkrahmens ist unbelastet, sie wirkt auf die belastete linke Hälfte wie eine geknickte Pendelstütze. Deshalb kann die Wirkungslinie von $B$ sofort angegeben werden: Weil im Gelenk $g$ das Moment $M_g = 0$ sein muß, fällt die Wirkungslinie von $B$ mit der Geraden $b$–$g$ zusammen; diese Wirkungslinie trifft, über $g$ hinaus verlängert, die Wirkungslinie der Kraft $P$ im Punkt $f$. Da aber 3 Kräfte nur im Gleichgewicht stehen können, wenn sie sich in einem Punkt schneiden, ist die Wirkungslinie von $A$ durch die Punkte $a$ und $f$ bestimmt. Mit den so gewonnenen Wirkungslinien von $A$ und $B$ können im Krafteck (**190.**1 b) deren Größe und Richtung unmittelbar gefunden werden. Auch die Komponenten $A_v$, $H_A$, $B_v$ und $H_B$ können aus dem Krafteck leicht ermittelt werden.

Für die rechnerische Lösung werden die 3 Gleichgewichtsbedingungen $\Sigma M_b = 0$, $\Sigma M_a = 0$, $\Sigma H = 0$ und die Gelenkbedingung $M_g = 0$ benutzt.

Es ist $\curvearrowright \Sigma M_b = 0 = A_v \cdot l - P \cdot b \qquad A_v = \dfrac{P \cdot b}{l}$

$$\curvearrowleft \Sigma M_a = 0 = B_v \cdot l - P \cdot a \qquad B_v = \frac{P \cdot a}{l}$$

Die lotrechten Lagerkräfte sind also genau so groß wie die eines einfachen Balkens auf zwei Stützen mit der Stützweite $l$ [Ersatzbalken, Nullsystem des Riegels (**191.**1)].

$$\xrightarrow{+} \Sigma H = 0 = H_A - H_B \qquad H_A = H_B$$

und schließlich am unbelasteten Teil rechts vom Gelenk

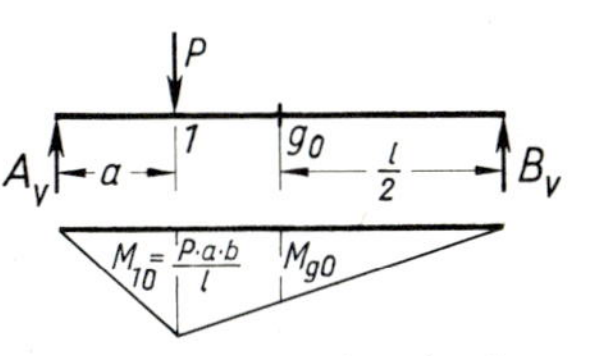


**191.**1 Nullsystem des Riegels = Balken mit Spannweite $l$

$$\curvearrowleft + \; M_g = 0 = B_v \cdot \frac{l}{2} - H_B \cdot h$$

$$H_B = \frac{B_v \cdot l}{2h} = \frac{P \cdot a}{l} \cdot \frac{l}{2h} \qquad \frac{P \cdot a}{2h} = H_A = H$$

Das gleiche Ergebnis erhält man am Rahmenstiel links von $g$:

$$\curvearrowright + \; M_g = 0 = A_v \cdot \frac{l}{2} - H_A \cdot h - P\left(\frac{l}{2} - a\right)$$

$$H_A = \frac{1}{h}\left[A_v \cdot \frac{l}{2} - P\left(\frac{l}{2} - a\right)\right] = \frac{1}{h}\left[\frac{P \cdot b}{l} \cdot \frac{l}{2} - P \cdot \frac{l}{2} + P \cdot a\right]$$

da $b = l - a$, ist

$$H_A = \frac{1}{h}\left[\frac{P(l-a)}{l} \cdot \frac{l}{2} - P \cdot \frac{l}{2} + P \cdot a\right] = \frac{1}{h}\left[\frac{P \cdot l}{2} - \frac{P \cdot a}{2} - \frac{P \cdot l}{2} + P \cdot a\right] = \frac{P \cdot a}{2h} = H_B$$

Der letzte Rechnungsgang zeigt, wieviel Rechenarbeit erspart wird, wenn man für die Berechnung von $H$ die Seite auswählt, auf der weniger Kräfte wirken.

Aus der Momentenbedingung $\Sigma M_g = 0$ am unbelasteten Teil rechts vom Gelenk geht deutlich hervor, wie das Moment des Nullsystems im Gelenkpunkt $B_v \cdot l = \frac{P \cdot a}{l} \cdot \frac{l}{2}$ durch das Moment des Horizontalschubes $H \cdot h$ zum Verschwinden gebracht wird. Mit $B_v \cdot l = M_{g0}$ können wir schreiben $M_{g0} = H \cdot h$ oder

$$\boldsymbol{H = \frac{M_{g0}}{h}} \tag{191.1}$$

Wir erhalten also den Horizontalschub, wenn wir das an der Stelle des Gelenks im Ersatzbalken oder Nullsystem auftretende Moment durch die Rahmenhöhe teilen. Formel (191.1) gilt für jede beliebige lotrechte Belastung des Riegels.

**Momente (192.**1)

Stiele *ac* und *bd*

$$M(y) = -H \cdot y = -\frac{P \cdot a}{2h} y$$

$$M_c = M_d = -H \cdot h = -\frac{P \cdot a}{2h} h = -\frac{P \cdot a}{2}$$

Riegel an der Stelle $x$

$$M(x) = A_v \cdot x - H \cdot h = \frac{P \cdot b}{l} x - \frac{P \cdot a}{2h} h = \frac{P \cdot b}{l} x - \frac{P \cdot a}{2}$$

An der Stelle $x = a$ ist

$$M_1 = A_v \cdot a - H \cdot h = \frac{P \cdot a \cdot b}{l} - \frac{P \cdot a}{2}$$

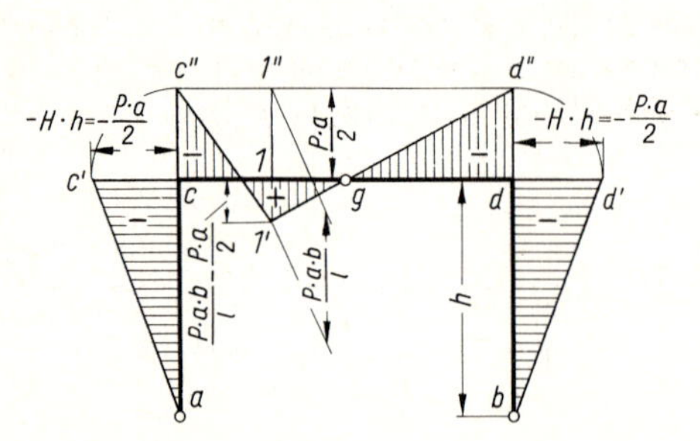


192.1 Momentenfläche

Darin ist $\frac{P \cdot a \cdot b}{l}$, d.h. das erste Glied des Momentes $M_1$, das Moment des Nullsystems für die Stelle $x = a$ (**191**.1). Da das Moment $M_g = 0$ ist, kann man bereits mit den errechneten Momenten $M_c$ und $M_d$ die Momentenfläche zeichnen: Man trägt in den Punkten $c$ und $d$ an Stiel und Riegel die Momente (**192**.1)

$$-H \cdot h = -\frac{P \cdot a}{2}$$

auf, verbindet $c'$ mit $a$ und $d'$ mit $b$ und zieht von $d''$ eine Gerade durch $g$ bis unter den Punkt 1 (Punkt 1′); die Gerade von 1′ nach $c''$ vervollständigt die Momentenfläche. Die Ordinate 1 1′ muß gleich dem errechneten Moment $M_1$ sein, was als Kontrolle dienen kann. Man erkennt aus der Figur eine wichtige Tatsache: Sämtliche Ordinaten zwischen der Verbindungslinie $c''\,d''$ und dem Riegel sind gleich dem Moment des Horizontalschubs $-H \cdot h = -\frac{P \cdot a}{2}$. Die Ordinate 11′ im Punkt 1 ist $M_1 = \frac{P \cdot a \cdot b}{l} - \frac{P \cdot a}{2}$, folglich hat die gesamte Ordinate 1′ 1″ den Wert $\frac{P \cdot a \cdot b}{l}$, also das Moment des Ersatzbalkens oder Nullsystems. Die Momente des Riegels lassen sich also zeichnerisch und auch rechnerisch sofort ermitteln, wenn man die Eckmomente des Rahmens und die Momente eines Balkens auf 2 Stützen kennt: Man zieht oberhalb der Riegelachse $cd$ im Abstand $H \cdot h$ eine Parallele $c''\,d''$ und hat damit die Grundlinie für die Momente des Ersatzbalkens oder Nullsystems. Von ihr trägt man die $M_0$-Fläche ab, in unserem Fall die dreieckige Momentenfläche mit der Spitze $P \cdot a \cdot b/l$ im Punkt 1″. Die Riegelmomente des Dreigelenkrahmens werden dann durch die Riegelachse $cd$ bestimmt. Die Momente sind oberhalb $cd$ negativ, unterhalb positiv. Der Rahmenberechnung genügt die Kenntnis der Eckmomente oder, wie wir später sagen werden, der Stabendmomente, um sämtliche Momente des Systems ermitteln zu können. Das ist für die Berechnung statisch unbestimmter Rahmen nach Cross und Kani von großer Bedeutung (s. Teile 2 und 3).

Wie wir im Abschn. 5.3.3 festgelegt haben, werden diejenigen Momente als positiv bezeichnet, die in der Bezugsfaser (**190**.2) Zugspannungen erzeugen. Die Bezugsfaser liegt innen.

**Querkräfte**

Stiel $ac$ $Q_y = -H$ Stiel $bd$ $Q'_y = +H$

Riegel im Bereich $c$ bis 1 $Q = +A$ Riegel im Bereich $d$ bis 1 $Q = -B$

**Längskräfte**

Stiel $ac$ $N = -A$ (Druck)

Riegel $N = -H$ (Druck) Stiel $bd$ $N = -B$ (Druck)

### 5.9.2.2 Gleichlast auf dem Riegel

**Lagerkräfte (193.1)**

$$\curvearrowright \Sigma M_b = 0 = A_v \cdot l - \frac{q \cdot l^2}{2} \qquad A_v = \frac{q \cdot l}{2}$$

$$\curvearrowleft \Sigma M_a = 0 = B_v \cdot l - \frac{q \cdot l^2}{2} \qquad B_v = \frac{q \cdot l}{2}$$

$$\overset{+}{\rightarrow} \Sigma H = 0 = H_A - H_B \qquad H_A = H_B = H$$

$$\curvearrowright M_g = 0 = A_v \cdot \frac{l}{2} - H_A \cdot h - \frac{q \cdot l^2}{8}$$

$$H_A = \frac{1}{h}\left(A_v \frac{l}{2} - \frac{q \cdot l^2}{8}\right) = \frac{1}{h} \cdot \frac{q \cdot l^2}{8} \quad \text{oder} \quad H_A = \frac{M_{g0}}{h} = \frac{\frac{q \cdot l^2}{8}}{h} = \frac{q \cdot l^2}{8 \cdot h}$$

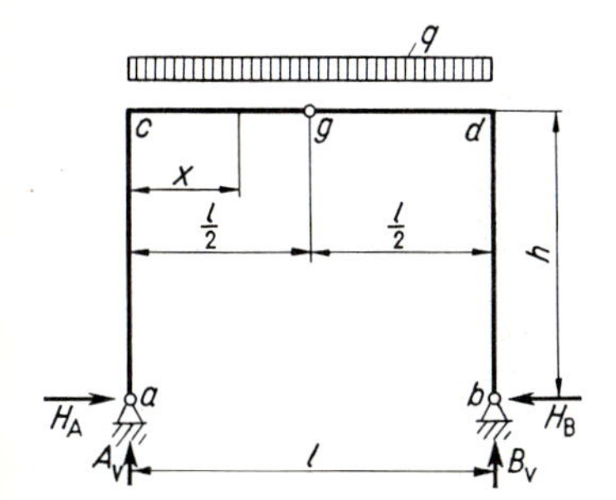


193.1 Riegel mit Gleichlast $q$

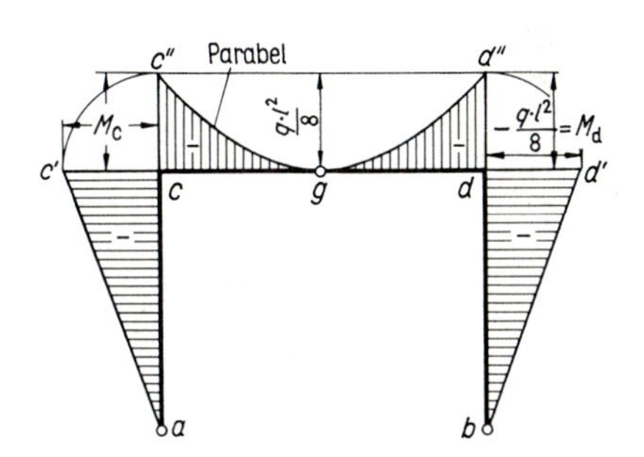


193.2 Momentenflächen zu Bild 193.1

**Momente (193.2)**

$$M_c = -H \cdot h = -\frac{q \cdot l^2}{8 \cdot h} h = -\frac{q \cdot l^2}{8}$$

$$M_d = -H \cdot h = -\frac{q \cdot l^2}{8 \cdot h} h = -\frac{q \cdot l^2}{8} = M_c$$

Momente im Riegel für $0 \le x \le l/2$

$$M_x = A_v \cdot x - H \cdot h - \frac{q \cdot x^2}{2} = +\frac{ql}{2} x - \frac{q}{2} x^2 - \frac{ql^2}{8}$$

Man trägt in den Eckpunkten $c$ und $d$ die Eckmomente $M_c$ und $M_d$ ab und erhält die Punkte $c'$, $c''$, $d'$ und $d''$. Verbindet man wiederum $c'$ mit $a$ und $d'$ mit $b$, so sind die Dreiecke $acc'$ und $bdd'$ die Momentenflächen für die Stiele.

Die Momentenfläche des Riegels erhält man durch die von der Verbindungslinie $c''$ $d''$ abgetragene Parabel mit dem Pfeil $\frac{q \cdot l^2}{8}$ in $g$. Die schraffierte Fläche $cc''$ gdd$''$ ist dann die Momentenfläche des Riegels.

### 5.9.2.3 Waagrechte Einzellast im Rahmeneckpunkt

**Lagerkräfte (194.1)**

$$\curvearrowleft + \Sigma M_b = 0 = A_v \cdot l + W \cdot h \qquad A_v = -\frac{W \cdot h}{l}$$

$$\uparrow + \Sigma V = 0 = A_v + B_v \qquad B_v = -A_v = +\frac{W \cdot h}{l}$$

$$\overset{+}{\rightarrow} \Sigma H = 0 = H_A + W - H_B \qquad H_A = -W + H_B$$

$$\curvearrowright + M_g = B_v \cdot \frac{l}{2} - H_B \cdot h$$

$$H_B = \frac{B_v \cdot l/2}{h} = \frac{W \cdot h}{l} \cdot \frac{l/2}{h} = \frac{W}{2}$$

$$H_A = -W + \frac{W}{2} = -\frac{W}{2}$$

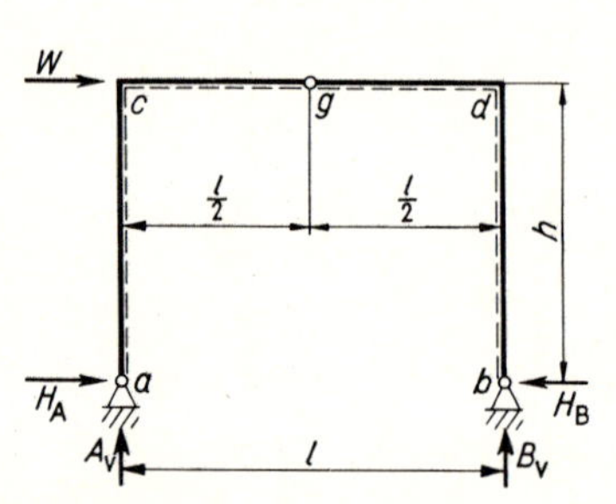


194.1 Dreigelenkrahmen mit horizontaler Einzellast $W$

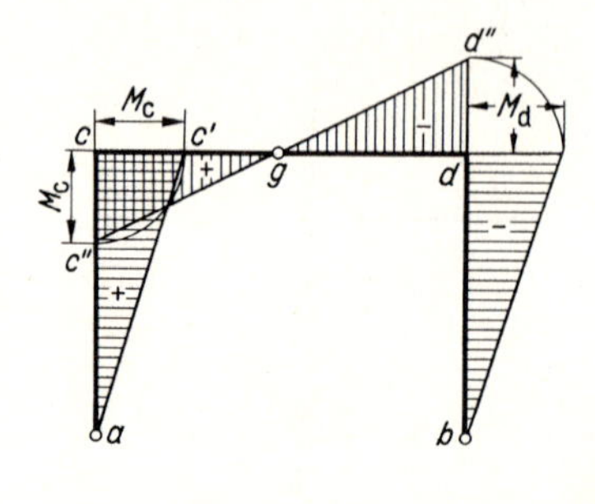


194.2 Momentenflächen zu Bild 193.2

Die negativen Vorzeichen von $A_v$ und $H_A$ sagen aus, daß diese Größen entgegengesetzt der ersten Annahme gerichtet sind.

**Momente (194.2)**

$$M_c = -H_A \cdot h = +\frac{W}{2} h; \quad M_d = -H_B \cdot h = -\frac{W}{2} h$$

Da außer $W$ keine Lasten im Riegel vorhanden sind und das Moment $M_g$ null ist, kann man die Momentenfläche sofort zeichnen. Positive Momente werden an der Innenseite angetragen, wo sie Zug erzeugen und wo die Bezugsfaser liegt. Man trägt also vom Punkt $c$ nach innen bis $c'$ und nach unten bis $c''$ das Moment $M_c$, vom Punkt $d$ nach außen bis $d'$ und nach oben bis $d''$ das Moment $M_d$ ab. Verbindet man $c'$ mit $a$ und $d'$ mit $b$, so sind wiederum die Dreiecke $acc'$ und $bdd'$ die Momentenflächen der Stiele. In diesem Beispiel ist aber die Momentenfläche $acc'$ positiv und die Momentenfläche $bdd'$ negativ. Die Verbindung von $c''$ mit $d''$ ergibt die Momentenfläche des Riegels. Die Momententeilfläche $cc''\,g$ des Riegels ist positiv, die Momententeilfläche $dd''\,g$ negativ.

#### 5.9.2.4 Gleichlast auf linken Rahmenstiel

Der Stiel *ac* des Rahmens wird durch die gleichmäßig verteilte Last $w$ belastet (**195.**1).

**Lagerkräfte**

$$\curvearrowright + \Sigma M_b = 0 = A_v \cdot l + w \cdot h \cdot \frac{h}{2} \qquad A_v = -\frac{w \cdot h^2/2}{l} = \frac{w \cdot h^2}{2l}$$

$$\uparrow + \Sigma V = 0 = A_v + B_v \qquad B_v = -A_v = +\frac{w \cdot h^2}{2l}$$

$$\stackrel{+}{\rightarrow} \Sigma H = 0 = H_A + w \cdot h - H_B \qquad H_A = -w \cdot h + H_B$$

An der rechten Rahmenhälfte:

$$\curvearrowleft + M_g = 0 = B_v \cdot \frac{l}{2} - H_B \cdot h$$

$$H_B = \frac{B_v \cdot l/2}{h} = \frac{\frac{w \cdot h^2}{2l} \cdot \frac{l}{2}}{h} = \frac{w \cdot h}{4}$$

$$H_A = -w \cdot h + H_B = -w \cdot h + \frac{w \cdot h}{4} = -\frac{3}{4} w \cdot h$$

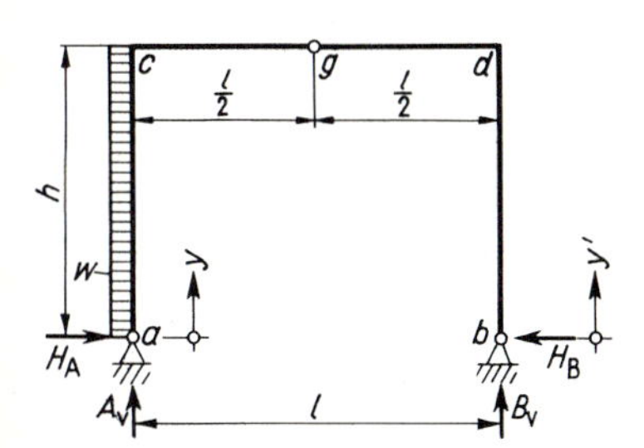

**195.**1 Dreigelenkrahmen mit horizontaler Stielbelastung $w$

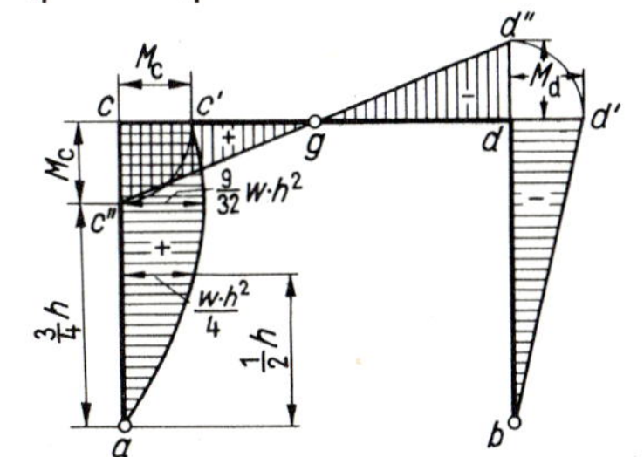

**195.**2 Momentenflächen zu Bild **195.**2

**Momente** (**195.**2)

Stiel *ac*: $M_y = -H_A \cdot y - w \cdot y \cdot \frac{y}{2} = +\frac{3}{4} w \cdot h \cdot y - \frac{w \cdot y^2}{2}$

$$M_c = \frac{3}{4} w \cdot h \cdot h - w \cdot h \cdot \frac{h}{2} = \frac{3}{4} w \cdot h^2 - \frac{w \cdot h^2}{2} = \frac{1}{4} w \cdot h^2$$

Stiel *bd*: $M_y = -H_B \cdot y = -\frac{w \cdot h}{4} y \qquad M_d = -H_B \cdot h = -\frac{w \cdot h}{4} h = -\frac{w \cdot h^2}{4}$

Die Gleichung für $M(y)$ im Stiel $c$ ist die einer quadratischen Parabel (**195.**2). Die Stelle $y$, an der $\max M$ auftritt, erhalten wir aus

$$\frac{dM(y)}{dy} = 0 = \frac{3}{4} w \cdot h - \frac{2w \cdot y}{2} \quad \text{und daraus} \quad y = \frac{3}{4} h$$

Das größte Moment im Stiel in $3/4\,h$ beträgt $9/32 \cdot w \cdot h^2 = 0{,}281\, w h^2$.

### 5.9.2.5 Ausmittige Last am linken Stiel

Der Rahmen wird durch eine Last $P$ belastet (z. B. Kranlast).

**Lagerkräfte (196.1)**

$$\curvearrowright + \Sigma M_b = 0 = A_v \cdot l - P(l - c) \qquad A_v = \frac{P(l-c)}{l} = \frac{P\left(l - \frac{1}{8}l\right)}{l} = \frac{7}{8}P$$

$$\uparrow + \Sigma V = 0 = A_v - P + B_v \qquad B_v = P - A_v = \frac{1}{8}P$$

$$\stackrel{+}{\rightarrow} \Sigma H = 0 = H_A - H_B \qquad H_A = H_B = H$$

$$M_g = 0 = B_v \cdot l/2 - H \cdot h \qquad H = \frac{B_v \cdot l/2}{h} = \frac{\frac{1}{8}P \cdot \frac{l}{2}}{h} = \frac{1}{16} \cdot \frac{P \cdot l}{h}$$

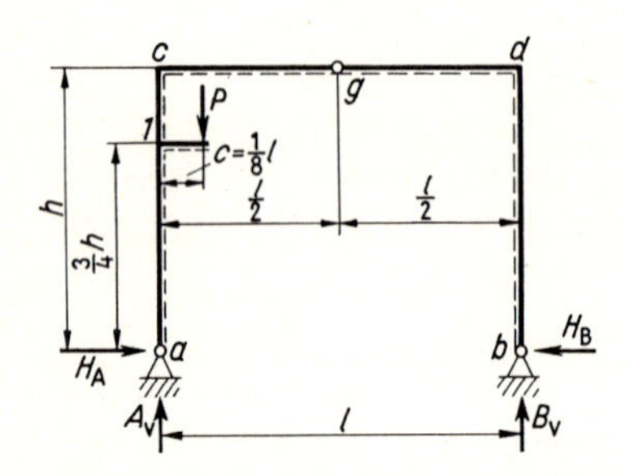


196.1 Dreigelenkrahmen mit Einzellast am Stiel

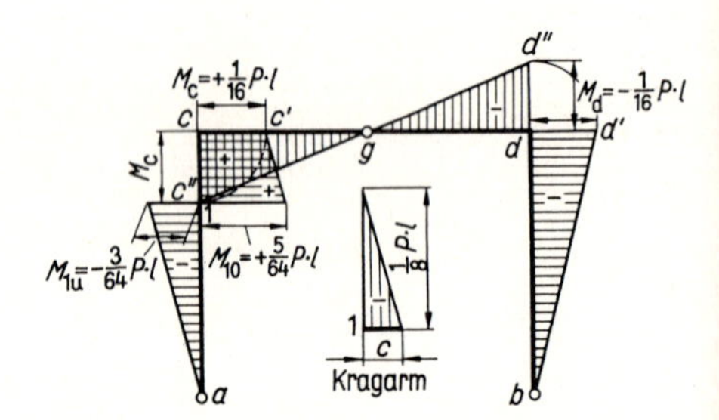


196.2 Momentenflächen zu Bild 196.1

**Momente (196.2)**

Stiel $bd$ $M_d = -H \cdot h = -\frac{1}{16} \cdot \frac{P \cdot l}{h} \cdot h = -\frac{1}{16}P \cdot l$

Riegel $M_d = -\frac{1}{16}P \cdot l$

$$M_c = +B_v \cdot l - H \cdot h = \frac{1}{8}P \cdot l - \frac{1}{16}P \cdot l = +\frac{1}{16}P \cdot l$$

Punkt 1

kurz oberhalb des Kragarmes

$$M_{1o} = B_v \cdot l - H \cdot \frac{3}{4}h = \frac{1}{8}P \cdot l - \frac{1}{16} \cdot \frac{P \cdot l}{h} \cdot \frac{3}{4}h = \frac{1}{8}P \cdot l - \frac{3}{64}P \cdot l = \frac{5}{64}P \cdot l$$

kurz unterhalb des Kragarmes

$$M_{1u} = -H \cdot \frac{3}{4}h = -\frac{1}{16} \cdot \frac{P \cdot l}{h} \cdot \frac{3}{4}h = -\frac{3}{64}P \cdot l$$

im Anfangspunkt des Kragarmes

$$M_{1r} = -P \cdot \frac{1}{8}l$$

An jedem Knotenpunkt oder kurz „Knoten" eines Tragwerks muß die Summe der Momente null sein. Um zu prüfen, ob diese Gleichgewichtsbedingung an einem Knoten erfüllt ist, schneiden wir diesen Knoten durch einen Rundschnitt aus dem Tragwerk heraus; an den Schnittflächen tragen wir die errechneten inneren Momente (Schnittmomente) mit ihrem jeweiligen Drehsinn an. Der Drehsinn ergibt sich aus der Momentenfläche: Positive Momente erzeugen in der Bezugsfaser Zug, negative Momente erzeugen in der Bezugsfaser Druck.

Beim Aufstellen der Momentensumme an einem Knoten dürfen wir nicht die Vorzeichen der Momentenfläche benutzen, weil diese sich nach dem Biegesinn der Momente richten; es muß vielmehr ein Drehsinn, z. B. der Uhrzeigersinn, als positiv angenommen werden.

Wenn wir den Knotenpunkt als Bezugspunkt für die Momente wählen, haben die Querkräfte in den Schnittflächen keine Hebelarme, weil ein Knoten in der Betrachtungsweise der Statik keine Ausdehnung hat. Die Längskräfte in den Schnittflächen liefern dann ebenfalls keinen Beitrag, da sie durch den Knotenpunkt = Momentenbezugspunkt hindurchgehen.

Die Knoten des hier betrachteten Dreigelenkrahmens sind die Lagerpunkte $a$ und $b$, der Gelenkpunkt $g$, die Eckpunkte $c$ und $d$ und der Verzweigungspunkt 1. In den Lagerpunkten sind Gelenke angeordnet, so daß für die Knoten $a$ und $b$ die Summe der angreifenden Momente von vornherein null ist. Für die Knoten $c$, $d$ und 1, in denen Momente übertragen werden, ist das Momentengleichgewicht in Bild **197.**1 dargestellt. Mit dem Uhrzeigersinn als positivem Drehsinn lautet die Momentensumme für den Knoten 1:

$$\circlearrowright \Sigma M_1 = -\frac{5}{64} P \cdot l - \frac{3}{64} P \cdot l + \frac{1}{8} P \cdot l = 0$$

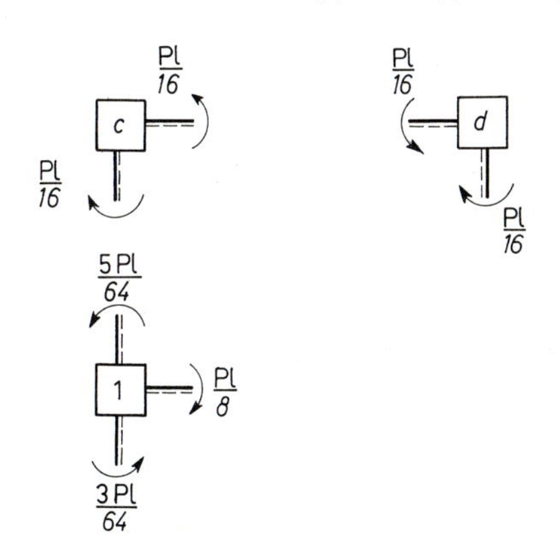


**197.**1 Momentengleichgewicht an den Knoten $c$, $d$ und 1

Die Kontrolle ergibt also, daß die Momente für den Punkt 1 der Größe und dem Vorzeichen nach richtig ermittelt sind.

Hier wurden nur Beispiele von symmetrischen Dreigelenkrahmen behandelt. Die Berechnung anders geformter Dreigelenkrahmen (**197.**2) bietet jedoch keine grundsätzlichen Schwierigkeiten.

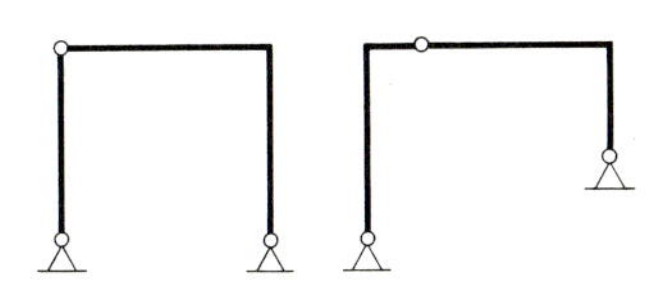

**197.**2 Unsymmetrische Dreigelenkrahmen

## 5.9.3 Dreigelenkbogen

Die Spannweite $l$ und die Pfeilhöhe $f$ (**200.**2 und **202.**1) sind charakteristische Hauptabmessungen aller Bögen. Den Quotienten $f/l$ bezeichnet man als Pfeilverhältnis. Man kann sich merken, daß bei Bögen größere statische Unbestimmtheit auch ein größeres Pfeilverhältnis erforderlich macht. Bei Massivbogenbrücken liegen i. allg. folgende Pfeilverhältnisse vor:

| | |
|---|---|
| beim Dreigelenkbogen | $f/l = 1/10$ bis $1/12$ |
| beim Zweigelenkbogen | $f/l = 1/7$ bis $1/10$ |
| beim eingespannten Bogen | $f/l = 1/6$ bis $1/7$ und größer |

Der Hauptvorteil des Dreigelenkbogens gegenüber dem eingespannten oder gelenklosen Bogen und dem Zweigelenkbogen besteht darin, daß er wegen seiner statischen Bestimmtheit gegen etwaige geringe Nachgiebigkeiten der Widerlager und gegen Wärmeschwankungen unempfindlich ist, während bei den anderen Bögen infolge dieser Lastfälle größere Spannungen entstehen.

**Zeichnerisches Verfahren.** Wirkt auf den Bogen nur eine Einzellast, so lassen sich die Kämpferdrücke $K_l$ und $K_r$ graphisch leicht bestimmen (**198**.1). Weil für den Gelenkpunkt $g$ das Moment null sein muß, geht bei einseitiger Belastung des Bogens der Kämpferdruck $K_l$ der unbelasteten Bogenseite durch den Gelenkpunkt $g$. Wäre dies nicht der Fall und würde der Kämpferdruck im Abstand $c$ am Gelenk vorbeigehen, so müßte das Gelenk $g$ ein Moment von der Größe $K_l \cdot c$ aufnehmen, wozu es nicht imstande ist. Die Richtung des Kämpferdruckes $K_l$ am unbelasteten Bogenteil liegt also fest. Da nur Gleichgewicht herrscht, wenn sich die drei Kräfte $K_l$, $K_r$ und $R$ in einem Punkt schneiden, muß auch der Kämpferdruck $K_r$ des belasteten Teiles durch den Schnittpunkt $d$ von $K_l$ und $R$ hindurchgehen. Damit ist aber auch seine Richtung festgelegt. Im Krafteck finden wir dann die Beträge von $K_l$ und $K_r$.

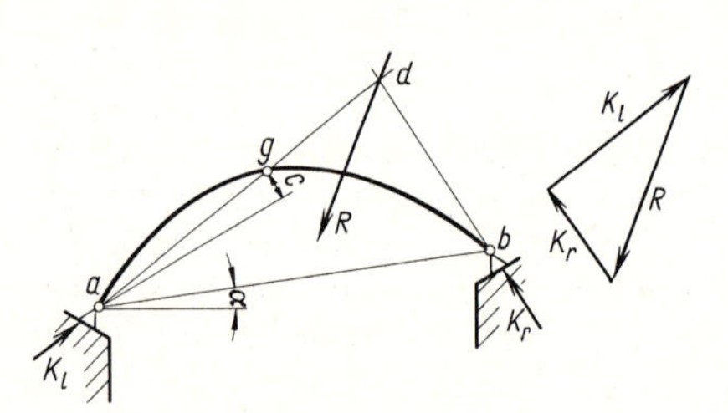


**198**.1 Zeichnerische Bestimmung der Lagerkräfte eines Dreigelenkbogens bei Belastung durch eine Last $R$

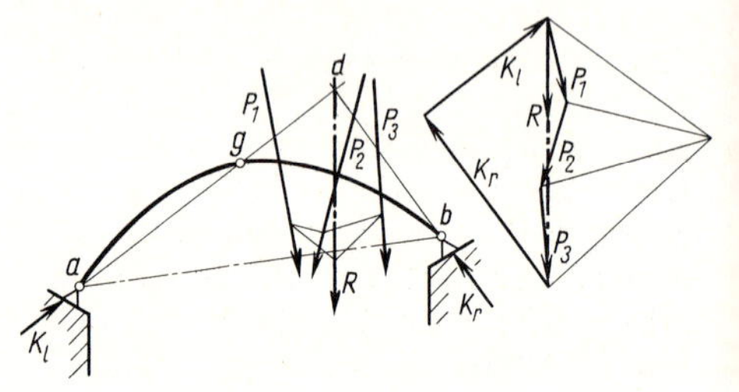


**198**.2 Zeichnerische Bestimmung der Lagerkräfte eines Dreigelenkbogens bei einseitiger Belastung durch mehrere Lasten

Aus $K_l$ und $K_r$ können die senkrechten Komponenten $A_v$ und $B_v$ und der Horizontalschub $H$ bestimmt werden.

Auch bei mehreren Einzellasten $P_{1 \text{ bis } n}$ auf einer Bogenhälfte führt dieses Verfahren zum Ziel. Nur ist zunächst aus den Kräften $P_{1 \text{ bis } n}$ Größe und Lage der Resultierenden $R$ mit dem Kraft- und Seileck zu bestimmen (**198**.2).

Sind beide Bogenhälften belastet, so wird die Gesamtbelastung in die beiden Teilbelastungen der linken und der rechten Bogenhälfte zerlegt. Aus der Teilbelastung der linken Bogenhälfte bestimmen wir dann wie soeben angegeben die Kämpferdrücke $K_{ll}$ und $K_{rl}$ und anschließend mit demselben Verfahren aus der Teilbelastung der rechten Bogenhälfte die Kämpferdrücke $K_{lr}$ und $K_{rr}$. Von den beiden Fußzeigern eines Kämpferdrucks bezeichnet der 1. den Ort des Kämpferdrucks, der 2. die Ursache des Kämpferdrucks, d.h. die Bogenhälfte, die belastet ist. Durch Zusammensetzen der Kämpferdrücke $K_{ll}$ und $K_{lr}$ sowie $K_{rl}$ und $K_{rr}$ erhält man die endgültigen Kämpferdrücke $K_l$ und $K_r$ aus der Gesamtbelastung. Ein Beispiel zeigt Bild **199**.1:

Für die Kräfte $P_1$ bis $P_4$ ermittelt man mit dem Krafteck $AO'C$ und dem Seileck 1′ bis 5′ die Resultierende $R_l$ sowie mit dem Krafteck $CO'B$ und dem Seileck 5′ bis 8′ die die Resultierende $R_r$ der Kräfte $P_5$ bis $P_7$. Dann bestimmt man den Schnittpunkt $d$ der

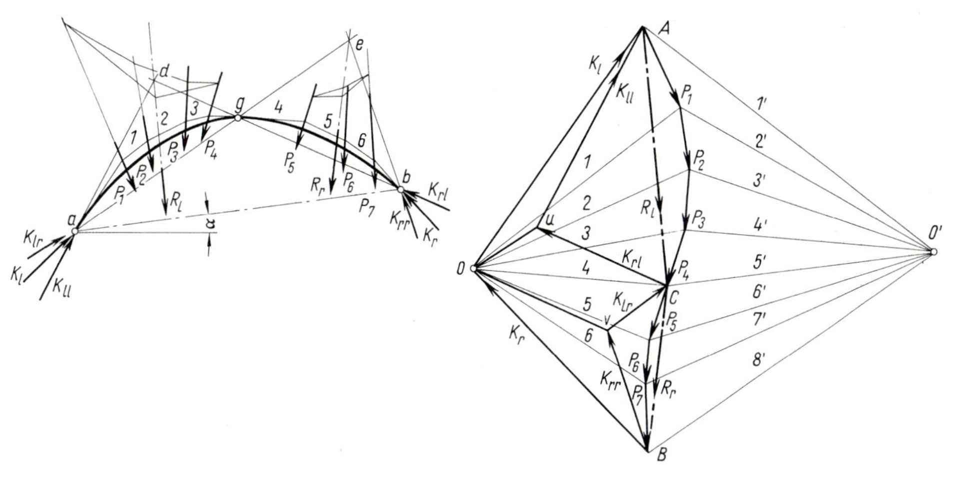


**199.1** Konstruktion der Stützlinie für einen Dreigelenkbogen, der mit beliebig gerichteten Kräften belastet ist

Resultierenden $R_l$ mit dem Kämpferdruck $K_{rl}$, dessen Richtung durch die Verbindungslinie des Kämpfergelenkes *b* mit dem Scheitelgelenk *g* festgelegt ist. Durch den Punkt *d* geht auch der Kämpferdruck $K_{ll}$, dessen Richtung also durch die Linie *ad* bestimmt ist. Im Krafteck kann nun $R_l$ in die Kämpferdrücke $K_{ll}$ und $K_{rl}$ aus der linksseitigen Belastung zerlegt werden. Auf der rechten Seite schneidet die Wirkungslinie des Kämpferdrucks $K_{lr}$, die durch die Punkte *a* und *g* bestimmt ist, die Resultierende $R_r$ in *e;* durch diesen Punkt geht auch der Kämpferdruck $K_{rr}$. Mit den Richtungen der Kämpferdrücke $K_{lr}$ und $K_{rr}$ aus dem Lageplan kann nun $R_r$ im Krafteck in $K_{lr}$ und $K_{rr}$ zerlegt werden.

Die endgültigen Kämpferdrücke $K_l$ und $K_r$ findet man dann als Resultierende der Kämpferdrücke der Teilbelastungen $K_{ll}$ und $K_{lr}$ bzw. $K_{rl}$ und $K_{rr}$, indem man im Krafteck durch den Punkt *u* eine Parallele zu $K_{lr}$ und durch den Punkt *v* eine Parallele zu $K_{rl}$ zieht. Die beiden Parallelen schneiden sich im Punkt *O*. Die Verbindungslinien *OA* und *OB* sind die endgültigen Kämpferdrücke $K_l$ und $K_r$.

Wählt man den Punkt *O* als Pol der Polfigur *OACB* und zeichnet durch den Kämpferpunkt *a* ein Seileck zu den Lasten $P_1$ bis $P_7$ mit den Seilstrahlen $K_l$, 1, 2 bis $K_r$, so geht dieses Seileck auch durch den Gelenkpunkt *g* und den Kämpfer *b*. Dieses Seileck nennt man die Gewölbedruck-, Druck- oder Stützlinie. Der durch das Gelenk gehende Seilstrahl und der zugehörige Polstrahl geben nach Lage, Größe und Richtung den Gelenkdruck des Dreigelenkbogens unter der gegebenen Belastung an.

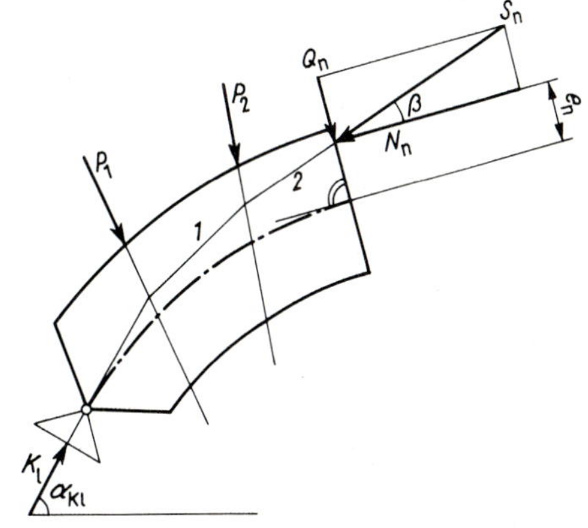


**199.2** Ermittlung der Schnittgrößen des Dreigelenkbogens für einen beliebigen Querschnitt

Die Stützlinie ist ein anschauliches Mittel, die Schnittgrößen im beliebigen Punkt *n* des Bogens anzugeben. So ist z. B. für den Punkt *n* zwischen den Lasten $P_2$ und $P_3$

(**199**.2) der Polstrahl 2 in Größe und Richtung gleich der resultierenden inneren Kraft $S_n$. $S_n$ kann aus der Polfigur herausgemessen werden. Die Lage von $S_n$ wird in der Hauptfigur durch den Seilstrahl 2 gegeben, der ein Stück der Wirkungslinie von $S_n$ ist. Der Richtungssinn von $S_n$ am linken abgeschnittenen Teil ergibt sich schließlich aus dem Krafteck dieses Teils, das aus $K_1$, $P_1$, $P_2$ und $S_n$ besteht: $S_n$ ist am linken abgeschnittenen Teil nach links unten gerichtet, wirkt also als Druckkraft.

Bild **199**.2 zeigt dann weiter die Zerlegung von $S_n$ in Komponenten senkrecht und parallel zur Richtung der Bogenachse im Punkt $n$. Dadurch erhalten wir die Querkraft $Q_n = S_n \cdot \sin\beta_n$ und die Längskraft $N_n = -S_n \cdot \cos\beta_n$, wobei $\beta_n$ der Winkel zwischen der Richtung der Bogenachse im Punkt $n$ und $S_n$ ist. Da die resultierende innere Kraft $S_n$ nicht durch den Punkt $n$ hindurchgeht, wird der Bogen in $n$ auch durch ein Moment beansprucht, das die Größe $M_n = +|N_n| \cdot e_n$ hat. Dabei ist $e_n$ die Ausmitte der resultierenden inneren Kraft im Punkt $n$, das ist die Strecke vom Punkt $n$ auf der Bogenachse bis zum Seilstrahl $z$, gemessen senkrecht zu Bogenachse.

Die Ermittlung der Kämpferdrücke ist besonders einfach, wenn ein symmetrischer Bogen, dessen Gelenk $g$ im Scheitel liegt, symmetrisch belastet ist (**200**.1). In diesem Falle verläuft der durch $g$ gehende Seilstrahl horizontal. Da der linke Kämpferdruck und die Belastung der linken Bogenhälfte mit dem Gelenkdruck im Gleichgewicht stehen müssen, ist die Richtung des linken Kämpferdruckes $K_l$ durch den Schnittpunkt $d$ von $H$ und $R_l$ festgelegt. Es genügt die Untersuchung einer Bogenhälfte, da ja $K_l = K_r$.

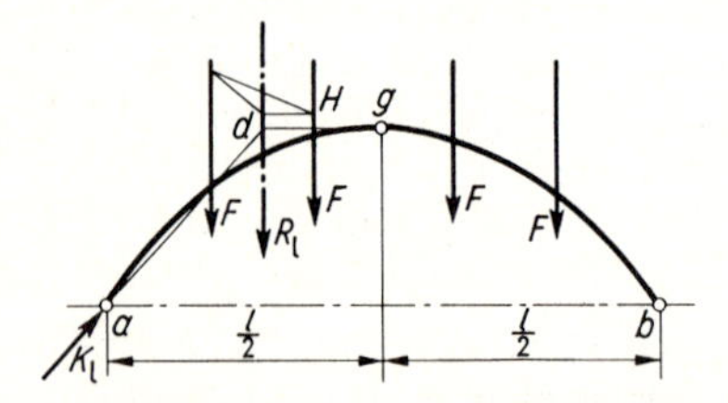

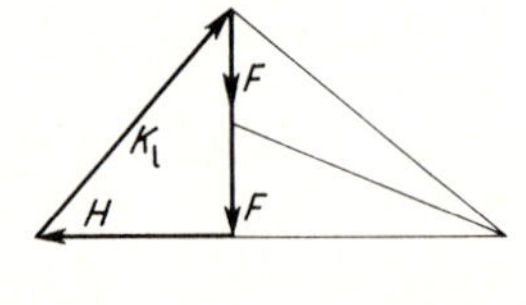

**200**.1 Zeichnerische Ermittlung der Lagerkräfte für einen symmetrischen Dreigelenkbogen mit symmetrischer Belastung

**Rechnerische Verfahren bei lotrechten Lasten.** Beim Dreigelenkbogen mit ungleichhohen Kämpfern zerlegen wir die Kämpferdrücke in die senkrechten Komponenten $A_0$ und $B_0$ und in die Komponenten $H'_A$ und $H'_B$, die in die Verbindungsgerade der Kämpfergelenke fallen (**200**.2). Aus der Momentenbedingung für Punkt $b$ bzw. $a$ erhält man

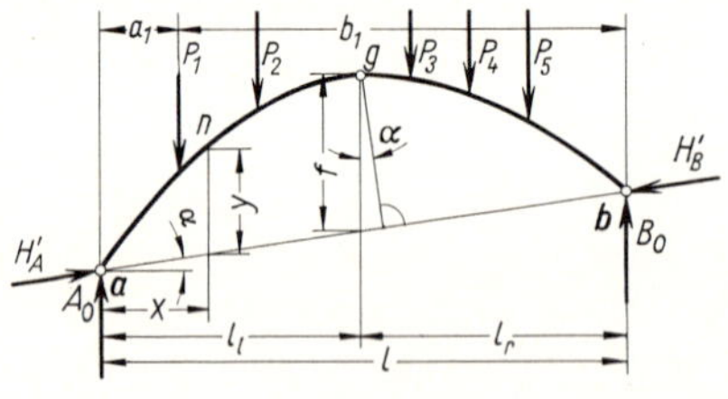

**200**.2 Rechnerische Bestimmung der Lagerkräfte des Dreigelenkbogens

$$\Sigma M_b = 0 = A_0 \cdot l - \Sigma(P_i \cdot b_i)$$

$$A_0 = \frac{\Sigma(P_i \cdot b_i)}{l}$$

$$\Sigma M_a = 0 = B_0 \cdot l - \Sigma(P_i \cdot a_i)$$

$$B_0 = \frac{\Sigma(P_i \cdot a_i)}{1}$$

Die Gleichungen zeigen, daß bei der gewählten Kämpferdruckzerlegung die senkrechten Komponenten $A_0$ und $B_0$ genauso groß sind wie die Lagerkräfte eines schiefen Balkens auf zwei Stützen mit der Stützweite $l$ und derselben lotrechten Belastung. Dabei ist $l$ die

Grundrißprojektion der Entfernung der Kämpfergelenke. Den einfachen Balken auf zwei Stützen mit der Stützweite $l$ nennen wir Ersatzbalken oder Nullsystem.

Zur Bestimmung der Horizontalschübe $H'_A$ und $H'_B$ stehen noch zwei Bedingungen zur Verfügung

1. $\overset{+}{\rightarrow}\Sigma H = 0 = H'_A \cdot \cos\alpha - H'_B \cdot \cos\alpha \qquad H'_A = H'_B = H'$

2. Das Moment aller Kräfte links oder rechts vom Gelenk für den Gelenkpunkt $g$ muß null sein.

Es ist also

$$\curvearrowright M_g = 0 = A_0 \cdot l_1 - H' \cdot f \cdot \cos\alpha - \sum_{i=1}^{2} P_i(l_1 - a_i)$$

$$H' \cdot \cos\alpha = \frac{1}{f}\left(A_0 \cdot l_1 - \sum_{i=1}^{2} P_i(l_1 - a_i)\right)$$

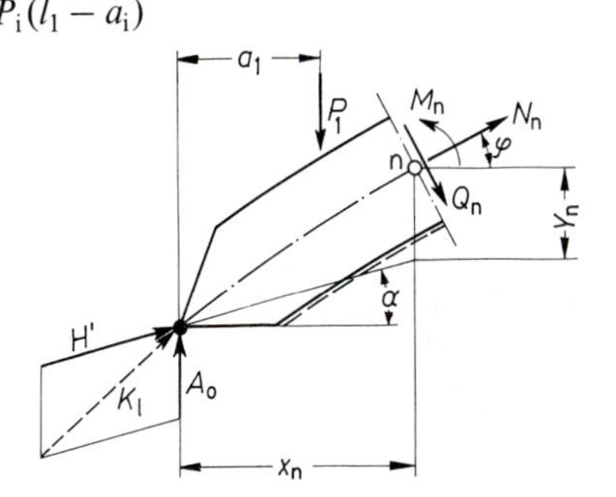


**201.1** Rechnerische Ermittlung der Schnittgrößen im beliebigen Querschnitt $n$ eines Dreigelenkbogens

Der Klammerausdruck ist aber nichts anderes als das Moment des Ersatzbalkens für den Punkt mit der Abszisse $x = l_1 = x_g$, das wir mit $M_{g0}$ bezeichnen. Dann ist

$$\boldsymbol{H' \cdot \cos\alpha = \frac{M_{g0}}{f}}$$

Für einen beliebigen Querschnitt $n$ ist das Moment (**201**.1)

$$M_n = A_0 \cdot x_n - \sum_{i=1}^{n} P_i(x_n - a_i) - H' \cos\alpha \cdot y_n.$$

Die ersten beiden Summanden sind das Moment des Ersatzbalkens für den Punkt mit der Abszisse $x_n$, wir bezeichnen es mit $M_{n0}$ und können dann schreiben $M_n = M_{n0} - H' \cdot y_n \cdot \cos\alpha$. Ferner ist die Längskraft

$$N_n = -\left(A_0 - \sum_{i=1}^{n} P_i\right) \sin\varphi_n - H' \cdot \cos(\varphi_n - \alpha)$$

$A_0 - \sum_{i=1}^{n} P_i$ ist die Querkraft des Ersatzbalkens für den Punkt $n$ und wird mit $Q_{n0}$ bezeichnet.

Dann ist

$$N = -[Q_{n0} \cdot \sin\varphi_n + H' \cdot \cos(\varphi_n - \alpha)]$$

Ebenso findet man für die Querkraft $Q_n$

$$Q_n = \left(A_0 - \sum_{i=1}^{n} P_i\right) \cos\varphi_n - H' \cdot \sin(\varphi_n - \alpha) = Q_{n0} \cdot \cos\varphi_n - H' \cdot \sin(\varphi_n - \alpha)$$

Bei der Berechnung der $N$- und $Q$-Fläche ist zu beachten, daß $\varphi_n$ in jedem Punkt der Bogenachse einen anderen Wert annimmt. Das bringt einen im Vergleich mit den bisher behandelten Systemen erhöhten Rechenaufwand mit sich. Der Vorgang soll deshalb an einer einfachen Aufgabe gezeigt werden.

**Beispiel:** Gegeben ist ein Dreigelenkbogen mit einer Einzellast $P$ im linken Viertelspunkt. Die Bogenachse ist nach einer quadratischen Parabel geformt, das Pfeilverhältnis des Bogens beträgt $f/l = 1/6$. Die Kämpfergelenke liegen auf gleicher Höhe ($\alpha = 0$), das Scheitelgelenk in der Mitte. Zu berechnen sind die Lagerkräfte und die Schnittgrößen infolge der Last $P$ (**202.1**)

$$\Sigma M_b = 0 = A \cdot l - P \cdot 0{,}75\,l \qquad \text{hieraus:} \quad A = A_0 = 0{,}75\,P$$

$$\Sigma M_a = 0 = B \cdot l - P \cdot 0{,}25\,l \qquad \text{hieraus:} \quad B = B_0 = 0{,}25\,P$$

$$\Sigma H = 0 = H_a - H_b \qquad \text{hieraus:} \quad H = H_a = H_b$$

$$M_g = 0 = B \cdot 0{,}5\,l - H \cdot f = 0{,}25\,P \cdot 0{,}5\,l - H \cdot \frac{l}{6} \qquad \text{hieraus:} \quad H = 0{,}75\,P$$

Die Schnittgrößen für einen Punkt mit der Abszisse $x < l/2$ ergeben sich mit Bild **202.2** zu

$$N(x) = -\,Q_0(x)\sin\varphi(x) - H\cos\varphi(x)$$

$$Q(x) = Q_0(x)\cos\varphi(x) - H\sin\varphi(x)$$

$$M(x) = M_0(x) - H \cdot y(x)$$

Für Punkte rechts vom Scheitel (**202.3**) gelten dieselben Formeln, wenn wir bei diesen den Winkel $\varphi$ negativ einführen (z. B. $\varphi = -10°$) oder aber positiv im 4. Quadranten (z. B. $\varphi = 360° - 10° = +350°$). Die Sinuswerte erhalten dadurch das negative Vorzeichen, während die Kosinuswerte sich nicht ändern.

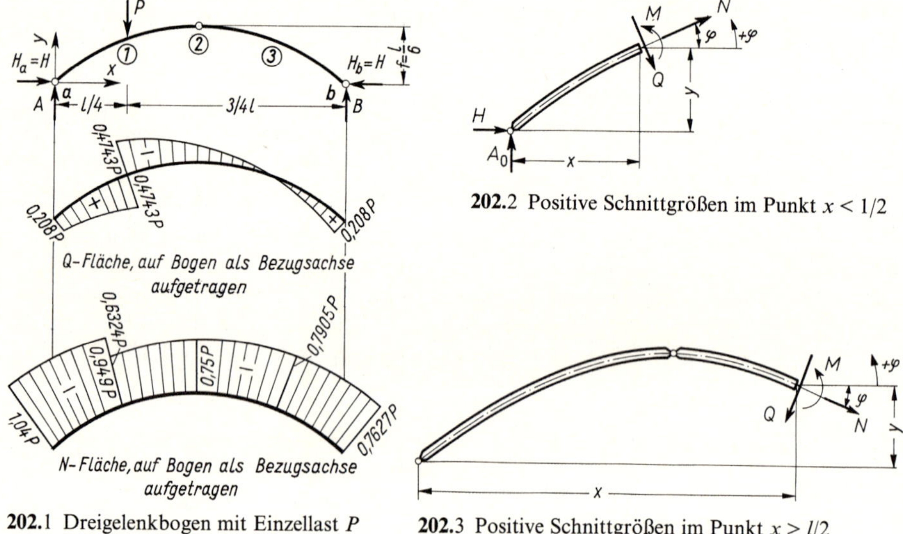


**202.1** Dreigelenkbogen mit Einzellast $P$ im Viertelspunkt

**202.2** Positive Schnittgrößen im Punkt $x < l/2$

**202.3** Positive Schnittgrößen im Punkt $x > l/2$

Zur Geometrie:

$$y = \frac{4f}{l^2}\,x\,(l - x)$$

$$y' = \tan\varphi = \frac{4f}{l^2}\,(l - 2x) = 0{,}6667 - 1{,}3333\,\frac{x}{l}$$

daraus $\sin\varphi$ und $\cos\varphi$

Für die Schnittstelle $1_l$ wird z. B.

$$Q_{1l} = 0{,}75\,P \cdot 0{,}9487 - 0{,}75\,P \cdot 0{,}3162 = 0{,}4743\,P$$
$$N_{1l} = -\,0{,}75\,P \cdot 0{,}3162 - 0{,}75\,P \cdot 0{,}9487 = -\,0{,}9487\,P$$
$$M_1 = 0{,}75\,P \cdot 0{,}25\,l - 0{,}75\,P \cdot 0{,}125\,l = 0{,}09375\,P \cdot l$$

Die Berechnung ist in Tafel **203.**1 tabellarisch durchgeführt.

Aus Spalte 11 sind die Querkräfte, aus Sp. 14 die Längskräfte und aus Sp. 17 die Biegemomente zu entnehmen. In Bild **202.**1 sind $Q$ und $N$ mit dem Bogen als Bezugsachse aufgetragen. Meist werden $Q$ und $N$ nicht in dieser Form dargestellt; man wählt vielmehr vorzugsweise die Spannweite $l$, also die waagerechte Projektion der Bogenachse, als Bezugsachse und trägt von ihr aus die Werte $Q(x)/\cos\varphi(x)$ und $N(x)/\cos\varphi(x)$ auf. Diese Werte sind in Tafel **204.**2 ausgerechnet und in Bild **204.**1 aufgezeichnet; sie ergeben sich übrigens aus den Formeln

$$\boldsymbol{Q(x)/\cos\varphi(x) = Q_0(x) - H \cdot \tan\varphi(x)} \qquad (203.1)$$

$$\boldsymbol{N(x)/\cos\varphi(x) = -\,Q_0(x) \cdot \tan\varphi(x) - H} \qquad (203.2)$$

Tafel **203.**1 Berechnung der Schnittgrößen $Q$, $N$, $M$

| 1 | 2 | 3 | 4 | 5 | 6 | 7 | 8 | 9 |
|---|---|---|---|---|---|---|---|---|
| Punkt | $x$<br>$l\cdot$ | $y$<br>$l\cdot$ | $y' = \tan\varphi$ | $\varphi^\circ$ | $\sin\varphi$ | $\cos\varphi$ | $Q_0$<br>$P\cdot$ | $Q_0 \cdot \cos\varphi$<br>$P\cdot$ |
| $a$ | 0,0 | 0,0 | 0,6667 | 33,69 | 0,5547 | 0,8321 | 0,75 | 0,6240 |
| $1_l$ | 0,25 | 0,125 | 0,3333 | 18,43 | 0,3162 | 0,9487 | 0,75 | 0,7115 |
| $1_r$ | 0,25 | 0,125 | 0,3333 | 18,43 | 0,3162 | 0,9487 | −0,25 | −0,2371 |
| 2 | 0,50 | 0,166 | 0 | 0 | 0 | 1,0 | −0,25 | −0,25 |
| 3 | 0,75 | 0,125 | 0,3333 | −18,43 | −0,3162 | 0,9487 | −0,25 | −0,2371 |
| $b$ | 1,0 | 0 | 0,6667 | −33,69 | −0,5547 | 0,8321 | −0,25 | −0,208 |

| 10 | 11 | 12 | 13 | 14 | 15 | 16 | 17 |
|---|---|---|---|---|---|---|---|
| $H \cdot \sin\varphi$<br>$P\cdot$ | $Q =$ (9)–(10)<br>$P\cdot$ | $Q_0 \cdot \sin\varphi$<br>$P\cdot$ | $H \cdot \cos\varphi$<br>$P\cdot$ | $N =$ −(12)–(13)<br>$P\cdot$ | $M_0$<br>$P \cdot l\cdot$ | $H \cdot y$<br>$P \cdot l\cdot$ | $M =$ (15)–(16)<br>$P \cdot l\cdot$ |
| 0,416 | 0,208 | 0,416 | 0,624 | −1,0400 | 0 | 0 | 0 |
| 0,2372 | 0,4743 | 0,2372 | 0,7115 | −0,9487 | 0,1875 | 0,0938 | 0,0937 |
| 0,2372 | −0,4743 | −0,079 | 0,7115 | −0,6324 | 0,1875 | 0,0938 | 0,0937 |
| 0 | −25 | 0 | 0,75 | −0,7500 | 0,1250 | 0,1250 | 0 |
| −0,2372 | 0 | 0,079 | 0,7115 | −0,7905 | 0,0625 | 0,0938 | −0,0313 |
| −0,416 | +0,208 | 0,1387 | 0,624 | −0,7627 | 0 | 0 | 0 |

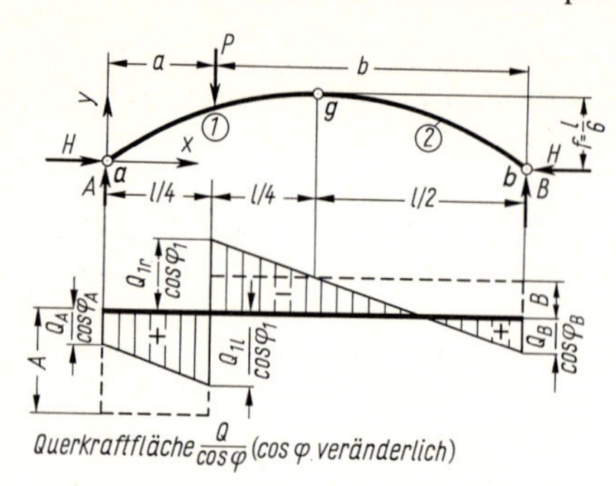


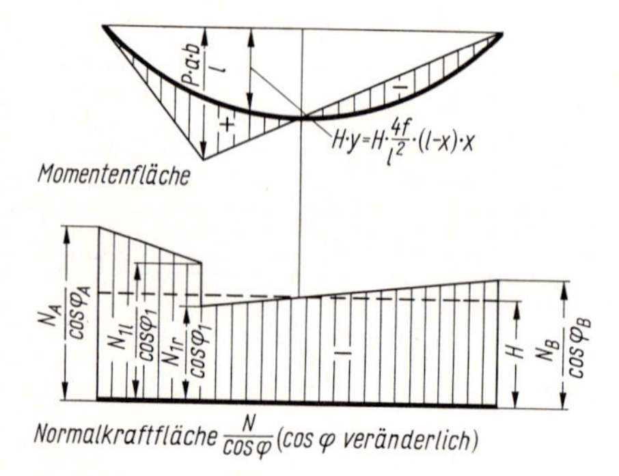


**204.**1 Dreigelenkbogen

Bei dieser Form der Darstellung von $Q$ und $N$ ergeben sich geradlinige Begrenzungen der Zustandsflächen, wenn wie in unserem Beispiel die Bogenachse nach einer quadratischen Parabel geformt ist. Es ist dann nämlich $\tan\varphi = y'$ eine lineare Funktion von $x$.

Bild **204.**1 zeigt auch die von der Bogenachse aus aufgetragene $M$-Fläche.

Auch hier ist für die Punkte rechts vom Scheitel zu beachten, daß $\tan\varphi$ im 4. Quadranten negativ ist.

Im Anschluß an dieses Beispiel sei noch bemerkt, daß der Parabelbogen für eine Gleichlast q die Drucklinie oder Stützlinie (s. a. Teil 2) darstellt; das bedeutet: In der Bogenachse treten infolge dieser Belastung keine Biegemomente auf. Der Horizontalschub beträgt

$$\boldsymbol{H} = \frac{\max \boldsymbol{M}_0}{\boldsymbol{f}} = \frac{q \cdot l^2}{8f} \tag{204.1}$$

Tafel **204.**2 Berechnung der Werte $Q/\cos\varphi$ und $N/\cos\varphi$

| Punkt | $\cos\varphi$ | $Q$ | $Q/\cos\varphi$ | $N$ | $N/\cos\varphi$ |
|---|---|---|---|---|---|
| $a$ | 0,8321 | 0,208 | 0,25 | −1,0400 | −1,2500 |
| $1_l$ | 0,9487 | 0,4743 | 0,50 | −0,9487 | −1,0 |
| $1_r$ | 0,9487 | −0,4743 | −0,50 | −0,6324 | −0,6667 |
| 2 | 1,0 | −0,25 | −0,25 | −0,7500 | −0,7500 |
| 3 | 0,9487 | 0 | 0 | −0,7905 | −0,8333 |
| $b$ | 0,8321 | 0,208 | 0,25 | −0,7627 | −0,9166 |

# 5.10 Balken mit Torsionsbeanspruchung

## 5.10.1 Allgemeines

Früher spielte die Torsion in den Konstruktionen des Ingenieurbaus eine geringe Rolle. Heute ermöglichen Leichtbauweisen eine feingliedrige Gestaltung von Bauwerken; auch zwingt weitgehende Baustoffausnutzung häufig zu stark verfeinerten Berechnungsmethoden. In dieser Entwicklung gewinnt die Torsion oder Drillung oder Verdrehung zunehmend an Bedeutung. Unsere Betrachtung bleibt zunächst auf doppeltsymmetrische Querschnitte beschränkt. Eine Erweiterung bringt Teil 2.

Bei unseren bisherigen Betrachtungen wurde immer vorausgesetzt, daß die Wirkungslinien sämtlicher angreifenden Kräfte und Lasten und die Achsen sämtlicher Stäbe des Stabwerks in ein und derselben Ebene liegen; die Lastebene fiel bisher immer mit der Tragwerksebene zusammen.

Wenn jedoch die Wirkungslinie der Lasten nicht mehr in der Tragwerksebene liegen, so entsteht Torsion. Zur Verdeutlichung diene ein an einem Ende fest eingespannter geknickter Stab, der am anderen Ende mit einer Last $P$ belastet ist (**205.**1). Die Tragwerksebene des eingespannten Stabes ist die horizontale $(x, y)$-Ebene; die Last $P$ wirkt jedoch lotrecht und $\parallel$ zur $z$-Achse, steht also auf der Tragwerksebene senkrecht. Der geknickte Stab wird infolgedessen in seinem Abschnitt $ab$ auf Torsion beansprucht, er ist ein räumlich belastetes ebenes Tragwerk und damit ein Problem der Statik des Raumes. Hinsichtlich des Gleichgewichts bedeutet dies, daß die 6 Gleichgewichtsbedingungen des Raumes erfüllt werden müssen (s. Abschn. Gleichgewichtsbedingungen). Diese lauten

$$\Sigma X = 0 \qquad \Sigma Y = 0 \qquad \Sigma Z = 0$$
$$\Sigma M_x = 0 \qquad \Sigma M_y = 0 \qquad \Sigma M_z = 0 \qquad (205.1)$$

In Worten: **In Richtung jeder Koordinatenachse muß die Summe der Kraftkomponenten gleich Null sein, und um jede Koordinatenachse muß die Summe der Momente gleich Null sein. Statt um eine Koordinatenachse kann eine Summe der Momente auch um eine Parallele zu dieser Koordinatenachse aufgestellt werden.**

Für ausgezeichnete Lastfälle ergeben sich meist Vereinfachungen dadurch, daß in einer der drei Ebenen keine Kräfte wirken und sich damit die Aufstellung der Gleichgewichtsbedingungen für diese Ebene erübrigt; dies ist z.B. bei der Belastung nach Bild **205.**1 für die Bedingungen in der $(x, y)$-Ebene $\Sigma X = 0, \Sigma Y = 0$ und $\Sigma M_z = 0$ der Fall. Zur Ermittlung unbekannter Stützgrößen ist es wie bei ebenen Systemen möglich, einzelne Momentengleichgewichtsbedingungen mehrmals anzusetzen und die übrigen Bedingungen als Kontrolle zu benutzen. Beim Eintragen der Stützgrö-

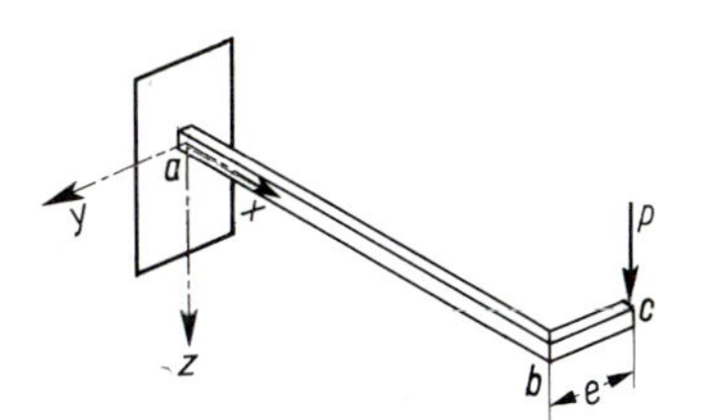


**205.**1 Eingespannter geknickter Stab mit räumlicher Belastung

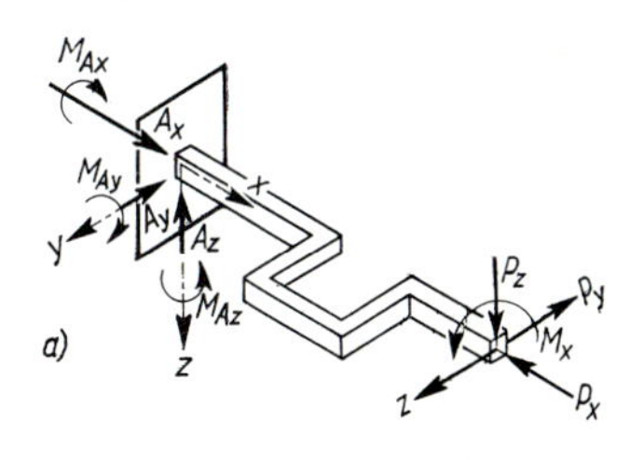


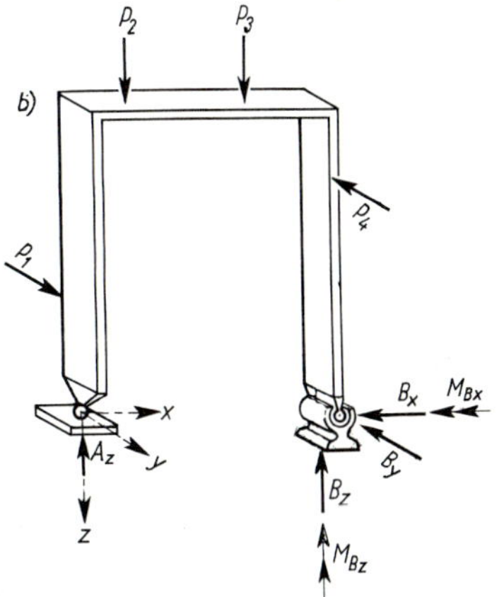


**205.**2 Balken und Rahmen statisch bestimmt gelagert

ßen in die Systemskizze ist auch bei einem räumlichen System zu prüfen, ob die Lagerung des Systems statisch bestimmt oder statisch unbestimmt ist, oder ob das System verschieblich ist.

Ein Tragwerk ist statisch bestimmt gelagert, wenn die Stützgrößen eindeutig aus den Gleichgewichtsbedingungen berechnet werden können.

Da im Raum 6 Gleichgewichtsbedingungen zur Verfügung stehen, darf die statisch bestimmte Lagerung eines räumlichen Tragwerks höchstens 6 Stützgrößen aufweisen. Die richtige Anzahl der Stützgrößen gewährleistet jedoch noch nicht eine statisch bestimmte Lagerung: Die Stützgrößen müssen auch so angeordnet sein, daß das Tragwerk unverschieblich ist (**205.**2 a und b).

In Bild **205.**2 a sind die auftretenden Lagermomente um die jeweilige Achse drehend eingezeichnet. So dreht $M_{Az}$ um die $z$-Achse und stellt das Einspannmoment des Balkens infolge von Lasten in der $(x, y)$-Ebene dar, $M_{Ay}$ ist das Einspannmoment um die $y$-Achse und $M_{Ax}$ das Einspannmoment um die $x$-Achse; letzteres ist Torsionsmoment.

In Bild **205.**2 b sind die Lagermomente als Vektoren dargestellt. Wie wir im Abschn. 3.2.2.2 erläutert haben, wirken die Momente in der zum Doppelpfeil senkrechten Ebene; so ist $M_{Bz}$ das Einspannmoment in der horizontalen $(x, y)$-Ebene und gibt das im Lagerpunkt $B$ aufzunehmende Torsionsmoment wieder. $M_{Bx}$ ist das Einspannmoment in der vertikalen $(y, z)$-Ebene und stammt her aus den Lasten $P_1$ und $P_4$.

Das Lager $B$ ist so ausgebildet, daß auch die horizontale Kraft $B_y$, nicht aber ein Moment $M_{By}$ aufgenommen werden kann; das Lager $A$ ermöglicht eine Drehung des Stabendes um alle drei Achsen und Verschiebungen in $x$- und $y$-Richtung, es überträgt von den sechs möglichen räumlichen Schnittgrößen also nur die lotrechte Kraftkomponente $A_z$.

Sind mehr als 6 Lagerkräfte i.allg. Lastfall zu ermitteln, so ist das Tragwerk statisch unbestimmt gelagert. Beim Rahmen nach Bild (**205.**2b) würde z.B. ein Festhalten des Lagers $A$ in $x$- und $y$-Richtung die zusätzlichen Lagerkräfte $A_x$ und $A_y$ hervorrufen und den Rahmen zweifach statisch unbestimmt machen.

Für ebene Rahmen mit räumlicher Belastung ergibt sich eine wesentliche Vereinfachung dadurch, daß man das Tragwerk getrennt für die Belastung in Rahmenebene und für die Belastung senkrecht zur Rahmenebene betrachten darf, da beide Teilbelastungen sich gegenseitig nicht beeinflussen. Dies gilt sowohl für die Lager- als auch für die Schnittkräfte.

Die Schnittgrößen eines räumlichen Tragwerks setzen sich entsprechend den Gleichgewichtsbedingungen aus 3 Kräften und drei Momenten zusammen; für ein Trägerstück ∥ zur $x$-Achse sind dies (**206.**1): die Längskraft $N$, die beiden Querkräfte $Q_y$ und $Q_z$, die beiden Biegemomente $M_y$ und $M_z$ und das Torsionsmoment $M_x = M_T$. Bild **206.**1 zeigt die positiven Schnittgrößen einer positiven Schnittfläche; bei ihr hat die als Zugkraft festgesetzte Längskraft $N$ die Richtung der positiven Koordinatenachse. Auf der der positiven Schnittfläche gegenüberliegenden negativen Schnittfläche, die in Bild **206.**1 nicht gezeichnet ist, besitzen die positiven Schnittgrößen den entgegengesetzten Richtungs- oder Drehsinn.

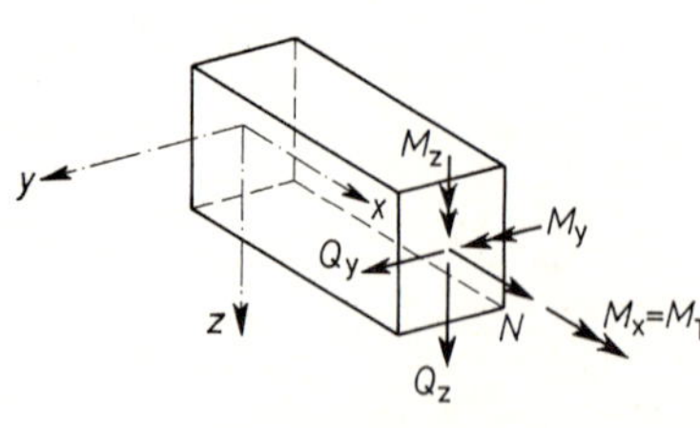


**206.**1 Positive Schnittgrößen der positiven Schnittfläche eines räumlichen Tragwerks

## 5.10.2 Ermittlung der Torsionsmomente

### 5.10.2.1 Definitionen und Vorzeichen

Das Torsionsmoment $M_{Ti}$ an der Stelle *i* des Stabs wird wie die fünf anderen Schnittgrößen einer räumlichen Beanspruchung mit Hilfe des Schnittverfahrens ermittelt: Durch einen Schnitt senkrecht zur Stabachse im Punkt *i* trennen wir von dem Tragwerk einen Teil ab, bringen an der Schnittfläche des abgeschnittenen Teils die sechs Schnittgrößen der räumlichen Beanspruchung mit positivem Richtungs- oder Drehsinn an und stellen für den abgeschnittenen Teil die sechs Gleichgewichtsbedingungen auf. Außer den sechs unbekannten Schnittgrößen des Punktes *i* dürfen an dem abgeschnittenen Teil keine unbekannten Kraftgrößen auftreten.

Das Torsionsmoment $M_{Ti}$ erhalten wir dann aus der Gleichgewichtsbedingung $\Sigma M = 0$ um die Stabachse im Punkt *i*.

Das in Bild **206.**1 mit den anderen fünf Schnittgrößen dargestellte Torsionsmoment $M_T$ ist in Bild **207.**1 an den Enden eines Stabelementes allein angreifend gezeichnet: in Bild **207.**1a mit positivem, in Bild **207.**1b mit negativem Drehsinn, jeweils als gekrümmter Pfeil und als Momentenvektor mit zwei Pfeilspitzen. Bei der zweiten Art der Darstellung zeigt sich Übereinstimmung in der Vorzeichenfestsetzung von Torsionsmomenten- und Längskraftvektoren: von der Schnittfläche wegweisende Vektoren erhalten das positive, zur Schnittfläche hinweisende Vektoren das negative Vorzeichen. Diese Regel gilt gleichermaßen für positive wie für negative Schnittflächen. Positive Längskräfte sind Zugkräfte, positive Torsionsmomente drehen bei Blickrichtung auf die Schnittfläche linksherum; negative Längskräfte sind Druckkräfte, negative Torsionsmomente drehen bei Blickrichtung auf die Schnittfläche rechtsherum.

Die Torsionsmomente eines Tragwerks können wir entsprechend dem Vorgehen bei den anderen Schnittgrößen durch Torsionsmomentenflächen veranschaulichen.

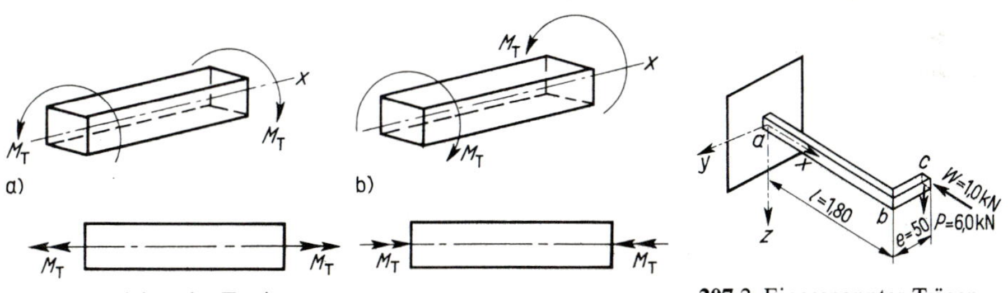


**207.**1 Vorzeichen der Torsionsmomente
a) positive $M_T$, b) negative $M_T$

**207.**2 Eingespannter Träger

### 5.10.2.2 Anwendungen

**Beispiel 1:** Für den einseitig eingespannten geknickten Träger nach Bild **207.**2 sind die Schnittgrößen infolge der lotrechten Last *P* und der waagerechten Last *W* zu ermitteln und zeichnerisch darzustellen.

Der Träger liegt in der $(x,y)$-Ebene, ist also ein ebenes Tragwerk. Ob die Ermittlung seiner Schnittgrößen ein Problem der ebenen oder der räumlichen Statik darstellt, hängt von der Richtung der Belastung ab: Die Wirkungslinie der lotrechten Last *P* liegt nicht in der Tragwerksebene; mit *P* ist der Träger daher ein räumlich belastetes ebenes Tragwerk, das in die Statik des Raumes gehört. Die Kraft *W* dagegen wirkt in der Tragwerksebene; ihr Einfluß kann mit den

Methoden der ebenen Statik untersucht werden. Wir behandeln die beiden Lasten nacheinander und überlagern anschließend die Schnittgrößen.

Den sechs Stützgrößen des Trägers geben wir den Fußzeiger $A$, und wir setzen sie in Richtung positiver Schnittgrößen an. Da der an der Einspannung liegende Trägerendquerschnitt im Sinne von DIN 1080 T 1 Abschn. 7.2 eine negative Schnittfläche ist, haben die Vektoren der Schnittgrößen die entgegengesetzten Richtungssinne der Koordinatenachsen. In den Gleichgewichtsbedingungen führen wir mit positivem Vorzeichen die Kraft- und Momentenvektoren ein, die die Richtungssinne der Koordinatenachsen haben.

a) lotrechte Last $P$ (**208.**1)

Berechnung der Stützgrößen:

$$\Sigma X = 0 = -A_x; \qquad A_x = 0$$
$$\Sigma Y = 0 = -A_y; \qquad A_y = 0$$
$$\Sigma Z = 0 = -A_z + P; \qquad A_z = P = 6\text{ kN}$$

Für die Momentengleichgewichtsbedingungen wählen wir die Koordinatenachsen als Bezugsachsen:

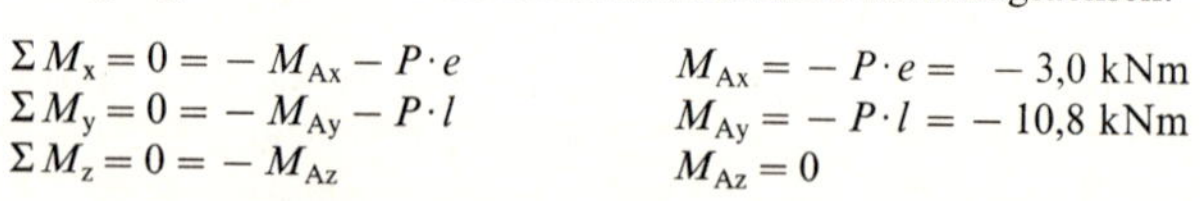

$$\Sigma M_x = 0 = -M_{Ax} - P \cdot e \qquad M_{Ax} = -P \cdot e = -3{,}0\text{ kNm}$$
$$\Sigma M_y = 0 = -M_{Ay} - P \cdot l \qquad M_{Ay} = -P \cdot l = -10{,}8\text{ kNm}$$
$$\Sigma M_z = 0 = -M_{Az} \qquad M_{Az} = 0$$

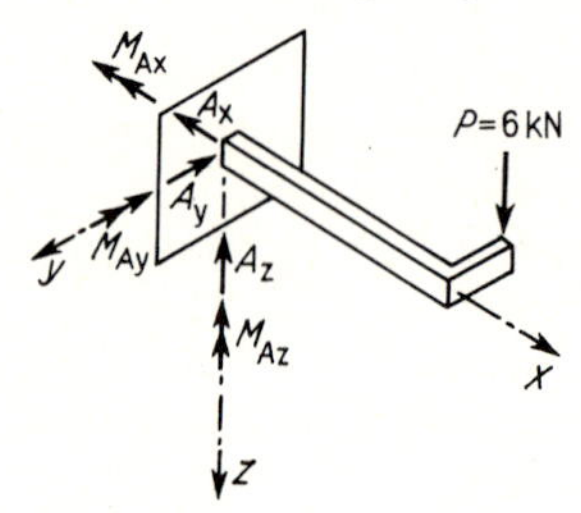


**208.**1 Träger mit lotrechter Last und Stützgrößen (Stützgrößen im Sinne positiver Schnittgrößen des Trägerendquerschnitts angesetzt)

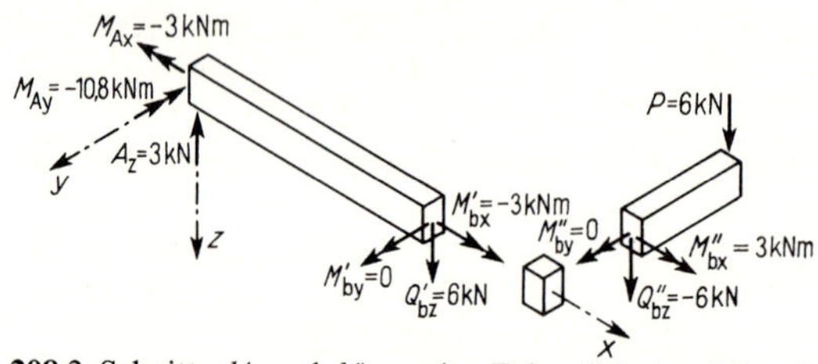


**208.**2 Schnitte $b'$ und $b''$ an der Ecke, Schnittgrößen der positiven Schnittflächen. Vektoren mit positivem Richtungssinn eingetragen

Die Stützgrößen des Trägers sind zugleich die Schnittgrößen des Trägerendquerschnitts, und zwar ist $A_z = Q_{az}$ die lotrechte Querkraft, $M_{Ay}$ das Biegemoment um die $y$-Achse und $M_{Ax} = M_T$ das Torsionsmoment. Um den Verlauf der Schnittgrößen längs des Trägerstücks $ab$ leichter angeben zu können, führen wir unmittelbar vor dem Punkt $b$ einen lotrechten Schnitt $b'$ parallel zur $(x,z)$-Ebene (**208.**2) (Koordinate $x'_b = x_b - dx$) und betrachten den Trägerteil von $a$ bis zum Schnitt. An der Schnittfläche, die nach DIN 1080 T 1 Abschn. 7.2 positiv orientiert ist, setzen wir nur die an der Einspannung vorhandenen Schnittgrößen $Q_z$, $M_x$ und $M_y$ im positiven Sinne an – die anderen Schnittgrößen sind Null. Wenn wir die Summen der Momente um die $x$- und $y$-Achse der Schnittfläche bilden, lauten die drei den angesetzten Schnittgrößen entsprechenden Gleichgewichtsbedingungen

$$\Sigma Z = 0 = -A_z + Q'_{bz} \qquad Q'_{bz} = A_z = 6\text{ kN}$$
$$\Sigma M_x = 0 = -M_{Ax} + M'_{bx} \qquad M'_{bx} = M_{Ax} = -P \cdot e = -3\text{ kNm}$$
$$\Sigma M_y = 0 = -M_{Ay} + M'_{by} - A_z \cdot l \qquad M'_{by} = M_{Ay} + A_z \cdot l = -10{,}8 + 6 \cdot 1{,}80 = 0$$

Querkraft und Torsionsmoment sind also konstant, das Biegemoment um die $y$-Achse nimmt geradlinig auf Null ab.

Als nächstes führen wir einen lotrechten Schnitt $b''$ parallel zur $(x,z)$-Ebene unmittelbar neben dem Punkt $b$ (Koordinate $y''_b = -dy$) und betrachten das Trägerstück von der Kragarmspitze $c$ bis zum Schnitt $b''$. Die Schnittfläche dieses Trägerteils ist ebenfalls positiv orientiert, so daß die Schnittgrößen denselben Richtungssinn erhalten wie die des Schnittes $b'$. Wir führen wieder nur $Q_z$, $M_x$ und $M_y$ ein und stellen nur die zugehörigen Gleichgewichtsbedingungen auf. Wenn wir die Summen der Momente um $x$- und $y$-Achse der Schnittfläche bilden, erhalten wir

$$\Sigma Z = 0 = Q''_{bz} + P; \qquad Q''_{bz} = -P = -6\,\text{kN}$$
$$\Sigma M_{bx} = 0 = M''_{bx} - P \cdot e; \qquad M''_{bx} = +P \cdot e = +3\,\text{kNm}$$
$$\Sigma M_{by} = 0 = M''_{by}; \qquad M''_{by} = M_T = 0$$

Mit den in DIN 1080 T1 Abschn. 7 festgelegten Regeln für die Orientierung von Koordinaten, Schnittflächen und Kraftgrößen wechseln beim Übergang vom Schnitt $b'$ zum Schnitt $b''$ alle Schnittgrößen ihr Vorzeichen. Wegen des Knicks wird aus dem Torsionsmoment $M'_{bx}$ das Biegemoment $M''_{bx}$ und aus dem Biegemoment $M'_{by}$ das Torsionsmoment $M''_{by}$. Im Fall einer allgemeinen Belastung würde noch aus der Längskraft $N'_b$ die Querkraft $Q''_{bx}$ und aus der Querkraft $Q'_{by}$ die Längskraft $N''_b$. Querkraft $Q_z$ und Biegemoment $M_z$ ändern beim Übergang von $b'$ nach $b''$ ihren Charakter nicht. In Bild **209.**1 sind die von der Last $P$ verursachten Schnittgrößen zeichnerisch dargestellt.

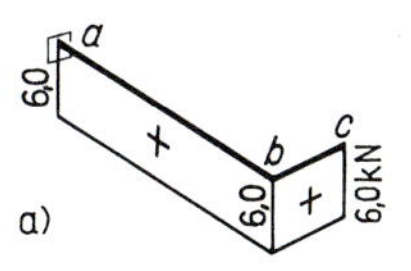


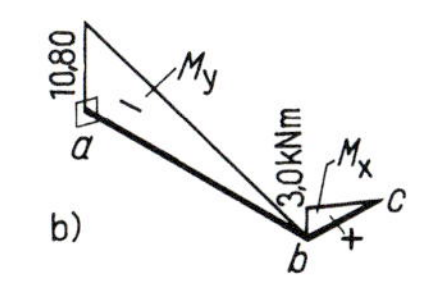


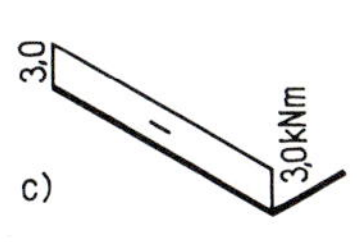


**209.**1 Schnittgrößen infolge $P$
a) $Q_z$ Fläche, b) Biegemomente, c) Torsionsmoment $M_x$

b) horizontale Last $W$

Berechnung der Stützgrößen: Es liegt zwar ein ebenes Problem vor, wir wollen aber übungshalber die sechs Gleichgewichtsbedingungen des Raumes ansetzen; die Summen der Momente bilden wir um die Koordinatenachsen:

$$\Sigma X = 0 = A_x + W \qquad A_x = -W = -1\,\text{kN} = N_{ab}$$
$$\Sigma Y = 0 = -A_y \qquad A_y = 0$$
$$\Sigma Z = 0 = -A_z \qquad A_z = 0$$
$$\Sigma M_x = 0 = -M_{Ax} \qquad M_{Ax} = 0$$
$$\Sigma M_y = 0 = -M_{Ay} \qquad M_{Ay} = 0$$
$$\Sigma M_z = 0 = -M_{Az} - W \cdot 0{,}5 \qquad M_{Az} = -W \cdot 0{,}5 = -0{,}5\,\text{kNm} = M_{z,\,ab}$$

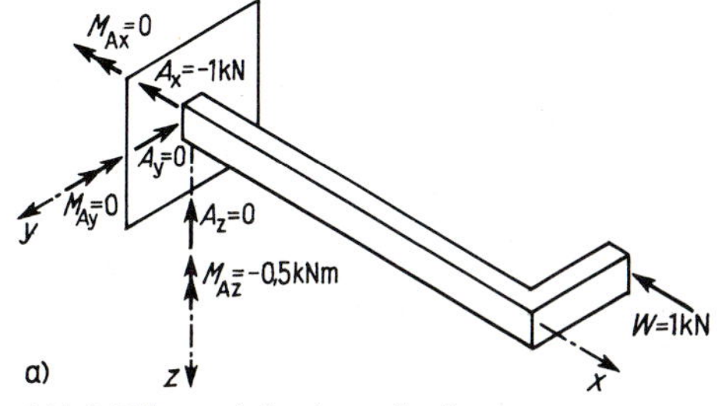


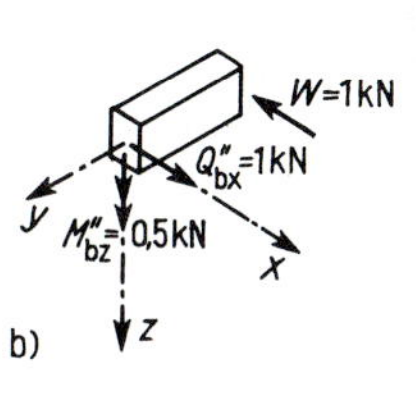


**209.**2 Träger mit horizontaler Last
a) Stützgrößen, im Sinne positiver Schnittgrößen angesetzt, b) Trägerstück $bc$ mit Schnittgrößen

Die Kraft $W$ wird im Trägerstück $ab$ als Längskraft, im Trägerstück $bc$ als Querkraft abgetragen; im Trägerstück $ab$ herrscht querkraftfreie Biegung mit $M_z = -0{,}5$ kNm = const; dieses Moment nimmt vom Trägerknick bis zur Kragarmspitze auf Null ab (**210.**1). Um die Vorzeichen von Querkraft und Moment im Trägerstück $bc$ zu bestimmen, führen wir einen Schnitt $b''$ parallel zur $(x,z)$-Ebene, betrachten den Trägerteil $bc$ als abgeschnitten und bringen an der Schnittfläche, die positiv orientiert ist, die Schnittgrößen $Q''_{bx}$ und $M''_{bz}$ im positiven Sinn an. Die zugehörigen Gleichgewichtsbedingungen – Summe der Momente bezogen auf die $z$-Achse der Schnittfläche – ergeben

$$\Sigma X = 0 = Q''_{bx} - W \qquad Q''_{bx} = W = 1\,\text{kN}$$
$$\Sigma M_z = 0 = M''_{bz} - W \cdot e \qquad M''_{bz} = +W \cdot e = +0{,}5\,\text{kNm}$$

Bild **210.**1 zeigt die Schnittgrößenflächen infolge $W = 1$ kN; in Bild **210.**2 wurden die Schnittgrößen aus $P$ und $W$ überlagert.

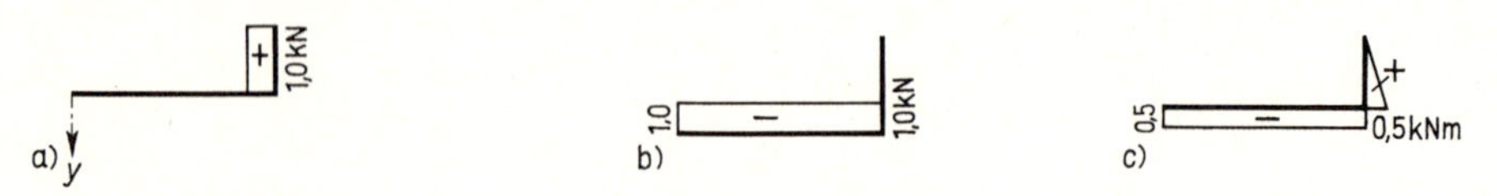


**210.**1 Schnittgrößen infolge $W$

a) $Q_x$-Fläche, b) $N$-Fläche, c) $M_z$-Fläche

Bei der hier gewählten Orientierung der Schnittgrößen nach Koordinaten (DIN 1080 T2, Abschn. 2.2) wie bei der im nächsten Beispiel angewendeten Orientierung der Momente nach der gekennzeichneten Seite oder gestrichelten Faser (DIN 1080 T2 Abschn. 2.3) tragen wir ein Biegemoment unabhängig von seinem Vorzeichen ausnahmslos an der Seite des Stabes an, an der es Zug erzeugt (vgl. Abschn. 5.3.3). Die Beachtung dieser Regel erleichtert es, zu einer gegebenen Momentenfläche die Biegelinie zu skizzieren und dadurch das Tragverhalten der Konstruktion zu veranschaulichen oder die Plausibilität der Rechenergebnisse zu überprüfen.

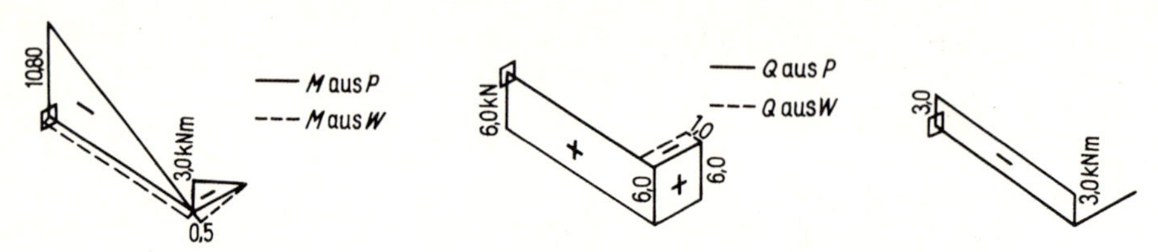


**210.**2 Schnittgrößen infolge $P$ und $W$

a) $M$-Fläche infolge $P$ und $W$, b) $Q$-Fläche aus $P$ und $W$, c) $M_T$-Fläche infolge $P$

**Beispiel 2.** Für den einseitig voll eingespannten Balken nach Bild **210.**3 sind die Beanspruchungsgrößen zu bestimmen. Die Achse des vierfach geknickten Balkens liegt in der $(x, y)$-Ebene, die Wirkungslinie der Last jedoch nicht; die Aufgabe ist also ein Problem der Statik des Raumes.

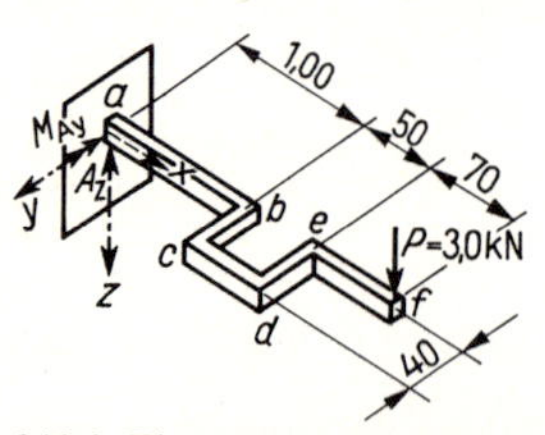


**210.**3 Eingespannter, mehrfach geknickter Balken

Als Stützgrößen sind an der Einspannung $a$ lediglich eine lotrechte Lagerkraft $A_z$ und ein Einspannmoment um die $y$-Achse $M_{Ay}$ erforderlich. Wir führen $A_z$ aufwärts gerichtet und $M_{Ay}$ so ein, daß es an der Unterseite des Balkens Zug erzeugt. Aus den Gleichgewichtsbedingungen $\Sigma Z = 0$ und $\Sigma M_y = 0$ erhalten wir dann

$$A_z = 3{,}0 \text{ kN} \uparrow$$
$$M_{Ay} = -3{,}0 \cdot 2{,}2 = -6{,}6 \text{ kNm}$$

Zur Bestimmung der Schnittgrößen führen wir unmittelbar vor den Knickpunkten Schnitte senkrecht zu den Stabachsen. An den Schnittflächen tragen wir nur die von Null verschiedenen Schnittgrößen mit ihrem wirklichen Richtungssinn an (**211.**1). Um den Biegemomenten Vorzeichen geben zu können, führen wir eine gestrichelte Faser (DIN 1080 T2 Abschn. 2.3: „gekennzeichnete Seite") ein und legen sie an die Unterseite des Balkens. Die Vorzeichen der Torsionsmomente ergeben sich aus der Richtung der Torsionsmomentenvektoren bezüglich der Schnittfläche (s. Abschn. 5.10.2.1), und der Querkraft geben wir über den ganzen Träger hinweg das positive Vorzeichen – nach DIN 1080 T2 Abschn. 2.3 müßte die Querkraft im Balkenstück $de$ allerdings das negative Vorzeichen erhalten.

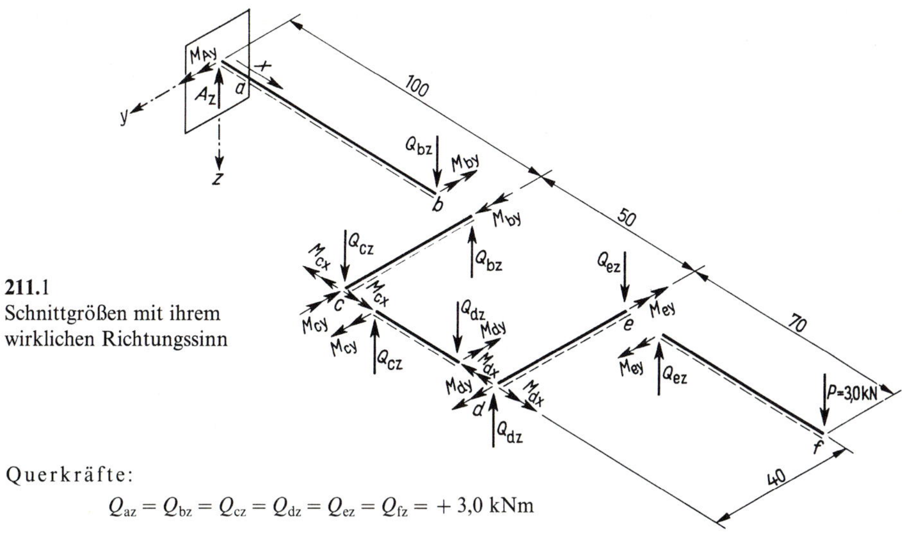


**211.**1
Schnittgrößen mit ihrem wirklichen Richtungssinn

Querkräfte:

$$Q_{az} = Q_{bz} = Q_{cz} = Q_{dz} = Q_{ez} = Q_{fz} = +3{,}0 \text{ kNm}$$

Momente: In allen Schnitten ist $M_z = 0$.

Stab *ef*, unmittelbar am Punkt *e*:

Torsionsmoment $M_x = 0$
Biegemoment $M_y = -3{,}0 \cdot 0{,}70 = -2{,}10$ kNm

Stab *de*, unmittelbar am Punkt *e*:

Torsionsmoment $M_y = +3{,}0 \cdot 0{,}70 = +2{,}10$ kNm
Biegemoment $M_x = 0$

Stab *de*, unmittelbar am Punkt *d*:

Torsionsmoment $M_y = +3{,}0 \cdot 0{,}70 = +2{,}10$ kNm
Biegemoment $M_x = -3{,}0 \cdot 0{,}40 = -1{,}20$ kNm

Stab *cd*, unmittelbar am Punkt *d*:

Torsionsmoment $M_x = -3{,}0 \cdot 0{,}40 = -1{,}20$ kNm
Biegemoment $M_y = -3{,}0 \cdot 0{,}70 = -2{,}10$ kNm

Stab *cd*, unmittelbar am Punkt *c*:

Torsionsmoment $M_x = -3{,}0 \cdot 0{,}40 = -1{,}20$ kNm
Biegemoment $M_y = -3{,}0 \cdot 1{,}20 = -3{,}60$ kNm

Stab *bc*, unmittelbar am Punkt *c*:

Torsionsmoment $M_y = -3{,}0 \cdot 1{,}20 = -3{,}60$ kNm
Biegemoment $M_x = +3{,}0 \cdot 0{,}40 = +1{,}20$ kNm

Stab *bc*, unmittelbar am Punkt *b*:

Torsionsmoment $M_y = -3{,}0 \cdot 1{,}20 = -3{,}60$ kNm
Biegemoment $M_x = 0$

Stab *ab*, unmittelbar am Punkt *b*:

Torsionsmoment $M_x = 0$
Biegemoment $M_y = -3{,}0 \cdot 1{,}20 = -3{,}60$ kNm

Stab *ab*, unmittelbar am Punkt *a*:

Torsionsmoment $M_x = 0$
Biegemoment $M_y = -3{,}0 \cdot 2{,}20 = -6{,}60$ kNm

Bild **212**.1 zeigt die Beanspruchungsflächen. Es ist zu erkennen, daß durch die Knicke des Balkens in der Momentenfläche (**212**.1 b) Sprünge entstehen: In diesem Fall der Belastung senkrecht zur Tragwerksebene wird in einem rechtwinkligen Knick des Balkens aus einem Biegemoment ein Torsionsmoment und umgekehrt.

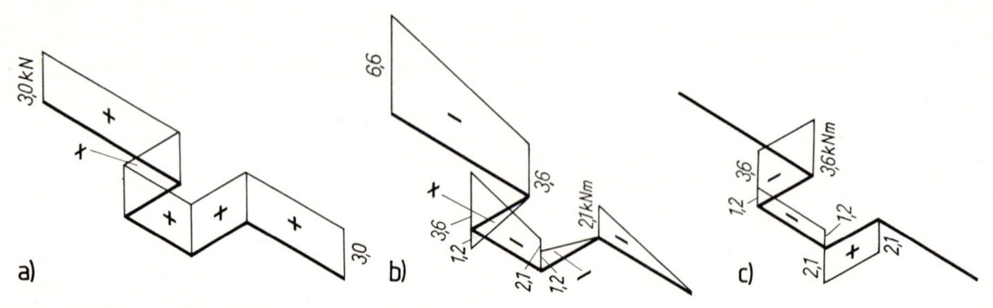


**212**.1 Schnittgrößen infolge $P$

a) $Q$-Fläche, b) $M$-Fläche, c) $M_T$-Fläche

**Beispiel 3:** Der räumliche Rahmen nach Bild **212**.2 ist durch zwei horizontale Lasten $P_1$ und $P_2$ beansprucht. Die Stützgrößen und Beanspruchungsflächen sind zu bestimmen.

Lager $A$ ist frei beweglich in der $(x, y)$-Ebene (verschiebliches Kugellager), Lager $B$ ist ein festes Lager mit Drehbarkeit um die $y$-Achse.

Im allgemeinen Lastfall tritt in $A$ nur eine lotrechte Lagerkraft $A_z$ auf; im Lager $B$ sind jedoch drei Kraftkomponenten $B_x$, $B_y$, $B_z$ und zwei Momente, nämlich $M_z$ (in der horizontalen Ebene) und $M_x$ (in der senkrechten Ebene, die senkrecht auf der Rahmenebene steht), zu übertragen.

Aus den Gleichungen

$$\Sigma Z = 0 \qquad \Sigma X = 0 \qquad \Sigma M_{ay} = 0$$

ergeben sich die Lagerkräfte

$$A_z = B_x = B_z = 0$$

Infolge der Lasten $P_1$ und $P_2$ wird

$$\Sigma Y = +5{,}0 - 12{,}0 + B_y = 0 \qquad B_y = 12{,}0 - 5{,}0 = 7{,}0 \text{ kN}$$

$B_y$ ist also nach vorn gerichtet.

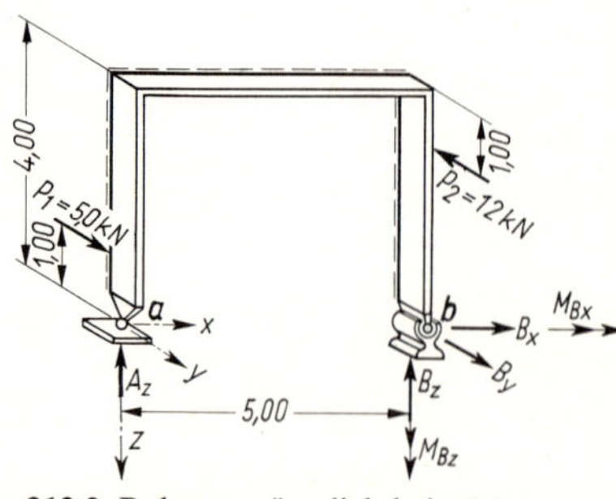


**212**.2 Rahmen, räumlich belastet

Um die $x$-Achse ist

$$\Sigma M_x = 5{,}0 \cdot 1{,}0 - 12{,}0 \cdot 3{,}0 + M_{Bx} = 0$$
$$M_{Bx} = 36{,}0 - 5{,}0 = 31{,}0 \text{ kNm}$$

Das Einspannmoment dreht also, wenn man in $+x$-Richtung blickt, rechtsherum, d. h. der Vektor $M_{Bx}$ zeigt in Richtung der positiven $x$-Achse.

Um die $z$-Achse bei $B$ ist

$$\Sigma M_z = -5{,}0 \cdot 5{,}0 + M_{Bz} = 0$$
$$M_{Bz} = 25{,}0 \text{ kNm}$$

Das Einspannmoment dreht, wenn man in $+z$-Richtung blickt, rechtsherum, d.h. der Vektor $M_{Bz}$ zeigt in die $+z$-Richtung, das bedeutet nach unten (**213.**1).

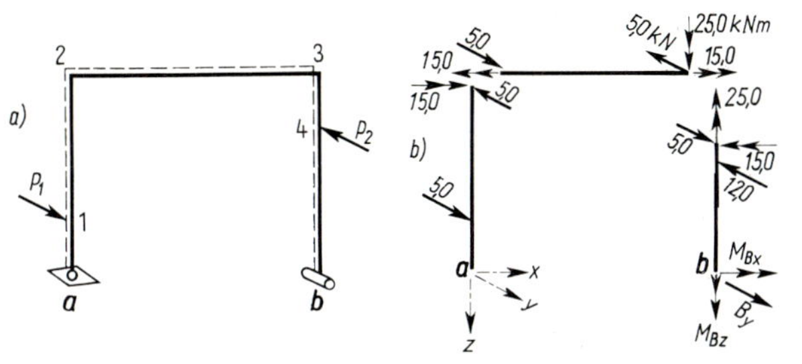


**213.**1 Rahmen mit Belastung und Schnittgrößen

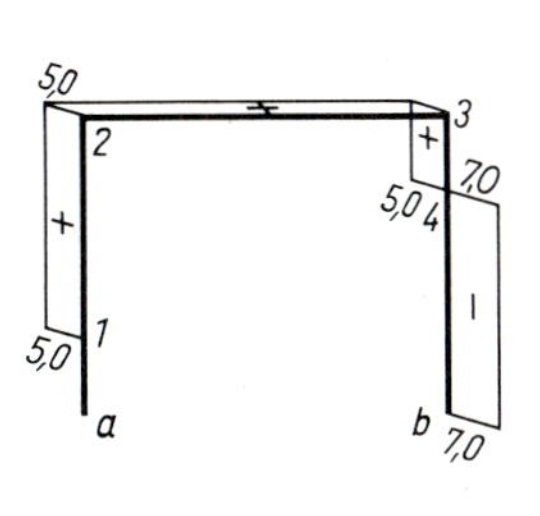


**213.**2 $Q_y$-Fläche

Querkräfte in $y$-Richtung (**213.**2). Zweckmäßigerweise legt man im vorliegenden Fall den Rahmen nach rückwärts um (**213.**3) und ermittelt die Querkräfte von $a$ aus über die Ecken nach $b$.

| | |
|---|---|
| linker Stiel | $Q_{1\text{ bis }2} = +5{,}0$ kN |
| Riegel | $Q_{2\text{ bis }3} = +5{,}0$ kN |
| rechter Stiel | $Q_{3\text{ bis }4o} = +5{,}0$ kN |
| | $Q_{4u\text{ bis }b} = -7{,}0$ kN |

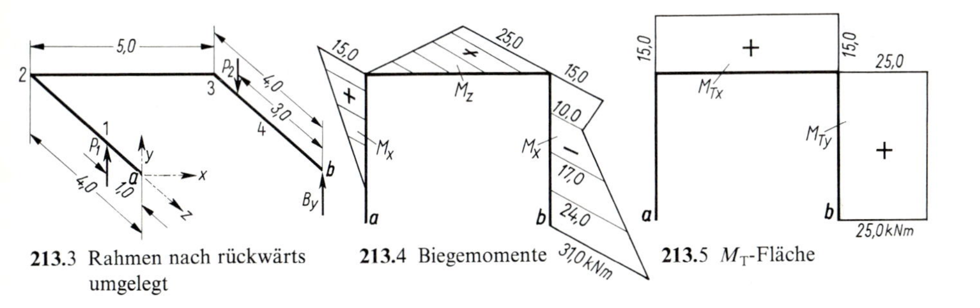


**213.**3 Rahmen nach rückwärts umgelegt

**213.**4 Biegemomente

**213.**5 $M_T$-Fläche

Biegemomente $M_x$ und $M_z$ (**213.**4)

| | | |
|---|---|---|
| linker Stiel | $M_1 = 0$ | $M_{2x} = +5{,}0 \cdot 3{,}0 = +15{,}0$ kNm |
| Riegel | $M_{2z} = 0$ | $M_{3z} = +5{,}0 \cdot 5{,}0 = +25{,}0$ kNm |
| rechter Stiel | $M_{3x} = -15{,}0$ kNm | |
| | $M_{4x} = -15{,}0 + 5{,}0 \cdot 1{,}0 = -10{,}0$ kNm | |
| | $M_{bx} = -15{,}0 + 5{,}0 \cdot 4{,}0 - 12{,}0 \cdot 3{,}0 = -31{,}0$ kNm | |

Torsionsmomente. Verdreht werden die Querschnitte des Riegels und des rechten Stieles (**213.**5).

| | |
|---|---|
| Riegel | $M_x = M_{Tx} = 5{,}0 \cdot 3{,}0 = +15{,}0$ kNm |
| rechter Stiel | $M_z = M_{Tz} = 5{,}0 \cdot 5{,}0 = +25{,}0$ kNm |

Bild **213.**5 zeigt die Torsionsmomentenfläche. Aus den Bildern **213.**4 und **213.**5 ist zu erkennen, wie im Laufe der Kraftübertragung zum Lager $B$ hin an den Rahmenecken 2 und 3 die Biegemomente als Torsionsmomente weitergeleitet werden und wie an der Ecke 3 aus dem Torsionsmoment wieder ein Biegemoment wird.

# 6 Fachwerke

## 6.1 Einleitung, Übersicht

Fachwerke gehören zu den Stabtragwerken. Sie bestehen aus geraden Stäben, die in Knoten oder Knotenpunkten miteinander verbunden sind. Bei der Berechnung der Fachwerke treffen wir folgende Annahmen:

1. Die Lasten greifen nur in den Knoten an.

2. Jeder Knotenpunkt ist Schnittpunkt der Stabachsen angeschlossener Stäbe und der Wirkungslinien am Knoten angreifender äußerer Kräfte.

3. Die Stäbe sind in jedem Knoten durch ein reibungsfreies Gelenk miteinander verbunden.

Durch diese Annahmen erreicht man, daß sich in Fachwerkstäben nur Längskräfte ergeben, Biegemomente und Querkräfte aber nicht auftreten.

Tatsächlich sind die Stäbe in den Knotenpunkten fast immer biegesteif miteinander verbunden, was dazu führt, daß in den Stäben doch Biegemomente und Querkräfte hervorgerufen werden. Diese verursachen Zusatz- oder Nebenspannungen, die 10 bis 20% der mit obigen Annahmen ermittelten Spannungen ausmachen können, in der Regel aber vernachlässigt werden.

Auch die Annahme, daß die Lasten nur in Knotenpunkten angreifen, trifft die Wirklichkeit nicht genau: Die Eigenlast der Stäbe wirkt als gleichmäßig verteilte Last, und bei Dachbindern kommt es vor, daß Pfetten auf einem Fachwerkstab zwischen zwei Knotenpunkten gelagert sind. Hier hilft man sich so, daß man Lasten, die auf Stäbe anstatt auf Knoten wirken, den nächstliegenden Knoten zuweist (**214.**1). Nach der Ermittlung der Längskräfte in den Fachwerkstäben unter Beachtung der obigen Annahmen werden dann in einem zweiten Rechnungsgang Biegemomente und Querkräfte in den zwischen den Knoten belasteten Stäben ermittelt. Dabei betrachtet man aber nicht den Fachwerkträger im ganzen, sondern nur einen zwischen den Knoten belasteten Stab allein oder in Zusammenhang mit seinen nächsten Nachbarstäben. Bei der Bemessung werden dann Längskräfte aus Knotenlasten und Biegemomente und Querkräfte aus Lasten zwischen den Knoten gemeinsam angesetzt (überlagert).

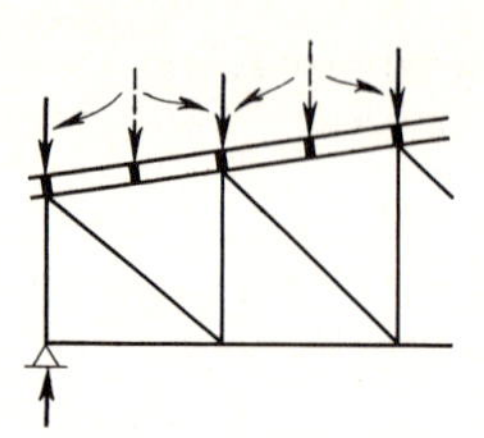

**214.**1 Verteilen der Lasten auf die Knotenpunkte

Die Bindereigenlast ist i.allg. verhältnismäßig gering. Sie wird bei Fachwerkbalken und -bindern als gleichmäßig verteilt angenommen und vielfach nicht allen Knoten zugewiesen, sondern nur denen, die auch andere Lasten erhalten.

Liegen bei einem Fachwerk alle Stäbe in einer Ebene, so sprechen wir von einem ebenen Fachwerk; andernfalls liegt ein Raumfachwerk (s.a. Teil 3 dieses Werkes) vor. Diese lassen sich in vielen Fällen in ebene Fachwerke zerlegen, was die Berechnung vereinfacht. Im folgenden soll nur von ebenen Fachwerken die Rede sein.

Bei den Fachwerken begegnen uns dieselben statischen Systeme wie bei den Vollwandtragwerken oder Stabwerken. Grundsätzlich kann jedes Tragsystem als Fachwerk- oder als Vollwandtragwerk (Stabwerk) ausgeführt werden. In Bild **215.**1 sind einige Beispiele dafür gezeichnet.

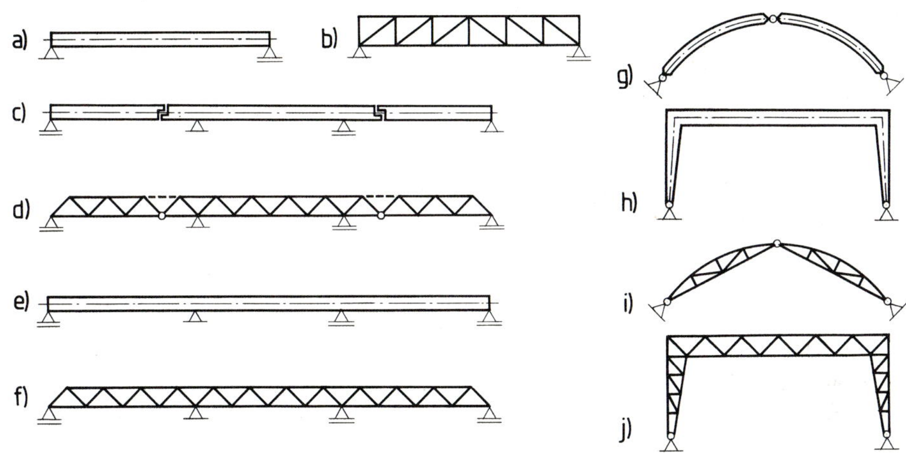


**215.**1 Stabtragwerke in Vollwandausführung (Stabwerke) und Fachwerkausführung

a) einfacher Vollwandbalken auf zwei Stützen, b) einfacher Fachwerkbalken auf zwei Stützen, c) vollwandiger Gerberträger, d) Fachwerk-Gerberträger, gestrichelt: „Blindstäbe", einseitig mit Langlöchern angeschlossen, e) vollwandiger Durchlaufträger, f) Fachwerk-Durchlaufträger, g) vollwandiger Dreigelenkbogen, h) vollwandiger Zweigelenkrahmen, i) Fachwerk-Dreigelenkbogen, j) Fachwerk-Zweigelenkrahmen

Die Stäbe eines Fachwerkes lassen sich einteilen in die inneren Füllstäbe und die äußeren Gurtstäbe. Die Füllstäbe ergeben die Ausfachung, die Gurtstäbe bilden die beiden Gurtungen oder Ober- und Untergurt.

Die Gurtungen können gerade, einfach geknickt oder mehrfach geknickt sein, so daß es viele Möglichkeiten gibt, den Umriß eines Fachwerks zu gestalten. In Bild **215.**2 sind mit Parallel-, Trapez- und Halbparabelträger Umrisse dargestellt, die im Brückenbau üblich sind. Die Zeichnung des Parabelträgers dient nur der Klärung der Begriffe; er wird wegen der ungünstigen spitzen Enden nicht mehr ausgeführt.

Die Lasten, die bei Dachbindern durch die Pfetten, bei Brücken durch die Querträger eingeleitet werden, greifen in der Regel nur in den Knoten einer Gurtung an, die deswegen Lastgurt genannt wird.

Für die Ausfachung des durch die Gurtungen gegebenen Umrisses eines Fachwerks gibt es viele Lösungen. In Bild **216.**1 sind einige weit verbreitete angegeben, und zwar am Beispiel eines waagerechten Parallelträgers. Aus den Bildunterschriften geht hervor, daß

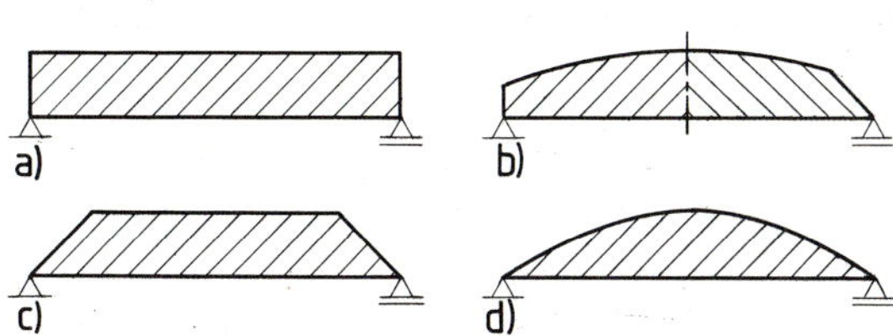


**215.**2
Umrisse von Brückenträgern

a) Parallelträger
b) Halbparabelträger
c) Trapezträger
d) Parabelträger

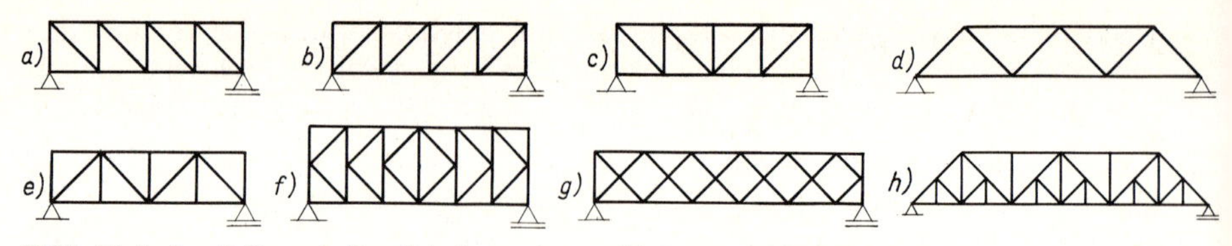


**216**.1 Einfacher Balken als Parallelträger mit verschiedenen Ausfachungen

a) Ständerfachwerk mit fallenden Streben, b) Ständerfachwerk mit steigenden Streben, c) Ständerfachwerk mit zur Mitte hin fallenden Streben, d) Reines Strebenfachwerk, e) Strebenfachwerk mit Pfosten, f) K-Fachwerk, g) Rautenfachwerk, h) Hilfsstäbe (Zwischenfachwerk) in einem Strebenfachwerk mit Pfosten; Lastgurt unten

lotrechte Füllstäbe als Ständer oder Pfosten bezeichnet werden, ferner sind die Ausdrücke Vertikalstäbe oder kurz Vertikalen gebräuchlich. Geneigte Füllstäbe heißen Streben oder Diagonalen. Das in Bild **216**.1f dargestellte K-Fachwerk wird auch Fachwerk mit halben Diagonalen oder Halbstrebenfachwerk genannt, während das Rautenfachwerk nach Bild **216**.1g auch unter der Bezeichnung Netzwerk zu finden ist und Träger mit dieser Ausfachung Gitterträger heißen. In Bild **216**.1h ist schließlich ein Brückenträger als Parallelträger mit Zwischenfachwerk (Sekundärfachwerk) gezeichnet. Durch das Zwischenfachwerk wird der Abstand der Untergurtknoten und damit der Abstand der in den Untergurtknoten angeschlossenen Querträger auf die Hälfte vermindert, so daß auch die Stützweite der von Querträger zu Querträger gespannten Fahrbahnlängsträger halbiert wird. Das kann sich bei weitgespannten und deshalb hohen Fachwerkträgern günstig auswirken.

In Bild **216**.2 sind weitere Beispiele für Umrisse und Ausfachung von Fachwerken dargestellt.

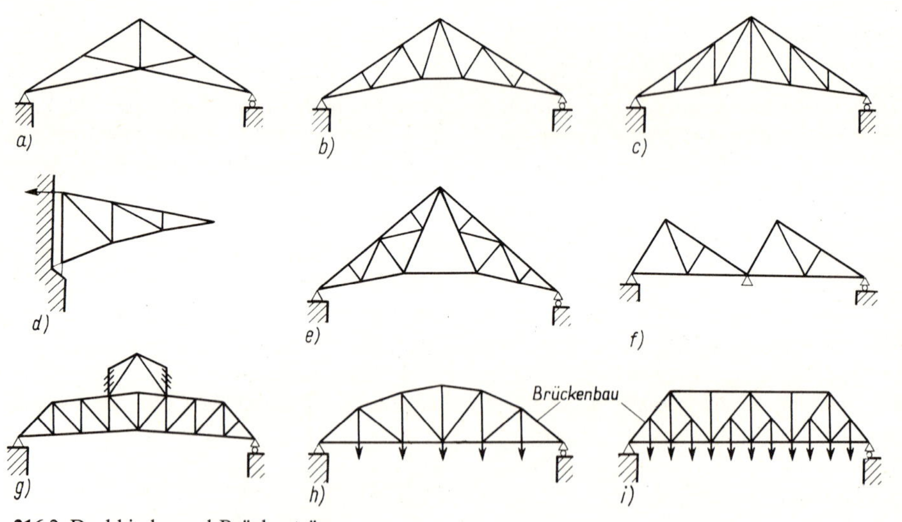


**216**.2 Dachbinder und Brückenträger

a) Deutscher, b) Belgischer, c) Englischer Dachbinder, d) Vordach, e) Wiegmann- oder Polonceau-(Französischer) Dachbinder, f) Säge- oder Sheddach, g) Dachbinder mit Laternenaufsatz, h) Halbparabelträger, i) Trapezträger mit Zwischenfachwerk

## 6.2 Der Entwurf von Fachwerknetzen; das 1. Bildungsgesetz

An eine Fachwerkkonstruktion stellen wir ebenso wie an ein Stabwerk die Forderung, daß sie standfest und in sich unverschieblich ist. Die Standfestigkeit ist eine Frage der richtigen Wahl der Lager oder Abstützungen; hier gelten für Fachwerke dieselben Regeln wie für die entsprechenden Stabwerke (5.1 und 2). Wir setzen diese Regeln hier als bekannt voraus und überlegen uns im folgenden, welche Bedingungen zu erfüllen sind, damit ein statisch bestimmt gelagertes Fachwerk in sich unverschieblich ist.

Wir kommen einfach und sicher zu einem unverschieblichen Fachwerk, wenn wir von einer unverschieblichen Grundfigur ausgehen und nacheinander weitere Knoten so anschließen, daß jeder neue Knoten gegenüber der vorher vorhandenen Figur unverschieblich festgelegt ist. Die einfachste unverschiebliche Grundfigur – auf sie wollen wir uns beschränken – ist das Dreieck, das statisch gesehen aus drei Stäben (1, 2, 3) und drei Knoten (I, II, III) besteht (**217**.1). Um den nächsten Knoten IV gegenüber der starren Scheibe I–II–III festzulegen, brauchen wir mindestens zwei Stäbe (4, 5), die von zwei vorhandenen Knoten zum neuen Knoten hinführen. Ein dritter Stab 5′ würde die Konstruktion steifer machen; wenn wir aber nach der Mindestanzahl von Stäben in einem unverschieblichen Fachwerk fragen, und genau das wollen wir hier tun, ist dieser Stab überflüssig. Wir lassen ihn darum weg und schließen weiter an den Knoten V mit den Stäben 6 und 7, den Knoten VI mit den Stäben 8 und 9, den Knoten VII mit den Stäben 10 und 11 usw. Damit dürfte das Verfahren schon ausreichend erläutert sein. Man nennt es den zweistäbigen Knotenpunktanschluß, ausgehend von einem Dreieck.

Die soeben anschaulich abgeleitete Vorschrift über den Aufbau eines unverschieblichen Fachwerkes ist ein Aufbaukriterium und wird das 1. Bildungsgesetz für Fachwerke genannt.

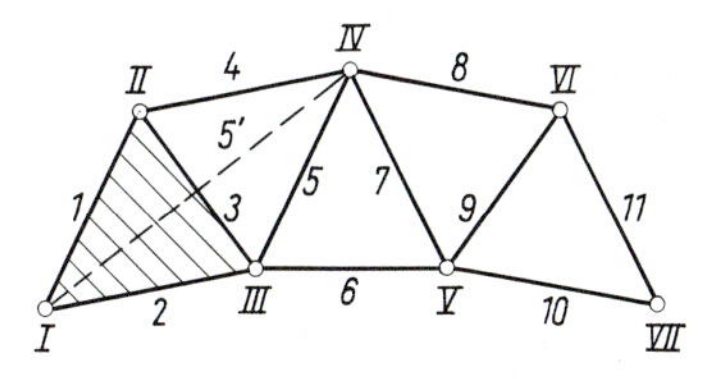

**217**.1 Erstes Bildungsgesetz für Fachwerke: zweistäbiger Knotenpunktanschluß

Welche Beziehung besteht nun rechnerisch bei Fachwerken nach dem 1. Bildungsgesetz zwischen der Anzahl $k$ der Knoten und der Anzahl $s$ der Stäbe?

Die ersten drei Knoten erfordern drei Stäbe, jeder weitere Knoten verlangt zwei weitere Stäbe. Wir erhalten demnach die Anzahl der Stäbe, wenn wir von den drei Stäben der Grundfigur ausgehen und für jeden Knoten, ausgenommen die drei Knoten der Grundfigur, zwei Stäbe hinzufügen:

$$s = 3 + 2(k - 3) \qquad s = 2k - 3 \tag{217.1}$$

Diese Gleichung wird auch als Abzählkriterium für Fachwerke bezeichnet. Vor der Berechnung der Stabkräfte wollen wir noch zwei Punkte behandeln:

1. Der Anschluß eines neuen Knotens durch zwei Stäbe ist nicht völlig beliebig. Da wir auch eine unendlich kleine Verschieblichkeit des neuen Knotens ausschließen müssen, dürfen seine beiden Stäbe nicht in einer Geraden liegen. Bild **218**.1 gibt anschaulich die Begründung (Knoten VII).

Diese Einschränkung für den Anschluß eines neuen Knotens bedeutet keinesfalls, daß zwei Fachwerkstäbe überhaupt nicht in einer Geraden liegen dürfen. Wenn die Stäbe dem Anschluß verschiedener Knoten dienen, darf sehr wohl ein Stab in der Verlängerung des anderen angeordnet sein. So liegen in Bild **218**.1 die Stäbe 3 und 5 zwar in einer Geraden, aber Stab 3 fixiert den Knoten III, Stab 5 den Knoten IV.

2. Mit dem 1. Bildungsgesetz lassen sich nicht nur Dreiecksfachwerke herstellen, also Fachwerke, die nur aus Dreiecken bestehen, sondern auch Fachwerke, die Stabvierecke enthalten. Anders ausgedrückt: nicht jedes Stabviereck in einem Fachwerk bedeutet, daß das Fachwerk verschieblich und damit als Baukonstruktion unbrauchbar ist. An dem Rautenfachwerk des Bildes **218.2** soll das durch Kennzeichnung der Grundfigur, also des Ausgangsdreiecks, und durch Numerierung von Knoten und Stäben dargelegt werden (**218.2**). Wir haben dabei die Kreuzungsstellen der Diagonalen als Knoten angenommen und damit unterstellt, daß die Diagonalen eines Feldes miteinander verbunden werden. Für das Fachwerk nach Bild **218.2** ergibt sich dann

$$s = 2k - 3 = 2 \cdot 20 - 3 = 37$$

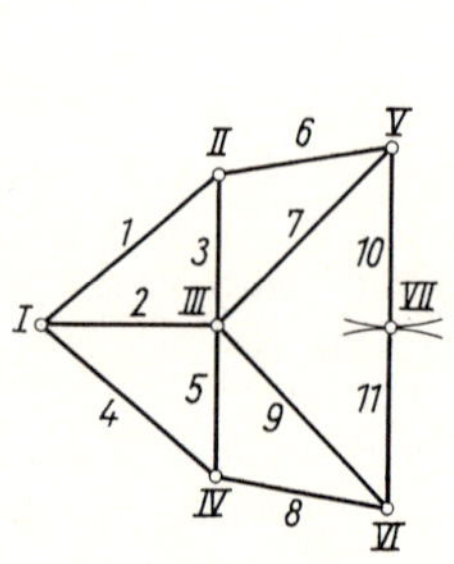


**218.1** Anschluß eines Knotens (VII) durch zwei Stäbe, die in einer Geraden liegen

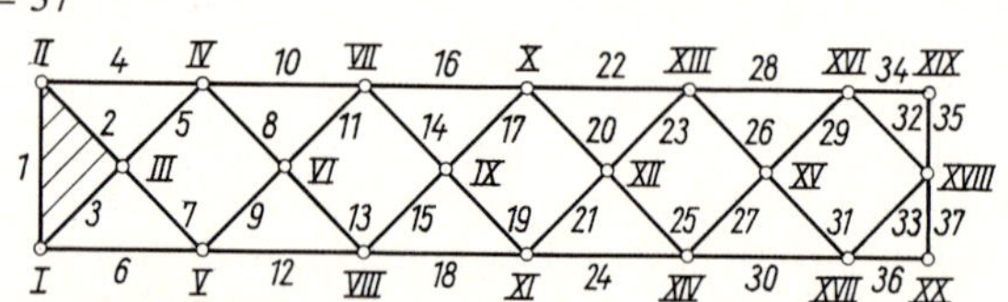


**218.2** Rautenfachwerk, gebildet durch zweistäbigen Knotenpunktanschluß

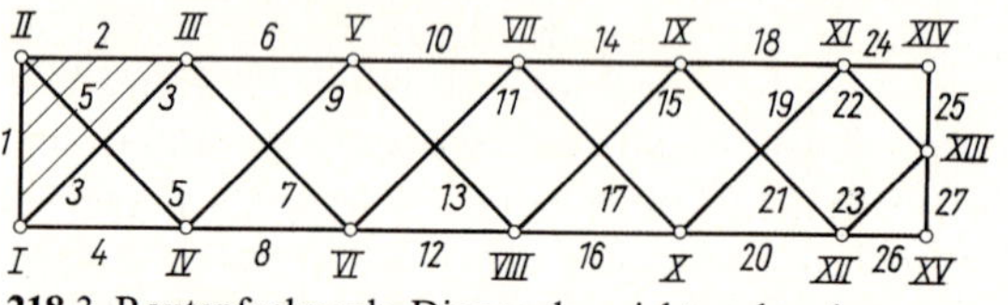


**218.3** Rautenfachwerk, Diagonalen nicht verbunden

Der gezeichnete Gitterträger kann aber auch ganz anders gesehen werden, ebenfalls entstanden durch zweistäbigen Knotenpunktanschluß, jedoch mit einer anderen Grundfigur und mit nicht verbundenen Diagonalen (**218.3**). Auch dann ist das Abzählkriterium erfüllt:

$$s = 2k - 3 = 2 \cdot 15 - 3 = 27$$

Eine nähere Betrachtung zeigt, daß es für die Kräfte in den Fachwerkstäben ohne Bedeutung ist, ob die Diagonalen an den Kreuzungsstellen verbunden werden oder nicht: Sind sie verbunden, so läuft doch die Kraft aus einer Halbdiagonalen unverändert durch den Knoten hindurch in die andere, die in ihrer Richtung liegt. Mit den Bezeichnungen von Bild **218.2** ist also am Knoten III $S_2 = S_7$ und $S_3 = S_5$; anders ist das Gleichgewicht am Knoten III nicht herzustellen. – Nach beiden Betrachtungsweisen erscheint also auch das Rautenfachwerk als Fachwerk nach dem 1. Bildungsgesetz. – Wir werden übrigens später feststellen, daß es andere Rautenfachwerke gibt, die nicht wie das hier gezeigte ausschließlich durch zweistäbigen Knotenpunktanschluß entstehen.

## 6.3 Grundsätzliches über die Berechnung der Stabkräfte

Zur Berechnung der Stabkräfte in Fachwerken stehen uns die Gleichgewichtsbedingungen zur Verfügung. Wir werden im folgenden untersuchen, ob sie zur Berechnung eines Fachwerkes ausreichen, das unverschieblich ist und dabei mit $s = 2k - 3$ Stäben keinen überflüssigen Stab aufweist.

Wir führen dazu um jeden Knoten des Fachwerks einen Rundschnitt (**219.**1) und stellen fest, daß nur die beiden Komponentengleichungen $\Sigma V = 0$ und $\Sigma H = 0$ anzusetzen sind: Kräfte an einem Punkt sind im Gleichgewicht, wenn die Resultierende verschwindet. Das haben wir bei der Berechnung des Zweibocks im Abschn. 4.2.1.4 bereits praktisch angewendet. Betrachten wir das Fachwerk im ganzen, so stehen uns bei $k$ Knoten $2k$ Gleichgewichtsbedingungen zur Verfügung; berechnet werden müssen $s = 2k - 3$ Stabkräfte und – bei statisch bestimmter Lagerung – $a = 3$ Lagerkräfte, insgesamt also $s + a = 2k - 3 + 3 = 2k$ Unbekannte. Das bedeutet: Für ein Fachwerk, das nach dem 1. Bildungsgesetz durch zweistäbigen Knotenpunktanschluß aufgebaut wurde und das statisch bestimmt gelagert ist, lassen sich Stabkräfte und Stützgrößen mit Hilfe der Gleichgewichtsbedingungen ausrechnen; die Anzahl der zur Verfügung stehenden Gleichungen reicht dabei genau aus.

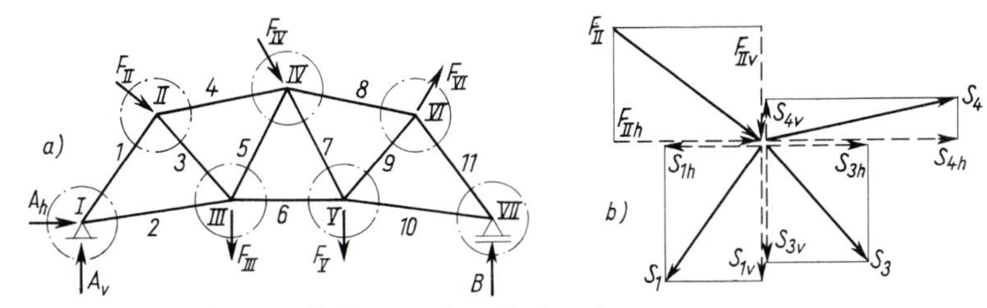


**219.**1 Rundschnitte um die Knoten eines Fachwerks
a) Fachwerk im ganzen, b) Knoten II mit Zerlegung der Kräfte

Wenn danach jeder Knoten des Fachwerks im Gleichgewicht ist, so ist es auch das Gesamtsystem. Die drei Gleichgewichtsbedingungen $\Sigma V = 0$, $\Sigma H = 0$, $\Sigma M = 0$, die wir für das Gesamtsystem anzuschreiben pflegen, um die Lagergrößen zu ermitteln, stehen darum nicht als zusätzliche, von den erwähnten $2k$ Gleichgewichtsbedingungen unabhängige Gleichungen zur Verfügung.

Nehmen wir aus einem durch zweistäbigen Knotenpunktanschluß gebildeten Fachwerk einen Stab heraus, so wird es verschieblich; fügen wir aber einen Stab hinzu (z. B. Stab 5′ in Bild **217.**1), so lassen sich die Stabkräfte mit den Gleichgewichtsbedingungen allein nicht berechnen, es ist eine überzählige Stabkraft vorhanden, das Fachwerk ist statisch unbestimmt. Mathematisch geschrieben gilt bei statisch bestimmter Lagerung:

$$\begin{aligned} s &< 2k - 3 \quad \text{Fachwerk verschieblich} \\ s &= 2k - 3 \quad \text{Fachwerk unverschieblich und statisch bestimmt} \qquad (219.1) \\ s &> 2k - 3 \quad \text{Fachwerk unverschieblich und statisch unbestimmt} \end{aligned}$$

Durch das Ableiten der Formel $s = 2k - 3$ sind wir vom „Aufbaukriterium" des 1. Bildungsgesetzes zu einem „Abzählkriterium" gekommen: Um festzustellen, ob ein Fachwerk unverschieblich und statisch bestimmt ist, brauchen wir nur Stäbe und Knoten zu zählen und zu prüfen, ob die Gleichung $s = 2k - 3$ erfüllt ist. Das ist einfach und geht schnell – leider versagt aber das Abzählkriterium in Sonderfällen, weil es zwar ein notwendiges, aber kein hinreichendes Kriterium darstellt. Ein statisch bestimmtes, unverschiebliches Fachwerk muß demnach $s = 2k - 3$ Stäbe besitzen; das Vorhandensein dieser Stabzahl gewährleistet jedoch nicht statische Bestimmtheit und Unverschieblichkeit. Deshalb benötigen wir neben dem Abzählkriterium als weitere Bedingung das Aufbaukriterium eines Bildungsgesetzes.

Der Veranschaulichung dieser Aussage dienen die beiden Fachwerke des Bildes **220**.1. Sie sind als einfache Balken auf zwei Stützen statisch bestimmt gelagert; das linke entstand durch zweistäbigen Knotenpunktanschluß, mit $s = 9$ und $k = 6$ ist $s = 2k - 3 = 2 \cdot 6 - 3 = 9$. Das rechte erhält man aus dem linken durch Versetzen der Diagonale des linken Feldes ins rechte Feld als zweite Diagonale (Stabvertauschung). Dadurch wird weder die Anzahl $k$ der Knoten noch die Anzahl $s$ der Stäbe verändert, das Abzählkriterium ist nach wie vor erfüllt, und doch ist das neue Fachwerk verschieblich: Das linke Feld wird durch die Fortnahme der Diagonalen zu einem Gelenkviereck; die Knoten $a$ und I sind nicht durch fortlaufenden zweistäbigen Knotenpunktanschluß fixiert.

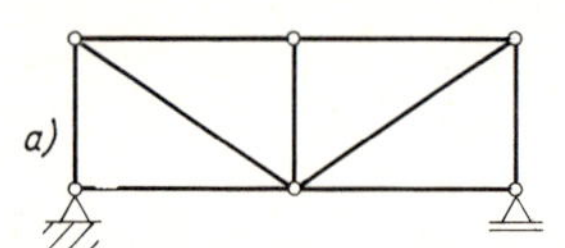


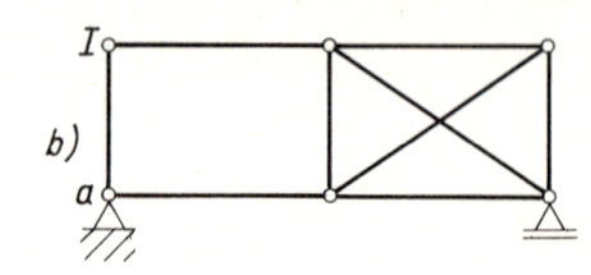


**220**.1
a) Zweistäbiger Knotenpunktanschluß, $s = 2k - 3$
b) Abzählkriterium erfüllt, Tragwerk labil

## 6.4 Das 2. und 3. Bildungsgesetz für Fachwerke

Während das 1. Bildungsgesetz für Fachwerke sehr ausführlich dargestellt wurde, sollen die beiden weiteren wegen ihrer geringeren Bedeutung nur kurz erwähnt werden.

Das 2. Bildungsgesetz sagt, daß man aus zwei unverschieblichen, statisch bestimmten Fachwerken auf zwei Wegen ein neues, ebenfalls unverschiebliches und statisch bestimmtes Fachwerk bilden kann:

a) man gibt Fachwerken einen gemeinsamen Knoten und zieht einen Verbindungsstab ein

b) man zieht zwischen den beiden Fachwerken drei Verbindungsstäbe ein, und zwar so, daß sich die Verbindungsstäbe oder ihre Verlängerungen nicht in einem Punkt schneiden.

Der erste Weg wird beim Entwurf von Dachbindern begangen. Bild **216.**2e zeigte bereits ein Beispiel und veranschaulicht zugleich die Wirkungsweise: Die beiden symmetrischen Binderhälften sind die Ausgangsfachwerke; gibt man ihnen zunächst am First einen gemeinsamen Knotenpunkt, so können sie sich noch gegeneinander verdrehen. Das wird durch das Einziehen eines Verbindungsstabes unmöglich gemacht. Der so entstandene Wiegmannbinder läßt sich mit dem 1. Bildungsgesetz allein nicht herstellen.

Der zweite Weg ist baupraktisch von geringer Bedeutung, häufig kommt er auf den zweistäbigen Knotenpunktanschluß des 1. Bildungsgesetzes hinaus. In Bild **220.**2 ist für

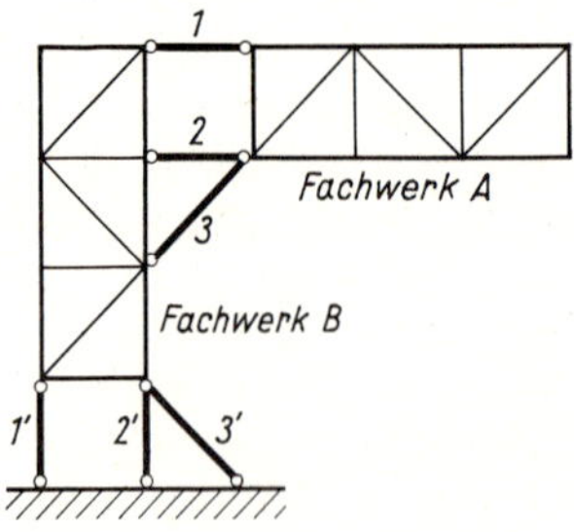


**220**.2 Verbindung von zwei Fachwerken mit drei Stäben

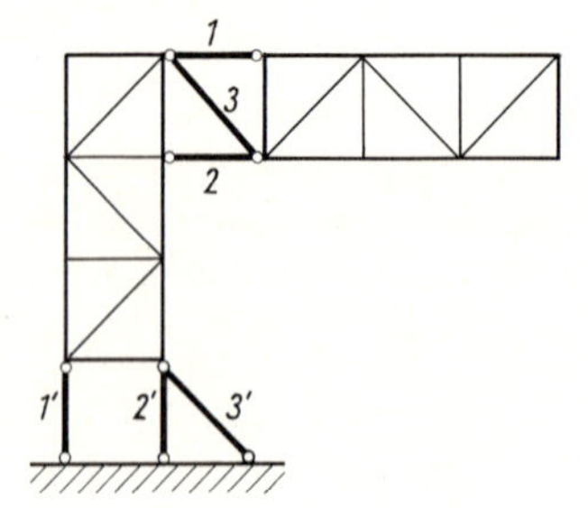


**220**.3 Variante zu Bild **220**.2

den zweiten Weg ein Lehrbeispiel konstruiert worden; es fällt daran auf, daß das Fachwerk *A* durch die Verbindungsstäbe 1, 2 und 3 am Fachwerk *B* genauso angeschlossen ist wie das Fachwerk *B* mit den Stäben 1′, 2′ und 3′ an der Erdscheibe. Tatsächlich sind die Pendelstäbe 1 und 1′ gleichbedeutend mit beweglichen Lagern, während die Zweiböcke aus den Stäben 2, 3 und 2′, 3′ die Wirkungen von festen Lagern ausüben. Damit ergibt sich in beiden Fällen eine statisch bestimmte „Lagerung".

Wird der Stab 3 als Diagonale zwischen die Stäbe 1 und 2 gelegt (**220**.3), so ändert sich an der Gesamtwirkung auf das Fachwerk *A* gar nichts, die beiden Fachwerke *A* und *B* verschmelzen aber dadurch zu einer Einheit, die von einem Ende bis zum anderen durch ununterbrochenen zweistäbigen Knotenpunktanschluß entstanden sein kann.

Zum Schluß der Ausführungen über das 2. Bildungsgesetz soll erläutert werden, warum sich die drei Verbindungsstäbe oder ihre Verlängerungen nicht in einem Punkt schneiden dürfen. Bild **221**.1 zeigt den Sonderfall, daß sich die drei Verbindungsstäbe in einem unendlich fernen Punkt schneiden. Die drei Stäbe sind also parallel, und es ist klar, daß sich bei einer solchen Stabführung die beiden Fachwerke um ein endliches Stück gegeneinander verschieben können, ohne daß die Verträglichkeitsbedingungen des Systems verletzt werden. Auch nach einer endlichen Verschiebung schneiden sich die drei Verbindungsstäbe in einem unendlich fernen Punkt, sie bleiben stets parallel.

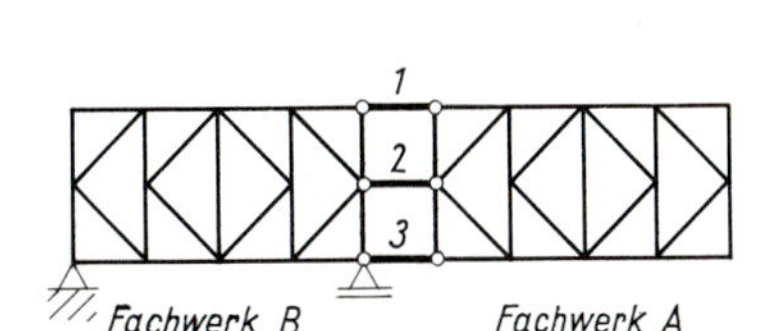


**221**.1 Verbindung zweier Fachwerke durch drei parallele Stäbe

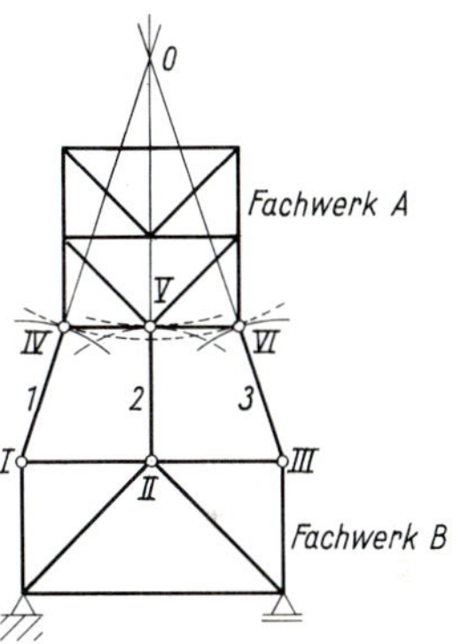


**221**.2 Verbindungsstäbe mit unendlich kleiner Beweglichkeit

Den allgemeinen Fall zeigt Bild **221**.2. Hier schneiden sich die Verlängerungen der drei Verbindungsstäbe im Endlichen, und zwar im Pol 0. Wenn sich nun die Stäbe 1, 2 und 3 um die Punkte I, II und III drehen, beschreiben die Punkte IV, V und VI die ausgezogenen Kreisbogen. Für ein unendlich kleines Stück fällt jeder dieser Kreisbogen zusammen mit einem der gestrichelten Kreisbogen um den Pol 0: Bei sehr kleinen Winkeln ersetzt man mit sehr guter Näherung den Kreisbogen durch die Tangente. In den Punkten IV, V und VI haben aber jeweils zwei Kreise eine gemeinsame Tangente, die deswegen für ein unendlich kleines Stück beide Kreisbogen vertritt. Demnach kann das Fachwerk *A* eine unendlich kleine Drehung um den Pol 0 vollführen, es ist also beweglich. Das ist für die kritischen Stäbe in Bild **222**.1 der Anschaulichkeit halber stark übertrieben dargestellt.

Das 3. Bildungsgesetz ist das Gesetz der Stabvertauschung. Es besagt folgendes: Jedes nach dem 1. oder 2. Bildungsgesetz aufgebaute, statisch bestimmt gelagerte Fachwerk läßt sich durch Herausnehmen eines Stabes und Einsetzen eines neuen Stabes an anderer Stelle in ein anderes statisch bestimmtes Fachwerk verwandelt. Der Ersatzstab muß zwi-

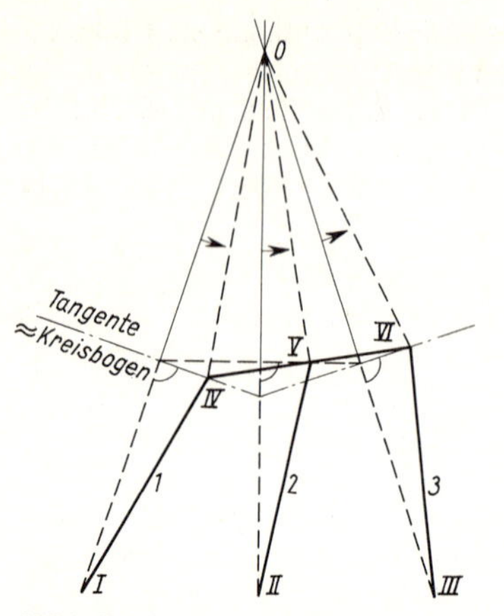


222.1 Drehung des Stabes IV–V–VI um den Pol $O$

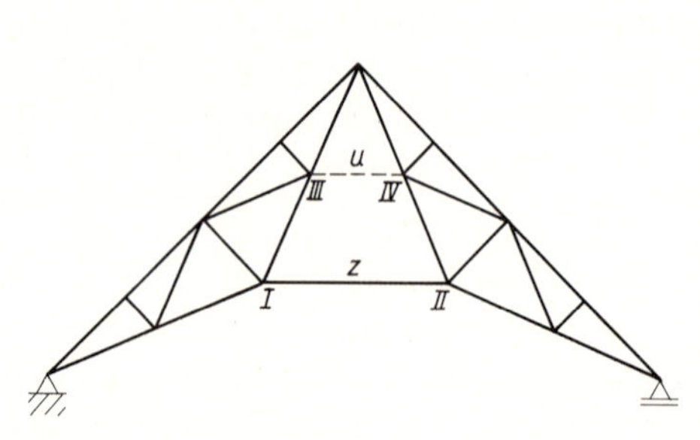


222.2 Stabvertauschung bei einem Wiegmannbinder

schen zwei Knotenpunkten eingezogen werden, die nach dem Herausnehmen des Stabes in dem nunmehr beweglich gewordenen Fachwerk schon bei einer unendlich kleinen Bewegung ihren gegenseitigen Abstand ändern.

Dies soll an einem Wiegmann- oder Polonceaubinder gezeigt werden (**222.**2). Das Zugband $z$, das die beiden Knoten I und II und damit die beiden Binderhälften zusammenhält, läßt sich entfernen, wodurch das Tragwerk beweglich wird: Die beiden Binderhälften können sich gegeneinander um den gemeinsamen Firstpunkt drehen, sie können aufklappen wie die Schenkel eines Zirkels. Diese Bewegung kann dadurch verhindert werden, daß wir einen neuen Stab (Ersatzstab) zwischen einem Knoten der linken Binderhälfte und einem Knoten der rechten Binderhälfte einziehen. Beide Knoten können im vorliegenden Beispiel beliebig gewählt werden, da sich schon bei einem unendlich kleinen Aufklappen der Binderhälften jeder Knoten der einen Binderhälfte von jedem Knoten der anderen Binderhälfte entfernt. Man kann z. B. einen neuen Stab $u$ zwischen den Knoten III und IV einziehen; der neue Dachbinder ist dann wie der Wiegmannbinder ein statisch bestimmtes, unverschiebliches Fachwerk. Während aber der Wiegmannbinder mit dem Zugband $z$ zu seinem Aufbau das 1. und 2. Bildungsgesetz in Anspruch nehmen mußte, kann man das Fachwerk mit dem Untergurtstab $u$ auch unmittelbar durch zweistäbigen Knotenpunktanschluß aufbauen.

Auf weitere Ausführungen zum Verfahren der Stabvertauschung, das mit dem Namen Henneberg[1]) verbunden ist, kann wegen seiner heute nur noch geringen Bedeutung verzichtet werden.

## 6.5 Ergänzungen zum Rauten- und K-Fachwerk

**Rautenfachwerk.** Das in den Bildern **216.**1 g und **218.**2 gezeigte statisch bestimmte und unverschiebliche Rautenfachwerk beginnt links mit einer halben Raute und endet rechts mit einer ganzen. Die halbe Raute ist die Grundfigur des Fachwerks, an die alle weiteren Knoten zweistäbig angeschlossen sind. Das gilt auch für die beiden rechten Eckpunkte, zu deren Anschluß kürzere Stäbe verwendet wurden.

[1]) L. Henneberg, 1878 bis 1920 Professor an der TH Darmstadt

Lassen wir den Gitterträger rechts so enden, wie wir ihn links begonnen haben, bilden wir ihn also symmetrisch aus mit halben Rauten an beiden Enden, so können wir das erreichen durch Wegnahme der Knoten XVIII, XIX, XX (**218.**2) und Einziehen des Stabes 32 zwischen den bereits fixierten Knoten XVI und XVII (**223.**1). Dieser Stab ist für den zweistäbigen Knotenpunktanschluß nicht erforderlich; nachdem er vorhanden ist, enthält das Fachwerk einen Stab zuviel, so daß es mit Hilfe der Gleichgewichtsbedingungen nicht berechnet werden kann. Die Stabkräfte sind dann „unbestimmt" im Hinblick auf die Anwendung der Gleichgewichtsbedingungen oder kurz: das Fachwerk ist „statisch unbestimmt".

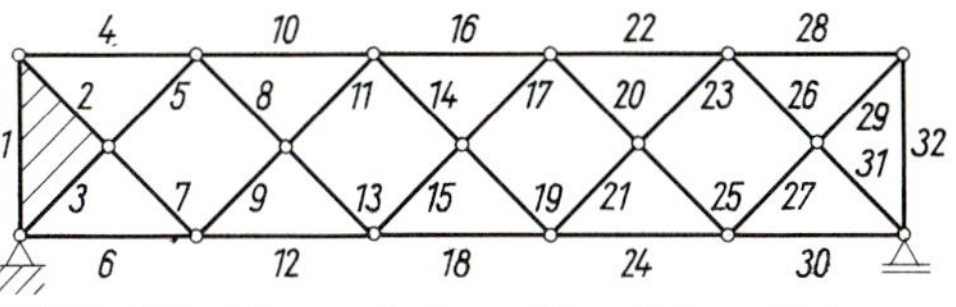

**223.**1 Gitterträger mit einem überzähligen Stab

Die dritte Möglichkeit für die Gestaltung der Enden eines Gitterträgers zeigt Bild **223.**2: Das Tragwerk ist symmetrisch und weist an beiden Enden ganze Rauten auf. Mit $s = 24$ Stäben und $k = 14$ Knoten ist $s = 24 < 2k - 3 = 25$: Das Fachwerk enthält einen Stab zuwenig, es ist beweglich (**223.**3). Es entstand durch zweistäbigen Knotenpunktanschluß an zwei gegeneinander bewegliche Scheiben. Ein solches Gebilde bezeichnet man als kinematische Kette; sie kann ohne Änderung der Stablängen ihre Form wesentlich

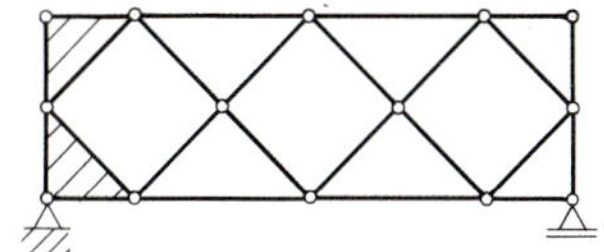
**223.**2 Bewegliches Rautenfachwerk

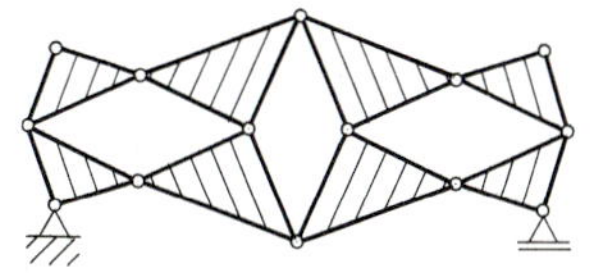
**223.**3 Verschobenes Rautenfachwerk

verändern. Durch Einfügen eines Stabilitätsstabes kann das System unverschieblich gemacht werden. Dafür sind in Bild **223.**4 drei Möglichkeiten angegeben, wobei an dritter Stelle die Verwendung eines biegesteifen Stabes gezeigt wird.

Sämtliche bisher betrachteten Rautenfachwerke werden als Träger mit einfacher Raute oder als zweifaches Netzwerk bezeichnet (die Schrägstäbe teilen sich gegenseitig in zwei Teile); daneben gibt es Träger mit eineinhalbfachen Rauten (dreifaches

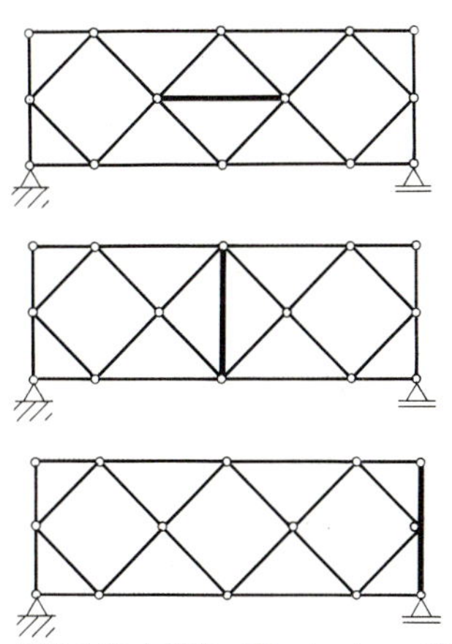
**223.**4 Stabilitätsstäbe in einem Rautenfachwerk

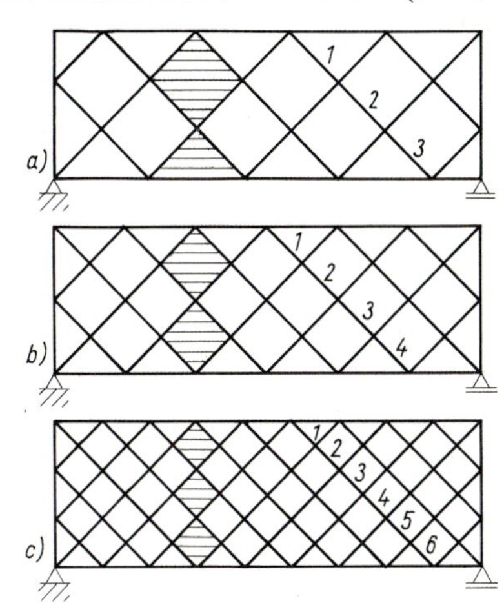

**223.**5 Weitere Rautenfachwerke

*Netzwerk*), *doppelten Rauten* (*vierfaches Netzwerk*) und *dreifachen Rauten* (*sechsfaches Netzwerk*) (**223.**5).

Es ist aufschlußreich, auf die dargestellten Systeme das Abzählkriterium anzuwenden: man stellt dann fest, daß die Systeme keineswegs eine Menge überzähliger Stäbe enthalten: das erste System (**223.**5a) ist statisch bestimmt, die beiden folgenden (**223.**5b und c) sind einfach statisch unbestimmt; für das letzte liefert das Abzählkriterium

$$s = 132 > 2 \cdot 67 - 3 = 131$$

oder bei Annahme aneinander vorbeilaufender Netzwerkstäbe

$$s = 46 > 2 \cdot 24 - 3 = 45.$$

**K-Fachwerk.** Das in Bild **216.**1f dargestellte K-Fachwerk ist *symmetrisch*. An der Symmetrieachse steht links ein richtiges, rechts ein spiegelverkehrtes K. Wie Bild **224.**1 zeigt, geht das Fachwerk aus einem der beiden großen Dreiecke neben der Symmetrieachse durch zweistäbigen Knotenpunktanschluß hervor; es ist also *statisch bestimmt* und unverschieblich.

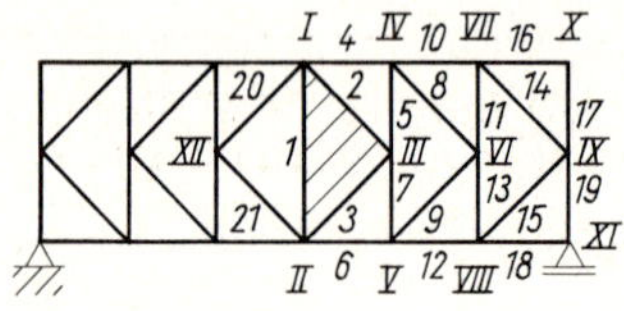


**224.**1 Symmetrisches K-Fachwerk, linke Hälfte mit seitenrichtigem K: statisch bestimmt und starr

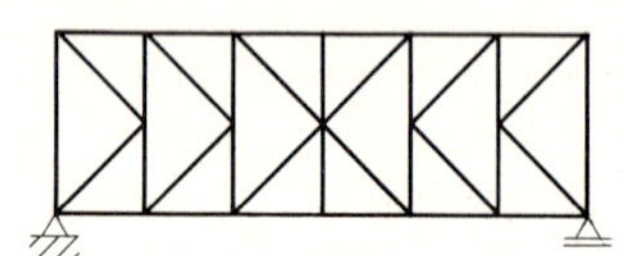

**224.**2 Symmetrisches K-Fachwerk: rechte Hälfte mit seitenrichtigem K: einfach statisch unbestimmt

Die *zweite Erscheinungsform* eines *symmetrischen* K-Fachwerks ist in Bild **224.**2 aufgezeichnet: Hier steht an der Symmetrieachse links ein spiegelverkehrtes, rechts ein richtiges K. Dieses Tragwerk ist aus zwei unverschieblichen, statisch bestimmten Fachwerken hervorgegangen; sie haben einen Knoten (I) gemeinsam und sind durch zwei Stäbe (1, 2) verbunden (**224.**3). Da neben einem gemeinsamen Knoten *ein* Verbindungsstab notwendig und hinreichend ist, um zwei Fachwerkscheiben gegeneinander festzulegen, ist *ein Stab zuviel* vorhanden. Das Fachwerk ist also einfach statisch unbestimmt. Die Stabkräfte dieses Systems können mit Hilfe der Gleichgewichtsbedingungen allein nicht bestimmt werden.

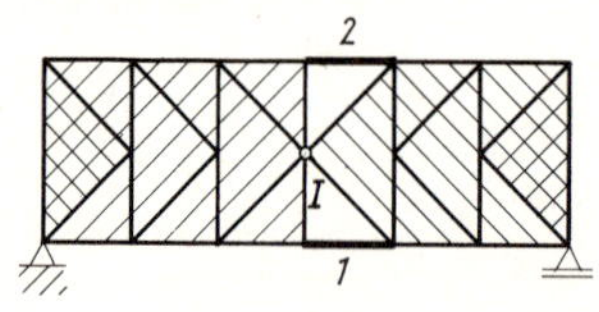


**224.**3 Nachweis eines überzähligen Stabes mit dem zweiten Bildungsgesetz

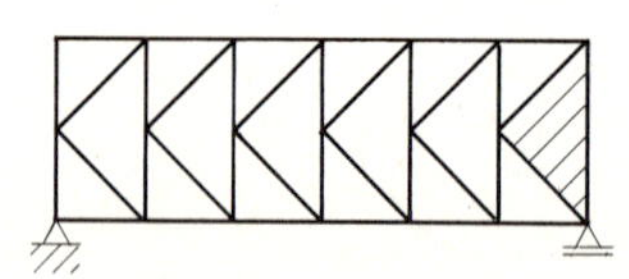

**224.**4 K-Fachwerk, statisch bestimmt

Aus Bild **224.**4 geht hervor, daß das *nicht symmetrische*, einheitlich aus lauter richtigen oder aus lauter spiegelverkehrten K gebildete Fachwerk *unverschieblich* und *statisch bestimmt* ist. – Gezeichnet ist das Fachwerk mit lauter richtigen K, die von der anderen Seite her gesehen spiegelverkehrt erscheinen.

## 6.6 Belastungszustände von Dachbindern

Unter Beachtung der DIN 1055 „Lastannahmen für Bauten“ sind Dachbinder für Eigenlast, Schnee und Wind zu berechnen (s. Abschn. 2.3.2). Hinzu kommen gegebenenfalls noch Lasten von angehängten Kranen.

In den Gurtungen entstehen die größten Zug- und Druckkräfte bei höchster Vollbelastung; für einen Füllstab ist dieser Lastfall nur maßgebend, wenn sich die zugehörigen Gurtstäbe in den Lagerpunkten oder innerhalb der Stützweite schneiden. Liegt der Schnittpunkt der zugehörigen Gurtstäbe außerhalb der Stützweite, so entsteht die maßgebende Kraft in einem Füllstab bei einer Teilbelastung des Binders, deren Ausmaß mit Hilfe einer Einflußlinie (s. Abschn. 8) bestimmt werden kann. Bei Dachbindern unter Satteldächern liegen einfache Sonderfälle vor, weil bei den dort gegebenen veränderlichen Lasten Schnee und Wind keine beliebigen Teilbelastungen möglich sind: Es kommt nur die links- oder rechtsseitige Belastung jeweils von der Traufe bis zum First in Frage; dann ist aber für eine Reihe von Füllstäben die Vollbelastung ungünstiger als eine einseitige Belastung. Beide Lastfälle sind zu untersuchen, auf das Zeichnen von Einflußlinien kann verzichtet werden.

Bei Bindern unter horizontalen Dächern ist überhaupt keine Teilbelastung möglich: Schnee und Wind beanspruchen, wenn vorhanden, stets gleichmäßig die gesamte Dachfläche. Ausnahmen können sich ergeben, wenn der Schnee auf Teilen der Konstruktion abtauen kann.

Es ergeben sich folgende Belastungszustände:

für Dreiecksbinder

1. Vollbelastung durch Eigenlast + Schnee (zusammengefaßt). Bei symmetrischen Bindern mit symmetrischer Belastung genügt die Bestimmung der Stabkräfte bis zur Bindermitte. Will man die Einflüsse der Eigen- und der vollen Schneebelastung getrennt erhalten, so bestimmt man zunächst nur die Stabkräfte $S_g$ für Eigenlast. Die Stabkräfte $S_s$ infolge „Schnee voll“ berechnen sich dann aus dem Verhältnis der Einheitslasten $s/g$ zu.

$$S_s = \frac{s}{g} \cdot S_g \qquad (225.1)$$

2. Einseitige Schneelast. Die Schneelast reicht entweder links oder rechts von der Traufe bis zum First. Bei symmetrischen Tragwerken genügt die Ermittlung sämtlicher Stabkräfte des Binders aus der Belastung der linken oder rechten Binderhälfte.

3. Wind vom festen Lager und

4. Wind vom beweglichen Lager her

Meistens, besonders bei symmetrischen Bindern, ergibt Wind vom festen Lager die ungünstigeren Stabkräfte, so daß die Untersuchung zu 4. entfallen kann. Immer, auch bei symmetrischen Bindern, sind die Stabkräfte infolge von Wind für den ganzen Binder zu bestimmen.

für Balkenbinder

1. Eigenlast. Bei symmetrischen Bindern ist die Untersuchung wieder nur bis zur Mitte erforderlich.

2. Schnee einseitig links und rechts. Sofern nicht wegen eines waagerechten Daches oder eines Pultdaches eine „einseitige“ Schneebelastung ausgeschlossen werden kann, genügt bei symmetrischen Bindern die Untersuchung links oder rechts; doch müssen für diesen Belastungszustand die Stabkräfte für den ganzen Binder ermittelt werden.

3. Schnee voll. Hierfür erübrigt sich eine besondere Untersuchung, da sich die Stabkräfte ohne weiteres rechnerisch durch algebraische Addition der Kräfte für die einseitigen Belastungen ermitteln

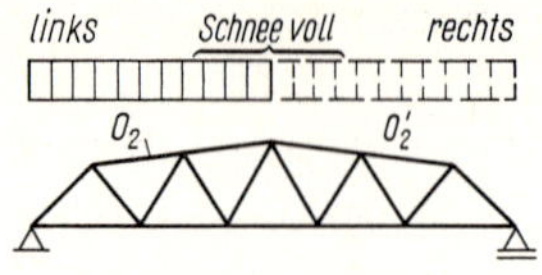


226.1 Einseitige und volle Schneebelastung

lassen. Besonders einfach gestaltet sich dies bei symmetrischen Bindern. Ist z. B. für den Binder nach Bild **226.**1 bei linksseitiger Schneebelastung

$$O_{2l} = -4 \text{ kN} \quad \text{und} \quad O'_{2l} = -3 \text{ kN}$$

so würde bei rechtsseitiger Belastung wegen der Symmetrie umgekehrt werden

$$O_{2r} = -3 \text{ kN} \quad \text{und} \quad O'_{2r} = -4 \text{ kN}$$

Bei Vollbelastung wird jede Stabkraft schließlich gleich der Summe der Einzelwerte, nämlich

$$O_2 = O_2' = O_{2l} + O_{2r} = O'_{2l} + O'_{2r} = (-4) + (-3) = -7 \text{ kN}$$

Wenn die gesamte Eigenlast ebenso wie die Schneelast an den Knoten des Obergurts angreift, können die Stabkräfte für Schnee voll auch aus einer Umrechnung gemäß Gl. (225.1) ermittelt werden.

4. Wind vom festen Lager und
5. Wind vom beweglichen Lager her

Oft ist bei Balkenbindern die Dachneigung so flach, daß sich eine besondere Winduntersuchung erübrigt.

Ist ein verschiebliches Lager nicht vorhanden, können also beide Lager waagerechte Kräfte aufnehmen, so verteilt man meistens die waagerechten Komponenten der Windlasten gleichmäßig auf beide Lager. Das kommt z. B. bei kleinen Bindern oder bei Lagerung auf eingespannten Stützen vor. Bei symmetrischen Bindern genügt dann wiederum die Untersuchung für eine Windrichtung.

Hinsichtlich der Ermittlung der ungünstigsten Stabkräfte aus ständiger Last, Schnee- und Windlast gelten für Brücken und Kranbahnen dieselben Grundsätze wie für Dachbinder. Die Wirkungen der Verkehrslast müssen dagegen bei Brücken und Kranbahnen unter Zuhilfenahme von Einflußlinien ermittelt werden (s. Abschn. 8).

## 6.7 Ermittlung der Stabkräfte

Die Ermittlung der Stabkräfte kann zeichnerisch oder rechnerisch erfolgen. Beide Verfahren sollen ausführlich behandelt werden. Bei beiden Verfahren werden i. allg. zuerst die Lagerkräfte des gegebenen Fachwerks ermittelt.

Es ist vorteilhaft, vor der Ermittlung der Stabkräfte das Fachwerk daraufhin zu untersuchen, ob unter der gegebenen Belastung spannungs- oder kraftlose Stäbe oder Nullstäbe vorhanden sind. Ihrer Ermittlung dienen die folgenden drei wichtigen, aber nicht alle Fälle erfassenden Regeln:

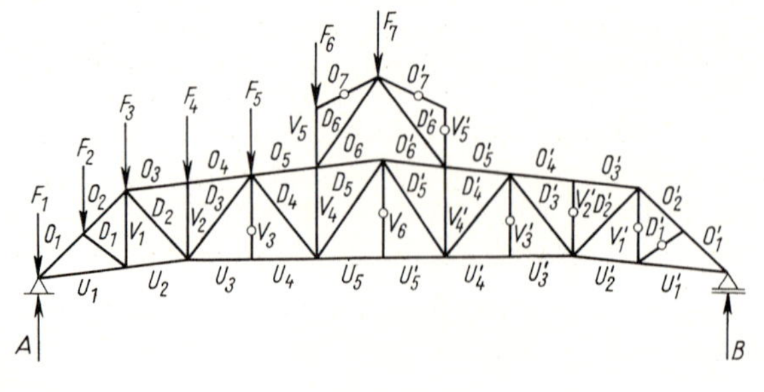


**226.**2 „Nullstäbe" (0) bei einseitiger Schneelast

1. Wenn in einem unbelasteten Knotenpunkt nur zwei Stäbe zusammenstoßen, sind beide spannungslos (**226**.2; $O'_7$ und $V'_5$).

2. Fällt in einem Knoten mit zwei Stäben die angreifende Last in die Richtung eines Stabes, so nimmt dieser Stab allein die Last auf, der andere ist spannungslos (**226**.2; $O_7$).

3. Ein Füllstab wird spannungslos, wenn er an einem unbelasteten Knotenpunkt, in dem die Gurtstäbe in gerader Linie durchlaufen, allein angeschlossen ist (**226**.2; $V_3$, $V_6$, $V'_3$, $V'_2$, $D'_1$) oder sonst noch vorhandene Füllstäbe von anderen Knotenpunkten her ebenfalls spannungslos sind (**226**.2; $V'_1$).

## 6.7.1 Zeichnerische Bestimmung der Stabkräfte nach Cremona[1])

Im Abschn. 6.3 haben wir uns überlegt, wie die Stabkräfte eines Fachwerks berechnet werden können: Wir führen um jeden Knoten einen Rundschnitt und setzen die beiden Gleichgewichtsbedingungen $\Sigma V = 0$ und $\Sigma H = 0$ an. Bei einem Fachwerk mit $s = 2k - 3$ Stäben reicht die Anzahl der Gleichgewichtsbedingungen an sämtlichen Knoten genau aus, um alle Stab- und Lagerkräfte zu berechnen.

Zum Ansetzen der Gleichgewichtsbedingungen $\Sigma V = 0$ und $\Sigma H = 0$ kamen wir durch die Überlegung, daß jeder Knoten unter seinen Stabkräften und Lasten im Gleichgewicht sein muß: Die Resultierende aller Stabkräfte und Lasten jedes Knotens muß verschwinden.

Diese Bedingung läßt sich aber auch nacheinander an jedem einzelnen Knoten zeichnerisch erfüllen, sofern jeweils nicht mehr als zwei unbekannte Stabkräfte auftreten. Nach den bekannten Regeln vom Gleichgewicht lassen sich nämlich zu einer an einem Punkt angreifenden Resultierenden in eindeutiger Weise zwei gegeneinander geneigte Kräfte bestimmen, die ihr das Gleichgewicht halten (**227**.1).

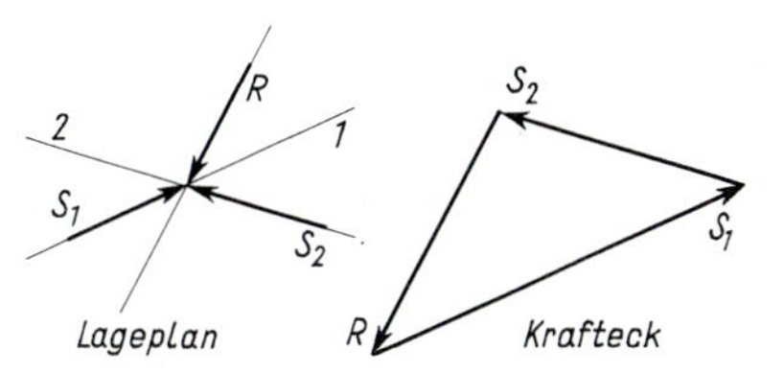


**227**.1 Zwei Kräfte halten einer Resultierenden das Gleichgewicht

Demnach könnten wir die Stabkräfte in einem Fachwerk mit bereits bekannten Methoden zeichnerisch ermitteln, wenn wir nur immer Knoten vorfinden würden, an denen höchstens zwei unbekannte Stabkräfte auftreten. Diese Bedingung ist aber bei Fachwerken, die nach dem 1. Bildungsgesetz durch zweistäbigen Knotenpunktanschluß entwickelt worden sind, genau erfüllt:

Betrachten wir nämlich den zuletzt angeschlossenen Knoten eines solchen Fachwerks, so kann mit Hilfe eines Kraftecks auf eindeutige Weise Gleichgewicht hergestellt werden zwischen einer angreifenden Last und den Kräften in den beiden Stäben dieses Knotens. Eine der beiden Stabkräfte verfolgen wir dann weiter zum vorletzten Knoten, wo wir sie mit einer eventuell vorhandenen Last zu einer Resultierenden zusammensetzen. Dieser kann das Gleichgewicht gehalten werden durch Kräfte in den beiden Stäben, mit welchen der vorletzte Knoten angeschlossen wurde. In diesem Sinne geht es weiter, bis wir beim Stab 1 der Grundfigur angekommen sind. Wir erhalten auf diese Weise für jeden Knoten ein geschlossenes Krafteck. Da jeder Stab des Fachwerk an zwei Knoten angeschlossen ist, tritt jede Stabkraft in zwei Kraftecken auf. Cremona setzte als erster die Kraftecke sämtlicher Knoten zu einem Kräfteplan zusammen, in dem jede Stabkraft nur einmal

[1]) Luigi Cremona, 1830 bis 1903, Professor an der Universität Rom, Direktor der Ingenieurschule, Unterrichtsminister

enthalten ist. Beim Zeichnen dieses **Cremonaschen Kräfteplanes** dürfen die Kräfte eines Kraftecks **nicht in beliebiger Reihenfolge** aneinandergestellt werden, sondern es sind die folgenden beiden Regeln zu beachten.

1. Im Krafteck der äußeren Kräfte, das Lagerkräfte und Lasten enthält, müssen die Kräfte so aufeinander folgen, wie sie beim Umfahren des Fachwerks im Uhrzeigersinn nacheinander angetroffen werden.

2. Im Krafteck jedes Knotens müssen Stabkräfte und Lasten so aufeinander folgen, wie sie beim Umfahren des Knotens im Uhrzeigersinn nacheinander angetroffen werden.

**Beispiel 1:** Für einen Vordachbinder (**228.**1) sind die Stabkräfte zu bestimmen. Die Knotenlasten betragen $F_1 = F_3 = 10{,}40$ kN und $F_2 = 16{,}00$ kN.

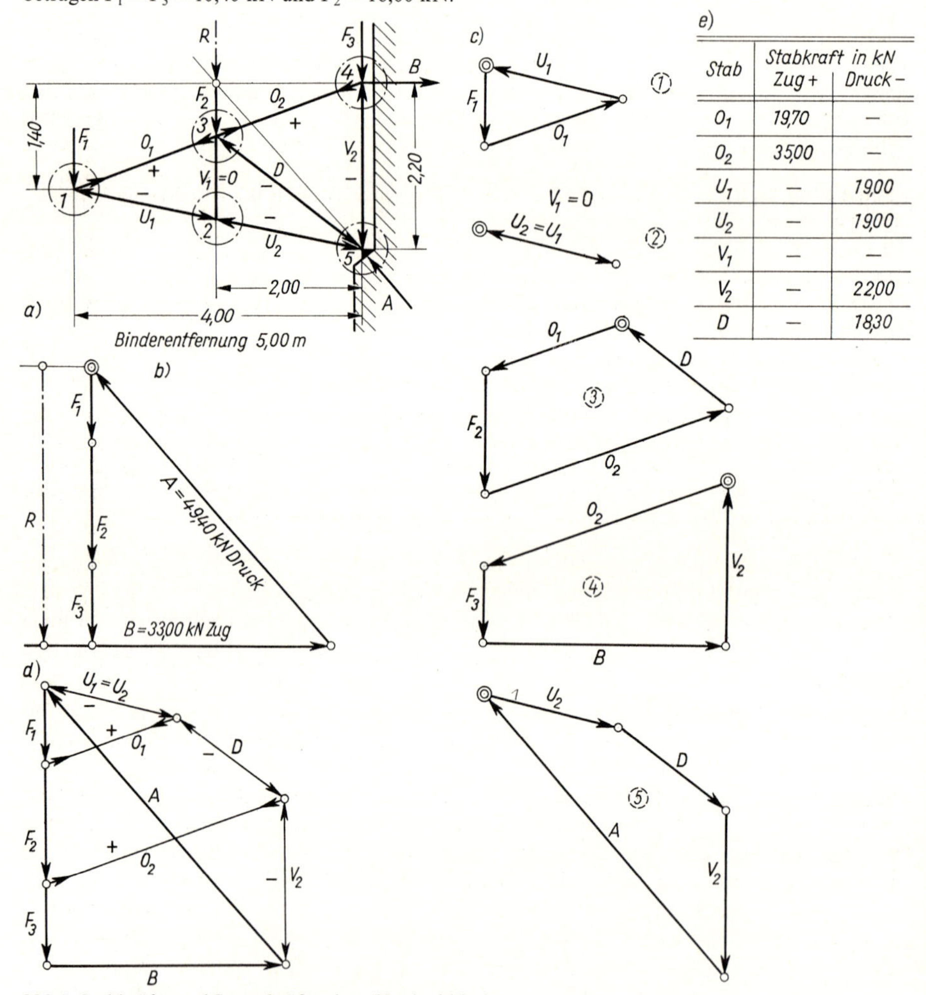


| Stab | Stabkraft in kN Zug + | Druck − |
|---|---|---|
| $O_1$ | 19,70 | — |
| $O_2$ | 35,00 | — |
| $U_1$ | — | 19,00 |
| $U_2$ | — | 19,00 |
| $V_1$ | — | — |
| $V_2$ | — | 22,00 |
| $D$ | — | 18,30 |

**228.**1 Stabkräfte und Lagerkräfte eines Vordachbinders

a) Lageplan, b) Gleichgewicht der äußeren Kräfte, c) Gleichgewicht in den 5 Knoten, d) Cremonaplan, e) Stabkräfte

Die Resultierende $R = \Sigma F = 36{,}80$ kN liegt wegen der symmetrischen Anordnung der Lasten in der Mitte (**228.**1 a). Das Gleichgewicht verlangt, daß die Resultierende $R$ und ihre beiden Lagerkräfte $A$ und $B$ sich in einem Punkte schneiden. Deshalb bringt man $B$ mit $R$ zum Schnitt. Durch diesen Schnittpunkt muß auch $A$ gehen. Damit liegt auch dessen Richtung fest. Die Größen von $A$ und $B$ ergeben sich aus dem Krafteck (**228.**1 b) zu

$$A = 49{,}40 \text{ kN} \quad \text{und} \quad B = 33{,}00 \text{ kN}$$

Mit der Bestimmung der Stabkräfte könnte man am Knotenpunkt 1 bei $F_1$ oder 4 bei $B$ beginnen, da an beiden nur zwei unbekannte Stabkräfte, nämlich $O_1$ und $U_1$ oder $O_2$ und $V_2$ auftreten. Wir wählen den Knotenpunkt 1 und zeichnen des leichteren Verständnisses halber sowohl für diesen als auch für alle anderen Knotenpunkte das jeweils den Gleichgewichtszustand kennzeichnende Krafteck.

Für den Knotenpunkt 1 (**228.**1 c) beginnt man mit dem Auftragen der bekannten Kraft $F_1$, stößt beim Umkreisen des Knotenpunktes im Uhrzeigersinn auf $O_1$ und zieht deshalb durch den Endpunkt von $F_1$ eine Parallele zu $O_1$. Um das Krafteck zu schließen, wird dann durch den Anfangspunkt von $F_1$ eine Parallele zur letzten Stabkraft $U_1$ gezogen. Damit sind $O_1$ und $U_1$ dem absoluten Betrage nach bestimmt. Um auch ihr Vorzeichen zu finden, umfährt man das Krafteck, mit der bekannten Kraft $F_1$ beginnend, und trägt die gefundenen Richtungssinne sowohl im Krafteck als auch in der Hauptfigur an den Enden der Stäbe unmittelbar am betrachteten Knotenpunkt ein. Es ergibt sich, daß $O_1$ vom Knotenpunkt weggerichtet und deshalb eine Zugkraft (+) ist, während $U_1$ zum Knotenpunkt hinzeigt und eine Druckkraft (−) sein muß.

Als nächster kommt Knotenpunkt 2 in Betracht, da hier nur zwei Unbekannte, $V_1$ und $U_2$, vorhanden sind, während am Punkte 3 deren drei, nämlich $O_2$, $D$ und $V_1$, vorkommen. Am Punkt 2 ist bekannt die Stabkraft $U_1$, die als Druckkraft einen Pfeil zum Knotenpunkt 2, also umgekehrt gerichtet wie am Punkt 1, erhalten muß.

Es gilt allgemein: Das Gleichgewicht in jedem Stabe verlangt, daß die Pfeile an seinen beiden Enden entgegengesetzt gerichtet sind.

Im Endpunkt von $U_1$ ist die Richtung von $V_1$ und durch den Anfangspunkt jene von $U_2$ anzutragen. Da hier $U_1$ und $U_2$ in dieselbe Richtung fallen, findet man, daß $U_1$ und $U_2$ gleich groß werden und $V_1$ selbst gleich Null wird. Der Stab $V_1$ wäre also statisch gar nicht erforderlich; er dient bei der gegebenen Belastung nur zur Aussteifung des Untergurtes und ist hier ein Nullstab. Diese Tatsache hätten wir schon vor der Konstruktion der Kraftecke aus der dritten Regel über die Nullstäbe ableiten können.

Geht man im Uhrzeigersinn um den Punkt 3 herum, so ist $V_1 = 0$ die erste und $O_1$ die zweite bekannte Kraft. An $O_1$ ist $F_2$ anzureihen, die Unbekannten $O_2$ und $D$ findet man durch Parallelen zu ihren Stabrichtungen, die durch den Endpunkt von $F_2$ und den Anfangspunkt von $O_2$ zu ziehen sind.

Im Krafteck für Punkt 4 ist nur eine ($V_2$), in dem für Punkt 5 gar keine Unbekannte zu ermitteln. Beide Kraftecke können zur Prüfung der zeichnerischen Richtigkeit der vorhergehenden Kraftecke dienen. Man könnte aber auch die Lagerkräfte $B$ und $A$ erst jetzt als letzte Unbekannte aus den Kraftecken der Punkte 4 und 5 ermitteln.

In den Bildern wurde der Anfangspunkt, in dem das Krafteck zum Schließen gebracht werden muß, durch einen Doppelkreis kenntlich gemacht.

In den sechs einzelnen Kräfteplänen der Bilder **228.**1 b und c kommt jede äußere Kraft und jede Stabkraft zweimal vor. Um dieses doppelte Zeichnen zu vermeiden, kann man die Einzelpläne zu einem einzigen Kräfteplan zusammenfügen, in dem jede Kraft nur einmal erscheint (**228.**1 d). Die abgemessenen Stabkräfte stellt man in einer Tafel übersichtlich zusammen (**228.**1 e).

Der in Bild **228.**1 d gezeichnete Kräfteplan heißt der „Cremonasche Kräfteplan“ oder einfach „Cremonaplan“. Er wurde von dem italienischen Mathematiker L. Cremona (1830 bis 1903) in die Statik eingeführt. Für einen Dreiecksfachwerkbinder (**230.**1) als Balken auf zwei Stützen soll er nunmehr ohne den Umweg über die einzelnen Kraftecke je Knoten entwickelt werden.

**Beispiel 2:** Cremonaplan für einen einfachen Wiegmannbinder. Zunächst wird das Netzbild des Binders, meist im Maßstab 1:100, mit der zugehörigen Belastung aufgezeichnet (**230.**1). Dann reiht man in einem passenden Kräftemaßstab die Lagerkräfte und äußeren Lasten in der Reihenfolge aneinander, wie sie beim Umfahren des Tragwerks im Uhrzeigersinn aufeinanderfolgen. Sie müssen für sich ein geschlossenes Krafteck ergeben. (In Bild **230.**1 wurden die Lasten wegen der Symmetrie nur bis zur Mitte aufgetragen.)

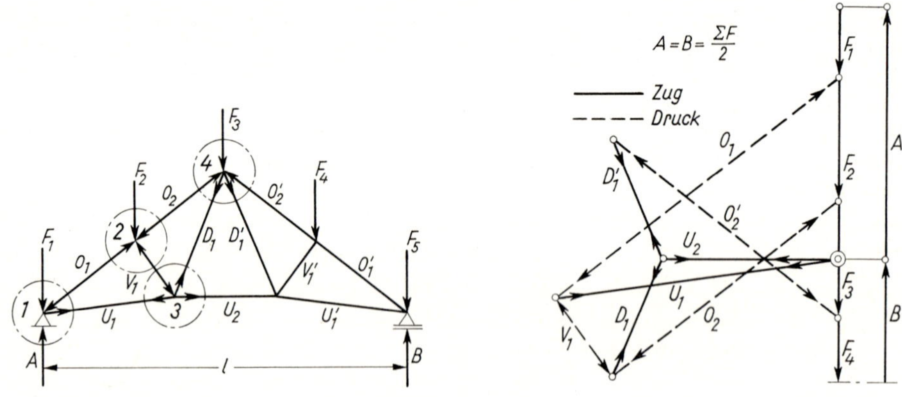


**230.**1 Cremonaplan für einen einfachen Wiegmannbinder

Dann beginnt man mit der Ermittlung der Stabkräfte an einem Knotenpunkt mit nur zwei unbekannten Stabkräften. Dies wird meistens ein Lager sein. Bei Kragbindern und Dachaufbauten kann man auch an den Spitzen beginnen, an denen nur zwei Stäbe zusammenlaufen. Im Krafteck der Lagerkräfte und äußeren Lasten trägt man im Endpunkt der letzten bekannten Kraft des Knotenrundschnittes die Richtung der nach dem Uhrzeigersinn folgenden ersten unbekannten Stabkraft ein. Die zweite unbekannte Stabkraft muß das Krafteck schließen. Deshalb ist eine Parallele zu ihr durch den Anfangspunkt des Kräftezuges zu ziehen. Ihr Schnittpunkt mit der Parallelen zur ersten Unbekannten liefert die Größe der beiden gesuchten Stabkräfte. Deren Vorzeichen wird durch nochmaliges Umfahren des Kraftecks, das stetigen Umfahrungssinn haben muß, festgestellt. Zum Knotenpunkt hinweisende Pfeile bedeuten Druck- (−), vom Knotenpunkt wegweisende Pfeile Zugkräfte (+). Dann geht man in derselben Weise Schritt für Schritt immer zu solchen Knotenpunkten weiter, an denen nicht mehr als zwei neue unbekannte Stabkräfte hinzukommen.

Bei dem einfachen Wiegmannbinder (**230.**1) beginnt man z. B. am Lager $A$ mit dem Knotenpunkt 1. Die erste bekannte Kraft im Uhrzeigersinn ist $A$. An sie reiht sich $F_1$ an, und durch deren Endpunkt ist eine Parallele zu $O_1$ zu ziehen. $U_1$ muß das Krafteck schließen; deshalb wird eine Parallele zu $U_1$ durch den Anfangspunkt von $A$ gezogen. Der Schnittpunkt beider Linien bestimmt die Größen der Stabkräfte. Nochmaliges Umfahren des Kraftecks und Eintragen der Pfeile an den Stabenden des Knotenpunktes im Systembild ergibt, daß $O_1$, da zum Knotenpunkt hinzeigend, eine Druckkraft, $U_1$ dagegen, als vom Knotenpunkt weggerichtet, eine Zugkraft ist.

Zum Knotenpunkt 3 kann man vorläufig noch nicht gehen, da hier drei unbekannte Kräfte, nämlich $V_1$, $D_1$ und $U_2$, vorhanden sind. Jedoch sind am Knoten 2 nur $O_2$ und $V_1$ zu bestimmen. Die erste bekannte Kraft ist $O_1$, die als Druckkraft jetzt den Pfeil zum Knotenpunkt 2 hin erhalten muß. Auf sie folgt $F_2$. Durch deren Endpunkt ist eine Parallele zu $O_2$, durch den Anfangspunkt von $O_1$ eine solche zu $V_1$ zu ziehen. Das nochmalige Umfahren des jetzt geschlossenen Kraftecks ergibt, daß beide Kräfte Druckkräfte sind, da ihre Pfeile im Systembild zum Knoten 2 zeigen.

Nun sind am Knotenpunkt 3 nur noch $D_1$ und $U_2$ unbekannt. Auf $U_1$ als erste bekannte Kraft folgt als zweite bekannte $V_1$. Durch deren Ende verläuft die Parallele zu $D_1$ und durch den Anfangspunkt von $U_1$ die Parallele zu $U_2$. Bei beiden Kräften sind die zugehörigen Pfeile vom Knotenpunkt weggerichtet; sowohl $D_1$ als auch $U_2$ sind also Zugkräfte.

Das Krafteck für den Firstpunkt 4 beginnt mit $D_1$, es folgen $O_2$ und $F_3$ durch den Endpunkt von $F_3$ zieht man eine Parallele zu $O_2'$ und durch den Anfangspunkt von $D_1$ eine Parallele zu $D_1'$. Da der Binder und seine Belastung symmetrisch sind, muß jetzt $O_2' = O_2$ und $D_1' = D_1$ sein. Dies dient als Probe für die Richtigkeit der Zeichnung, die wegen der Symmetrie nicht weiter durchgeführt zu werden braucht. Aus diesem Grunde wurde auch das Krafteck der äußeren Kräfte nicht vollständig gezeichnet ($F_5$ fehlt ganz).

Bei unsymmetrischen Bindern, wie z.B. Sägedach- oder Pultdachbindern, ist der Kräfteplan auch für Eigenlast bis zum anderen Lager durchzuzeichnen. Ergibt sich dabei, daß er sich am Ende nicht genau schließt, so fängt man ihn bei kleinen Ungenauigkeiten von rechts aus noch einmal rückwärts an und gleicht die Unterschiede in der Mitte aus. Bei größeren Abweichungen ist der Kräfteplan neu zu zeichnen und gegebenenfalls eine geeignete Stabkraft nach dem im folgenden Abschnitt angegebenen Verfahren rechnerisch nachzuprüfen.

Auch für Windlasten muß der Kräfteplan für den ganzen Binder gezeichnet werden. Hat man ihn für Wind vom festen Lager (**231.**1 a) durchgeführt, so genügt bei symmetrischen Bindern für Wind vom beweglichen Lager (**231.**1 b) ein leicht anzufertigender Zusatzplan der Gurtungen und ggf. einiger Füllstäbe.

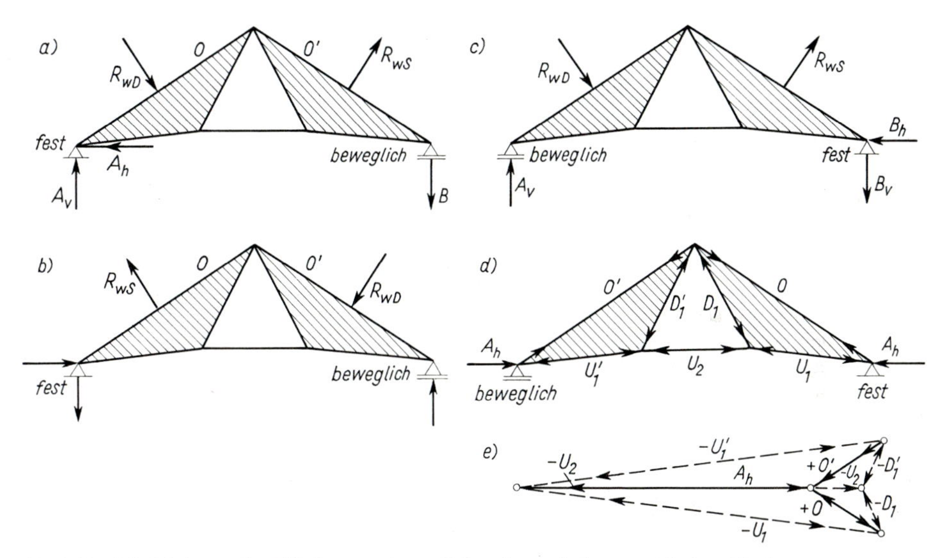


**231.**1 Berücksichtigung des Windes vom beweglichen Lager bei symmetrischen Bindern
a) Wind vom festen Lager, b) Wind vom beweglichen Lager, c) gedrehter Binder mit Wind vom beweglichen Lager, d) gedrehter Binder mit Korrekturkraft $A_h$, e) Zusatzplan für Wind vom beweglichen Lager

Wegen der Symmetrie braucht man nämlich nur den Binder samt seinen Lagern um 180° zu drehen (**231.**1 c). Danach kommt der Wind wie in Bild **231.**1 a von links, aber der Binder wird nicht mehr an seinem linken, sondern an seinem rechten Lager von einer horizontalen Lagerkraft gehalten. Das ist der Unterschied zwischen den Lastfällen Bild **231.**1 a und **231.**1 c. Wir können nun den Lastfall **231.**1 a durch Hinzufügen des Korrekturlastfalles **231.**1 d, in den Lastfall **231.**1 c überführen: Die Summe der Lastfälle **231.**1 a und **231.**1 d ergibt den Lastfall **231.**1 c. Für jeden Stab *i* des Dachbinders ist dann die Summe der Stabkräfte aus den Lastfällen **231.**1 a und **231.**1 d gleich der Stabkraft aus dem Lastfall **231.**1 c.

$$S_{\mathrm{i,\,1a}} + S_{\mathrm{i,\,1d}} = S_{\mathrm{i,\,1c}}$$

Das erscheint umständlich, bringt aber i. allg. einen Rechenvorteil mit sich, weil der Lastfall **231.**1 d nur in einem Teil der Stäbe zu Beanspruchungen führt; ein anderer, wesentlicher Teil ist spannungslos. Es ist also i. allg. einfacher, die Stabkräfte des Lastfalles **231.**1 d zu ermitteln und den bereits bekannten Stabkräften des Lastfalles **231.**1 a zu überlagern, als die Stabkräfte des Lastfalles **231.**1 c oder **231.**1 b zu bestimmen.

Bei vielen Stäben einer ganzen Reihe von Binderformen ergibt übrigens wie im dargestellten Beispiel der „Wind vom festen Lager" größere Zug- oder Druckkräfte als der „Wind vom beweglichen Lager". Die Stabkräfte des Korrekturlastfalles **231.**1 d haben nämlich oftmals das entgegengesetzte Vorzeichen der Kräfte aus „Wind vom festen Lager".

## 6.7.2 Rechnerische Bestimmung der Stabkräfte

Den rechnerischen Verfahren liegt das Schnittprinzip zugrunde, das wir bereits bei der Ermittlung der Schnittgrößen von Stabwerken angewendet haben (Abschn. 5):

An einem Körper, der unter der Wirkung äußerer Kräfte und Momente im Gleichgewicht ist, müssen auch an jedem abgeschnitten gedachten Teil die äußeren Kraftgrößen mit den inneren, an den Schnittstellen angreifenden Kraftgrößen im Gleichgewicht sein, mit anderen Worten: Äußere Kraftgrößen und Schnittgrößen des abgeschnittenen Teils müssen die drei Gleichgewichtsbedingungen erfüllen.

**Das Rittersche Schnittverfahren**[1]). Zur Bestimmung des Stabkraft $S_{\mathrm{i}}$ führen wir durch das Fachwerk einen Schnitt, der die gesuchte Stabkraft $S_{\mathrm{i}}$ und zwei weitere Stabkräfte $S_{\mathrm{j}}$ und $S_{\mathrm{k}}$ freischneidet, d.h. zu äußeren Kräften und damit bestimmbar macht. Die drei freigeschnittenen Stabkräfte bringen wir an den Schnittflächen als Zugkräfte an. Wir betrachten einen der beiden durch den Schnitt entstandenen Teile als abgeschnitten und stellen an ihm die Momentengleichgewichtsbedingung $\Sigma M = 0$ um den Schnittpunkt der Wirkungslinien der beiden nicht gesuchten Stabkräfte $S_{\mathrm{j}}$, $S_{\mathrm{k}}$ auf. In dieser Momentengleichgewichtsbedingung tritt als einzige Unbekannte die gesuchte Stabkraft $S_{\mathrm{i}}$ auf.

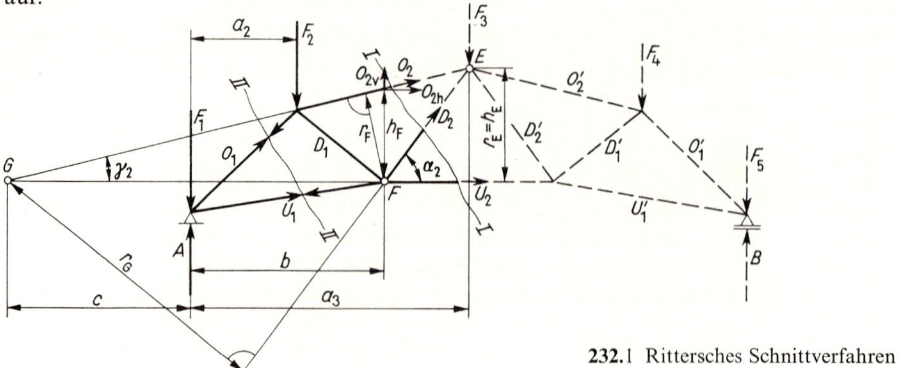


**232.**1 Rittersches Schnittverfahren

[1]) Ritter, Georg Dietrich, 1826 bis 1908, Professor an der Polytechnischen Schule Aachen

Das Rittersche Schnittverfahren versagt, wenn die beiden nicht gesuchten Stabkräfte $S_j$, $S_k$ parallel sind; in diesem Falle hilft uns eine Kräftegleichgewichtsbedingung senkrecht zu $S_j$ und $S_k$ weiter (s. u.). Ferner führt das Verfahren nicht zum Ziel, wenn sich die Achsen der drei geschnittenen Stäbe in einem Punkt schneiden und wenn der Schnitt insgesamt vier oder mehr Stäbe trifft. Im folgenden wird das Rittersche Schnittverfahren an einigen Stäben des Binders **232.**1 erläutert.

Untergurtkraft $U_2$. Wir führen einen Ritterschnitt durch die Stäbe $O_2$, $D_2$, $U_2$, betrachten den linken Teil als abgeschnitten und stellen die Summe der Momente um den Schnittpunkt der Wirkungslinien von $O_2$ und $D_2$, den Punkt $E$ auf. Da der Untergurt $U_2$ horizontal verläuft, ist der Hebelarm $r_E$ der Untergurtkraft $U_2$ bezüglich $E$ gleich der Höhe $h_E$ des Fachwerks im Punkt $E$. Die Momentengleichgewichtsbedingung lautet

$$\circlearrowright \Sigma M_E = (A - F_1)\,a_3 - F_2(a_3 - a_2) - U_2 h_E = 0$$

und wir erhalten

$$U_2 = [(A - F_1)\,a_3 - F_2(a_3 - a_2)]/h_E = M_E/h_E \tag{233.1}$$

$M_E$ ist das Moment der äußeren Kräfte am linken abgeschnittenen Teil bezüglich des Punktes $E$; rechtsdrehende Momente wurden positiv eingeführt.

Für die Berechnung von $U_2$ hätten wir auch einen Ritterschnitt durch die Stäbe $O_2'$, $D_2'$ und $U_2$ führen können; die Momentengleichgewichtsbedingung hätte dann für den Schnittpunkt der Wirkungslinien von $O_2'$ und $D_2'$ aufgestellt werden müssen, das ist aber ebenfalls der Punkt $E$.

Obergurt $O_2$. Wir legen den Ritterschnitt wieder durch $O_2$, $D_2$ und $U_2$ und stellen die Momentengleichgewichtsbedingung für den Schnittpunkt von $D_2$ und $U_2$, den Punkt $F$ auf. Vorher zerlegen wir $O_2$ senkrecht über $F$ in die Komponenten $O_{2h} = O_2 \cos\gamma_2$ und $O_{2v} = O_2 \sin\gamma_2$; $O_{2h}$ hat als Hebelarm die Höhe $h_F$ des Fachwerks im Punkt $F$, $O_{2v}$ geht durch den Momentenbezugspunkt hindurch und liefert deswegen keinen Beitrag zu $\Sigma M_F$. Die Momentengleichgewichtsbedingung lautet

$$\circlearrowright \Sigma M_F = (A - F_1)\,b - F_2(b - a_2) + O_2 \cos\gamma_2\, h_F = 0$$

Es ergibt sich weiter

$$O_2 = -[(A - F_1)\,b - F_2(b - a_2)]/h_F \cos\gamma_2 = -M_F/h_F \cos\gamma_2 = -M_F/r_F \tag{233.2}$$

Das letzte Glied dieser Gleichungskette berücksichtigt die aus Bild **232.**1 ersichtliche Tatsache, daß $h_F \cos\gamma_2 = r_F$ ist. $M_F$ ist das Moment der äußeren Kräfte am linken abgeschnittenen Teil bezüglich des Punktes $F$; rechtsdrehende Momente wurden positiv eingeführt. Ein Ritterschnitt durch $O_2$, $D_1$, $U_1$ würde ebenfalls zum Momentenbezugspunkt $F$ und damit zum selben Ergebnis führen.

Diagonale $D_2$. Der Ritterschnitt trifft $O_2$, $D_2$, $U_2$, die Summe der Momente ist um den Schnittpunkt der Wirkungslinien von $O_2$ und $U_2$ aufzustellen. Wir bezeichnen diesen Punkt mit $G$ und ermitteln seinen Abstand $c$ vom Lager $A$. Außerdem zeichnen wir die Wirkungslinie von $D_2$ so weit, daß wir den Hebelarm $r_G$ der Diagonale $D_2$ bezüglich $G$ konstruieren können. Vor dem Aufstellen der Momentensumme zerlegen wir $D_2$ im Punkt $F$ in die Komponenten $D_{2h} = D_2 \cos \alpha_2$ und $D_{2v} = D_2 \sin \alpha_2$; $D_{2h}$ hat bezüglich $G$ keinen Hebelarm, so daß wir erhalten

$$\circlearrowright \Sigma M_G = -(A - F_1)\,c + F_2(a_2 + c) - D_2 \sin\alpha_2 (c + b) = 0 \tag{233.3}$$

$$D = [-(A - F_1)\,c + F_2(a_2 + c)]/(c + b) \sin\alpha_2 = M_G/(c + b) \sin\alpha_2 = M_G/r_G$$

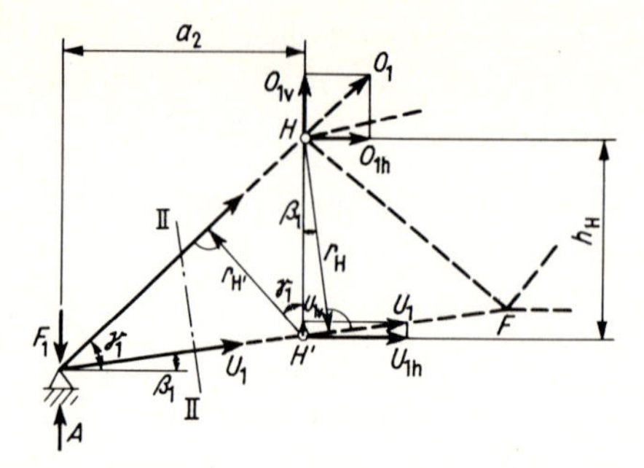


**234.1** Rittersches Schnittverfahren bei zwei geschnittenen Stäben

$M_G$ ist das Moment der äußeren Kräfte am linken abgeschnittenen Teil bezüglich des Punktes $G$, rechtsdrehende Momente positiv eingeführt. Aus Bild **232.**1 geht hervor, daß der Ausdruck $(c+b)\sin a_2$ gleich dem Hebelarm $r_G$ der Diagonale $D_2$ für den Punkt $G$ ist.

Auch $O_1$ und $U_1$ lassen sich, obwohl sie nur durch einen Zweischnitt (II–II in Bild **232.**1 und **234.**1) getroffen werden, nach dem Ritterschen Verfahren berechnen. Für $O_1$ legt man den Drehpunkt auf die Wirkungslinie von $U_1$; für $U_1$ auf die Wirkungslinie von $O_1$, nicht aber in den Schnittpunkt beider. Zweckmäßig sind Punkte, deren Abstände im Bindernetz bereits festliegen.

Mit der Zerlegung der jeweils gesuchten Stabkraft in horizontale und vertikale Komponente wird für den Momentenbezugspunkt $H$

$$\curvearrowright + \Sigma M_H = (A - F_1)\,a_2 - U_1 \cos\beta_1\, h_H = 0$$

$$U_1 = (A - F_1)/h_h \cos\beta_1 = M_H/h_H \cos\beta_1 = M_H/r_H \tag{234.1}$$

und für den Momentenbezugspunkt $H'$, der auf $U_1$ lotrecht unter $H$ liegt

$$\curvearrowright + \Sigma M_{H'} = (A - F_1)\,a_2 + O_1 \cos\gamma_1\, h_H = 0$$

$$O_1 = -(A - F_1)\,a_2/h_H \cos\gamma_1 = -M_{H'}/h_H \cos\gamma_1 = -M_{H'}/r_{H'} \tag{234.2}$$

Bei Balkenbindern mit nahezu parallelen Gurten bereitet das Rittersche Schnittverfahren für die Füllstäbe Schwierigkeiten, da die Schnittpunkte der zugehörigen Gurtungen sehr weit vom Schnitt entfernt liegen.

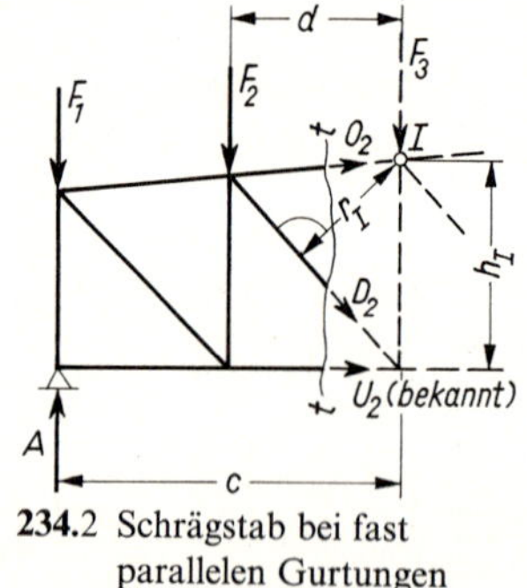


**234.**2 Schrägstab bei fast parallelen Gurtungen

Man kann sich dann in der Weise helfen, daß man eine der berechneten Gurtkräfte als bekannte Kraft mit einsetzt und einen beliebigen günstig gelegenen Knotenpunkt auf der anderen Gurtung als Drehpunkt annimmt.

So erhält man z. B. nach Bild **234.**2 die Stabkraft $D_2$ für den Schnitt $t$–$t$ mit dem Drehpunkt I, wenn $U_2$ bereits berechnet ist, aus der Gleichung

$$\curvearrowright + \Sigma M_I = (A - F_1)\,c - F_2 \cdot d - U_2 \cdot h_I - D_2 \cdot r_I = 0$$

$$D_2 = \frac{(A - F_1)\,c - F_2 \cdot d - U_2 \cdot h}{r_I} \tag{234.3}$$

**Rechnerische Bestimmung von Stabkräften mit den Kräftegleichgewichtsbedingungen $\Sigma V = 0$ und $\Sigma H = 0$.** Beim Parallelfachwerk mit lotrechter Belastung (**235.**1) lassen sich die Schrägstäbe $D$ schneller mit der Gleichgewichtsbedingung $\Sigma V = 0$ berechnen. Ist an der Schnittstelle $t$–$t$ die Querkraft $= Q$, so folgt aus Bild **235.**1 für nach rechts fallende Schrägen ohne weiteres

$$D \cdot \sin a = Q$$

und hieraus

$$D_{\text{fallend}} = \frac{Q}{\sin\alpha} \tag{235.1}$$

Bei positiver Querkraft also Zug, bei negativer Druck.

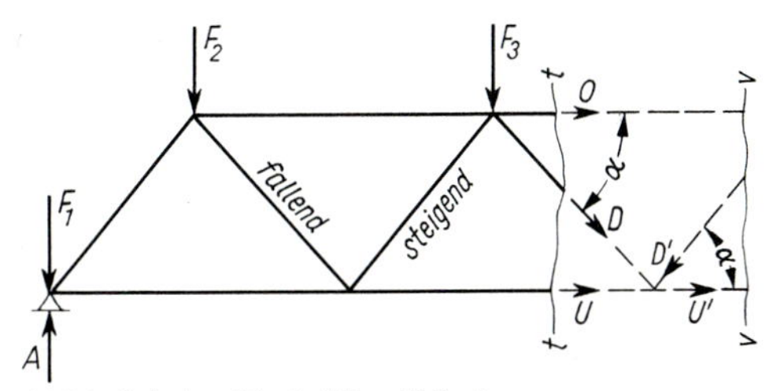


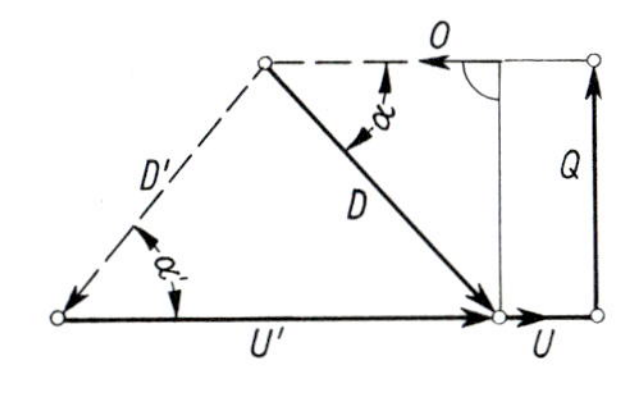


235.1 Schrägstäbe bei Parallelträgern

Bei nach rechts steigenden Schrägstäben $D'$ (**235.**1, Schnitt $v$–$v$) kehrt sich das Vorzeichen um; man erhält für diese bei positiver Querkraft Druck:

$$D_{\text{steigend}} = -\frac{Q}{\sin\alpha} \tag{235.2}$$

Für die Pfosten des parallelgurtigen Ständerfachwerks (**235.**2, Schnitt $t$–$t$) ergibt sich mit $\alpha = 90°$ und $\sin\alpha = 1$ sofort bei fallenden Schrägen

$$V = -Q \tag{235.3}$$

und bei steigenden Streben umgekehrt

$$V = +Q \tag{235.4}$$

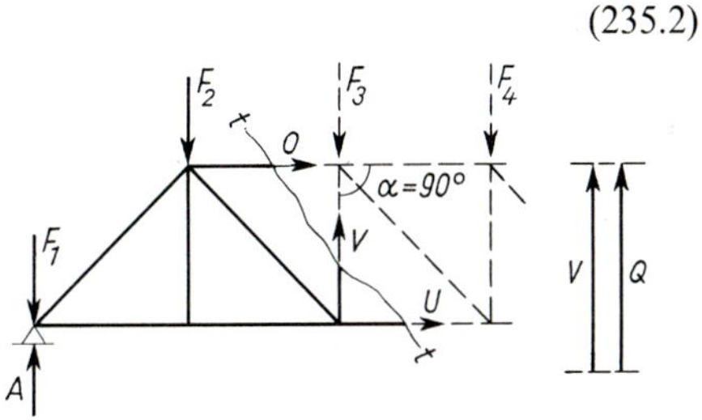


235.2 Pfosten bei parallelgurtigem Ständerfachwerk

Die Pfosten haben also im Bereich positiver Querkräfte in Verbindung mit fallenden Schrägstäben Druck, in Verbindung mit steigenden Schrägstäben Zug. Bei negativer Querkraft kehrt sich das Vorzeichen der Pfostenkraft um.

Zu beachten ist noch, daß bei fallenden Schrägstäben für die Berechnung von $V_m$ eine Last $F_{mo}$ zum rechten abgeschnittenen Teil gehört (**235.**3), bei der Ermittlung von $Q$ am linken abgeschnittenen Teil also nicht berücksichtigt werden darf. $F_{mu}$ gehört dagegen zum linken abgeschnittenen Teil. Bei steigenden Schrägstäben ist es umgekehrt (**235.**4): $F_{mo}$ gehört zum linken, $F_{mu}$ zum rechten abgeschnittenen Teil.

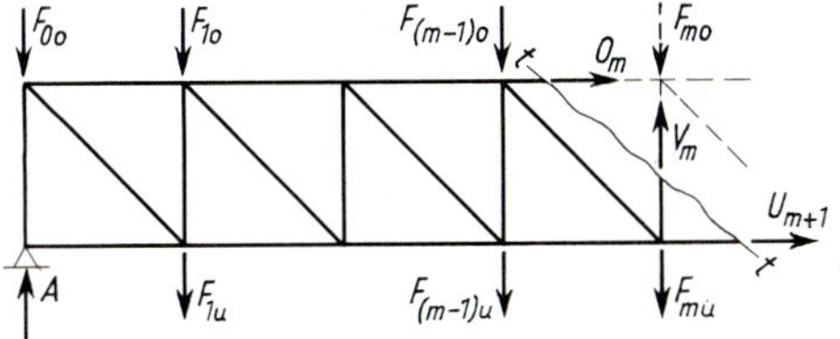


235.3 $V_m$ bei fallenden Schrägstäben im Parallelbinder

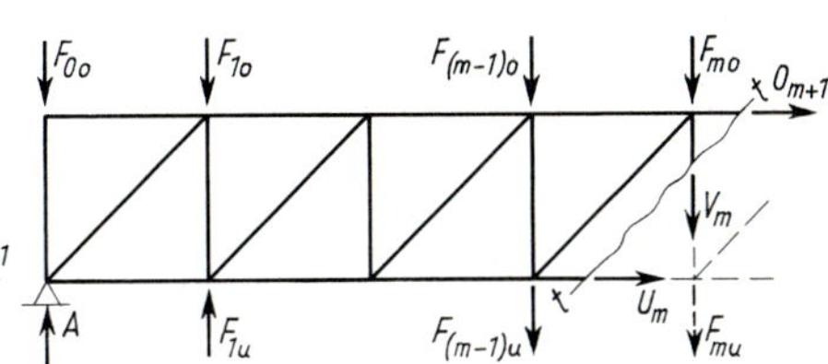


235.4 $V_m$ bei steigenden Schrägstäben im Parallelbinder

Sind die Gurtungen nicht parallel (**236.1**), so führt bei der Berechnung einer Strebenkraft die 2. Gleichgewichtsbedingung $\Sigma H = 0$ leichter zum Ziel. Bei lotrechter Belastung erhält man für den fallenden Schrägstab, wenn $O$ zunächst als Zugstab eingeführt wird

$$D \cdot \cos\alpha + U \cdot \cos\beta + O \cdot \cos\gamma = 0 \qquad D \cdot \cos\alpha = -O \cdot \cos\gamma - U \cdot \cos\beta$$

**236.**1 Schrägstäbe bei Gurtungen beliebiger Steigung

Nun wird nach dem Ritterschen Schnittverfahren (vgl. Gl. (233.2), (233.1), (234.2)

$$O = -\frac{M_{\mathrm{F}}}{h_{\mathrm{F}} \cdot \cos\gamma} \quad \text{und} \quad U = \frac{M_{\mathrm{K}}}{h_{\mathrm{K}} \cdot \cos\beta}$$

so daß sich ergibt

$$\boldsymbol{D \cdot \cos\alpha = \frac{M_{\mathrm{F}}}{h_{\mathrm{F}}} - \frac{M_{\mathrm{K}}}{h_{\mathrm{K}}}} = \left(\frac{M}{h}\right)_{\mathrm{Fuß}} - \left(\frac{M}{h}\right)_{\mathrm{Kopf}} \tag{236.1}$$

Bei steigenden Streben gilt dieselbe Gleichung. Auch hier ist das Fußmoment der Strebe mit + und das Kopfmoment mit − einzusetzen. Die vorstehende einprägsame Gl. (236.1) gilt ferner gleichermaßen für Ständer- wie für Strebenfachwerke.

Die Kräfte in den Vertikalstäben von Ständerfachwerken mit nichtparallelen Gurten sollen nur für die gebräuchlichen Fälle angegeben werden, in denen der Lastgurt horizontal verläuft. Er kann oben oder unten liegen und in Verbindung mit fallenden oder steigenden Streben auftreten, so daß insgesamt vier Formeln abzuleiten sind. Wir führen dazu jeweils einen schrägen Schnitt durch den betrachteten Pfosten und zwei Gurtstäbe und stellen eine Momentengleichung für den Knoten des unbelasteten Gurtes auf, der dem Schnitt benachbart ist, aber nicht den betrachteten Pfosten aufnimmt. Die Kraft im geschnittenen Stab des Lastgurtes geht nicht durch den gewählten Momentenbezugspunkt hindurch, für sie muß daher die weiter oben abgeleitete Formel eingesetzt werden.

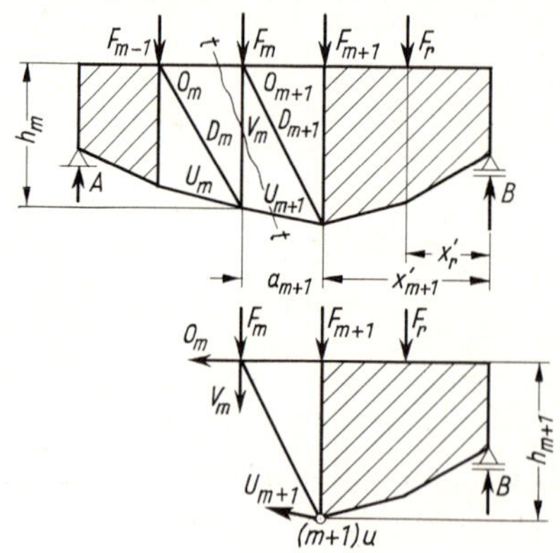


**236.**2 $V_{\mathrm{m}}$ bei fallenden Schrägstäben; geknickter Untergurt

1. Waagerechter Lastgurt oben, fallende Streben (**236.**2). Der Ritterschnitt trifft die Stäbe $O_{\mathrm{m}}$, $V_{\mathrm{m}}$ und $U_{\mathrm{m+1}}$.

Wir betrachten den rechten abgeschnittenen Teil mit dem Momentenbezugspunkt $(m+1)_u$ und schreiben

$$\Sigma M_{(m+1)u} = B \cdot x'_{m+1} - F_r(x'_{m+1} - x'_r)$$
$$+ F_m \cdot a_{m+1} + V_m \cdot a_{m+1} + O_m \cdot h_{m+1} = 0$$

Für die ersten beiden Summanden können wir abkürzend $M_{m+1}$ setzen: Sie sind das Moment der äußeren Kräfte bezüglich des Punktes $m+1$, hier ermittelt am rechten abgeschnittenen Teil. Mit dieser Schreibweise greifen wir auf die Berechnung der Momente an Vollwandbalken zurück. Der nächste Summand $F_m \cdot a_{m+1}$ ist in $M_{m+1}$, ermittelt am rechten abgeschnittenen Teil, nicht enthalten, denn $F_m$ steht links von $m+1$. Wir müssen darum diesen Summanden neben $M_{m+1}$ stehenlassen. Er ist die Folge unseres schrägen Schnittes sowie der Tatsache, daß wir nicht den äußersten linken Knoten des abgeschnittenen rechten Teils $m_o$ als Momentenbezugspunkt gewählt haben.

Mit $O_m = -M_m/h_m$ ergibt sich

$$V_m = -F_m + \frac{1}{a_{m+1}}\left(M_m \frac{h_{m+1}}{h_m} - M_{m+1}\right)$$

und schließlich

$$\boldsymbol{V_m = -F_m + \frac{h_{m+1}}{a_{m+1}}\left(\frac{M_m}{h_m} - \frac{M_{m+1}}{h_{m+1}}\right)} \qquad (237.1)$$

2. Waagerechter Lastgurt oben, steigende Streben (**237**.1). Der Ritterschnitt trifft die Stäbe $O_{m+1}$, $V_m$ und $U_m$. Wir betrachten den linken abgeschnittenen Teil mit dem Momentenbezugspunkt $(m-1)_u$ und schreiben

$$\Sigma M_{(m-1)u} = A \cdot x_{m-1} - F_r(x_{m-1} - x_r) + F_m \cdot a_m + V_m \cdot a_m + O_{m+1} \cdot h_{m-1} = 0$$

Für die ersten beiden Summanden können wir $M_{m-1}$ setzen. Sie sind das Moment der äußeren Kräfte bezüglich des Punktes $m-1$, hier ermittelt am linken abgeschnittenen Teil. Wegen des schrägen Schnittes steht auch noch $F_m$ auf dem linken abgeschnittenen Teil, es ist aber in $M_{m-1}$, ermittelt am linken abgeschnittenen Teil, nicht enthalten und muß daher gesondert aufgeführt werden. Mit $O_{m+1} = -M_m/h_m$ ergibt sich

$$V_m = -F_m + \frac{1}{a_m}\left(M_m \frac{h_{m-1}}{h_m} - M_{m-1}\right)$$

und schließlich

$$\boldsymbol{V_m = -F_m + \frac{h_{m+1}}{a_m}\left(\frac{M_m}{h_m} - \frac{M_{m+1}}{h_{m+1}}\right)} \qquad (237.2)$$

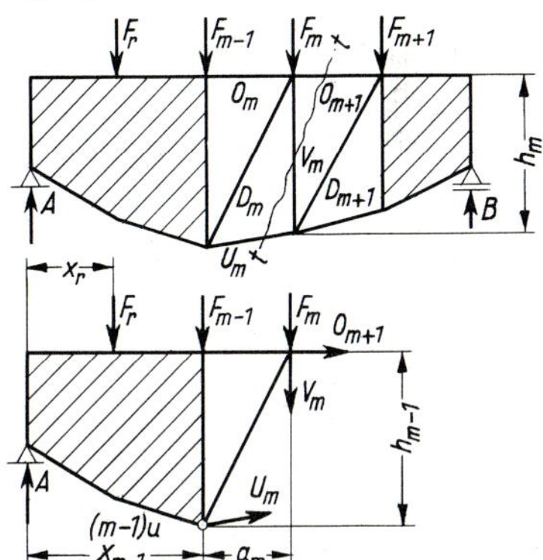


**237**.1 $V_m$ bei steigenden Schrägstäben; geknickter Untergurt

3. Waagerechter Lastgurt unten, fallende Streben (**238**.1). Der Ritterschnitt trifft die Stäbe $O_m$, $V_m$ und $U_{m+1}$. Wir betrachten den linken abgeschnittenen Teil mit dem Momentenbezugspunkt $(m-1)_o$ und schreiben

$$\Sigma M_{(m-1)o} = A \cdot x_{m-1} - F_r(x_{m-1} - x_r) + F_m \cdot a_m - V_m \cdot a_m - U_{m+1} \cdot h_{m-1} = 0$$

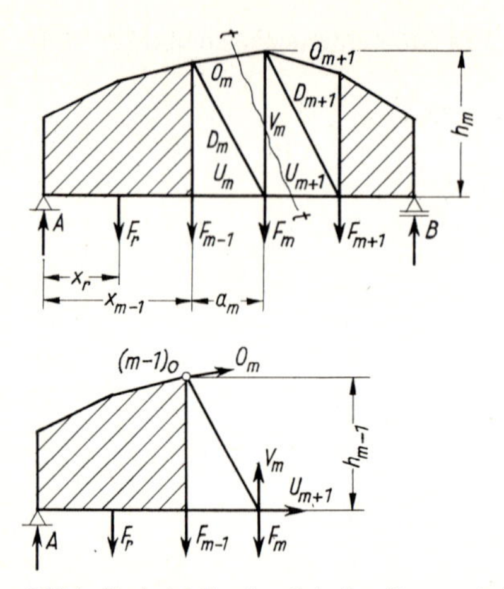


**238.**1 $V_m$ bei fallenden Schrägstäben; geknickter Obergurt

**238.**2 $V_m$ bei steigenden Schrägstäben; geknickter Obergurt

Die ersten beiden Summanden sind wieder gleich $M_{m-1}$, hier ermittelt am linken abgeschnittenen Teil; $F_m \cdot a_m$ muß hinzugenommen werden, da in $M_{m-1}$ nur die Lasten von 0 bis $m-1$ enthalten sind, wenn man $M_{m-1}$ am linken abgeschnittenen Teil berechnet. Mit $U_{m+1} = M_m/h_m$ ergibt sich

$$V_m = F_m - \frac{1}{a_m}\left(M_m \frac{h_{m-1}}{h_m} - M_{m-1}\right)$$

und schließlich

$$\boldsymbol{V_m = F_m - \frac{h_{m-1}}{a_m}\left(\frac{M_m}{h_m} - \frac{M_{m-1}}{h_{m-1}}\right)} \qquad (238.1)$$

4. Waagerechter Lastgurt unten, steigende Streben (**238.**2). Hier trifft der Ritterschnitt die Stäbe $O_{m+1}$, $V_m$ und $U_m$. Wir betrachten den rechten abgeschnittenen Teil mit dem Momentenbezugspunkt $(m+1)_o$ und schreiben

$$\curvearrowleft\!\!+ \Sigma M_{(m+1)o} = B \cdot x'_{m+1} - F_r(x'_{m+1} - x'_r) + F_m \cdot a_{m+1} - V_m \cdot a_{m+1} - U_m \cdot h_{m+1} = 0$$

Für die ersten beiden Summanden schreiben wir abkürzend $M_{m+1}$; der dritte Summand $F_m \cdot a_m$ muß stehenbleiben, weil in $M_{m+1}$, das am rechten abgeschnittenen Teil ermittelt wird, keine Lasten links von $m+1$ enthalten sind. Mit $U_m = M_m/h_m$ ergibt sich

$$V_m = F_m - \frac{1}{a_{m+1}}\left(M_m \frac{h_{m+1}}{h_m} - M_{m+1}\right)$$

und daraus

$$\boldsymbol{V_m = F_m - \frac{h_{m+1}}{a_{m+1}}\left(\frac{M_m}{h_m} - \frac{M_{m+1}}{h_{m+1}}\right)} \qquad (238.2)$$

Befindet sich der Lastgurt unten, so ändern sich also gegenüber den Gl. (237.1) und (237.2) die Vorzeichen der Summanden.

Als letztes sollen die Kräfte in den Pfosten berechnet werden, die in einem Strebenfachwerk angeordnet werden (**239**.1).

Ein Ritterschnitt durch drei Stäbe ist hier nicht möglich, da von einem Schnitt durch einen Pfosten stets vier Stäbe geschnitten werden. Wir kommen hier zum Ziel durch Rundschnitte um die Knoten, in denen keine Streben angeschlossen sind. Bei der Berechnung von $V_m$ betrachten wir den Knoten $m_u$, bei der Berechnung von $V_{m+1}$ den Knoten $(m+1)_o$.

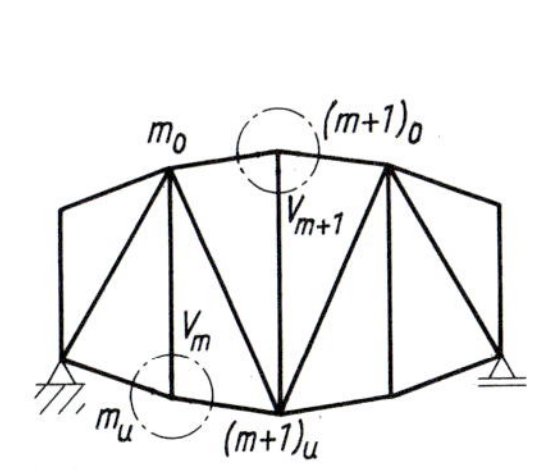


**239**.1 Pfosten in einem Strebenfachwerk

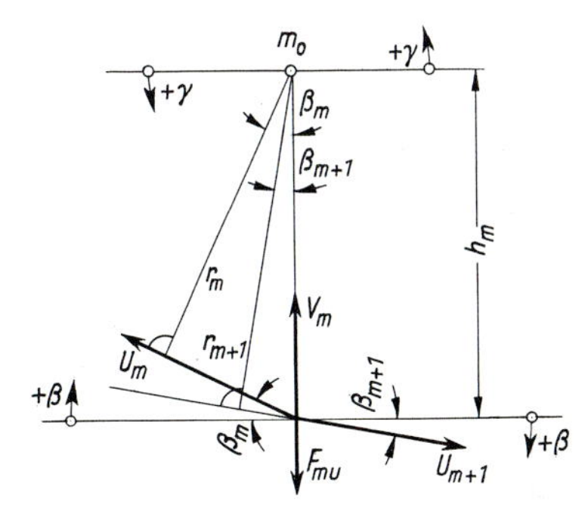


**239**.2 Rundschnitt um den Knoten $m_u$

Den Rundschnitt um den Knoten $m_u$ zeigt Bild **239**.2. Die Gleichgewichtsbedingung für die lotrechten Komponenten lautet dann

$$\uparrow + \Sigma V = 0 = V_m + U_m \cdot \sin\beta_m - U_{m+1} \cdot \sin\beta_{m+1} - F_{mu}$$

Nun haben $U_m$ und $U_{m+1}$ denselben Momentenbezugspunkt (Drehpunkt) $m_o$, und es gilt unter Beachtung von Bild **234**.1 und **239**.2

$$U_m = \frac{M_{mo}}{r_m} = \frac{M_{mo}}{h_m \cdot \cos\beta_m} \qquad U_{m+1} = \frac{M_0}{r_{m+1}} = \frac{M_{mo}}{h_m \cdot \cos\beta_{m+1}}$$

dabei ist noch zu beachten, daß $U_m$ und $U_{m+1}$ nicht horizontal verlaufen, weswegen mit $r$ anstatt mit $h$ gearbeitet werden muß.

Wenn nur lotrechte Lasten vorhanden sind, was wir unterstellen wollen, ist $M_{mo} = M_{mu} = M_m$; wir setzen ein und erhalten für den Stab $V_m$ mit Strebenanschluß am Kopf

$$V_m = -\frac{M_m}{h_m}\tan\beta_m + \frac{M_m}{h_m}\tan\beta_{m+1} + F_{mu}$$

$$\boldsymbol{V_m = -\frac{M_m}{h_m}(\tan\beta_m - \tan\beta_{m+1}) + F_{mu}} \tag{239.1}$$

Sinngemäß ergibt sich für den Stab $V_{m+1}$ mit Strebenanschluß am Fuß

$$\boldsymbol{V_{m+1} = +\frac{M_{m+1}}{h_{m+1}}(\tan\gamma_{m+1} - \tan\gamma_{m+2}) - F_{(m+1)o}} \tag{239.2}$$

Die Winkel $\beta$ und $\gamma$ sind mit Vorzeichen einzusetzen; sie werden positiv im Uhrzeigersinn ($\beta$) bzw. im Gegensinn des Uhrzeigers ($\gamma$) von der Waagerechten aus gemessen (**239**.2).

## 6.8 Anwendungen

**Beispiel 1:** Für den stählernen belgischen Dachbinder (**240.**1) sind die Stabkräfte zu ermitteln.

1. Stabkräfte nach Cremona

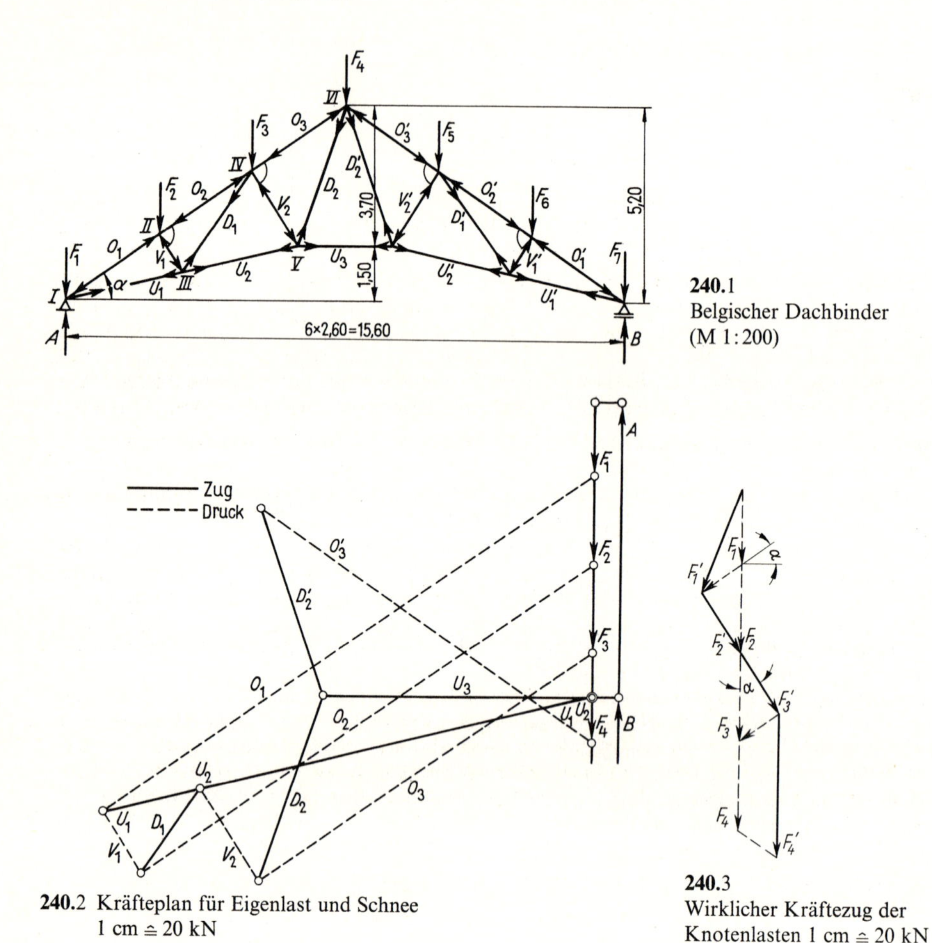


**240.**1 Belgischer Dachbinder (M 1:200)

**240.**2 Kräfteplan für Eigenlast und Schnee 1 cm ≙ 20 kN

**240.**3 Wirklicher Kräftezug der Knotenlasten 1 cm ≙ 20 kN

1.1 Eigenlast und beidseitige Schneelast (**240.**2). Da ein Dreiecksbinder vorliegt, können Eigenlast und volle Schneelast zusammen betrachtet werden; für keinen Stab des Binders ist einseitige Schneelast ungünstiger als volle. Wir berechnen zunächst die Knotenlasten aus der auf 1 m² Grundfläche entfallenden Gesamtlast.

Belastung für 1 m² Grundfläche

| | |
|---|---|
| Dachhaut einschl. Sparren und Schneelast | 1,35 kN/m² Grdfl. |
| Pfetteneigenlast | ≈ 0,08 kN/m² Grdfl. |
| Bindereigenlast einschl. Verbände | ≈ 0,12 kN/m² Grdfl. |
| | $g + s = 1{,}55$ kN/m² Grdfl. |

Hiermit ergeben sich folgende Knotenlasten (Binderabstand 5,70 m):

bei 80 cm Dachüberstand

$$F_1 = F_7 = \left(\frac{2{,}60}{2} + 0{,}80\right) 5{,}7 \cdot 1{,}55 = 18{,}6 \text{ kN}$$

$$F_2 \text{ bis } F_6 = 2{,}60 \cdot 5{,}7 \cdot 1{,}55 = \text{je } 23{,}0 \text{ kN}$$

Wegen der Symmetrie wird

$$A = B = \frac{\Sigma F}{2} = 18{,}6 + \frac{5}{2} \cdot 23{,}0 = 76{,}1 \text{ kN}$$

Der Kräfteplan braucht nur bis zur Mitte gezeichnet zu werden. Deshalb ist der Kräftezug der äußeren Kräfte nur für $A$ und $F_1$ bis $F_4$ aufgetragen. Die an den Lagern angreifenden Kräfte sind ohne Wirkung auf die Stabkräfte; sie beeinflussen aber die Lagerkräfte.

Schnee und Eigenlast wirken lotrecht. Wenn man bei der Berechnung der Mittelpfetten annimmt, daß sie nur Kräfte $\perp$ zur Dachoberfläche aufnehmen, während die Komponenten in Richtung der Dachneigung auf Trauf- und Firstpfette übertragen werden, ergibt sich als Krafteck der äußeren Kräfte Bild **240.**3. Dies hätte zur Folge, daß $O_1$ etwas kleiner, $O_3$ etwas größer als im Kräfteplan **240.**2 werden würde. Da aber für die Querschnittsbemessung ohnehin $O_1$ maßgebend ist, wurde die in der Praxis meist übliche Annahme überall lotrechter Knotenlasten für Eigenlast und Schnee auch hier beibehalten.

Wir fangen den Cremonaplan am Knoten I an: Der Kräftezug beginnt mit der bekannten Lagerkraft $A$, es folgt die bekannte Last $F_1$, durch deren Endpunkt eine Parallele zu $O_1$ gezogen wird. Ihr Schnittpunkt mit einer Parallelen zu $U_1$ durch den Anfangspunkt von $A$ liefert die Beträge von $O_1$ und $U_1$. Nochmaliges Umfahren des Kraftecks ergibt $U_1$ als Zugkraft und $O_1$ als Druckkraft.

Der Kräftezug des Knotens II beginnt mit $O_1$, es folgt die bekannte Last $F_2$, durch deren Endpunkt wir eine Parallele zu $O_2$ legen. Mit der Richtung von $V_2$ müssen wir an den Ausgangspunkt des Kräftezuges zurückkommen. Der durch $O_1$ und $F_2$ gegebene Umfahrungssinn ergibt $O_2$ und $V_2$ als Druckkräfte. In der gleichen Weise zeichnen wir im Rahmen des Cremonaplanes die Kraftecke der übrigen Knoten bis Knoten VI, bestimmen durch Messung die Stabkräfte und tragen sie in die Tafel **245.**1 ein.

1.2 Wind vom festen Lager. Die Dachneigung beträgt $\alpha = \arctan(5{,}20/7{,}80) = 33{,}69°$, Traufe und First liegen zwischen 8 m und 20 m über Gelände. Für die dem Wind zugewandte Seite erhalten wir den aerodynamischen Druckbeiwert $c_p = \alpha°/50 - 0{,}2 = 0{,}474$ und den Winddruck $w_d = c_p\, q = 0{,}474 \cdot 0{,}80 = 0{,}379$ kN/m² Dachfläche. Auf der dem Wind abgewandten Seite ist Sog der Größe $w_s = 0{,}60 \cdot 0{,}80 = 0{,}48$ kN/m² Dachfläche anzusetzen. Der Binderabstand beträgt 5,70 m, und die parallel zum geneigten Binderobergurt gemessene Einzugsbreite der Windangriffsfläche ergibt sich aus ihrer Grundrißprojektion, indem wir diese durch $\cos\alpha = 0{,}832$ teilen.

Mit diesen Ausgangswerten errechnen wir die folgenden Windlasten:

$$\begin{aligned}
W_1 &= 0{,}379 \cdot 5{,}70\,(0{,}80 + 1{,}30)/0{,}832 &&= 5{,}45 \text{ kN} \searrow \\
W_2 &= 0{,}379 \cdot 5{,}70 \cdot 2{,}60/0{,}832 &&= 6{,}75 \text{ kN} \searrow \\
W_3 &= W_2 &&= 6{,}75 \text{ kN} \searrow \\
W_4 &= W_3/2 &&= 3{,}38 \text{ kN} \searrow \\
W_5 &= 0{,}480 \cdot 5{,}70 \cdot 1{,}30/0{,}832 &&= 4{,}27 \text{ kN} \nearrow \\
W_6 &= 2\, W_5 &&= 8{,}55 \text{ kN} \nearrow \\
W_7 &= W_6 &&= 8{,}55 \text{ kN} \nearrow \\
W_8 &= 0{,}480 \cdot 5{,}70\,(1{,}30 + 0{,}80)/0{,}832 &&= 6{,}91 \text{ kN} \nearrow
\end{aligned}$$

Lagerkräfte aus Windbelastung: Die horizontalen Komponenten aller Windlasten sind nach rechts gerichtet, so daß wir schreiben können

$$\overset{+}{\rightarrow}\ \Sigma H = 0 = -A_h + \Sigma W_{ih}$$

$$A_h = \Sigma W_{ih} = \Sigma W_i \sin\alpha = \sin\alpha\, \Sigma W_i = 28{,}07 \text{ kN} \leftarrow$$

Für die Berechnung der lotrechten Stützkräfte zerlegen wir die Windlasten $W_i$ in die Komponenten $W_{iv} = W_i \cos\alpha$ und $W_{ih} = W_i \sin\alpha$; die Angriffspunkte der Windlasten $W_2$ und $W_7$ liegen $5{,}20/3 = 1{,}73$ m, die der Windlasten $W_3$ und $W_6$ $2 \cdot 5{,}20/3 = 3{,}47$ m über den Lagerpunkten. Aus den Momentengleichgewichtsbedingungen um die Lager errechnen wir

$$\begin{aligned} B_v = (&W_{2v} \cdot 2{,}60 + W_{2h} \cdot 1{,}73 + W_{3v} \cdot 5{,}20 + W_{3h} \cdot 3{,}47 \\ + &W_{4v} \cdot 7{,}80 + W_{4h} \cdot 5{,}20 - W_{5v} \cdot 7{,}80 + W_{5h} \cdot 5{,}20 \\ - &W_{6v} \cdot 10{,}40 + W_{6h} \cdot 3{,}47 - W_{7v} \cdot 13{,}00 + W_{7h} \cdot 1{,}73 \\ - &W_{8v} \cdot 15{,}60)/15{,}60 = -9{,}74 \text{ kN}; \; B_v \text{ ist abwärts gerichtet} \end{aligned}$$

$$\begin{aligned} A_v = (&W_{1v} \cdot 15{,}60 \\ + &W_{2v} \cdot 13{,}00 - W_{2h} \cdot 1{,}73 + W_{3v} \cdot 10{,}40 - W_{3h} \cdot 3{,}47 \\ + &W_{4v} \cdot 7{,}80 - W_{4h} \cdot 5{,}20 - W_{5v} \cdot 7{,}80 - W_{5h} \cdot 5{,}20 \\ - &W_{6v} \cdot 5{,}20 - W_{6h} \cdot 3{,}47 - W_{7v} \cdot 2{,}60 - W_{7h} \cdot 1{,}73)/15{,}60 \\ = \; &4{,}79 \text{ kN}\uparrow \end{aligned}$$

Kontrolle: $\downarrow + \Sigma V = 0 = (W_1 + W_2 + W_3 + W_4)\cos\alpha - (W_5 + W_6 + W_7 + W_8)\cos\alpha - A_v - B_v = 0$

Weiter erhalten wir

$$\alpha_A = \arctan(4{,}79/28{,}07) = 9{,}68° \qquad A = \sqrt{A_v^2 + A_h^2} = 28{,}48 \text{ kN}$$

Damit können wir das Krafteck der äußeren Kräfte zeichnen und daran den Cremonaplan entwickeln (**242.**1). Die Stabkräfte werden gemessen und in die Tafel **245.**1 eingetragen.

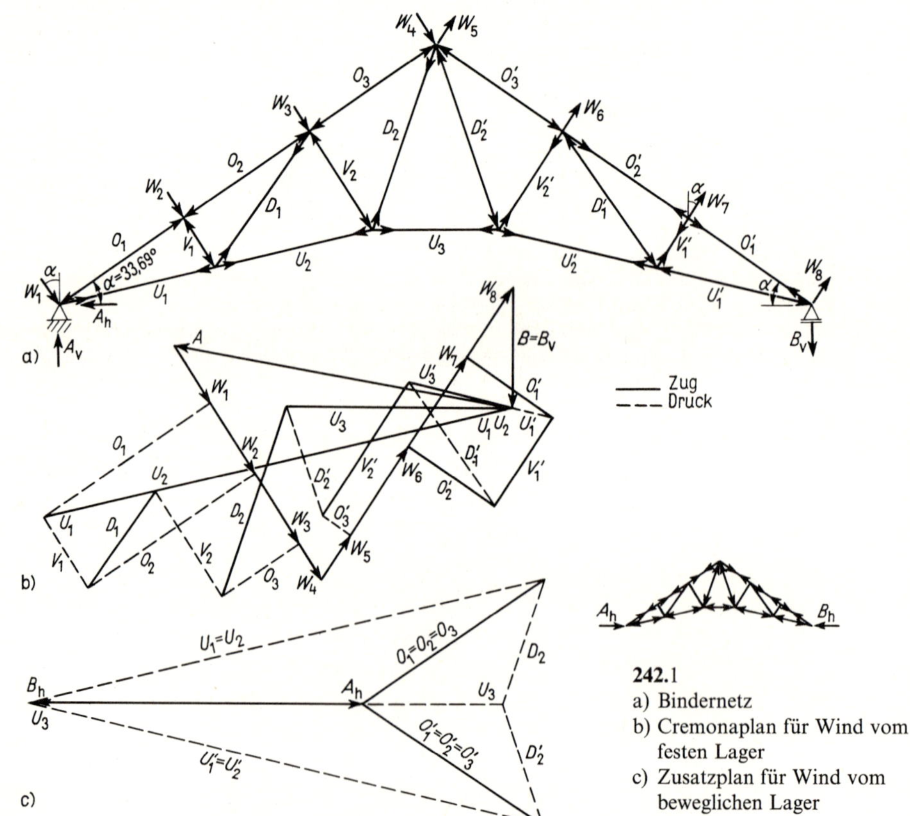


**242.**1
a) Bindernetz
b) Cremonaplan für Wind vom festen Lager
c) Zusatzplan für Wind vom beweglichen Lager

1.3 Wind vom verschieblichen Lager. Entsprechend Bild **231.**1 zeichnen wir nur einen Zusatzplan (**242.**1 c), messen die Stabkräfte, tragen sie in die Tafel **245.**1 ein und überlagern sie mit den Stabkräften für Wind vom festen Lager.

2. Rechnerische Nachprüfung der Stabkräfte $O_3$, $D_2$, $U_3$

Für die Berechnung dieser Stabkräfte genügt ein Ritterschnitt (**243.**1 und **243.**2).

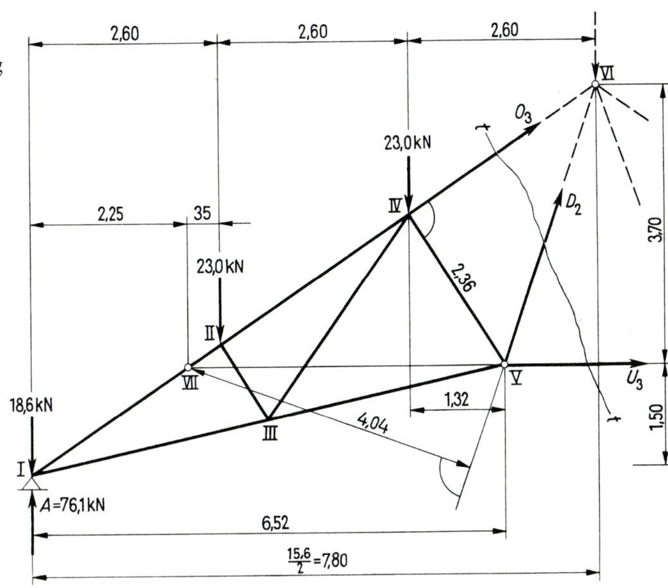


**243.**1 Rechnerische Bestimmung der Stabkräfte $O_3$, $D_2$ und $U_3$ für Eigenlast und Schnee

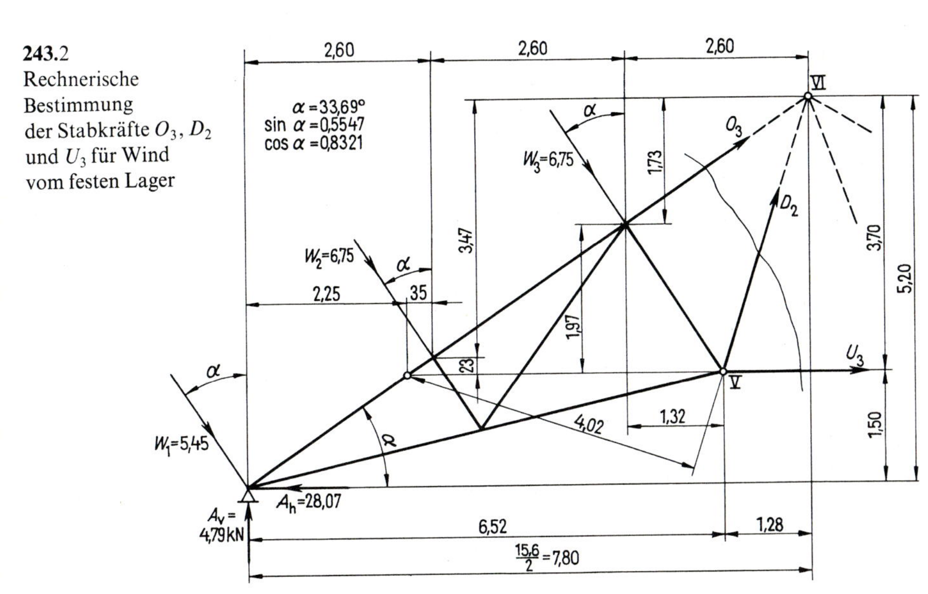


**243.**2 Rechnerische Bestimmung der Stabkräfte $O_3$, $D_2$ und $U_3$ für Wind vom festen Lager

2.1 Eigenlast und Schnee

$U_3$, Momentenbezugspunkt VI:

$$\circlearrowleft M_{\rm VI} = (76{,}1 - 18{,}6)\,7{,}80 - 23{,}0 \cdot 5{,}20 - 23{,}0 \cdot 2{,}60 - U_3 \cdot 3{,}70 = 0$$
$$U_3 = [(76{,}1 - 18{,}6)\,7{,}80 - 23{,}0 \cdot 5{,}20 - 23{,}0 \cdot 2{,}60]/3{,}70$$
$$= M_{\rm VI}/3{,}70 = 269{,}1/3{,}70 = 72{,}73 \text{ kN}$$

$O_3$, Momentenbezugspunkt $V$: Der Stab $V_2$ mit der Länge 2,36 m steht senkrecht auf dem Obergurt und ist deswegen Hebelarm von $O_3$ bezüglich Punkt $V$:

$$\circlearrowleft M_{\rm V} = (76{,}1 - 18{,}6)\,6{,}52 - 23{,}0\,(6{,}52 - 2{,}60) - 23{,}0\,(6{,}52 - 5{,}20) + O_3 \cdot 2{,}36 = 0$$
$$O_3 = -\,[(76{,}1 - 18{,}6)\,6{,}52 - 23{,}0\,(6{,}52 - 2{,}60) - 23{,}0\,(6{,}52 - 5{,}20)]/2{,}36$$
$$= -\,M_{\rm V}/2{,}36 = -\,254{,}4/2{,}36 = -\,107{,}4 \text{ kN}$$

$D_2$, Momentenbezugspunkt VII im horizontalen Abstand 2,25 m vom Lager $A$: wir zerlegen die Stabkraft $D_2$ im Punkt V in die Komponenten $D_{2\rm v} = D_2 \sin\alpha_{\rm D2}$ und $D_{2\rm h} = D_2 \cos\alpha_{\rm D2}$; $D_{2\rm v}$ geht durch den Momentenbezugspunkt hindurch. Die Gleichgewichtsbedingung lautet

$$\circlearrowleft M_{\rm VII} = (76{,}1 - 18{,}6)\,2{,}25 + 23{,}0 \cdot 0{,}35 + 23{,}0 \cdot 2{,}95 - D_2 \sin\alpha_{\rm D2}(6{,}52 - 2{,}25) = 0$$

Mit $\alpha_{\rm D2} = \arctan(3{,}70/(7{,}80 - 6{,}52)) = 70{,}92°$ erhalten wir

$$D_2 = [(76{,}1 - 18{,}6)\,2{,}25 + 23{,}0 \cdot 0{,}35 + 23{,}0 \cdot 2{,}95)]/(4{,}27 \cdot \sin\alpha_{\rm D2}) = M_{\rm VII}/4{,}04$$
$$= 205{,}3/4{,}04 = 50{,}9 \text{ kN}$$

2.2 Wind vom festen Lager (**243**.2). Wie bei der Berechnung der Lagerkräfte zerlegen wir die Windlasten in ihre Komponenten $W_{\rm iv} = W_{\rm i} \cos\alpha$ und $W_{\rm ih} = W_{\rm i} \sin\alpha$.

$U_3$, Momentenbezugspunkt VI:

$$\circlearrowleft M_{\rm VI} = A_{\rm v} \cdot 7{,}80 + A_{\rm h} \cdot 5{,}20 - W_{1\rm v} \cdot 7{,}80 - W_{1\rm h} \cdot 5{,}20$$
$$- W_{2\rm v} \cdot 5{,}20 - W_{2\rm h} \cdot 3{,}47 - W_{3\rm v} \cdot 2{,}60 - W_{3\rm h} \cdot 1{,}73 - U_3 \cdot 3{,}70 = 0$$
$$U_3 = M_{\rm VI}/3{,}70 = 68{,}93/3{,}70 = 18{,}6 \text{ kN}$$

$O_3$, Momentenbezugspunkt $V$:

$$\circlearrowleft M_{\rm V} = A_{\rm v} \cdot 6{,}52 + A_{\rm h} \cdot 1{,}50 - W_{1\rm v} \cdot 6{,}52 - W_{1\rm h} \cdot 1{,}50 - W_{2\rm v} \cdot 3{,}92$$
$$+ W_{2\rm h} \cdot 0{,}23 - W_{3\rm v} \cdot 1{,}32 + W_{3\rm h} \cdot 1{,}97 + O_3 \cdot 2{,}36 = 0$$
$$O_3 = -\,M_{\rm V}/2{,}36 = -\,18{,}0/2{,}36 = -\,7{,}6 \text{ kN}$$

$D_2$, Momentenbezugspunkt VII: Wir zerlegen die Stabkraft $D_2$ im Punkt $V$ in $D_{2\rm v} = D_2 \sin\alpha_{\rm D2}$ und $D_{2\rm h} = D_2 \cos\alpha_{\rm D2}$; die Komponente $D_{2\rm h}$ liefert keinen Beitrag zum Moment um den Punkt VII.

$$\circlearrowleft M_{\rm VII} = A_{\rm v} \cdot 2{,}25 + A_{\rm h} \cdot 1{,}50 - W_{1\rm v} \cdot 2{,}25 - W_{1\rm h} \cdot 1{,}50 + W_{2\rm v} \cdot 0{,}35$$
$$+ W_{2\rm h} \cdot 0{,}23 + W_{3\rm v} \cdot 2{,}95 + W_{3\rm h} \cdot 1{,}97 - D_2 \sin\alpha_{\rm D2}(6{,}52 - 2{,}25) = 0$$
$$D_2 = M_{\rm VII}/(4{,}27 \cdot \sin\alpha_{\rm D2}) = 64{,}92/4{,}04 = 16{,}1 \text{ kN}$$

3. Zusammenstellung der Stabkräfte

Die mit Hilfe der Cremonapläne ermittelten Stabkräfte sind in Tafel **245**.1 zusammengestellt und überlagert. Um Verständnis und Übersicht zu erleichtern, haben wir die Stäbe beider Binderhälften aufgeführt. Wie im Abschnitt 6.6 erwähnt wurde, verursacht Wind vom festen Lager ungünstigere Stabkräfte als Wind vom verschieblichen Lager. Von den beiden maßgebenden Stabkräften symmetrisch liegender Stäbe (Spalte 6) wird nur die dem Betrag nach größere für die Bemessung gebraucht; die dem Betrag nach kleinere ist in Klammern gesetzt. Wechselstäbe, d. h. die unter einer Lastkombination Druck und unter einer anderen Zug erhalten, sind in dem Binder nicht vorhanden.

Tafel **245**.1 Zusammenstellung und Überlagerung der Stabkräfte (Stabkräfte in kN)

1 Stab
2 Stabkraft inf. Eigenlast und voller Schneelast
3 Stabkraft inf. Wind vom festen Lager
4 Stabkraft laut Zusatzplan
5 Stabkraft inf. Wind vom verschieblichen Lager
6 maßgebende Kraft

| 1 | 2 | 3 | 4 | 5 | 6 |
|---|---|---|---|---|---|
| $O_1$ | −160,0 | −16,6 | +18,0 | +1,4 | −176,6 |
| $O'_1$ | −160,0 | +8,6 | +18,0 | +26,6 | (−160,0) |
| $O_2$ | −146,0 | −16,6 | +18,0 | +1,4 | −162,6 |
| $O'_2$ | −146,0 | +8,6 | +18,0 | +26,6 | (−146,0) |
| $O_3$ | −108,0 | −7,6 | +18,0 | +10,4 | −115,6 |
| $O'_3$ | −108,0 | −2,8 | +18,0 | +15,2 | (−110,8) |
| $U_1$ | +136,0 | +39,8 | −44,2 | −4,4 | +175,8 |
| $U'_1$ | +136,0 | −3,4 | −44,2 | −47,6 | (+136,0) |
| $U_2$ | +109,0 | +30,3 | −44,2 | −13,9 | +139,3 |
| $U'_2$ | +109,0 | +8,7 | −44,2 | −35,5 | (+117,7) |
| $U_3$ | +73,0 | +18,6 | −39,6 | −21,0 | +91,6 |
| $V_1$ | −20,0 | −6,7 | 0 | −6,7 | −26,7 |
| $V'_1$ | −20,0 | +8,6 | 0 | +8,6 | (−20,0) |
| $V_2$ | −30,0 | −10,1 | 0 | −10,1 | −40,1 |
| $V'_2$ | −30,0 | +12,7 | 0 | +12,7 | (−30,0) |
| $D_1$ | +27,0 | +9,6 | 0 | +9,6 | +36,6 |
| $D'_1$ | +27,0 | −12,1 | 0 | −12,1 | (+27,0) |
| $D_2$ | +51,0 | +16,1 | −10,6 | +5,5 | +67,2 |
| $D'_2$ | +51,0 | −9,2 | −10,6 | −19,8 | (+51,0) |

**Beispiel 2:** Für den stählernen, doppelten Wiegmannbinder (**245**.2) sind die Stabkräfte infolge Eigenlast, beiderseitigen Schnees und untergehängter Saaldecke zu bestimmen.

Für die Dachneigung ergibt sich

$$\tan\alpha = \frac{7{,}50}{10{,}00} = 0{,}750 \quad \alpha = 36{,}87^\circ \quad \sin\alpha = 0{,}600 \quad \cos\alpha = 0{,}800$$

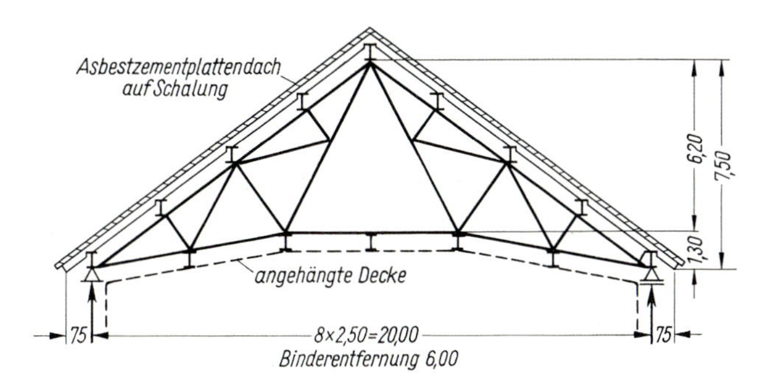


**245**.2
Doppelter Wiegmannbinder mit angehängter Saaldecke

Da hier der Untergurt durch die angehängte Decke belastet ist, wird die Eigenlast des Binders zur Hälfte auf den Obergurt und zur anderen Hälfte auf den Untergurt verteilt. Die Knotenlasten werden bei $A$ beginnend im Uhrzeigersinn über $B$ und zurück nach $A$ beziffert und im Krafteck in dieser Reihenfolge aneinandergereiht (**246.**1).

Die Lasten aus der Saaldecke greifen über Längsunterzüge in den Untergurtknoten und in der Mitte des Stabes $U_3$ an. Dieser Stab erhält also zur Längskraft aus der Fachwerkwirkung noch ein beachtliches Biegemoment und ist darum auf „Biegung mit Längskraft" zu bemessen.

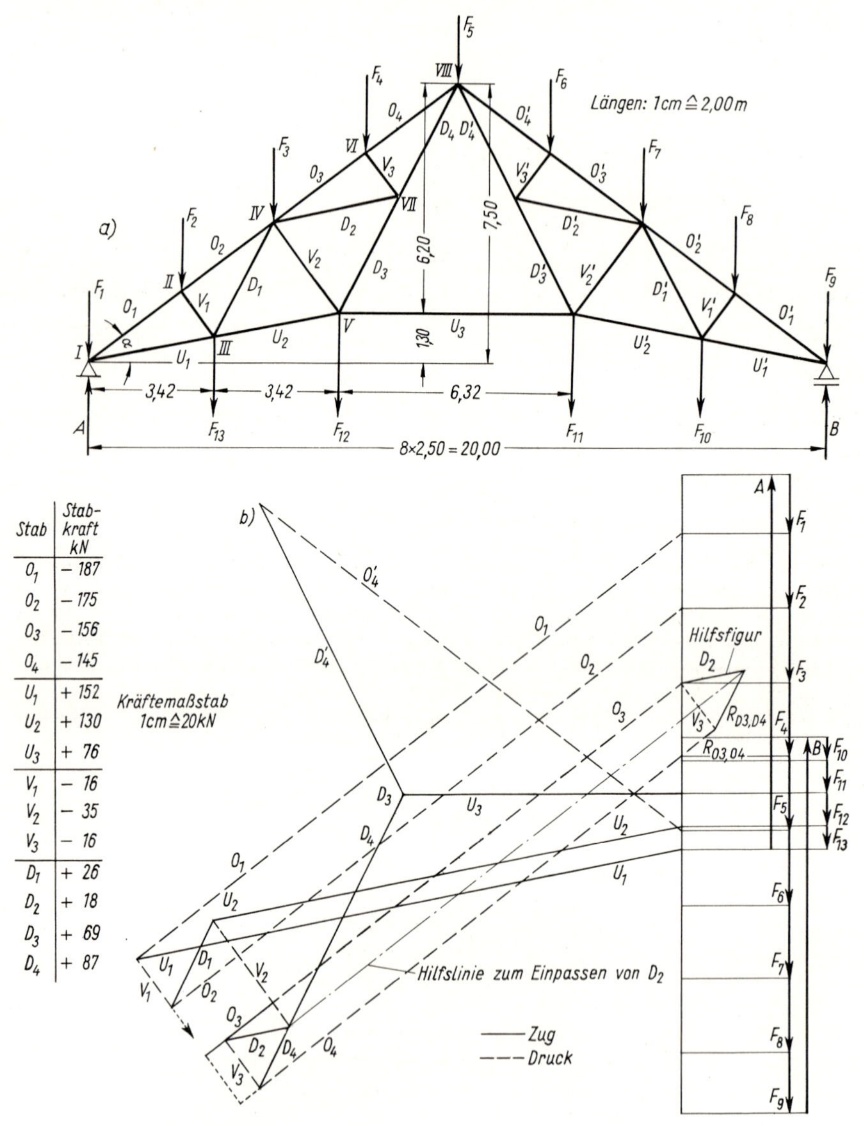


| Stab | Stabkraft kN |
|---|---|
| $O_1$ | − 187 |
| $O_2$ | − 175 |
| $O_3$ | − 156 |
| $O_4$ | − 145 |
| $U_1$ | + 152 |
| $U_2$ | + 130 |
| $U_3$ | + 76 |
| $V_1$ | − 16 |
| $V_2$ | − 35 |
| $V_3$ | − 16 |
| $D_1$ | + 26 |
| $D_2$ | + 18 |
| $D_3$ | + 69 |
| $D_4$ | + 87 |

**246.**1 Doppelter Wiegmannbinder mit Knotenlasten am Ober- und Untergurt
a) Bindernetz mit Lasten, b) Cremonaplan

a) Belastung des Obergurtes für 1 $m^2$ Grdfl. (s.a. Abschn. 2.3.3 Bsp. 4)

| | |
|---|---|
| Asbestzementwellplatten nach DIN 247 zuzüglich Wärmedämmung und Sparren | $(0{,}25 + 0{,}07)/0{,}8 + 0{,}07 = 0{,}47$ kN/$m^2$ Grdfl. |
| Schnee (Schneelastzone II, Bauwerksstandort <400 m über NN) | $0{,}828 \cdot 0{,}75 = 0{,}62$ kN/$m^2$ Grdfl. |
| Pfetteneigenlast | $= 0{,}12$ kN/$m^2$ Grdfl. |
| Bindereigenlast | $0{,}20/2 = 0{,}10$ kN/$m^2$ Grdfl. |
| | $= 1{,}31$ kN/$m^2$ Grdfl. |

Hiermit ergeben sich bei einem Binderabstand von 6 m folgende Knotenlasten:

$$F_1 = F_9 = \left(\frac{2{,}50}{2} + 0{,}75\right) 6 \cdot 1{,}31 = 15{,}7 \text{ kN} \qquad F_2 \text{ bis } F_8 = 2{,}50 \cdot 6 \cdot 1{,}31 = \text{je } 19{,}7 \text{ kN}$$

b) Belastung des Untergurtes für 1 $m^2$ Grdfl.

| | |
|---|---|
| 12 mm Holzdecke, Latten, Längsträger und Aufhängungsdrähte | $\approx 0{,}20$ kN/$m^2$ Grdfl. |
| Bindereigenlast | $\frac{20}{2} = 0{,}10$ kN/$m^2$ Grdfl. |
| | $= 0{,}30$ kN/$m^2$ Grdfl. |

Folglich werden die Knotenlasten

$$F_{10} = F_{13} = 3{,}42 \cdot 6 \cdot 0{,}30 = 6{,}2 \text{ kN} \qquad F_{11} = F_{12} = \frac{3{,}42 + 6{,}32}{2} \cdot 6 \cdot 0{,}30 = 8{,}8 \text{ kN}$$

und die Lagerkräfte

$$A = B = 15{,}7 + 7/2 \cdot 19{,}7 + 6{,}2 + 8{,}8 = 99{,}7 \text{ kN}$$

Nach Auftragen dieser Kräfte in der Reihenfolge $A$, $F_1$ bis $F_9$, $B$, $F_{10}$ bis $F_{13}$ wird der Kräfteplan (**246.**1) für die Knotenpunkte I, II und III gezeichnet. Beim Knoten III ist darauf zu achten, daß $F_{13}$ vor $U_1$ einzuschalten ist. Beim Weiterschreiten ergeben sich für diesen doppelten Wiegmannbinder insofern Schwierigkeiten, als man sowohl am Knoten IV als auch V nicht weiterkommt, weil an beiden nicht nur zwei, sondern drei neue unbekannte Stabkräfte ($O_3$, $D_2$, $V_2$ bzw. $V_2$, $D_3$, $U_3$) auftreten. Man kann sich dann in zweierlei Weise helfen:

1. Rechnerisch (dies ist das genaue Verfahren), indem man die Stabkraft $U_3$ mit dem Ritterschen Schnittverfahren bestimmt. Es wird nämlich für einen Drehpunkt in VIII

$$U_3 = \frac{(99{,}7 - 15{,}7)\,10 - 19{,}7\,(2{,}50 + 5 + 7{,}50) - 8{,}8 \cdot 3{,}16 - 6{,}2 \cdot 6{,}58}{6{,}20}$$

$$= \frac{840 - 296 - 28 - 41}{6{,}20} = \frac{475}{6{,}20} = +\,77 \text{ kN (Zug)}$$

Dann sind am Knoten V nur noch $V_2$ und $D_3$ unbekannt und nach deren Bestimmung am Knoten IV nur noch $O_3$ und $D_2$, so daß der Kräfteplan fortgesetzt werden kann.

2. Zeichnerisch. Wenn die Lasten nur am Obergurt angreifen und an den Knotenpunkten II, IV und VI gleich groß sind, müssen die Endpunkte von $O_1$, $O_2$, $O_3$ und $O_4$ auf einer Linie liegen, so daß man nur $V_1$ im Kräfteplan in der angedeuteten Weise zu verlängern braucht, um $O_3$ zu erhalten, mit welcher Stabkraft dann der Kräfteplan fortgesetzt werden kann.

Sind die Obergurtknotenpunkte ungleich belastet, oder ist, wie in diesem Beispiel, der Untergurt belastet, so ist dieses Verfahren nicht anwendbar. Man überspringt dann zunächst die Knotenpunkte IV und V und geht erst zum Knoten VI. Hier sind zwar auch drei unbekannte Stabkräfte ($O_3$, $O_4$ und $V_3$) vorhanden, aber zwei von diesen, $O_3$ und $O_4$, fallen in dieselbe Wirkungslinie. Sie können daher durch ihre Resultierende ersetzt werden, so daß dann nur noch zwei Unbekannte, $R_{O3,O4}$ und $V_3$, vorkommen. Diese werden in einer Hilfsfigur rechts bei $F_4$ bestimmt. Dann geht man zum Knoten VII, wo jetzt $D_3$ und $D_4$ in dieselbe Wirkungslinie fallen, so daß nur $R_{D4,D3}$ und $D_2$ die beiden neuen Unbekannten sind, die ebenfalls in der Hilfsfigur ermittelt werden. Jetzt kehrt man zum Knoten IV zurück. Mit $D_1$, $O_2$ und $F_3$ beginnend ist die nunmehr bekannte Stabkraft $D_2$ so zwischen den Richtungen von $O_3$ und $V_2$ einzupassen, daß ein geschlossener Kräftezug mit stetigem Umfahrungssinn entsteht, womit dann alle Stabkräfte an diesem Punkte ermittelt sind und man nun zu den Knoten V, VI, VII und schließlich VIII weitergehen kann.

Die Stabkräfte werden dann übersichtlich zusammengestellt.

**Beispiel 3:** Für den Holzbinder (**248.**1) sind die Stabkräfte zu bestimmen.

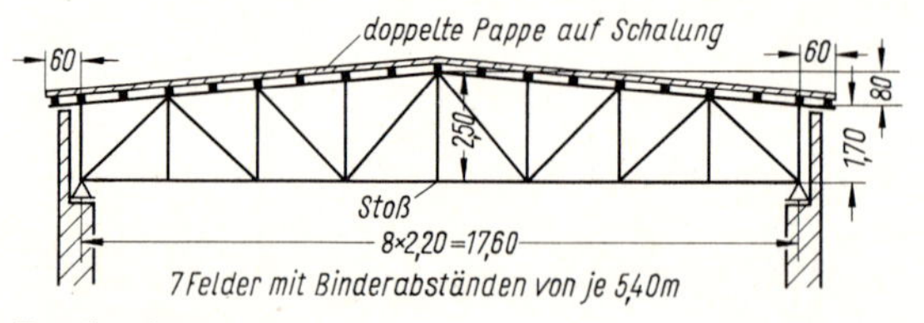


**248.**1 Hölzerner Fachwerkbinder

Dachneigung

$$\tan\alpha = \frac{0{,}80}{8{,}80} = 0{,}091$$

$$\alpha = 5{,}19°$$

$$\sin\alpha = 0{,}091$$

$$\cos\alpha = 0{,}996$$

Belastung

| | |
|---|---|
| doppelte Pappe | 0,15 kN/m² |
| 2,5 cm dicke Schalung | $0{,}025 \cdot 6 = 0{,}15$ kN/m² |
| Pfetten 10/14 in 1,10 m Abstand | $0{,}06 \cdot 0{,}14 \cdot 6/1{,}10 \approx 0{,}05$ kN/m² |
| Bindereigenlast | $\approx 0{,}10$ kN/m² |
| | $g = 0{,}45$ kN/m² |

Die Windbelastung besteht nach DIN 1055 T4 nur aus Sog, der entlastend wirkt und deshalb nicht angesetzt wird. Die Schneelast (Schneelastzone II, Höhe des Bauwerksstandortes über NN $< 400$ m) beträgt $s = s_0 = 0{,}75$ kN/m² GF.

Die Stabkräfte werden getrennt ermittelt 1. für Eigenlast, 2. für Schnee einseitig und 3. für Schnee voll.

1. Eigenlast (**249.**1)

Knotenlasten

$$F_1 = F_9 = \left(\frac{2{,}2}{2} + 0{,}6\right) 5{,}40 \cdot 0{,}45 = 4{,}12 \text{ kN}$$

$$F_2 \text{ bis } F_8 = 2{,}2 \cdot 5{,}40 \cdot 0{,}45 = \text{je } 5{,}35 \text{ kN} \qquad A = B = 4{,}13 + \frac{7}{2} \cdot 5{,}35 = 22{,}86 \text{ kN}$$

Wegen der Symmetrie des Binders und der Lasten braucht der Kräfteplan nur bis zur Mitte gezeichnet zu werden (**249.**1 b).

Eine rechnerische Nachprüfung der Stabkraft $U_4$ ergibt übereinstimmend mit dem Kräfteplan

$$U_4 = \frac{(22{,}86 - 4{,}13)\,8{,}8 - 5{,}35\,(2{,}2 + 4{,}4 + 6{,}6)}{2{,}50} = \frac{164{,}8 - 70{,}6}{2{,}50} = +\,37{,}7 \text{ kN (Zug)}$$

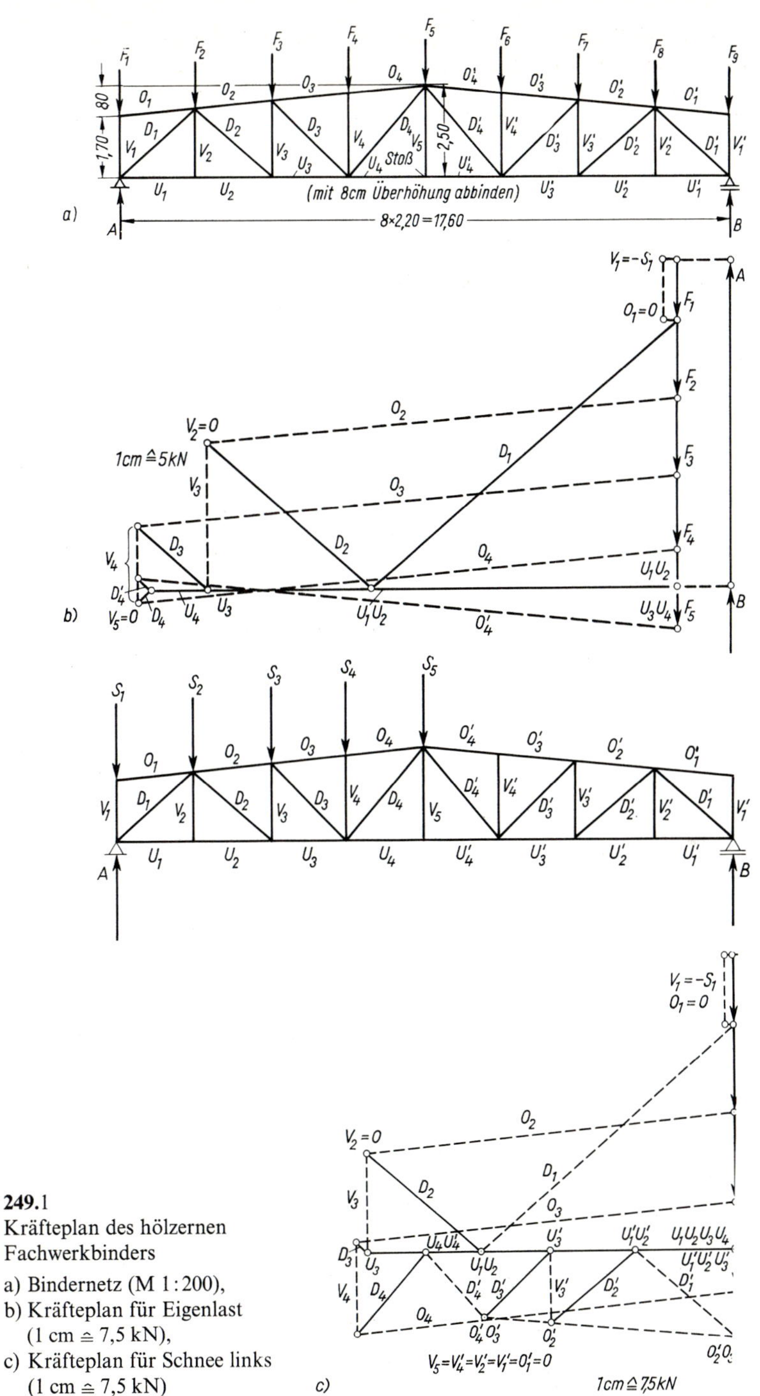


**249.**1
Kräfteplan des hölzernen Fachwerkbinders

a) Bindernetz (M 1:200),
b) Kräfteplan für Eigenlast (1 cm ≙ 7,5 kN),
c) Kräfteplan für Schnee links (1 cm ≙ 7,5 kN)

2. Schnee einseitig (links) (**249.**1c). Mit $s = 0{,}75\ \text{kN/m}^2$ erhält man die Knotenlasten zu

$$S_1 = 1{,}7 \cdot 5{,}40 \cdot 0{,}75 = 6{,}89\ \text{kN} \qquad S_2 = S_3 = S_4 = 2{,}2 \cdot 5{,}40 \cdot 0{,}75 = 8{,}91\ \text{kN}$$

$$S_5 = \frac{8{,}91}{2} = 4{,}46\ \text{kN}$$

$$A = 6{,}89 + \frac{4{,}46 \cdot 8{,}8 + 8{,}91\,(11 + 13{,}2 + 15{,}4)}{17{,}60} = 29{,}16\ \text{kN}$$

$$B = \Sigma S - A = 38{,}07 - 29{,}16 = 8{,}91\ \text{kN}$$

Der Kräfteplan (**249.**1c) muß jetzt wegen der unsymmetrischen Belastung für den ganzen Binder durchgezeichnet werden.

Die rechnerische Nachprüfung für $U_4$ ergibt, wenn man der Einfachheit halber den rechten abgeschnittenen Binderteil betrachtet, an dem nur die Lagerkraft $B$ als äußere Kraft wirkt,

$$U_4 = \frac{8{,}91 \cdot 8{,}8}{2{,}50} = +\,31{,}36\ \text{kN (Zug)}$$

3. Schnee voll (beiderseits). Wie bereits in Abschn. 6.6 geschildert, erhält man die Stabkräfte für Schnee voll bei symmetrischen Bindern aus einseitiger Schneebelastung durch Zusammenzählen der Kräfte entsprechender Stäbe auf der linken und rechten Binderhälfte (z. B. $O_2$ und $O_2'$). In Tafel **250.**1 werden deshalb diese zusammengehörigen Kräfte in der Spalte für Schnee einseitig untereinander geschrieben, so daß sie sich leicht zusammenzählen lassen.

Man kann die Stabkräfte für Schnee voll auch aus denen für Eigenlast berechnen. Da sich die Knotenlasten für Eigenlast und Schnee wie die gleichmäßig verteilten Lasten $g:s$ verhalten, so müssen auch die entsprechenden Stabkräfte in demselben Verhältnis stehen. Im vorliegenden Beispiel ist dieses Verhältnis $g:s = 0{,}45:0{,}75 = 0{,}6 = 1/1{,}667$.

Tafel **250.**1 Stabkräfte in kN

| Stab | Eigenlast | Schnee links | Schnee voll | maßgebende Stabkraft | Stab | Eigenlast | Schnee links | Schnee voll | maßgebende Stabkraft |
|---|---|---|---|---|---|---|---|---|---|
| $O_1$ | 0 | 0 | 0 | 0 | $V_1$ | −4,2 | −6,9<br>0 | −6,9 | 11,1 |
| $O_2$ | −33,8 | −37,5<br>−18,8 | −56,3 | −90,0 | $V_2$ | 0 | 0 | 0 | 0 |
| $O_3$ | −38,6 | −38,6<br>−25,7 | −64,3 | −102,9 | $V_3$ | −10,2 | −10,0<br>7,0 | −17,0 | −27,2 |
| $O_4$ | −38,6 | −38,6<br>−25,7 | −64,3 | −102,9 | $V_4$ | −5,4 | −9,5<br>0 | −9,0 | −14,4 |
| | | | | | $V_5$ | 0 | 0 | 0 | 0 |
| $U_1$<br>$U_2$ | +21,6 | +25,8<br>+10,2 | +36,0 | +57,6 | $D_1$ | −28,7 | −34,3<br>−13,5 | −47,8 | −76,5 |
| $U_3$ | +33,3 | +37,1<br>+18,8 | +55,9 | +89,2 | $D_2$ | +15,8 | +15,2<br>+11,1 | +26,3 | +42,1 |
| $U_4$ | +37,6 | +31,3 | +62,6 | +100,2 | $D_3$ | +6,5 | +1,7<br>+9,2 | +10,9 | +17,4 |
| | | | | | $D_4$ | +1,1 | +10,6<br>−8,7 | +1,9 | +11,7<br>−7,6 |

4. Zusammenstellen der Stabkräfte. Tafel **250.**1 enthält die für die Bemessung maßgebenden Stabkräfte bei Berücksichtigung von Eigenlast, Schnee einseitig und Schnee voll. Sie werden vielfach als die „größten" oder die „maximalen" Stabkräfte bezeichnet. Das ist im streng mathematischen Sinn hinsichtlich der Druckkräfte nicht korrekt, da bei der in der Statik üblichen Vorzeichenfestsetzung die für eine Bemessung maßgebenden Druckkräfte Minimalwerte sind. Es zeigt sich, wie bereits in Abschn. 6.6 ausgeführt, daß in den Gurtungen die größten Stabkräfte bei Vollbelastung des ganzen Binders entstehen. Dies trifft auch für alle Füllstäbe mit Ausnahme des mittleren Schrägstabes $D_4$ zu. In diesem kann bei einseitiger Belastung sowohl eine Zugkraft von $+1{,}1 + 10{,}6 = +11{,}7$ kN $= \max D_4$ als auch eine Druckkraft von $+1{,}1 - 8{,}7 = -7{,}6$ kN $= \min D_4$ entstehen, bei Vollbelastung jedoch nur eine Zugkraft von $+1{,}1 + 1{,}9 = +3{,}0$ kN. Dieser Wechselstab ist daher zug- und druckfest auszubilden und anzuschließen.

# 7 Gemischte Systeme

## 7.1 Allgemeines

Gemischte Systeme enthalten Stäbe, die nur durch Längskräfte beansprucht werden, und Stäbe, in denen auch oder nur Momente und Querkräfte auftreten. Ferner finden wir in solchen Systemen Seile, um starre Scheiben zu unterspannen oder aufzuhängen.

Um die Schnittgrößen statisch bestimmter gemischter Systeme zu ermitteln, brauchen wir keine neuen Grundkenntnisse zu erwerben: Wie bei reinen vollwandigen Tragwerken (Stabwerken) und reinen Fachwerken genügen die drei Gleichgewichtsbedingungen und das Schnittprinzip. Das soll an einer Reihe von Beispielen vorgeführt werden.

## 7.2 Unterspannter Gelenkträger mit Mittelgelenk

Die Unterspannung (**252.**1) greift an beiden Lagern in Höhe der Stabachse an. In derselben Höhe liegt das Gelenk. Das ist in Bild **252.**1 deutlich gezeichnet, während für die folgenden Bilder eine vereinfachte Darstellung gewählt wird.

Berechnung des Winkels $\alpha$ und seiner Funktionen:

$$\tan\alpha = 1{,}00/4{,}00 = 0{,}25 = \tan 14{,}04^\circ \qquad \sin\alpha = 0{,}2425 \qquad \cos\alpha = 0{,}9701$$

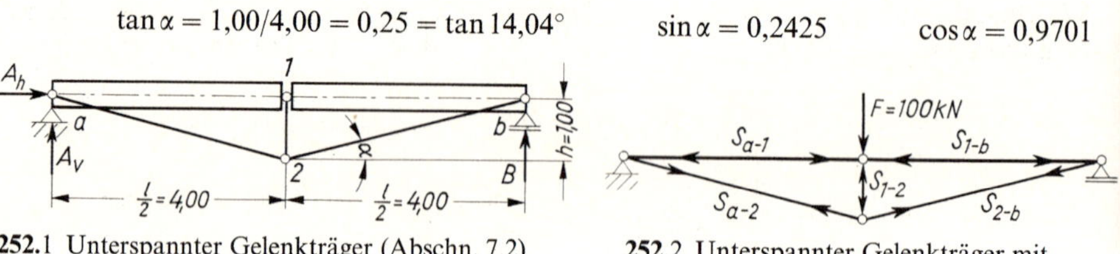


**252.**1 Unterspannter Gelenkträger (Abschn. 7.2)

**252.**2 Unterspannter Gelenkträger mit mittiger Einzellast

**Belastung durch mittige Einzellast $F = 100$ kN** (**252.**2). Da die Belastung nicht an den biegesteifen Stäben $a-1$ und $1-b$ angreift, sondern im Knoten 1, trägt das System wie ein Fachwerk. Die Biegesteifigkeit der Stäbe $a-1$ und $1-b$ wird bei dieser Belastung gar nicht benötigt, $a-1$ und $1-b$ erhalten auch nur Längskräfte.

Die Lagerkräfte ergeben sich aus Symmetriegründen zu $A_v = B = F/2 = 50$ kN. Weil die Belastung senkrecht zur Bewegungsrichtung des Lagers $b$ gerichtet ist, wird $A_h = 0$. Damit kann der Cremonaplan gezeichnet werden (**253.**1).

Die rechnerische Ermittlung der Stabkräfte erfolgt an Hand des Cremonaplanes:

$$S_{1-2} = -F = -100 \text{ kN}$$

$$S_{a-1} = S_{1-b} = -A/\tan\alpha = -50/0{,}25 = -200 \text{ kN}$$

$$S_{a-2} = S_{2-b} = +A/\sin\alpha = 50/0{,}2425 = 206 \text{ kN}$$

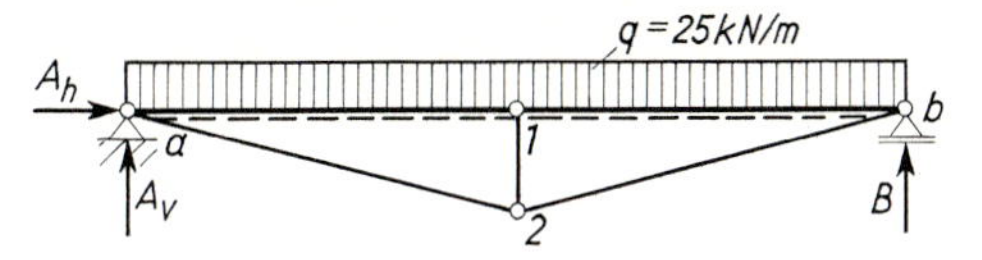


**253.**2 Belastung durch Gleichlast

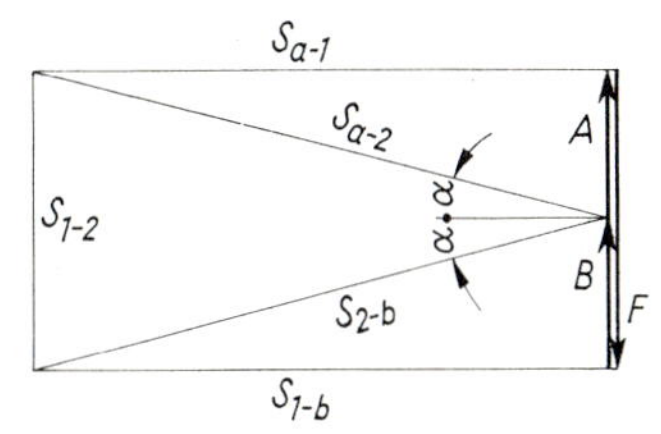


**253.**1 Cremonaplan

**253.**3 Linke Tragwerkshälfte und Rundschnitt um Knoten 2

**Belastung durch Gleichlast $q = 25$ kN/m (253.**2). Die lotrechten Lagerkräfte ergeben sich wieder aus Symmetriegründen zu

$$A_v = B = q \cdot l/2 = 25 \cdot 8/2 = 100 \text{ kN}$$

die waagerechte Lagerkraft ist wiederum Null.

Bei der Ermittlung der Schnittgrößen ist zu beachten, daß im Punkt $a$ die Lagerkraft $A_v$ nicht nur der lotrechten Komponente von $S_{a-1}$ das Gleichgewicht hält, sondern auch der Querkraft im Stab $a - 1$. $A_v$ darf also nicht einfach in die Richtungen der Stäbe $a - 1$ und $a - 2$ zerlegt werden.

Wir bestimmen darum als erstes die Horizontalkomponente von $S_{a-2}$, indem wir für den Schnitt durch den Gelenkpunkt 1 ($M_1 = 0$) an der linken Trägerhälfte ansetzen (**253.**3):

$$\curvearrowright \Sigma M_1 = 0 = A_v \cdot \frac{l}{2} - \frac{q \cdot l}{2} \frac{l}{4} - S_{a-2,h} \cdot h$$

$$S_{a-2,h} = \frac{1}{h}\left(A_v \cdot \frac{l}{2} - \frac{q \cdot l}{2} \frac{l}{4}\right) = \frac{1}{h}\left(\frac{q \cdot l}{2} \frac{l}{2} - \frac{q \cdot l}{2} \frac{l}{4}\right) = \frac{1}{h} \frac{q \cdot l^2}{8} = \frac{M_{01}}{h}$$

$$= \frac{25 \cdot 8^2}{1 \cdot 8} = 200 \text{ kN} = S_{2-b,h}$$

$M_{01}$ ist dabei das Moment eines frei aufliegenden Ersatzbalkens auf zwei Lagern ohne Gelenk und ohne Unterspannung an der Stelle 1 unter Gleichlast 25 kN/m.

Aus den Horizontalkomponenten lassen sich die Stabkräfte $S_{a-2}$ und $S_{2-b}$ selbst sowie ihre Vertikalkomponenten $S_{a-2,v}$ und $S_{2-b,v}$ errechnen

$$S_{a-2,v} = S_{a-2,h} \cdot \tan\alpha = 200 \cdot 0{,}25 = 50 \text{ kN} = S_{2-b,v}$$

$$S_{a-2} = S_{a-2,h}/\cos\alpha = 200/0{,}9701 = 206{,}2 \text{ kN} = S_{2-b}$$

Wird für denselben Schnitt die Gleichgewichtsbedingung $\Sigma H = 0$ angesetzt, so ergibt sich die Längskraft in den Stäben $a - 1$ und $1 - b$

$$N_{a-1} = N_{1-b} = -S_{a-2,h} = -S_{2-b,h} = -200 \text{ kN}$$

Schließlich erhalten wir aus der Gleichgewichtsbedingung $\Sigma V = 0$ an dem durch einen Rundschnitt abgetrennten Knoten 2 (**253**.3)

$$S_{1-2} = -S_{a-2,v} - S_{2-b,v} = -50 - 50 = -100 \text{ kN}$$

Von der Lagerkraft $A_v = 100$ kN halten also 50 kN der Vertikalkomponente von $S_{a-2}$ das Gleichgewicht (**254**.1). Der Rest, ebenfalls 50 kN, ist die Reaktion der Querkraft $Q_a$ des Stabes $a - 1$. Dieser Stab hat die „Stützweite" $l_{a-1} = l/2 = 4{,}00$ m, und es gilt

$$Q_a = q \cdot l_{a-1}/2 = 25 \cdot 4/2 = 50 \text{ kN}$$

Es zeigt sich damit, daß die Stäbe $a - 1$ und $1 - b$ wie einfache Träger auf zwei Lagern wirken, jeweils mit der Stützweite $l/2$. In Trägermitte geben sie ihre Querkräfte an eine Fachwerkkonstruktion ab, zu der sie selbst auch gehören. Trennt man die Biegesteifigkeit von der Aufnahmefähigkeit für Längskräfte, so erhält man das System Bild **254**.2. Hier ist das unterstützende Fachwerk durch eine mittige Einzellast von 100 kN beansprucht, was wir im Beispiel vorher (S. 252) betrachtet haben.

Nunmehr können Momenten-, Querkraft- und Längskraftfläche gezeichnet werden (**254**.3). Die größten Momente sind

$$\max M = q \cdot l_{a-1}^2/8 = 25 \cdot 4^2/8 = 50 \text{ kNm}$$

Demgegenüber hätte ein einfacher Balken auf zwei Stützen mit 8 m Stützweite unter der hier gegebenen Belastung das größte Moment $\max M_o = 25 \cdot 8^2/8 = 200$ kNm.

Die gewählte Unterspannung vermindert also das maximale Moment auf ein Viertel.

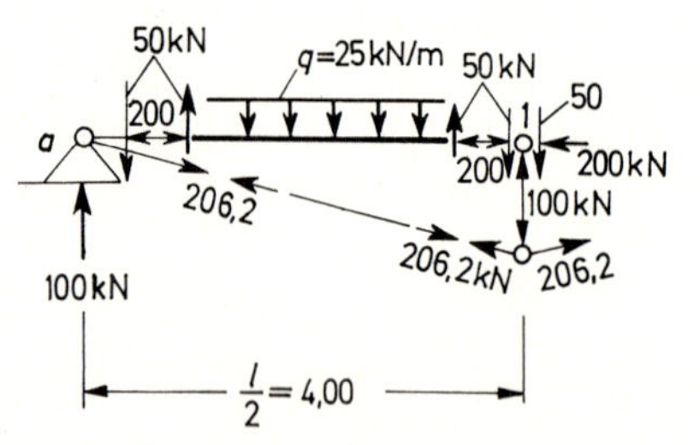


**254**.1 Kraftfluß in der linken Tragwerkshälfte

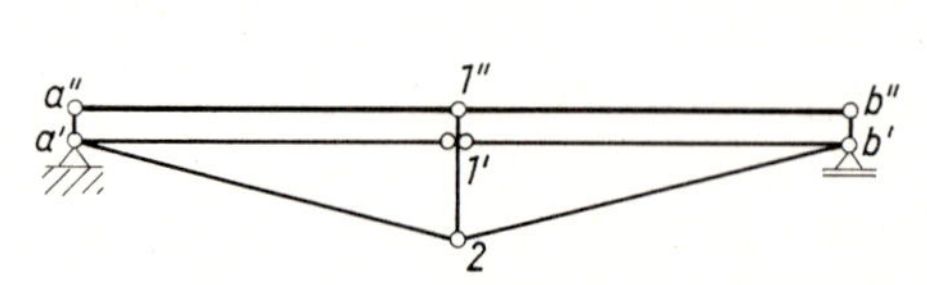


**254**.2 Trennung von Biegesteifigkeit und Aufnahmefähigkeit für Längskräfte: $a'' - 1'' - b''$ biegesteife Stäbe; $a' - 1' - b'$ Fachwerkstäbe

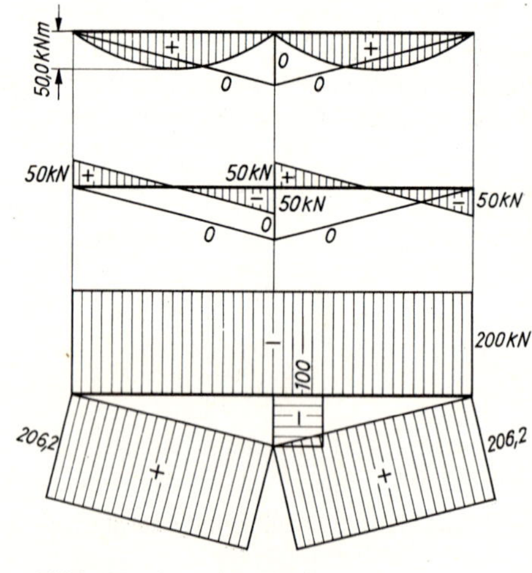


**254**.3 $M$-, $Q$- und $N$-Fläche

## 7.3 Balken auf zwei Stützen mit Mittelgelenk, in den Drittelspunkten unterstützt durch eine Unterspannung

Die Endpunkte der Unterspannung und das Mittelgelenk liegen in der Achse der beiden biegesteifen Stäbe *a–g* und *g–b*. Dadurch wird erreicht, daß die Horizontalkomponenten der Zugstäbe *a*–2 und 4–*b* keine Momente in den biegesteifen Stäben hervorrufen (**255**.1).

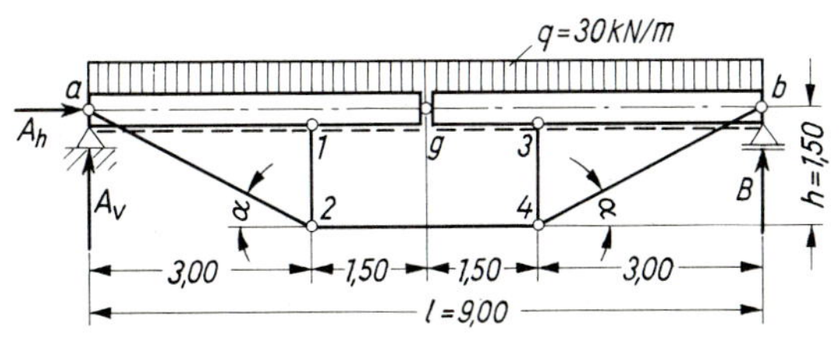


**255**.1 Unterspannter Balken (Abschn. 7.3)

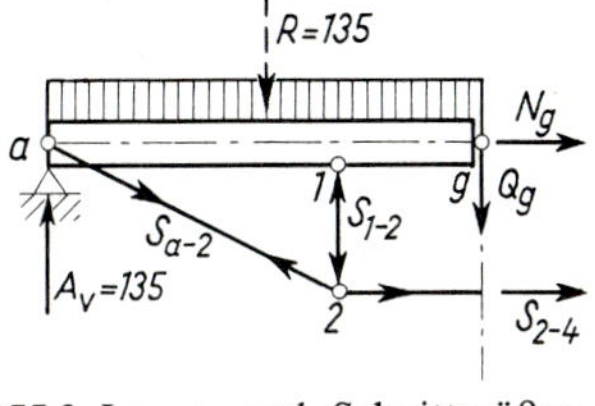


**255**.2 Lager- und Schnittgrößen an der linken Trägerhälfte

Berechnung des Winkels $\alpha$ und seiner Funktionswerte

$$\tan\alpha = 1{,}5/3{,}0 = 0{,}5 = \tan 26{,}57^\circ \qquad \sin\alpha = 0{,}4472 \qquad \cos\alpha = 0{,}8944$$

**Belastung mit durchgehender Gleichlast $q = 30$ kN/m.** Die lotrechten Lagerkräfte ergeben sich aus Symmetriegründen zu

$$A_v = B = q \cdot l/2 = 30 \cdot 9/2 = 135 \text{ kN}$$

Da die Last $q$ lotrecht wirkt und das Lager $b$ waagerecht verschieblich ist, wird $A_h = 0$.

Als erstes wird nun die Kraft im waagerechten Zugstab 2–4 bestimmt, indem ein Schnitt durch das Gelenk $g$ gelegt und der linke Tragwerksteil betrachtet wird (**255**.2). Dabei muß das Moment in $g$ gleich Null sein.

$$\curvearrowright + \Sigma M_g = 0 = \underbrace{A_v \frac{l}{2} - \frac{q \cdot l}{2} \frac{l}{4}}_{M_{0g}} - S_{2-4} \cdot h$$

Die ersten beiden Summanden bilden das Biegemoment eines Balkens von der Stützweite $l$, bezogen auf den Gelenkpunkt; wegen dessen mittiger Lage ist $M_{0g} = q \cdot l^2/8$. Die Kraft im Zugstab 2 – 4 wird darum

$$S_{2-4} = M_{0g}/h = \frac{q \cdot l^2}{8 \cdot h} = \frac{30 \cdot 9^2}{8 \cdot 1{,}5} = 202{,}50 \text{ kN}$$

Als zweite Gleichgewichtsbedingung wird angesetzt

$$\stackrel{+}{\rightarrow} \Sigma H = 0 = N_g + S_{2-4} \quad \text{aus ihr folgt} \quad N_g = -S_{2-4} = -202{,}5 \text{ kN}$$

Die dritte Gleichgewichtsbedingung schließlich liefert

$$\downarrow + \Sigma V = 0 = -A_v + q \cdot l/2 + Q_g = 0 = -135 + 135 + Q_g$$

und damit

$$Q_g = 0$$

Im Gelenk wird bei dieser Belastung keine Querkraft übertragen. Das war zu erwarten: Tragwerk und Belastung sind symmetrisch, das Gelenk liegt in der Symmetrieachse und ist selbst nicht belastet. Unter diesen Bedingungen ist die Querkraft im Symmetrieschnitt Null.

Als nächstes lassen sich aus dem Krafteck für den Knoten 2 die Kräfte in den Fachwerkstäben der Unterspannung berechnen (**256**.1)

$$S_{a-2} = S_{2-4}/\cos\alpha = 202{,}50/0{,}8944 = 226{,}40 \text{ kN} = S_{4-b}$$

$$S_{1-2} = -S_{2-4} \cdot \tan\alpha = -202{,}50 \cdot 0{,}5 = -101{,}25 \text{ kN} = S_{3-4}$$

Damit sind alle Längskräfte bekannt, und wir können Momente und Querkräfte in den beiden biegesteifen Stäben *a–g* und *g–b* ermitteln. Aus Symmetriegründen genügt die Untersuchung des Stabes *a–g*; an ihm bringen wir sämtliche Kräfte an, die auf ihn wirken: Belastung, Lagerkraft, Gelenkdruck, Kraft des Zugstabes *a*–2 und Kraft des unterstützenden Stabes 1–2 (**256**.2). $S_{a-2}$ zerlegen wir zuvor in eine lotrechte und waagerechte Komponente; dabei ist (**256**.1)

$$S_{a-2,v} = S_{1-2} \quad \text{und} \quad S_{a-2,h} = S_{2-4}$$

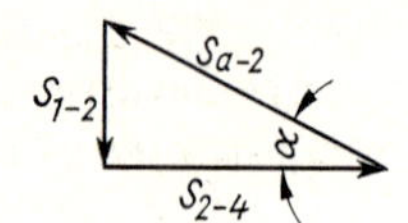


**256**.1 Krafteck für Knoten 2

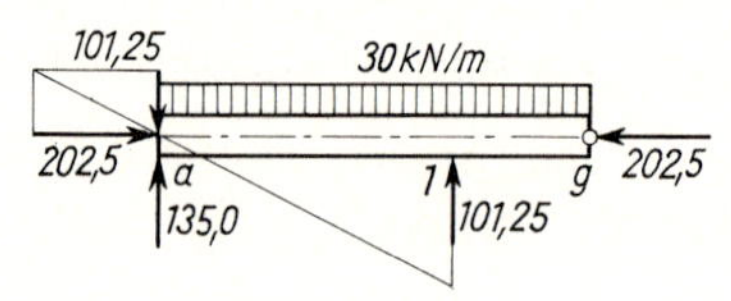


**256**.2 Stab *a–g* mit Kräften

Die Berechnung der Momente und Querkräfte bringt nichts Neues, weshalb wir uns kurz fassen

$$Q_a = 135{,}0 - 101{,}25 = 33{,}75 \text{ kN}$$

$$Q_{1li} = 33{,}75 - 30 \cdot 3 = -56{,}25 \text{ kN}$$

$$Q_{1re} = -56{,}25 + 101{,}25 = +45{,}0 \text{ kN}$$

von links:

$$M_1 = 33{,}75 \cdot 3 - 30 \cdot 3^2/2 = -33{,}75 \text{ kNm}$$

und von rechts:

$$M_1 = -30 \cdot 1{,}5^2/2 = -33{,}75 \text{ kNm}$$

Das größte Feldmoment erhalten wir mit der Formel $\max M = A^2/2q$. An die Stelle der Lagerkraft $A$ ist hier die Querkraft $Q_a$ zu setzen, weil die Lagerkraft $A$ auch die lotrechte Komponente der Zugkraft des Stabes *a*–2 enthält, die keinen Einfluß auf die Biegemomente im Stab *a–g* hat.

$$\max M = Q_a^2/2q = 33{,}75^2/(2 \cdot 30) = 18{,}98 \text{ kNm}$$

In Bild **257**.1 sind *M*-, *Q*- und *N*-Fläche des Systems aufgezeichnet. Aus der *N*-Fläche geht hervor, daß bei der hier gewählten Art der Unterspannung die Druckkraft in den biegesteifen Stäben *a–g* und *g–b* konstant ist, während die Kraft im „Zugglied" *a*–2–4–*b* mit der Neigung der Einzelstäbe wechselt.

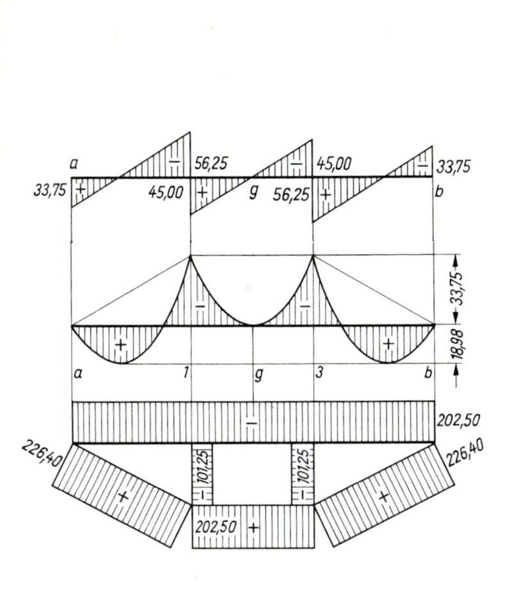


257.1 $Q$-, $M$- und $N$-Fläche

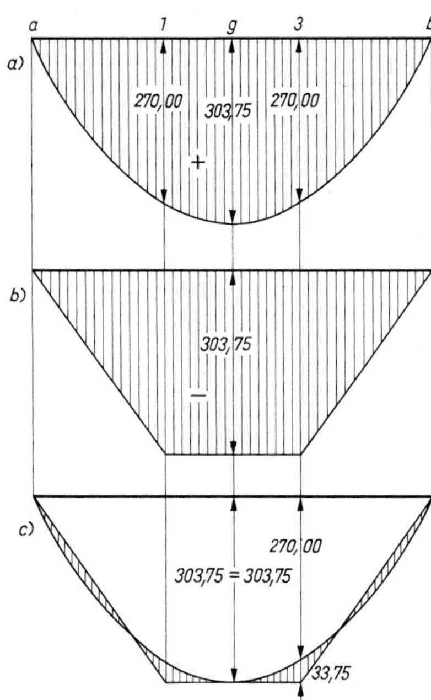


257.2 $M_0$-Fläche, $M_u$-Fläche und $M$-Fläche durch Überlagerung

Die Betrachtung der $M$-Fläche regt zu einem Vergleich mit der $M_0$-Fläche des einfachen Balkens auf zwei Stützen mit gleicher Stützweite und Belastung sowie zu der Frage an, wie beide zusammenhängen. In Bild **257.**2a ist die $q \cdot l^2/8$-Parabel für $q = 30$ kN/m und $l = 9$ m aufgetragen; sie hat den Pfeil $M_0 = 30 \cdot 9^2/8 = 303{,}75$ kNm und in den Punkten 1 und 3 die Ordinate

$$M_{0,1/3} = \frac{q \cdot l}{2} \frac{l}{3} - \frac{q \cdot l}{3} \frac{l}{6} = \frac{q \cdot l^2}{6} - \frac{q \cdot l^2}{18} = \frac{q \cdot l^2}{9} = 270{,}00 \text{ kNm}$$

Bild **257.**2b zeigt die Wirkung der unterstützenden Stäbe 1–2 und 3–4 auf die biegesteifen Stäbe *a–g* und *g–b*: eine trapezförmige Momentenfläche ($M_u$-Fläche) mit negativen Ordinaten. Dabei ist

$$M_{u,1\,\text{bis}\,3} = -101{,}25 \cdot 3{,}00 = -303{,}75 \text{ kNm}$$

In Bild **257.**2c sind beide Momentenflächen überlagert: Soweit sich beide Flächen überdecken, heben sich die Momente auf; übrig bleibt die schraffierte Momentenfläche, die wir in anderer Darstellung schon in Bild **257.**1 kennengelernt haben. Aus Bild **257.**2c geht hervor, in welch hohem Maße die Biegemomente durch das Unterspannen vermindert werden.

Abschließend ist in Bild **258.**1 dargestellt, wie die Momentenfläche der Stäbe *a–g* und *g–b* aus den drei $\bar{M}_0$-Parabeln abgeleitet werden kann, die zwischen den Unterstützungen *a*, 1, 3 und *b* vorhanden sind. Die Schlußlinie ist aus drei Stücken zusammengesetzt; sie verläuft im mittleren Teil aus Symmetriegründen waagerecht und berührt an der Stelle des Gelenks die mittlere Parabel. Es ist

$$\bar{M}_0 = q \cdot l_{a-1}^2/8 = 30 \cdot 3^2/8$$
$$= 33{,}75 \text{ kNm}$$

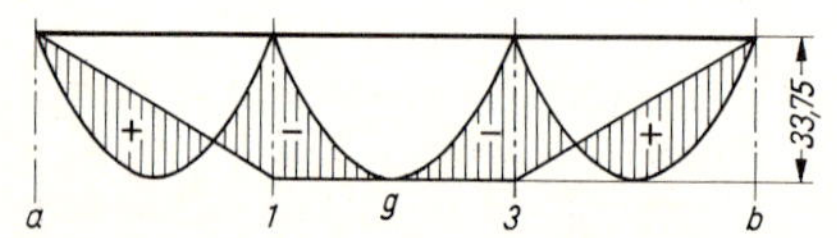


**258.1** $M_0$-Parabeln mit Schlußlinie

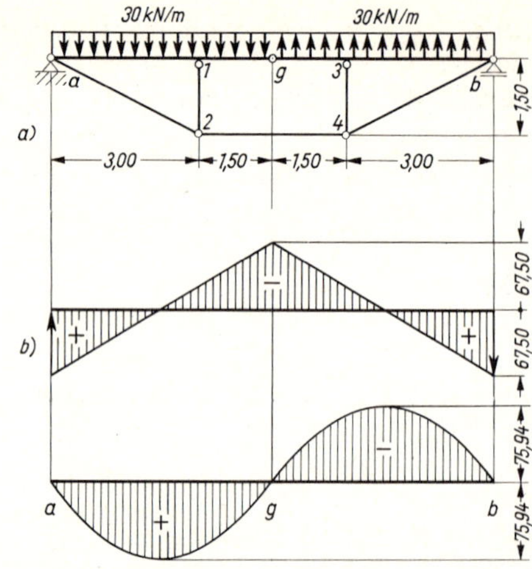


**258.2** Antimetrische Belastung des Trägers (Abschn. 7.3)

a) Tragsystem und Belastung
b) $Q$- und $M$-Fläche

**Belastung durch antimetrische[1]) Gleichlast $q = \pm 30$ kN/m (258.2)**

Berechnung der Lagerkräfte

$$\overset{+}{\rightarrow} \Sigma H = 0 = A_h$$

$$+\downarrow \Sigma V = 0 = -A_v + \frac{q \cdot l}{2} - \frac{q \cdot l}{2} - B$$

$$A_v = -B$$

$$\curvearrowright^{+} \Sigma M_a = 0 = \frac{q \cdot l}{2}\frac{l}{4} - \frac{q \cdot l}{2}\frac{3l}{4} - B \cdot l$$

$$B = \frac{q \cdot l}{8} - \frac{3q \cdot l}{8} = -\frac{q \cdot l}{4} = -67{,}50 \text{ kN}$$

$$A_v = -B = +\frac{q \cdot l}{4} = +67{,}50 \text{ kN}$$

Bestimmung der Kraft 2–4 aus $\Sigma M_g = 0$ an der linken Tragwerkshälfte ($S_{2-4}$ wird als Zugkraft eingeführt)

$$\curvearrowright^{+} \Sigma M_g = 0 = A_v \frac{l}{2} - \frac{q \cdot l}{2} \cdot \frac{l}{4} - S_{2-4} \cdot h$$

$$S_{2-4} = \frac{l}{h}\left(A_v \frac{l}{2} - \frac{q \cdot l}{2} \cdot \frac{l}{4}\right) = \frac{1}{h}\left(\frac{q \cdot l}{4} \cdot \frac{l}{2} - \frac{q \cdot l}{2} \cdot \frac{l}{4}\right) = 0$$

[1]) Die Belastung ist „antimetrisch" bezüglich der lotrechten Achse durch die Trägermitte, Punkte, die zu dieser Achse symmetrisch liegen, haben Ordinaten $q$ mit gleichem Betrag, aber verschiedenem Vorzeichen.

Bei der antimetrischen Belastung des symmetrischen Tragwerks wird die Unterspannung nicht benötigt. Aus $S_{2-4} = 0$ folgt nämlich, daß sämtliche Fachwerkstäbe des Systems spannungslos sind. Als weitere Folge haben auch die biegesteifen Stäbe keine Längskraft, sondern nur Biegemomente und Querkräfte.

Im Gelenk $g$ ist von links:

$$Q_g = A_v - q \cdot 4{,}5 = 67{,}50 - 30 \cdot 4{,}5 = -67{,}50 \text{ kN (aufwärts gerichtet)}$$

oder von rechts:

$$Q_g = B - q \cdot 4{,}5 = -67{,}50 \text{ kN (abwärts gerichtet)}$$

Hier ist also im Gelenk $g$ eine Querkraft vorhanden. Da die Fachwerkstäbe sich an der Kraftübertragung nicht beteiligen, ist zu folgern:

Die beiden biegesteifen Stäbe $a$–$g$ und $g$–$b$ halten sich gegenseitig im Gleichgewicht. Die Querkraft $Q_g$ des einen ist die Reaktionskraft für die Querkraft $Q_g$ des anderen. Beide Stäbe tragen infolge der antimetrischen Belastung als einfache Balken auf zwei Stützen über die Spannweite $l/2 = 4{,}50$ m. Die Biegelinien beider Stäbe schließen wegen der Antimetrie ohne Knick aneinander an; daraus folgt, daß das Herstellen der Biegesteifigkeit im Punkt $g$ oder die Beseitigung des Gelenks die Schnittgrößen nicht verändern würde.

$Q$- und $M$-Fläche sind in Bild **258.**2b aufgezeichnet; es ist

$$\max M = |\min M| = q\,(l/2)^2/8 = 75{,}94 \text{ kNm}$$

**Halbseitige Gleichlast.** Als dritte Belastung soll eine abwärts gerichtete Gleichlast auf den Stab $a$–$g$ wirken (**259.**1). Diese Belastung gibt uns in Verbindung mit den in Abschn. 7.3.1 und 7.3.2 behandelten Belastungen die Möglichkeit, das „Belastungsumordnungsverfahren" („BU-Verfahren") anzuwenden. Überlagern wir nämlich die symmetrische Belastung (**255.**1) und die antimetrische Belastung (**258.**2a), so erhalten wir für die linke Tragwerkshälfte $q = 60$ kN/m abwärts gerichtet, während sich auf der rechten Tragwerkshälfte die Belastungen aufheben.

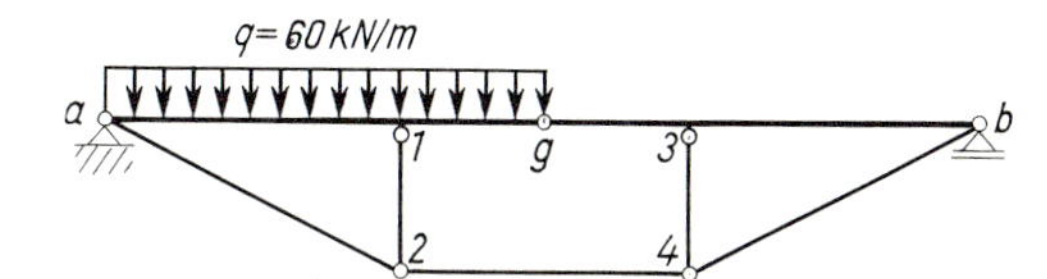


**259.**1
Halbseitige Gleichlast

Die halbseitige Belastung, die weder symmetrisch noch antimetrisch ist, kann demnach „umgeordnet", in zwei Teilbelastungen aufgespalten werden: in eine symmetrische Vollbelastung $q'$ und in eine antimetrische Belastung $q''$ (**259.**2). Es müssen dann zwei Lastfälle behandelt und anschließend überlagert werden; das Mehr an Lastfällen wird jedoch bei vielen Systemen durch ein Weniger an Arbeit infolge der Ausnutzung von Symmetrie und Antimetrie ausgeglichen.

**259.**2
Belastungsumordnung

$q \;=\; q' = \frac{q}{2} \;+\; q'' = \pm\frac{q}{2}$

Nachdem wir bereits mit den Teilbelastungen $q' = 30$ kN/m und $q'' = \pm 30$ kN/m gearbeitet haben, wählen wir hier die Belastung $q = q' + q'' = 30 + 30 = 60$ kN/m. Bei praktischen Aufgaben ist in der Regel $q$ gegeben, und die Teilbelastungen ergeben sich dann zu $q' = +q/2$ und $q'' = \pm q/2$.

Die Lagerkräfte werden durch Überlagerung gefunden

$$A_h = 0$$

$$A_v = A'_v + A''_v = \frac{q' \cdot l}{2} + \frac{q'' \cdot l}{4} = 135{,}00 + 67{,}50 = 202{,}50 \text{ kN}$$

$$B = B' + B'' = \frac{q' \cdot l}{2} - \frac{q'' \cdot l}{4} = 135{,}00 - 67{,}50 = 67{,}50 \text{ kN}$$

Die Kräfte in den Fachwerkstäben und die Längskräfte in den biegesteifen Stäben stammen nur aus der Teilbelastung $q'$:

$S_{2-4} = +\,202{,}50$ kN $\qquad S_{a-2} = S_{4-b} = +\,226{,}40$ kN

$S_{1-2} = S_{3-4} = -\,101{,}25$ kN $\qquad N_{a\text{-}g} = N_{g-b} = -\,S_{2-4} = -\,202{,}5$ kN

Die Querkräfte ergeben sich ebenfalls durch Überlagerung; die Werte in den beiden Lagern sind

$Q_a = +\,33{,}75 + 67{,}50 = 101{,}25$ kN $\qquad Q_b = -\,33{,}75 + 67{,}50 = +\,33{,}75$ kN

Im Gelenk ist aus Teilbelastung $q'$ die Querkraft Null, so daß sich ergibt

$$Q_g = Q''_g = -\,67{,}50 \text{ kN}$$

In Bild **260.**1 ist die Querkraftfläche durch Überlagerung der Querkraftflächen der Teilbelastungen ermittelt worden. Zunächst wurde die $Q''$-Fläche aufgetragen: Sie enthält keine Sprünge und eignet sich deshalb besser als Ausgangsfläche. Von ihrer Begrenzung (gestrichelt) aus wurden dann die Ordinaten $Q'$ (schraffiert) aufgezeichnet. Die endgültige Fläche – in Bild **261.**1 ohne Hilfslinien dargestellt – weist in der rechten Tragwerkshälfte von $g$ bis 3 und von 3 bis $b$ konstante Ordinaten auf: diese Trägerstücke sind unbelastet.

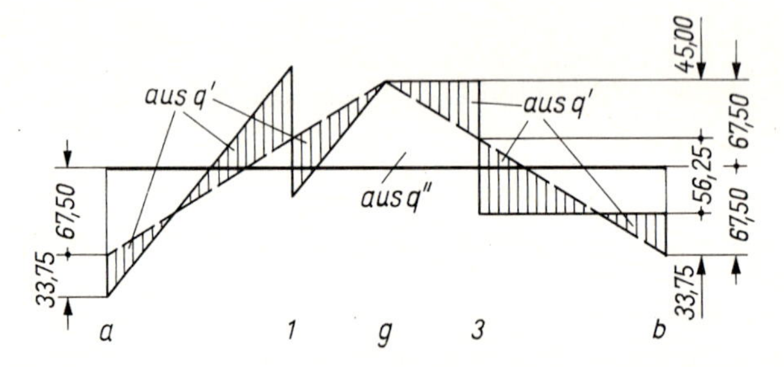


**260.**1 Querkraftfläche durch Überlagerung

Auf das Zeichen der $N$-Fläche können wir verzichten. Da $q''$ keine Längskraft verursacht, ist die $N$-Fläche aus halbseitiger Gleichlast $q = 60$ kN/m gleich der $N$-Fläche aus Vollbelastung mit $q' = q/2 = 30$ kN/m (**257.**1).

Bei der Momentenfläche ist eine anschauliche zeichnerische Überlagerung nicht möglich, weil infolge der Teilbelastung $q'$ quadratische Parabeln über $l/3$ (**257.**1), infolge der Teilbelastung $q''$, aber quadratische Parabeln über $l/2$ (**258.**2) auftreten. Wir errechnen daher gleich die endgültigen Momente, wozu wir die endgültige $Q$-Fläche benutzen. Anschließend versuchen wir noch, die Momente aus der $M_0$-Fläche des einfachen Balkens von 9 m Stützweite zu entwickeln.

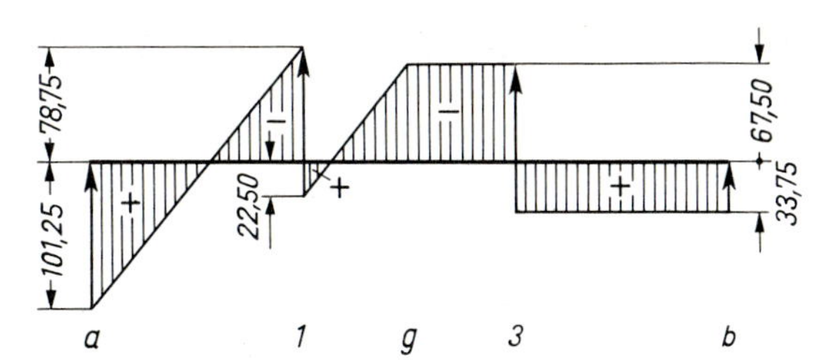


**261.1**
Querkraftfläche ohne Hilfslinien

Berechnung der endgültigen Momente

Größtes Feldmoment an der Stelle

$$x_1 = Q_a/q = 101{,}25/60 = 1{,}69 \text{ m}$$

mit der Größe

$$\max M = Q_a^2/2q = 101{,}25^2/120 = 85{,}43 \text{ kNm}$$

Das „Stützmoment" im Punkt 1

$$M_1 = 101{,}25 \cdot 3{,}00 - 60 \cdot 3{,}00^2/2 = 303{,}75 - 270{,}00 = 33{,}75 \text{ kNm}$$

bleibt positiv.

Eine weitere Querkraft-Nullstelle ist vorhanden bei $x_2 = 3{,}00 + 22{,}5/60 = 3{,}00 + 0{,}375 = 3{,}375$ m. Hier ergibt sich also ein weiterer Extremwert der Momente. Wir berechnen ihn von rechts, da das Moment im Gelenk Null ist

$$\max \bar{M} = Q_g^2/2q = 67{,}5^2/(2 \cdot 60) = 37{,}97 \text{ kNm}$$

oder über den Inhalt der Querkraftfläche

$$\max \bar{M} = \frac{1}{2} \cdot 67{,}5 \cdot 1{,}125 = 37{,}969 \approx 37{,}97$$

Schließlich ermitteln wir das Moment über der Unterstützung im Punkt 3, und zwar von rechts

$$M_3 = -33{,}75 \cdot 3{,}00 = -101{,}25 \text{ kNm}$$

Pfeil der Momentenparabel zwischen $a$ und 1

$$M_{0,a-1} = 60 \cdot 3^2/8 = 67{,}50 \text{ kNm}$$

Pfeil der Momentenparabel zwischen 1 und $g$

$$M_{0,1-g} = 60 \cdot 1{,}5^2/8 = 16{,}88 \text{ kNm}$$

In Bild **261.2** sind die endgültigen Momente aufgezeichnet.

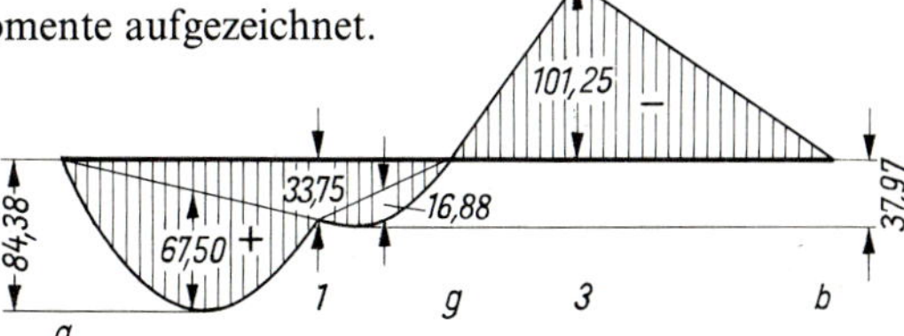


**261.2**
Momentenfläche

Nun zur Entwicklung der endgültigen Momentenfläche aus der $M_0$-Fläche: Die $M_0$-Fläche des einfachen Balkens auf zwei Lagern von 9 m Stützweite mit $q = 60\,\text{kN/m}$ auf der linken Trägerhälfte zeigt das Mittenmoment

$$M_{\text{m}} = B \cdot l/2 = \frac{1}{4} \cdot \frac{q \cdot l}{2} \cdot \frac{l}{2} = \frac{q \cdot l^2}{16} = \frac{60 \cdot l^2}{16} = 303{,}75 \text{ kNm}$$

Der Pfeil der Momentenparabel in der linken Trägerhälfte mißt (**262.1**)

$$q\left(\frac{l}{2}\right)^2 \Big/ 8 = 60 \cdot 4{,}5^2/8 = 151{,}88 \text{ kNm}$$

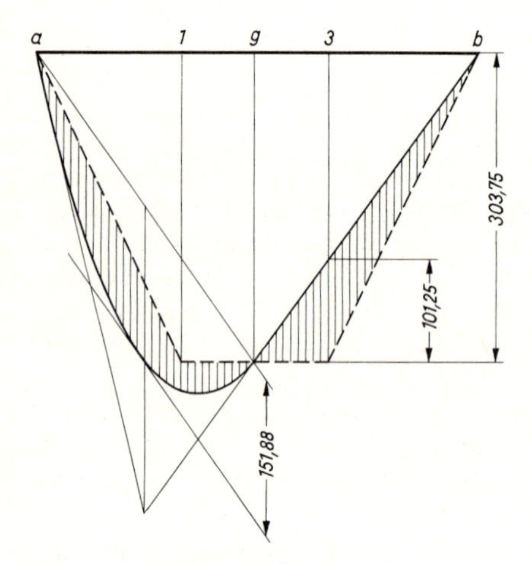


**262.1** $M$-Fläche durch Überlagerung
—— $M_0$-Fläche
- - - - Momente infolge Unterspannung ($M_{\text{u}}$-Fläche)
||||||| $M$-Fläche

Die Wirkung der unterstützenden Stäbe 1–2 und 3–4 ist wieder eine trapezförmige $M_{\text{u}}$-Fläche – die Kräfte in den Stäben 1–2 und 3–4 sind nämlich auch bei unsymmetrischer Belastung wegen der Symmetrie des Tragwerks gleich groß:

$$S_{1-2} = S_{3-4} = S_{2-4} \cdot \tan\alpha$$

Da nun durch Überlagerung von $M_0$- und $M_{\text{u}}$-Fläche das Moment im Gelenk zu Null werden muß, ergibt sich für die Höhe des Momententrapezes $M_{\text{u},1-\text{g}-3} = -303{,}75$ kNm – und damit haben wir die endgültige Momentenfläche ohne Berechnung von Lagerkräften, Quer- und Längskräften ermittelt. Wir können nachprüfen:

$$M_{\text{u},1} = S_{1-2,\text{v}} \cdot 3{,}00 = -101{,}25 \cdot 3{,}00 = -303{,}75 \text{ kNm}$$

Soweit sich $M_0$- und $M_{\text{u}}$-Fläche überdecken, heben sich die Momente auf; übrig bleibt die schraffierte endgültige Momentenfläche (**262.1**). Das größte auftretende Moment beträgt nur ⅓ max $M$ des entsprechenden Balkens auf zwei Stützen.

## 7.4 Doppelstegiger Träger auf zwei Stützen mit Mittelgelenken, Querträgern und Unterspannung

Gesucht sind die Schnittgrößen des Gesamtquerschnitts unter durchgehender Gleichlast $q = 10$ kN/m (**263.1**).

Es handelt sich um einen Träger mit TT-Querschnitt, Endquerträgern und zwei inneren Querträgern. In Trägermitte sind die Stege durch Gelenke unterbrochen, die in Höhe der Schwerachse des Querschnitts liegen. Die Unterspannung beginnt hinter den Endquer-

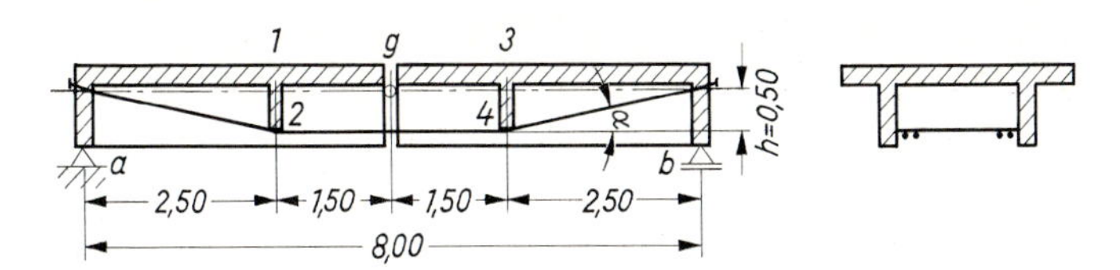


**263.**1 Unterspannter Träger (Abschn. 7.4)

trägern, schneidet lotrecht über den Lagern die Schwerachse des Querschnitts und führt unter den inneren Querträgern hindurch. Wir nehmen an, daß sich die Unterspannung gegenüber den inneren Querträgern reibungsfrei bewegen kann, was in der Praxis durch Gleitbleche oder Pendellager gewährleistet sein muß.

Wenn wir bei diesem Träger die Gelenke beseitigen und dafür Biegesteifigkeit herstellen, können wir ihn mit den bisher dargebotenen Hilfsmitteln der Statik nicht berechnen. Jeder Schnitt durch den Träger legt dann nämlich 4 Schnittgrößen frei: Moment, Querkraft und Längskraft des biegesteifen TT-Querschnitts und dazu die Zugkraft in der Unterspannung. Mit den 3 Gleichgewichtsbedingungen der Statik können aber nur 3 Schnittgrößen ermittelt werden, eine wäre überzählig. Für sie werden wir später eine „Formänderungsbedingung" aufstellen. Bis dahin müssen wir durch die Einführung von Gelenken (eins je Trägersteg) für einen Schnitt, nämlich für den Schnitt durch die Gelenke, die Anzahl der unbekannten Größen um eine vermindern: Da in Gelenken kein Moment übertragen werden kann, legt der Schnitt durch die Gelenke nur 3 Schnittgrößen frei: Längskraft und Querkraft des TT-Trägers sowie Zugkraft in der Unterspannung. Diese 3 Schnittgrößen können mit den 3 Gleichgewichtsbedingungen bestimmt werden. Ist auf diese Weise die Zugkraft in der Unterspannung ermittelt worden, kann die Berechnung mit Schnitten an beliebigen Stellen des Trägers fortgeführt werden. In allen weiteren Schnitten treten nunmehr als Unbekannte nur noch $M$, $Q$ und $N$ des TT-Querschnittes auf, so daß die drei Gleichgewichtsbedingungen für die Lösung ausreichen.

Ohne die Gelenke in der Mitte hätten wir einen Träger, wie er in „Vorspannung ohne Verbund" ausgeführt werden könnte; bei dieser Bauweise ist es möglich, die Spannglieder, die auch wie eine Unterspannung wirken, außerhalb des Betonquerschnitts anzuordnen (vgl. DIN 4227).

Welche Unterschiede bestehen zwischen den Systemen der Abschn. 7.3 und 7.4? Wir stellen beide Träger in gleichwertigen Systemskizzen nebeneinander (**263.**2 a und b).

Im Fall **263.**2 a besteht die Unterspannung aus fünf Fachwerkstäben, aus Stäben also, die nur durch Längskräfte beansprucht werden. Für die Knoten 2 und 4 können jeweils die Gleichgewichtsbedingungen $\Sigma V = 0$ und $\Sigma H = 0$ aufgestellt werden. Es ergibt sich dann, daß die waagerechten Komponenten der Zugstäbe $a$–2 und 4–$b$ gleich der Stabkraft 2–4 sind. Die Kraft im „Zugglied" $a$–2–4–$b$ ist also nicht konstant. Im Fall **263.**2 b ist dagegen

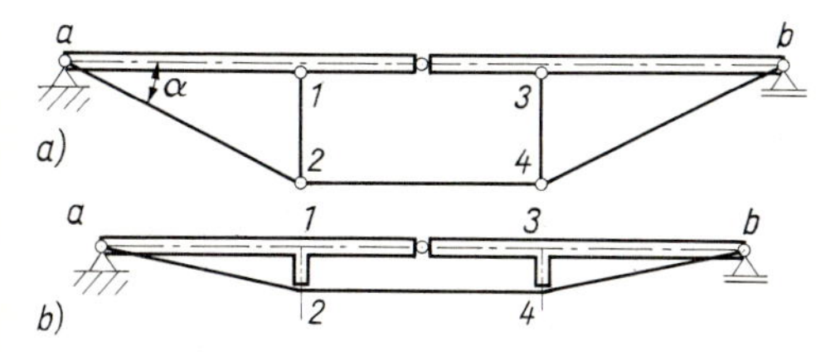


**263.**2 Träger der Abschn. 7.3 und 7.4

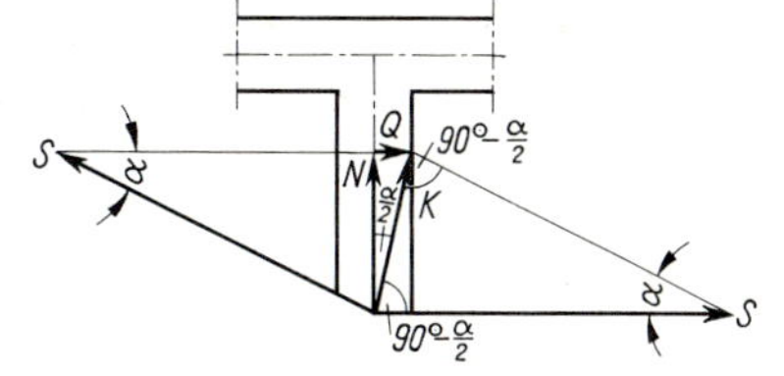


**263.**3 Die Umlenkkraft $K$ und ihre Zerlegung in $N$ und $Q$

von $a$ über 2 und 4 nach $b$ ein „Seil" gespannt, das in 2 und 4 reibungsfrei abgestützt wird. Deswegen ist die Kraft im Seil von $a$ bis $b$ konstant:

$$S_{a-2} = S_{2-4} = S_{4-b}$$

Die Fachwerkstäbe 1–2 und 3–4 des Systems **263.**2a erhalten die lotrechten Komponenten der Stabkräfte $S_{a-2}$ und $S_{4-b}$

$$S_{1-2} = S_{3-4} = -S_{a-2} \cdot \sin\alpha = -S_{4-b} \cdot \sin\alpha$$

Demgegenüber sind im System **263.**2b die Stäbe 1–2 und 3–4 Kragarme, die auf Biegung mit Längskraft beansprucht werden: sie müssen die Umlenkkräfte $K$ des Seiles aufnehmen, die den Winkel zwischen den Richtungen des Seiles halbieren (**263.**3).

Nach diesen Vorbemerkungen beginnen wir mit der Ermittlung der Lagerkräfte

$$A_h = 0 \qquad A_v = B = q \cdot l/2 = 10 \cdot 8/2 = 40\,\text{kN}$$

Als nächstes wird die Seilkraft berechnet: Der Schnitt durch das Gelenk liefert

$$M_{g0} - S \cdot h = 0 \qquad S = M_{g0}/h = q \cdot l^2/(8 \cdot h) = 10 \cdot 8^2/(8 \cdot 0{,}5) = 160\,\text{kN}$$

Diese Seilkraft wird in den Lagerpunkten in ihre lotrechte und waagerechte Komponente zerlegt. Dazu brauchen wir den Winkel $\alpha$

$$\tan\alpha = 0{,}50/2{,}50 = 0{,}2000 = \tan 11{,}31^\circ \qquad \sin\alpha = 0{,}1961 \qquad \cos\alpha = 0{,}9806$$

Damit wird

$$S_v = S \cdot \sin\alpha = 160 \cdot 0{,}1961 = 31{,}38\,\text{kN} \qquad S_h = S \cdot \cos\alpha = 160 \cdot 0{,}9806 = 156{,}89\,\text{kN}$$

Von den Lagerkräften $A_v$ und $B$ mit je 40 kN gehen also jeweils 31,38 kN in die Unterspannung; der Rest ergibt die Querkraft in den Lagerpunkten

$$Q_a = Q_b = 40{,}00 - 31{,}38 = 8{,}62\,\text{kN}$$

Die Längskräfte haben zwischen $a$ und $b$ die Größe

$$N_{a-1} = N_{3-b} = -S \cdot \cos\alpha = -156{,}89\,\text{kN}$$

$$N_{1-3} = -S = -160\,\text{kN}$$

Die lotrechten Kragarme 1–2 und 3–4 nehmen die Umlenkkräfte $K$ auf (**263.**3). Mit dem Sinussatz erhält man

$$\frac{K}{S} = \frac{\sin\alpha}{\sin\left(90^\circ - \frac{\alpha}{2}\right)} = \frac{\sin\alpha}{\cos\frac{\alpha}{2}} \qquad K = S\,\frac{\sin\alpha}{\cos\frac{\alpha}{2}}$$

Die Beziehung $\sin\alpha = 2\sin\frac{\alpha}{2} \cdot \cos\frac{\alpha}{2}$ liefert

$$K = S\,\frac{2\sin\frac{\alpha}{2}\cos\frac{\alpha}{2}}{\cos\frac{\alpha}{2}} \qquad K = S \cdot 2\sin\frac{\alpha}{2} = 160 \cdot 2 \cdot \sin 5{,}65^\circ = 31{,}53\,\text{kN}$$

Die Schnittgrößen der lotrechten Kragarme erhalten wir nach der Zerlegung von $K$ in seine lotrechte und waagerechte Komponente

$$N_{1-2} = N_{3-4} = -K\cos\frac{\alpha}{2} = -S\,\frac{\sin\alpha}{\cos\frac{\alpha}{2}}\cdot\cos\frac{\alpha}{2} = -S\sin\alpha = -160\cdot\sin 11{,}31^\circ$$

$$= -31{,}38\ \text{kN} = -S_v$$

$$Q_{1-2} = -Q_{3-4} = -K\sin\frac{\alpha}{2} = -S\,\frac{2\sin\frac{\alpha}{2}\cos\frac{\alpha}{2}}{\cos\frac{\alpha}{2}}\cdot\sin\frac{\alpha}{2} = -S\cdot 2\sin^2\frac{\alpha}{2}$$

$$= -160\cdot 2\cdot\sin^2 5{,}65^\circ = -3{,}11\ \text{kN}$$

Diese Querkräfte verursachen an den Stellen, an denen die lotrechten Kragarme in die waagerechten Träger eingespannt sind (Punkt 1 unten und Punkt 3 unten) die Momente $M_{1u} = M_{3u} = 3{,}11\cdot 0{,}50 = 1{,}55$ kNm, und als weitere Folge treten in den Momentenflächen der Stäbe $a$–$g$ und $g$–$b$ in den Punkten 1 und 3 Sprünge auf. Es ist also $M_{1li} \neq M_{1re}$ und $M_{3li} \neq M_{3re}$. Wir berechnen (**265**.1)

$$M_{1li} = M_{3re} = 8{,}62\cdot 2{,}50 - 10\cdot 2{,}50^2/2 = 21{,}55 - 31{,}25 = -9{,}70\ \text{kNm}$$

$$M_{1re} = M_{3li} = -9{,}70 - 3{,}11\cdot 0{,}5 = -9{,}70 - 1{,}55 = -11{,}25\ \text{kNm}$$

Die Pfeile der Momentenparabeln über den Strecken $a$–1, 3–$b$ und 1–3 haben die Größe

$$M_{0,a-1} = M_{0,3-b} = 10\cdot 2{,}5^2/8$$
$$= 7{,}81\ \text{kNm}$$
$$M_{0,1-3} = 10\cdot 3{,}0^2/8 = 11{,}25\ \text{kNm}$$
$$= |M_{1re}| = |M_{3li}|$$

Zur Kontrolle wird ermittelt

$$M_g = 8{,}62\cdot 4{,}00 - 10\cdot 4{,}00^2/2$$
$$+ 31{,}38\cdot 1{,}50 - 3{,}11\cdot 0{,}50$$
$$= 34{,}48 - 80{,}00 + 47{,}07 - 1{,}55$$
$$= 0$$

Bild **265**.2 zeigt $M$-, $Q$- und $N$-Fläche.

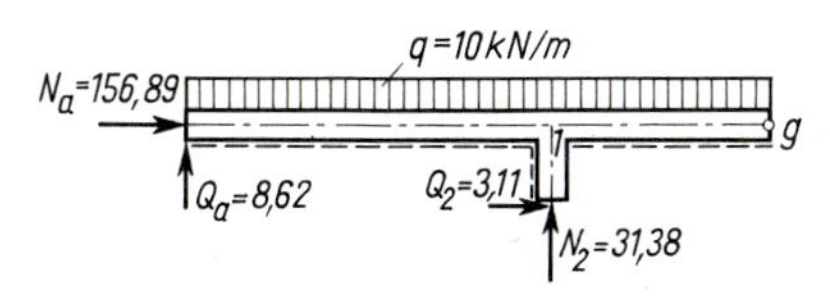


**265**.1 Kräfte am linken biegesteifen Stab (Stab idealisiert)

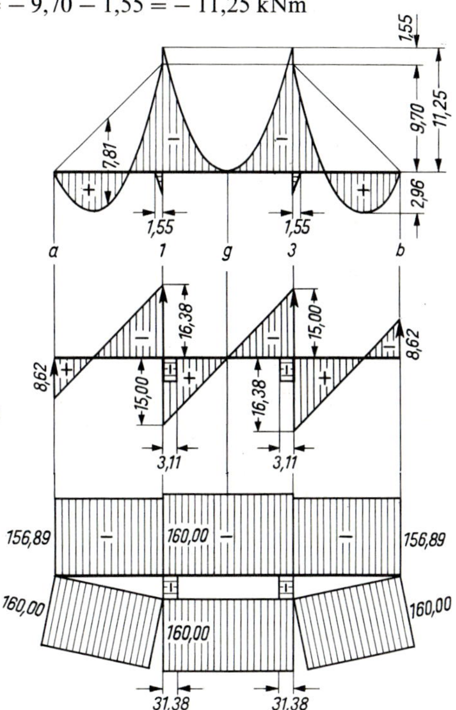


**265**.2 $M$-, $Q$- und $N$-Fläche des Trägers Abschn. 7.4

Bei der $N$-Fläche fällt der Unterschied gegenüber der $N$-Fläche des Bildes **257.**1 auf: Beim Unterspannen mit einem reibungsfrei gelagerten Seil (Abschn. 7.4) ist die Seilkraft konstant ohne Rücksicht auf die jeweilige Neigung des Seils; dagegen ist die Druckkraft in den biegesteifen Stäben mit dem cos des Neigungswinkels des Seils veränderlich. Bei geringen Seilneigungen, wie sie bei schlanken Trägern vorkommen, setzt man üblicherweise zur Vereinfachung $\cos\alpha \approx 1$ und rechnet mit Zugkraft im Seil gleich Druckkraft in den biegesteifen Trägern.

## 7.5 Der Langersche Balken[1]) oder versteifte Stabbogen mit Mittelgelenk

Auch der Langersche Balken (**266.**1) ist ein gemischtes System: er besteht aus Fachwerkstäben und biegesteifen Stäben. Wie bei den unterspannten Trägern greifen die Nutzlasten nur an den biegesteifen Stäben an, die den Lastgurt oder die Fahrbahn bilden. Während die Fachwerkstäbe aber bei den unterspannten Trägern unterhalb der biegesteifen Stäbe angeordnet sind, liegen sie beim Langerschen Balken oberhalb derselben.

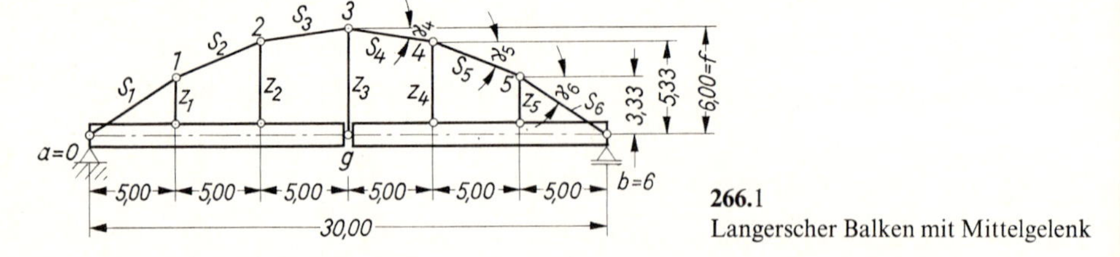


**266.**1 Langerscher Balken mit Mittelgelenk

Wie wir sehen werden, sind deswegen bei allen Teilen des Langerschen Balkens die Vorzeichen der Längskräfte anders als bei den entsprechenden Teilen der unterspannten Träger. Dem Zugglied der Unterspannung entspricht der auf Druck beanspruchte Stabbogen, der auch als „bogenförmiges Druckband" bezeichnet werden kann; den auf Druck beanspruchten Abstützungen der biegesteifen Träger gegen das Zugglied entsprechen die auf Zug beanspruchten Hängestangen des Langerschen Balkens; die biegesteifen Stäbe erhalten bei Unterspannung Druck, weil das Zugglied an ihren äußeren Enden verankert ist. Der Stabbogen oberhalb der Fahrbahn gibt an die biegesteifen Stäbe seinen Horizontalschub $H$ ab und verursacht dadurch Zug in den biegesteifen Stäben, die hier als „Versteifungsträger" bezeichnet werden.

Das Wort „Stabbogen" soll ausdrücken, daß ein aus Fachwerkstäben zusammengesetzter Bogen vorliegt, der nur Längskräfte aufnehmen kann. Demgegenüber ist ein „Bogen" in der Lage, Momente, Querkräfte und Längskräfte zu übertragen (s. Abschn. 5.9.3). Der Stabbogen verläuft bei strenger Beachtung seines statischen Prinzips zwischen den Anschlüssen der Hängestangen geradlinig, wegen des besseren Aussehens wird er jedoch auch mit stetiger Krümmung hergestellt.

Durch das Mittelgelenk wird der Langersche Balken zu einem statisch bestimmten System. Diese Form wird zwar in der Praxis nicht ausgeführt, wir behandeln sie jedoch als Vorbereitung auf den gelenklosen, statisch unbestimmten Langerschen Balken.

[1]) Das System wurde 1862 von Langer statisch untersucht und erstmals 1881 in Graz angewandt.

**Belastung mit Gleichlast $q = 40$ kN/m von $a$ bis $b$.**

Die Lagerkräfte ergeben sich zu

$$A_h = 0 \qquad A_v = B = \frac{q \cdot l}{2} = \frac{40 \cdot 30{,}00}{2} = 600 \text{ kN}$$

Der Schnitt unmittelbar rechts vom Gelenk und Punkt 3 und die Betrachtung des linken Teils liefert (**267.**1)

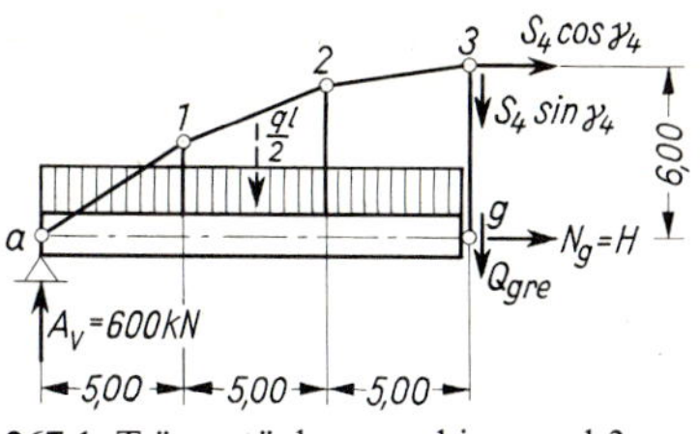


**267.**1 Trägerstück von $a$ bis $g$ und 3

aus $\quad \Sigma H = 0 \qquad S_4 \cdot \cos\gamma_4 = -N_g = -H$

aus $\quad \Sigma V = 0 \qquad Q_{gre} = -S_4 \cdot \sin|\gamma_4|$

Der Winkel $\gamma_4$ wird hier vorsorglich mit Absolutstrichen versehen. Es ergibt sich später, daß er das negative Vorzeichen erhalten muß.

Die dritte Gleichgewichtsbedingung lautet, wenn als Momentenbezugspunkt der Punkt 3 gewählt wird

$$\Sigma M_3 = 0 = A_v \frac{l}{2} - \frac{q \cdot l}{2} \cdot \frac{l}{4} - \text{H} \cdot f = \frac{q \cdot l^2}{4} - \frac{q \cdot l^2}{8} - H \cdot f$$

$$= \frac{q \cdot l^2}{8} - H \cdot f = M_{g0} - H \cdot f$$

Aus ihr errechnen wir die Längskraft im Gelenk, die gleich dem Horizontalschub ist

$$\boldsymbol{N_g = H = \frac{M_{g0}}{f}} \qquad (267.1)$$

$$N_g = \frac{q \cdot l^2}{8f} = \frac{40 \cdot 30^2}{8 \cdot 6} = 750 \text{ kN}$$

An dieser Stelle ist auf die Schwierigkeit hinzuweisen, die in der Wahl des Vorzeichens von $H$ steckt: Der Horizontalschub als innere Größe, die nach außen nicht in Erscheinung tritt, wirkt im Versteifungsträger als Zugkraft, im Stabbogen als Druckkraft, er ist also im Grunde genommen mit beiden Vorzeichen behaftet. Um Eindeutigkeit zu erreichen, setzen wir fest $H = N_g$ und verstehen damit unter dem Horizontalschub die Zugkraft im Versteifungsträger.

Für die Kräfte $S_i$ in den Bogenstäben und $Z_i$ in den Hängestangen wollen wir allgemeine Formeln entwickeln. Wir ziehen einen Rundschnitt um einen Knoten (**276.**2) und setzen die beiden Komponentengleichungen $\Sigma H = 0$ und $\Sigma V = 0$ an

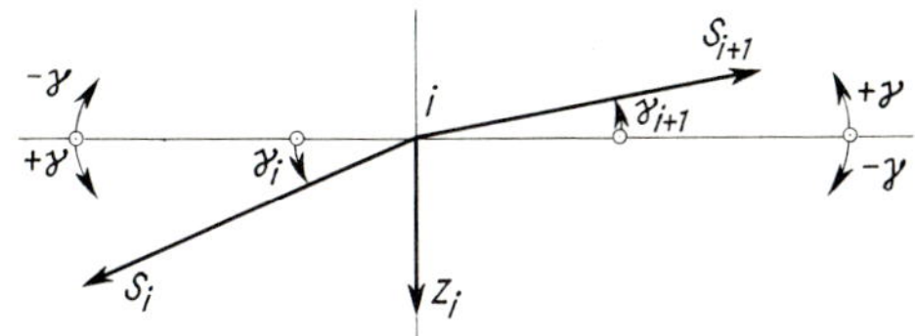


**267.**2 Rundschnitt um einen Knoten des Stabbogens

$$\Sigma H = 0 = -S_i \cdot \cos\gamma_1 + S_{i+1} \cdot \cos\gamma_{i+1}$$

$$S_i \cdot \cos\gamma_i = S_{i+1} \cdot \cos\gamma_{i+1}$$

Es zeigt sich also, daß die Horizontalkomponenten sämtlicher Bogenstäbe gleich groß sind. Nachdem wir aus Bild **267.**1 schon gewonnen haben $S_4 \cdot \cos\gamma_4 = -N_g = -H$, können wir zusammenfassen

$$\boldsymbol{S_i \cdot \cos\gamma_i = -N_g = -H} \qquad (267.2)$$

In Worten: **Die Horizontalkomponenten sämtlicher Bogenstäbe sind gleich dem negativen Horizontalschub.**

$$\downarrow + \Sigma V = 0 = S_i \cdot \sin\gamma_i + Z_i - S_{i+1} \cdot \sin\gamma_{i+1}$$

$$Z_i = S_{i+1} \cdot \sin\gamma_{i+1} - S_i \cdot \sin\gamma_i$$

Solange in den Formeln nur die Funktion $\cos\gamma$ erscheint, spielt das Vorzeichen des Winkels $\gamma$ keine Rolle, denn es gilt ja $\cos(-\gamma) = \cos\gamma$. Die Funktionen $\sin\gamma$ und $\tan\gamma$ verlangen jedoch wegen $\sin(-\gamma) = -\sin\gamma$ und $\tan(-\gamma) = -\tan\gamma$ die Definition des positiven Winkels. Diese Definition ist in Bild **267.**2 gegeben. Nach ihr sind die Winkel in der linken Trägerhälfte ($\gamma_1$ bis $\gamma_3$) positiv, in der rechten Trägerhälfte ($\gamma_4$ bis $\gamma_6$) negativ.

Aus Gl. (267.2) folgt

$$\boldsymbol{S_i = -\frac{H}{\cos\gamma_i}} \tag{268.1}$$

und sinngemäß zu (268.1)

$$S_{i+1} = -\frac{H}{\cos\gamma_{i+1}}$$

eingesetzt ergibt sich

$$Z_i = -\frac{H}{\cos\gamma_{i+1}}\sin\gamma_{i+1} + \frac{H}{\cos\gamma_i}\sin\gamma_i$$

$$\boldsymbol{Z_i = H(\tan\gamma_i - \tan\gamma_{i+1})} \tag{268.2}$$

Die Werte $\tan\gamma_i$ und die Kräfte $Z_i$ werden in Tafel **268.**1 berechnet; mit $\Delta x = 5{,}00$ m = Abstand der Hängestangen und $y_i$ = Höhe des Punktes $i$ über der Schwerachse des Versteifungsträgers ist darin

$$\tan\gamma_i = \frac{y_i - y_{i-1}}{\Delta x} = \frac{y_i - y_{i-1}}{5{,}00}$$

Tafel **268.**1 Berechnung der Kräfte $Z_i$ und $S_1$

| 1 | 2 | 3 | 4 | 5 | 6 | 7 | 8 | 9 | 10 |
|---|---|---|---|---|---|---|---|---|---|
| $i$ | $x$ in m | $y_i$ in m | $y_i - y_{i-1}$ in m | $\tan\gamma_i$ | $\gamma_i$ | $\tan\gamma_i - \tan\gamma_{i+1}$ | $Z_i$ in kN | $\cos\gamma_i$ | $S$ in kN |
| $0 = a$ | 0 | 0 | | | | | | | |
| | | | 3,333 | 0,6667 | 33,69° | | | 0,8321 | −901,4 |
| 1 | 5,00 | 3,333 | | | | 0,2667 | 200,0 | | |
| | | | 2,000 | 0,4000 | 21,80° | | | 0,9285 | −807,8 |
| 2 | 10,00 | 5,333 | | | | 0,2667 | 200,0 | | |
| | | | 0,666 | 0,1333 | 7,594° | | | 0,9912 | −756,6 |
| 3 | 15,00 | 6,000 | | | | 0,2667 | 200,0 | | |
| | | | −0,666 | −0,1333 | − 7,594° | | | 0,9912 | −756,6 |
| 4 | 20,00 | 5,333 | | | | 0,2667 | 200,0 | | |
| | | | −2,000 | −0,4000 | −21,80° | | | 0,9285 | −807,8 |
| 5 | 25,00 | 3,333 | | | | 0,2667 | 200,0 | | |
| | | | −3,333 | −0,6667 | −33,69° | | | 0,8321 | −901,4 |
| $6 = b$ | 30,00 | 0 | | | | | | | |

Es bietet sich dann an, die der Berechnung der $Z_i$ dienende Tafel noch um zwei Spalten zu verbreitern, um in übersichtlicher Form auch die Kräfte $S_i$ im Stabbogen zu ermitteln [Gl. (268.1)].

Die Kräfte $Z$ in den Hängestangen sind bei unserem Träger alle gleich groß. Die Ursache dafür ist, daß die Stabbogenpunkte 0 bis 6 auf einer quadratischen Parabel liegen. Für diese gilt die Gleichung

$$y_i = f \cdot 4 \cdot \xi \cdot \xi' = 4f \frac{x \cdot x'}{l^2} = 0{,}02667\, x \cdot x' \qquad (269.1)$$

mit $\quad x' = l - x \qquad \xi = x/l \qquad \xi' = (l-x)/l$

$\tan\gamma_i = \Delta y/\Delta x$ ist der Differenzenquotient der Kurve, der mit $\Delta x \to 0$ in den Differentialquotienten $y' = \mathrm{d}y/\mathrm{d}x$ übergeht. Der in Tafel **268.**1 bereits errechnete Ausdruck $(\tan\gamma_i - \tan\gamma_{i+1}) = -(\tan\gamma_{i+1} - \tan\gamma_i)$ ist die negative Differenz der Differenzen oder die negative zweite Differenz. Der daraus zu bildende zweite Differenzenquotient

$$\frac{-(\tan\gamma_{i+1} - \tan\gamma_i)}{\Delta x} = \frac{0{,}2667}{5} = 0{,}05334$$

bei einer quadratischen Parabel konstant, genauso wie der zweite Differentialquotient. Wir prüfen nach

$$y = 0{,}02667\, x \cdot x' = 0{,}02667\, x\,(l-x) = 0{,}02667\, l \cdot x - 0{,}02667\, x^2$$

$$y' = 0{,}02667\, l - 0{,}05333\, x \qquad y'' = -0{,}05333 = \text{const}$$

Nach dem Errechnen des Horizontalschubes $H$ lassen sich die Stabkräfte $S_i$ und $Z_i$ auch zeichnerisch ermitteln; für jeden Knoten $i$ kann ein Krafteck gezeichnet werden, es lassen sich aber auch alle Kraftecke nach Art eines Cremonaplanes zusammenfassen (**269.**1). Dieser „Cremonaplan" ist die „Polfigur" zum „Seileck", als das der Stabbogen aufgefaßt werden kann. Da wir entgegen unserer früheren Übung den Pol $P$ links von den Kräften $Z_1$ bis $Z_5$ angenommen haben, die Kräfte aber wie bisher so aneinandergereiht sind, wie sie von links nach rechts aufeinander folgen, erhalten die „Seilstrahlen" Druckkräfte; das Seileck wird zur Stützlinie, zum bogenförmigen Druckband oder zur Gewölbedrucklinie.

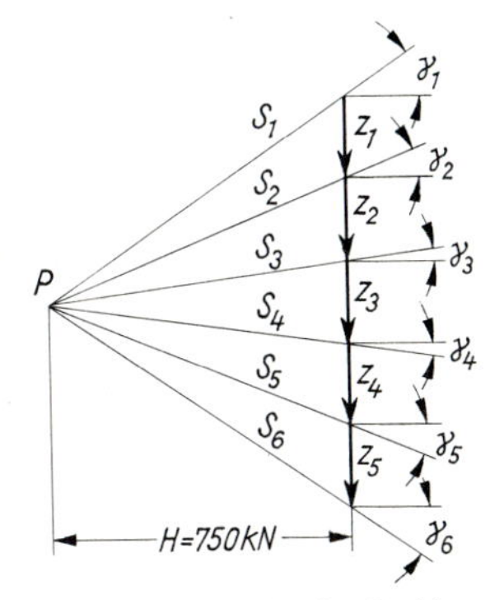


**269.**1 Kräfteplan für Stabbogen und Hängestangen

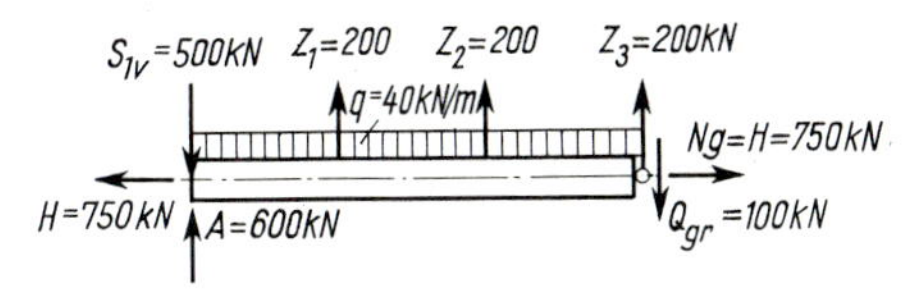


**269.**2 Trägerstück *ag* mit Aktionen und Reaktionen

Querkräfte und Momente der biegesteifen Stäbe $a$–$g$ und $g$–$b$: wegen der Symmetrie von Tragwerk und Belastung genügt die Betrachtung des Stabes $a$–$g$; er wird mit allen auf ihn wirkenden Aktionen und Reaktionen aufgezeichnet (**269.**2). Dazu müssen wir zuvor die Querkraft unmittelbar rechts vom Gelenk ausrechnen, für die wir die Gleichung bereits aufgestellt haben

$$Q_{\mathrm{gre}} = -S_4 \cdot \sin\gamma_4 = -(-756{,}6)\sin 7{,}594^\circ = 100\,\mathrm{kN}$$

$Q_{\mathrm{gre}}$ ist also gleich der halben Kraft der Hängestange $Z_3$, was aus Symmetriegründen verständlich ist.

Am Lager $a$ zerlegen wir noch die Stabbogenkraft $S_1$ in ihre lotrechte und waagerechte Komponente

$$S_{1\mathrm{h}} = S_1 \cdot \cos\gamma_1 = -H = -750\ \mathrm{kN}$$

$$S_{1\mathrm{v}} = S_1 \cdot \sin\gamma_1 = -H \cdot \tan\gamma_1 = -750 \cdot 0{,}666 = -500\ \mathrm{kN}$$

Damit ergibt sich die auf den Stab $a$–$g$ in $a$ wirkende Querkraft (**269.**2 u. **270.**1)

$$Q_{\mathrm{a}} = A + S_{1\mathrm{v}} = 600 + (-500) = 100\ \mathrm{kN}$$

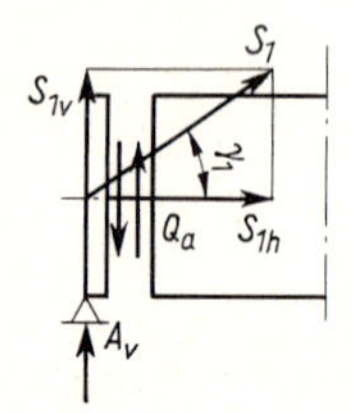


**270.**1 Querkraft am Lager $a$

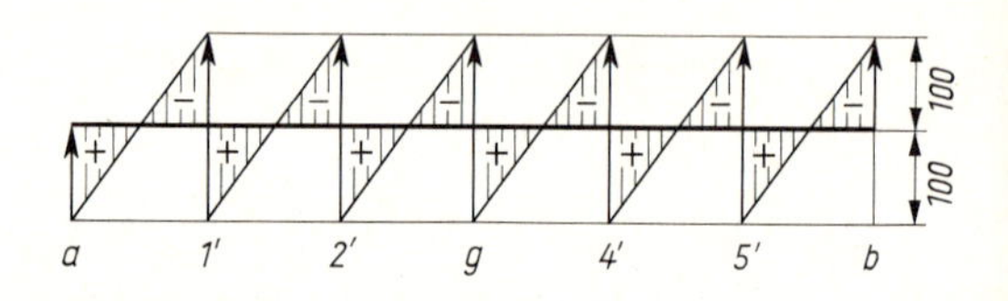


**270.**2 $Q$-Fläche

Beim Zeichnen der Querkraftfläche (**270.**2) ist zu beachten, daß die Querkraft auf die Länge $\Delta x = 5{,}00$ m um $40 \cdot 5{,}00 = 200$ kN abnimmt.

Die Berechnung der Momente bereitet keine Schwierigkeit

$$M_1 = 100 \cdot 5{,}00 - 40 \cdot 5{,}00 \cdot 2{,}50 = 0\ \mathrm{kNm}$$

$$M_2 = 100 \cdot 10{,}00 + 200 \cdot 5{,}00 - 40 \cdot 10{,}00 \cdot 5{,}00 = 0\ \mathrm{kNm}$$

$$M_{\mathrm{g}} = 100 \cdot 15{,}00 + 200 \cdot 10{,}00 + 200 \cdot 5{,}00 - 40 \cdot 15{,}00 \cdot 7{,}50 = 0\ \mathrm{kNm}$$

Aus dieser Berechnung folgt, daß bei Gleichstreckenlast zwischen den „Aufhängepunkten" des Versteifungsträgers die $q(\Delta x)^2/8$-Parabeln einzuhängen sind (**271.**1)

$$M_{0\Delta\mathrm{x}} = \frac{40 \cdot 5{,}00^2}{8} = 125\ \mathrm{kNm}$$

Nach der ausführlichen Ermittlung von $Q$ und $M$ als letzte Schnittgrößen des Tragwerks sollen Formeln abgeleitet werden, mit denen man schneller zum Ziel kommt. Wir schneiden den Langerschen Balken an der beliebigen Stelle $m$ des Versteifungsträgers durch, führen den Schnitt lotrecht nach oben durch den Stabbogen und dann um das Auflager $a$ herum (**271.**2). Die geschnittene Stabbogenkraft $S_\mathrm{i}$ zerlegen wir in die waagerechte Komponente $H$ und die lotrechte Komponente $H \cdot \tan\gamma_\mathrm{i}$. Dabei haben wir die Stabkraft $S_\mathrm{i}$

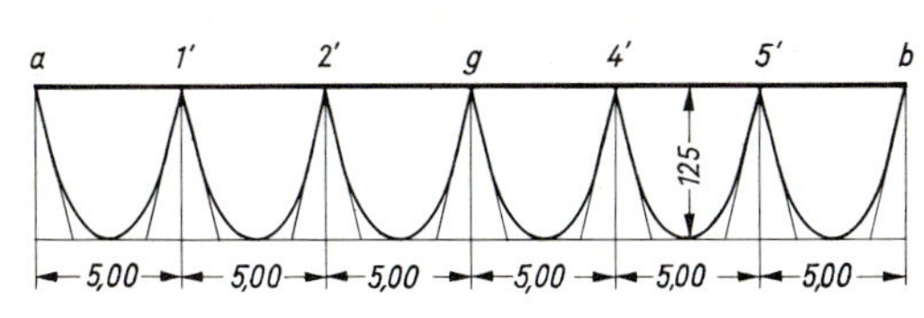


**271.**1 $M$-Fläche

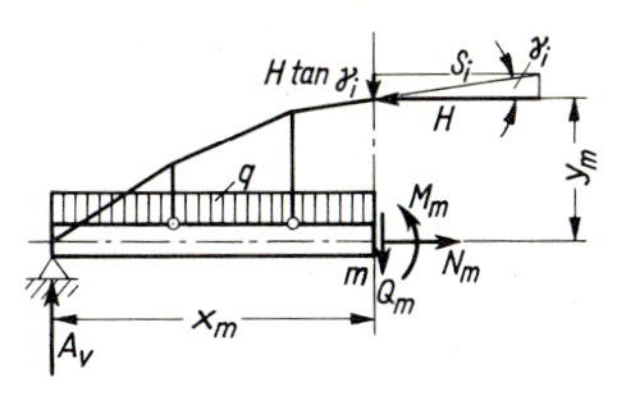


**271.**2 Berechnung von $M_m$ und $Q_m$

so eingeführt, wie sie wirkt, nämlich als Druckkraft. Die Höhe des Stabbogens über der Achse des Versteifungsträgers hat im Punkt $m$ die Größe $y_m$. Die Summe der Momente um den Punkt $m$ lautet dann

$$\curvearrowleft + \Sigma M = 0 = A_v \cdot x_m - \frac{q \cdot x^2}{2} - H \cdot y_m - M_m$$

Die ersten beiden Summanden sind das Moment eines einfachen Balkens auf zwei Lagern mit gleicher Stützweite und Belastung wie der Versteifungsträger für die Stelle mit der Abszisse $x_m$; wir bezeichnen es mit $M_{m0}$ und können dann schreiben

$$M_{m0} - H \cdot y_m - M_m = 0 \quad \text{und weiter} \quad \boldsymbol{M_m = M_{m0} - H \cdot y_m} \tag{271.1}$$

Die Gleichgewichtsbedingung $\Sigma V = 0$ liefert die folgende Beziehung

$$\downarrow + \Sigma V = 0 = -A_v + q \cdot x_m + H \cdot \tan \gamma_i + Q_m$$

Die ersten beiden Summanden zusammen können wir mit $-Q_{m0}$ bezeichnen: $Q_{m0}$ ist die Querkraft eines einfachen Balkens auf zwei Lagern, der dieselbe Stützweite und Belastung wie der Versteifungsträger hat, im Abstand $x_m$ vom linken Auflager. $\gamma_i$ ist der Neigungswinkel des Stabbogens, das lotrecht über $m$ liegt. Somit ist

$$\boldsymbol{Q_m = Q_{m0} - H \cdot \tan \gamma_i} \tag{271.2}$$

Diskussion des Ergebnisses: Querkraft- und Momentenfläche zeigen, daß der Versteifungsträger als frei aufliegender Balken von Hängestange zu Hängestange oder von Hängestange zu Lager trägt, also jeweils über 1/6 der Stützweite $l = 30{,}00$ m. Das größte Moment ist hier nur der 36. Teil des Moments $M_0 = q \cdot l^2/8 = 40 \cdot 30{,}00^2/8 = 4500$ kNm. Dieses Moment wird wie bei einem Fachwerkträger durch den „Obergurt“ Stabbogen und den „Untergurt“ Versteifungsträger mit dem Hebelarm der inneren Kräfte $f = 6$ m aufgenommen. Der Versteifungsträger als Untergurt wird – wie in Bild **269.**2 gezeigt – nicht nur auf Biegung, sondern auch auf Zug beansprucht.

Auf das Zeichen der $N$-Fläche wird verzichtet; sie weist für den Versteifungsträger die konstante Längskraft $N = H = 750$ kN auf.

Abschließend möchten wir darauf hinweisen, daß die Frage der Durchbiegung des versteiften Stabbogens von Bedeutung ist, an dieser Stelle aber noch nicht abgehandelt werden kann.

**Belastung mit rechtsseitiger Streckenlast $q = 40$ kN/m (272.1).** Im Gegensatz zu unserem Vorgehen beim unterspannten Balken mit Mittelgelenk (Abschn. 7.3) soll hier nicht das Belastungsumordnungsverfahren angewendet werden.

Die Lagerkräfte ergeben sich wieder wie bei einem einfachen Balken auf zwei Lagern

$$A_\mathrm{h} = 0$$

$$A_\mathrm{v} = \frac{1}{4} \cdot \frac{q \cdot l}{2} = \frac{q \cdot l}{8} = \frac{40 \cdot 30{,}00}{8} = 150\ \mathrm{kN}$$

$$B = \frac{3}{4} \cdot \frac{q \cdot l}{2} = \frac{3q \cdot l}{8} = \frac{3 \cdot 40 \cdot 30{,}00}{8} = 450\ \mathrm{kN}$$

Der Horizontalschub $H$ wird wie bei Belastung mit Gleichlast aus dem Moment $M_0$ für das Gelenk berechnet: Gl. (267.1) ist nämlich von der Belastung unabhängig. Es gilt jetzt

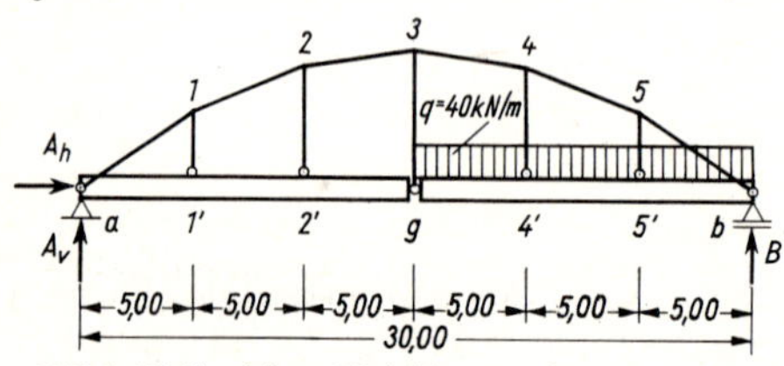


**272.**1 Halbseitige Gleichlast auf dem Langerschen Balken mit Mittelgelenk

$$M_{\mathrm{g}0} = A_\mathrm{v} \cdot \frac{l}{2} = 150 \cdot 15{,}00$$

$$= 2250\ \mathrm{kNm}$$

damit wird

$$H = \frac{M_{\mathrm{g}0}}{f} = \frac{2250}{6{,}00} = 375\ \mathrm{kN}$$

Auch Gl. (268.1) und (268.2) für die Kräfte $S_\mathrm{i}$ und $Z_\mathrm{i}$ gelten bei jeder Belastung. Deswegen können wir von Tafel **268.**1 die Spalten 1 bis 7 und 9 unverändert übernehmen – zweckmäßigerweise beginnen wir die neue Tafel **272.**2 erst mit Spalte 7. In Sp. 8 steht

$$Z_\mathrm{i} = H\,(\tan\gamma_\mathrm{i} - \tan\gamma_{\mathrm{i}+1}) = 375\,(\tan\gamma_\mathrm{i} - \tan\gamma_{\mathrm{i}+1})$$

und in Sp. 10

$$S_\mathrm{i} = -H/\cos\gamma_\mathrm{i} = -375/\cos\gamma_\mathrm{i}$$

Tafel **272.**2

| 1 | 7 | 8 | 9 | 10 |
|---|---|---|---|---|
| $i$ | $\tan\gamma_\mathrm{i} - \tan\gamma_{\mathrm{i}+1}$ | $Z_\mathrm{i}$ in kN | $\cos\gamma_\mathrm{i}$ | $S_\mathrm{i}$ in kN |
| $0 = a$ | | | | |
| | | | 0,8321 | −450,67 |
| 1 | 0,2667 | 100,0 | | |
| | | | 0,9285 | −403,88 |
| 2 | 0,2667 | 100,0 | | |
| | | | 0,9912 | −378,33 |
| 3 | 0,2667 | 100,0 | | |
| | | | 0,9912 | −378,33 |
| 4 | 0,2667 | 100,0 | | |
| | | | 0,9285 | −403,88 |
| 5 | 0,2667 | 100,0 | | |
| | | | 0,8321 | −450,67 |
| $6 = h$ | | | | |

Ebenso wie das Moment $M_{g0}$ sind auch der Horizontalschub und die Kräfte im Stabbogen und in den Hängestangen halb so groß wie im Fall der Belastung mit Gleichlast.

Nun zu den Querkräften und Momenten im Versteifungsträger: Das Tragwerk ist symmetrisch, aber die Belastung ist es nicht. Deswegen ist die Querkraftfläche nicht antimetrisch und die Momentenfläche nicht symmetrisch. Wir müssen den ganzen Versteifungsträger von $a$ über $g$ bis $b$ untersuchen.

Wir beginnen mit $Q_a$ (**270**.1):

$$+\uparrow \Sigma V = 0 = A_v + S_1 \cdot \sin\gamma_1 - Q_a$$

$$Q_a = A_v + S_1 \cdot \sin\gamma_1 = 150 + (-450{,}67)\sin 33{,}69^\circ$$
$$= 150 - 250 = -100 \text{ kN}$$

Der Wert $Q_b$ wird als Kontrolle errechnet (**273**.1):

$$+\uparrow \Sigma V = 0 = Q_b + S_6 \cdot \sin\gamma_6 + B$$

$$Q_b = -B - S_6 \cdot \sin\gamma_6 = -450 - (-450{,}67)\sin 33{,}69^\circ$$
$$= -450 + 250 = -200 \text{ kN}$$

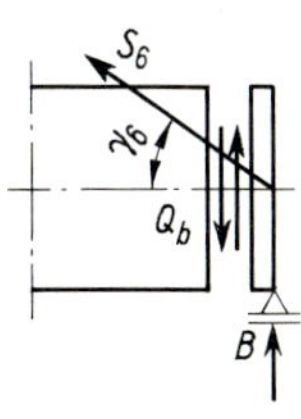

**273**.1 Querkraft am Lager $b$

Als nächstes zeichnen wir den Versteifungsträger mit allen auf ihn wirkenden Kräften und Lasten (**274**.1) und berechnen von links nach rechts

$$Q_{1'\text{li}} = +Q_a = -100 \text{ kN}$$
$$Q_{1'\text{re}} = +Q_{1'\text{li}} + Z_1 = -100 + 100 = 0 \text{ kN}$$
$$Q_{2'\text{li}} = +Q_{1'\text{re}} = 0 \text{ kN}$$
$$Q_{2'\text{re}} = +Q_{2'\text{li}} + Z_2 = 0 + 100 = +100 \text{ kN}$$
$$Q_{\text{gli}} = +Q_{2'\text{re}} = +100 \text{ kN}$$
$$Q_{\text{gre}} = +Q_{\text{gli}} + Z_3 = +100 + 100 = +200 \text{ kN}$$
$$Q_{4'\text{li}} = +Q_{\text{gre}} - q \cdot \Delta x = +200 - 40 \cdot 5{,}00 = 0 \text{ kN}$$
$$Q_{4'\text{re}} = +Q_{4'\text{li}} + Z_4 = 0 + 100 = 100 \text{ kN}$$
$$Q_{5'\text{li}} = +Q_{4'\text{re}} - q \cdot \Delta x = 100 - 40 \cdot 5{,}00 = -100 \text{ kN}$$
$$Q_{5'\text{re}} = +Q_{5'\text{li}} + Z_5 = -100 + 100 = 0 \text{ kN}$$
$$Q_b = +Q_{5'\text{re}} - q \cdot \Delta x = 0 - 40 \cdot 5{,}00 = -200 \text{ kN}$$

Berechnung der Momente, ebenfalls schrittweise von links nach rechts

$$M_{1'} = Q_a \cdot \Delta x = -100 \cdot 5{,}00 = -500 \text{ kNm}$$
$$M_{2'} = M_{1'} + Q_{1'-2'} \cdot \Delta x = -500 - 0 \cdot 5{,}00 = -500 \text{ kNm}$$
$$M_g = M_{2'} + Q_{2'-g} \cdot \Delta x = -500 + 100 \cdot 5{,}00 = -500 + 500 = 0 \text{ kNm}$$
$$M_{4'} = Q_{\text{gre}} \cdot \Delta x - q(\Delta x)^2/2 = 200 \cdot 5{,}00 - 40 \cdot 5{,}00^2/2 = 1000 - 500 = 500 \text{ kNm}$$
$$M_{5'} = M_{4'} + Q_{4'\text{re}} \cdot \Delta x - q(\Delta x)^2/2 = 500 + 100 \cdot 5{,}00 - 40 \cdot 5{,}00^2/2$$
$$= 500 + 500 - 500 = 500 \text{ kNm}$$
$$M_b = M_{5'} + Q_{5'\text{re}} \cdot \Delta x - q(\Delta x)^2/2 = 500 - 0 \cdot 5{,}00 - 40 \cdot 5{,}00^2/2$$
$$= 500 - 500 = 0 \text{ kNm}$$

Querkraft- und Momentenfläche sind in Bild **274.**1 b und c aufgezeichnet. Der Pfeil der $M_{0\Delta x}$-Parabel ist wie im Fall der Gleichlast (**271.**1) 125 kNm.

Die Momentenfläche zeigt, daß die einseitige Last zu einer rund fünfmal so großen Biegebeanspruchung des Versteifungsträgers führt wie die Vollbelastung, während der Horizontalschub auf die Hälfte abnimmt. Das leuchtet ein: Unser Bogen ist nach einer quadratischen Parabel geformt, was dazu führt, daß sämtliche Hängestangen unabhängig von der Art der Belastung dieselbe Kraft erhalten. Der Versteifungsträger wird infolgedessen in jedem inneren Sechstelpunkt (1′, 2′, $g$, 4′, 5′) mit der gleichen Kraft unterstützt.

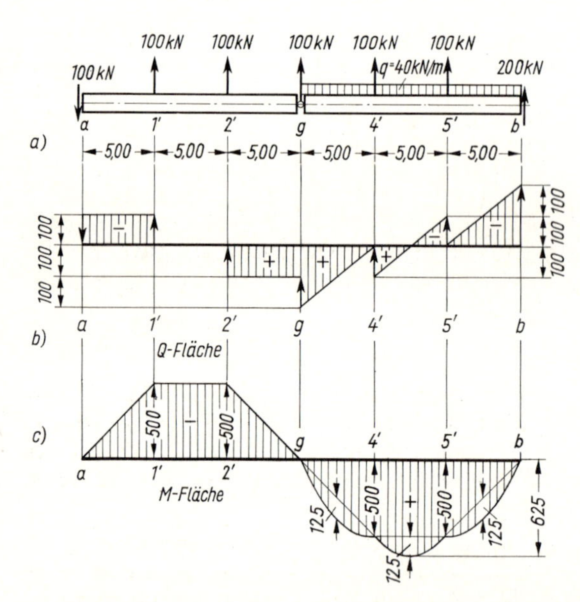


**274.**1 Kräfte am Versteifungsträger; $Q$-Fläche und $M$-Fläche

Das ist dann sehr günstig, wenn bei Vollbelastung mit Gleichlast im „Einzugsbereich" jedes Unterstützungspunktes (je $\Delta x/2$ links und rechts eines Unterstützungspunktes) auch dieselbe Last steht. Es brauchen dann nicht große Teile der Belastung durch Biegemomente im Versteifungsträger zu entfernten Unterstützungspunkten hin abgetragen zu werden, vielmehr stellt sich die Kraft in einer Hängestange gerade so groß ein, daß sie die Last in ihrem „Einzugsbereich" übernimmt. Der Versteifungsträger trägt dann nur von Hängestange zu Hängestange.

Anders bei halbseitiger Belastung mit Gleichlast: Die Zugkräfte $Z_4$ und $Z_5$ sind nur halb so groß wie die in ihren Einzugsbereichen stehende Last. Die nicht von $Z_4$ und $Z_5$ aufgenommene Last wird deswegen durch Biegemomente bis in die linke Trägerhälfte abgetragen, wo in den Einzugsbereichen der Zugkräfte $Z_1$ und $Z_3$ überhaupt keine Last steht. Das führt zu den im Vergleich mit der Vollbelastung durch Gleichlast (**271.**1) sehr großen Biegemomenten.

## 7.6 Statisch bestimmte Hängebrücke unter Vollbelastung mit Gleichlast

In diesem Fall (**275**.1) handelt es sich um eine verankerte Hängebrücke: Die Enden des Tragbandes sind in Fundamentblöcken verankert. Daneben gibt es – bei Hängebrücken über mindestens drei Öffnungen – die Möglichkeit, das Tragband an den Enden des Versteifungsträgers zu befestigen, so daß dieser durch die waagerechte Komponente der Tragbandkraft durchgehend auf Druck beansprucht wird [Hängebrücken mit aufgehobenem Horizontalschub, in sich verankerte Hängebrücken (**275**.2)]. Die lotrechte Komponente der Tragbandkraft muß von den Brückenwiderlagern aufgenommen werden.

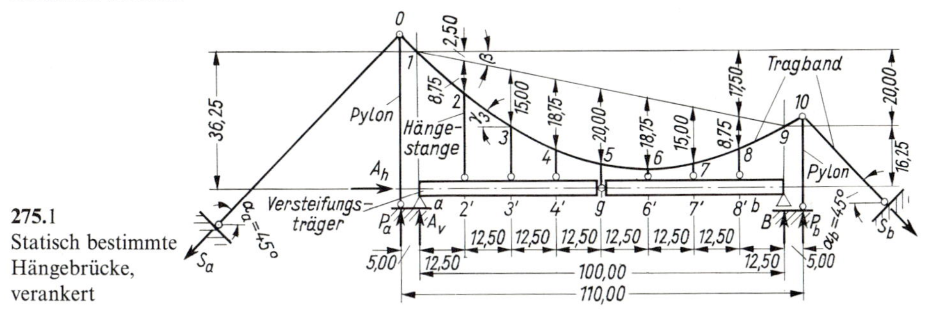


**275**.1
Statisch bestimmte Hängebrücke, verankert

Die Pylonen sind in Bild **275**.1 und **275**.2 als Pendelstützen gezeichnet. Diese Ausbildung ist bei Brücken mittlerer Größe üblich und hat den Vorteil, daß die Pylonen wie Fachwerkstäbe auf mittigen Druck beansprucht werden. Wegen $\Sigma H = 0$ haben bei einem als lotrechte Pendelstütze ausgebildeten Pylon die Tragbandkräfte links und rechts stets dieselbe Horizontalkomponente.

Größere Hängebrücken erhalten Pylonen, die in den Baugrund eingespannt und mit den Tragbändern fest verbunden sind. Dadurch können links und rechts eines Pylonen Zugkräfte mit ungleichen Horizontalkomponenten auftreten. Die Differenz der Horizontalkomponenten wirkt auf den Pylon als Querkraft und verursacht Biegemomente, die zu der Längskraft aus Tragbandumlenkung hinzukommen.

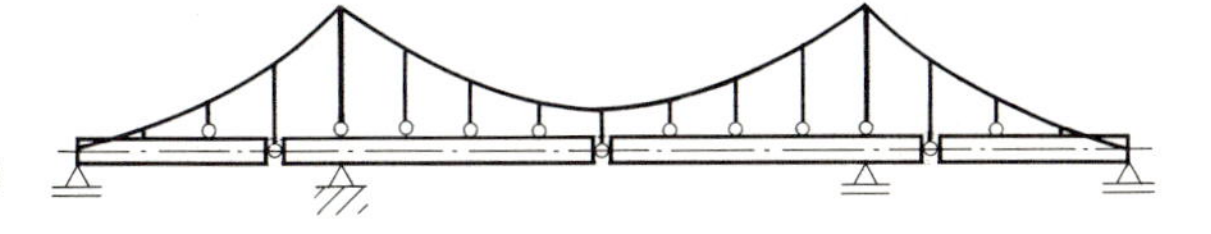

**275**.2
Hängebrücke mit aufgehobenem Horizontalschub, statisch bestimmt

Das Gelenk in der Mitte des Versteifungsträgers unseres Beispiels wird in der Praxis nicht ausgeführt. Wir mußten es einfügen, um ein statisch bestimmtes System zu erhalten. Die wesentlichen Trageigenschaften der Hängebrücke werden durch das Gelenk nicht verändert.

Die Hängebrücke kann als ein Balken bezeichnet werden, der nicht unter-, sondern überspannt ist. Weil das Zugglied, das hier als Tragband bezeichnet wird, über dem Balken liegt, kann es nicht oder nicht unmittelbar an ihm verankert werden: Es sind zwei Türme oder Pylonen erforderlich, an denen die schräg aufwärts gerichtete Zugkraft nach unten umgelenkt wird. Die Pylonen erhalten durch das Umlenken der Zugkräfte Druck.

In unserem Beispiel ist das Gelenk im Versteifungsträger symmetrisch angeordnet, der Tiefpunkt des Tragbandes jedoch nicht. Bezüglich der lotrechten Achse durch den Tiefpunkt verläuft das Tragband symmetrisch: Die Punkte 1 bis 9 liegen auf einer quadratischen Parabel mit dem Tiefpunkt 6 als Scheitel.

Das gewichtslos gedachte Tragband ist für unsere Rechnung ein Vieleck (Polygon) mit Ecken in den Anschlüssen der Hängestangen – in den Punkten 1 und 9 verläuft das Tragband geradlinig. In den Bildern ist das Tragband z. T. vereinfacht als Parabel gezeichnet.

Bestimmung der Stützgrößen: Bei Stabbogen und unterspannten Balken konnten die Lagerkräfte hingeschrieben werden, ohne daß ein Schnitt geführt werden mußte. Das war möglich, weil Druck- oder Zugband in den Lagerpunkten des Balkens verankert waren. Bei der Hängebrücke sind dagegen drei Rundschnitte erforderlich, um sämtliche Lagerkräfte auszurechnen.

1. Rundschnitt um den Versteifungsträger (**276.**1)

$$\overset{+}{\rightarrow} \Sigma H = 0 = A_\mathrm{h} \qquad\qquad A_\mathrm{h} = 0$$

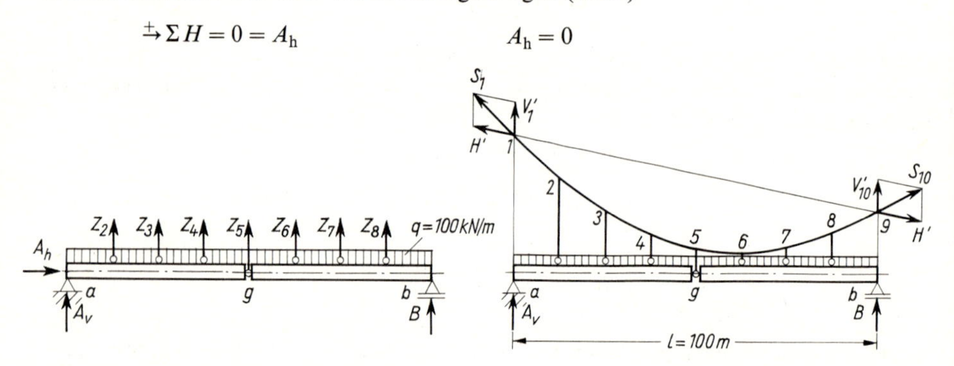


**276.**1 Rundschnitt um den Versteifungsträger

**276.**2 Rundschnitt durch die Punkte 1 und 9 um den Versteifungsträger

2. Rundschnitt durch das Tragband in den Punkten 1 und 9 und um den Versteifungsträger herum (**276.**2).

Die Tragbandkräfte $S_1$ und $S_{10}$ zerlegen wir in die lotrechten Komponenten $V_1$ und $V_{10}$ sowie in die Komponente $H'$, die in der Verbindungsgeraden der Punkte 1 und 9 verläuft. Diese Art der Zerlegung der Tragbandkräfte vereinfacht nicht nur die folgenden Gleichgewichtsbedingungen, sondern auch die später abgeleiteten Formeln. Es zeigt sich, daß die Gerade 1–9 eine Art Schlußlinie des Tragbandes bildet.

Die Summe der Momente um den Punkt 9 liefert dann

$$\curvearrowleft\!\!+ \Sigma M = 0 = A_\mathrm{v} \cdot l + V_1' \cdot l - q \cdot l \cdot \frac{l}{2}$$

$$(A_\mathrm{v} + V_1')l = \frac{q \cdot l^2}{2} \qquad\qquad \boldsymbol{A_\mathrm{v} + V' = \frac{q \cdot l}{2} = A_\mathrm{v0}} \qquad (276.1)$$

Die Lagerkraft $A_{\mathrm{v}0}$ des einfachen Balkens auf zwei Lagern mit derselben Stützweite und Belastung wie der Versteifungsträger tritt also auch bei der Hängebrücke auf, jedoch verteilt sie sich hier auf die Lagerkraft $A_\mathrm{v}$ des Versteifungsträgers und die lotrechte Komponente $V_1'$ des Tragbandes.

Die Summe der Momente um den Punkt 1 liefert sinngemäß

$$\boldsymbol{B + V'_{10} = \frac{q \cdot l}{2} = B_0} \qquad (277.1)$$

3. Rundschnitt um die linke Trägerhälfte durch die Punkte $g$, 5 und 1 (**277**.1). Im Punkt 1 wird die Tragbandzugkraft $S_1$ wieder in die Komponenten $H'$ und $V'_1$ zerlegt. $H'$ wird bis lotrecht über das Gelenk verschoben und dort in seine lotrechte und waagerechte Komponente zerlegt. Die waagerechte Komponente von $H'$ und damit von $S_1$ wird mit $H$ bezeichnet. Unmittelbar rechts von Punkt 5 zerlegen wir die Tragbandzugkraft $S_6$ in ihre waagerechte Komponente $H$ und ihre lotrechte Komponente $V_6$. Mit dieser Bezeichnungsweise wird stillschweigend das Ergebnis einer Gleichgewichtsbetrachtung vorweggenommen: Aus $\Sigma H = 0$ folgt tatsächlich, daß die waagerechte Komponente der Tragbandkräfte an jeder Stelle des Tragbandes gleich $H$ ist.

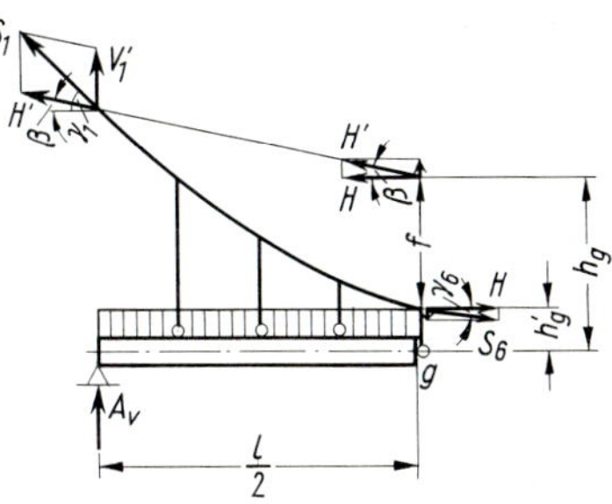


**277**.1 Rundschnitt um die linke Trägerhälfte

Die Momentenbedingung um das Gelenk $g$ lautet nun

$$\curvearrowright\!+\; M_g = 0 = (A_v + V'_1)\,l/2 - \frac{q \cdot l}{2} \cdot \frac{l}{4} - H \cdot h_g + H \cdot h'_g$$

$$= A_{v0} \cdot \frac{l}{2} - \frac{q \cdot l^2}{8} - H\,(h_g - h'_g) = M_{g0} - H \cdot f$$

$M_{g0}$ ist darin das Moment des einfachen Balkens auf zwei Lagern mit gleicher Stützweite und Belastung wie der Versteifungsträger für die Stelle des Gelenks (= Trägermitte); $f$ ist der Stich oder Pfeil des Tragbandes über dem Gelenk, gemessen bis zur Verbindungsgeraden 1–9.

Aus dieser Gleichung ergibt sich der Horizontalschub

$$\boldsymbol{H = \frac{M_{g0}}{f}} \qquad (277.2)$$

Die Formel für $H$ ist nicht an die mittige Lage des Gelenks und die Vollbelastung mit Gleichlast gebunden, sondern hat allgemeine Gültigkeit.

In unserem Beispiel ist mit $q = 100$ kN/m

$$M_{g0} = \frac{q \cdot l^2}{8} = \frac{100 \cdot 100^2}{8} = 125\,000 \text{ kNm}$$

$$H = \frac{125\,000}{20} = 6250 \text{ kN} = 6{,}25 \text{ MN}$$

Da durch die Hängestangen und Pylonen nur lotrechte Kräfte in das Tragband eingeleitet werden, bleibt der Horizontalschub $H$ von einem Ankerblock bis zum andern unverändert.

Zwischen den Pylonen gilt – vom Vorzeichen abgesehen – dieselbe Beziehung wie beim versteiften Stabbogen

$$S_i \cdot \cos\gamma_i = H \quad \text{oder } S_i = H/\cos\gamma_i \tag{278.1}$$

Dabei ist $\gamma_i$ der Neigungswinkel des Tragbandstückes links vom Punkt *i*.

Für die Rückhaltekräfte $S_a$ und $S_b$ zwischen Ankerblöcken und Pylonen läßt sich dieselbe Formel anwenden, was für $S_a$ noch einmal angeschrieben werden soll. $\Sigma H = 0$ für den Punkt 0 lautet (**278.**1)

$$\overset{+}{\rightarrow} \Sigma H = 0 = -S_a \cdot \cos\alpha_a + S_1 \cdot \cos\gamma_1 = -S_a \cdot \cos\alpha_a + H$$

$$\boldsymbol{S_a = \frac{H}{\cos\alpha_a}} \tag{278.2}$$

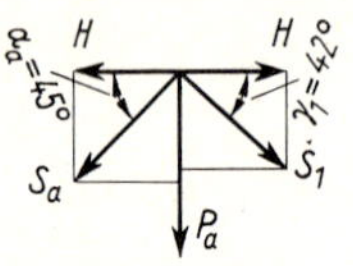

**278.**1 Belastung des Pylons

Sinngemäß gilt

$$\boldsymbol{S_b = \frac{H}{\cos\alpha_b}} \tag{278.3}$$

Zahlenmäßig ergibt sich mit

$$\alpha_a = \alpha_b = 45^\circ$$

$$S_a = S_b = 6250/\cos 45^\circ = 8839 \text{ kN}$$

Aus $\Sigma V = 0$ für die Punkte 0 und 10 erhalten wir die Längskräfte in den Pylonen. Für Punkt 0 schreiben wir $\downarrow + \Sigma V = 0 = S_a \cdot \sin\alpha_a + P_a + S_1 \cdot \sin\gamma_1$

$$P_a = -S_a \cdot \sin\alpha_a - S_1 \cdot \sin\gamma_1 = -\frac{H}{\cos\alpha_a}\sin\alpha_a - \frac{H}{\cos\gamma_1}\sin\gamma_1$$

$$\boldsymbol{P_a = -H(\tan\alpha_a + \tan\gamma_1)} \tag{278.4}$$

Für den anderen Pylon gilt entsprechend

$$\boldsymbol{P_b = -H(\tan\alpha_b + \tan\gamma_{10})} \tag{278.5}$$

In unserem Beispiel ergeben sich mit

$$\tan\alpha_a = \tan\alpha_b = \tan 45^\circ = 1$$

und

$$\tan\gamma_1 = \tan\gamma_2 = (8{,}75 + 2{,}50)/12{,}50 = 11{,}25/12{,}50 = 0{,}90 = \tan 42{,}0^\circ$$

$$\tan\gamma_{10} = \tan\gamma_9 = (8{,}75 - 2{,}50)/12{,}50 = 6{,}25/12{,}50 = 0{,}50 = \tan 26{,}6^\circ$$

die Kräfte in den Pylonen zu

$$P_a = -6250\,(1{,}00 + 0{,}90) = -6250 \cdot 1{,}90 = -11\,875 \text{ kN}$$

$$P_b = -6250\,(1{,}00 + 0{,}50) = -6250 \cdot 1{,}50 = -9\,375 \text{ kN}$$

Als letzte Lagerkräfte verbleiben noch $A_v$ und $B$; wir hatten zunächst ausgerechnet (Gl. (276.1))

$$A_v + V_1' = A_{v0} = \frac{q \cdot l}{2}$$

Diese Gleichung lösen wir nach $A_v$ auf

$$A_v = A_{v0} - V_1'$$

Für $V'_1$ können wir schreiben (**279.1**)

$$V'_1 = S_1 \cdot \sin\gamma_1 - H \cdot \tan\beta$$
$$= \frac{H}{\cos\gamma_1}\sin\gamma_1 - H \cdot \tan\beta$$
$$= H(\tan\gamma_1 - \tan\beta)$$

**279.1** Zerlegung von $S_1$

Aus Bild **275.1** ergibt sich

$$\tan\beta = 20/100 = 0{,}20 = \tan 11{,}3^\circ$$

Eingesetzt wird

$$A_v = A_{v0} - H(\tan\gamma_1 - \tan\beta) = \frac{100 \cdot 100}{2} - 6250\,(0{,}90 - 0{,}20)$$
$$= 5000 - 4375 = 625\ \text{kN}$$

Die Lagerkraft $B$ erschien in Gl. (277.1)

$$B + V'_{10} = \frac{q \cdot l}{2} = B_0$$

Wir lösen nach $B$ auf

$$B = B_0 - V'_{10}$$

**279.2** Zerlegung von $S_{10}$

und finden aus Bild **279.2**

$$V'_{10} = H\,(\tan\gamma_{10} + \tan\beta)$$

Damit wird schließlich

$$B = B_0 - H(\tan\gamma_{10} + \tan\beta) = \frac{100 \cdot 100}{2} - 6250\,(0{,}50 + 0{,}20)$$
$$= 5000 - 4375 = 625\ \text{kN} = A_v$$

Nachdem wir sämtliche Lagerkräfte ermittelt haben, wenden wir uns den Momenten und Querkräften des Versteifungsträgers zu. Wir führen einen Rundschnitt durch den beliebigen Punkt $m$ des Versteifungsträgers, durch den lotrecht darüberliegenden Punkt des Tragbandes und weiter durch die Punkte 1 und $a$ (**279.3**). Die Tragbandkraft $S_1$ zerlegen wir wieder in die lotrechte Komponente $V'_1$ und in die geneigte Komponente $H'$, deren Wirkungslinie durch die Punkte 1 und 9 verläuft. $H'$ verschieben wir dann in den Punkt über $m$ und zerlegen es dort in die waagerechte Komponente $H$ und die lotrechte Komponente. Die Summe der Momente am linken abgeschnittenen Teil um den Punkt $m$ lautet

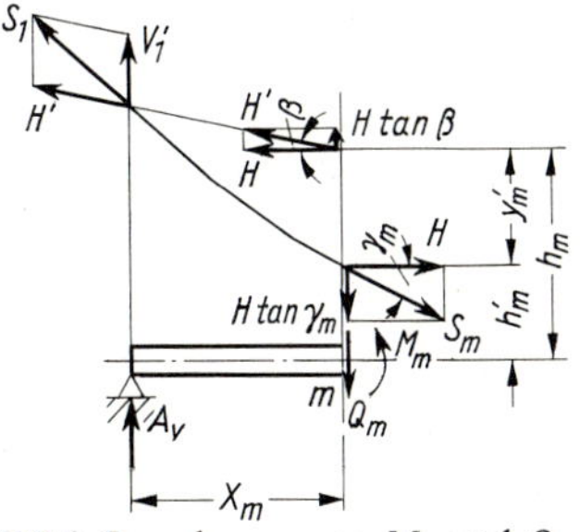

**279.3** Berechnung von $M_m$ und $Q_m$

$$\circlearrowleft \Sigma M = 0 = (A_v + V'_1)\,x_m - \frac{q \cdot x_m^2}{2} - H \cdot h_m$$
$$+ H \cdot h'_m - M_m$$

Die ersten beiden Summanden ergeben das Moment $M_{m0}$ eines einfachen Balkens auf zwei Lagern mit gleicher Stützweite und Belastung wie der Versteifungsträger im Abstand $x_m$ vom linken Lager; $(h_m - h'_m) = y'_m$ ist der vertikale Abstand des Tragbandes von der Verbindungsgeraden 1–9 an der Stelle $m$. Damit wird

$$\curvearrowright + \Sigma M = 0 = M_{m0} - H(h_m - h'_m) - M_m = M_{m0} - H \cdot y'_m - M_m$$

Die Auflösung nach dem gesuchten $M_m$ ergibt

$$\boldsymbol{M_m = M_{m0} - H \cdot y'_m} \qquad (280.1)$$

Die Querkraft $Q_m$ erhalten wir aus demselben Schnitt durch Aufstellen der Gleichgewichtsbedingung $\Sigma V = 0$

$$\uparrow + \Sigma V = 0 = A_v + V'_1 - \frac{q \cdot x_m}{2} + H \cdot \tan\beta - H \cdot \tan\gamma_m - Q_m$$

Die ersten drei Summanden ergeben die Querkraft $Q_{m0}$ eines einfachen Balkens auf zwei Lagern mit gleicher Stützweite und Belastung wie der Versteifungsträger im Abstand $x_m$ vom linken Lager. $\gamma_m$ ist der Neigungswinkel des Tragbandes in dem Feld, in dem der Schnitt $m$ liegt.

Einsetzen von $Q_{m0}$ und Auflösen nach $Q_m$ ergibt

$$\boldsymbol{Q_m = Q_{m0} - H(\tan\gamma_m - \tan\beta)} \qquad (280.2)$$

Wir berechnen Momente und Querkräfte tabellarisch, und zwar getrennt.

Bei den Momenten ist die Symmetrie zur Mitte des Versteifungsträgers offensichtlich: $M_{m0}$ folgt einer quadratischen Parabel mit dem Pfeil $q \cdot l^2/8 = 100 \cdot 100^2/8 =$ 125 000 kNm = 125 MNm in Trägermitte, und auch der Pfeil $y'$ des Tragbandes, gemessen lotrecht bis zur Verbindungsgeraden 1–9, ist zur Trägermitte symmetrisch (s. **275.**1). Wir können die Tabelle daher auf die linke Trägerhälfte beschränken und berechnen die Momente in den Punkten mit den Abszissen $x_m = n \cdot 6{,}25$ m mit $n = 0$ bis 8.

Für die Rechnung in Tafel **280.**1 formen wir noch um

$$M_{m0} = \frac{q \cdot l}{2} x_m - \frac{q \cdot x_m^2}{2} = \frac{q}{2} \cdot x_m (l - x_m) = \frac{q}{2} \cdot x_m \cdot x'_m = 50\, x_m \cdot x'_m$$

Tafel **280.**1 Berechnung der Momente

| $m$ | $x$ in m | $x'$ in m | $M_{m0}$ in MNm | $y'_m$ in m | $H \cdot y'_m$ in MNm | $M_m$ in MNm |
|---|---|---|---|---|---|---|
| 1 | 2 | 3 | 4 | 5 | 6 | 7 |
| $a$ | 0 | 100,0 | 0 | 0 | 0 | 0 |
| | 6,25 | 93,75 | 29,3 | 4,38 | 27,38 | 1,92 |
| 2′ | 12,50 | 87,50 | 54,69 | 8,75 | 54,69 | 0 |
| | 18,75 | 81,25 | 76,17 | 11,88 | 74,25 | 1,92 |
| 3′ | 25,00 | 75,00 | 93,75 | 15,00 | 93,75 | 0 |
| | 31,25 | 68,75 | 107,42 | 16,88 | 105,50 | 1,92 |
| 4′ | 37,50 | 62,50 | 117,19 | 18,75 | 117,19 | 0 |
| | 43,75 | 56,25 | 123,05 | 19,38 | 121,13 | 1,92 |
| $g$ | 50,00 | 50,00 | 125,00 | 20,00 | 125,00 | 0 |

Die Querkraft berechnen wir in $a$ und $b$ sowie unmittelbar links und rechts der Punkte $2'$, $3'$, $4'$, $g$, $6'$, $7'$ und $8'$, in denen die Hängestangen angreifen und einen Sprung in der Querkraftfläche verursachen.

Für $Q_{m0}$ können wir schreiben

$$Q_{m0} = \frac{q \cdot l}{2} - q \cdot x_m = 5000 - 1000\, x_m$$

$\tan \gamma_m$ ist jeweils konstant von $i$ bis $i+1$, wenn wir wie bisher unter $i$ die Punkte 0, 1, 2, 3 bis 10 des Tragbandes verstehen; bei der Berechnung der Querkraft brauchen wir übrigens nur $i = 1$ bis 9, und es ist hier ohne Belang, daß in 1 und 9 das Tragband gerade durchläuft.

Wenn wir nun mit $y_i$ die Höhe des Punktes $i$ über der Achse des Versteifungsträgers und mit $x = 12{,}5$ den Abstand der Punkte $a$, $2'$ bis $8'$, $b$ bezeichnen, können wir die Gleichung aufstellen

$$\tan \gamma_m = \frac{y_{ili} - y_{ire}}{\Delta x} = \frac{y_{ili} - y_{ire}}{12{,}5}$$

Tafel **281**.1 Berechnung der Querkräfte

| $m$ | $i$ | $Q_{m0}$ in kN | $y_i$ in m | $y_{ili} - y_{ire}$ in m | $\tan \gamma_m$ | $\gamma_m$ ° | $(\tan \gamma_m - \tan \beta)$ | $H \cdot$(Sp. 8) in kN | $Q_m$ in kN |
|---|---|---|---|---|---|---|---|---|---|
| 1 | 2 | 3 | 4 | 5 | 6 | 7 | 8 | 9 | 10 |
| $a$ | 1 | +5000 | 36,25 | | | | | | +625 |
| $2'$ *li* | | +3750 | | +11,25 | +0,900 | +42,0 | +0,700 | +4375 | −625 |
| $2'$ | 2 | +3750 | 25,00 | | | | | | Sprung |
| $2'$ *re* | | +3750 | | + 8,75 | +0,700 | +35,0 | +0,500 | +3125 | +625 |
| $3'$ *li* | | +2500 | | | | | | | −625 |
| $3'$ | 3 | +2500 | 16,25 | | | | | | Sprung |
| $3'$ *re* | | +2500 | | + 6,25 | +0,500 | +26,6 | +0,300 | +1875 | +625 |
| $4'$ *li* | | +1250 | | | | | | | −625 |
| $4'$ | 4 | +1250 | 10,00 | | | | | | Sprung |
| $4'$ *re* | | +1250 | | + 3,75 | +0,300 | +16,7 | +0,100 | + 625 | +625 |
| $g$ *li* | | 0 | | | | | | | −625 |
| $g$ | 5 | 0 | 6,25 | | | | | | Sprung |
| $g$ *re* | | 0 | | + 1,25 | +0,100 | + 5,7 | −0,100 | − 625 | +625 |
| $6'$ *li* | | −1250 | | | | | | | −625 |
| $6'$ | 6 | −1250 | 5,00 | | | | | | Sprung |
| $6'$ *re* | | −1250 | | − 1,25 | −0,100 | − 5,7 | −0,300 | −1875 | +625 |
| $7'$ *li* | | −2500 | | | | | | | −625 |
| $7'$ | 7 | −2500 | 6,25 | | | | | | Sprung |
| $7'$ *re* | | −2500 | | − 3,75 | −0,300 | −16,7 | −0,500 | −3125 | +625 |
| $8'$ *li* | | −3750 | | | | | | | −625 |
| $8'$ | 8 | −3750 | 10,00 | | | | | | Sprung |
| $8$ *re* | | −3750 | | − 6,25 | −0,500 | −26,6 | −0,700 | −4375 | +625 |
| $b$ | 9 | −5000 | 16,25 | | | | | | −625 |

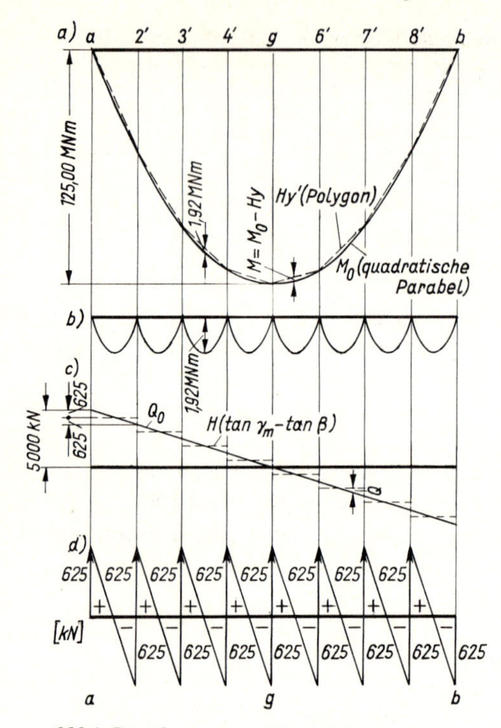


**282.1** Berechnung von $M_m$ und $Q_m$

a) $M$-Fläche als Differenz von $M_0$ und $H \cdot y'$

b) $M$-Fläche, Ordinaten zehmal so groß wie in a)

c) $Q$-Fläche als Differenz von $Q_0$ und $H(\tan\gamma_m - \tan\beta)$

d) $Q$-Fläche, Ordinaten zehnmal so groß wie in c)

Wie beim versteiften Stabbogen ist $\gamma_m \gtreqless 0$; in unserem Beispiel ergeben sich $\gamma_2$ bis $\gamma_6$ positiv und $\gamma_7$ bis $\gamma_9$ negativ (Tafel **281.**1, s. auch Bild **282.**2). $\tan\beta = 20/100 = 0{,}2$ haben wir bereits oben errechnet.

Momenten- und Querkraftfläche sind in Bild **282.**1 aufgetragen, und zwar einmal in kleinem Maßstab als Differenzen $M_m = M_{m0} - H \cdot y'_m$ und $Q_m = Q_{m0} - H(\tan\gamma_m - \tan\beta)$ und ein zweites Mal mit zehnmal so großen Ordinaten ohne Bezug auf die Schnittgrößen $M_{m0}$ und $Q_{m0}$.

Nachdem wir in Tafel **281.**1 Spalte 7 die Neigungswinkel des Tragbandes errechnet haben, wollen wir als nächstes mit Hilfe der Gl. (278.1) in Tafel **282.**3 die Tragbandkräfte ermitteln. Für die Zuordnung von $m$ und $i$ ist zu beachten, daß wir das über dem beliebigen Punkt $m$ des Versteifungsträgers liegende Stück des Tragbandes und die Kraft darin nach dem Punkt $i$ genannt haben, der am rechten Ende dieses Stükkes liegt; aus $m$ zwischen $i-1$ und $i$ folgt $\gamma_m = \gamma_i$

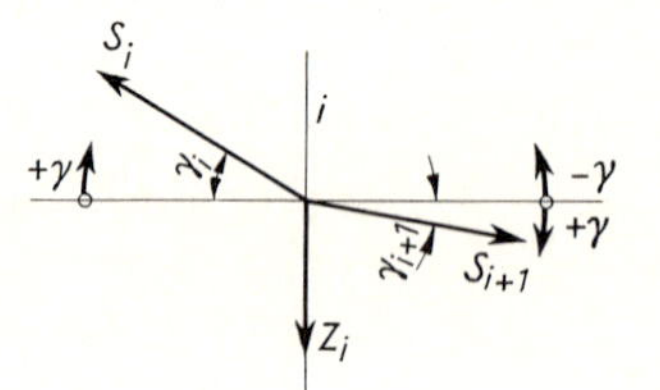


**282.**2 Rundschnitt um den Knoten $i$

Tafel **282.**3 Berechnung der Tragbandkräfte

| $i$ | 2 | 3 | 4 | 5 | 6 | 7 | 8 | 9 |
|---|---|---|---|---|---|---|---|---|
| $\gamma_i$ in ° | +42,0 | +35,0 | +26,6 | +16,7 | +5,7 | −5,7 | −16,7 | −26,6 |
| $\cos\gamma_i$ | 0,7433 | 0,8192 | 0,8944 | 0,9578 | 0,995 | 0,995 | 0,9578 | 0,8944 |
| $S_i = H/\cos\gamma_i$ in kN | 8409 | 7629 | 6988 | 6525 | 6281 | 6281 | 6525 | 6988 |

Zum Schluß berechnen wir die Zugkräfte in den Hängestangen. Ein Rundschnitt um einen „Knoten" des Tragbandes (**282.**2) liefert

$$\downarrow + \Sigma V = 0 = -S_i \cdot \sin\gamma_i + Z_i + S_{i+1} \cdot \sin\gamma_{i+1}$$

Durch Auflösen nach $Z_i$ und Einsetzen von Gl. (278.1) wird

$$Z_i = S_i \cdot \sin\gamma_i - S_{i+1} \cdot \sin\gamma_{i+1} = \frac{H}{\cos\gamma_i} \cdot \sin\gamma_i - \frac{H}{\cos\gamma_{i+1}} \cdot \sin\gamma_{i+1}$$

$$\boldsymbol{Z_i = H(\tan\gamma_i - \tan\gamma_{i+1})} \qquad (283.1)$$

Das ist dieselbe Formel wie beim Stabbogen (s. Gl. 268.2). Genau wie dort treten auch hier bei $\gamma$ beide Vorzeichen auf; die Definition des positiven Winkels ist in Bild **282.**2 enthalten.

Eine tabellarische Ausrechnung der Größen $Z_i$ erübrigt sich: Da in unserem Beispiel die Knotenpunkte *i* des Tragbandes auf einer quadratischen Parabel liegen und die Hängestangen gleiche Abstände haben, ändert sich $\tan\gamma_i$ geradlinig, und die Differenz $(\tan\gamma_i - \tan\gamma_{i+1})$ ist konstant, nämlich gleich 0,200 (s. Taf. **281.**1). Es ist

$$Z_i = \text{const} = 6250 \cdot 0{,}2 = 1250 \text{ kN}$$

Wie nicht anders zu erwarten, ist $Z_i$ gleich dem Sprung der Querkraft in den Punkten 2′, 3′, 4′, *g*, 6′, 7′ und 8′: Diese Sprünge werden durch die Einzellasten $Z_i$ verursacht.

Die zeichnerische Ermittlung der Kräfte im Tragband und in den Hängestangen zeigt Bild **283.**1.

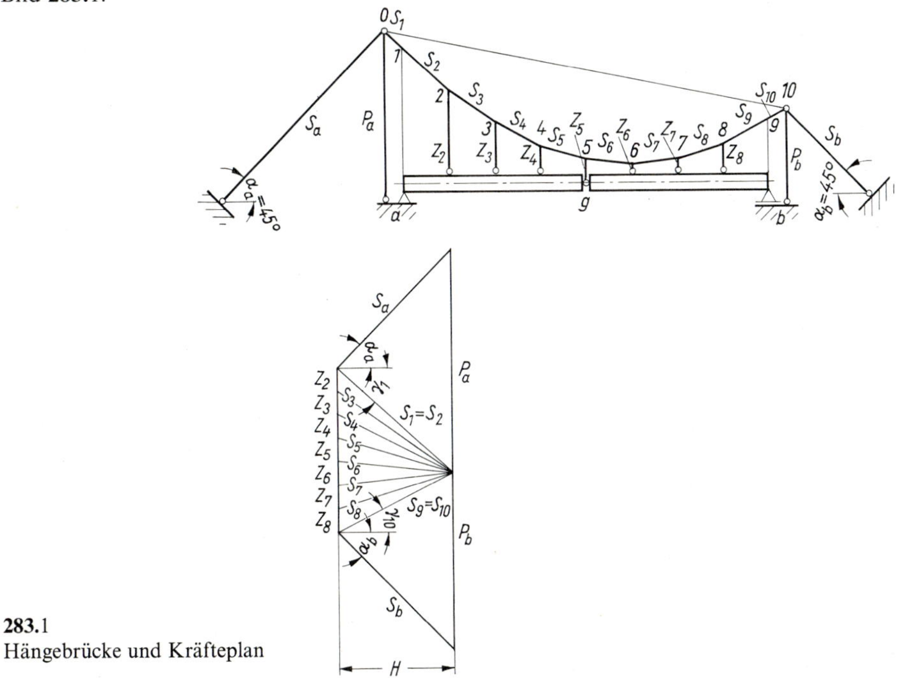


**283.**1
Hängebrücke und Kräfteplan

S c h l u ß b e t r a c h t u n g. Ähnlich wie beim parabelförmigen versteiften Stabbogen wird bei der Hängebrücke mit parabolischer Führung des Tragbandes unter Vollbelastung mit Gleichlast der Versteifungsträger außerordentlich stark von Querkräften und Momenten entlastet, er trägt nur noch als einfacher Balken auf zwei Stützen von einem Unterstützungspunkt zum nächsten. Bei Teilbelastungen treten auch hier größere Beanspruchungen im Versteifungsträger auf, was bei der Hängebrücke nicht im einzelnen untersucht wird.

Eine sehr wichtige Eigenschaft der Hängebrücke soll noch erwähnt werden: Die Hängebrücke ist ein sehr weiches Tragwerk und erleidet bei Belastung Verformungen, die bei der Ermittlung der Schnittgrößen nicht vernachlässigt werden dürfen. Wir haben soeben Längskräfte, Querkräfte und Momente am unverformten Tragwerk ermittelt, genauer gesagt an der Form, die der Hängebrücke nach Abschluß der Montage bei einer mittleren Temperatur unter der Wirkung ihrer Eigenlast gegeben wurde. Zu dieser Form gehören die Winkel $\alpha_i$ und $\gamma_i$, mit denen wir gearbeitet haben und deren Einfluß auf die Schnittgrößen aus den abgeleiteten Formeln oder aus dem Kräfteplan (**283.**1) hervorgeht.

Eine Belastung mit Verkehrslast führt nun zu Änderungen der Form des Tragbandes und damit zu Änderungen der Winkel $\alpha_i$ und $\gamma_i$; dadurch ergeben sich andere Kräftezerlegungen in den Punkten $i$, so daß $S_i$ und $Z_i$ andere Werte annehmen. Der Pfeil $f$ des Tragbandes wird größer, es ergibt sich ein kleinerer Horizontalschub, und schließlich führen Verlängerungen der Hängestangen und Änderungen von Form und Pfeil des Tragbandes zu korrigierten Hebelarmen $y'$ und damit zu anderen Momenten und Querkräften im Versteifungsträger.

Will man also eine Hängebrücke wirklichkeitsnah berechnen, so müssen Lagerkräfte und Schnittgrößen am verformten System ermittelt werden. Dieses Vorgehen bezeichnet man als Untersuchung nach der Theorie II. Ordnung (s. Teil 2, Abschn. Ausmittiger Kraftangriff). Sie hat für Hängebrücken, sehr flache Vollwandbogen und schlanke Druckstäbe Bedeutung. Bei Hängebrücken sind die mit der Theorie II. Ordnung ermittelten Schnittgrößen kleiner als die Schnittgrößen des unverformten Systems (= Schnittgrößen nach der Theorie I. Ordnung), so daß die Anwendung der Theorie II. Ordnung ein Gebot der Wirtschaftlichkeit ist. Bei sehr flachen Vollwandbogen und schlanken Druckstäben ergeben sich nach der Theorie II. Ordnung höhere Beanspruchungen, weshalb man aus Sicherheitsgründen auf die Theorie II. Ordnung nicht verzichten kann.

Da bei der Theorie II. Ordnung Verformungen berücksichtigt werden müssen, können wir sie an dieser Stelle noch nicht behandeln (s. dazu Teil 2, Abschn. 9).

# 8 Einflußlinien

## 8.1 Wesen und Zweck der Einflußlinien

In den vorhergehenden Abschnitten haben wir uns mit der Frage befaßt, wie wir in einem belasteten Tragwerk die Stütz- und Schnittgrößen ermitteln können. „Last" war dabei der Oberbegriff für ständige Last *g*, Verkehrslast *p*, Winddruck *w* und Schnee *s*, gelegentlich auch für Erd- und Wasserdrücke, Seitenstöße und Bremskräfte. Über die Anordnung und das ungünstigste Zusammenwirken der Lasten haben wir uns anfangs gar keine Gedanken gemacht: Ein einfacher Balken auf zwei Lagern wurde ohne Erörterung mit der größtmöglichen Belastung versehen und dann untersucht; eine Gesamtlast *q* wurde nicht in ständige Last *g* und Verkehrslast *p* aufgespalten.

Eine Änderung dieses einfachen Verfahrens wurde beim Balken auf zwei Lagern mit Kragarmen erforderlich: Hier mußten mehrere „Lastfälle" untersucht werden, um die größten Lagerkräfte und an den Bemessungsstellen Feld und Stütze die ungünstigsten Schnittgrößen zu erhalten; auf eine Trennung von *g* und *p* konnte hier nicht verzichtet werden.

Auch bei den Fachwerk-Dachbindern haben wir festgestellt, daß die ungünstigsten Kräfte in allen Stäben zum Teil nur durch die Untersuchung mehrerer Lastfälle ermittelt werden können: Für die Füllstäbe mancher Binderformen liefern Teilbelastungen größere Zug- und Druckkräfte als die Vollbelastung.

Die Teilbelastungen sind bei Dachbindern sehr einfach, sie umfassen bei Satteldächern „Schnee links" und „Schnee rechts" sowie „Wind von links" und „Wind von rechts", während bei Bindern unter horizontalen Dächern oder unter Pultdächern gar keine Teilbelastungen zu berücksichtigen sind.

Die Lastfälle sind also in den erwähnten Beispielen gering an Zahl und deswegen leicht überschaubar; sie werden jedoch sehr zahlreich und unübersichtlich, wenn bewegliche Einzellasten und Teilbelastungen der Felder und Kragarme auftreten können, wie es bei Brücken und Kranbahnen der Fall ist; hier führt jede Verschiebung einer Einzellast und jede Änderung der Länge und der Lage einer Streckenlast zu neuen Schnittgrößen, also zu einem neuen Lastfall.

Unter diesen Umständen ist es erforderlich, ein neues Verfahren zu entwickeln, mit dem die Bemessungsschnittgrößen sicher und schnell bestimmt werden können. Dieses neue Verfahren bedient sich der Einflußlinien. Wir wollen deren Wesen dadurch erläutern, daß wir sie den „Zustandsflächen" *M*-Fläche, *Q*-Fläche und *N*-Fläche gegenüberstellen. Die Zustandsfläche z. B. für das Moment *M* bezieht sich auf eine unveränderliche Belastung. In jedem Punkt des Trägers wird das Moment infolge dieser Belastung ermittelt und in dem Punkt selbst als Ordinate aufgetragen.

Die Einflußlinie für das Moment $M_m$ bezieht sich demgegenüber auf einen unveränderlichen, festliegenden Punkt *m*, den „Aufpunkt"; eine Last von der Größe 1 (einheitenlos) wandert über den Träger; für jede Stellung der Einheitslast wird im festliegenden Punkt $m$ das Moment $M_m$ ermittelt und unter dem jeweiligen Standort der Last als Einflußordinate $\eta$ aufgetragen.

Eine Momentenfläche gibt für jeden Punkt des Tragwerks das in diesem Punkt vorhandene Moment infolge einer unveränderlichen Belastung an; die Ordinate $y(x)$ der Momentenfläche ist das an dieser Stelle vorhandene Moment $M(x)$ infolge einer feststehenden Belastung.

Eine Momenteneinflußlinie gibt die in einem festliegenden Punkt $m$ von einer über das Tragwerk wandernden Last $P = 1$ hervorgerufene Moment $M_m$ an; $M_m$ wird in dem Punkt angetragen, in dem die verursachende Last steht. Die Einflußordinate $\eta$ an der Stelle $x$ ist demnach das Moment im Punkt $m$, das von der in $x$ stehenden Last $P = 1$ erzeugt wird.

An den Einflußlinien eines einfachen vollwandigen Balkens auf zwei Lagern sollen Wesen und Zweck der Einflußlinien im folgenden weiter erläutert werden.

## 8.2 Einflußlinien des vollwandigen Balkens auf zwei Lagern

### 8.2.1 Einflußlinien für Lagerkräfte

Nach Bild **286.**1 wird die Lagerkraft $A$ infolge von $P = 1$ im Abstand $x'$ vom Lager $b$: $A = 1 \cdot \frac{x'}{l} = \frac{x'}{l}$; $x'$ ist jetzt eine Veränderliche: $l \geqq x' \geqq 0$; $x'/l$ ist die von $x'$ abhängige Einflußordinate $\eta$: $\eta(x') = x'/l$ (einheitenlos); sie gibt den Einfluß der Last $P = 1$ auf die Lagerkraft $A$ an, wenn die Last $P = 1$ im Abstand $x'$ vom Lager $b$ steht. $\eta$ wird an der Stelle $x'$ als Ordinate von einer Grundlinie aus aufgetragen.

Da die unabhängige Veränderliche $x'$ im Ausdruck für die abhängige Veränderliche $\eta$ nur in der ersten Potenz vorkommt, ist das Bild der Funktion $\eta(x')$ eine Gerade; es genügt, zwei $\eta$-Werte zu errechnen und diese geradlinig zu verbinden. Zweckmäßigerweise wählt man die besonderen Abszissen $x' = 0$ und $x' = l$ und erhält dafür die Ordinaten

$$\eta_{x'=0} = \frac{0}{l} = 0 \quad \text{und} \quad \eta_{x'=l} = \frac{l}{l} = 1$$

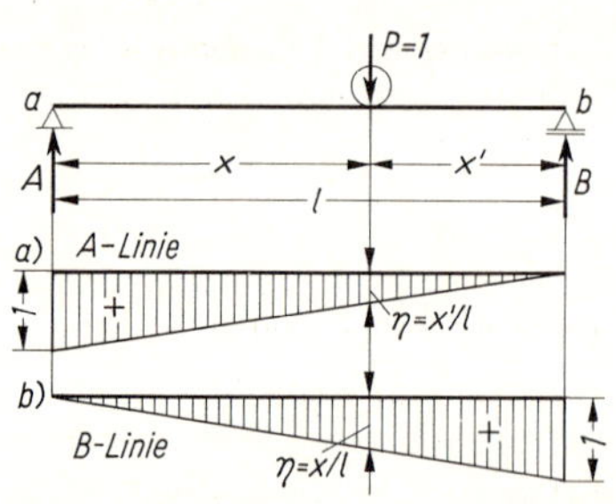

**286.**1 Ableitung der $A$- und $B$-Linie

Die Einflußlinie für die Lagerkraft $A$, $A$-Linie genannt, ist in Bild **286.**1a aufgezeichnet. Bild **286.**1b zeigt die $B$-Linie, die sich sinngemäß ergibt.

Sämtliche Einflußordinaten der $A$- und $B$-Linie sind positiv; jede (abwärts gerichtete!) Last auf dem Träger, wo sie auch stehen mag, gibt positive Lagerkräfte $A$ und $B$. Die Lagerkraft $A$ ist um so größer, je näher eine Last an das Lager $a$ heranrückt; steht die Last unmittelbar über dem Lager $a$, hat sie die Einflußordinate $\eta = 1$, die Last geht dann voll in das Lager $a$ hinein. In der $B$-Linie gehört zu dieser Laststellung die Ordinate $\eta = 0$, denn aus einer Last über dem Lager $a$ erhält das Lager $b$ keinen Beitrag. Für $P = 1$ in der

Mitte des Trägers haben beide Einflußlinien die Ordinate $\eta = 0{,}5$: Die Last verteilt sich aus Symmetriegründen gleichmäßig auf beide Lager. Allgemein gilt: Die Summe der Einflußordinaten von $A$- und $B$-Linie für dieselbe Abszisse ist gleich 1: Die gesamte Last, nicht mehr und nicht weniger, wird bei jeder Laststellung auf beide Lager verteilt.

Wir haben bisher davon gesprochen, daß die einheitenlose Last $P = 1$ über den Träger wandert, so daß sich bei $A$- und $B$-Linie eine einheitenlose Einflußordinate $\eta$ ergibt. $\eta$ kann aber auch auf andere Weise gedeutet werden: Wir setzen die beliebige Last $P$ (in kN) auf den Träger, erhalten die Lagerkraft $A = P \cdot x'/l$ und teilen diese Gleichung durch $P$, so daß sich auf der linken Seite die bezogene Lagerkraft $A/P$ ergibt: $A/P = x'/l$. Diese bezogene Lagerkraft $A/P$, das Verhältnis von Lagerkraft $A$ und verursachender Last $P$, ist dann die einheitenlose Einflußordinate $\eta$.

## 8.2.2 Einflußlinien für Querkräfte

Gesucht ist die Einflußlinie der Querkraft für den Punkt $m$ mit den Abständen $x_m$ und $x'_m$ von den Lagern $a$ und $b$ (**287.**1). Wir betrachten zuerst den Fall, daß die wandernde Last $P = 1$ zwischen $a$ und $m$ steht ($0 \leq x_p < x_m$). Es ist dann zweckmäßig, die Querkraft in $m$ von rechts her zu ermitteln: Wir schneiden den Träger in $m$ durch und betrachten den rechten abgeschnittenen Teil (**287.**1 a), der unbelastet ist. Aus $\Sigma V = 0$ folgt sogleich $Q_m = -B$. Das sieht sehr einfach aus, wir müssen aber beachten, daß die Lagerkraft $B$ wegen der wandernden Last $P = 1$ eine veränderliche Größe ist. $B$ ist hier kein fester Wert, sondern eine Einflußlinie, die $B$-Linie. Die $Q_m$-Linie ist also gleich der negativen $B$-Linie, wenn die Last zwischen dem Lager $a$ und dem Punkt $m$ steht, wie wir es oben angenommen haben (**287.**1 a). Durch die Tatsache, daß wir $Q_m$ zweckmäßigerweise am rechten abgeschnittenen Teil bestimmt haben, dürfen wir uns dabei nicht verwirren lassen: Die Einflußordinate wird jeweils unter der Last $P = 1$ aufgetragen und die steht vereinbarungsgemäß zwischen $a$ und $m$.

Wandert die Last $P = 1$ über $m$ hinaus in den Bereich zwischen $m$ und $b$ ($x'_m > x'_P \geqq 0$), so betrachten wir für die Ermittlung von $Q_m$ besser den linken abgeschnittenen Teil (**287.**1 b), haben dabei aber zu beachten, daß die Einflußordinaten, die zu ermitteln wir im

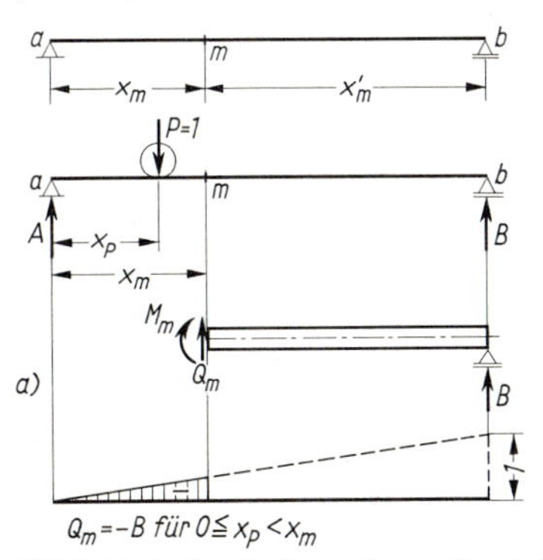


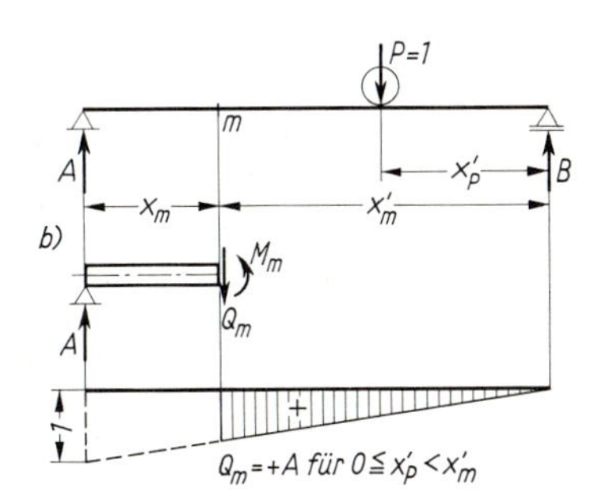


**287.**1 Einfacher Balken mit „Aufpunkt" $m$

a) Ermittlung von $Q_m$ für $P = 1$ links von $m$

b) Ermittlung von $Q_m$ für $P = 1$ rechts von $m$

Begriff sind, zwischen $m$ und $b$ anzutragen sind. Es gilt jetzt $Q_m = A$; dabei ist $A$ kein fester Wert, sondern eine Funktion der Stellung der wandernden Last; $A$ ist eine Einflußlinie, die $A$-Linie. Für Laststellungen zwischen $m$ und $b$ sind also $Q_m$-Linie und $A$-Linie identisch.

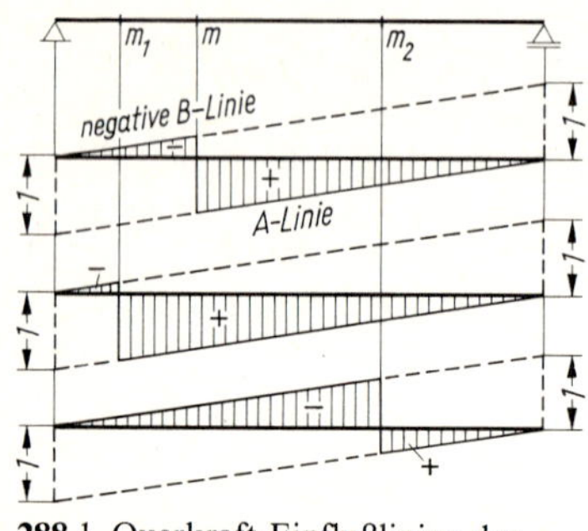


**288.1** Querkraft-Einflußlinien der Punkte $m$, $m_1$, $m_2$

Damit haben wir die gesamte $Q_m$-Linie (**288.1**); sie weist im Punkt $m$ eine Unstetigkeitsstelle, einen Sprung auf: Für $P = 1$ im Punkt $m$ selbst ist $Q_m$ nicht definiert.

An Hand des Bildes **288.1** fällt es nicht schwer, die $Q_m$-Linie für eine beliebige andere Lage des Punktes $m$, z. B. $m_1$ und $m_2$ zu zeichnen: Beim Hin- und Herschieben des Punktes $m$ nach $m_1$ oder $m_2$ verschiebt sich lediglich der Sprung von der negativen $B$-Linie zur positiven $A$-Linie, während die beiden „Außenstrecken" $+1$ und $-1$ unverändert bleiben. Es gilt also immer links vom Aufpunkt die negative $B$-Linie, rechts vom Aufpunkt die positive $A$-Linie.

Die $Q_m$-Linie weist positive und negative Ordinaten auf. Der Bereich des Trägers mit positiven Ordinaten wird positive Beitragsstrecke, der Bereich mit negativen Ordinaten negative Beitragsstrecke genannt; der Übergang zwischen beiden heißt Lastenscheide.

### 8.2.3 Einflußlinien für Biegemomente

Wenn für den Punkt $m$ mit den Abständen $x_m$ und $x'_m$ von den Lagern $a$ und $b$ die Einflußlinie für das Biegemoment, die $M_m$-Linie, zu zeichnen ist, so werden wie bei der Ermittlung der $Q_m$-Linie die beiden Fälle „Last links von $m$" und „Last rechts von $m$" getrennt behandelt.

Bei „Last links von $m$" ($0 \leqq x_P \leqq x_m$) schneiden wir den Träger in $m$ und betrachten den rechten abgeschnittenen Teil (**288.2**). Es ist dann

$$M_m = B \cdot x'_m$$

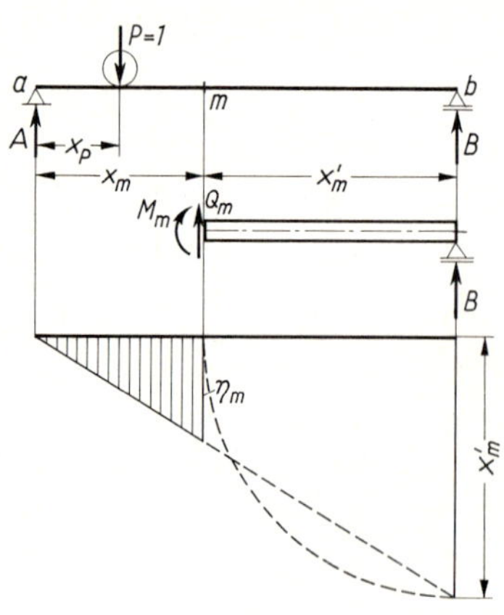


**288.2** Ermittlung der $M_m$-Linie für Last links von $m$

Diese Formel ist uns aus Abschn. 4 bekannt, in dem wir uns mit der Ermittlung der Schnittgrößen befaßt haben. Dort wurde für eine feststehende Last $P$ das Moment im veränderlichen Punkt $m$ berechnet, es waren also $x_P$ und $B$ konstant, $x'_m$ dagegen veränderlich.

Beim Aufstellen der $M_m$-Linie ist es umgekehrt: Hier wird der Punkt $m$ festgehalten, und die Last $P = 1$ wandert über den Träger. Es ist demnach $x'_m$ konstant, $x_P$ und $B$ sind veränderlich. $B$ läßt sich durch eine Einflußlinie, die $B$-Linie, darstellen. Die $M_m$-Linie ist demnach zwischen $a$ und $m$ gleich der mit $x'_m$ multiplizierten $B$-Linie. Die Verlängerung dieses Stücks der $M_m$-Linie über $m$ hinaus hat unter dem Lager $b$ die Ordinate („Außenstrecke") $x'_m$.

Steht die Last rechts von $m$, so betrachten wir den linken abgeschnittenen Teil (**289.**1) und können schreiben

$$M_m = A \cdot x_m$$

Auch hier müssen wir umdenken: $x_m$ ist ein konstanter Wert, während $A$ eine Einflußlinie, die $A$-Linie ist. Zwischen $m$ und $b$ ist die $M_m$-Linie also gleich der mit $x_m$ multiplizierten $A$-Linie. Verlängern wir diesen rechten Teil der $M_m$-Linie bis zum Lager $a$, so finden wir dort die Ordinate $x_m$, die als linke Außenstrecke bezeichnet wird.

Wie groß ist die Ordinate der $M_m$-Linie im Punkt $m$? Von links her (s. Bild **288.**2) ergibt sich

$$\frac{\eta_m}{x'_m} = \frac{x_m}{l} \qquad \eta_m = \frac{x_m \cdot x'_m}{l}$$

und von rechts (**289.**1)

$$\frac{\eta_m}{x_m} = \frac{x'_m}{l} \qquad \boldsymbol{\eta_m = \frac{x_m \cdot x'_m}{l}} \qquad (289.1)$$

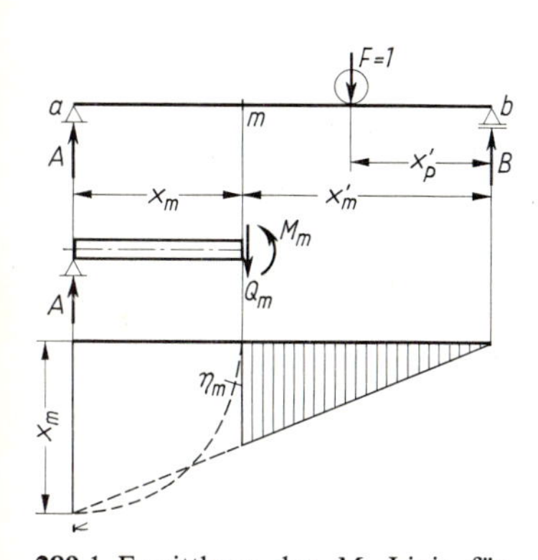


**289.**1 Ermittlung der $M_m$-Linie für Last rechts von $m$

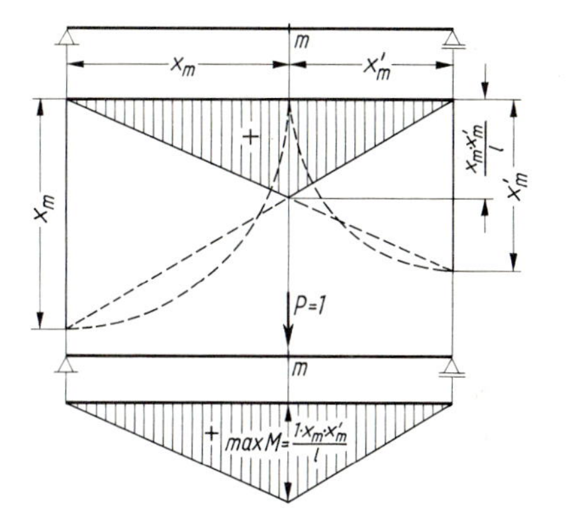


**289.**2 $M_m$-Linie und $M$-Fläche für $P = 1$ in $m$

Die beiden Geradenstücke, aus denen sich die $M_m$-Linie zusammensetzt, schneiden sich also unter dem Punkt $m$. Die $M_m$-Linie hat demnach im Aufpunkt ihre größte Ordinate. Das bedeutet: Das größte Moment im beliebigen Punkt $m$ eines einfachen Balkens auf zwei Stützen aus einer wandernden Einzellast erhält man, wenn man die Last in den Punkt $m$ selbst stellt. Für $P = 1$ in $m$ ergibt sich übrigens mit $\max M = P \cdot x_m \cdot x'_m / l = 1 \cdot x_m \cdot x'_m / l$ eine Momentenfläche, die gleich der Einflußlinie für $M_m$ ist (**289.**2).

Aus dem Vorhergehenden ergibt sich, daß die Ordinaten der Momenteneinflußlinie die Einheit [m] oder [cm] haben: Je nach Betrachtungsweise geben die Ordinaten das Moment einer einheitenlosen Kraft $P = 1$ [] an, oder sie stellen das auf die Kraft bezogene, durch die Kraft dividierte Moment dar. Es gilt also z. B.

$$\max M_{m,P=1} = \frac{1 \cdot x_m \cdot x'_m}{l} = \eta \quad \text{in m}$$

oder mit

$$\max M_{\mathrm{m}} = \frac{P \cdot x_{\mathrm{m}} \cdot x'_{\mathrm{m}}}{l} \quad \text{in Nm}$$

$$\frac{\max M_{\mathrm{m}}}{P} = \frac{x_{\mathrm{m}} \cdot x'_{\mathrm{m}}}{l} = \eta \quad \text{in m}$$

Beim Zeichnen von Momenteneinflußlinien ist es nicht erforderlich, für die Trägerlänge $l$ (Abszissenrichtung) und die Einflußordinaten $\eta$ denselben Maßstab zu verwenden.

Der bei der Ableitung der $M_{\mathrm{m}}$-Linie erkennbar gewordene Zusammenhang zwischen Momentenfläche und Momenteneinflußlinie soll im folgenden noch kurz herausgearbeitet werden.

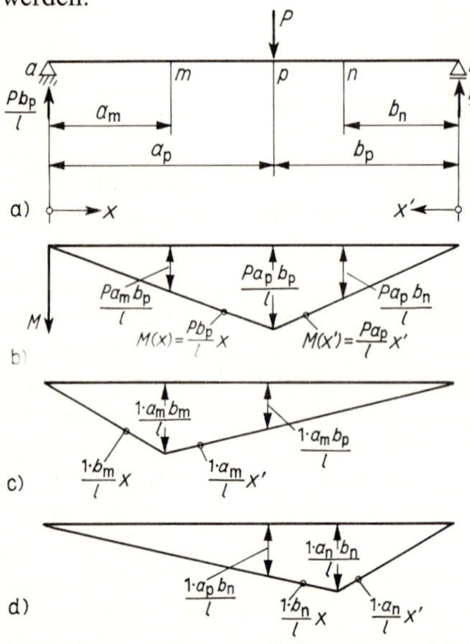


**297.1** Zusammenhang zwischen Zustandslinie (Momentenfläche) und (Momenten-)Einflußlinie
a) einfacher Balken mit Einzellast
b) Momentenfläche,
c) $M_{\mathrm{m}}$-Linie, d) $M_{\mathrm{n}}$-Linie

Ein einfacher Balken mit zwei Lagern ist im Punkt $p$ mit der Last $P$ belastet; die Abstände der Last von den Lagern sind $a_{\mathrm{p}}$ und $b_{\mathrm{p}}$ (**290.**1). In den Punkten $m$ (links von der Last) und $n$ (rechts von der Last) ergeben sich dann die Momente

$$M_{\mathrm{m}} = A\,a_{\mathrm{m}} = \frac{P b_{\mathrm{p}}}{l}\,a_{\mathrm{m}} = \frac{P\,a_{\mathrm{m}}\,b_{\mathrm{p}}}{l} \tag{290.1}$$

$$M_{\mathrm{n}} = B b_{\mathrm{n}} = \frac{P a_{\mathrm{p}}}{l}\,b_{\mathrm{n}} = \frac{P\,a_{\mathrm{p}}\,b_{\mathrm{n}}}{l} \tag{290.2}$$

Mit diesen beiden Momenten wollen wir zeichnen

1. die Momentenfläche oder Momentenlinie des Trägers für die im Punkt $p$ wirkende Last $P$

2. die Momenteneinflußlinien für die Punkte $m$ und $n$.

Zu 1. Die Momentenfläche infolge der im Punkt $p$ wirkenden Last $P$ erhalten wir, wenn wir die Momente $M_{\mathrm{m}}$ und $M_{\mathrm{n}}$ in den Abszissen der Punkte $m$ und $n$ von einer Grundlinie aus antragen und mit diesen Ordinaten über der Grundlinie ein Dreieck konstruieren (**290.**1 b). Die Spitze dieses Dreiecks liegt unter dem Punkt $p$ und hat die Ordinate $M_{\mathrm{p}} = \max M = P a_{\mathrm{p}} b_{\mathrm{p}}/l$; die geneigten Geraden erfüllen die Gleichungen $M(x) = P b_{\mathrm{p}} x/l$ und $M(x') = P a_{\mathrm{p}} x'/l$.

Zu 2. Die Einflußlinie für das Moment im Punkt $m$ oder die $M_{\mathrm{m}}$-Linie erhalten wir, wenn wir $P = 1$ in den Punkt $p$ stellen, $M_{\mathrm{m}} = 1 \cdot a_{\mathrm{m}} b_{\mathrm{p}}/l$ an der Abszisse des Punktes $p$ von einer Grundlinie aus antragen und mit Hilfe dieser Ordinate über der Grundlinie ein Dreieck konstruieren, dessen Spitze unter der Abszisse des Punktes $m$ liegt (**290.**1 c). Die Spitzenordinate des Dreiecks ist

$$\max \eta = \eta_{\mathrm{m}} = 1 \cdot a_{\mathrm{m}} b_{\mathrm{m}}/l$$

Sinngemäß erhalten wir die Einflußlinie für das Moment im Punkt $n$ oder die $M_n$-Linie, wenn wir $P = 1$ in den Punkt $p$ stellen, $M_n = 1 \cdot a_p b_n / l$ an der Abszisse des Punktes $p$ von einer Grundlinie aus antragen und mit dieser Ordinate über der Grundlinie ein Dreieck konstruieren, dessen Spitze unter der Abszisse des Punktes $n$ liegt (**290.**1 d). Die Spitzenordinate dieses Dreiecks ist

$$\max \eta = \eta_n = 1 \cdot a_n b_n / l$$

Die Gleichungen der Geraden, aus denen sich die Einflußlinien zusammensetzen, lassen sich wie die Gleichungen der Geraden, die die $M_m$-Fläche begrenzen, aus den Gl. (290.1) und (290.2) ableiten.

## 8.3 Auswertung von Einflußlinien

Bevor wir weitere Einflußlinien ableiten, soll das Arbeiten mit Einflußlinien erläutert und an Beispielen vorgeführt werden.

Einflußlinien werden „ausgewertet“; man benötigt dazu das „Lastband“, in dem Größe und gegenseitiger Abstand von Einzellasten und Größe und Länge von Streckenlasten festgehalten sind, die den betrachteten Träger belasten.

Bei Kranbahnen erhält der Konstrukteur die erforderlichen Angaben vom Hersteller der Kranbrücke und ihrer Laufkatze; bei Straßen- und Wegbrücken muß sich der Ingenieur das Lastband selbst ermitteln unter Beachtung der DIN 1072, des vom Auftraggeber verlangten Brückenquerschnitts und des gewählten Haupttragwerks; bei Brücken unter Bundesbahngleisen sind für das Lastband maßgebend die DS 804, die Anzahl der Gleise und wiederum das gewählte Haupttragwerk.

Um die Wirkung einer Gruppe von Einzellasten auf eine Schnitt- oder Stützgröße $S$ zu ermitteln, ordnet man diese Gruppe im Maßstab der Abszisse über der Einflußlinie an und ermittelt die Einflußordinaten $\eta_i$, die zu den Einzellasten $P_i$ gehören. Die Schnitt- oder Stützgröße ergibt sich dann zu

$$S_p = P_1 \cdot \eta_1 + P_2 \cdot \eta_2 + P_3 \cdot \eta_3 \cdots + P_i \cdot \eta_i \cdots + P_n \cdot \eta_n = \sum_{i=1}^{n} (\boldsymbol{P}_i \cdot \boldsymbol{\eta}_i) \qquad (291.1)$$

Verläuft die Einflußlinie im Bereich der Lastengruppe geradlinig, so kann mit der Resultierenden und deren Einflußordinate gearbeitet werden (**291.**1)

$$\boldsymbol{S}_p = \sum_{i=1}^{n} (\boldsymbol{P}_i \cdot \boldsymbol{\eta}_i) = \boldsymbol{R} \cdot \boldsymbol{\eta}_R \qquad (291.2)$$

Sind die Einzellasten gleich groß, wird $P$ ausgeklammert oder vor das Summenzeichen gesetzt

Mit

$$\boldsymbol{P}_1 = \boldsymbol{P}_2 = \boldsymbol{P}_i = \boldsymbol{P}_n$$

wird

$$\boldsymbol{S}_P = \boldsymbol{P} \sum_{i=1}^{n} \boldsymbol{\eta}_i \qquad (291.3)$$

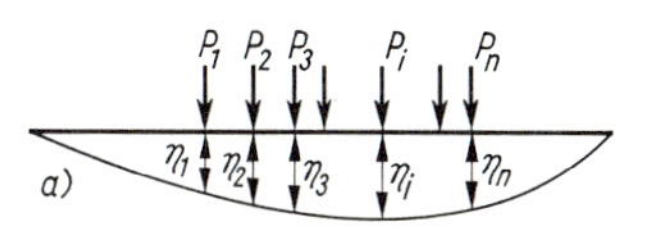


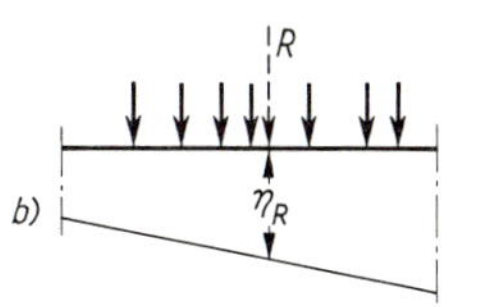


**291.**1 Auswertung der $S$-Linie für eine Lastengruppe
a) allgemeiner Fall: $S$-Linie gekrümmt
b) Sonderfall: $S$-Linie geradlinig

Ist es unklar, ob die gewählte Stellung der Lastengruppe die maßgebende Schnitt- oder Stützgröße ergibt, so wird die Lastengruppe verschoben und auch für weitere Stellungen die Größe der betrachteten Schnitt- oder Stützgröße ermittelt. Nach einiger Übung findet man i. allg. sehr schnell die maßgebende Stellung der Einzellasten.

Neben Einzellasten, die von den Radlasten der Kranbrücken, der SLW und LKW und von den Achslasten der Lastenzüge herrühren, treten in DIN 1072 und in der DS 804 auch Flächenlasten und Meterlasten auf, die in den Lastbändern als Gleichlasten oder Streckenlasten erscheinen.

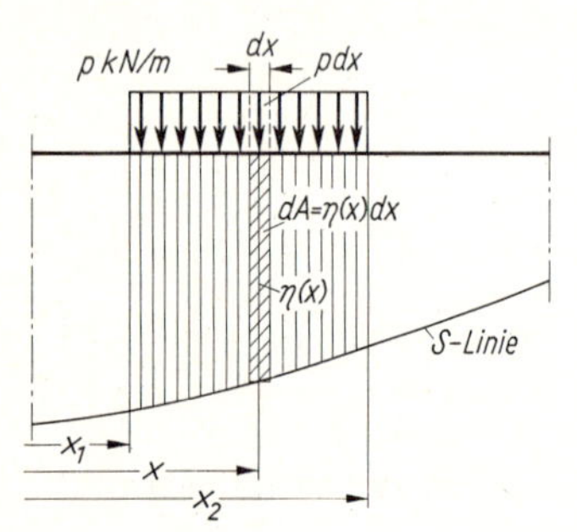


292.1 Auswertung der $S$-Linie für Gleichlast $p$

Bei der Auswertung einer Einflußlinie für eine Streckenlast $p$ in kN/m fassen wir die Streckenlast zu Einzellasten von der Größe $p \cdot dx$ zusammen und bestimmen unter jeder dieser Einzellasten die Einflußordinate $\eta(x)$ (**292.**1). Der Beitrag der Einzellast $p \cdot dx$ zur gesuchten Schnitt- oder Stützgröße $S$ ist dann

$$dS = p \cdot dx \cdot \eta(x)$$

Die gesamte Schnitt- oder Stützgröße $S$ erhalten wir durch Integration über die Länge der Streckenlast

$$\boldsymbol{S = \int_{x_1}^{x_2} dS = \int_{x_1}^{x_2} p \cdot dx \cdot \eta(x)} \tag{292.1}$$

Da wir $p$ = konst vorausgesetzt haben, kann diese Größe vor das Integral gestellt werden

$$\boldsymbol{S = p \int_{x_1}^{x_2} dx \cdot \eta(x) = p \int_{x_1}^{x_2} \eta(x)\, dx} \tag{292.2}$$

Das übrigbleibende Integral ist aber die Fläche der Einflußlinie unter der Streckenlast. Diese Fläche $A$ ist mit der gleichmäßigen Belastung $p$ malzunehmen, um die gesuchte Schnitt- oder Stützgröße $S$ zu erhalten. Allgemein gilt also

$$\boldsymbol{S_p = p \cdot A} \tag{292.3}$$

**Beispiel:** Für den vorgespannten Einfeldbalken (einzelliger Hohlkastenquerschnitt mit beiderseitigen Konsolen) nach Bild **292.**2 sollen das größte Moment und die größte und kleinste Querkraft aus Verkehrslast im linken Viertelspunkt bestimmt werden. Zur Bemessung der Lager und Lagerbänke ist ferner die größte Lagerkraft $A_p$ eines Lagers zu ermitteln. Die Brücke liegt im Zuge einer Stadtstraße und soll die Lasten der Brückenklasse 60/30 aufnehmen können.

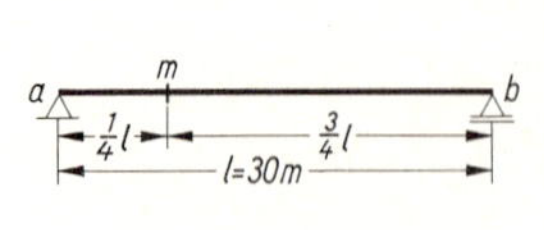


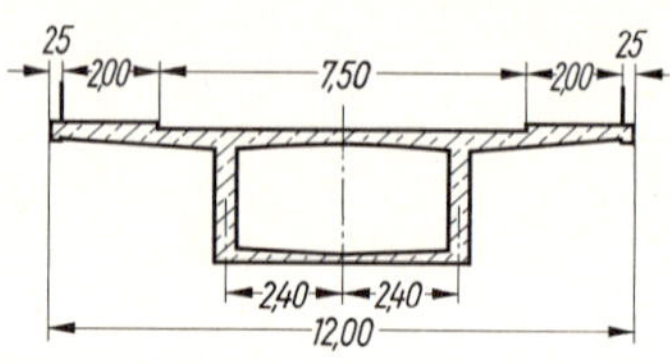


**292.**2 Längsschnitt (schematisch) und Querschnitt der Brücke

**1. Festlegung des Lastbandes.** Maßgebend ist DIN 1072 Straßen- und Wegbrücken, Lastannahmen. Nach dieser Vorschrift wird die Brückenfläche eingeteilt in die 3 m breite Hauptspur, die außerhalb der Hauptspur liegenden Flächen der Fahrbahn sowie die Gehwege. In der Hauptspur ist an ungünstigster Stelle das Regelfahrzeug nach Bild 1 DIN 1072 aufzustellen, im vorliegenden Beispiel also der SLW (Schwerlastwagen) mit 60 t Gewicht (Eigenlast 600 kN; 6 Radlasten zu je 10 t oder 3 Achslasten zu je 20 t).

Vor und hinter ihm steht in der Hauptspur die gleichmäßig verteilte Flächenlast $p_1 = 5\ \text{kN/m}^2$. Die gesamte Brückenfläche außerhalb der Hauptspur (restliche Fahrbahn und Gehwege) ist für die Ermittlung der in unserem Beispiel gefragten Schnittgrößen mit der Flächenlast $p_2 = 3\ \text{kN/m}^2$ zu belasten. Bei der Berechnung der Bemessungsschnittgrößen für die beiderseits des Hohlkastens auskragenden Konsolen müßten auf dem Gehweg größere Lasten angesetzt werden (DIN 1072 Abschn. 5.3.3).

Die in der Aufgabenstellung angegebene Brückenklasse 60/30 geht nicht auf die zur Zeit gültige Ausgabe 11.67 der DIN 1072 zurück, sondern auf das Allgemeine Rundschreiben Straßenbau 9/1982, mit dem die Verkehrs-Regellasten an die ständige Zunahme des Verkehrs mit schweren Fahrzeugen angepaßt werden sollen. Dieses Rundschreiben verlangt, außer dem in der Hauptspur stehenden 60-t-Regelfahrzeug in der Nebenspur ein 30-t-Regelfahrzeug zu berücksichtigen. Die beiden Fahrzeuge sind nicht gegeneinander zu verschieben, sondern als Lastpaket unmittelbar nebeneinander auf gleicher Höhe anzusetzen. Das 30-t-Regelfahrzeug hat drei Achslasten zu je 100 kN und dieselben Abmessungen wie das 60-t-Regelfahrzeug.

Die Frage, wo die 3 m breite Hauptspur auf der 7,5 m breiten Fahrbahn liegen soll, ist in unserem Beispiel für Biegemomente und Querkräfte ohne Bedeutung, wenn der Hohlkasten ausreichend durch Querschotten ausgesteift ist. Er trägt dann wie ein einheitlicher, im Querschnitt nicht gegliederter Balken: Beide Trägerstege erhalten gleiche Lastanteile auch dann, wenn die Resultierende der Lasten nicht in die Symmetrieachse des Querschnitts fällt (**293.**1). Die dann entstehenden Drillmomente können vom Hohlkastenquerschnitt leicht aufgenommen werden, wir wollen sie jedoch an dieser Stelle nicht untersuchen (s. dazu Teil 2, Abschn. 5). Bei der Bemessung auf Biegung wird also der Gesamtquerschnitt betrachtet, und in das Lastband geht die gesamte auf Fahrbahn und Gehwegen stehende Last ein.

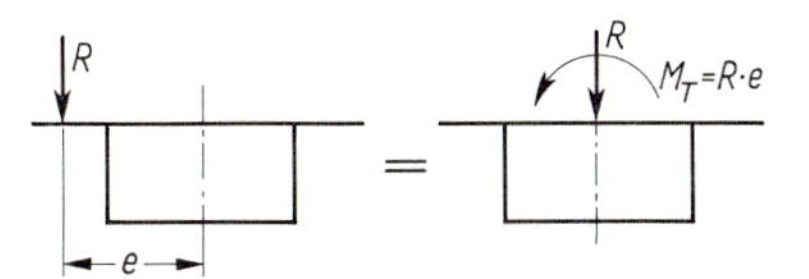


**293.**1 Ausmittige Belastung des Hohlkastens

Die Verhältnisse liegen jedoch anders, wenn es um die größte Kraft in einem der vier unter den Enden der Hohlkastenstege angeordneten Lager geht: Da die Resultierende der vier Lagerkräfte stets in derselben Wirkungslinie liegen muß wie die Resultierende der auf der Brücke stehenden Belastung, führt eine Verschiebung der Lastresultierenden aus der Symmetrieachse des Querschnitts heraus zu ungleicher Belastung der Lager eines Widerlagers (**293.**2 und **293.**3). Strenggenommen ist die Ermittlung der vier lotrechten Lagerkräfte des nunmehr räumlichen Systems eine Aufgabe, die mit den sechs Gleichgewichtsbedingungen des Raumes allein nicht gelöst werden kann, man hilft sich hier jedoch üblicherweise mit einer Näherung: Die Lasten werden zunächst im Querschnitt nach dem Hebelgesetz auf die beiden Stege und dann im Längsschnitt wieder nach dem Hebelgesetz auf die beiden Lager eines Steges verteilt.

Um nun vom Querschnitt her gesehen z. B. für den linken Steg die größtmögliche Belastung zu erhalten, wird die Hauptspur an den linken Schrammbord gerückt und der linke Gehweg sowie die Fahrbahnteile

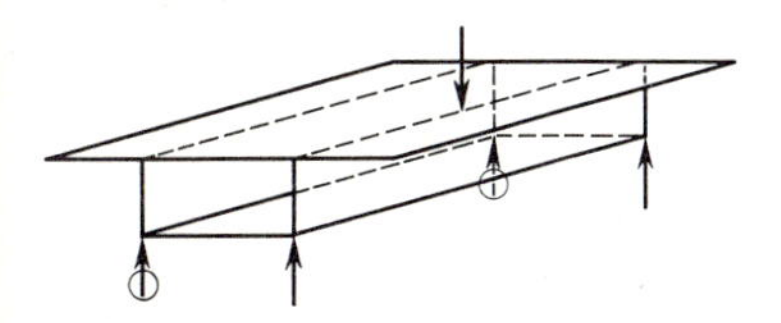


**293.**2 Last über einem Steg des Hohlkastens

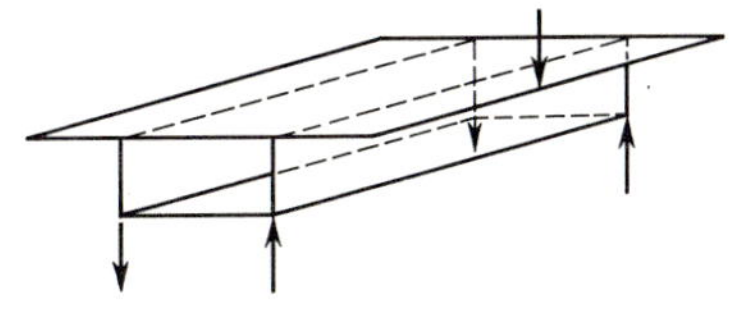

**293.**3 Last am Rand der Gehwegkonsole

zwischen Hauptspur und rechtem Steg mit der Flächenlast $p_2$ belastet; die rechte Konsole und die Fahrbahn außerhalb des rechten Stegs bleiben unbelastet: eine Last, die dort steht, erzeugt ja im betrachteten linken Steg eine negative Lagerkraft, mindert also dessen Beanspruchung (**293**.3).

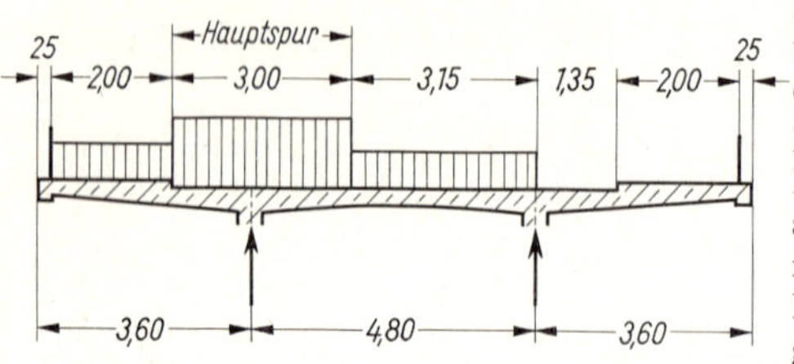


**294**.1 Größte Last für die Lager des linken Steges

Bevor diese Überlegungen in Zahlen umgesetzt werden können, muß noch ein wichtiger Begriff eingeführt werden: der Schwingbeiwert $\varphi$.

Die angeführten Belastungen sind bewegliche Belastungen, die mindestens teilweise stoßartig aufgebracht werden und dadurch Erschütterungen und Schwingungen verursachen. Diese Erscheinungen führen aber zu einer Vergrößerung der Beanspruchung der Baustoffe, die sehr beträchtlich sein kann. Außerdem ist die Beanspruchung, die ein Material gerade noch ohne Bruch ertragen kann, bei langsam aufgebrachter und dann gleichbleibender Belastung größer als bei vielfach wiederholter Be- und Entlastung. Diese Tatsachen werden in der DIN 1072 durch die Einführung des Schwingbeiwertes $\varphi$ berücksichtigt. Er hat bei Bauwerken ohne Überschüttung die Größe $\varphi = 1{,}4 - 0{,}008 \cdot l_\varphi \equiv 1{,}0$.

Mit ihm sind vor der Ermittlung des Lastbandes die Verkehrslasten der Hauptspur malzunehmen, und das so gewonnene Lastband gilt für die Berechnung aller Brückenteile einschließlich der Lager, Lagerbänke und Stützen, ausgenommen Widerlager, Pfeiler und Gründungskörper samt Bodenfuge.

In der Formel ist $l_\varphi$ die maßgebende Länge in m; in unserem Beispiel wird $l_\varphi = l = 30$ m und damit

$$\varphi = 1{,}4 - 0{,}008 \cdot 30 = 1{,}40 \pm 0{,}24 = 1{,}16$$

Nun können wir die Lastbänder aufstellen:

a) Lastband für die Auswertung der $M$- und $Q$-Linie. Gehwege und Fahrbahn werden mit Lasten vollgestellt. Im Bereich vor und hinter den Regelfahrzeugen ergibt sich dann die Gleichlast

$$\begin{aligned} p &= 3{,}00 \cdot \varphi \cdot p_1 + ((7{,}50 - 3{,}00) + 2 \cdot 2{,}00)p_2 = 3{,}00 \cdot 1{,}16 \cdot 5{,}00 + 8{,}50 \cdot 3{,}00 \\ &= 17{,}4 + 25{,}5 = 42{,}9 \text{ kN/m} \end{aligned}$$

Neben den Regelfahrzeugen steht (**294**.2)

$$\bar{p} = [(7{,}500 - 6{,}00) + 2 \cdot 2{,}00]p_2 = 5{,}50 \cdot 3{,}00 = 16{,}5 \text{ kN/m}$$

und die Regelfahrzeuge liefern die Achslasten

$$\varphi P_{60} + P_{30} = 1{,}16 \cdot 200 + 100 = 332 \text{ kN}$$

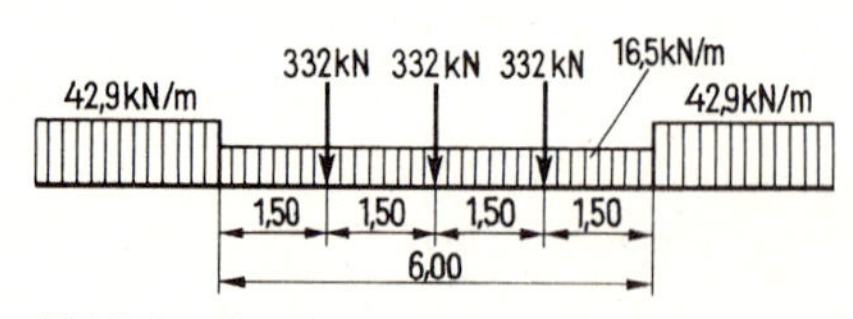


**294**.2 Lastband zur Auswertung der $M$- und $Q$-Linie

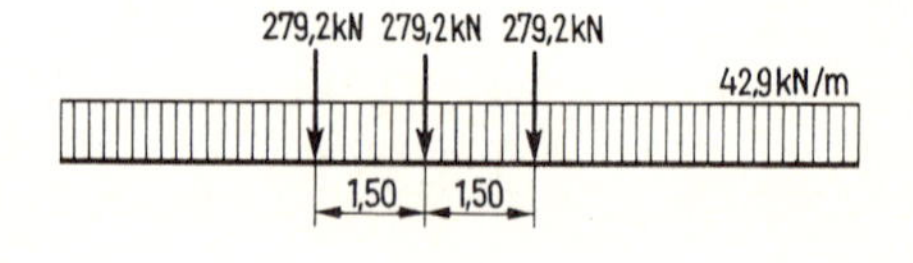


**294**.3 Lastband zur Auswertung der $M$- und $Q$-Linie mit gleichbleibender Meterlast

Um die Einflußlinie über die ganze Trägerlänge hinweg mit einer gleichbleibenden Meterlast auswerten zu können, wird nun von den drei Einzellasten der Teil abgezogen, mit dem die Last $\bar{p}$ auf die Last $p$ „aufgefüllt" werden kann. Es fehlen insgesamt

$$6{,}00(42{,}9 - 16{,}5) = 6{,}00 \cdot 26{,}4 = 158{,}4 \text{ kN}$$

Dieser Betrag verteilt sich auf drei Einzellasten; eine Einzellast ist also zu vermindern um 158,4/3 = 52,8 kN. Damit ergibt sich das Lastband (**294.**3) mit den Einzellasten 332,0 − 52,8 = 279,2 kN. Zu diesen Einzellasten wären wir bei den beiden 3achsigen, 6 m langen und 3 m breiten SLW schneller gekommen mit

$$(200{,}0 - 2{,}00 \cdot 3{,}00 \cdot 5{,}00)\,\varphi + (100 - 2{,}00 \cdot 3{,}00 \cdot 3{,}00) = 170{,}0 \cdot 1{,}16 + 82{,}0 = 279{,}2 \text{ kN}$$

Bei dieser Rechnung wurde gleich von jeder Achslast des 60-t-SLW 6 m² Flächenlast $p_1$ und von jeder Achslast des 30-t-SLW 6 m² Flächenlast $p_2$ abgezogen; der Beitrag des 60-t-SLW wurde mit dem Schwingbeiwert $\varphi$ vervielfacht.

DIN 1072, 5.3.3, gestattet übrigens, bei Einflußflächen gleichen Vorzeichens mit mehr als 30 m Länge mit der Ersatzflächenlast $p'$ anstelle der Einzellasten zu arbeiten; für den 60-t-SLW ist $p'$ = 33,3 kN/m², für den 30-t-SLW $p'$ = 16,7 kN/m². Bei einer Breite der Hauptspur von drei Metern ergibt sich daraus die Hauptspur-Meterlast $3{,}00 \cdot 33{,}3 \approx 100{,}0$ kN/m, die noch mit dem Schwingbeiwert $\varphi$ malzunehmen ist, und in der ebenfalls 3 m breiten Nebenspur kann der 30-t-SLW durch die Meterlast $3 \cdot 16{,}7 \approx 50{,}0$ kN/m ersetzt werden.

In unserem Beispiel liegen wir gerade an der Grenze der Zulässigkeit dieser Vereinfachung. Hätten wir die Stützweite 30,01 m, so könnten wir auch das Lastband nach Bild **295.**1 ansetzen. Es dürfte aber fraglich sein, ob es sich mit diesem Lastband wirklich einfacher arbeiten läßt als mit dem des Bildes **294.**3.

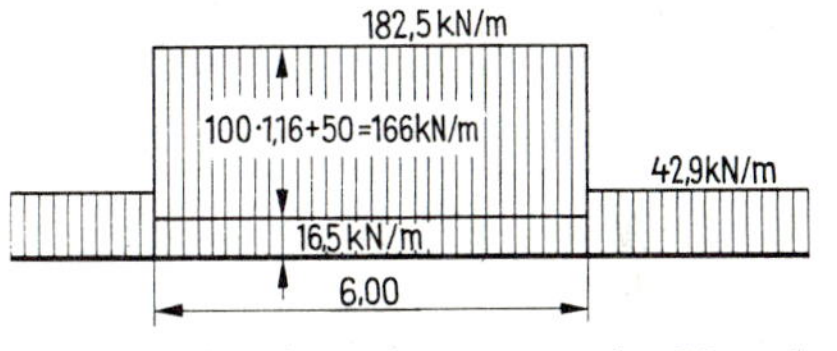


**295.**1 Lastband zur Auswertung der *M*- und *Q*-Linie mit Ersatzflächenlast $p'$

b) Lastband für die Ermittlung der größten Lagerbelastung (Lager des linken Stegs). Die Anordnung der Belastung im Querschnitt zeigt Bild **294.**1. Mit Berücksichtigung des Schwingbeiwertes erhalten wir

in der Hauptspur die Gleichlast $\varphi \cdot p_1 = 1{,}16 \cdot 5{,}00 = 5{,}80$ kN/m²
oder die Achslasten $\varphi \cdot 200 = 1{,}16 \cdot 200 = 232$ kN

außerhalb der Hauptspur vom linken Geländer bis zur Achse des rechten Steges die Gleichlast

$$p_2 = 3{,}00 \text{ kN/m}^2$$

in der Nebenspur neben dem 60-t-SLW die Achslasten des 30-t-SLW von je 100 kN.

Nach dem Hebelgesetz ergibt das für den linken Steg die folgende Belastung:

| Gleichlast vor und hinter den Regelfahrzeugen: | | kN/m |
|---|---|---|
| Hauptspur | 3,00 · 5,80 · 4,65/4,80 | = 16,9 |
| linker Gehweg | 2,00 · 3,00 · 7,15/4,80 | = 8,9 |
| Fahrbahn außerhalb der Hauptspur<br>(3 m breite Nebenspur zuzüglich 0,15 m breite Restfläche) | 3,15 · 3,00 · 1,58/4,80 | = 3,1 |
| | | 28,9 |

| Gleichlast neben den Regelfahrzeugen: | | kN/m |
|---|---|---|
| linker Gehweg | 2,00 · 3,00 · 7,15 /4,80 | = 8,9 |
| Fahrbahn außerhalb Haupt- und Nebenspur | 0,15 · 3,00 · 0,075/4,80 | ≈ 0,0 |
| | | 8,9 |

| Achslasten: | | kN |
|---|---|---|
| 60-t-SLW | 232 · 4,65/4,80 | = 224,8 |
| 30-t-SLW | 100 · 1,65/4,80 | = 34,4 |
| | | 259,2 |

Dieses Lastband ist in Bild **296.**1 dargestellt. Wollen wir wieder eine durchgehende Gleichlast erhalten, muß jede Einzellast um 2 (28,9 − 8,9) = 40,0 kN vermindert werden; sie erhält dann die Größe 219,2 kN (296.2).

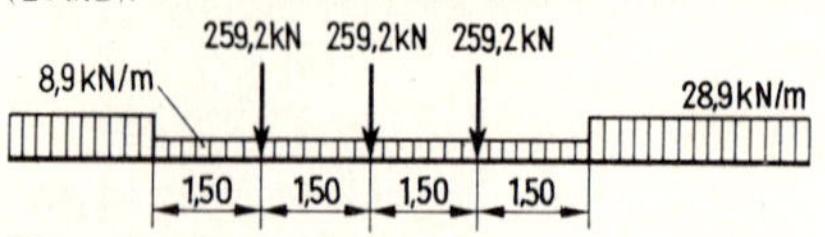


**296.**1 Lastband zur Ermittlung der größten Lagerbelastung

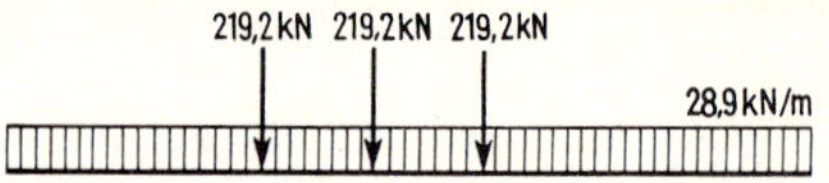


**296.**2 Lastband zur Ermittlung der größten Lagerbelastung mit gleichbleibender Meterlast

**2. Berechnung von max $M_{p,1/4}$.** Die Einflußlinie ist in Bild **296.**3 aufgezeichnet; sie hat die Spitzenordinate

$$\max \eta = x_m \cdot x'_m / l = 7{,}50 \cdot 22{,}50/30{,}00 = 5{,}63 \text{ m}$$

Die Auswertung gestaltet sich sehr einfach; die einzige Frage, die zu entscheiden ist, lautet: Muß die linke oder die mittlere Achslast des SLW über der Spitzenordinate der Einflußlinie stehen (**296.**3, ausgezogene und gestrichelte Einzellasten)? Aus der Zeichnung geht nun sofort hervor, daß die Ordinate 1,50 m links von $\max \eta$ kleiner ist als die Ordinate $2 \cdot 1{,}50$ m rechts von $\max \eta$, weswegen die Stellung „linke Achslast über der größten Ordinate" das maximale Moment liefert. Es ergibt sich also

$$\max M_{p,1/4} = P \sum_i \eta_i + p \cdot A = 279{,}2\,(5{,}63 + 5{,}25 + 4{,}88) + 42{,}9 \cdot 0{,}5 \cdot 30{,}00 \cdot 5{,}63$$
$$= 279{,}2 \cdot 15{,}76 + 3623 = 4400 + 3623 = 8023 \text{ kNm}$$

Da bei der maßgebenden Laststellung die Einflußlinie im Bereich der Lastengruppe geradlinig verläuft, hätten wir auch von der Gl. (291.2) Gebrauch machen können. Mit $R = 3 \cdot 279{,}2 = 837{,}6$ kN

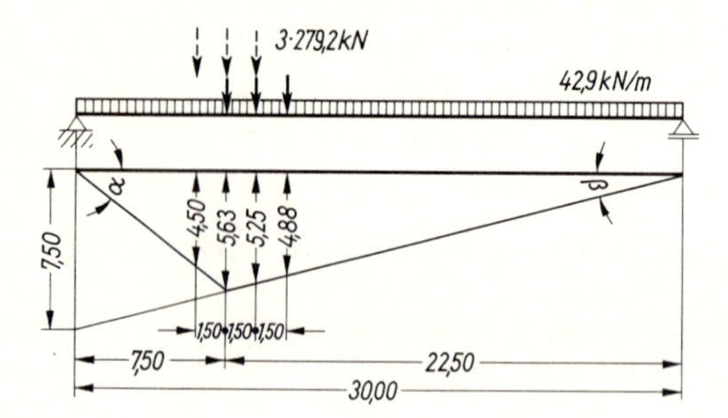


**296.**3 Auswertung der $M_{1/4}$-Linie

und $\eta_R = 5{,}25$ m – die Resultierende fällt mit der mittleren Last zusammen – sähe die Berechnung des Anteils der Einzellasten dann wie folgt aus:

$$\sum_i (P_i \cdot \eta_i) = R \cdot \eta_R = 837{,}6 \cdot 5{,}25 = 4397 \text{ kNm}$$

(Die Abweichung von den zuvor errechneten 4400 kNm kommt daher, daß die genauen Ordinaten der linken und rechten Achslast 5,625 m und 4,875 m messen.)

Als Abschluß der Auswertung der $M_{1/4}$-Linie wollen wir uns noch überlegen, wie sich die Einflußordinaten der Einzellasten ändern, wenn wir den SLW geringfügig nach links verschieben – eine Verschiebung nach rechts verursacht offensichtlich bei allen drei Einzellasten kleinere Einflußordinaten. Dazu überlegen wir uns zunächst, daß das linke Stück der $M_{1/4}$-Linie die Steigung

$$\tan \alpha = \frac{3}{4}\, l/l = 0{,}75 \quad \text{und das rechte die Steigung} \quad \tan \beta = \frac{1}{4}\, l/l = 0{,}25$$

besitzt.

Eine Verschiebung des SLW um 1 cm = 0,01 m nach links führt demnach bei der mittleren und rechten Achslast zu einer V e r g r ö ß e r u n g der Einflußordinaten um $\Delta\eta_m = \Delta\eta_r = \Delta x \cdot \tan\beta = 0{,}01 \cdot 0{,}25 = 0{,}0025$ m (**297**.1), beide Ordinaten zusammen werden um $\Delta\eta_m + \Delta\eta_r = 0{,}0050$ m größer. Demgegenüber erhält die linke Achslast, die über der Spitzenordinate steht, bei einer Verschiebung des SLW um 1 cm nach links eine Einflußordinate, die um $\Delta\eta_l = \Delta x \cdot \tan\alpha = 0{,}01 \cdot 0{,}75 = 0{,}0075$ m k l e i n e r ist als die Spitzenordinate (**297**.2). Insgesamt wird also die Größe $\Sigma\eta_i$ bei der Verschiebung des SLW um 1 cm nach links um $0{,}0075 - 0{,}0050 = 0{,}0025$ m kleiner. Die gewählte Stellung des SLW mit einer Achslast über der größten Einflußordinate ergibt also tatsächlich das größte Moment.

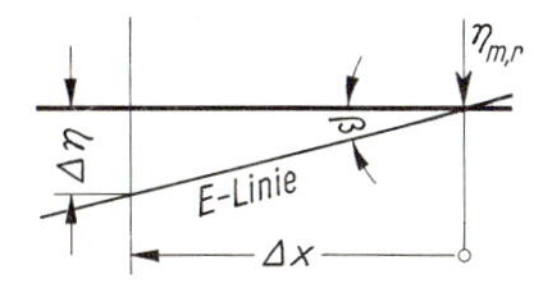


**297**.1 Verschiebung des SLW um $\Delta x$ nach links: mittlere und rechte Achslast

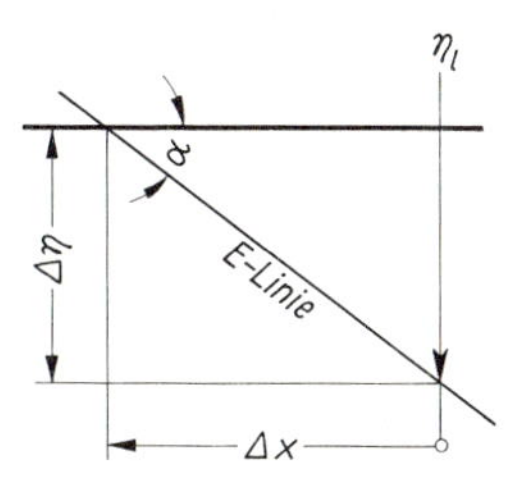


**297**.2 Verschiebung des SLW um $\Delta x$ nach links: linke Achslast

**3. Berechnung von max $Q_{p,\,1/4}$ und min $Q_{p,\,1/4}$.** Die Einflußlinie ist in Bild **297**.3 aufgezeichnet; sie hat die Spitzenordinaten $-0{,}25$ und $+0{,}75$.

Die Auswertung bietet keine Schwierigkeiten; es ergibt sich sofort

$$\max Q_{p,\,1/4} = 837{,}6 \cdot 0{,}70 + 42{,}9 \cdot 0{,}5 \cdot 22{,}50 \cdot 0{,}75 = 586 + 362 = 948 \text{ kN}$$
$$\min Q_{p,\,1/4} = 837{,}6(-0{,}20) + 429 \cdot 0{,}5 \cdot 7{,}50(-0{,}25) = -167{,}5 - 40{,}2 = -207{,}7 \text{ kN}$$

Dabei haben wir wieder mit der Resultierenden der Einzellasten und ihrer Einflußordinate gearbeitet.

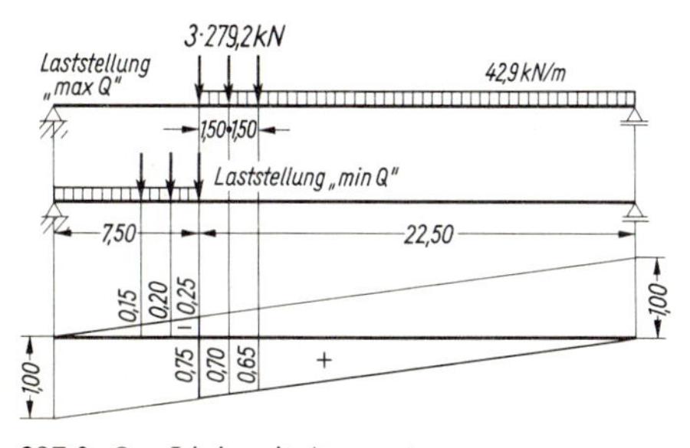


**297**.3 $Q_{1/4}$-Linie mit Auswertung

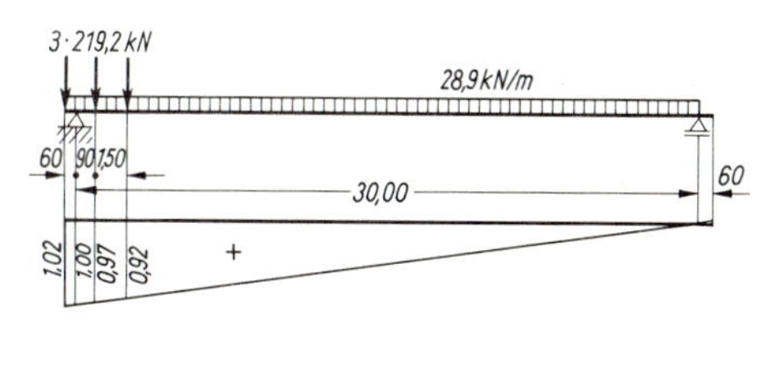


**297**.4 Bestimmung der größten Lagerbelastung

**4. Berechnung der größten Lagerbelastung.** Die Einflußlinie ist in Bild **297**.4 aufgezeichnet; zu ihr muß noch folgendes bemerkt werden:

Entsprechend der üblichen Idealisierung im Längsschnitt (**292**.2) erstrecken sich Brückenträger und Einflußlinie nur zwischen den Senkrechten durch die Lager. In Wirklichkeit ragt der Brückenträger aber noch über die Lagerachsen hinaus: Das halbe Lager und das halbe Lagerquerschott liegen auf jeder Seite außerhalb der Stützweite $l$. Unter Umständen müssen in der Verlängerung der Stege noch kleine Stummel ausgeführt werden, um die Verankerungen der Spannglieder einbetonieren zu können, weswegen dann die Fahrbahnplatte bis ans Ende dieser Stummel hin verlängert werden muß. Dadurch entstehen kleine Kragarme, zu denen ebenfalls Einflußordinaten gehören. Diese Tatsache ist in Bild **297**.4 mit der Annahme einer Kragarmlänge von 0,60 m berücksichtigt.

Die Genauigkeit ließe sich übrigens noch weiter treiben: Man könnte berücksichtigen, daß jedes Rad des SLW in Fahrtrichtung gemessen eine Aufstandslänge von 0,20 m hat. Wenn ein Rad also gerade noch voll auf dem Überbau steht, ist die Ordinate 0,10 m vor Ende des Überbaues maßgebend. Diese Feinheit wollen wir aber vernachlässigen.

Nach diesen Vorbemerkungen kommen wir schnell zum Schluß: Es ergibt sich

$$\max A_p = 3 \cdot 219{,}2 \cdot 0{,}97 + 28{,}9 \cdot 0{,}5 \cdot 30{,}60 \cdot 1{,}02 = 637{,}9 + 451 = 1089 \text{ kN}$$

Ohne Berücksichtigung der Kragarme errechnen wir

$$\max A_p = 3 \cdot 219{,}2 \cdot 0{,}95 + 28{,}9 \cdot 0{,}5 \cdot 30{,}00 \cdot 1{,}00 = 624{,}7 + 434 = 1059 \text{ kN}$$

also rund 3% weniger. Die „Kragarme“ sollten also bei der Ermittlung der Lagerbelastung berücksichtigt werden; bei der Berechnung von $\max M$ spielen sie dagegen keine Rolle, weil zu ihnen negative Einflußordinaten gehören, und bei der Bestimmung von $\max Q_p$ und $\min Q_p$ können sie wegen ihres ganz geringen Einflusses vernachlässigt werden.

**5. Schlußbemerkung.** In der vorigen Auflage dieses Teils der Praktischen Baustatik wurde das Beispiel noch mit Brückenklasse 60 durchgerechnet; wir erhielten im Viertelspunkt das maximale Moment $\max M_{p,\,1/4;\,60} = 6731$ kNm und die maximale Querkraft $\max Q_{p,\,1/4;\,60} = 776$ kN sowie die größte Lagerbelastung $\max A_{p,\,60} = 1007$ kN. Die Einführung der Brückenklasse 60/30 brachte hier demnach eine Erhöhung des Moments um 19%, der Querkraft um 22% und der Lagerkraft um 8%.

## 8.4 Mittelbare Belastung

Den bisher abgeleiteten Einflußlinien liegt die Annahme zugrunde, daß die Lasten den untersuchten Träger unmittelbar oder allenfalls unter Zwischenschaltung einer quergespannten Fahrbahnplatte oder -tafel beanspruchen. Wir sprechen dann von unmittelbarer oder direkter Belastung oder Lasteintragung. Diese ist nicht mehr gegeben, wenn die Lasten über Fahrbahnlängs- und -querträger in den betrachteten Hauptträger gelangen. Wir haben dann mittelbare oder indirekte Belastung vorliegen und müssen an den bekannten Einflußlinien zum Teil Korrekturen vornehmen. Das soll an der Momenteneinflußlinie für den Punkt $m$ gezeigt werden. Der Einfachheit halber wird dabei unterstellt, daß die Fahrbahnlängsträger über jedem Querträger gestoßen sind (**298.**1).

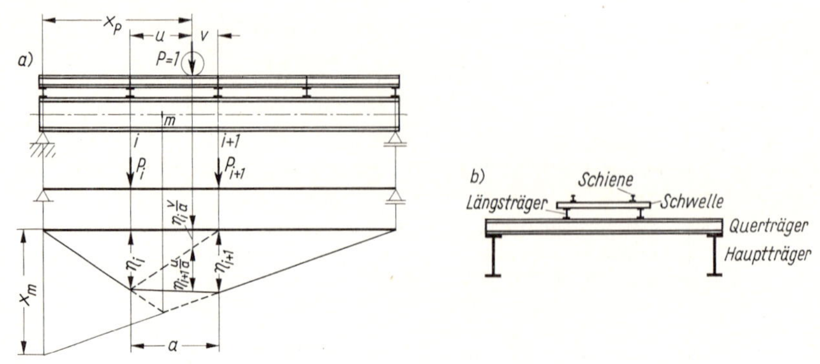


**298.**1 Mittelbare Belastung

a) Längsschnitt und $M_m$-Linie, b) Querschnitt, schematisch am Beispiel Eisenbahnbrücke

Der Punkt $m$ liegt zwischen den Querträgern $i$ und $i+1$, und wir beschränken uns darauf, die Einflußordinaten zwischen diesen beiden Querträgern zu ermitteln. Die unter der Last $P = 1$ vorhandene Ordinate der in bekannter Weise ermittelten $M_m$-Linie dürfen wir nicht der Momentenermittlung zugrunde legen, da der Hauptträger an dieser Stelle nicht belastet ist. Der Hauptträger erhält vielmehr aus der Last $P = 1$ an der Stelle $i$ die Querträger-Lagerkraft $P_i = 1 \cdot v/a$ und an der Stelle $i+1$ die Querträger-Lagerkraft $P_{i+1} = 1 \cdot u/a$, und mit diesen beiden „Lasten", deren Größe sich beim Verschieben von $P$ ändert, muß die $M_m$-Linie ausgewertet werden. Es ist

$$M_m = P_i \cdot \eta_i + P_{i+1} \cdot \eta_{i+1} = \frac{v}{a}\eta_i + \frac{u}{a}\eta_{i+1}$$

Wegen $P = 1$ ist aber $M_m$ die gesuchte Einflußordinate $\eta$, die unter der jeweiligen Stellung von $P$ aufgetragen wird.

$\eta = \frac{v}{a}\eta_i + \frac{u}{a}\eta_{i+1}$ läßt sich nun sehr leicht geometrisch deuten; wir erhalten es, wenn wir die Ordinaten unter den Querträgern $\eta_i$ und $\eta_{i+1}$ geradlinig verbinden (**298.**1 a).

Wir können demnach ganz allgemein feststellen: Bei mittelbarer Belastung verläuft die Einflußlinie von Querträger zu Querträger geradlinig.

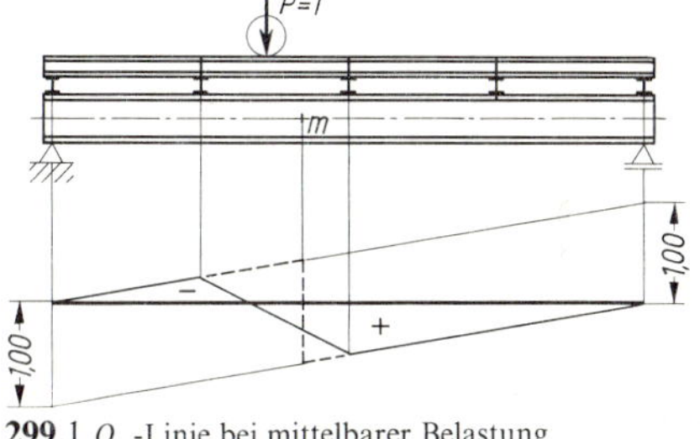

**299.**1 $Q_m$-Linie bei mittelbarer Belastung

Zwischen den anderen Querträgern links von $i$ und rechts von $i+1$ ist das ohnehin der Fall; dort ergibt sich also wegen mittelbarer Belastung keine Änderung.

Die abgeleitete Regel gilt für alle Arten von Einflußlinien; Bild **299.**1 zeigt eine $Q$-Linie bei mittelbarer Belastung.

## 8.5 Die Linien der größten Biegemomente und der größten und kleinsten Querkräfte

Nachdem wir mit Hilfe der Einflußlinien für eine ausgewählte Reihe von Punkten (Bemessungspunkte, z.B. Viertelspunkte, Sechstelspunkte, Achtelspunkte ...) das größte Biegemoment aus lotrechter Verkehrslast $\max M_p$ ermittelt haben, fügen wir das jeweilige Moment aus ständiger Last $M_g$ hinzu, tragen die Summe $M_g + \max M_p$ im zugehörigen Punkt als Ordinate an und verbinden die Ordinaten aller ausgewählten Punkte durch eine Kurve. Dadurch erhalten wir die Linie der größten Biegemomente, die auch max $M$-Linie oder Grenzlinie der Momente genannt wird.

Da die Momenteneinflußlinien sämtlicher Punkte des einfachen Balkens auf zwei Lagern nur positive Ordinaten aufweisen, ist das kleinste Moment aus Verkehrslast immer gleich Null: $\min M_p = 0$; bei Berücksichtigung der ständigen Last ist $\min M = M_g > 0$.

Bei der Querkraft liegen die Verhältnisse nicht so einfach: Jeder Punkt zwischen den Lagerpunkten a und b hat in seiner $Q$-Linie eine negative und eine positive Beitragsstrecke; für jeden dieser Punkte gibt es also ein $\max Q_p > 0$ und ein $\min Q_p < 0$.

Um die Linien der größten und kleinsten Querkräfte (= Grenzlinie der Querkräfte) zu erhalten, zeichnen wir zunächst die $Q_g$-Fläche und tragen dann von ihrer Begrenzungslinie aus die Größen $\max Q_p$ und $\min Q_p$ an.

An zwei einfachen Beispielen sollen diese Ausführungen veranschaulicht werden:

**Beispiel:** Linien der größten Momente und der größten und kleinsten Querkräfte für einen einfachen Balken auf zwei Lagern mit ständiger Last $g$ (Gleichlast) und einer wandernden Einzellast $P$.

Lastfall $g$ $\quad A = B = g \cdot l/2 \quad Q_{xg} = g \cdot l/2 - g \cdot x \quad M_{xg} = \frac{g \cdot l}{2} x - \frac{g \cdot x^2}{2} = \frac{g}{2} x (l - x)$

Die Zustandsflächen der Querkraft und des Moments sind in Bild **300.**1 aufgezeichnet.

Lastfall $P$. Für den beliebigen Punkt $m$ ist

$$\max Q_{mP} = + P \frac{x'_m}{l} \quad \text{mit} \quad l \geqq x'_m \geqq 0 \qquad \min Q_{mP} = - P \frac{x_m}{l} \quad \text{mit} \quad 0 \leqq x_m \leqq l$$

Die Last $P$ wird für $\max Q_m$ unmittelbar rechts von $m$, für $\min Q_m$ unmittelbar links von $m$ aufgestellt (**300.**2).

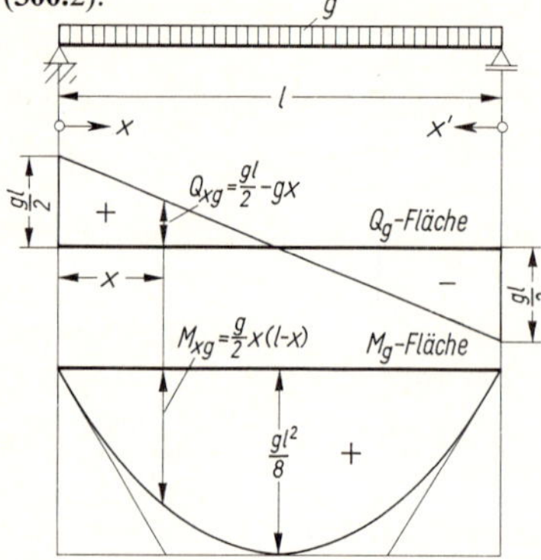


**300.**1 Lastfall $g$

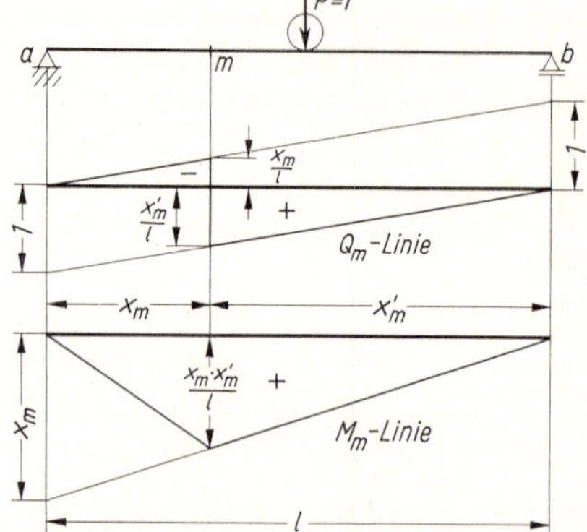


**300.**2 Einflußlinien für die Behandlung des Lastfalles $P$

Die Linie der $\max Q_p$ ist in diesem Beispiel eine Gerade, die im Auflager $b$ mit der Ordinate 0 beginnt und im Auflager $a$ die Ordinate $+P$ erreicht. Die Linie $\min Q_P$ beginnt in $a$ mit 0 und hat in $b$ den Wert $-P$.

Für das größte Moment aus der Einzellast $P$ steht diese jeweils im Aufpunkt über der größten Ordinate der jeweiligen Einflußlinie, so daß sich ergibt

$$\max M_P = P \frac{x_m \cdot x'_m}{l} = \frac{P \cdot x_m (l - x_m)}{l} = \frac{P \cdot l}{4} \frac{4}{l} \frac{x_m (l - x_m)}{l} = \frac{P \cdot l}{4} \frac{4}{l^2} x_m (l - x_m)$$

mit $\quad 0 \leqq x_m \leqq l$

In der letzten Formel ist $P \cdot l/4$ das überhaupt größte Moment aus $P$, welches in Trägermitte ($x_m = l/2$) bei Laststellung $P$ in Trägermitte auftritt; $\frac{4}{l^2} x_m (l - x_m)$ ist die Gleichung der Einheitsparabel, die der $q \cdot l^2/8$-Parabel ähnlich ist, jedoch die größte Ordinate 1 aufweist. Die Linie der größten Biegemomente infolge einer wandernden Einzellast ist also eine quadratische Parabel. Mit $P = 1$ enthält diese Parabel übrigens die Spitzen sämtlicher Momenteneinflußlinien des einfachen Balkens auf zwei Lagern (**301.**1).

Die Überlagerung der Momente und Querkräfte aus den Lastfällen $g$ und $P$ ist in Bild **301.**2 aufgetragen.

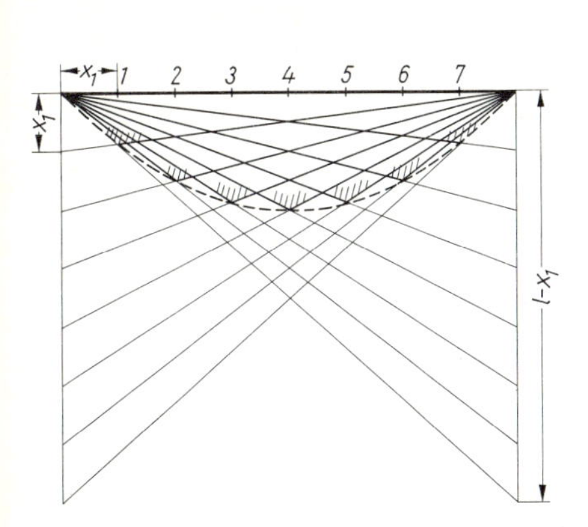

301.1 $M$-Einflußlinien der Achtelspunkte und Spitzenkurve $x(l-x)/l$

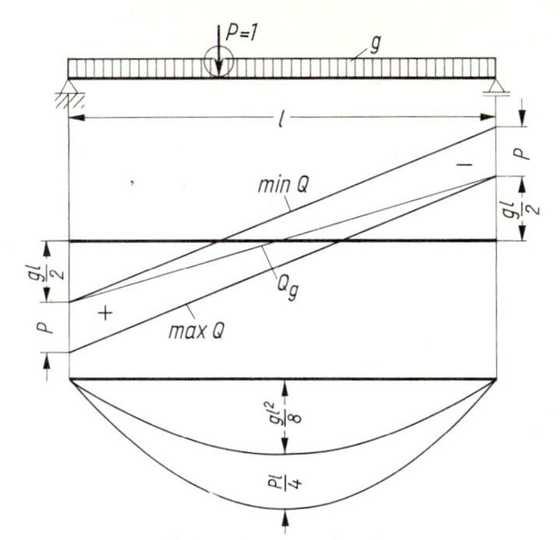

301.2 Grenzlinien der Querkräfte und Momente

**Beispiel 2:** Grenzlinien der Momente und Querkräfte für einen einfachen Balken auf zwei Lagern mit Gleichlasten $g$ (ständige Last) und $p$ (Verkehrslast)

Lastfall $g$: s. Beisp. 1.

Lastfall $p$: Einflußlinien s. Bild **300**.2. Für $\max Q_m$ wird die positive, für $\min Q_m$ die negative Beitragsstrecke belastet; es ergibt sich

$$\max Q_m = p \cdot A_{+,m} = p \frac{1}{2} \frac{x'_m}{l} x'_m = \frac{p}{2l}(x'_m)^2 \qquad \text{mit} \qquad l \geqq x'_m \geqq 0$$

$$\min Q_m = p \cdot A_{-,m} = -p \frac{1}{2} \frac{x_m}{l} x_m = -\frac{p}{2l}(x_m)^2 \qquad \text{mit} \qquad 0 \leqq x_m \leqq l$$

$\max Q_m$ und $\min Q_m$ ergeben sich als Funktionen 2. Grades (quadratische Parabeln) in Abhängigkeit von den Abszissen $x'_m$ (positiv vom Auflager $b$ nach links) und $x_m$ (positiv vom Auflager $a$ nach rechts); die Parabelscheitel liegen in den jeweiligen Nullpunkten der Abszissen, für $\max Q_m$ in $b$, für $\min Q_m$ in $a$. Dem Betrage nach erreichen beide Funktionen den gleichen größten Wert

$$\frac{p}{2l} l^2 = \frac{p \cdot l}{2} = A_p = B_p$$

Wie in Beisp. 1 müssen die Linien der größten und kleinsten Querkräfte aus $p$ der $Q_g$-Linie überlagert werden, was in Bild **301**.3 geschehen ist.

Wir wollen an dieser Stelle unterstreichen, daß der Anteil der Verkehrslast in dieser Grenzlinie aus der Auswertung von Einflußlinien stammt, wobei Teilbelastungen des einfachen Balkens angesetzt wurden.

Um $\max M_m$ zu erhalten, ist für alle Punkte $m$ des Trägers Vollbelastung mit $p$ maßgebend, da alle $M_m$-Linien nur positive Ordinaten besitzen. In diesem Falle ist der Anteil der Verkehrslast an der Linie der größten Momente gleich der Momentenfläche (Zustandsfläche) für Vollbelastung mit $p$

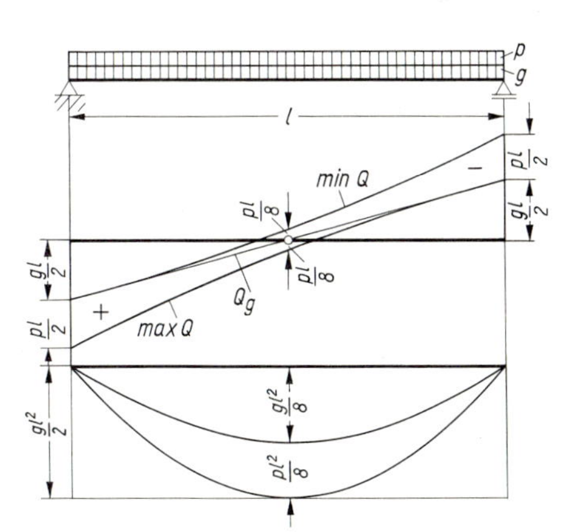

301.3 Extremwerte der Querkraft und des Biegemomentes bei Gleichlasten $g$ und $p$

$$\max M_{\mathrm{m}} = p \cdot A = p \frac{1}{2} \frac{x_{\mathrm{m}} \cdot x'_{\mathrm{m}}}{l} l = \frac{p \cdot x_{\mathrm{m}} \cdot x'_{\mathrm{m}}}{2} = \frac{p \cdot x_{\mathrm{m}}(l - x_{\mathrm{m}})}{2} = \frac{p \cdot l^2}{8} \frac{4}{l^2} x_{\mathrm{m}}(l - x_{\mathrm{m}})$$

mit $0 \leqq x_{\mathrm{m}} \leqq l$

Der erste Faktor ist das überhaupt größte Moment aus $p$, das in Trägermitte auftritt, der zweite Faktor ist wieder die Gleichung der Einheitsparabel. Die Gleichung für $\max M_{\mathrm{m}}$ ist hier also identisch mit der bekannten Gleichung für $M_x$ infolge von Vollbelastung mit $p$. Die Grenzlinie der Momente ist ebenfalls in Bild **301.**3 aufgezeichnet.

## 8.6 Die Ermittlung der Einflußlinien mit der kinematischen Methode

### 8.6.1 Erläuterung des Verfahrens

Ein schnelles und sehr anschauliches Verfahren zur Gewinnung der Einflußlinien ergibt sich aus dem Satz von Land; wir wollen mit dieser kinematischen Methode die Einflußlinien der Lagerkräfte, Momente und Querkräfte von Balken auf zwei Stützen mit Kragarmen und von Gelenkträgern ermitteln.

Das Prinzip des Verfahrens besteht darin, das Tragwerk durch einen gedachten Eingriff einfach beweglich zu machen: Es wird in eine „zwangläufige kinematische Kette" verwandelt, bei der die Bahnkurven aller Punkte eindeutig vorgeschrieben sind; ein solches System kann nur eine Art von Bewegung ausführen.

Der gedachte Eingriff wird bestimmt von der statischen Größe, deren Einflußlinie wir suchen.

Wollen wir die Einflußlinie einer lotrechten Lagerkraft ermitteln, so machen wir in Gedanken das betrachtete Lager lotrecht verschieblich.

Suchen wir die Einflußlinie des Biegemoments im Punkt $m$, so beseitigen wir in Gedanken dort die Biegesteifigkeit, ohne die Übertragung von Querkräften und Längskräften zu behindern: wir führen im Punkt $m$ ein Gelenk ein.

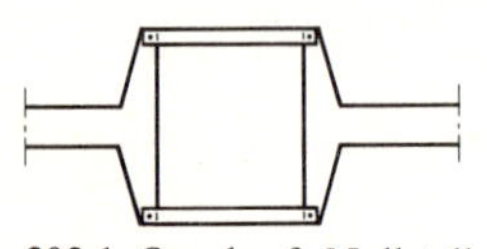

**302.**1 Querkraft-Nullstelle ($M$ und $N$ können übertragen werden)

Fragen wir nach der Einflußlinie der Querkraft im Punkt $m$, so heben wir dort in Gedanken die Möglichkeit auf, eine Querkraft zu übertragen, ohne die Weiterleitung von Momenten und Längskräften zu beeinträchtigen. Das geschieht durch die Einführung einer „Querkraft-Nullstelle", die auch „Querkraftgelenk" oder „Querkraft-Nullfeld" genannt wird. Sie läßt sich durch ein Gelenkviereck nach Bild **302.**1 veranschaulichen.

Der Vollständigkeit halber wollen wir erwähnen, daß zur Ermitttlung der Einflußlinie einer Längskraft im betrachteten Punkt eine „Längskraft-Nullstelle" gedacht wird (**303.**1), die die Übertragung von Biegemomenten und Querkräften nicht behindert, die Weiterleitung von Längskräften aber ausschließt.

Der zwangläufigen kinematischen Kette erteilen wir nun eine gedachte („virtuelle" = „der Möglichkeit nach vorhandene") Bewegung oder Verrückung von der Größe 1 (einheitenlos), und zwar entgegen der positiven Richtung der gesuchten statischen Größe.

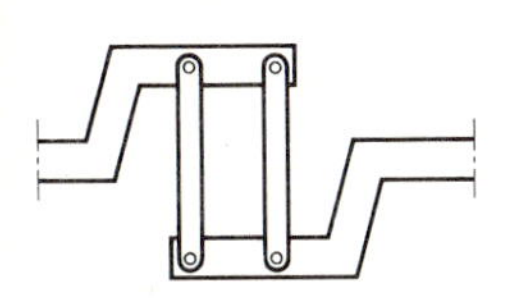

**303.1** Längskraft-Nullstelle ($M$ und $Q$ können übertragen werden)

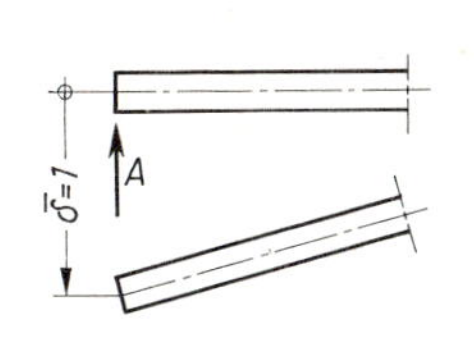


**303.2** Virtuelle Verschiebung eines Lagerpunktes

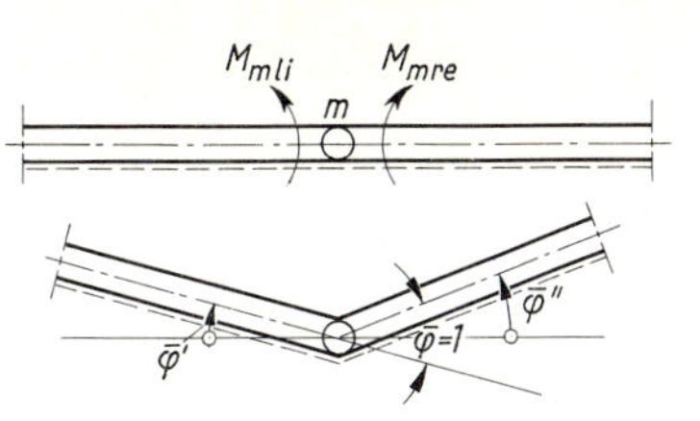


**303.3** Virtueller Knick zur Ermittlung der $M_m$-Linie

Diese Bewegung müssen wir uns so klein vorstellen, daß sie keinen Einfluß auf die Gleichgewichtsbedingungen der äußeren Kräfte und der Schnittgrößen ausübt: Wir wollen nämlich auch nach der Bewegung mit den Maßen des unverformten Systems arbeiten (Theorie I. Ordnung).

Im einzelnen sehen die virtuellen Verrückungen folgendermaßen aus:

Suchen wir die Einflußlinie für eine lotrechte Lagerkraft, so verschieben wir deren Angriffspunkt um $\bar{\delta} = 1$ nach unten – durch das Überstreichen von $\delta$ wollen wir ausdrücken, daß eine virtuelle Verschiebung vorliegt (**303.**2).

Wollen wir die Einflußlinie für das Moment $M_m$ ermitteln, so erzeugen wir im Punkt $m$ einen Knick von der Größe $\bar{\varphi} = 1$, wobei die beiden Tragwerksteile links und rechts des gedachten Gelenks entgegen der Richtung der angreifenden Schnittgröße gedreht werden (**303.**3). Sollte einer der beiden Teile nicht beweglich sein, so wird nur der andere „bewegt“, das heißt in diesem Falle, er wird um das Gelenk in $m$ gedreht (**303.4**).

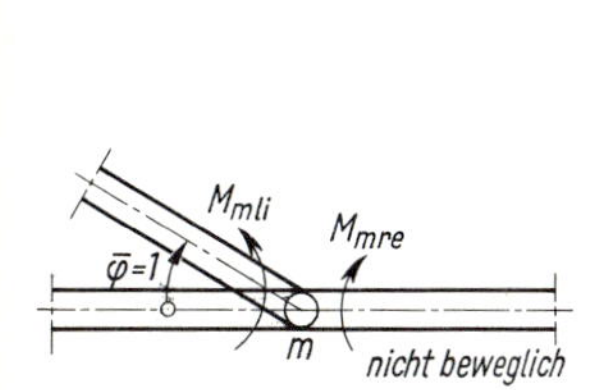


**303.4** Virtueller Knick (eine Seite nicht beweglich)

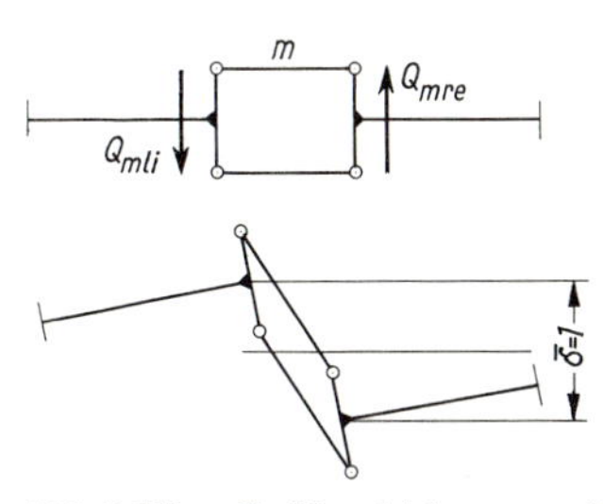


**303.**5 Virtuelle Verschiebung zur Ermittlung der $Q_m$-Linie

Bei der Bestimmung der Einflußlinie der Querkraft $Q_m$ erzeugen wir eine Klaffung $\bar{\delta} = 1$ zwischen den beiden Tragwerksteilen links und rechts von $m$, und zwar wird der linke Teil nach oben, der rechte nach unten verschoben (**303.**5). Die Eigenart des „Querkraftgelenks“ sorgt dann dafür, daß die beiden Tragwerksteile unmittelbar links und rechts von $m$ parallel bleiben.

Damit sind wir schon fertig: Nach der virtuellen Verrückung ist nämlich die Achse des Tragwerks gleich der Einflußlinie – wie gewohnt sind positive Ordinaten nach unten abgetragen.

Bevor wir uns mit dem Beweis dieser Behauptung befassen, wollen wir das neue Verfahren an zwei Beispielen weiter erläutern.

### 8.6.2 Einflußlinien des Einfeldbalkens mit Kragarmen

**1. Einflußlinien der Lagerkräfte (304.1).** Die lotrechte Verschiebung 1 des Lagerpunktes *a* nach unten führt zu einer Drehung des gesamten Trägers um das Lager *b*. Für den linken Kragarm ergeben sich dadurch Einflußordinaten, die größer als 1 sind. Wir wollen unterstreichen, daß die gedachte Verschiebung 1 und damit auch jede Einflußordinate $\eta$ einheitenlos ist.

**2. Einflußlinie des Momentes $M_m$ für Punkte *m* zwischen *a* und *b*.** Der Punkt *m* mit dem gedachten Gelenk wird so weit nach unten verschoben, bis der Träger einen Knick von der Größe $\bar{\varphi} = 1 = 1$ rad aufweist; das ist der Fall, wenn die Verlängerungen der Trägerstücke links und rechts von *m* unter den Lagern *b* und *a* die Ordinaten $x'_m$ und $x_m$ abschneiden. Wir haben dann wieder näherungsweise mit der Formel

$$\text{Winkel im Bogenmaß} = \text{Winkel in rad} = \frac{\text{Bogen}}{\text{Halbmesser}}$$

$$= \frac{x_m}{x_m} = 1 \quad \text{(links von } m\text{)} \qquad = \frac{x'_m}{x'_m} = 1 \quad \text{(rechts von } m\text{)}$$

gearbeitet. Bei der gedachten Bewegung dreht sich der linke Trägerteil im Uhrzeigersinn um das Lager *a*, der rechte Trägerteil gegen den Uhrzeigersinn um das Lager *b*.

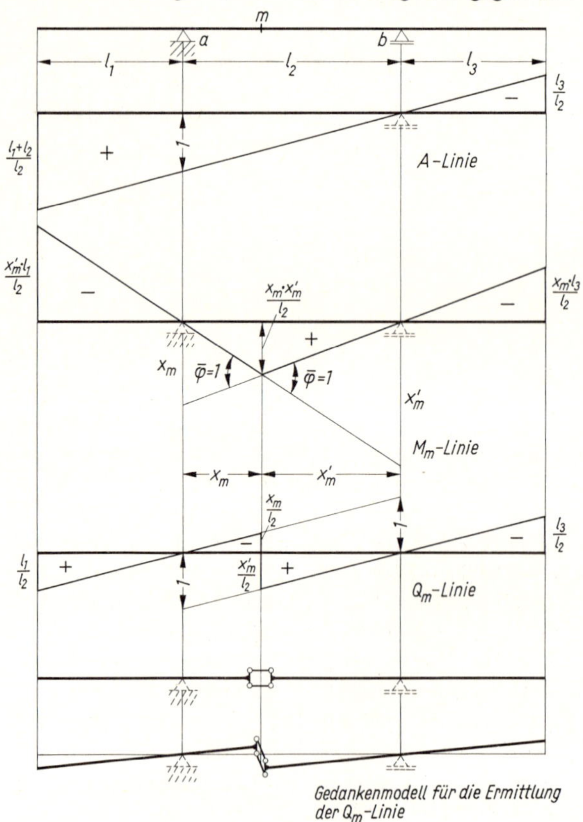


**304.1** Einflußlinien für Punkte *m* zwischen den Lagern *a* und *b*

Die größte Ordinate ergibt sich wie beim Balken ohne Kragarme zu $\max \eta = x_m \cdot x'_m / l_2$, während die negativen Ordinaten an den Kragarmenden die Werte $-x'_m \cdot l_1/l_2$ und $-x_m \cdot l_3/l_2$ annehmen (**304.**1).

**3. Einflußlinie der Querkraft $Q_m$ für Punkte *m* zwischen *a* und *b*.** Die gegenseitige Verschiebung 1 im „Querkraftgelenk“ führt zum Sprung von der Größe 1 (einheitenlos) in *m* bei Parallelität der Trägerstücke links und rechts von *m*. Die Verlängerungen der Trägerstücke schneiden unter *a* und *b* die Ordinaten +1 und −1 ab, und an den Kragarmenden ergeben sich die Ordinaten $+l_1/l_2$ und $-l_3/l_2$. Wie bei der $M_m$-Linie dreht sich jeder Trägerteil um das Lager, das ihn unterstützt; bei der $Q_m$-Linie folgen jedoch beide Teile demselben Drehsinn (**304.**1).

**4. Einflußlinien der Momente und Querkräfte für Punkte auf den Kragarmen** (**305.**1). Hier ist auch nach Einführung eines Gelenkes oder einer Querkraft-Nullstelle der eine Teil des Trägers unbeweglich, weil ihn die beiden Lager *a* und *b* unterstützen. Der Knick mit dem Winkel $\overline{\varphi} = 1$ bei der Momenteneinflußlinie oder der Sprung $\overline{\delta} = 1$ bei der Querkrafteinflußlinie kann dann nur durch eine Bewegung des anderen Teils zustande kommen. Da sich von Null verschiedene Einflußordinaten nur aus der Bewegung eines Trägerteiles ergeben, hat die Einflußlinie im Bereich eines unbeweglichen Trägerteiles durchgehend die Ordinate $\eta = 0$: Eine Last, die sich auf diesem Trägerteil bewegt, hat auf die betrachtete Schnittgröße in den Punkten *r* oder *s* keinen Einfluß.

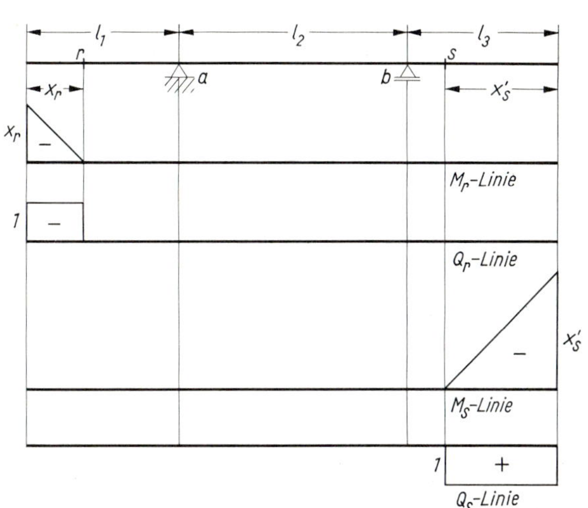


**305.**1
Einflußlinien für Punkte auf den Kragarmen

In Bild **305.**1 sind die Einflußlinien der Momente und Querkräfte für die Punkte *r* und *s* auf dem linken und rechten Kragarm aufgezeichnet:

Um die $M_r$- und $M_s$-Linie darzustellen, drehen sich die Kragarmenden um die Punkte *r* und *s*, und zwar so weit, bis die „Außenstrecken“ $x_r$ und $x'_s$ auftreten ($\overline{\varphi} = 1$ rad); $Q_r$- und $Q_s$-Linie entstehen durch Parallelverschiebung der Kragarmenden um $\delta = 1$ entgegen der Richtung der positiven Querkraft.

Bei mittelbarer Belastung gilt auch hier, daß die Einflußlinien zwischen Querträgern geradlinig verlaufen. Spitzen zwischen zwei Querträgern werden abgeschnitten, ein Sprung wird durch die direkte Verbindung der positiven Ordinate unter dem einen und der negativen Ordinate unter dem anderen Querträger ersetzt.

### 8.6.3 Einflußlinien von Gerberträgern (Gelenkträgern)

Zunächst sollen die Gerberträger behandelt werden, die aus abwechselnd angeordneten Trägern mit Kragarmen und eingehängten Trägern bestehen. Innenfelder mit eingehängten Trägern besitzen zwei Gelenke, in Endfeldern mit eingehängten Trägern ist nur ein Gelenk möglich. Wenn man von den Endfeldern mit eingehängten Trägern absieht, besitzen diese Gerberträger in jedem zweiten Feld zwei Gelenke (**306**.1).

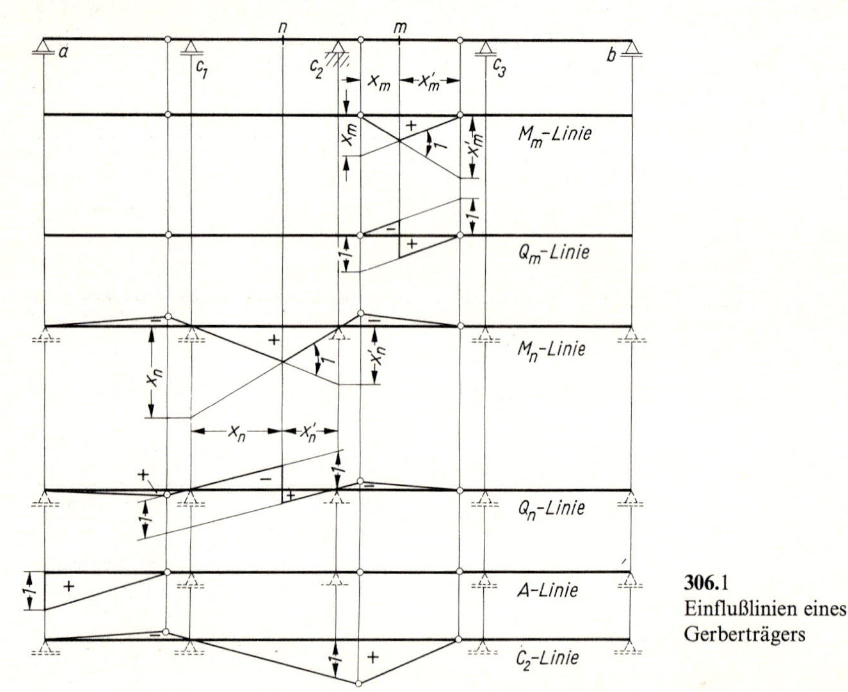


**306**.1
Einflußlinien eines Gerberträgers

Bei einem solchen System werden Lasten, die auf einem Träger mit Kragarmen stehen, ohne Beanspruchung von eingehängten Trägern oder anderen Trägern mit Kragarmen in die Lager dieses Trägers mit Kragarmen geleitet. Die Einflußlinien für Punkte eines eingehängten Trägers erstrecken sich demnach nicht auf die unterstützenden Träger mit Kragarmen, sondern beschränken sich auf den betrachteten eingehängten Träger selbst – es sind die bekannten Einflußlinien des einfachen Balkens auf zwei Lagern.

Lasten auf einem inneren Einhängeträger können dagegen nicht ohne die Mitwirkung von zwei Trägern mit Kragarmen in die Erdscheibe abgeleitet werden; sie erzeugen Gelenkdrücke, die die beiden unterstützenden Träger mit Kragarmen belasten. Ein am Ende angeordneter Einhängeträger gibt sinngemäß seine Lasten an das Endauflager und den ihn unterstützenden Träger mit Kragarmen ab. Die Einflußlinien von Punkten eines Trägers mit Kragarmen reichen darum auch über den oder die anschließenden eingehängten Träger hinweg. Diese Überlegungen leuchten sofort ein, wenn man die Einflußlinien mit Hilfe der kinematischen Methode ermittelt; dafür sind in Bild **306**.1 einige Beispiele gegeben.

Eine andere Möglichkeit der Gelenkanordnung bei Gerberträgern zeigt Bild **307.**1: Von einem Feld abgesehen, besitzt hier j e d e s F e l d e i n G e l e n k. Ein solcher Träger (Koppelträger) hat eine g e r i n g e r e K a t a s t r o p h e n s i c h e r h e i t als ein Träger nach Bild **306.**1: Beim Einsturz des einzigen Trägers mit Kragarm in Bild **307.**1 fällt der ganze Gelenkträger zusammen, während im System nach Bild **306.**1 der Einsturz eines stabilisierenden Trägers mit Kragarmen nur die beiden anschließenden Einhängeträger in Mitleidenschaft zieht. Gelenkanordnungen nach Bild **307.**1 werden daher n u r i m H o l z b a u bei S p a r r e n p f e t t e n verwendet, weil sie g ü n s t i g e r e S c h n i t t l ä n g e n für die Hölzer ergeben. Wenn man die Gelenke der einzelnen Pfettenstränge abwechselnd in der linken und rechten Hälfte der Felder anordnet, erreicht man in Verbindung mit einer Dachschalung auch eine ausreichende Katastrophensicherheit.

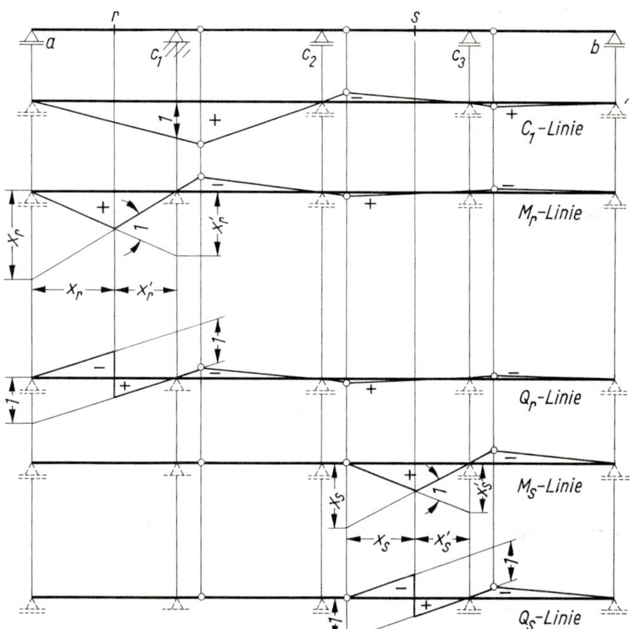


**307.**1
Einflußlinien eines Gerberträgers

## 8.6.4 Hinweis auf die theoretischen Grundlagen des Verfahrens

An dieser Stelle soll nur ein kurzer Hinweis auf die theoretischen Grundlagen der kinematischen Methode zur Bestimmung von Einflußlinien gegeben werden. Eine ausführliche Darstellung befindet sich in Teil 2 (Abschn. 11.4.3) und 3 (Abschn. 1.3.6 und 7.5.3) der „Praktischen Baustatik“.

Das hier erläuterte Verfahren ergibt sich aus der Anwendung des „Prinzips der virtuellen Verrückungen“, das in der Baustatik eine große Rolle spielt. Bei seinem Gebrauch wird einem belasteten, im Gleichgewicht befindlichen System eine unendlich kleine, gedachte, mit den Lagerbedingungen verträgliche (virtuelle) Verschiebung erteilt. Diese Verschiebung ist nicht die Folge der vorhandenen Belastung, sondern völlig unabhängig von ihr; die Verschiebung (Verrückung) wird auch erst erteilt, wenn die Formänderungen aus der Belastung bereits eingetreten sind.

Bei der Ermittlung von Einflußlinien statisch bestimmter Systeme haben wir das Prinzip der virtuellen Verrückungen auf Träger angewendet, die wir zuvor durch Wegnahme einer lotrechten Abstützung, durch Einführung eines Gelenkes oder durch Anbringen einer Querkraftnullstelle einfach beweglich gemacht hatten; wir erteilten also einer kinematischen Kette eine unendlich kleine Bewegung. Diese Bewegung war möglich, ohne daß sich die Teile der kinematischen Kette zu verformen brauchten.

In solchen Fällen spielt die Verformbarkeit der Träger keine Rolle; wir können so tun, als ob unsere Träger völlig starr wären, und sprechen deswegen von der Anwendung des Prinzips der virtuellen Verrückungen auf starre Körper.

Später werden wir das Prinzip der virtuellen Verrückungen zur Ermittlung der Einflußlinien statisch unbestimmter Systeme benutzen. Diese sind nach Wegnahme einer Abstützung oder nach Einführung eines Gelenks oder einer Querkraftnullstelle statisch bestimmt oder noch immer statisch unbestimmt. In beiden Fällen ist eine virtuelle Verrückung nur dadurch möglich, daß sich die Systeme bei der virtuellen Verrückung verformen. Wir sprechen dann von der Anwendung des Prinzips der virtuellen Verrükkungen auf elastische Tragwerke.

Für das belastete starre Tragwerk, an dem zwischen Lasten und Lagerkräften Gleichgewicht herrscht, gilt nun erfahrungsgemäß, daß bei einer virtuellen Verrückung (Verschiebung oder Drehung) keine Arbeit geleistet wird: Die Summe der von Lagerkräften und Lasten geleisteten Arbeiten ist gleich Null. Da hier wirkliche Kräfte $P$ auf virtuellen Wegen $\overline{\delta}$ Arbeit leisten, entsteht virtuelle Arbeit. Wir kennzeichnen die virtuellen Größen durch Überstreichen und schreiben

$$\boldsymbol{\Sigma \overline{W} = \Sigma(P \cdot \overline{\delta}) = 0} \tag{308.1}$$

Damit haben wir zum ersten Mal in unsere Betrachtungen die Arbeit einbezogen.

Zur virtuellen Arbeit, die bei der virtuellen Verrückung geleistet wird, liefert zunächst einmal die gesuchte Stütz- oder Schnittgröße einen Beitrag. Dabei wollen wir gleich beachten, daß nach unserer Annahme die Verschiebung bei Lager- und Querkräften und die Verdrehung beim Moment entgegen der positiven Richtung der gesuchten Größe erfolgt. Daraus folgt, daß die gesuchte Größe negative virtuelle Arbeit leistet. Die Größe dieser Arbeit wird für die Lagerkraft $A$ (**308.**1)

$$-A \cdot \overline{\delta} = -A \cdot 1$$

für das Moment $M_{\mathrm{m}}$ (**309.**1)

$$-M_{\mathrm{mli}} \cdot \overline{\varphi}_{\mathrm{li}} - M_{\mathrm{mre}} \cdot \overline{\varphi}_{\mathrm{re}} = -M_{\mathrm{m}} \cdot \overline{\varphi} = -M_{\mathrm{m}} \cdot 1$$

für die Querkraft $Q_{\mathrm{n}}$ (**309.**2)

$$-Q_{\mathrm{nli}} \cdot \overline{\delta}_{\mathrm{li}} - Q_{\mathrm{nre}} \cdot \overline{\delta}_{\mathrm{re}} = -Q_{\mathrm{n}} \cdot \overline{\delta} = -Q_{\mathrm{n}} \cdot 1$$

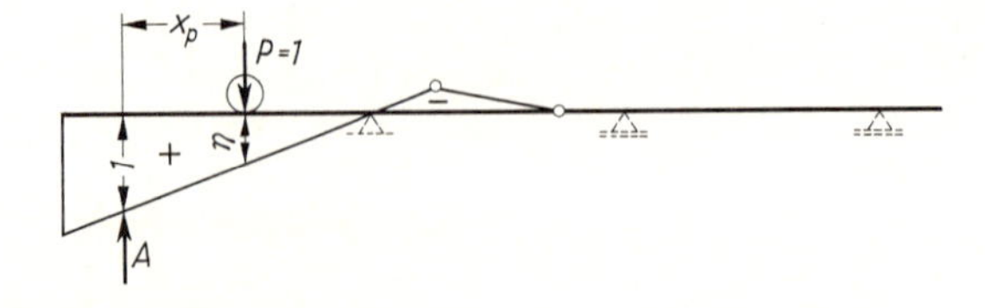


**308.**1
Arbeit bei der virtuellen Verrückung des Lagers $A$

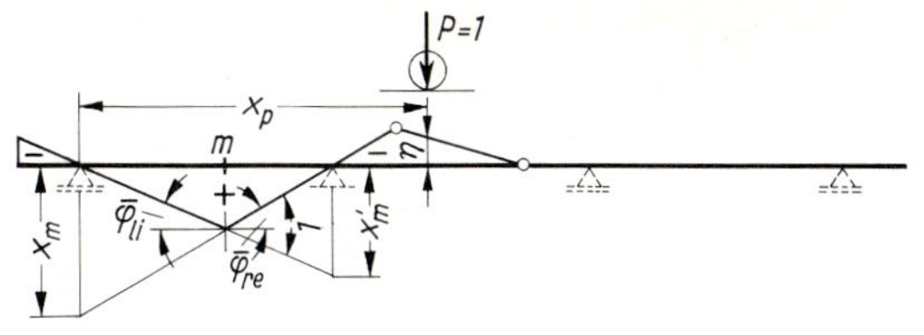


**309.1**
Arbeit in Zusammenhang mit der Einflußlinie für $M_m$

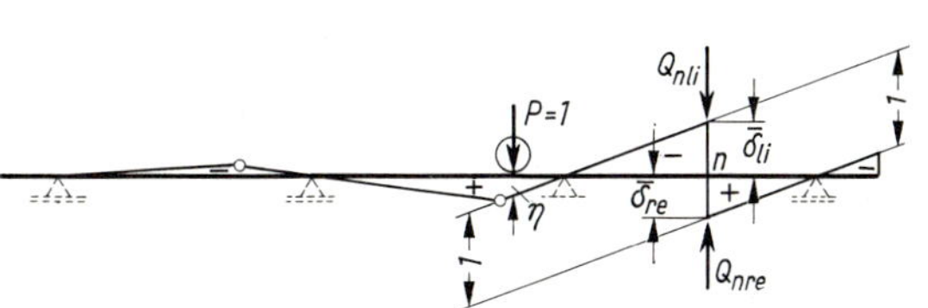


**309.2**
Arbeit in Zusammenhang mit der Einflußlinie für $Q_m$

Bei der Ermittlung von Einflußlinien geht in die Summe der virtuellen Arbeiten ($\Sigma \overline{W}$) nur noch ein weiterer Summand ein, nämlich der Beitrag der wandernden Einzellast $P$.

Steht $P$ an der Stelle $x$, so leistet sie virtuelle Arbeit auf dem virtuellen Wege $\eta(x)$ (**308.**1 für die Lagerkraft $A$); wir können also schreiben

$$\Sigma \overline{W} = 0 = -A \cdot 1 + 1 \cdot \eta(x)$$

Nach den in der Baustatik üblichen Annahmen sind alle Größen in dieser Gleichung einheitenlos. Wir können diese Gleichung nun nach $A$ auflösen und erhalten

$$A = \eta(x)$$

in Worten: **Der einheitenlose Zahlenwert der Lagerkraft $A$ unter der Wirkung der einheitenlosen Last $P = 1$ an der Stelle $x$ ist gleich der einheitenlosen Verschiebung $\eta(x)$, die der Träger an der Stelle $x$ erfährt, wenn der Lagerpunkt $a$ um 1 (einheitenlos) nach unten verschoben wird.**

Die virtuelle Arbeit im Zusammenhang mit der Einflußlinie eines Momentes erläutert Bild **309.**1. Wir erhalten aus

$$\Sigma \overline{W} = 0 = -M_m \cdot 1 + 1 \cdot \eta(x)$$
$$M_m = \eta(x)$$

Die Einflußordinate $\eta$ ist in der Zahlenrechnung stets mit ihrem Vorzeichen einzusetzen. In Bild **309.**2 steht $P = 1$ über einer negativen Beitragsstrecke, weil die Bewegung der kinematischen Kette in diesem Bereich nach oben gerichtete Ordinaten verursacht. Somit ist für diese Laststellung, weil $\eta(x)$ negativ ist, auch $M_m$ negativ.

Schließlich zeigt die Betrachtung der virtuellen Verrückung eines statisch bestimmten Trägers mit Querkraftgelenk (**309.**2)

$$\Sigma \overline{W} = 0 = -Q_n \cdot 1 + 1 \cdot \eta(x)$$
$$Q_n = \eta(x)$$

## 8.7 Einflußlinien für Stabkräfte von einfachen Fachwerkträgern

Die Einflußlinien für die Stabkräfte von einfachen Fachwerkträgern lassen sich aus den Einflußlinien der Biegemomente und Querkräfte von vollwandigen Trägern herleiten. Dabei werden die im Abschn. 6 entwickelten Gleichungen für die Stabkräfte von Fachwerkträgern benutzt.

### 8.7.1 Einflußlinien für Gurtstäbe

Nach den Ritterschen Schnittverfahren wird (**310.**1)

$$U_2 = \frac{M_K}{r_K} = \frac{M_K}{h_K \cdot \cos \beta_2}$$

In Abschn. 6 war $M_K$ das Moment im Punkt $K$ infolge einer unveränderlichen Belastung des Fachwerkträgers. Jetzt fassen wir $M_K$ als Einflußlinie für das Moment im Punkt $K$ auf und erhalten deswegen die Einflußlinie für $U_2$, indem wir die $M_K$-Linie mit dem Faktor $1/(h_K \cdot \cos \beta_2)$ malnehmen. Die $U_2$-Linie (**310.**1) hat demnach die Außenstrecken

$$\frac{x_k}{r_K} = \frac{x_k}{h_K \cdot \cos \beta_2}$$

$$\frac{x'_K}{r_K} = \frac{x'_K}{h_K \cdot \cos \beta_2}$$

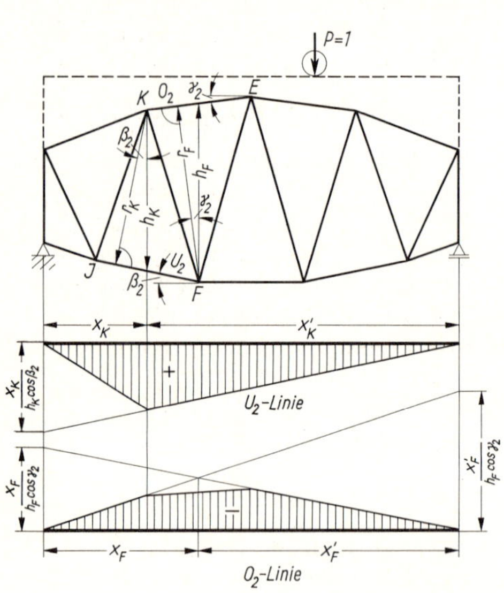


**310.**1 Einflußlinien für Gurtstäbe (Lastgurt oben, reines Strebenfachwerk)

Sinngemäß wird

$$O_2 = -M_F/r_F = -\frac{M_F}{h_F \cdot \cos \gamma_2}$$

Jetzt ist $M_F$ kein unveränderliches Moment, sondern eine Einflußlinie, die durch Malnehmen mit dem Faktor $-\dfrac{1}{h_F \cdot \cos \gamma_2}$ zur $O_2$-Linie wird (**310.**1). Sie hat die Außenstrecken

$$\frac{x_F}{r_F} = \frac{x_F}{h_F \cdot \cos \gamma_2}$$

und

$$\frac{x'_F}{r_F} = \frac{x'_F}{h_F \cdot \cos \gamma_2}$$

Bei Fachwerkträgern greifen Verkehrslasten nur in den Knotenpunkten des Lastgurtes an: Hier sind die Querträger angeschlossen, die die Fahrbahnlängsträger unterstützen. Damit liegt stets mittelbare Belastung vor; ihretwegen müssen auch bei Fachwerkträgern die Einflußlinien von Querträger zu Querträger geradlinig verlaufen. Bei dem reinen Strebenfachwerk nach Bild **310.**1 wird darum bei „Lastgurt oben" die Spitze der $O_2$-Linie abgeschnitten: Sie würde sonst zwischen den Querträgern $K$ und $E$ nicht geradlinig verlaufen. An der $U_2$-Linie ist keine Änderung erforderlich, da ihre Spitze unter einem Querträger liegt (Lastgurt ist oben).

Umgekehrt muß bei „Lastgurt unten“ die Spitze der $U_2$-Linie abgeschnitten werden, damit sie auch zwischen den Querträgern $J$ und $F$ geradlinig verläuft, während die $O_2$-Linie durch die mittelbare Belastung des unteren Gurtes keine Änderung erfährt und ihre Spitze unter $F$ behält.

Liegt übrigens über oder unter einem Knoten des unbelasteten Gurtes stets ein Knoten des Lastgurtes, wie es beim Strebenfachwerk mit Pfosten oder beim Ständerfachwerk der Fall ist, so brauchen an den Einflußlinien keine Spitzen abgeschnitten zu werden (**311**.1 und **311**.2).

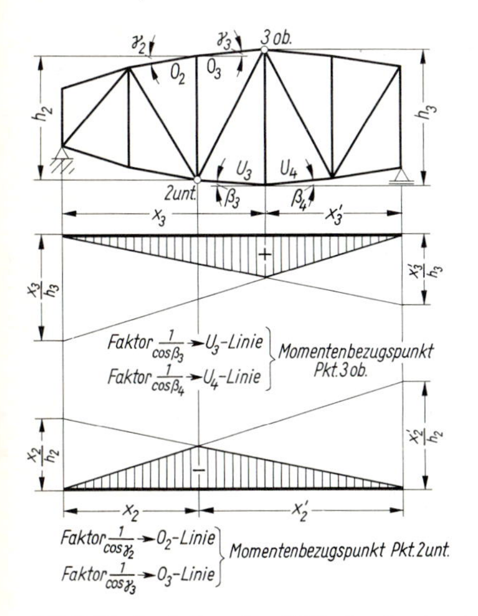


**311**.1 Strebenfachwerk mit Pfosten, Lastgurt oben oder unten

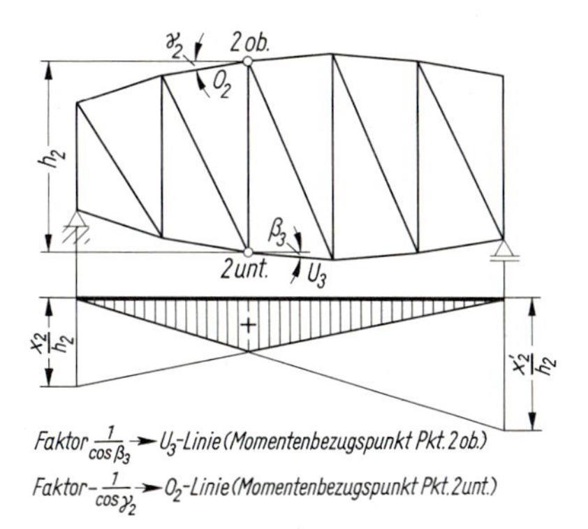


**311**.2 Ständerfachwerk, Lastgurt oben oder unten

## 8.7.2 Einflußlinien für Schrägstäbe

In Abschn. 6 haben wir für die Kraft in einem Schrägstab Gl. (236.1) abgeleitet

$$D \cdot \cos\varphi = \left(\frac{M}{h}\right)_{\text{Fuß}} - \left(\frac{M}{h}\right)_{\text{Kopf}}$$

Aus dieser Gleichung können wir die Einflußlinie von $D$ gewinnen, wenn wir $M_{\text{Fuß}}$ und $M_{\text{Kopf}}$ als Einflußlinien auffassen. Den Faktor $\cos\varphi$ lassen wir zweckmäßigerweise auf der linken Seite stehen, wir zeichnen also die $D \cdot \cos\varphi$-Linie. Erst nach der Auswertung teilen wir das Ergebnis noch durch $\cos\varphi$ und erhalten dadurch $D$.

Die $D \cdot \cos\varphi$-Linie ergibt sich als Differenz zweier Momenteneinflußlinien, die zuvor noch durch je einen Faktor ($h_{\text{Kopf}}$ oder $h_{\text{Fuß}}$) zu teilen sind. Die Außenstrecken der $D \cdot \cos\varphi$-Linie sind demnach die Differenzen der Außenstrecken zweier im Maßstab der Ordinaten veränderter Momenteneinflußlinien.

Bei einer steigenden Diagonalen eines Ständer- oder Strebenfachwerks ergibt sich (**312.**1)

$$D_m \cdot \cos\varphi_m = \frac{M_{m-1}}{h_{m-1}} - \frac{M_m}{h_m}$$

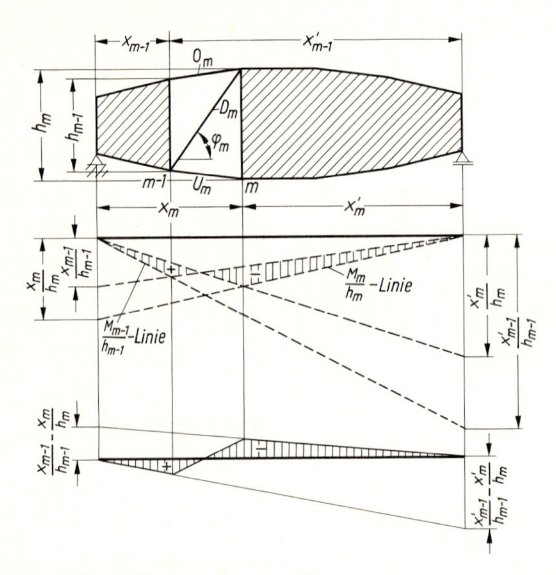

**312.**1
$D_m \cdot \cos\varphi_m$-Linie als Differenz der $M_{m-1}/h_{m-1}$- und der $M_m/h_m$-Linie

und die Außenstrecken werden

links $\dfrac{x_{m-1}}{h_{m-1}} - \dfrac{x_m}{h_m}$

und rechts $\dfrac{x'_{m-1}}{h_{m-1}} - \dfrac{x'_m}{h_m}$

Für eine fallende Diagonale gilt entsprechend

$$D_m \cdot \cos\varphi_m = \frac{M_m}{h_m} - \frac{M_{m-1}}{h_{m-1}}$$

Außenstecke links

$$\frac{x_m}{h_m} - \frac{x_{m-1}}{h_{m-1}}$$

und rechts

$$\frac{x'_m}{h_m} - \frac{x'_{m-1}}{h_{m-1}}$$

Der Übergang von der positiven zur negativen Beitragsstrecke hat in beiden Fällen dieselbe Tendenz (steigend oder fallend) wie die Diagonale.

Neben diesem rechnerischen Verfahren der Ermittlung einer $D$-Einflußlinie gibt es noch einen teils zeichnerischen, teils rechnerischen Weg, der den Vorteil der größeren Anschaulichkeit hat (**313**.1). Um die Einflußlinie der Diagonalen $D_2$ zu ermitteln, führen wir den

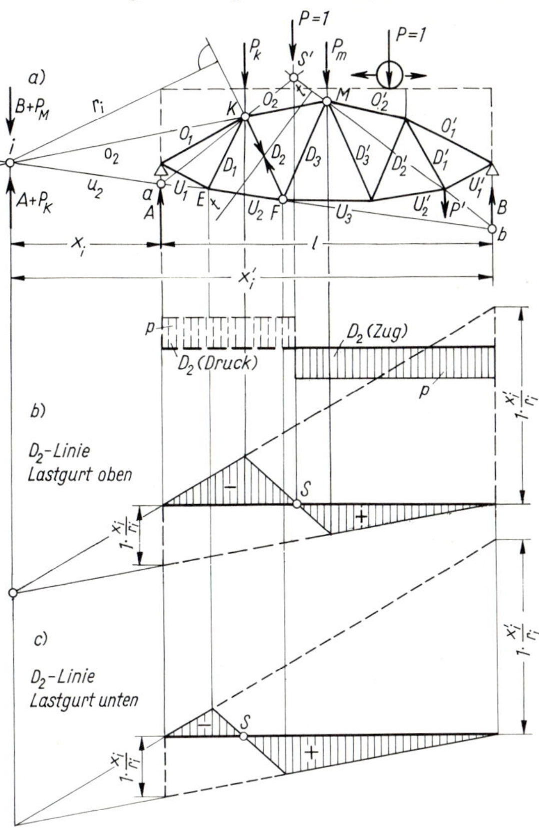


**313**.1 $D_2$-Linie

Schnitt $t - t$ und bringen die beiden vom Schnitt getroffenen Gurtstäbe $O_2$ und $U_2$ zum Schnitt im Punkt $i$. Steht jetzt bei Lastgurt oben die Last $P = 1$ rechts vom Knotenpunkt $M$, so betrachten wir den linken abgeschnittenen Teil, an dem neben $O_2$ und $U_2$ nur $A$ angreift. Für $i$ als Momentenbezugspunkt gilt dann

$$\Sigma M_i = 0 = D_2 \cdot r_i - A \cdot x_i$$

oder

$$D_2 = + A \frac{x_i}{r_i}$$

Die $D_2$-Linie ist also rechts von $M$ gleich der mit $x_i/r_i$ malgenommenen $A$-Linie.

Befindet sich die Last links von $K$, so erhalten wir für den rechten abgeschnittenen Teil, an dem außer $O_2$ und $U_2$ nur $B$ wirkt, wieder mit dem Momentenbezugspunkt $i$

$$\Sigma M_i = 0 = D_2 \cdot r_i + B \cdot x'_i$$

oder

$$D_2 = - B \frac{x'_i}{r_i}$$

Die $D_2$-Linie ist demnach links von $K$ gleich der mit $-x'_i/r_i$ malgenommenen $B$-Linie. Die Verlängerungen der $A \cdot x_i/r_i$-Linie und der $-B \cdot x'_i/r_i$-Linie schneiden sich unter dem Punkt $i$; der Übergang von der negativen zur positiven Beitragsstrecke erfolgt zwischen dem letzten Querträger des linken abgeschnittenen Teils und dem ersten Querträger des rechten abgeschnittenen Teils, bei Lastgurt oben also zwischen $K$ und $M$ (**313.**1 b), bei Lastgurt unten zwischen $E$ und $F$ (**313.**1 c).

Die Lage der Lastenscheide $S$ läßt sich auch wie folgt bestimmen oder nachprüfen: Bei Lastgurt oben verlängert man den vom Schnitt $t-t$ getroffenen Untergurtstab bis zum Schnitt mit den Lagersenkrechten (Schnittpunkte $a$ und $b$). Legt man nun zwei Geraden durch den Schnittpunkt $a$ und den letzten Obergurtknoten $K$ des linken abgeschnittenen Teils sowie den Schnittpunkt $b$ und den ersten Obergurtknoten $M$ des rechten abgeschnittenen Teils, so liegt der Schnittpunkt $S'$ der beiden Geraden über der Lastenscheide $S$.

Der Beweis dieser Behauptung ergibt sich aus der Überlegung, daß der Linienzug $aKMb$ das Seileck zu den Kräften $A$, $P_K$, $P_M$ und $B$ ist; dabei sind $P_K$ und $P_M$ die Lagerkräfte der Querträger in $K$ und $M$ infolge der wandernden Einzellast $P = 1$ in $S'$. Sowohl die Resultierende der Kräfte $A$ und $P_K$ am linken abgeschnittenen Teil als auch die Resultierende der Kräfte $P_M$ und $B$ am rechten abgeschnittenen Teil gehen durch den Schnittpunkt der äußeren Seilstrahlen $KM = o_2$ und $ab = u_2$, also durch $i$. Für einen Kraftangriff in $S'$ wird daher $M_i$ und damit auch $D_2$ und die zugehörige Einflußordinate gleich Null.

Das Arbeiten mit dem Punkt $i$ bringt nur dann eine Erleichterung, wenn $i$ noch auf dem Zeichenblatt liegt oder wenn die Lage von $i$ auf einfache Weise rechnerisch ermittelt werden kann.

Der Punkt $i$ hat aber auch eine Bedeutung, wenn man $x_i$, $x'_i$ und $r_i$ nicht zur Konstruktion der $D$-Linie benutzt: Aus der Lage von $i$ läßt sich ablesen, ob die zugehörige $D$-Linie zwei Beitragsstrecken mit unterschiedlichen Vorzeichen oder nur eine Beitragsstrecke aufweist.

Liegt $i$ in den Lagerpunkten selbst oder zwischen ihnen, so tragen alle Einflußordinaten dasselbe Vorzeichen; befindet sich dagegen $i$ außerhalb der Lagersenkrechten, so besitzt die $D$-Linie zwei Beitragsstrecken und eine Lastenscheide.

Der erste Fall ist an den Schrägstäben $D_1$ und $D_2$ eines Dreiecksbinders mit Lastgurt oben in Bild **315.**1 veranschaulicht.

Zum Schluß des Abschnitts über die Schrägstäbe wollen wir den Parallelträger betrachten, bei dem der Punkt $i$ im Unendlichen liegt. Die Gleichungen für die Stabkräfte infolge ruhender Belastung haben wir in Abschn. 6 aus der Komponentengleichung $\Sigma V = 0$ entwickelt:

$$D_{\text{fallend}} = \frac{Q}{\sin\alpha}$$

$$D_{\text{steigend}} = -\frac{Q}{\sin\alpha}$$

Auch hier brauchen wir zur Ermittlung der Einflußlinien die Gleichungen für die Stabkräfte nur umzudeuten: $Q$ ist nicht die unveränderliche Querkraft aus einer ruhenden Belastung, sondern die bekannte Einflußlinie mit den Außenstrecken $\pm 1$. Die $D$-Linie hat demnach die Außenstrecken $\pm 1/\sin\alpha$ (**315.**2). Der Übergang von einer Beitragsstrecke zur anderen hat wieder dieselbe Tendenz (steigend oder fallend) wie die Diagonale selbst.

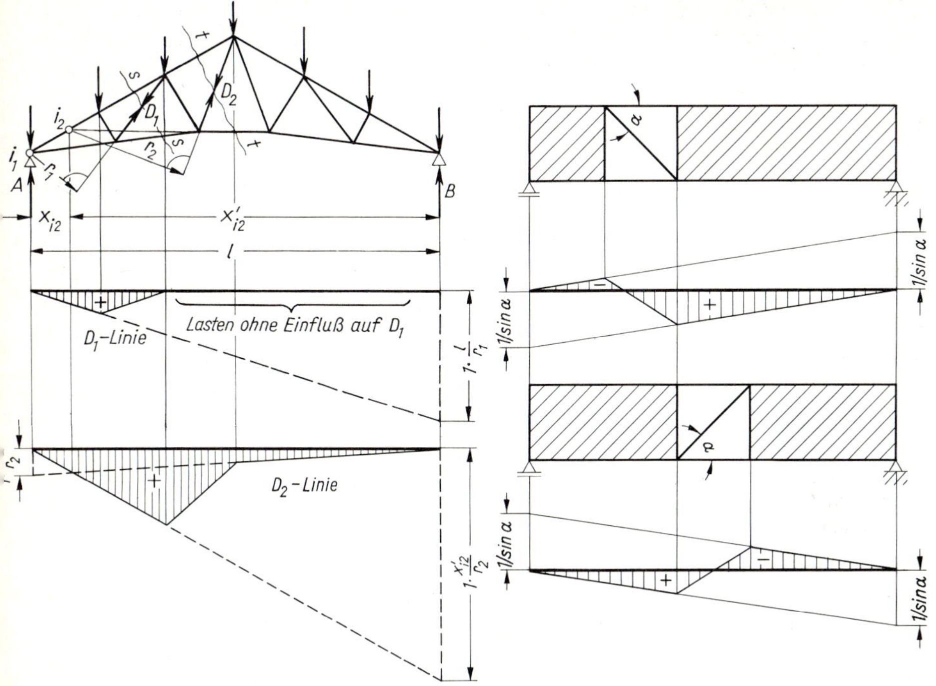


**315.1** Einflußlinien für Schrägstäbe bei Dreiecksbindern (Lastgurt oben)

**315.2** Einflußlinien fallender und steigender Diagonalen beim Parallelträger

## 8.7.3 Einflußlinien für Vertikalstäbe

Hier ergeben sich für die Vertikalstäbe eines Ständerfachwerks ganz andere Formeln als für die Pfosten eines Strebenfachwerks. Bei beiden Fachwerken hat die Lage des Lastgurtes einen Einfluß auf die Form der $V$-Linie.

**Vertikalstäbe des Ständerfachwerks.** Auch bei diesen Stäben greifen wir auf die Gleichungen für die Stabkräfte infolge ruhender Belastung zurück, die wir in Abschn. 6.7.2 abgeleitet haben. Für waagerechten Lastgurt oben und fallende Streben fanden wir dort die Gleichung

$$V_m = -P_m + \frac{h_{m+1}}{a_{m+1}} \left( \frac{M_m}{h_m} - \frac{M_{m+1}}{h_{m+1}} \right)$$

Die runde Klammer in dieser Gleichung erinnert an die Einflußlinie für einen Schrägstab: Sie enthält die Differenz der mit $1/h_m$ malgenommenen $M_m$-Linie und der mit $1/h_{m+1}$ malgenommenen $M_{m+1}$-Linie; diese Differenz wird hier noch mit dem Quotienten $h_{m+1}/a_{m+1}$ multipliziert. Das ergibt eine Einflußlinie nach Bild **316.**1 mit den Außenstrecken

links $\frac{h_{m+1}}{a_{m+1}} \left( \frac{x_m}{h_m} - \frac{x_{m+1}}{h_{m+1}} \right)$ und rechts $\frac{h_{m+1}}{a_{m+1}} \left( \frac{x'_m}{h_m} - \frac{x'_{m+1}}{h_{m+1}} \right)$

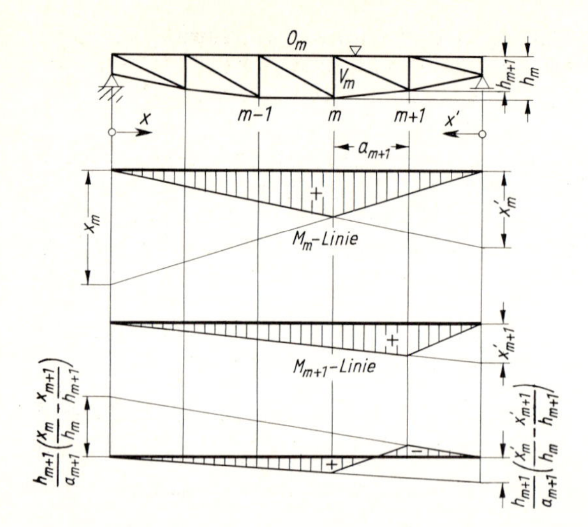


**316.1**
Teileinflußlinie $\frac{h_{m+1}}{a_{m+1}}\left(\frac{M_m}{h_m}-\frac{M_{m+1}}{h_{m+1}}\right)$

Entsprechend ihrer Entstehung aus der $M_m$-Linie mit Spitze im Punkt $m$ und der $M_{m+1}$-Linie mit Spitze im Punkt $m+1$ hat diese den zweiten Summanden der obigen Gleichung darstellende Einflußlinie Spitzen in $m$ und $m+1$; mit anderen Worten: Der Übergang von der positiven zur negativen Beitragsstrecke erfolgt zwischen den Punkten $m$ und $m+1$.

Dieser Einflußlinie ist zu überlagern die „$-P_m$-Linie". $P_m$ ist die Knotenlast im Punkt $m$ infolge der über die Fahrbahnlängsträger wandernden Einzellast $P = 1$; sie wird durch den Querträger in $m$ in den Hauptträger eingeleitet. Nun erhält aber der Querträger in $m$ nur eine Belastung, wenn die Einzellast $P = 1$ zwischen den Querträgern in $m-1$ und $m+1$ steht, und die Belastung ist am größten, nämlich gleich 1, für $P = 1$ in $m$. Die $-P_m$-Linie ist demnach ein Dreieck mit der Höhe $-1$ in $m$ und einer von $m-1$ bis $m+1$ reichenden Grundlinie (**316**.2).

Das Hinzufügen der $-P_m$-Linie zur Teil-Einflußlinie nach Bild **316**.1 führt nun zu einem überraschenden Ergebnis: Wir stellen fest, daß lediglich der Übergang von der positiven zur negativen Beitragsstrecke um ein Feld nach links verschoben wird. Er liegt jetzt zwischen den Punkten $m-1$ und $m$ (**316**.3). Diese Tatsache leuchtet ein, wenn wir noch einmal das durch den Schnitt $t-t$ zerlegte Tragwerk betrachten (**316**.4): Bei Lastgurt oben gehört eine Last im Punkt $m-1$ zum linken, eine Last im Punkt $m$ zum rechten abgeschnittenen Teil; der Stab $O_m$ bildet die obere Verbindung beider Teile; auf seiner Länge muß der Übergang von einer Beitragsstrecke zur anderen erfolgen. Diese Überlegung wird

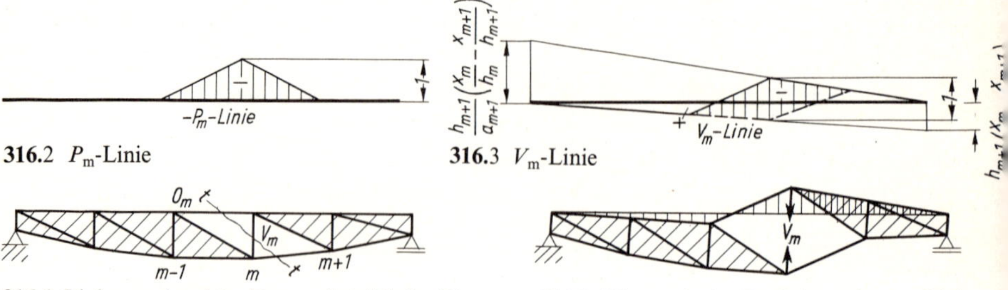


**316**.2 $P_m$-Linie

**316**.3 $V_m$-Linie

**316**.4 Linker und rechter Tragwerksteil beim Ritterschnitt durch $V_m$

**316**.5 Kinematische Ermittlung der $V_m$-Linie

noch deutlicher, wenn wir die Form der $V_m$-Linie kinematisch ableiten (**316**.5); dabei wird der Stab $V_m$ durchgeschnitten, und die Schnittflächen werden um $\Delta s = 1$ auseinandergerückt und damit entgegen der positiv angenommenen Stabkraft verschoben.

Zusammenfassend können wir feststellen, daß sich die $V_m$-Linie aus der Differenz zweier Momenteneinflußlinien ergibt, die zuvor mit Koeffizienten malgenommen, also im Maßstab der Ordinaten verzerrt wurden. Die Einflußlinie für die Knotenlast $P_m$ sorgt dafür, daß der Übergang von der positiven zur negativen Beitragsstrecke in dem Feld des Lastgurtes erfolgt, der vom Schnitt $t - t$ getroffen wird. Diese Überlegungen sollen an einem Beispiel verdeutlicht werden.

Auf die Darstellung der $V_m$-Linien bei Lastgurt oben und steigenden Streben sowie bei Lastgurt unten kann verzichtet werden: Sie sind sinngemäß zu entwickeln.

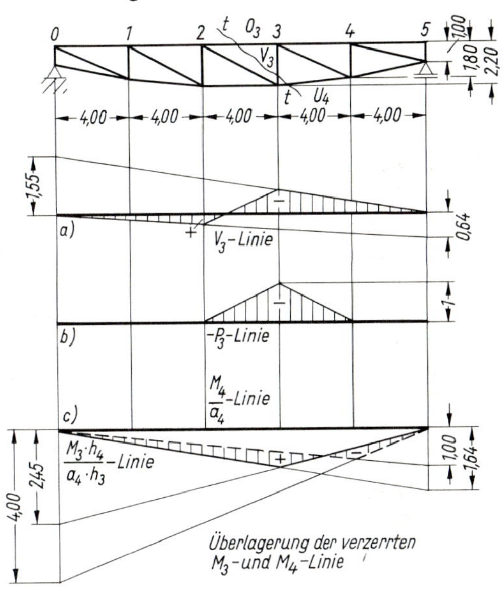


**317**.1
Fachwerk des Beispiels 1

**Beispiel 1:** Gesucht ist die Einflußlinie für den Stab $V_3$ des Fachwerks nach Bild **317**.1, Lastgurt oben

$$V_m = -P_m + \frac{h_{m+1}}{a_{m+1}}\left(\frac{M_m}{h_m} - \frac{M_{m+1}}{h_{m+1}}\right) \qquad V_3 = -P_3 + \frac{h_4}{a_4}\left(\frac{M_3}{h_3} - \frac{M_4}{h_4}\right)$$

Die mit $h_4/a_4$ malgenommene Differenz der $M_3/h_3$- und der $M_4/h_4$-Linie hat die Außenstrecken

links $$\frac{h_4}{a_4}\left(\frac{x_3}{h_3} - \frac{x_4}{h_4}\right) = \frac{1{,}80}{4{,}00}\left(\frac{12{,}00}{2{,}20} - \frac{16{,}00}{1{,}80}\right) = -1{,}55\ \text{m}$$

rechts $$\frac{h_4}{a_4}\left(\frac{x_3'}{h_3} - \frac{x_4'}{h_4}\right) = \frac{1{,}80}{4{,}00}\left(\frac{8{,}00}{2{,}20} - \frac{4{,}00}{1{,}80}\right) = +0{,}64\ \text{m}$$

Um die $-P_3$-Linie brauchen wir uns nicht zu kümmern, wenn wir uns überlegen, daß die nicht geschnittenen Stäbe des Fachwerkträgers zwei starre Scheiben bilden, die durch die geschnittenen Stäbe $O_3$, $V_3$ und $U_4$ verbunden sind. Da der Lastgurt oben liegt, erfolgt für die Wanderlast der Übergang von einer starren Scheibe zur anderen zwischen den Punkten 2 und 3. In diesem Bereich muß auch der Übergang von der positiven zur negativen Beitragsstrecke liegen. Der mit Hilfe der Außenstrecken und des Übergangs zwischen 2 und 3 gewonnene Linienzug stellt also unmittelbar die $V_3$-Linie dar (**317.**1 a).

**Vertikalstäbe in Strebenfachwerken.** In Abschn. 6.7.2 haben wir die folgenden beiden Gleichungen abgeleitet:

Vertikalstab mit Strebenanschluß am Kopf, wobei $\beta$ die Neigungswinkel des Untergurts sind:

$$V_m = -\frac{M_m}{h_m}(\tan\beta_m - \tan\beta_{m+1}) + P_{mu}$$

Vertikalstab mit Strebenanschluß am Fuß mit $\gamma$ = Neigungswinkel des Obergurts:

$$V_{m+1} = +\frac{M_{m+1}}{h_{m+1}}(\tan\gamma_{m+1} - \tan\gamma_{m+2}) - P_{(m+1)o}$$

Auch sie lassen sich zur Aufstellung der Einflußlinien verwenden: Die Einflußlinien der $V$-Stäbe erscheinen als das Ergebnis der Überlagerung einer verzerrten Momenteneinflußlinie und einer Knotenlast-Einflußlinie. Weitere Überlegungen zeigen, daß die Einflußlinien der Knotenlasten fortfallen, wenn der angesprochene Knoten auf dem unbelasteten Gurt liegt. Anders ausgedrückt: Bei Lastgurt oben gibt es kein $P_{mu}$, bei Lastgurt unten kein $P_{(m+1)o}$.

Beschränken wir uns ferner auf waagerechte Lastgurte, so vereinfacht sich die Einflußlinie weiter: Für waagerechten Lastgurt unten wird

$$(\tan\beta_m - \tan\beta_{m+1}) = (0 - 0) = 0$$

und damit (**318.**1)

$$V_m = P_{mu}$$

(Stab mit Strebenanschluß am Kopf); für den nächsten Pfosten gilt (**318.**1)

$$V_{m+1} = +\frac{M_{m+1}}{h_{m+1}}(\tan\gamma_{m+1} - \tan\gamma_{m+2}) - 0$$

(Stab mit Strebenanschluß am Fuß).

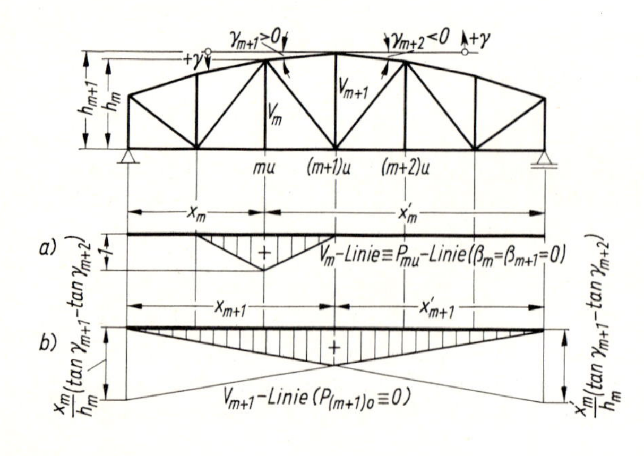


**318.**1 $V_m$- und $V_{m+1}$-Linie beim Strebenfachwerk, Lastgurt unten

Für waagerechten Lastgurt oben ergibt sich

$$(\tan \gamma_{m+1} - \tan \gamma_{m+2}) = (0 - 0) = 0$$

und damit (**319.**1)

$$V_{m+1} = -P_{(m+1)o}$$

(Stab mit Strebenanschluß am Fuß).

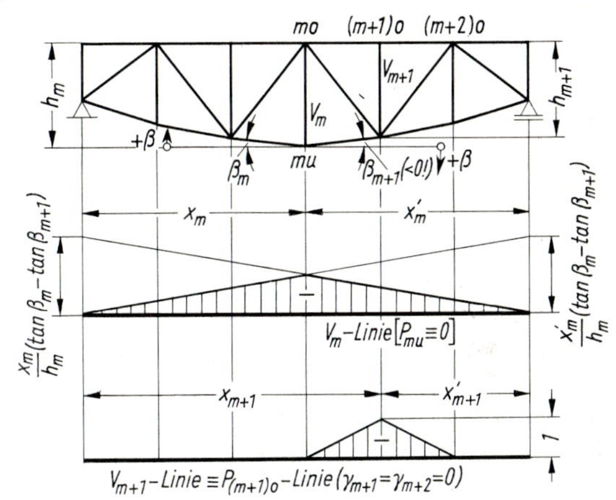


**319.**1
$V_m$- und $V_{m+1}$-Linie beim Strebenfachwerk, Lastgurt oben

Der Pfosten davor hat die Einflußlinie (**319.**1)

$$V_m = -\frac{M_m}{h_m}(\tan \beta_m - \tan \beta_{m+1}) + 0$$

(Stab mit Strebenanschluß am Kopf).

Von einer Überlagerung kann also nicht mehr die Rede sein, es fällt entweder die eine oder die andere Teileinflußlinie fort. Wir erhalten somit vier verschiedene Arten von Einflußlinien, die in den Bildern **318.**1 und **319.**1 aufgezeichnet sind.

## 8.8 Einflußlinien des Dreigelenkbogens

Wir beschränken uns auf Dreigelenkbogen mit gleichhohen Kämpfergelenken. Wie wir in Abschn. 5.9.3 abgeleitet haben, werden sie im Punkt $n$ mit der Abszisse $x_n$ durch die folgenden Schnittgrößen beansprucht:

$$M_n = M_{n0} - H \cdot y_n \qquad Q_n = Q_{n0} \cdot \cos \varphi_n - H \cdot \sin \varphi_n \qquad N_n = -Q_{n0} \cdot \sin \varphi_n - H \cdot \cos \varphi_n$$

$M_{n0}$ und $Q_{n0}$ sind darin die Schnittgrößen des einfachen Balkens auf zwei Lagern mit derselben Stützweite und Belastung wie der Dreigelenkbogen, und zwar für den Punkt mit der Abszisse $x_n$; $\varphi_n$ ist die Neigung der Bogenachse im Punkt $n$ und $H$ der Horizontalschub des Bogens.

Für $H$ fanden wir die Gleichung

$$H = \frac{M_{g0}}{f} \tag{320.1}$$

in der $M_{g0}$ das Moment des erwähnten Balkens für den Punkt mit der Abszisse $x_g$ (= Abszisse des Gelenks) und $f$ die Ordinate der Bogenachse im Gelenk bedeuten (**320.**1 und **320.**2).

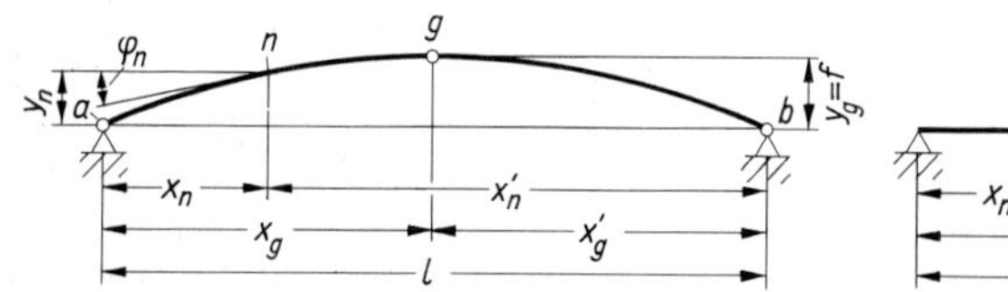


**320.**1 Dreigelenkbogen

**320.**2 System zur Ermittlung von $M_{n0}$, $Q_{n0}$, $M_{g0}$

Diese Gleichungen stellen auch Einflußlinien dar: Wir brauchen nur die in ihnen auftretenden Größen $M_{n0}$, $Q_{n0}$, $H$ und $M_{g0}$ als Einflußlinien aufzufassen. Der Betrachtung legen wir einen nach der quadratischen Parabel geformten Bogen mit den Maßen

$$l = 10 \text{ m}, \quad x_g = x'_g = 5 \text{ m}, \quad f = 1{,}0 \text{ m}, \quad x_n = 2{,}5 \text{ m}, \quad y_n = \frac{4f}{l^2} x_n \cdot x'_n = 0{,}75 \text{m}$$

zugrunde.

Beginnen wir mit dem Horizontalschub: Die $H$-Linie ist gleich der mit $1/f$ multiplizierten Einflußlinie des Momentes $M_{g0}$, hat also die Außenstrecken $x_g/f$ und $x'_g/f$. Das ist in Bild **321.**1a gezeichnet; die Außenstrecken haben die Größe $5/1 = 5$ (einheitenlos).

Die Einflußlinien der Schnittgrößen im beliebigen Punkt $n$ des Bogens entstehen durch Überlagerung von jeweils zwei Einflußlinien, die wie die $M_{g0}$-Linie von einem einfachen Balken auf zwei Lagern herzuleiten sind, der dieselbe Stützweite hat wie der Dreigelenkbogen (**320.**2).

Bei der $M_n$-Linie (**321.**1), mit der wir uns zuerst beschäftigen wollen, setzen wir die Formel für $H$ in den Ausdruck für $M_n$ ein und erhalten

$$M_n = M_{n0} - M_{g0} \frac{y_n}{f}$$

Die $M_n$-Linie wird demnach als Differenz zweier Momenteneinflußlinien gewonnen, von denen die zweite zuvor im Maßstab der Ordinaten verändert oder verzerrt wird. Die $M_n$-Linie kann daher schnell mit Hilfe ihrer Außenstrecken gezeichnet werden, die sich ebenfalls als Differenzen ergeben.

links $\quad x_n - x_g \dfrac{y_n}{f}$

rechts $\quad x'_n - x'_g \dfrac{y_n}{f}$

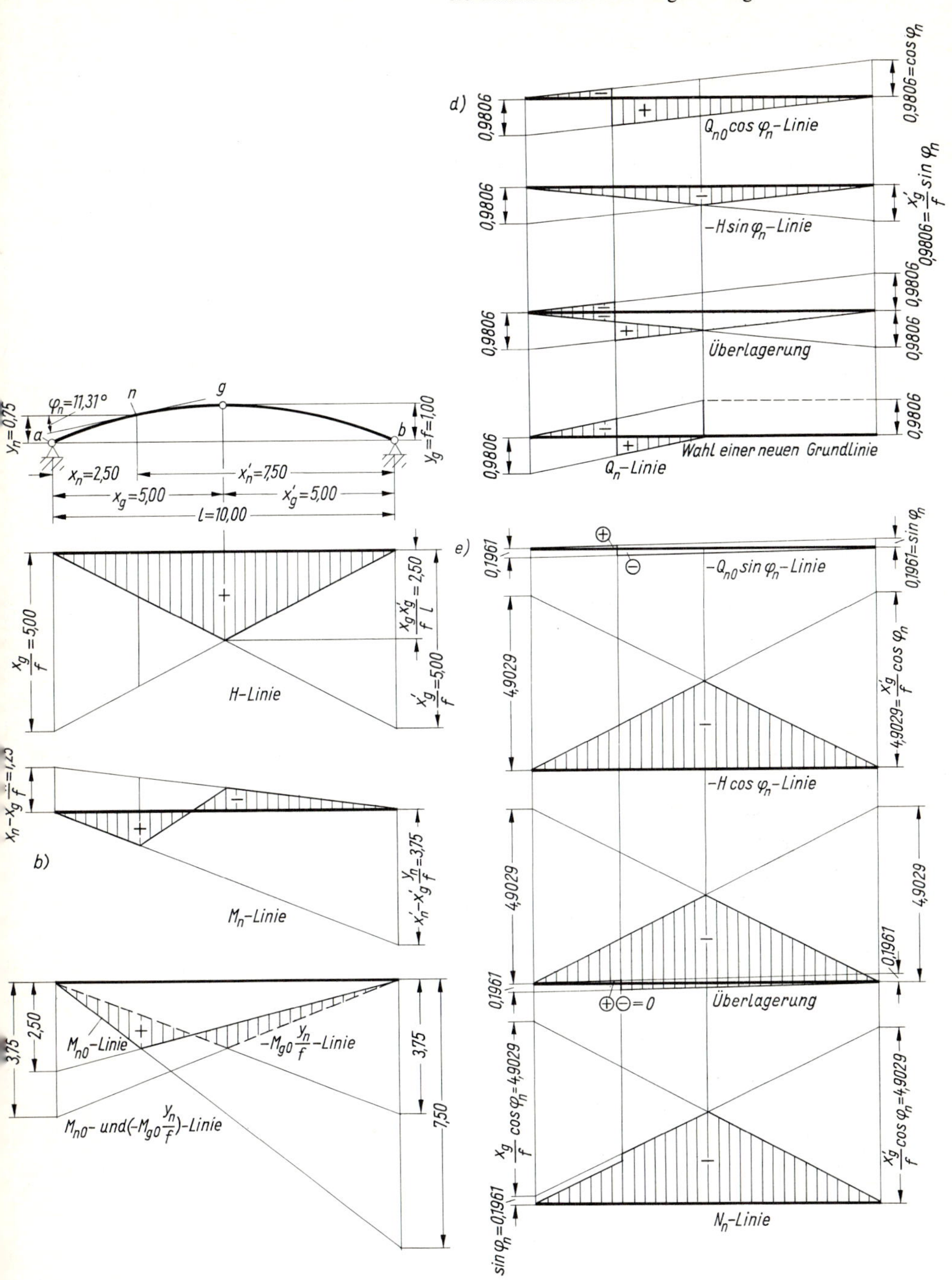

**321.**1 Dreigelenkbogen mit Punkt *n* (linker Viertelspunkt)

Mit $x_n = 2{,}50$ m, $x'_n = 7{,}50$ m und $y_n = 0{,}75$ m werden in Bild **321.**1 b die Außenstrecken links

$$2{,}50 - 5{,}00 \cdot 0{,}75/1{,}00 = 2{,}50 - 3{,}75 = -1{,}25 \text{ m}$$

und rechts

$$7{,}50 - 5{,}00 \cdot 0{,}75/1{,}00 = 7{,}50 - 3{,}75 = +3{,}75 \text{ m}$$

Die $M_n$-Linie hat also eine negative und eine positive Beitragsstrecke; der Übergang von einer zur anderen erfolgt zwischen den Punkten $n$ und $g$, denn in diesen Punkten befinden sich die Spitzen der die $M_n$-Linie aufbauenden Momenteneinflußlinien. Bild **321.**1 c soll das weiter verdeutlichen, dort sind $M_{n0}$- und $(-M_{g0} \cdot y_n/f)$-Linie überlagert worden.

Die $Q_n$-Linie wird gewonnen als Differenz der mit $\cos\varphi_n$ malgenommenen $Q_{n0}$-Linie und der mit $\sin\varphi_n$ malgenommenen $H$-Linie. Auch diese Differenz läßt sich sehr anschaulich zeichnerisch bilden, indem wir beide Einflußlinien überlagern. Wir führen dabei das gewählte Beispiel fort und erhalten mit $\tan\varphi_n = y'_n = \frac{4f}{l^2}(l - 2x_n) = 0{,}2000$ den Winkel $\varphi_n = 11{,}31°$ und weiter $\sin\varphi_n = 0{,}19612$; $\cos\varphi_n = 0{,}98058$.

Die $Q_{n0} \cdot \cos\varphi_n$-Linie hat dann die Außenstrecken $\pm 0{,}9806$, die $-H \cdot \sin\varphi_n$-Linie die Außenstrecken

$$-\frac{x_g}{f}\sin\varphi_n = -\frac{x'_g}{f}\sin\varphi_n = -\frac{5{,}00}{1{,}00}\,0{,}19612 = -0{,}9806$$

Was dieses Ergebnis bedeutet, zeigt Bild **321.**1 d: Für $P = 1$ auf der rechten Bogenhälfte ist für unseren Punkt $n$, den Viertelspunkt, die Querkraft gleich Null. Bei jeder Belastung der rechten Bogenhälfte geht nämlich der linke Kämpferdruck durch die Gelenke in $a$ und $g$, seine Wirkungslinie ist zugleich die Sehne der linken Bogenhälfte und damit parallel zur Tangente im Viertelspunkt $n$ (**321.**1). Beweis: Die Neigung der Sehne der Bogenhälfte ist

$$\tan\gamma = f/(l/2) = 1{,}00/5{,}00 = 0{,}2 = \tan 11{,}31° = \tan\varphi_n$$

Bei unserem Parabelbogen gibt es also im Viertelspunkt der einen Bogenhälfte bei Belastung der anderen keine Querkraft, sondern nur ein Moment und eine Längskraft. Die $Q_{l/4}$-Linie ist insofern nicht typisch für die $Q$-Linien des Dreigelenkbogens, weswegen wir am Schluß dieses Abschnittes die $Q$-Linien von zwei „gewöhnlichen" Bogenpunkten aufstellen wollen.

Zuvor jedoch zur Längskraft: Hier erscheint wieder die Querkraft $Q_{n0}$ des einfachen Balkens auf zwei Lagern – auf eine Längskraft können wir ja bei diesem System nicht zurückgreifen. Der zweite Summand enthält abermals den Horizontalschub; bei beiden Summanden sind gegenüber der $Q_n$-Linie die Winkelfunktionen und beim ersten Summand ist auch noch das Vorzeichen vertauscht; grundsätzliche Neuerungen gegenüber der $Q_n$-Linie ergeben sich jedoch nicht.

Die $(-Q_{n0} \cdot \sin\varphi_n)$-Linie hat in unserem Beispiel die Außenstrecken $\pm 0{,}1961$, und die $(-H \cdot \cos\varphi_n)$-Linie die Außenstrecken $-\frac{x_g}{f}\cos\varphi_g = -\frac{x'_g}{f}\cos\varphi_n = -4{,}9029$; in Bild **321.**1 e sind beide Linien getrennt, überlagert und zum Schluß auf eine neue Grundlinie bezogen dargestellt.

Zum Schluß ermitteln wir noch die $Q$-Linien der Punkte $m$ mit der Abszisse $x_m = 0{,}4\,l = 4{,}00$ m ($x'_m = 6{,}00$ m) und $r$ mit der Abszisse $x_r = 0{,}15\,l = 1{,}50$ m ($x'_r = 8{,}50$ m). Für den Punkt $m$ gilt:

Höhe des Bogens über der Horizontalen durch die Kämpfer

$$y_m = 0{,}04\,x \cdot x' = 0{,}04 \cdot 4{,}00 \cdot 6{,}00 = 0{,}96 \text{ m}$$

$$\tan\varphi_m = 0{,}08\,(l/2 - x_m) = 0{,}08 = \tan 4{,}57°$$

$$\sin\varphi_m = 0{,}0797$$

$$\cos\varphi_m = 0{,}9968$$

Außenstrecken der $Q_{m0} \cdot \cos\varphi_m$-Linie

$$\pm \cos\varphi_m = \pm\, 0{,}9968$$

Außenstrecken der $-H \cdot \sin\varphi_m$-Linie

$$-\frac{x_g}{f}\sin\varphi_m = -\frac{x'_g}{f}\sin\varphi_m = -\frac{5{,}00}{1{,}00}\,0{,}0797 = -\,0{,}3987$$

Für den Punkt $r$ errechnen wir:

$$y_r = 0{,}04 \cdot 1{,}50 \cdot 8{,}50 = 0{,}51 \text{ m}$$

$$\tan\varphi_r = 0{,}08 \cdot 3{,}50 = 0{,}28 = \tan 15{,}64° \qquad \sin\varphi_r = 0{,}2696 \qquad \cos\varphi_r = 0{,}9630$$

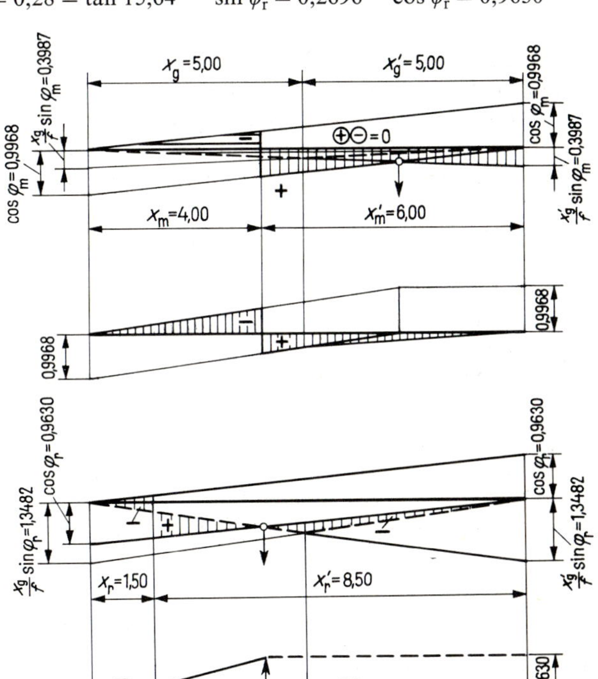


323.1 $Q_m$-Linie

323.2 $Q_r$-Linie

Außenstrecken der $Q_{r0} \cdot \cos \varphi_r$-Linie

$$\pm \cos \varphi_r = \pm 0{,}9630$$

Außenstrecken der $- H \cdot \sin \varphi_r$-Linie

$$- \frac{x_g}{f} \sin \varphi_r = - \frac{x'_g}{f} \sin \varphi_r = - \frac{5{,}00}{1{,}00} 0{,}2696 = - 1{,}3482 \text{ m}$$

$Q_m$- und $Q_r$-Linie sind in Bild **323.**1 und **323.**2 aufgezeichnet.

# Literatur

[1] Beton-Kalender, verschiedene Jahrgänge, Berlin
[2] Straub, H.: Die Geschichte der Bauingenieurkunst. 2. Aufl. Basel–Stuttgart 1971
[3] Stüssi, F.: Vorlesungen über Baustatik. Bd. I. 4. Aufl. Basel–Stuttgart 1971
[4] Wendehorst/Muth: Bautechnische Zahlentafeln. 22. Aufl. Stuttgart 1985
[5] Westphal, W. H.: Physik. 25./26. Aufl. 1970
[6] Schulze/Simmer: Grundbau. Bd. 1, 17. Aufl.; Bd. 2, 16. Aufl.; Stuttgart 1980/1985

# Sachverzeichnis

# Der Verlag empfiehlt

Buchenau/Thiele
**Stahlhochbau**
Von A. Thiele
Teil 1: 21., neubearbeitete und erweiterte Auflage. VIII, 240 Seiten mit 264 Bildern und 35 Tafeln. Kart. DM 46,–. ISBN 3-519-45207-3
Teil 2: 17., neubearbeitete und erweiterte Auflage. VIII, 260 Seiten mit 363 Bildern und 22 Tafeln. Kart. DM 46,–. ISBN 3-519-35208-7

Frick/Knöll/Neumann
**Baukonstruktionslehre**
Herausgegeben von F. Neumann
Bearbeitet von D. Neumann und U. Weinbrenner
Teil 1: 28., neubearbeitete und erweiterte Auflage. 544 Seiten mit 520 Bildern, 82 Tabellen und 9 Beispielen. Geb. DM 58,–. ISBN 3-519-45205-7
Teil 2: 27., neubearbeitete und erweiterte Auflage. 468 Seiten mit 528 Bildern, 60 Tabellen und 15 Beispielen. Geb. DM 54,–. ISBN 3-519-45206-5

Hoffmann/Kremer
**Zahlentafeln für den Baubetrieb**
2., neubearbeitete und erweiterte Auflage. 588 Seiten mit 542 Bildern und 81 Beispielen. Sichtregister. Geb. DM 68,–. ISBN 3-519-15220-7

Lehmann/Stolze
**Ingenieurholzbau**
6., neubearbeitete und erweiterte Auflage. VII, 204 Seiten mit 244 Bildern, 13 Tafeln und 72 Beispielen. Kart. DM 42,–. ISBN 3-519-25223-6

Lohmeyer
**Baustatik**
Teil 1: Grundlagen
5., überarbeitete und erweiterte Auflage. XII, 235 Seiten mit 348 Bildern, 120 Beispielen und 116 Übungsaufgaben. Kart. DM 38,–. ISBN 3-519-45006-2
Teil 2: Festigkeitslehre
5., überarbeitete und erweiterte Auflage. XII, 212 Seiten mit 190 Bildern, 116 Beispielen und 61 Übungsaufgaben. Kart. DM 36,–. ISBN 3-519-45007-0

Lohmeyer
**Stahlbetonbau**
Bemessung, Konstruktion, Ausführung
3., neubearbeitete und erweiterte Auflage. XIV, 434 Seiten mit 386 Bildern, 121 Tafeln und zahlreichen Beispielen. Kart. DM 54,–. ISBN 3-519-15012-3

**B. G. Teubner Stuttgart**